EUL VERLAG

Reihe: Rechnungslegung und Wirtschaftsprüfung · Band 64

Herausgegeben von Prof. (em.) Dr. Dr. h. c. Jörg Baetge, Münster, Prof. Dr. Hans-Jürgen Kirsch, Münster, und Prof. Dr. Stefan Thiele, Wuppertal

Dr. Christoph König

Umsatzrealisierung in der Airline-Industrie nach IFRS 15

Analyse und Konkretisierung der Vorschriften für Beförderungs- und Zusatzleistungen

Mit einem Geleitwort von Prof. Dr. Hans-Jürgen Kirsch, Westfälische Wilhelms-Universität Münster

EUL VERLAG

Bibliografische Information der Deutschen Nationalbibliothek

Die Deutsche Nationalbibliothek verzeichnet diese Publikation in der Deutschen Nationalbibliografie; detaillierte bibliografische Daten sind im Internet über <http://dnb.d-nb.de> abrufbar.

Dissertation, Westfälische Wilhelms-Universität Münster, 2018

D 6

ISBN 978-3-8441-0552-0
1. Auflage Juni 2018

JOSEF EUL VERLAG GmbH
Zeithstr. 356
53721 Siegburg
Tel.: 0 22 05 / 90 10 6-80
Fax: 0 22 05 / 90 10 6-88
E-Mail: info@eul-verlag.de
https://www.eul-verlag.de

Bei der Herstellung unserer Bücher möchten wir die Umwelt schonen. Dieses Buch ist daher auf säurefreiem, 100% chlorfrei gebleichtem, alterungsbeständigem Papier nach DIN 6738 gedruckt.

Geleitwort

Der Umsatzrealisierungsprozess zählt in der Finanzberichterstattung allgemein zu den komplexesten Prozessen und im Besonderen in der Airline-Industrie zur anspruchsvollsten und größten Bilanzierungsherausforderung. Für im Kalenderjahr 2018 beginnende Geschäftsjahre ist der neue prinzipienorientierte Standard des IASB – IFRS 15 – zur Umsatzrealisierung aus Kundenverträgen erstmalig verpflichtend anzuwenden. Um Umsatzerlöse in Höhe der Gegenleistung zu realisieren, die das bilanzierende Unternehmen im Gegenzug für seine erbrachten Leistungen erwartungsgemäß erhält, schafft der Standardsetzer das sog. Fünf-Schritte-Modell zur Umsatzrealisierung. Zentrale Bestandteile der Umsatzerlöse einer Passagierairline stammen aus der Passagierbeförderung und aus Zusatzleistungen, die der Passagier zu einem Flug hinzubuchen kann, um die Beförderungsleistung attraktiver zu gestalten. Der fachliche Diskurs in der Airline-Industrie über die Konkretisierung auslegungsbedürftiger Abbildungsvorschriften in den einzelnen Schritten dieses Modells befindet sich in den Anfängen. Herr König nimmt dies zum Anlass, potenzielle Auslegungs- und Anwendungsfragen für Beförderungs- und Zusatzleistungen vor dem Hintergrund der Entscheidungsnützlichkeit zu konkretisieren. Schließlich möchte er in einer Gesamtschau würdigen, inwieweit die Vorschriften des IFRS 15 eine entscheidungsnützliche Umsatzbilanzierung in der Airline-Industrie gewährleisten können.

Der Verfasser untergliedert die Dissertation dafür in fünf Kapitel. Im **ersten Kapitel** erläutert er zunächst die Problemstellung und leitet daraus das Ziel sowie den Gang seiner Untersuchung ab. Im sich anschließenden **zweiten Kapitel** konkretisiert Herr König das Betrachtungsobjekt der Arbeit, indem er ausgehend vom rechtlichen Rahmen der in einem Luftbeförderungsvertrag vereinbarten Beförderungs- und Zusatzleistungen die charakteristischen Merkmale dieser Leistungen herausarbeitet. Neben verschiedenen Kooperationsformen in der Airline-Industrie erläutert der Verfasser Besonderheiten dieser Leistungen, die die Konkretisierung der Vorschriften des IFRS 15 im vierten Kapitel beeinflussen können.

Im **dritten Kapitel** legt der Verfasser die konzeptionellen Grundlagen, die ihm für die Analyse, Konkretisierung und Beurteilung der Vorschriften des IFRS 15 dienen. Das sind zum einen das im *Conceptual Framework* formulierte Ziel der Entscheidungsnützlichkeit der im Wege der IFRS-Rechnungslegung vermittelten Informationen und die hieraus abgeleiteten qualitativen Anforderungen. Zum anderen werden die Grundzüge der Ertragskonzeption sowie die Vorschriften zum Umgang mit Auslegungs- und Anwendungsfragen nicht hinreichend konkreter Bilanzierungsvorschriften dargestellt.

Das **vierte Kapitel** bildet den Kern der Untersuchung. Herr König analysiert, konkretisiert und würdigt in diesem Teil der Arbeit die Vorschriften des IFRS 15 zur Umsatzrealisierung mit Blick auf Beförderungs- und Zusatzleistungen. Zuerst skizziert er den Hintergrund zur Entwicklung der Vorschriften des IFRS 15 (Abschnitt 41), bevor er die Zielsetzung, die Ertragskonzeption sowie den Anwendungsbereich des Standards erläutert (Abschnitt 42). In IFRS 15 ist auch die bilanzielle Behandlung von Kosten der Vertragserlangung geregelt (Abschnitt 43). Herr König diskutiert, ob diese Kosten im Rahmen eines Beförderungsvertrages als Vermögenswert zu aktivieren und über die Vertragslaufzeit abzuschreiben sind, oder ob die Erleichterungsvorschrift in Anspruch genommen werden kann, sodass die Kosten unmittelbar aufwandswirksam erfasst werden können. Er kommt zu dem Ergebnis, dass ein Flugticket grundsätzlich nicht länger als ein Jahr gültig ist und die Höhe solcher Vertragserlangungskosten, zu denen bspw. Kreditkartengebühren zählen, im Verhältnis zum Gesamtflugpreis regelmäßig gering ist. Somit wird die Ertragslage nicht wesentlich verzerrt, wenn die Erleichterungsvorschrift unter Kosten-Nutzen-Abwägungen angewendet wird.

Im Mittelpunkt der Untersuchung steht indes klar die Konkretisierung der Vorschriften zur Umsatzrealisierung für Beförderungs- und Zusatzleistungen (**Abschnitt 44**). Der Aufbau der Untersuchung orientiert sich dabei an den einzelnen Prozessschritten des Fünf-Schritte-Modells zur Umsatzrealisierung in IFRS 15, das Herr König in **Abschnitt 441.** kurz beschreibt.

Im ersten Prozessschritt des Fünf-Schritte-Modells wird der Beförderungsvertrag als Bilanzierungsobjekt im weiteren Sinne identifiziert (**Abschnitt 442.**). Herr König zeigt in diesem Kontext, dass der Beförderungsvertrag nicht nur durchsetzbare Rechte und Pflichten begründet, sondern diesem auch wirtschaftliche Substanz unterstellt werden kann. Folglich sind die Vorschriften des IFRS 15 auf die vertraglich festgelegte Laufzeit des Beförderungsvertrages anzuwenden. Die Laufzeit wird nicht durch das einseitige Kündigungsrecht des Passagiers begrenzt, da die Airline bis zur Ausübung dieses Rechts unverändert durchsetzbare Rechte und Pflichten hat. Grundsätzlich sind die Vorschriften auf der Ebene des Einzelvertrages anzuwenden. Eine freiwillige Zusammenfassung mehrerer Verträge zu einem Portfolio ist nur möglich, wenn die Airline glaubhaft vermitteln kann, dass ein solcher Portfolioansatz die Ertragslage zutreffend widerspiegelt. Abhängig von der Vielfalt der verschiedenen Beförderungsverträge ist der Nutzen dieser Erleichterungsvorschrift daher nicht immer höher als die aus dessen Anwendung resultierenden Kosten. Im Gegensatz zur freiwilligen Anwendung des Portfolioansatzes ist eine Zusammenfassung von (Beförderungs-)Verträgen verpflichtend, wenn diese wirtschaftlich voneinander abhängen. Beförderungsverträge sind standardisiert und werden grundsätzlich unabhängig voneinander geschlossen, sodass diese Verträge nicht zusammenzufassen sind. Eine glaubwürdige Darstellung der wirtschaftlichen Verhältnisse ist mithin auf Einzelvertragsebene möglich. Oftmals wird der Beförderungsvertrag hinsichtlich des Umfangs und/oder des Transaktionspreises geändert, indem Passagiere bspw. nachträglich Zusatzleistungen vereinbaren. In IFRS 15 sind an die unterschiedlichen Arten einer Vertragsänderung verschiedene Bilanzierungskonsequenzen geknüpft, die nach Auffassung des Verfassers im Kontext eines Beförderungsvertrages ohne bilanzpolitische Spielräume regelmäßig zu einer sachgerechten Abbildung führen. Damit kann eine neutrale Berichterstattung gewährleistet werden.

Nachfolgend wird in **Abschnitt 443.** die in den weiteren Prozessschritten des Fünf-Schritte-Modells zugrunde zu legende Bilanzierungseinheit identifiziert. Unabhängig von der Gestaltung eines Beförderungsvertrages begründet stets die Beförderungsleistung über einen einzelnen Flug mit etwaig vereinbarten Zusatzleistungen insgesamt eine eigenständig abgrenzbare Leistungsverpflichtung. Schließlich kann der Passagier aus dem erfolgreich durchgeführten Flug und den erbrachten Zusatzleistungen einen Nutzen ziehen. Überdies sind diese Leistungsversprechen von anderen Zusagen im Vertrag konkret abgrenzbar. Im Hinblick auf die inner- und zwischenbetriebliche Vergleichbarkeit ist ein solch klares Abgrenzungsergebnis positiv zu bewerten. Um diese Vergleichbarkeit nicht einzuschränken, sollten nach Auffassung von Herrn König Flüge innerhalb eines Beförderungsvertrages nicht als nahezu identisch klassifiziert werden, da die Airline diese sonst zu einer einzigen Leistungsverpflichtung zusammenfassen müsste. Sobald mehrere Parteien an der Leistungserbringung beteiligt sind, ist im zweiten Prozessschritt darüber hinaus die Stellung der Vertragsairline als Prinzipal oder Agent innerhalb eines Beförderungsvertrages zu identifizieren. Führt die Airline den zugesagten Flug selbst durch, ist sie stets Prinzipal. Anderenfalls arrangiert sie lediglich die Beförderungsleistung und erbringt damit eine Vermittlungsleistung. Sobald sie einen Flug aus ihrem vorhandenen Flugkontingent vermittelt, handelt sie als Prinzipal, sonst als Agent. Überdies kooperieren Airlines regelmäßig im Rahmen von strategischen Allianzen. Herr König untersucht detailliert *Interline*- und verschiedene Codesharing-Vereinbarungen hinsichtlich der Stellung der Vertragsairline im Rahmen von Beförderungsverträgen, in denen sie den Flug nicht selbst durchführt. Er kommt insgesamt zu dem Ergebnis, dass die Vertragsairline in diesen Fällen grundsätzlich als Agent tätig ist und nur im Rahmen eines sog. *Blocked Space*-Codesharing Prinzipal ist. Da solche Vereinbarungen allerdings keinem einheitlichen rechtlichen Rahmen unterliegen, weist Herr König darauf hin, dass die Fakten und Umstände der jeweiligen Vereinbarung individuell zu prüfen sind. Als Prinzipal hat die Vertragsairline Umsatzerlöse in Höhe der Gegenleistung zu erfassen, die sie für die Leistungserbringung erwartungsgemäß erhält. Handelt sie als Agent, realisiert sie Umsatzerlöse lediglich in Höhe der Kommission für die Vermittlung. Die bilanzielle Abbildung spiegelt somit den wirtschaftlichen Gehalt des jeweils zugrunde liegenden Sachverhalts wider.

Im dritten Prozessschritt analysiert, konkretisiert und beurteilt Herr König die Vorschriften zur Bestimmung des Transaktionspreises eines Beförderungsvertrages (**Abschnitt 444.**). Zwar ist das Entgelt für Beförderungs- und Zusatzleistungen vertraglich festgelegt und fix. Indes kann die Höhe des Gegenleistungsanspruchs, den die Airline für die vertragsgemäße Erfüllung der zugesagten Leistungen voraussichtlich erhält, durch verschiedene Faktoren beeinflusst werden, die Herr König beleuchtet. Solche variablen Gegenleistungsbestandteile sind nur dann im Transaktionspreis zu berücksichtigen, wenn es hoch wahrscheinlich ist, dass der Wert dieser Gegenleistung nachträglich nicht korrigiert werden muss. Der Verfasser spricht sich im Zusammenhang mit Ausgleichsleistungen, die eine Airline bei einer erheblichen Verspätung erbringen muss, dafür aus, nicht den Transaktionspreis und somit die Höhe der Umsatzerlöse zu reduzieren, sondern eine Rückstellung anzusetzen. Schließlich ist es auf Ebene des Einzelvertrages wahrscheinlicher, dass eine Airline keine Ausgleichsleistung an den Passagier entrichten muss, als ein erheblich verspäteter Flug mit einem geltend gemachten Anspruch auf eine Ausgleichsleistung seitens des Passagiers. Variable Gegenleistungen in Form von Rabatten und aufgrund des Widerrufsrechts für im Bordshop verkaufte Güter können hingegen regelmäßig hinreichend sicher geschätzt werden und sind damit im Transaktionspreis zu berücksichtigen. Beeinflusst werden kann die Höhe der Gegenleistung überdies durch weitere Einflussfaktoren, wie z. B. Werbekostenzuschüsse. Herr König diskutiert verschiedene Bilanzierungsformen, kommt aber insgesamt zu dem Ergebnis, dass mithilfe der Vorschriften des IFRS 15 ein Transaktionspreis bestimmt werden kann, der das Ertragspotenzial aus den zugesagten Beförderungs- und Zusatzleistungen realitätsgetreu widerspiegelt.

Der Transaktionspreis wird im vierten Prozessschritt grundsätzlich nach Maßgabe der relativen Einzelveräußerungspreise den einzelnen Flügen inklusive den jeweils vereinbarten Zusatzleistungen zugeordnet (**Abschnitt 445.**). Da der Einzelveräußerungspreis eines Fluges bereits regelmäßig zum Zeitpunkt des Vertragsabschlusses für andere Zwecke dokumentiert wird und der einer Zusatzleistung i. d. R. fix ist, kann eine Airline den Transaktionspreis grundsätzlich ohne Ermessensausübung auf die einzelnen Flüge aufteilen. Von dieser pauschalen Aufteilung des Transaktionspreises sind variable Gegenleistungen und fixe Preisnachlässe ausgenommen, sofern diese aus wirtschaftlicher Sicht nur einzelnen Flügen zuzuordnen sind. Eine Airline kann mithin den Transaktionspreis den eigenständig abgrenzbaren Leistungsverpflichtungen zuordnen, sodass diese dem Wert der Gegenleistung entsprechen, auf die die Airline erwartungsgemäß einen Anspruch hat.

In **Abschnitt 446.** erörtert Herr König, ob Umsatzerlöse aus Beförderungs- und Zusatzleistungen zeitraum- oder zeitpunktbezogen zu realisieren sind. Da die zugesagte Beförderungsleistung keinen alternativen Nutzen und die Airline einen durchsetzbaren Zahlungsanspruch gegenüber dem Passagier hat, wird ein zeitraumbezogener Kontrollübergang unterstellt. Eine Airline hat folglich den Leistungsfortschritt einer eigenständig abgrenzbaren Leistungsverpflichtung mittels einer einzigen Methode zu bestimmen, wobei die Umsatzerlöse unter Kosten-Nutzen-Abwägungen proportional über die Dauer des Fluges zu erfassen sind. Herr König diskutiert unter konzeptionellen Gesichtspunkten auch eine seiner Auffassung nach unzulässige zeitpunktbezogene Umsatzrealisierung und zeigt, dass sich die Höhe der realisierten Umsatzerlöse in einer Berichtsperiode nicht wesentlich gegenüber einer zeitraumbezogenen Umsatzrealisierung unterscheidet. Im Hinblick auf die Vergleichbarkeit ist dieser Umstand positiv zu bewerten. Sobald ein Passagier seine Ansprüche in einem Beförderungsvertrag hinreichend sicher nicht geltend macht, hat die Airline den Betrag als Umsatzerlös zu realisieren. Dies bildet den wirtschaftlichen Gehalt des zugrunde liegenden Geschäftsvorfalls realitätsgetreu ab. Die Vorschriften des IFRS 15 für die einzelnen Prozessschritte bilden insgesamt eine geeignete Grundlage, um entscheidungsnützliche Informationen über die erbrachten Beförderungs- und Zusatzleistungen zu vermitteln.

Im **fünften Kapitel** fasst der Verfasser die wesentlichen Erkenntnisse seiner Untersuchung abschließend zusammen und gibt einen kurzen Ausblick auf die Zukunft hinsichtlich der standardkonformen Umsetzung der Vorschriften des IFRS 15 zur Umsatzrealisierung aus Beförderungs- und Zusatzleistungen.

Insgesamt wird in der vorgelegten Arbeit ausgesprochen differenziert argumentiert. Dabei orientiert sich der Verfasser konsequent an den einschlägigen Auslegungskriterien. Die dazu erforderlichen Grundlagen werden in der angemessenen Kürze, aber prägnant gelegt. Besonders hilfreich sind dabei die sehr gut gewählten Beispiele, da die Betrachtung des neuen und teilweise recht komplexen Standards zur Umsatzrealisierung ansonsten ausgesprochen abstrakt hätte bleiben müssen. Die Analyse ist dann sehr breit angelegt und gründlich. Sie deckt zudem eine Vielzahl von technischen Details ab. Die klare Grund-Systematik anhand der fünf Stufen des neuen Standards ist im Standard selbst angelegt. Gleichwohl füllt der Verfasser die Argumentation der verschiedenen Stufen mit zahlreichen einzelnen Aspekten. Vor dem Hintergrund der Komplexität der Sachverhalte und der Regelungen gelingt es dem Verfasser ausgezeichnet, die Schwerpunkte innerhalb der jeweiligen Stufe zu legen und dort die Einzelfragen systematisch abzuarbeiten. Besonders hervorzuheben ist diese Leistung vor dem Hintergrund der aktuell teilweise noch sehr dürftigen Literaturgrundlage und der Entwicklung des Standards während der Entstehung der Arbeit. Die vorgelegte Arbeit dürfte daher sowohl die Umsetzung des IFRS 15 in der Praxis als auch die weitere Diskussion um die Umsatzrealisierung nach IFRS nachdrücklich beeinflussen.

Münster, im Juni 2018 — Prof. Dr. Hans-Jürgen Kirsch

Vorwort des Verfassers

Die vorliegende Arbeit entstand während meiner Tätigkeit als wissenschaftlicher Mitarbeiter am Institut für Rechnungslegung und Wirtschaftsprüfung (IRW) der Westfälischen Wilhelms-Universität Münster und meiner Tätigkeit als fachlicher Mitarbeiter der Ernst & Young GmbH Wirtschaftsprüfungsgesellschaft, Düsseldorf. Sie wurde von der Wirtschaftswissenschaftlichen Fakultät im Mai 2018 als Dissertation angenommen.

An dieser Stelle möchte ich mich bei denjenigen ganz herzlich bedanken, die mich während meiner Promotionszeit auf vielfältige Weise unterstützt haben. Ein ganz besonderer Dank gilt dabei meinem verehrten akademischen Lehrer und Doktorvater, Herrn Prof. Dr. Hans-Jürgen Kirsch, für das mir entgegengebrachte Vertrauen und sein Interesse an meinem Forschungsthema. Seine ständige Diskussionsbereitschaft und die damit verbundenen wertvollen Anregungen haben die vorliegende Arbeit in hohem Maße gefördert. Ferner möchte ich mich bei Herrn Prof. Dr. Dr. h. c. Klaus Backhaus für die Übernahme des Zweitgutachtens und Frau Prof. Dr. Theresia Theurl für ihr Mitwirken in der Promotionskommission bedanken. Für die Unterstützung vonseiten der Ernst & Young GmbH Wirtschaftsprüfungsgesellschaft bedanke ich mich stellvertretend bei Herrn WP/StB Prof. Dr. Peter Oser, Frau WP Christiane Hold und Herrn WP/CPA Prof. Dr. Sven Hayn sowie dem Team der HGB-Grundsatzabteilung.

Gleichermaßen ist es mir ein wichtiges Anliegen, meinen (ehemaligen) Kollegen des IRW für die angenehme Zusammenarbeit zu danken. Namentlich hervorheben möchte ich Herrn Dr. Frederik Engelke und Herrn Yannic Dust, M.Sc., die während der Erstellung meiner Dissertation stets kritische Diskussionspartner waren und konstruktive Ideen hatten. Ihre wertvollen Anmerkungen haben erheblich zur Qualität dieser Arbeit beigetragen. Auch dem unermüdlichen Einsatz der wissenschaftlichen Hilfskräfte des IRW bin ich zu großem Dank verpflichtet. Ohne ihre Unterstützung bei der Literaturbeschaffung wäre ein solch effizienter Schreibprozess nicht möglich gewesen.

Ein ebenso großer Dank gilt meiner lieben Frau Kathi, die durch ihre lebensfrohe, optimistische, verständnisvolle und fürsorgliche Art der größte Rückhalt während der Promotionsphase war. Schließlich möchte ich mich von ganzem Herzen auch bei meinen Eltern und meiner Schwester für ihre bedingungslose Unterstützung und das mir geschenkte Vertrauen bedanken.

Münster, im Juni 2018 — Christoph König

Inhaltsübersicht

Inhaltsverzeichnis

Abbildungsverzeichnis

Abkürzungsverzeichnis

A

a. A./A. A.	anderer Auffassung
Abacus	A Journal of Accounting, Finance and Business Studies (Zeitschrift)
ABB	Allgemeine Beförderungsbedingungen
ABl.	Amtsblatt
Abs.	Absatz
Abt.	Abteilung
ADS	Adler/Düring/Schmaltz
AEUV	Vertrag über die Arbeitsweise der Europäischen Union
a. F.	alte Fassung
AG	Amtsgericht
AGB	Allgemeine Geschäftsbedingungen
AGG	Allgemeines Gleichbehandlungsgesetz
AICPA	American Institute of Certified Public Accountants
Alt.	Alternative
Anm. d. Verf.	Anmerkung des Verfassers
Art.	Artikel
ASB	Accounting Standards Board
ASC	Accounting Standards Codification
AT	Allgemeiner Teil
Aufl.	Auflage

B

BB	Betriebs-Berater (Zeitschrift)
BBK	Zeitschrift für Buchführung, Bilanzierung, Kostenrechnung
BC	Basis for Conclusions (i. V. m. IFRS-Fundstellen)
Bd.	Band
BeckRS	Online-Rechtsprechungssammlung des Beck-Verlages
BFH	Bundesfinanzhof
BFuP	Betriebswirtschaftliche Forschung und Praxis (Zeitschrift)
BGB	Bürgerliches Gesetzbuch
BGBl.	Bundesgesetzblatt
BGH	Bundesgerichtshof
BilReG	Bilanzrechtsreformgesetz
BilRUG	Bilanzrichtlinie-Umsetzungsgesetz
BMVI	Bundesministerium für Verkehr und digitale Infrastruktur
bspw.	beispielsweise
BT-Drucks.	Bundestag-Drucksache

Buchst.	Buchstabe
bzw.	beziehungsweise

C

CA	Chicagoer Abkommen
ca.	circa
CF	Conceptual Framework
CIM	Einheitliche Rechtsvorschriften für den Vertrag über die internationale Eisenbahnbeförderung von Gütern
CMNI	Budapester Übereinkommen vom 22.06.2001 über den Vertrag über die Güterbeförderung in der Binnenschifffahrt
CMR	Übereinkommen vom 19.05.1956 über den Beförderungsvertrag im internationalen Straßengüterverkehr
Co.	Compagnie

D

DB	Der Betrieb (Zeitschrift)
DCF	Discounted Cash-Flow
d. h.	das heißt
DHL	DalseyHillblomLynn
DP	Discussion Paper
DRS	Deutscher Rechnungslegungsstandard
DRSC	Deutsches Rechnungslegungs Standards Committee e. V.
DStR	Deutsches Steuerrecht (Zeitschrift)

E

ED	Exposure Draft
EFRAG	European Financial Reporting Advisory Group
EG	Europäische Gemeinschaft
EGBGB	Einführungsgesetz zum Bürgerlichen Gesetzbuch
EITF	Emerging Issues Task Force
engl.	englisch
ErbbauRG	Erbbaurechtsgesetz
ERP	Enterprise-Resource-Planning
ESMA	European Securities and Markets Authority (Europäische Wertpapier- und Marktaufsichtsbehörde)
EStG	Einkommensteuergesetz
EU	Europäische Union
EuGH	Europäischer Gerichtshof
EUR	Euro
EUV	Vertrag über die Europäische Union

e. V.	eingetragener Verein
EWG	Europäische Wirtschaftsgemeinschaft
EY	Ernst & Young

F

f.	folgende (Randnummer, Seite)
FASB	Financial Accounting Standards Board
FAZ	Frankfurter Allgemeine Zeitung
FB	Finanz-Betrieb (Zeitschrift)
ff.	folgende (Jahre, Paragraphen)
FRC	Financial Reporting Council

G

GAAP	Generally Accepted Accounting Principles
ggf.	gegebenenfalls
GmbH	Gesellschaft mit beschränkter Haftung
GoB	Grundsätze ordnungsmäßiger Buchführung
GoBD	Grundsätze zur ordnungsmäßigen Führung und Aufbewahrung von Büchern, Aufzeichnungen und Unterlagen in elektronischer Form sowie zum Datenzugriff
GPR	Zeitschrift für das Privatrecht der Europäischen Union
GPS	Global Positioning System
GRUR-Prax	Gewerblicher Rechtsschutz und Urheberrecht, Praxis im Immaterialgüter- und Wettbewerbsrecht (Zeitschrift)
GuV	Gewinn- und Verlustrechnung

H

HdJ	Handbuch des Jahresabschlusses in Einzeldarstellungen
HGB	Handelsgesetzbuch
Hrsg.	Herausgeber
hrsg. v.	herausgegeben von

I

IAS	International Accounting Standard(s)
IASB	International Accounting Standards Board
IASC	International Accounting Standards Committee
IAS-VO	IAS-Verordnung
IATA	International Air Transport Association
IAWG	Industry Accounting Working Group der IATA
ICAN	International Commission for Air Navigation
ICAO	International Civil Aviation Organization

i. d. F.	in der Fassung
i. d. R.	in der Regel
IDW	Institut der Wirtschaftsprüfer in Deutschland e. V.
IE	Illustrative Examples (i. V. m. IFRS-Fundstellen)
IFRIC	International Financial Reporting Interpretations Committee
IFRS	International Financial Reporting Standard(s)
IFRS IC	IFRS Interpretations Committee (vormals IFRIC)
IIA	IATA Intercarrier Agreement
IMF	International Monetary Fund
IN	Introduction (i. V. m. IFRS-Fundstellen)
IRZ	Zeitschrift für Internationale Rechnungslegung
i. S. d.	im Sinne der, des
i. S. e.	im Sinne einer
IV	Internationales Verkehrswesen (Zeitschrift)
i. V. m.	in Verbindung mit
IWRZ	Zeitschrift für Internationales Wirtschaftsrecht

J

JAR	Journal of Accounting Research (Zeitschrift)
JoA	Journal of Accountancy (Zeitschrift)
JuS	Juristische Schulung (Zeitschrift)
JZ	Juristen Zeitung

K

Kap.	Kapitel
KLM	Koninklijke Luchtvaart Maatschappij (niederländisch für Königliche Luftfahrtgesellschaft)
km	Kilometer
KoR	Zeitschrift für internationale und kapitalmarktorientierte Rechnungslegung
KPMG	Klynveld Peat Marwick Goerdeler

L

LBA	Luftfahrt-Bundesamt
LG	Landgericht
LuftVG	Luftverkehrsgesetz

M

M&A	Mergers and Acquisitions
Marketing ZFP	Marketing: Zeitschrift für Forschung und Praxis
MDR	Monatsschrift für deutsches Recht (Zeitschrift)
MÜ	Montrealer Übereinkommen

MüKo	Münchener Kommentar
m. w. N.	mit weiteren Nachweisen

N

n/a	nicht anwendbar
NJW	Neue Juristische Wochenschrift (Zeitschrift)
NJW-RR	NJW-Rechtsprechungs-Report Zivilrecht (Zeitschrift)
No.	Number
NordÖR	Zeitschrift für öffentliches Recht in Norddeutschland
Nr.	Nummer
NZV	Neue Zeitschrift für Verkehrsrecht

O

OLG	Oberlandesgericht
o. V.	ohne Verfasser
OVG	Oberverwaltungsgericht

P

PiR	Praxis der internationalen Rechnungslegung (Zeitschrift)
ProstG	Prostitutionsgesetz
PwC	PricewaterhouseCoopers

R

RdTW	Recht der Transportwirtschaft (Zeitschrift)
ReWir	Recklinghäuser Beiträge zu Recht und Wirtschaft (Zeitschrift)
RIW	Recht der Internationalen Wirtschaft (Zeitschrift)
Rn.	Randnummer
RRa	ReiseRecht aktuell (Zeitschrift)
Rs.	Rechtssache

S

S.	Seite
SDR	Special Drawing Right (Sonderziehungsrecht)
SEC	United States Securities and Exchange Commission
SIC	Standing Interpretations Committee
sog.	sogenannte(n/r/s)
SP	Status and Purpose (i. V. m. IFRS-Fundstellen)
ST	Der Schweizer Treuhänder (Zeitschrift)
StuB	Steuer- und Bilanzpraxis (Zeitschrift)
StuW	Steuer und Wirtschaft (Zeitschrift)

T

TranspR	Transportrecht (Zeitschrift)
TRG	Transition Resource Group
TV	Technischer Vertrieb

U

u. a.	unter anderem, und andere
Unterabs.	Unterabsatz
UNTS	United Nations Treaty Series
US	United States
USA	United States of America
US-GAAP	United States-Generally Accepted Accounting Principles

V

VersR	Zeitschrift für Versicherungsrecht, Haftungs- und Schadensrecht
vgl.	vergleiche
VO	Verordnung
vs.	versus
VuR	Verbraucher und Recht (Zeitschrift)

W

WA	Warschauer Abkommen
WEG	Wohnungseigentumsgesetz
WI	Wirtschaftsinformatik (Zeitschrift)
WKZ	Werbekostenzuschuss
WPg	Die Wirtschaftsprüfung (Zeitschrift)

Z

z. B.	zum Beispiel
ZEuS	Zeitschrift für Europarechtliche Studien
ZfB	Zeitschrift für Betriebswirtschaft
ZfbF	Zeitschrift für betriebswirtschaftliche Forschung
ZfhF	Zeitschrift für handelswirtschaftliche Forschung
ZfPW	Zeitschrift für die gesamte Privatrechtswissenschaft
ZIP	Zeitschrift für Wirtschaftsrecht
ZLW	Zeitschrift für Luft- und Weltraumrecht
ZVglRWiss	Zeitschrift für Vergleichende Rechtswissenschaft

1 Einleitung

11 Problemstellung und Ziel der Untersuchung

„The most unusual characteristic of the airline industry is its revenue cycle.“[1]

Umsatzerlöse aus der Veräußerung von Gütern und Dienstleistungen sind der „Motor des Unternehmens“[2]. Deshalb haben sie in der Finanzberichterstattung eine **zentrale Bedeutung**.[3] Schließlich können die Abschlussadressaten mit diesem entscheidungsrelevanten finanziellen Leistungsindikator zum einen bereits erbrachte Leistungen des bilanzierenden Unternehmens beurteilen.[4] Zum anderen können sie aber auch dessen künftige Einzahlungsüberschüsse und somit dessen wirtschaftliche Entwicklung einschätzen. Die Umsatzrealisierung zählt zu den komplexesten Prozessen in der Finanzberichterstattung, bei der fehlerhafte oder unvollständige Informationen im Abschluss erhebliche Auswirkungen auf die Analyse der Ertragslage haben können.[5] Dies zeigten in der Vergangenheit eindrucksvoll die bilanzpolitisch motivierten Manipulationen der Rechnungslegung im Zusammenhang mit der Umsatzrealisierung.[6]

Nach der jahrelangen Entwicklung und zahlreichen Diskussionen in der Fachwelt sind die Vorschriften des IFRS 15 zur Umsatzrealisierung nun für Geschäftsjahre, die nach dem 31.12.2017 beginnen, verpflichtend anzuwenden.[7] Sie gelten branchen- und geschäftsartenübergreifend.[8] Die Vorschriften haben zum Ziel, stärker als bisher Prinzipien zur Umsatzrealisierung bereitzustellen.[9] So fordert das **Kernprinzip** des IFRS 15 eine **Umsatzrealisierung** in Höhe der Gegenleistung, die das bilanzierende Unternehmen im Gegenzug für seine erbrachten Leistungen erwartungsgemäß erhält.[10] Leistungen sind erbracht, wenn die Kontrolle über den Vermögenswert auf den Kunden übergeht.[11] Um dieses Kernprinzip zu befolgen, schafft der Board in

---

1 ASC 908-10-05-3.

2 ELLINGHORST, P., Kennzahlenkatalog für die Bilanzanalyse und Bilanzkritik, S. 295.

3 Vgl. statt vieler bspw. FISCHER, D. T., Entscheidungsnützlichkeit von IFRS-Abschlüssen, S. 123; FLEISCHHAUER, L./GRABE, J., Umsatzrealisierung und Erlösabgrenzung nach IFRS 15, IAS 11 und HGB, S. 1; BERGER, F., Strategisches Management der Umsatzerlöse, S. 1-3.

4 Vgl. hier und im folgenden Satz statt vieler bspw. TURNER, L. E., Revenue Recognition; BRAUN, M./FISCHER, C./ROOS, B., Umsatzrealisierung nach HGB und IFRS, S. 803; KÜTING, K./LAM, S., Umsatzrealisierung dem Grunde nach, S. 2348; WÜSTEMANN, J./KIERZEK, S., Revenue Recognition, S. 69; KÜTING, K./WEBER, C.-P./PILHOFER, J., Umsatzrealisation als bilanzpolitisches Instrumentarium im Rahmen des Gewinnmanagements, S. 318 f.; SCHOO, L., Umsatzrealisierung nach IFRS, S. 1; KÜTING, K., Jahresabschlußanalyse als Kennzahlenrechnung, S. 1324.

5 Vgl. BERGER, F., Strategisches Management der Umsatzerlöse, S. 2; BUSCH, J./BOECKER, C., Risikominimierung bzw. Risikovermeidung bei der Umsatzrealisierung, S. 93.

6 Vgl. BAETGE, J./KIRSCH, H.-J./THIELE, S., Bilanzanalyse, S. 382 f.; vgl. zu bisherigen Manipulationen der Umsatzerlöse z. B. PEEMÖLLER, V. H./KREHL, H./HOFMANN, S., Bilanzskandale, S. 205 f.

7 Vgl. statt vieler bspw. GROTE, A./HOLD, C./PILHOFER, J., IFRS 15 (Teil 1), S. 405; BREIDENBACH, K., Umsatzerlöse nach IFRS 15, S. 631; IFRS 15.C1.

8 Vgl. IFRS 15.IN5 (c); IFRS 15.1. Vgl. zum Anwendungsbereich ausführlich Abschnitt 42.

9 Vgl. IFRS 15.1; IFRS 15.IN4.

10 Vgl. IFRS 15.2.

11 Vgl. IFRS 15.31.

IFRS 15 ein **fünfschrittiges Modell.**[12] Demnach muss der Bilanzierende erstens den Kundenvertrag und zweitens die in ihm enthaltenen Leistungsverpflichtungen identifizieren.[13] Drittens ist der Gesamttransaktionspreis zu bestimmen und im vierten Schritt auf die identifizierten Leistungsverpflichtungen aufzuteilen.[14] Abschließend ist der Zeitpunkt des Kontrollübergangs und damit der Umsatzrealisierungszeitpunkt zu bestimmen.

Bei der Anwendung der Vorschriften des IFRS 15 bestehen in den einzelnen Prozessschritten des Fünf-Schritte-Modells zur Umsatzrealisierung **Auslegungs- und Anwendungsfragen.**[15] Das Ausmaß dieser Auslegungs- und Anwendungsfragen hängt von der Komplexität des Geschäftsmodells bzw. des zugrunde liegenden Umsatzrealisierungsprozesses ab.[16] Die Umsatzrealisierung zählt in der **Airline-Industrie** zu den anspruchsvollsten und komplexesten bilanziellen Herausforderungen.[17] Das indiziert, dass es in der Airline-Industrie verschiedene Auslegungs- und Anwendungsfragen gibt, für die die Vorschriften des IFRS 15 in den einzelnen Prozessschritten konkretisiert werden müssen.[18] Schließlich sollen die Vorschriften zur Umsatzrealisierung eine hohe Qualität der Finanzberichterstattung gewährleisten, um den Adressaten klare, glaubwürdige und konsistente Informationen zu vermitteln.[19] Hierzu müssen die Vorschriften zur Umsatzrealisierung nach IFRS 15 einheitlich in die Praxis umgesetzt werden.[20]

---

12 Vgl. IFRS 15.IN7; EY (Hrsg.), Implementing IFRS 15, S. 1.

13 Vgl. IFRS 15.IN7 (a)-(b).

14 Vgl. hier und im folgenden Satz IFRS 15.IN7 (c)-(e).

15 Das haben auch der IASB und FASB frühzeitig erkannt. So haben sie unmittelbar nach Veröffentlichung des Standards die sog. *Joint Transition Resource Group for Revenue Recognition* (TRG) gegründet, um auf Anwendungsfragen der Bilanzierungspraxis reagieren zu können. Vgl. IASB/FASB (Hrsg.), Gründung der TRG for Revenue Recognition.

16 Vgl. GRUSS, C., IFRS 15: Implementation Challenges, S. 5 f.

17 Vgl. AICPA (Hrsg.), Airlines, Art. 2.02; FRANZ, C., Rechnungslegung einer Fluggesellschaft, S. 85; KPMG (Hrsg.), Recognition of Revenue in the Global Airline Industry, S. 3; BARTKE, P./CLEOPHAS, C./ZIMMERMANN, B., Complexity in Airline Revenue Management, S. 36-45.

18 Vgl. GUFFROY, S., Key IFRS Challenges for the Industry, S. 6 f.; DICKSON, D., Key IFRS Challenges for the Industry, S. 30; KPMG (Hrsg.), IFRS 15 for Airlines, S. 1; EY (Hrsg.), How the new Revenue Standard affects Airlines, S. 1. Die AICPA hat für die Beantwortung von Auslegungs- und Anwendungsfragen die *Airlines Revenue Recognition Task Force* gegründet. Beim AICPA handelt es sich um den amerikanischen Berufsverband der *Certified Public Accountants*. Vgl. AICPA (Hrsg.), About the AICPA; AICPA (Hrsg.), Airlines Revenue Recognition Task Force. Die *Task Force* hat die Vorschriften zur Umsatzrealisierung nach US-GAAP (ASC 606) konkretisiert. Da der Standard zur Umsatzrealisierung im Rahmen eines Konvergenzprojektes entwickelt wurde, sind die Vorschriften nach IFRS und US-GAAP im Wesentlichen vergleichbar. Vgl. IFRS 15.IN6, .IN9, .BCA1-A2. Aber auch die *Industry Accounting Working Group* der IATA hat sich in diesem Kontext mit den Vorschriften gemäß IFRS 15 im Kontext der Airline-Industrie auseinandergesetzt. Die IATA ist der Branchenverband vieler Airlines (zurzeit ca. 280 Airlines), der seine Mitglieder in verschiedenen industriespezifischen Fragestellungen und Sachverhalten unterstützt. Vgl. IATA (Hrsg.), About us; IATA (Hrsg.), IAWG Accounting Guides.

19 Vgl. IFRS 15.IN1; vgl. allgemein ZÜLCH, H., Finanzinformationen, S. 210; HOOGERVORST, H., Financial Statements are Communication Tools, S. M3.

20 Vgl. ESMA (Hrsg.), Issues for Consideration in Implementing IFRS 15, Rn. 1; ESMA (Hrsg.), Enforcement Priorities for IFRS, S. 1 f.

Umsatzerlöse beeinflussen die Ertragslage gegenüber anderen Positionen in der Ergebnisrechnung regelmäßig stark. Den größten Anteil an den **Umsatzerlösen der hier betrachteten Passagierairlines** hat grundsätzlich der Passagierluftverkehr.[21] So machte bereits im Jahr 2016 rechnerisch jeder zweite Mensch auf der Welt eine Flugreise.[22] Innerhalb der nächsten zwanzig Jahre wird sich die Zahl der weltweiten Flugpassagiere voraussichtlich verdoppeln, sodass sich die Umsatzerlöse aus Beförderungsleistungen signifikant erhöhen werden.[23] Neben der originären Beförderungsleistung gewinnen Zusatzleistungen, wie z. B. Sitzplatzreservierungen, an Bedeutung.[24] Mit diesen Services vor, während oder nach einem Flug kann die Beförderungsleistung nämlich attraktiver gestaltet werden.[25] Umsatzerlöse aus Beförderungs- und Zusatzleistungen sind somit zentrale Bestandteile im Umsatzrealisierungsprozess einer Passagierairline und beeinflussen maßgeblich deren Ertragslage.

Spezifische Fakten und Umstände im Rahmen von Beförderungs- und Zusatzleistungen können mit erheblichen Ermessens- und Interpretationsspielräumen mit Blick auf die Umsatzrealisierung verbunden sein. Der fachliche Diskurs über die Konkretisierung auslegungsbedürftiger Abbildungsvorschriften des IFRS 15 in der Airline-Industrie befindet sich jedoch noch in den Anfängen. Daher ist es das **Ziel der vorliegenden Arbeit**, potenzielle Auslegungs- und Anwendungsfragen in den einzelnen Prozessschritten des IFRS 15 für Beförderungs- und Zusatzleistungen standardkonform vor dem Hintergrund der Entscheidungsnützlichkeit zu konkretisieren und zu beurteilen. In dieser Arbeit werden die Vorschriften aus konzeptioneller Sicht untersucht, sodass das *Conceptual Framework* als Beurteilungsrahmen dient. Um das konzeptionelle Verständnis für die Umsatzrealisierung nach IFRS 15 im Allgemeinen sowie im Kontext von Beförderungs- und Zusatzleistungen im Besonderen zu verbessern, werden die einzelnen Vorschriften in den Prozessschritten auch allgemein beschrieben und kritisch analysiert. In der Gesamtschau soll abschließend gewürdigt werden, inwieweit die Vorschriften gemäß IFRS 15 eine glaubwürdige und relevante Umsatzbilanzierung in der Airline-Industrie ermöglichen.

21 Vgl. statt vieler bspw. DEUTSCHE LUFTHANSA (Hrsg.), Anteil der Geschäftsfelder von Lufthansa am Außenumsatz des Konzerns; AIR FRANCE-KLM (Hrsg.), Umsatz von Air France-KLM nach Segmenten bis 2017. Airlines, die ausschließlich Frachtfluggesellschaften sind, wie z. B. DHL Aviation, sind nicht Gegenstand dieser Arbeit.

22 Vgl. DEUTSCHE FLUGSICHERUNG (Hrsg.), Luftverkehr in Deutschland, S. 14.

23 Vgl. IATA (Hrsg.), Prognostizierte Anzahl der weltweiten Flugpassagiere in den Jahren 2017 bis 2036.

24 Vgl. ausführlich Abschnitt 24. Vgl. IDEAWORKSCOMPANY (Hrsg.), Yearbook of Ancillary Revenue, S. 5 und 8; IDEAWORKSCOMPANY (Hrsg.), Zusatzumsätze weltweiter Airlines; IDEAWORKSCOMPANY (Hrsg.), Anteil der Zusatzumsätze weltweiter Airlines; IDEAWORKSCOMPANY (Hrsg.), Airlines mit den höchsten Zusatzumsätzen pro Passagier; KOTOWSKI, T., Europas Fluggesellschaften sind bei Zusatzgebühren Spitze, S. 23.

25 Vgl. MEFFERT, H./BRUHN, M./HADWICH, K., Dienstleistungsmarketing, S. 277; CONRADY, R./FICHERT, F./STERZENBACH, R., Luftverkehr, S. 422-425. Zahlreiche Airlines bieten ihren Passagieren auch Treueprogramme an. Diese Art von Zusatzleistungen ist nicht Gegenstand dieser Arbeit. In dieser Arbeit werden ausschließlich freiwillige Zusatzleistungen berücksichtigt, die unmittelbar mit der Beförderungsleistung zusammenhängen. Vgl. zu den verschiedenen Arten von Zusatzleistungen Abschnitt 24.

12 Gang der Untersuchung

Die vorliegende Arbeit untergliedert sich in fünf Kapitel. Im Anschluss an die einleitenden Ausführungen (erstes Kapitel) wird im **zweiten Kapitel** zur Vorbereitung auf die Untersuchung das Betrachtungsobjekt der Arbeit konkretisiert. Es werden die konstituierenden Merkmale, Motive sowie Arten von Beförderungs- und Zusatzleistungen erläutert. Dem vorangehend werden die hierfür relevanten rechtlichen Grundlagen zur Personenbeförderung in der Airline-Industrie vorgestellt.

Im **dritten Kapitel** wird der konzeptionelle Rahmen für die Analyse, Konkretisierung und Beurteilung der Vorschriften gemäß IFRS 15 gespannt. Neben Ausführungen zu dem im *Conceptual Framework* verankerten Ziel der Entscheidungsnützlichkeit der vermittelten Informationen sowie den hieraus abgeleiteten qualitativen Anforderungen an die Informationen eines IFRS-Abschlusses werden die Grundzüge der Ertragskonzeption skizziert. Die Ertragskonzeption ist das theoretische Fundament, mit dem die Umsatzrealisierung an einem zuvor definierten Ziel ausgerichtet wird. Ferner werden die Vorschriften zum Umgang mit Auslegungs- und Anwendungsfragen erläutert, um diesen Fragen im Hauptteil der Arbeit standardkonform begegnen zu können.

Das **vierte Kapitel** bildet den Hauptteil der Arbeit. Zuerst wird der Hintergrund zur Entwicklung der Vorschriften des IFRS 15 zur Umsatzrealisierung skizziert (Abschnitt 41). In einem zweiten Schritt werden dann die Zielsetzung, die Ertragskonzeption sowie der Anwendungsbereich des Standards erläutert, um dessen Konzeption deutlich zu machen (Abschnitt 42). Da IFRS 15 auch Vorschriften zur Bilanzierung von Vertragserlangungskosten enthält, werden diese tiefergehend beleuchtet und für Beförderungsverträge standardkonform konkretisiert (Abschnitt 43). Im Fokus der Betrachtung stehen indes klar die Vorschriften zur Umsatzrealisierung aus Beförderungsverträgen (Abschnitt 44). Zunächst werden die Vorschriften zur Umsatzrealisierung beschrieben sowie mit Blick auf die Zielsetzung und die daraus abgeleiteten qualitativen Anforderungen der IFRS-Rechnungslegung kritisch analysiert. Überdies werden die Vorschriften für Beförderungs- und Zusatzleistungen standardkonform konkretisiert und vor dem Hintergrund der Entscheidungsnützlichkeit beurteilt. Die Vorgehensweise orientiert sich dabei an den einzelnen Prozessschritten des für die Umsatzbilanzierung nach IFRS 15 charakteristischen Fünf-Schritte-Modells (Unterabschnitt 442.-446.), das in Unterabschnitt 441. vorgestellt wird. Dieses systematische Vorgehen ermöglicht es, nicht nur den in der Theorie und Praxis bereits identifizierten, sondern auch potenziellen Auslegungs- und Anwendungsfragen zu begegnen. Die Untersuchung der fünf Prozessschritte endet jeweils mit einer abschließenden Würdigung, in der wesentliche Ergebnisse vor der Entscheidungsnützlichkeit der mit diesen konkretisierten Vorschriften vermittelten Informationen gespiegelt werden.

Die Arbeit schließt im **fünften Kapitel** mit einer Zusammenfassung der zentralen Erkenntnisse und einem kurzen Ausblick auf die Umsetzung der konkretisierten Vorschriften zur Umsatzrealisierung nach IFRS 15.

2 Rechtliche Rahmenbedingungen in der Airline-Industrie und Grundlagen der Beförderungs- und Zusatzleistungen

21 Vorbemerkungen

Die Grund- bzw. Kernleistung in der Airline-Industrie ist die entgeltliche oder unentgeltliche **Beförderung** von Personen auf dem Luftweg vom Ausgangsort zum Zielort.[26] Vor Beginn, während und nach Beendigung eines Fluges wird diese Grundleistung regelmäßig um **Zusatzleistungen** ergänzt.[27] Diese sind Dienstleistungen, die im Zusammenhang mit der Grundleistung stehen, wie z. B. eine Sitzplatzreservierung, ein gegenüber anderen Passagieren bevorzugter Check-in bzw. bevorzugtes Boarding, Speisen und Getränke während des Fluges oder das Bordunterhaltungsprogramm.[28] Fluggesellschaften bilden aus der Beförderungsleistung und den Zusatzleistungen eine Servicekette, um ein differenziertes Leistungsangebot machen zu können.[29] Im Folgenden werden zuerst der rechtliche Hintergrund von Beförderungs- und Zusatzleistungen einer Airline sowie damit verbundene Rechte und Pflichten erläutert (Abschnitt 22), bevor ausgewählte Fakten und Umstände über Beförderungs- und Zusatzleistungen einer Airline beschrieben werden, die die Umsatzrealisierung nach IFRS 15 unterschiedlich beeinflussen können (Abschnitt 23 und 24).

22 Rechtlicher Rahmen

221. Überblick

Die Airline-Industrie unterliegt aufgrund des grenzüberschreitenden Luftverkehrs sowohl nationalen als auch internationalen rechtlichen Bestimmungen.[30] Abhängig vom Regelungsgegenstand sind die Rechtsvorschriften des öffentlichen bzw. des privaten Luftverkehrsrechts einschlägig.[31] Das **öffentliche Luftverkehrsrecht** regelt die Rechtsbeziehungen zwischen Hoheitsträgern, bspw. zwischen der europäischen und der nationalen Ebene, sowie zwischen dem Staat als Hoheitsträger und den Privaten, also Unternehmen und Bürgern.[32] Dagegen werden im **privaten Luftverkehrsrecht** die Rechte und Pflichten der Privaten untereinander

---

26 Vgl. ZANTKE, S., ABC des Luftverkehrs, S. 94. In dieser Arbeit ist der Personenluftverkehr das Untersuchungsobjekt. Der Luftfrachtverkehr, dessen Grundleistung die Beförderung von Frachtgut und Post auf dem Luftweg ist, wird somit nicht berücksichtigt. Vgl. hierzu FRYE, H., Luftfrachtverkehr, Teil C 3.5, S. 757-778; VAHRENKAMP, R., Gütertransport im internationalen Luftverkehr, S. 71-75; POMPL, W., Luftverkehr, S. 93-98; MAURER, P., Luftverkehrsmanagement, S. 116 f.

27 Vgl. POMPL, W., Luftverkehr, S. 44.

28 Vgl. statt vieler SCHRÖDER, A./FREYER, W., Bedeutung von Zusatzeinnahmen bei Airlines, S. 253; MAURER, P., Luftverkehrsmanagement, S. 105-108.

29 Vgl. CHEN, F.-Y./CHANG, Y.-H., Examining Airline Service Quality, S. 79; CONRADY, R./FICHERT, F./STERZENBACH, R., Luftverkehr, S. 422-428.

30 Vgl. KROPP, T., Organisation des Luftverkehrs, Rn. 1 und 4; ABRAHAM, H.-J., Der Luftbeförderungsvertrag, S. 5; REIFARTH, J., Tarife im Linienluftverkehr, S. 5-11; BERGER-WALLISER, G., Luftbeförderungsbedingungen und AGB-Kontrolle, S. 24.

31 Vgl. GIEMULLA, E./VAN SCHYNDEL, H./SCHORCHT, H., Luftverkehrsrecht, S. 2.

32 Vgl. CONRADY, R./FICHERT, F./STERZENBACH, R., Luftverkehr, S. 37. Das öffentliche Luftverkehrsrecht regelt bspw. auch die Zulassung und den Betrieb des Luftfahrtgerätes und der Flugplätze sowie die Zulassung des Luftfahrtpersonals. Vgl. MAURER, P., Luftverkehrsmanagement, S. 150; GIEMULLA, E./VAN SCHYNDEL, H./SCHORCHT, H., Luftverkehrsrecht, S. 2. Der Fokus dieser Arbeit liegt indes auf der Beförderungsleistung.

festgelegt.[33] Gegenstände des privaten Luftverkehrsrechts sind z. B. Regelungen zur Haftung und zu Leistungsstörungen im Zusammenhang mit der Beförderung.[34]

222. Öffentliches Luftverkehrsrecht

222.1 Verkehrsrechte

Das Chicagoer Abkommen[35] aus dem Jahr 1944 enthält als Rahmenwerk (sog. Basisabkommen) Regelungen zu Rechten und Pflichten der Vertragsstaaten für den zivilen internationalen Luftverkehr.[36] Es verpflichtet die Staaten zur Übernahme internationaler Standards und Empfehlungen im Hinblick auf die Regelung des Luftverkehrs.[37] Zentrales Prinzip des internationalen Luftverkehrsrechts ist die sog. **Lufthoheit**.[38] „Die Vertragsstaaten erkennen [demnach; Anm. d. Verf.] an, daß [sic!] jeder Staat über seinem Hoheitsgebiet volle und ausschließliche Lufthoheit besitzt."[39] Im Rahmen der Beförderungsleistung in der Airline-Industrie wirkt sich die Lufthoheit somit auf den Start, einen Überflug, eine Zwischenlandung sowie auf die Landung aus.[40]

Im internationalen Luftverkehr leiten sich aus der Anerkennung der Lufthoheit sog. **Verkehrsrechte** ab, die auch Freiheiten der Luft genannt werden und die den Umfang der Rechte im Luftverkehr festlegen.[41] Die ersten beiden Verkehrsrechte werden auch als **technische Freiheiten** bezeichnet.[42] Sie umfassen das Recht, ein Land zu überfliegen (erste Freiheit), und das Recht zu einer technischen Zwischenlandung, z. B. zum Tanken oder zur Notlandung, ohne dass Passagiere das Flugzeug besteigen und verlassen dürfen (zweite Freiheit).[43] Darüber

---

33 Vgl. SCHLADEBACH, M., Luftrecht, Rn. 28; CONRADY, R./FICHERT, F./STERZENBACH, R., Luftverkehr, S. 37.

34 Vgl. MAURER, P., Luftverkehrsmanagement, S. 150; GIEMULLA, E./VAN SCHYNDEL, H./SCHORCHT, H., Luftverkehrsrecht, S. 2.

35 Das Abkommen von Chicago wurde am 07.12.1944 von insgesamt 52 Staaten unterzeichnet. Es ist zugleich die Verfassung der Internationalen Zivilluftfahrt-Organisation (ICAO), die als Sonderorganisation der Vereinten Nationen durch das Chicagoer Abkommen gegründet wurde. Ihre Aufgaben sind u. a. das Erarbeiten und Festlegen von Standards und Empfehlungen, die von den Mitgliedsstaaten umgesetzt werden müssen, sowie die Regelung der internationalen Verkehrsrechte. Das Abkommen ist heute von 192 Staaten ratifiziert. Vgl. hierzu ZANTKE, S., ABC des Luftverkehrs, S. 7-27; ICAO (Hrsg.), Convention on International Civil Aviation; WEBER, L., ICAO, Rn. 1-88; ICAO (Hrsg.), Mitgliedsstaaten.

36 Vgl. SCHLADEBACH, M., Luftrecht, Rn. 67; DOGANIS, R., The Airline Business, S. 27.

37 Vgl. MAURER, P., Luftverkehrsmanagement, S. 156.

38 Vgl. Art. 1 CA. Der Grundsatz der Lufthoheit war bereits im Pariser Luftverkehrsabkommen von 1919 enthalten und wurde in das Chicagoer Abkommen übernommen. Vgl. ICAN (Hrsg.), Das Pariser Luftverkehrsabkommen, Art. 1. Vgl. kritisch zum Prinzip der Lufthoheit MEYER, A., Freiheit der Luft als Rechtsproblem, S. 114-120.

39 Art. 1 CA.

40 Vgl. SCHLADEBACH, M., Luftrecht, S. 26.

41 Vgl. statt vieler ROSSBACH, L., Bilaterale Luftverkehrsabkommen, Rn. 80-84; MAURER, P., Luftverkehrsmanagement, S. 157; POMPL, W., Luftverkehr, S. 363.

42 Vgl. MAURER, P., Luftverkehrsmanagement, S. 158. Sie wurden bereits auf der Chicagoer Konferenz 1944 in der sog. Transitvereinbarung, einem Zusatzabkommen zum Chicagoer Abkommen, festgelegt. Vgl. Art. I Abschnitt 1 und 4 der Transitvereinbarung.

43 Vgl. Art. I Abschnitt 1 und 4 der Transitvereinbarung; ROSSBACH, L., Bilaterale Luftverkehrsabkommen, Rn. 81. Der Fokus dieser Arbeit liegt auf Beförderungsleistungen von Passagieren. Die Beförderung von Fracht und Post wird bei den Vertragsrechten deshalb nicht explizit genannt.

hinaus gibt es fünf **gewerbliche Freiheiten**.[44] Sie gewähren der Airline das Recht, Passagiere auf-zunehmen, zu transportieren und aussteigen zu lassen.[45] Erst diese gewerblichen Verkehrsrechte ermöglichen es den Airlines, gewinnbringend Luftverkehr zu betreiben.[46] Die dritte und die vierte Freiheit regeln den sog. Nachbarschaftsverkehr.[47] Sie sprechen einer Airline das Recht zu, sowohl Passagiere vom Heimatland der Airline in das Zielland als auch umgekehrt Passagiere vom Zielland in das Heimatland zu fliegen.[48] Die verbleibenden vier Freiheiten betreffen Rechte im Zusammenhang mit Drittstaaten. So umfasst die fünfte Freiheit das Recht, Passagiere zwischen Drittstaaten zu befördern, wobei der Flug im Heimatland der Airline beginnen oder enden muss.[49] Hierzu ist eine Zwischenlandung in einem dritten Vertragsstaat erforderlich.[50] Die sechste Freiheit gewährt der Airline das Recht, Passagiere zwischen Drittstaaten zu befördern, wobei eine Zwischenlandung im Heimatland erfolgen muss.[51] Mit der siebten Freiheit erhält eine Airline das Recht, Passagiere ohne Berührung mit dem Heimatland zwischen Drittstaaten zu befördern.[52] Die achte Freiheit gewährt einer Airline das sog. **Kabotagerecht**.[53] Es ist das Recht, in einem Drittstaat Inlandsverkehr zu betreiben.[54] Innerhalb der EU haben alle Airlines der Mitgliedsstaaten seit dem 01.04.1997 uneingeschränkte Kabotagerechte.[55]

---

44 Vgl. POMPL, W., Luftverkehr, S. 364 f.

45 Vgl. CONRADY, R./FICHERT, F./STERZENBACH, R., Luftverkehr, S. 39 f.

46 Vgl. ROSSBACH, L., Bilaterale Luftverkehrsabkommen, Rn. 82.

47 Vgl. RASCH-SABATHIL, S., Linienflugverkehr, S. 11.

48 Vgl. Art. I Abschnitt 1 Nr. 3 und 4 der Transportvereinbarung. Die Transportvereinbarung war wie die Transitvereinbarung ein Zusatzabkommen zum Chicagoer Abkommen, das allerdings nur von wenigen Mitgliedsstaaten geschlossen wurde. Die Vereinbarung der dritten, vierten und fünften Freiheit der Luft, die bereits in der Transportvereinbarung verankert sind, ist daher bilateralen Abkommen vorbehalten. Vgl. GIEMULLA, E./VAN SCHYNDEL, H./SCHORCHT, H., Luftverkehrsrecht, S. 7; HOBE, S., Lufthoheit, Rn. 48 f.

49 Vgl. Art. I Abschnitt 1 Nr. 5 der Transportvereinbarung; STROBACH, D., Wettbewerb im Luftverkehr, S. 95.

50 Vgl. MAURER, P., Luftverkehrsmanagement, S. 159.

51 Vgl. HANLON, J. P., Sixth Freedom Operations in International Air Transport, S. 178; HAANAPPEL, P. P. C., Pricing and Capacity Determination, S. 11 f.

52 Vgl. HANLON, J. P., Global Airlines, S. 133.

53 Vgl. HOBE, S., Lufthoheit, Rn. 48.

54 Vgl. POMPL, W., Luftverkehr, S. 364. Gemäß Art. 7 CA ist jeder Vertragsstaat berechtigt, den Airlines anderer Vertragsstaaten die Erlaubnis zur Durchführung der Kabotage zu verweigern. Wird einem Vertragsstaat das Kabotagerecht eingeräumt, muss dieses Recht nach Art. 7 CA auch anderen Airlines eingeräumt werden.

55 Vgl. RAT DER EUROPÄISCHEN GEMEINSCHAFTEN (Hrsg.), Verordnung (EWG) Nr. 2408/92, S. 8-14.

Die nachstehende Abbildung 2-1 fasst die verschiedenen Verkehrsrechte systematisch zusammen.

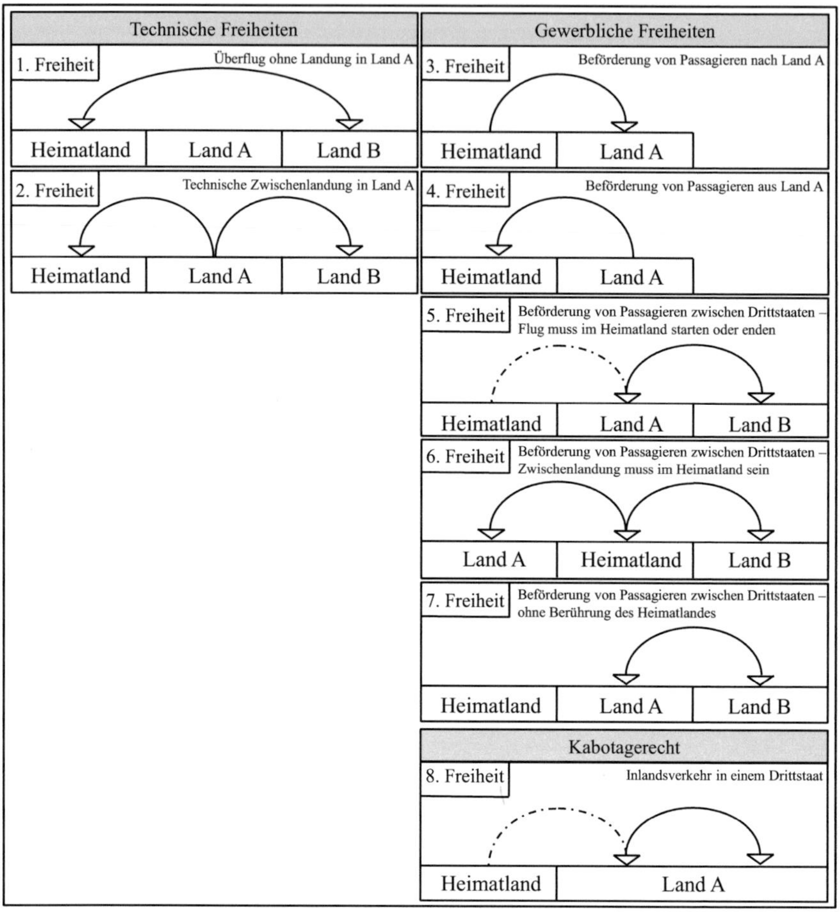

Abbildung 2-1: Freiheiten der Luft[56]

[56] Abbildung in Anlehnung an POMPL, W., Luftverkehr, S. 364.

222.2 Luftverkehrsabkommen

Da nach dem Prinzip der Lufthoheit der Staat im Besitz der Verkehrsrechte ist, können nur Staaten untereinander über den **Umfang des Austausches von Verkehrsrechten** verhandeln.[57] Zur Ausübung der vereinbarten Verkehrsrechte benennt der Staat eine oder mehrere Airlines (sog. Designation).[58] In bilateralen Luftverkehrsabkommen werden die gegenseitig gewährten Verkehrsrechte festgehalten.[59] So hat die Bundesrepublik Deutschland derzeit mit 112 Partnerstaaten Abkommen dieser Art gezeichnet.[60] Luftverkehrsabkommen regeln neben den gewährten Verkehrsrechten auch die Voraussetzungen des Marktzugangs, der Beförderungskapazitäten und die Art der Tarifbildung.[61] Außerdem wird in einem Luftverkehrsabkommen die Durchführung eines Fluges unter mehreren Flugnummern, das sog. Codesharing, explizit genehmigt.[62] Seit der Liberalisierung des Luftverkehrs in der EU in den 90er-Jahren hat die EU umfassende Kompetenzen zum Erlass luftverkehrsrechtlicher Regelungen.[63] Der Europäische Wirtschaftsraum ist seitdem faktisch zum Inland erklärt.[64] Das nationale Luftverkehrsrecht wird somit durch das Recht der Europäischen Gemeinschaft ergänzt oder aufgrund des Vorrangs des Gemeinschaftsrechts vor nationalen Rechtsnormen überlagert.[65] Bilaterale Luftverkehrsabkommen mit Drittstaaten sind zwar weiterhin zulässig, müssen indes mit dem Gemeinschaftsrecht vereinbar sein.[66] Abkommen der EU mit Drittstaaten setzen bestehende bilaterale Abkommen der EU-Mitgliedsstaaten aus oder sind ihnen vorrangig.[67]

---

57 Vgl. ROSSBACH, L., Bilaterale Luftverkehrsabkommen, Rn. 84.

58 Vgl. POMPL, W., Luftverkehr, S. 365; ROSSBACH, L., Bilaterale Luftverkehrsabkommen, Rn. 98.

59 Vgl. SCHLADEBACH, M./BÄRMANN, D., Luftverkehrsabkommen, S. 295; JUNG, C., Die Marktordnung des Luftverkehrs, S. 329. Luftverkehrsabkommen sind ihrer Rechtsnatur nach völkerrechtliche Verträge. Eine multilaterale Gewährung von Verkehrsrechten ist auf der Chicagoer Konferenz 1944 gescheitert. Vgl. für ein aktuelles Beispiel eines Luftverkehrsabkommens zwischen Deutschland und den Vereinigten Arabischen Emiraten HOFFMANN-GRAMBOW, J., Luftverkehrsabkommen als Basis des internationalen Fluglinienverkehrs, S. 161-174.

60 Vgl. BMVI (Hrsg.), Bilaterale Luftverkehrsabkommen.

61 Vgl. MAURER, P., Luftverkehrsmanagement, S. 156.

62 Vgl. CONRADY, R./FICHERT, F./STERZENBACH, R., Luftverkehr, S. 45.

63 Vgl. ausführlich SCHWENK, W./GIEMULLA, E., Luftverkehrsrecht, Kap. 14, Rn. 112-168; SCHERER, J., Single European Sky, S. 457. Die EU hat mit dem Drei-Maßnahmenpaket 1992 einen neuen Rechtsrahmen für den Luftverkehr erhalten. Diese Verordnungen betreffen Inhalte eines Luftverkehrsabkommens, nämlich die Erteilung von Betriebsgenehmigungen an Luftfahrtunternehmen, den Zugang zu innergemeinschaftlichen Strecken und die Grundsätze über die Tarifgestaltung. Vgl. RAT DER EUROPÄISCHEN GEMEINSCHAFTEN (Hrsg.), Verordnung (EWG) Nr. 2407/92, Art. 1, 8 und 15; vgl. m. w. N. SCHLADEBACH, M./BÄRMANN, D., Luftverkehrsabkommen, S. 296.

64 Vgl. RASCH-SABATHIL, S., Linienflugverkehr, S. 14; ROSSBACH, L., Bilaterale Luftverkehrsabkommen, Rn. 124.

65 Vgl. MAURER, P., Luftverkehrsmanagement, S. 159 f.; HOBE, S./MÜLLER-SARTORI, P., Einbindung der EG/EU in Völkerrecht, S. 12.

66 Vgl. EUROPÄISCHES PARLAMENT UND RAT DER EUROPÄISCHEN UNION (Hrsg.), Verordnung (EG) Nr. 847/2004, Erwägungsgrund 6. Vgl. ausführlich zur Bedeutung der EU im Zusammenhang mit Luftverkehrsabkommen ROSSBACH, L., Bilaterale Luftverkehrsabkommen, Rn. 119-171.

67 Vgl. ROSSBACH, L., Bilaterale Luftverkehrsabkommen, Rn. 170. So ist bspw. seit März 2008 das Abkommen zwischen den USA und der EU in Kraft, das den transatlantischen Luftverkehr liberalisiert hat. Vgl. hierzu den Beschluss zum Luftverkehrsabkommen der EU/USA, RAT DER EUROPÄISCHEN UNION UND DIE IM RAT DER EUROPÄISCHEN UNION VEREINIGTEN VERTRETER DER REGIERUNGEN DER MITGLIEDSTAATEN DER EURO-

223. Privates Luftverkehrsrecht

223.1 Haftungspflichten einer Airline

Aufgrund des Beförderungsvertrages haftet die Airline gegenüber Passagieren und deren Gepäck sowie für eine verspätete Beförderung.[68] Ein erstes Haftungsabkommen wurde bereits 1929 mit dem „Abkommen zur Vereinheitlichung von Regeln über die Beförderung im internationalen Luftverkehr" (kurz: **Warschauer Abkommen** (WA)) auf multilateraler Ebene geschlossen.[69] Dieses Abkommen wurde durch weitere Abkommen bzw. Protokolle von Den Haag (1955), Guadalajara (1961), Montreal (1966), Guatemala (1971) und Montreal (1975) geändert und ergänzt.[70] Das Warschauer Abkommen gilt nach wie vor für internationale Luftbeförderungen von Passagieren und deren Gepäck zwischen Nichtvertragsstaaten des Montrealer Übereinkommens (MÜ), sobald der jeweilige Flug durch eine Nicht-EU-Airline durchgeführt wird.[71] So haben bspw. die Staaten Bahamas, Ghana, Kambodscha und Niger das Montrealer Übereinkommen nicht ratifiziert.[72] Das **Montrealer Übereinkommen** („Übereinkommen zur Vereinheitlichung bestimmter Vorschriften über die Beförderung im internationalen Luftverkehr") ist in der Bundesrepublik Deutschland am 28. Juni 2004 in Kraft getreten.[73] Ziel ist es, wie bereits beim Warschauer Abkommen, verschiedene grundsätzliche Rechtsfragen der vertraglichen Beförderung im internationalen Luftverkehr für alle Vertragsstaaten einheitlich zu regeln, besonders Fragen zur Haftung.[74] Seitdem gilt für Personenschäden bspw. ein zweistufiges Haftungssystem mit einer verschuldensunabhängigen Gefährdungshaftung bis zu

---

PÄISCHEN UNION (Hrsg.), Beschluss 2007/339/EG, Anhang 1. Vgl. zur Entwicklung von Luftverkehrsabkommen auf europäischer und internationaler Ebene BMVI (Hrsg.), Luftverkehrskonzept, S. 27 f.

68 Vgl. §§ 44-52 LuftVG. Darüber hinaus ergeben sich auch Haftungsfragen gegenüber Drittgeschädigten und deren Sachen, auf die im Rahmen dieser Arbeit allerdings nicht eingegangen wird. In diesen Fällen liegt kein Vertrag als vorrangige Haftungsgrundlage vor, sodass nur eine gesetzliche Haftung auf deliktischer Grundlage einsetzen kann. Vgl. hierzu §§ 33-43 LuftVG, sowie ausführlich BOLLWEG, H.-G., Haftung für Schäden Dritter nach dem Römer Haftungsabkommen; MÜHLBAUER, T., Haftung für Schäden Dritter nach deutschem Recht.

69 Vgl. ZANTKE, S., ABC des Luftverkehrs, S. 463 f.

70 Vgl. CONRADY, R./FICHERT, F./STERZENBACH, R., Luftverkehr, S. 59. So wurde mit dem Haager Protokoll bspw. die Haftungsgrenze im Vergleich zum originären Warschauer Abkommen verdoppelt. Vgl. DEMPSEY, P. S., Einführung in das Haftungsrecht des Luftfrachtführers, Teil II, Abschnitt A, Rn. 8. Die Erhöhung der Haftungsgrenze war den USA wichtig. Vgl. hierzu ausführlich LOWENFELD, A. F./MENDELSOHN, A. I., The United States and the Warsaw Convention, S. 497-602.

71 Vgl. MAURER, P., Luftverkehrsmanagement, S. 168; FÜHRICH, E., in: Reiserecht, 7. Aufl., § 37, MÜ, Rn. 3. Hierzu müssen Abflug- und Zielort in einem Vertragsstaat des Warschauer Abkommens liegen.

72 Vgl. ICAO (Hrsg.), Vertragsstaaten des Montrealer Übereinkommens, S. 1 f.; REUSCHLE, F., Montrealer Übereinkommen, Anhang I.-2, S. 557-563; vgl. so bspw. auch FÜHRICH, E., in: Reiserecht, 7. Aufl., § 37, MÜ, Rn. 2.

73 Vgl. das Gesetz zum Übereinkommen vom 28.05.1999 zur Vereinheitlichung bestimmter Vorschriften über die Beförderung im internationalen Luftverkehr (Montrealer Übereinkommen) vom 06.04.2004. Das Montrealer Übereinkommen ist keine Ergänzung des Warschauer Abkommens, sondern ein vollständiger Ersatz. Vgl. DEMPSEY, P. S., Einführung in das Haftungsrecht des Luftfrachtführers, Teil II, Abschnitt A, Rn. 19.

74 Vgl. RUHWEDEL, E., in: MüKo zum HGB, Bd. 7, 3. Aufl., MÜ, Einleitung, Rn. 2; RASCH-SABATHIL, S., Linienflugverkehr, S. 42.

einer Haftungshöchstgrenze von 113.100 Sonderziehungsrechten (ca. 132.000 EUR)[75] je Passagier und einer darüber hinausgehenden unbegrenzten Haftung für vermutetes Verschulden.[76] Gemäß dem Montrealer Übereinkommen haftet nach Art. 40 MÜ nicht nur der ausführende Luftfrachtführer für die Beförderung, bspw. im Fall eines Codesharing-Fluges, sondern auch der vertragliche Luftfrachtführer, z. B. ein Reiseveranstalter, für die gesamte im Vertrag vorgesehene Beförderung.[77] Auch eine Sachschadenhaftung für Gepäck ist im Montrealer Übereinkommen geregelt. So besteht gemäß Art. 22 Abs. 2 MÜ für Gepäck eine Haftungshöchstgrenze von 1.131 Sonderziehungsrechten je Gepäckstück, das in etwa 1.320 EUR entspricht.[78]

Innerhalb der EU wird nicht zwischen internationalen und nationalen Flügen unterschieden.[79] Bevor die nationalen Vorschriften, die im deutschen **Luftverkehrsgesetz** (LuftVG) kodifiziert sind, anzuwenden sind, greifen zuerst die Vorschriften des Montrealer Übereinkommens, des Warschauer Abkommens und der **EU-Haftungs-VO** (EG) Nr. 2027/97 i. d. F. der Verordnung (EG) Nr. 889/2002.[80] Die EU-Haftungs-VO rekurriert bei Haftungsfragen auf die einschlägigen Vorschriften des Montrealer Übereinkommens.[81] Insgesamt haben die nationalen Vorschriften subsidiären Charakter und haben daher für die Praxis eine vergleichsweise geringere Bedeutung.[82] Sie gelten nur noch bei Inlandsflügen für Flugpauschalreiseveranstalter und inländische, nicht gewerbliche und unentgeltliche Luftfrachtführer.[83] Es gilt somit das Prinzip des Vorrangs der jeweils höheren Rechtsstufe.[84]

---

75 Vgl. IMF (Hrsg.), Currency units per SDR. Beim Sonderziehungsrecht handelt es sich um eine künstliche Währung des Internationalen Währungsfonds, die nicht auf den Devisenmärkten gehandelt wird. Ein Sonderziehungsrecht enthält den Wert aus der Summe von 0,632 USD, 0,410 EUR, 0,0903 Pfund Sterling und 18,4 Yen. Vgl. hierzu FÜHRICH, E., in: Reiserecht, 7. Aufl., § 37, MÜ, Rn. 17.

76 Vgl. Art. 17 Abs. 1, Art. 21 MÜ; vgl. ausführlich zu den Inhalten des Montrealer Übereinkommens BOLLWEG, H.-G., Das Montrealer Übereinkommen; CHENG, B., The Montreal Convention on International Carriage (Part I); CHENG, B., The Montreal Convention on International Carriage (Part II).

77 Vgl. MAURER, P., Luftverkehrsmanagement, S. 171; RUHWEDEL, E., in: MüKo zum HGB, Bd. 7, 3. Aufl., MÜ, Art. 40, Rn. 1 i. V. m. Art. 1, Rn. 14 und 24.

78 Vgl. IMF (Hrsg.), Currency units per SDR.

79 Vgl. Verordnung (EG) Nr. 2027/97 i. d. F. der Verordnung (EG) Nr. 889/2002; STAUDINGER, A., Haftung des Luftfrachtführers nach deutschem Recht, Rn. 462. Die Europäische Gemeinschaft ist somit Vertragspartei des Montrealer Übereinkommens und weitet die Bestimmungen des Montrealer Übereinkommens auf Beförderungsleistungen im Luftverkehr, die innerhalb eines Mitgliedsstaates erbracht werden, aus. Vgl. hierzu auch EUROPÄISCHE KOMMISSION (Hrsg.), Leitlinien zur Fluggastrechteverordnung, S. 5.

80 Die Europäische Kommission hat bereits im Jahr 1996 mit der Verordnung (EG) Nr. 2027/97 die Haftungsregelungen des *IATA Intercarrier Agreement* (IIA) für alle Mitgliedsstaaten der EU verbindlich gemacht. Die Verordnung (EG) Nr. 2027/97 i. d. F. der Verordnung (EG) Nr. 889/2002 schreibt schließlich die Anwendbarkeit der Regelungen des Montrealer Übereinkommens vor. Vgl. hierzu und zu weiteren Vorschriften der Verordnung BALFOUR, J., Haftung des Luftfrachtführers nach europäischem Recht, Teil II, Abschnitt A.III., Rn. 411-458.

81 Vgl. EUROPÄISCHES PARLAMENT UND RAT DER EUROPÄISCHEN UNION (Hrsg.), Verordnung (EG) Nr. 2027/97, Art. 3 Abs. 1.

82 Vgl. STAUDINGER, A., Haftung des Luftfrachtführers nach deutschem Recht, Rn. 465; CONRADY, R./FICHERT, F./STERZENBACH, R., Luftverkehr, S. 62; FÜHRICH, E., in: Reiserecht, 7. Aufl., § 37, MÜ, Rn. 8; HAUSMANN, L., Europäische Fluggastrechte, S. 440; FÜHRICH, E., Fluggastrechte, S. 2.

83 Vgl. FÜHRICH, E., in: Reiserecht, 7. Aufl., § 37, MÜ, Rn. 8; HAUSMANN, L., Europäische Fluggastrechte, S. 440 f.; DEUTSCHER BUNDESTAG (Hrsg.), BT-Drucks. 15/2359, S. 12 f.

84 Vgl. FÜHRICH, E., in: Reiserecht, 7. Aufl., § 34, Rechtsquellen des Luftbeförderungsrechts, Rn. 4; LINDNER, B./TONNER, K., Fahrgastrechte als Verbraucherrecht (Teil 2), S. 94; vgl. zum Zusammenspiel der einzelnen

223.2 Passagierrechte

Für die Entwicklung der **Passagierrechte** im Flugverkehr, besonders in den Bereichen der Überbuchung, Annullierung und Verspätung von Flügen, ist in Deutschland das Luftrecht der Europäischen Gemeinschaft von großer Bedeutung.[85] Die sog. Fluggastrechte-VO sichert ein Mindestmaß für Qualitätsstandards zum Schutz der Rechte der Passagiere.[86] Im Gegensatz zum Montrealer Übereinkommen sieht die Fluggastrechte-VO nicht individuelle Entschädigungen im Einzelfall vor, sondern legt Standardansprüche auf Unterstützungs-, Betreuungs- und Ausgleichsleistungen für alle Passagiere fest.[87] Die Fluggastrechte-VO gilt einerseits bei allen Flügen, die innerhalb der EU starten, unabhängig davon, wo die ausführende Airline ihren Sitz hat.[88] Andererseits gilt sie für Flüge aus Drittstaaten in die EU, die durch eine Airline ausgeführt werden, deren Sitz in der EU liegt.[89] Möglicher Anspruchsgegner ist somit nicht zwingend der Vertragspartner, mit dem der Passagier den Beförderungsvertrag abgeschlossen hat, sondern die Airline, die die Beförderungsleistung tatsächlich erbringt.[90] Eine Airline ist, je nach Umständen der Reiseunterbrechung, dazu verpflichtet,

- die Passagiere zu betreuen, indem sie z. B. für Mahlzeiten, Erfrischungen und eine Hotelunterbringung sorgt,
- einen pauschalen Ausgleich von bis zu 600 EUR je Passagier zu zahlen, wobei die Höhe des Ausgleichs von der Länge der jeweiligen Flugstrecke abhängt ($\leq$ 1.500 km $<$ 3.500 km $\geq$ 3.500 km),
- die Passagiere über ihre Rechte zu informieren.[91]

Die offizielle Durchsetzungs- und Beschwerdestelle für die Rechte der Passagiere in Fällen von Nichtbeförderung, Annullierung und Verspätung eines Fluges ist das Luftfahrt-Bundesamt.[92]

Vorschriften STAUDINGER, A./SCHMIDT-BENDUN, R., Zusammenspiel der Fluggastrechte-VO mit völkervertraglichen, europäischen und nationalen Vorschriften, S. 971-974.

85 Vgl. JANKÖSTER, J. P., Fluggastrechte, S. 8.

86 Vgl. EUROPÄISCHES PARLAMENT UND RAT DER EUROPÄISCHEN UNION (Hrsg.), Fluggastrechte-VO, Erwägungsgrund 1. Die Europäische Kommission veröffentlichte am 13.03.2013 einen Vorschlag für eine Änderung der Fluggastrechte-VO mit dem Ziel einer besseren Anwendung und Durchsetzbarkeit der Fluggastrechte. Vgl. hierzu EUROPÄISCHE KOMMISSION (Hrsg.), Vorschlag zur Änderung der Verordnungen (EG) Nr. 261/2004 und (EG) Nr. 2027/97, Erwägungsgründe 2 und 21; vgl. hierzu aus wissenschaftlicher Sicht stellvertretend KEILER, S., Der Vorschlag für eine Änderung der Fluggastrechte-VO. Bislang wurden diese Änderungen indes noch nicht umgesetzt. Vgl. zur Entwicklung und zum aktuellen Stand BMVI (Hrsg.), Revision der Fluggastrechte. Zwischenzeitlich hat die Europäische Kommission Leitlinien entwickelt, um die Anwendung und Durchsetzung der Fluggastrechte-VO zu fördern. Vgl. EUROPÄISCHE KOMMISSION (Hrsg.), Leitlinien zur Fluggastrechteverordnung, S. 5.

87 Vgl. EUROPÄISCHE KOMMISSION (Hrsg.), Vorschlag zur Änderung der Verordnungen (EG) Nr. 261/2004 und (EG) Nr. 2027/97, S. 2.

88 Vgl. Art. 3 Abs. 1 Buchst. a Fluggastrechte-VO.

89 Vgl. Art. 3 Abs. 1 Buchst. b Fluggastrechte-VO. Ausgenommen sind Flüge, für die der Passagier bereits in diesem Drittstaat Gegen- oder Ausgleichs- und Unterstützungsleistungen erhalten hat.

90 Vgl. ausführlich hierzu HAUSMANN, L., Europäische Fluggastrechte, S. 73-95.

91 Vgl. Art. 7 Abs. 1, Art. 9 Abs. 1, Art. 14 Abs. 1-2 Fluggastrechte-VO; EUROPÄISCHE KOMMISSION (Hrsg.), Leitlinien zur Fluggastrechteverordnung, S. 2.

92 Vgl. LBA (Hrsg.), Rechte als Fluggast.

Eine Nichtbeförderung i. S. d. Verordnung ist die Weigerung der Airline, einen Passagier zu befördern, obwohl dieser sich gemäß den vertraglichen Bedingungen rechtzeitig am Flugsteig eingefunden hat und keine vertretbaren Gründe, z. B. gesundheitliche Bedenken aufgrund einer Ansteckungsgefahr, für die Nichtbeförderung gegeben sind.[93] Wird ein Flug annulliert, bedeutet dies, dass der geplante Flug nicht durchgeführt wird.[94] Flugverspätungen i. S. d. Verordnung sind Verzögerungen der Abflugzeit um mindestens zwei Stunden.[95] In der Rechtsprechung des EuGH sind in diesem Kontext in den vergangenen Jahren auch die Passagierrechte für Ankunftsverspätungen gestärkt worden.[96] So steht dem Passagier bei einer Verspätung von drei oder mehr Stunden am Zielort eine Ausgleichsleistung zu, auch wenn dessen Verspätung zum Zeitpunkt des Abfluges unterhalb der in Art. 6 der Fluggastrechte-VO festgelegten Grenze lag.[97] Die ausführende Airline ist immer dann nicht zu Ausgleichsleistungen verpflichtet, wenn die Annullierung oder Verspätung des Fluges auf außergewöhnliche Umstände zurückgeht.[98]

Der Begriff der außergewöhnlichen Umstände wird in der Fluggastrechte-VO indes nicht definiert.[99] Doch ist der Begriff durch die Rechtsprechung konkretisiert worden. Außergewöhnliche Umstände können bspw. bei politischer Instabilität, aufgrund von Wetterbedingungen, Sicherheitsrisiken, unerwarteten Flugsicherheitsmängeln und Streiks eintreten, die sich auch dann nicht vermeiden lassen, wenn alle zumutbaren Maßnahmen ergriffen worden wären.[100] Unter Berücksichtigung des Ziels der Verordnung, die Rechte der Passagiere zu schützen, ist der Begriff eng auszulegen.[101] So können sich Airlines bspw. bei technischen Problemen, die sich bei der Wartung von Flugzeugen zeigen oder infolge einer unterbliebenen Wartung auftreten, nicht auf außergewöhnliche Umstände berufen.[102]

---

93 Vgl. Art. 2 Buchst. j Fluggastrechte-VO.

94 Vgl. Art. 2 Buchst. l Fluggastrechte-VO. Der Passagier hat dann gemäß Art. 8 Abs. 1 Fluggastrechte-VO die Wahl, sich die Kosten für das Flugticket erstatten zu lassen, einen Rückflug zum ersten Abflugort, eine anderweitige Beförderung zum Endziel zum frühestmöglichen Zeitpunkt oder zu einem späteren Zeitpunkt einzufordern. Darüber hinaus stehen dem Passagier weitere Unterstützungs- und Ausgleichsleistungen zu. Vgl. Art. 5 Fluggastrechte-VO.

95 Vgl. Art. 6 Fluggastrechte-VO.

96 Vgl. EuGH (Hrsg.), Urteil vom 19.11.2009 – C-402/07, C-432/07; EuGH (Hrsg.), Urteil vom 23.10.2012 – C-581/10, C-629/10; EuGH (Hrsg.), Urteil vom 26.02.2013 – C-11/11.

97 Vgl. Tenor des EuGH (Hrsg.), Urteil vom 26.02.2013 – C-11/11.

98 Vgl. Art. 5 Abs. 3 Fluggastrechte-VO.

99 Vgl. so bspw. auch Verbraucherzentrale Brandenburg (Hrsg.), Fluggastrechte, S. 7.

100 Vgl. Europäisches Parlament und Rat der Europäischen Union (Hrsg.), Fluggastrechte-VO, Erwägungsgründe 12 und 14. Sofern Airlines bei außergewöhnlichen Umständen wie z. B. dem Ausbruch des isländischen Vulkans Eyjafjallajökull im April 2010 alle zumutbaren Maßnahmen ergreifen, um den Flug durchzuführen, steht dem Passagier keine Ausgleichszahlung zu. Wohl aber müssen Airlines ihrer Betreuungspflicht nachkommen. Vgl. hierzu EuGH (Hrsg.), Urteil vom 31.01.2013 – C-12/11.

101 Vgl. EuGH (Hrsg.), Urteil vom 22.12.2008 – C-549/07, Rn. 18 und 20. In der Vergangenheit wurden Annullierungen oftmals mit dem Vorliegen außergewöhnlicher Umstände begründet. So ist die Konkretisierung des Begriffes auch ein zentrales Thema im Vorschlag der Europäischen Kommission zur Änderung der Fluggastrechte-VO. Vgl. Gleave, S. D., Review of Regulation 261/2004, S. 75; Europäische Kommission (Hrsg.), Vorschlag zur Änderung der Verordnungen (EG) Nr. 261/2004 und (EG) Nr. 2027/97, S. 7.

102 Vgl. EuGH (Hrsg.), Urteil vom 22.12.2008 – C-549/07, Rn. 25. So ist bspw. selbst ein Schaden an den Triebwerken aufgrund eines Vogelschlags, der zu einer mehr als dreistündigen Verspätung führt, kein außergewöhnlicher Umstand. Er befreit die Airline somit nicht von seiner Ausgleichspflicht. Vgl. hierzu jüngst EuGH (Hrsg.), Urteil vom 28.07.2016 – C-315/15. Überdies begründet bspw. auch ein sog. „wilder Streik“

223.3 Merkmale eines Luftbeförderungsvertrages

223.31 Rechtliche Grundlagen

Die Vorschriften des Warschauer Abkommens, des Montrealer Übereinkommens, der EU-Haftungs-VO sowie der Fluggastrechte-VO regeln weite Bereiche der Rechte eines Passagiers und möglicher Schäden, besonders bei Nichtbeförderung, Annullierung und Flugverspätung.[103] Indes enthalten diese Vorschriften keine Regelungen zum Luftbeförderungsvertrag.[104] Sie setzen vielmehr einen Luftbeförderungsvertrag voraus.[105] Kollisionsrechtlich wird die Rechtswahlfreiheit für Personenbeförderungsverträge in Art. 5 Abs. 2 Rom I-VO eingeschränkt.[106] In der Praxis wählt eine Airline durch eine AGB-Klausel grundsätzlich das Recht, das an ihrem Verwaltungssitz gilt.[107] Da es in Deutschland keine weiteren Spezialgesetze gibt, ist für den Luftbeförderungsvertrag das **nationale Schuldrecht** anzuwenden.[108]

Gegenstand eines Luftbeförderungsvertrages ist die Vereinbarung einer Beförderung von Personen oder Gütern über den Luftweg zu einem bestimmten Ort.[109] Im Fall der Entgeltlichkeit der Beförderungsleistung, die in dieser Arbeit unterstellt wird, ist der Luftbeförderungsvertrag nach deutschem Recht ein **Werkvertrag** i. S. d. § 631 BGB.[110] Wesensmerkmal eines Werkvertrages ist gemäß § 631 Abs. 2 BGB das Schulden eines Erfolgs.[111] Dies ist beim Luftbeförderungsvertrag der erfolgreiche Transport des Passagiers und seines Gepäcks zum vereinbarten Zielort.[112] Dabei ist es unerheblich, ob durch die Ortsveränderung das Ziel der Reise oder nur ein vereinbarter Zwischenstopp erreicht wird und die Reise am ursprünglichen

---

des Flugpersonals, der auf die überraschende Ankündigung einer Umstrukturierung folgt, keinen außergewöhnlichen Umstand. Vgl. EuGH (Hrsg.), Urteil vom 17.04.2018 – C-195/17, C-197/17 bis C-203/17, C-226/17, C-228/17, C-254/17, C-274/17, C-275/17, C-278/17 bis C-286/17 und C-290/17 bis C-292/17.

103 Vgl. Abschnitt 223.1 und 223.2.

104 Vgl. Führich, E., in: Reiserecht, 7. Aufl., § 35, Luftbeförderungsvertrag, Rn. 2. Vom Luftbeförderungsvertrag abzugrenzen ist der sog. Reisevertrag. Der Reisevertrag umfasst neben der Beförderungsleistung sämtliche Einzelleistungen, wie z. B. die Hotelunterkunft, den Transfer vom und zum Hotel. Vgl. Schmid, R., Rechtsprobleme bei der Luftbeförderung, S. 1168; Schladebach, M., Luftrecht, S. 189; Kirsch, A., Rechtliche Einordnung des Luftbeförderungsvertrages, Rn. 99 f.

105 Vgl. Schwenk, W./Giemulla, E., Luftverkehrsrecht, Kap. 15, Rn. 8; Lienhard, U., Europäisches Schuldrecht für den Flugverkehr, S. 261; Staudinger, A., Qualifikation des Luftbeförderungsvertrags als absolutes Fixgeschäft, S. 250.

106 Somit sind gemäß Art. 5 Abs. 2 Unterabs. 2 Rom I-VO nur fünf Rechtsordnungen wählbar: das Recht am gewöhnlichen Aufenthalt des Reisenden (Buchst. a) oder des Beförderers (Buchst. b), das Recht am Ort der Hauptverwaltung des Beförderers (Buchst. c), das Recht am Abgangsort (Buchst. d) oder das Recht am Bestimmungsort (Buchst. e). Vgl. hierzu auch Mankowski, P., Rechtswahlklauseln in Luftbeförderungs-AGB.

107 Vgl. Führich, E., in: Reiserecht, 7. Aufl., § 35, Luftbeförderungsvertrag, Rn. 2. In dieser Arbeit wird grundsätzlich angenommen, dass die Airline ihren Verwaltungssitz in Deutschland hat.

108 Vgl. Berger-Walliser, G., Luftbeförderungsbedingungen und AGB-Kontrolle, S. 51; Führich, E., in: Reiserecht, 7. Aufl., § 35, Luftbeförderungsvertrag, Rn. 1; Reuschle, F., Montrealer Übereinkommen, Art. 1 MÜ, Rn. 6.

109 Vgl. statt vieler Kirsch, A., Anwendbares Recht im Luftbeförderungsvertrag, Rn. 7; Schwenk, W./Giemulla, E., Luftverkehrsrecht, Kap. 15, Rn. 11.

110 Vgl. BGH (Hrsg.), Urteil vom 21.12.1973 – IV ZR 158/72, S. 852; Abraham, H.-J., Der Luftbeförderungsvertrag, S. 25; Ruhwedel, E., Luftbeförderungsvertrag, Rn. 1-3 m. w. N.

111 Vgl. statt vieler Busche, J., in: MüKo zum BGB, Bd. 5/1, 7. Aufl., § 631 BGB, Rn. 1.

112 Vgl. Führich, E., in: Reiserecht, 7. Aufl., § 35, Luftbeförderungsvertrag, Rn. 1.

Abflugort wieder endet.[113] Der Luftbeförderungsvertrag ist ein reiner Konsensualvertrag, der bereits durch zwei übereinstimmende Willenserklärungen der Vertragsparteien zustande kommt.[114] Die Ausstellung eines Flugtickets ist für seine Wirksamkeit nicht erforderlich.[115] Er ist somit an **keine Form** gebunden, kann also bspw. auch über das Internet oder das Telefon abgeschlossen werden.[116]

Vertragsparteien des Luftbeförderungsvertrages sind i. d. R. diejenigen, die gemäß §§ 145 ff. BGB die konkrete Beförderung vereinbart haben, also zum einen der sog. Passagier und zum anderen der sog. Luftfrachtführer.[117] Der **Passagier** ist diejenige Person, die auf Grundlage des abgeschlossenen Luftbeförderungsvertrages befördert wird.[118] Da vertraglich vereinbarte Flüge oftmals nicht durch die Airline, mit der ein entsprechender Beförderungsvertrag abgeschlossen worden ist, sondern durch eine andere Airline durchgeführt werden, muss beim sog. Luftfrachtführer zwischen dem vertraglichen und dem ausführenden Luftfrachtführer differenziert werden.[119] **Vertraglicher Luftfrachtführer** ist diejenige natürliche oder juristische Person, die vertraglich die konkrete Beförderung auf dem Luftweg als Leistung versprochen hat.[120] Entscheidend ist die Übernahme der Verpflichtung zur Beförderung, die Beförderungsleistung selbst muss er indes nicht ausführen.[121] Diejenige Person, die die versprochene Beförderungsleistung tatsächlich erbringt, ist **ausführender Luftfrachtführer**.[122] Haftungsrechtlich ist der ausführende Luftfrachtführer für seinen Beförderungsabschnitt dem vertraglichen Luftfrachtführer gleichgestellt.[123] Ein etwaiger geschädigter Passagier hat somit bei vertraglichen Schadensersatzansprüchen zwei gesamtschuldnerisch haftende Luftfahrtunternehmen als Anspruchsgegner.[124] Der ausführende Luftfrachtführer wird durch seine Beförderungsleistung allerdings keine Partei des zugrunde liegenden Beförderungsvertrages und hat dem Passagier gegenüber somit keine vertraglichen Verpflichtungen.[125] Er geht regelmäßig nur

113 Vgl. BASEDOW, J., Der Transportvertrag, S. 34 f.; KIRSCH, A., Anwendbares Recht im Luftbeförderungsvertrag, Rn. 7.

114 Vgl. BGH (Hrsg.), Urteil vom 19.03.1976 – I ZR 75/74, S. 1584 m. w. N.; RUHWEDEL, E., Montrealer Übereinkommen vs. Warschauer System, S. 91.

115 Vgl. REUSCHLE, F., Montrealer Übereinkommen, Art. 1 MÜ, Rn. 6; Art. 3 Abs. 5 MÜ; Art. 3 Abs. 2 WA.

116 Vgl. ABRAHAM, H.-J., Der Luftbeförderungsvertrag, S. 30; RUHWEDEL, E., Luftbeförderungsvertrag, Rn. 1; FÜHRICH, E., in: Reiserecht, 7. Aufl., § 35, Luftbeförderungsvertrag, Rn. 21.

117 Vgl. statt vieler SCHWENK, W./GIEMULLA, E., Luftverkehrsrecht, Kap. 15, Rn. 13.

118 Vgl. RUHWEDEL, E., Luftbeförderungsvertrag, Rn. 117.

119 Vgl. so auch KIRSCH, A., Der Luftbeförderungsvertrag im Personenverkehr, Rn. 109.

120 Vgl. RUHWEDEL, E., Luftbeförderungsvertrag, Rn. 85; RUHWEDEL, E., Montrealer Übereinkommen vs. Warschauer System, S. 92; REUSCHLE, F., Montrealer Übereinkommen, Art. 1 MÜ, Rn. 20 m. w. N.

121 Vgl. RUHWEDEL, E., Luftbeförderungsvertrag, Rn. 84; KIRSCH, A., Der Luftbeförderungsvertrag im Personenverkehr, Rn. 112.

122 Vgl. REUSCHLE, F., Montrealer Übereinkommen, Art. 39, Rn. 10.

123 Vgl. RUHWEDEL, E., in: MüKo zum HGB, Bd. 7, 3. Aufl., MÜ, Rn. 24.

124 Vgl. FÜHRICH, E., in: Reiserecht, 7. Aufl., § 35, Luftbeförderungsvertrag, Rn. 18; RUHWEDEL, E., Montrealer Übereinkommen vs. Warschauer System, S. 94. Vgl. auch Art. 41 und 44 f. MÜ, § 48b Abs. 1 Satz 3 LuftVG, sowie §§ 421 und 426 BGB.

125 Vgl. POKRANT, G., in: Handelsgesetzbuch, 3. Aufl., Art. 39 MÜ, Rn. 13; KIRSCH, A., Der Luftbeförderungsvertrag im Personenverkehr, Rn. 111.

mit dem vertraglichen Luftfrachtführer eine vertragliche Bindung ein.[126] Praktische Relevanz hat die Unterscheidung zwischen dem vertraglichen und dem ausführenden Luftfrachtführer bspw. bei sog. Codesharing-Flügen.[127] Im Kontext der Umsatzrealisierung nach IFRS 15 kann dies Einfluss darauf haben, ob der vertragliche Luftfrachtführer die spezifizierten Leistungen im Beförderungsvertrag selbst erbringt und somit als Prinzipal tätig ist oder ob er die Übertragung dieser Leistungen arrangiert und folglich als Agent handelt.[128]

Der Passagier ist gemäß § 641 Abs. 1 BGB verpflichtet, den Flugpreis nach der erbrachten Beförderungsleistung zu zahlen. In der Airline-Industrie ist es allerdings gängige Praxis, durch eine AGB-Klausel eine vollständige Vorauszahlung des Flugpreises ohne Insolvenzschutz zu vereinbaren.[129] Eine solche Vorausleistungspflicht ist rechtlich zulässig.[130] Außerdem hat der Passagier die Beförderungsleistung in Anspruch zu nehmen.[131] Zu den **Pflichten** des Luftfrachtführers zählt die Beförderung des Passagiers zum vereinbarten Zeitpunkt vom vertraglich festgelegten Abflugort zum vorgesehenen Zielort.[132] Die Mitbeförderung des Passagiergepäcks ist dabei ein gewohnheitsrechtlicher Grundsatz.[133] Zusätzlich unterliegt der vertragliche Luftfrachtführer Nebenpflichten. Das sind Aufklärungs- und Informationspflichten bezüglich des gebuchten Fluges, bspw. im Falle einer Abflugverspätung, sowie Betreuungs-, Fürsorge- und Unterstützungspflichten während der Abwicklung der Beförderungsleistung.[134] Die Abwicklung der Beförderungsleistung liegt regelmäßig in dem Zeitraum, in dem der Luftfrachtführer den Passagier in seine Obhut nimmt.[135] Das ist der Moment, in dem der Passagier in eine Zone gelangt, in der er der Befehlsgewalt des Luftfrachtführers unterworfen ist.[136] Dieser Moment

---

126 Vgl. SCHWENK, W./GIEMULLA, E., Luftverkehrsrecht, Kap. 15, Rn. 16; SCHMIDT-RÄNTSCH, G., Luftbeförderung durch einen Dritten, S. 484 f. Das Einverständnis des vertraglichen Luftfrachtführers zur Erbringung der Beförderungsleistung durch Dritte wird anderenfalls nach Art. 39 Satz 2 MÜ bzw. § 48b Abs. 1 Satz 2 LuftVG vermutet, sofern zwischen dem vertraglichen und dem ausführenden Luftfrachtführer kein Vertrag geschlossen worden ist.

127 Vgl. BGH (Hrsg.), Urteil vom 26.11.2009 – Xa ZR 132/08; RUHWEDEL, E., Montrealer Übereinkommen vs. Warschauer System, S. 94; FÜHRICH, E., in: Reiserecht, 7. Aufl., § 35, Luftbeförderungsvertrag, Rn. 18; GÖTTING, T., Luftfahrtunternehmen im Rahmen eines Codesharing-Abkommens, S. 242; IFRS 15.B34; vgl. hierzu auch Abschnitt 232.1 und 443.224.

128 Vgl. Abschnitt 443.2.

129 Vgl. FÜHRICH, E., in: Reiserecht, 7. Aufl., § 35, Luftbeförderungsvertrag, Rn. 37.

130 Vgl. BGH (Hrsg.), Urteil vom 16.02.2016 – X ZR 97/14; BGH (Hrsg.), Urteil vom 16.02.2016 – X ZR 98/14; BGH (Hrsg.), Urteil vom 16.02.2016 – X ZR 5/15, der anders als das LG HANNOVER (Hrsg.), Urteil vom 21.01.2014 – 18 O 148/13, und das LG BERLIN (Hrsg.), Urteil vom 06.02.2014 – 52 O 175/13, in der Vorausleistungspflicht keine unangemessene Benachteiligung der Passagiere sieht. Vgl. hierzu auch TONNER, K., Anmerkung zum BGH (Hrsg.), Urteil vom 16.02.2016 – X ZR 97/14, S. 2407.

131 Vgl. KIRSCH, A., Der Luftbeförderungsvertrag im Personenverkehr, Rn. 136. Regelmäßig werden Flüge überbucht, um trotz der Stornierungen eine hohe Flugauslastung zu erreichen.

132 Vgl. BGH (Hrsg.), Urteil vom 29.04.2010 – Xa ZR 5/09, Rn. 21.

133 Vgl. KIRSCH, A., Der Luftbeförderungsvertrag im Personenverkehr, Rn. 133. Dies geht indirekt auch aus den Haftungsregelungen für Verlust, Beschädigung oder Zerstörung von Gepäck hervor, vgl. hierzu Art. 17 MÜ, Art. 18 WA, §§ 44 und 47 LuftVG.

134 Vgl. zur Betreuungs-, Fürsorge- und Unterstützungspflicht auch Abschnitt 223.2; JANKÖSTER, J. P., Fluggastrechte, S. 208 f.; FÜHRICH, E., in: Reiserecht, 7. Aufl., § 35, Luftbeförderungsvertrag, Rn. 28.

135 Vgl. SCHMID, R., in: Frankfurter Kommentar zum Luftverkehrsrecht, Art. 17 MÜ, Rn. 51; KIRSCH, A., Der Luftbeförderungsvertrag im Personenverkehr, Rn. 135.

136 Vgl. REUSCHLE, F., Montrealer Übereinkommen, Art. 17, Rn. 21.

beginnt spätestens mit dem Überschreiten der Absperrung zum Vorfeld und endet zu dem Zeitpunkt, zu dem der Passagier das Vorfeld am Zielflughafen verlässt, also das dortige Flughafengebäude betritt.[137]

Der Luftfrachtführer kann den mit dem Passagier geschlossenen Beförderungsvertrag nach §§ 643, 648a BGB nur **kündigen**, wenn der Passagier seiner Mitwirkungspflicht nicht nachkommt.[138] Die Mitwirkungspflicht verletzt der Passagier bspw., wenn er den vertraglich vereinbarten Flugpreis vor Antritt der Flugreise nicht an die Airline entrichtet.[139] Der Passagier hingegen kann den Beförderungsvertrag gemäß § 648 BGB auch ohne Vorbehalt kündigen. Mit erfolgreicher Kündigung wird dem Passagier bei einem Volltarif der Flugtarif vollständig erstattet.[140] Bei einem Sondertarif schuldet der Passagier dem Luftfrachtführer hingegen weiterhin (mindestens) das vereinbarte Beförderungsentgelt abzüglich der infolge der Vertragskündigung ersparten Aufwendungen.

223.32 Einbeziehung Allgemeiner Beförderungsbedingungen in den Luftbeförderungsvertrag

Die Rechte und Pflichten der Vertragsparteien eines Luftbeförderungsvertrages werden weder durch internationale oder europarechtliche noch durch nationale Vorschriften abschließend geregelt.[141] Deshalb binden Airlines regelmäßig **Allgemeine Beförderungsbedingungen** (ABB) in den Luftbeförderungsvertrag ein.[142] Grundlage sind die von der IATA festgelegten Beförderungsbedingungen für Passagiere einschließlich deren Handgepäcks und deren aufgegebenem Gepäcks (sog. *conditions of contract*).[143] Gelegentlich werden die Beförderungsbedingungen wegen verschiedener Haftungssonderregelungen, z. B. in den USA, ergänzt.[144] Bei den Allge-

---

[137] Vgl. SCHMID, R., in: Frankfurter Kommentar zum Luftverkehrsrecht, Art. 17 MÜ, Rn. 51 und 63 f.; SCHMID, R., Zeitraum der Haftung des Luftfrachtführers, S. 432. Im Schrifttum ist die Auffassung weit verbreitet, dass die Obhutspflicht mit dem Aufruf zum Boarding beginnt. Vgl. hierzu RUHWEDEL, E., Luftbeförderungsvertrag, Rn. 337; REUSCHLE, F., Montrealer Übereinkommen, Art. 17 MÜ, Rn. 21; KIRSCH, A., Der Luftbeförderungsvertrag im Personenverkehr, Rn. 135. Betreuungs-, Fürsorge- und Unterstützungsleistungen wird der Luftfrachtführer indes bereits erbringen müssen, wenn die Passagiere den Sicherheitsbereich des Flughafens erreicht haben und der Flug erhebliche Verspätung hat. Vgl. zum Zeitpunkt, zu dem die Beförderungsleistung endet, RUHWEDEL, E., Luftbeförderungsvertrag, Rn. 338; REUSCHLE, F., Montrealer Übereinkommen, Art. 17 MÜ, Rn. 22; KIRSCH, A., Der Luftbeförderungsvertrag im Personenverkehr, Rn. 135; SCHMID, R., in: Frankfurter Kommentar zum Luftverkehrsrecht, Art. 17 MÜ, Rn. 64.

[138] Vgl. RUHWEDEL, E., Luftbeförderungsvertrag, Rn. 77; KIRSCH, A., Der Luftbeförderungsvertrag im Personenverkehr, Rn. 156; BUSCHE, J., in: MüKo zum BGB, Bd. 5/1, 7. Aufl., § 643 BGB, Rn. 3.

[139] Vgl. DEUTSCHE LUFTHANSA (Hrsg.), ABB Flugpassage, Art. 5.2.

[140] Vgl. hier und im folgenden Satz KIRSCH, A., Der Luftbeförderungsvertrag im Personenverkehr, Rn. 136 f.; RUHWEDEL, E., Luftbeförderungsvertrag, Rn. 77.

[141] Vgl. JANKÖSTER, J. P., Fluggastrechte, S. 17.

[142] Vgl. bspw. DEUTSCHE LUFTHANSA (Hrsg.), ABB Flugpassage. Vgl. umfassend zur Einbeziehung von AGB in Luftbeförderungsverträge BERGER-WALLISER, G., Luftbeförderungsbedingungen und AGB-Kontrolle.

[143] Vgl. RUHWEDEL, E., Luftbeförderungsvertrag, Rn. 133 f.; HAUSMANN, L., Europäische Fluggastrechte, S. 506. Dies gilt in der Praxis unabhängig von einer IATA-Mitgliedschaft. Vgl. VOGT, S., in: Vertragsrecht und AGB-Klauselwerke, Transportrecht, Rn. 24. Die *conditions of contract* (auch bekannt als Empfehlung 1724) sind bspw. abgedruckt zu finden in REUSCHLE, F., Montrealer Übereinkommen, Anhang III.-1.

[144] Vgl. SCHWENK, W./GIEMULLA, E., Luftverkehrsrecht, Kap. 14, Rn. 300; vgl. hierzu z. B. EMIRATES (Hrsg.), ABB in den USA.

meinen Beförderungsbedingungen handelt es sich um typische Allgemeine Geschäftsbedingungen (AGB) i. S. d. §§ 305-310 BGB.[145] Diese AGB-Kontrollvorschriften des BGB gelten zum einen, wenn für den Luftbeförderungsvertrag nach Art. 5 Rom I-VO deutsches Recht anzuwenden ist.[146] Zum anderen sind diese Vorschriften einschlägig, wenn der Luftbeförderungsvertrag zwar kollisionsrechtlich nicht dem Recht eines EU- bzw. EWR-Mitgliedsstaates unterliegt, dieser indes aufgrund eines Angebotes oder einer Werbung im Inland, bspw. über das Internet, zustande kommt und der Passagier zu diesem Zeitpunkt seinen gewöhnlichen Aufenthalt im Inland hatte.[147]

Der **Inhalt** der ABB muss mit den nationalen, europäischen und internationalen Vorschriften zur Luftbeförderungsleistung vereinbar sein.[148] Die Bestimmungen dürfen also nicht im Widerspruch zum deutschen AGB-Recht und LuftVG, zum europäischen Gemeinschaftsrecht, wie z. B. zur Fluggastrechte-VO, und zu den völkerrechtlichen Abkommen, also dem Montrealer Übereinkommen bzw. dem Warschauer Abkommen, stehen.[149] Anwendbar sind die ABB erst, wenn sie wirksam in den Luftbeförderungsvertrag eingebunden worden sind.[150] Hierzu muss der Luftfrachtführer gemäß § 305 Abs. 2 BGB bei Vertragsschluss ausdrücklich auf die Geltung der ABB hinweisen und dem Passagier die Möglichkeit der vollständigen Kenntnisnahme bieten.[151] Außerdem müssen die ABB verständlich sein.[152] Dies betrifft sowohl den Inhalt, der transparent sein muss, als auch die Sprache der ABB.[153] Daher sind die ABB in der Vertragssprache zu veröffentlichen.[154] Die Tatsache, dass Luftbeförderungsverträgen weltweit einheitliche ABB zugrunde liegen, sichert im Interesse der Passagiere die Flexibilität der

145 Vgl. BGH (Hrsg.), Urteil vom 20.01.1983 – VII ZR 105/81, S. 1323 m. w. N.; BGH (Hrsg.), Urteil vom 05.12.2006 – X ZR 165/03, S. 75 f.; DAMMANN, J., in: AGB-Recht, 6. Aufl., Anhang zu § 310 BGB, Rn. B259.

146 Vgl. HAUSMANN, L., Europäische Fluggastrechte, S. 507; SCHWENK, W./GIEMULLA, E., Luftverkehrsrecht, Kap. 14, Rn. 296; GIEMULLA, E./SCHMID, R., Einbeziehung von ABB in Luftbeförderungsverträge, S. 1057; FÜHRICH, E., in: Reiserecht, 7. Aufl., § 35, Luftbeförderungsvertrag, Rn. 24 m. w. N.

147 Vgl. OLG KÖLN (Hrsg.), Urteil vom 12.09.2003 – 6 U 29/03, S. 277 und grundlegend hierzu FÜHRICH, E., in: Reiserecht, 7. Aufl., § 35, Luftbeförderungsvertrag, Rn. 24; vgl. allgemein auch MARTINY, D., in: MüKo zum BGB, Bd. 12, 7. Aufl., Art. 46b EGBGB, Rn. 56-59.

148 Vgl. KIRSCH, A., Der Luftbeförderungsvertrag im Personenverkehr, Rn. 169.

149 Vgl. so auch HAUSMANN, L., Europäische Fluggastrechte, S. 507.

150 Vgl. JANKÖSTER, J. P., Fluggastrechte, S. 51-57; KIRSCH, A., Der Luftbeförderungsvertrag im Personenverkehr, Rn. 170.

151 Vgl. BERGER-WALLISER, G., Luftbeförderungsbedingungen und AGB-Kontrolle, S. 126; FÜHRICH, E., in: Reiserecht, 7. Aufl., § 35, Luftbeförderungsvertrag, Rn. 25. Die Alternative eines Hinweises durch Aushang gemäß § 305 Abs. 2 Nr. 1, 2. Alt. BGB scheidet für die Luftbeförderung aus, da eine Kenntnisnahme durch Aushang regelmäßig mit unverhältnismäßigen Schwierigkeiten verbunden ist. Vgl. so auch GIEMULLA, E./SCHMID, R., Einbeziehung von ABB in Luftbeförderungsverträge, S. 1059; JANKÖSTER, J. P., Fluggastrechte, S. 52. Bei Luftbeförderungsverträgen mit Unternehmern i. S. d. § 14 BGB, bspw. mit geschäftlich reisenden Unternehmern, ist eine stillschweigende Einbeziehungsvereinbarung indes ausreichend. Vgl. GRÜNEBERG, C., in: Bürgerliches Gesetzbuch, 77. Aufl., § 310 BGB, Rn. 4.

152 Vgl. KIRSCH, A., Der Luftbeförderungsvertrag im Personenverkehr, Rn. 178; FÜHRICH, E., in: Reiserecht, 7. Aufl., § 35, Luftbeförderungsvertrag, Rn. 25.

153 Vgl. GRÜNEBERG, C., in: Bürgerliches Gesetzbuch, 77. Aufl., § 305 BGB, Rn. 39 f.

154 Vgl. BERGER-WALLISER, G., Luftbeförderungsbedingungen und AGB-Kontrolle, S. 132; JANKÖSTER, J. P., Fluggastrechte, S. 56 f.; BASEDOW, J., in: MüKo zum BGB, Bd. 2, 7. Aufl., § 305 BGB, Rn. 62; GRÜNEBERG, C., in: Bürgerliches Gesetzbuch, 77. Aufl., § 305 BGB, Rn. 40.

Beförderung mit verschiedenen Airlines.[155] Zudem erleichtert und fördert dies die Konkretisierung der Regelungen des IFRS 15 zur Umsatzrealisierung im Zusammenhang mit Luftbeförderungsleistungen.

23 Beförderungsleistungen

231. Ununterbrochene und unterbrochene Flüge

In einem Luftbeförderungsvertrag kann entweder ein ununterbrochener oder ein unterbrochener Flug zum Zielort vereinbart werden.[156] Ein **ununterbrochener** Flug ist ein sog. Nonstop-Flug, der den Passagier ohne Zwischenstopp zum Zielort befördert.[157] Auch ein Direktflug kann, muss aber kein ununterbrochener Flug sein.[158] So sind Zwischenlandungen und somit Unterbrechungen des Fluges unter Beibehaltung der Flugnummer auf der direkt geflogenen Strecke zum Zielort möglich.[159] **Unterbrochene** Flüge werden im Passagierverkehr in einem einzelnen oder in mehreren Beförderungsverträgen vereinbart.[160] Diese sind Beförderungen über mehrere Teilstrecken zum vereinbarten Zielort.[161] Hierzu zählen bspw. Flugreisen, die aus einem Hin- und einem Rückflug bestehen.[162] Es können im Luftbeförderungsvertrag darüber hinaus weitere planmäßige Zwischenlandungen vereinbart werden.[163] An diesen Zwischenlandeorten steigen die Passagiere dann mit oder ohne längeren Aufenthalt, ggf. auch außerhalb des Flughafens, in ein anderes Flugzeug um.[164] Entsprechende Weiterflüge können in einem einzigen Beförderungsvertrag von nur einer einzelnen oder von verschiedenen Airlines durchgeführt werden. Sind mehrere Airlines innerhalb eines Beförderungsvertrages an der Beförderungsleistung beteiligt, kooperieren die Airlines untereinander. Einzelne Kooperationsformen sollen deshalb im folgenden Abschnitt erläutert werden.

---

155 Vgl. SCHWENK, W./GIEMULLA, E., Luftverkehrsrecht, Kap. 14, Rn. 298.

156 Vgl. SCHMID, R., Rechtsprechung zur Flugverspätung, S. 151.

157 Vgl. ZANTKE, S., ABC des Luftverkehrs, S. 356; SCHMIDT, G. H. E., Handbuch Airlinemanagement, S. 89.

158 Vgl. statt vieler AG RÜSSELSHEIM (Hrsg.), Urteil vom 10.08.2011 – 3 C 72/11 (36), S. 247; FÜHRICH, E., in: Reiserecht, 7. Aufl., § 35, Luftbeförderungsvertrag, Rn. 4.

159 Vgl. ZANTKE, S., ABC des Luftverkehrs, S. 179; AG HAMBURG (Hrsg.), Urteil vom 10.03.2004 – 10 C 514/03, S. 123 und 125; AG KLEVE (Hrsg.), Urteil vom 31.05.2001 – 36 C 54/01, S. 144; a. A. bspw. AG ROSTOCK (Hrsg.), Urteil vom 18.03.2011 – 47 C 241/10, S. 123 f.; instruktiv hierzu KAPPUS, A., in: Vertragsrecht und AGB-Klauselwerke, Allgemeine Reisebedingungen, Rn. 59; SCHMID, R., Rechtsprechung zur Flugverspätung, S. 152-157. KAPPUS und SCHMID sprechen sich i. S. d. Verbraucherschutzes dafür aus, den Begriff Direktflug synonym zum Nonstop-Flug zu verwenden.

160 Vgl. JANKÖSTER, J. P., Fluggastrechte, S. 87.

161 Vgl. RASCH-SABATHIL, S., Linienflugverkehr, S. 121 f.; JANKÖSTER, J. P., Fluggastrechte, S. 87; HAUSMANN, L., Europäische Fluggastrechte, S. 386.

162 Vgl. KIRSCH, A., Anwendbares Recht im Luftbeförderungsvertrag, Rn. 68; REUSCHLE, F., Montrealer Übereinkommen, Art. 3, Rn. 19; STAUDINGER, A., in: Fluggastrechte-VO, Art. 3 Fluggastrechte-VO, Rn. 36-41.

163 Vgl. ZANTKE, S., ABC des Luftverkehrs, S. 388 und 391.

164 Vgl. MÜLLER-ROSTIN, W., Neuregelung von Fluggastrechten, S. 222; JANKÖSTER, J. P., Fluggastrechte, S. 88.

232. Ausgewählte Kooperationsformen in der Airline-Industrie

232.1 Codesharing

In der Airline-Industrie existieren zahlreiche multilaterale und bilaterale Luftverkehrsabkommen, in denen sich Staaten gegenseitig Verkehrsrechte für ihre Airlines einräumen.[165] Um sich von diesem engen Korsett zwischenstaatlicher Abkommen zu lösen, haben die Airlines private Kooperationsformen und Marketingstrategien entwickelt, durch die sie Verkehrsrechte und Flugverbindungen anderer Airlines zum beiderseitigen wirtschaftlichen Nutzen erschließen können.[166] Das sog. Codesharing ist die bekannteste und gängigste Form der strategischen Zusammenarbeit von Airlines.[167] Beim Codesharing vermarkten mindestens zwei Airlines einen einzelnen Flug jeweils unter ihrer eigenen Flugnummer, aber nur eine Airline, der sog. *Operating Carrier*, führt den Flug selbst durch.[168] Alle beteiligten Airlines treten dabei am Markt selbständig auf.[169] Airlines können so einen Marktzugang zu bestimmten Ländern erhalten, den sie aufgrund mangelnder Verkehrsrechte oder mangels eines geeigneten Flugzeugs sonst nicht hätten.[170] Zugleich können Airlines ohne hohe Investitionen ihr Streckennetz ausbauen und die Auslastung ihrer vorhandenen Flugverbindungen erhöhen.[171] Codesharing-Vereinbarungen umfassen auch Regelungen zur Preisbildung, sodass der Passagier bis zum Zielort regelmäßig Sondertarife in Anspruch nehmen kann, die er bei einzelnen Flugbuchungen sonst nicht wählen könnte.[172] Beim Codesharing wird dem Passagier überdies regelmäßig die Möglichkeit eingeräumt, sein Gepäck an den Umsteigeverbindungen durchbefördern zu lassen, auch wenn einer, mehrere oder sämtliche Flüge nicht von der Vertragsairline selbst durchgeführt werden.[173] Ein Codesharing-Flug, der durch eine andere Airline ausgeführt wird, ist im Computerreservierungssystem nicht als Umsteigeverbindung auf Dienste einer anderen Airline, sondern als Direktverbindung bzw. sog. *On-Line*-Verbindung ausgewiesen.[174] Aus Verbraucherschutzgründen und aus Gründen der Produktwahrheit müssen die Airlines ihren Passagieren Informa-

---

165 Vgl. Abschnitt 222.1.

166 Vgl. HAUSMANN, L., Europäische Fluggastrechte, S. 80 f.; LÜBBEN, N., Code-Sharing, Rn. 485; SCHWENK, W./GIEMULLA, E., Luftverkehrsrecht, Kap. 14, Rn. 216.

167 Vgl. ZOU, L./CHEN, X., Codesharing, S. 50; GURREA, S. D., Code Sharing, S. 110; LÜBBEN, N., Code-Sharing, Rn. 485. Im Schrifttum wird diskutiert, ob das Codesharing als Verkehrsrecht einzustufen ist. Vgl. hierzu kritisch GÖTTING, T., Codesharing, S. 79-117; LÜBBEN, N., Code-Sharing, Rn. 519.

168 Vgl. CONRADY, R./FICHERT, F./STERZENBACH, R., Luftverkehr, S. 275; MAURER, P., Luftverkehrsmanagement, S. 68; YIMGA, J. O., Codesharing, S. 76; HANLON, J. P., Global Airlines, S. 167; OUM, T. H./PARK, J.-H./ZHANG, A., Codesharing Agreements, S. 188; CONRADY, R./FICHERT, F./STERZENBACH, R., Luftverkehr, S. 275. Es gibt keine einheitliche, verbindliche Definition von Codesharing. Vgl. GÖTTING, T., Codesharing, S. 44-49, der verschiedene Definitionen aus Wissenschaft und Praxis gegenüberstellt.

169 Vgl. statt vieler POMPL, W., Luftverkehr, S. 139.

170 Vgl. HAUSMANN, L., Europäische Fluggastrechte, S. 82; LÜBBEN, N., Code-Sharing, Rn. 486; SCHWENK, W./GIEMULLA, E., Luftverkehrsrecht, Kap. 14, Rn. 245.

171 Vgl. OUM, T. H./PARK, J.-H./ZHANG, A., Codesharing Agreements, S. 188; POMPL, W., Luftverkehr, S. 141; CONRADY, R./FICHERT, F./STERZENBACH, R., Luftverkehr, S. 277.

172 Vgl. SCHMIDT, G. H. E., Handbuch Airlinemanagement, S. 36.

173 Vgl. CONRADY, R./FICHERT, F./STERZENBACH, R., Luftverkehr, S. 277.

174 Vgl. GÖTTING, T., Codesharing, S. 64; SCHWENK, W./GIEMULLA, E., Luftverkehrsrecht, Kap. 14, Rn. 216.

tionen über die tatsächlich ausführende Airline offenlegen.[175] Die bloße Bekanntgabe der Flugnummern reicht nicht aus.[176]

Es gibt verschiedene **Formen** des Codesharing. So wird bspw. zwischen dem parallelen und dem komplementären Codesharing unterschieden.[177] Beim parallelen Codesharing wird lediglich ein Streckenabschnitt von mehreren Airlines vermarktet.[178] Das komplementäre Codesharing ist hingegen dadurch gekennzeichnet, dass einzelne Streckenabschnitte als strategische Verbindungen genutzt werden, um bedeutende Märkte im Mittel- und Langstreckenverkehr abzudecken und von den Partner-Airlines Passagiere zugeführt zu bekommen.[179]

Darüber hinaus können beim Codesharing noch weitere Formen unterschieden werden, die vom Grad der Zusammenarbeit der Airlines abhängen:[180]

- *Freesale*: Alle verfügbaren Sitzplätze werden von jedem Codesharing-Partner selbständig vermarktet. Außerdem kann jede Airline den Flugpreis unabhängig vom Codesharing-Partner festlegen. Die Airline, die den Flug durchführt, erhält hierfür einen vorher festgelegten Verrechnungspreis für die Sitzplätze. Das Absatzrisiko liegt bei ihr.
- *Blocked Space*: Die den Flug ausführende Airline vergibt Sitzplatzkontingente an die anderen Airlines, mit denen die Codesharing-Vereinbarung besteht. Für diese Sitzplatzkontingente trägt jede Airline grundsätzlich selbst das Absatzrisiko (*Hard Block*). Es kann allerdings auch eine Rückgabe des Sitzplatzes an die ausführende Airline vereinbart werden (*Soft Block*). Für den geblockten Sitzplatz erhält die ausführende Airline jeweils eine pauschale Vergütung.
- *Revenue Sharing* bzw. *Profit Sharing*: Der Flugpreis für die jeweilige Flugstrecke wird gemeinsam von allen Codesharing-Partnern festgelegt, wie auch die Schlüsselung für die Verteilung der Einnahmen bzw. des Gewinns. Keine Airline erhält ein zugewiesenes Sitzplatzkontingent. Alle Codesharing-Partner vermarkten die Sitzplatzkontingente und tragen somit gemeinsam das Absatzrisiko.

---

175 Vgl. MAURER, P., Luftverkehrsmanagement, S. 70; CONRADY, R./FICHERT, F./STERZENBACH, R., Luftverkehr, S. 278; POMPL, W., Luftverkehr, S. 142; Verordnung (EG) Nr. 2111/2005, Art. 11.

176 Vgl. SCHLADEBACH, M., Luftrecht, Rn. 304.

177 Vgl. CONRADY, R./FICHERT, F./STERZENBACH, R., Luftverkehr, S. 275; MAURER, P., Luftverkehrsmanagement, S. 68 f. Zum Teil wird noch eine dritte Form des Codesharing, das sog. virtuelle Codesharing, unterschieden. Eine Airline bietet dann eine Route an, ohne einen der Flüge selbst durchzuführen. Vgl. hierzu GERLACH, M./CLEOPHAS, C./KLIEWER, N., Codeshare-Allianzen, S. 148.

178 Vgl. LÜBBEN, N., Code-Sharing, Rn. 503; CONRADY, R./FICHERT, F./STERZENBACH, R., Luftverkehr, S. 275; POMPL, W., Luftverkehr, S. 139. Diese Form wird zum Teil auch *Point-to-Point*- Codesharing genannt.

179 Vgl. LÜBBEN, N., Code-Sharing, Rn. 503; MAURER, P., Luftverkehrsmanagement, S. 69; POMPL, W., Luftverkehr, S. 140. Die Bedeutung dieser Form des Codesharing wurde bspw. 2016 ersichtlich, als Air Berlin im Streit über Codesharing-Flüge mit Etihad gerichtlich sechsundzwanzig der einunddreißig Codesharing-Flüge genehmigt worden sind. Diese Flüge waren für Etihad von strategischer Bedeutung. Vgl. zur Entscheidung OVG LÜNEBURG (Hrsg.), Urteil vom 14.01.2016 – 7 ME 4/16; vgl. statt vieler FLOTTAU, J., Gemeinschaftsflüge mit Etihad.

180 Vgl. hier und in den nachstehenden Ausführungen zu den Formen des Codesharing RASCH, S., Codesharing; CONRADY, R./FICHERT, F./STERZENBACH, R., Luftverkehr, S. 277; LÜBBEN, N., Code-Sharing, Rn. 492.

Codesharing unterliegt international keinem einheitlichen **rechtlichen Rahmen**.[181] Grundlage sind privatrechtliche Verträge zwischen den beteiligten Airlines.[182] Diese Verträge müssen mit dem öffentlichen und privaten Luftverkehrsrecht vereinbar sein.[183] So dürfen durch Codesharing-Vereinbarungen bspw. weder Beschränkungen auf festgelegte Verkehrsrechte umgangen noch haftungsrechtliche Regelungen ausgesetzt werden.[184] Airlines, die ihren Verwaltungssitz in der Europäischen Gemeinschaft haben, sind unbeschadet der für sie geltenden Wettbewerbsregeln berechtigt, gegenseitig Codesharing-Vereinbarungen zu treffen.[185] Darüber hinaus können diese Airlines grundsätzlich auch mit Airlines aus Drittstaaten Codesharing-Vereinbarungen für Flüge von, nach oder über einen Flughafen in ihrem Hoheitsgebiet von oder zu jedem Ort in Drittländern abschließen.[186] Hierbei ist vorausgesetzt, dass zwischen diesen Staaten ein Luftverkehrsabkommen besteht und Codesharing darin explizit erlaubt ist.[187] Erhält die Airline im Drittstaat keine vergleichbaren Rechte, kann sie die Codesharing-Vereinbarung gegenüber der Airline aus dem Drittstaat entsprechend einschränken.[188] Codesharing-Vereinbarungen mit Airlines aus Drittstaaten bedürfen indes der Genehmigung der Luftfahrtbehörden beider Vertragsstaaten.[189] Der Zugang zu den jeweiligen inländischen Strecken wird regelmäßig nur unter dem Vorbehalt gestattet, dass diese von den heimischen Airlines bedient werden.[190]

232.2 *Interlining*

Eine weitere kommerzielle Kooperationsform ist das sog. *Interlining*. Beim *Interlining* handelt es sich um eine gegenseitige Anerkennung von Beförderungsdokumenten, Verkaufs- und Beförderungsbedingungen sowie Abrechnungsmodalitäten.[191] Ein Passagier hat dadurch die Möglichkeit, mit einem einzigen Flugticket Flüge verschiedener Airlines zu kombinieren, bspw. als Umsteigeverbindungen (*connection interlining*) oder als Hin- und Rückflug (*roundtrip interlining*) mit unterschiedlichen Airlines.[192] Wie beim Codesharing kann z. B. auch beim *Interlining* das Gepäck des Passagiers durchbefördert werden.[193] Im Gegensatz zum Codesharing ist der

---

181 Vgl. statt vieler LÜBBEN, N., Code-Sharing, Rn. 489 und 519.

182 Vgl. GÖTTING, T., Luftfahrtunternehmen im Rahmen eines Codesharing-Abkommens, S. 242; GIEMULLA, E./VAN SCHYNDEL, H., Rechtsprobleme des Codesharing, S. 253; SCHWENK, W./GIEMULLA, E., Luftverkehrsrecht, Kap. 14, Rn. 216 i. V. m. Rn. 245-250.

183 Vgl. Abschnitt 221.

184 Vgl. so auch SCHWENK, W./GIEMULLA, E., Luftverkehrsrecht, Kap. 14, Rn. 224.

185 Vgl. EUROPÄISCHES PARLAMENT UND RAT DER EUROPÄISCHEN UNION (Hrsg.), Verordnung (EG) Nr. 1008/2008, Art. 15 Abs. 4.

186 Vgl. EUROPÄISCHES PARLAMENT UND RAT DER EUROPÄISCHEN UNION (Hrsg.), Verordnung (EG) Nr. 1008/2008, Art. 15 Abs. 5 Satz 1.

187 Vgl. CONRADY, R./FICHERT, F./STERZENBACH, R., Luftverkehr, S. 45.

188 Vgl. EUROPÄISCHES PARLAMENT UND RAT DER EUROPÄISCHEN UNION (Hrsg.), Verordnung (EG) Nr. 1008/2008, Art. 15 Abs. 5 Satz 2.

189 Vgl. JANKÖSTER, J. P., Fluggastrechte, S. 62; LÜBBEN, N., Code-Sharing, Rn. 50; GIEMULLA, E./VAN SCHYNDEL, H., Rechtsprobleme des Codesharing, S. 256; SCHWENK, W./GIEMULLA, E., Luftverkehrsrecht, Kap. 14, Rn. 220.

190 Vgl. SCHWENK, W./GIEMULLA, E., Luftverkehrsrecht, Kap. 14, Rn. 219.

191 Vgl. POMPL, W., Luftverkehr, S. 137; HAUSMANN, L., Europäische Fluggastrechte, S. 82 f.; MAURER, P., Luftverkehrsmanagement, S. 72; CONRADY, R./FICHERT, F./STERZENBACH, R., Luftverkehr, S. 274.

192 Vgl. statt vieler LÜBBEN, N., Code-Sharing, Rn. 492; HAUSMANN, L., Europäische Fluggastrechte, S. 82 f.; HÄNSEL, W., Der internationale Personenluftverkehr, S. 258.

193 Vgl. bspw. CONDOR (Hrsg.), Interline Gepäckregeln.

Flugpreis allerdings regelmäßig höher und die einzelnen Flüge haben beim *Interlining* jeweils nur eine Flugnummer.[194]

Interline-Vereinbarungen werden zwischen den einzelnen Airlines abgeschlossen, z. B. im Rahmen strategischer Allianzen.[195] Abgewickelt werden diese Vereinbarungen i. d. R. zentral über die IATA.[196] Die IATA organisiert die Vertragsverhältnisse, die Flugtickets sowie die Abrechnung der Airlines untereinander.[197] So basiert das *Interlining* bei Flügen innerhalb der EU oder bei Flügen zwischen der EU und dem EU-Ausland regelmäßig auf Durchschnittstarifen aller am *Interline*-System der IATA beteiligten Airlines zuzüglich eines *Interline*-Aufschlags.[198] Außerhalb des IATA-Systems gibt es bilaterale *Interlining*-Vereinbarungen.[199] Der Passagier nutzt trotz Unterbrechungen in seiner Flugreise den Vorteil der entfernungsabhängigen Preisdegression.[200] Airlines können aber auch außerhalb des IATA-*Interline*-Systems Tarife festlegen, mit denen sie wettbewerbsfähig sind und mit denen sie bspw. auch bestimmte Flugverbindungen bewerben können.[201] Die Flugpreise dieser kombinierten Flüge sind beim *Interlining* ceteris paribus geringer als ein gesonderter Erwerb der einzelnen Flugtickets.

Ein wesentlicher Vorteil des *Interlining* ist die Eingliederung des eigenen Streckennetzes in das Verkehrsnetz anderer Airlines, sodass den Passagieren mehr Flugziele angeboten werden können.[202] Die Beteiligung am *Interline*-System ist rückläufig, da die Airlines im Zuge der Liberalisierung der Märkte zunehmend unterschiedliche Tarife und Produkte anbieten.[203]

232.3 Strategische Allianzen

Kooperationen in Form **strategischer Allianzen** sind in der Airline-Industrie weit verbreitet.[204] Die Airlines bilden diese Allianzen, um weitere Märkte durch eine bessere Auslastung ihrer Flugdienste und ein vergrößertes Angebot zu erschließen und um ihre Produkte aufeinander abzustimmen.[205] So profitieren die Passagiere neben einem umfassenderen Flugangebot bspw.

---

194 Vgl. LÜBBEN, N., Code-Sharing, Rn. 492; vgl. zum Codesharing Abschnitt 232.1.

195 Vgl. SCHWENK, W./GIEMULLA, E., Luftverkehrsrecht, Kap. 14, Rn. 243; LÜBBEN, N., Code-Sharing, Rn. 492.

196 Vgl. POMPL, W., Luftverkehr, S. 137. Die Airline muss hierzu kein Mitglied der IATA sein.

197 Vgl. POMPL, W., Luftverkehr, S. 138.

198 Vgl. CONRADY, R./FICHERT, F./STERZENBACH, R., Luftverkehr, S. 274. Vgl. zur Entwicklung der Tarifbildung bei der IATA ausführlich LÜBBEN, N., Code-Sharing, Rn. 492 i. V. m. Rn. 581-584; STEPPLER, U., Anfang vom Ende des IATA-Interlining, S. 367-382. Zum Teil werden auch Vereinbarungen außerhalb des IATA-*Interlining*-Systems geschlossen. Vgl. bspw. CONRADY, R./FICHERT, F./STERZENBACH, R., Luftverkehr, S. 274; SCHWENK, W./GIEMULLA, E., Luftverkehrsrecht, Kap. 14, Rn. 243.

199 Vgl. CONRADY, R./FICHERT, F./STERZENBACH, R., Luftverkehr, S. 274.

200 Vgl. POMPL, W., Luftverkehr, S. 137.

201 Vgl. SZAKAL, A., Interline and Code-Share Agreements, S. 1; CONRADY, R./FICHERT, F./STERZENBACH, R., Luftverkehr, S. 274.

202 Vgl. IATA (Hrsg.), The Benefits of IATA Interlining; MAURER, P., Luftverkehrsmanagement, S. 73.

203 Vgl. MAURER, P., Luftverkehrsmanagement, S. 73. Vgl. zur Liberalisierung der Märkte auch Abschnitt 222.2.

204 Vgl. CONRADY, R./FICHERT, F./STERZENBACH, R., Luftverkehr, S. 278. Die drei großen globalen Allianzen sind Star Alliance, SkyTeam und Oneworld. Vgl. hierzu auch HANLON, J. P., Global Airlines, S. 303-306; CONRADY, R./FICHERT, F./STERZENBACH, R., Luftverkehr, S. 281-286.

205 Vgl. ZUR HAUSEN, H., Allianzen, Rn. 611-616; SCHWENK, W./GIEMULLA, E., Luftverkehrsrecht, Kap. 3, Rn. 64; vgl. allgemein zu Merkmalen und zur Bedeutung von strategischen Allianzen BACKHAUS, K./PLITZ,

auch von kurzen Umsteigezeiten aufgrund abgestimmter Flugpläne, einer Durchbeförderung des Gepäcks bis zum Zielort oder von harmonisierten Vielfliegerprogrammen.[206] Eine Allianz von mindestens zwei Airlines umfasst dabei mehrere Kooperationsformen.[207] Regelmäßig werden in Allianzen *Interline*- und Codesharing-Vereinbarungen getroffen.[208]

233. *Cross-Ticketing*

Die Preise für ein Flugticket bei Buchung eines einzelnen Hin- oder Rückfluges sind oftmals höher als ein kombiniertes Angebot.[209] Dies veranlasst Passagiere zu sog. **Überkreuzbuchungen** (*Cross-Ticketing*). Passagiere buchen in diesem Fall jeweils zwei Hin- und Rückflüge und lassen von ihren beiden Buchungen jeweils einen Flug verfallen.[210] Ähnlich gelagert ist auch das sog. ***Cross-Border-Selling***. Darunter sind Fälle zu subsumieren, in denen ein Passagier z. B. einen Flug Amsterdam – Düsseldorf – Hong Kong – Düsseldorf – Amsterdam bucht, indes die Teilstrecken von und nach Amsterdam nicht in Anspruch nimmt, sondern seine Flugreise in Düsseldorf beginnt und beendet.[211] Auch solche Buchungen können für den Passagier preislich günstiger als die unmittelbare Buchung eines Direktfluges von und nach Düsseldorf sein.[212] Wirtschaftlicher Hintergrund dieser Vertragsgestaltung ist die Absicht einer Airline, über Zubringerflüge Passagiere aus dem Ausland oder aus anderen Regionen des Inlandes mit günstigen Preisen anzulocken und Umsteigeverbindungen attraktiv zu machen.[213] Zwischen einer Überkreuzbuchung und einem *Cross-Border-Selling* soll nachfolgend nicht mehr unterschieden werden. Deshalb wird der Begriff des *Cross-Border-Selling* unter dem Begriff des *Cross-Ticketing* subsumiert.

In der Vergangenheit verlor ein Flugticket seine Gültigkeit, sobald ein Passagier die in seinem Flugticket vereinbarte Beförderungsleistung nur teilweise oder nicht in der **vereinbarten Reihenfolge** in Anspruch genommen hat.[214] Der BGH hat diese Klausel, die in den Allgemeinen Beförderungsbedingungen vieler Airlines enthalten war, im Jahr 2010 für unwirksam erklärt.[215]

K., Strategische Allianzen, S. 1-10; BACKHAUS, K./PLINKE, W., Strategische Allianzen als Antwort auf veränderte Wettbewerbsstrukturen, S. 21-33; BACKHAUS, K./VOETH, M., Strategische Allianzen, S. 63-66. Die Airlines behalten in einer Allianz ihre vollständige rechtliche und wirtschaftliche Unabhängigkeit. Anderenfalls werden einer Airline Verkehrsrechte entzogen, sodass die Airline bestimmte Flugstrecken nicht mehr bedienen darf. Vgl. HAUSMANN, L., Europäische Fluggastrechte, S. 86 m. w. N.

206 Vgl. MAURER, P., Luftverkehrsmanagement, S. 77; SCHWENK, W./GIEMULLA, E., Luftverkehrsrecht, Kap. 3, Rn. 64; POMPL, W., Luftverkehr, S. 143 f.; RASCH-SABATHIL, S., Linienflugverkehr, S. 17.

207 Vgl. POMPL, W., Luftverkehr, S. 143; MAURER, P., Luftverkehrsmanagement, S. 74.

208 Vgl. ZUR HAUSEN, H., Allianzen, Rn. 591 und 621; CONRADY, R./FICHERT, F./STERZENBACH, R., Luftverkehr, S. 280; HAGLEITNER, M., Strategische Allianzen von Airlines, S. 445 f.

209 Vgl. statt vieler STAUDINGER, A., in: Fluggastrechte-VO, Art. 4 Fluggastrechte-VO, Rn. 20.

210 Vgl. GREINER, S., Unterbindung des „Cross-Border-Selling“ und „Cross-Ticketing“, S. 121.

211 Vgl. ähnlich SCHMID, R., Anmerkung zum AG Köln (Hrsg.), Urteil vom 05.01.2005 – 117 C 269/04, S. 139; GREINER, S., Unterbindung des „Cross-Border-Selling“ und „Cross-Ticketing“, S. 121.

212 Vgl. so auch FÜHRICH, E., in: Reiserecht, 7. Aufl., § 35, Luftbeförderungsvertrag, Rn. 47.

213 Vgl. GREINER, S., Unterbindung des „Cross-Border-Selling“ und „Cross-Ticketing“, S. 121; PURNHAGEN, K. P./HAUZENBERGER, K., Verbot von Cross-Ticketing, S. 132 f.

214 Vgl. statt vieler MAKIOL, P./VON RUCKTESCHELL, N., Wegwerfcoupons bei Flugreisen, S. 3 f.; PURNHAGEN, K. P./HAUZENBERGER, K., Verbot von Cross-Ticketing, S. 132.

215 Vgl. BGH (Hrsg.), Urteil vom 29.04.2010 – Xa ZR 5/09; BGH (Hrsg.), Urteil vom 29.04.2010 – Xa ZR 101/09. Zu diesem Urteil sind auch weitere Instanzgerichte gelangt. Vgl. so z. B. OLG FRANKFURT

Diese Verfallsklausel benachteilige den Passagier schließlich unangemessen.[216] Ziel der Verfallsklausel war es, die Einhaltung der Tarifbedingungen durch den Passagier sicherzustellen.[217] Dieses Ziel kann indes auch durch ein erhöhtes Entgelt, das dem einer isolierten Buchung für die verbleibende Strecke entspricht, erreicht werden.[218] Der Aufpreis darf den Preis für den Hauptflug zum Zeitpunkt der Buchung also nicht übersteigen.[219] Eine solche Aufpreisklausel ersetzt nun regelmäßig die Verfallsklausel in den Allgemeinen Beförderungsbedingungen der Airlines.[220] Da die Allgemeinen Beförderungsbedingungen in den Beförderungsvertrag einbezogen werden, sind deren Inhalte mit dem Abschluss des Vertrages verbindlich.[221] Um Beförderungsverträge abzuschließen, nutzt eine Airline verschiedene Vertriebswege. Diese Wege sollen im folgenden Abschnitt erläutert werden.

234. Vertrieb von Flugtickets

Airlines können ihre Flugtickets entweder direkt oder indirekt an einen Passagier verkaufen.[222] Beim **direkten Vertrieb** verpflichtet sich die Airline selbst, die Beförderungsleistung zu erbringen.[223] Zum direkten Vertrieb zählen bspw. eigene Verkaufsbüros, Ticketautomaten sowie der Vertrieb über die Internetseite der Airline.[224]

Dagegen werden beim **indirekten Vertrieb** sog. Absatzmittler für den Verkauf der Flugtickets zwischengeschaltet.[225] Ein Absatzmittler kann dabei entweder reiner Verkäufer sein oder an der

---

AM MAIN (Hrsg.), Urteil vom 18.12.2008 – 16 U 76/08 (LG Frankfurt am Main); FÜHRICH, E., in: Reiserecht, 7. Aufl., § 35, Luftbeförderungsvertrag, Rn. 47 m. w. N.; vgl. kritisch dazu TEICHMANN, A., Anmerkung zum OLG Frankfurt am Main (Hrsg.), Urteil vom 18.12.2008 – 16 U 76/08. Noch im Jahr zuvor hielt das OLG Köln die Verfallsklausel für angemessen, vgl. hierzu OLG KÖLN (Hrsg.), Urteil vom 31.07.2009 – 6 U 224/08.

216 Vgl. BGH (Hrsg.), Urteil vom 29.04.2010 – Xa ZR 5/09; BGH (Hrsg.), Urteil vom 29.04.2010 – Xa ZR 101/09. So bereits auch schon KAPPUS, A., Anmerkung zum AG Frankfurt am Main (Hrsg.), Urteil vom 21.02.2006 – C 2972/05, S. 3012; GREINER, S., Unterbindung des „Cross-Border-Selling“ und „Cross-Ticketing“, S. 122; PURNHAGEN, K. P., Cross-Ticketing, S. 313 f. m. w. N.; a. A. MAKIOL, P./VON RUCKTESCHELL, N., Wegwerfcoupons bei Flugreisen, S. 5-11. Bestätigt wurde das Urteil im Jahr 2015 vom LG DÜSSELDORF (Hrsg.), Urteil vom 25.09.2015 – 22 S 79/15.

217 Vgl. MAKIOL, P./VON RUCKTESCHELL, N., Wegwerfcoupons bei Flugreisen, S. 3 f.; VOGLER, R., Airline Pricing und AGB-Inhaltskontrolle im Konflikt, S. 263.

218 Vgl. so auch GREINER, S., Unterbindung des „Cross-Border-Selling“ und „Cross-Ticketing“, S. 125; FÜHRICH, E., in: Reiserecht, 7. Aufl., § 35, Luftbeförderungsvertrag, Rn. 47; BGH (Hrsg.), Urteil vom 29.04.2010 – Xa ZR 5/09, Rn. 36; vgl. kritisch dazu PURNHAGEN, K. P., Cross-Ticketing, S. 314.

219 Vgl. hierzu OLG FRANKFURT AM MAIN (Hrsg.), Urteil vom 28.02.2013 – 16 U 86/12; DEUTSCH, A., Aufpreisklausel bei Cross-Ticketing, S. 276.

220 Vgl. bspw. DEUTSCHE LUFTHANSA (Hrsg.), ABB Flugpassage, Art. 3.3.3; EMIRATES (Hrsg.), ABB, Art. 3.4, sowie auch damals AIR BERLIN (Hrsg.), ABB, Art. 3.3.4.

221 Vgl. zur Einbeziehung der Allgemeinen Beförderungsbedingungen in den Beförderungsvertrag bereits ausführlich Abschnitt 223.32.

222 Vgl. statt vieler SCHMIDT, G. H. E., Handbuch Airlinemanagement, S. 275; POMPL, W., Luftverkehr, S. 281.

223 Vgl. MEFFERT, H./BRUHN, M./HADWICH, K., Dienstleistungsmarketing, S. 379.

224 Vgl. POMPL, W., Luftverkehr, S. 282-284; FREYER, W., Tourismus, S. 300; SCHMIDT, G. H. E., Handbuch Airlinemanagement, S. 275; MUNDT, J. W., Reiseveranstaltung, S. 559. Der Vertrieb von Flugtickets über das Internet hat in den letzten Jahren stark an Bedeutung gewonnen. Vgl. HANKE, M., Airline e-Commerce, S. 1-3; HEINEMANN, G., Der neue Online-Handel, S. 67; FÜHRICH, E., Aktuelle Rechtsfragen zur Reisevermittlung, S. 269 f. So nutzt bereits die Hälfte der Weltbevölkerung das Internet. Vgl. INTERNET WORLD STATS (Hrsg.), Internetnutzung weltweit.

225 Vgl. CONRADY, R./FICHERT, F./STERZENBACH, R., Luftverkehr, S. 437.

Erbringung der vertraglich zugesagten Beförderungsleistung beteiligt sein, indem er den Passagier bspw. auf einer Teilstrecke der vereinbarten Gesamtstrecke befördert.[226] Der Vertrieb eines Flugtickets über eine andere Airline ist aufgrund einer abgeschlossenen *Interline*-Vereinbarung zwischen mindestens zwei Airlines möglich.[227] Zu unterscheiden sind drei Arten von Absatzmittlern: Dienstleistungsagenten, Dienstleistungsgroßhändler (sog. *consolidators*)[228] und Dienstleistungseinzelhändler.[229] Agenten, z. B. Reisebüros, sind berechtigt, einen Beförderungsvertrag zwischen der Airline und dem Passagier abzuschließen.[230] Ein Großhändler kauft als Zwischenhändler ein bestimmtes Kontingent an Flugtickets von der Airline zu einem reduzierten Preis, um diese dann an Einzelhändler oder Passagiere zu veräußern.[231] Der Einzelhändler kann Flugtickets nicht nur vom Großhändler, sondern auch unmittelbar von der Airline beziehen.[232]

Die Vielzahl der Vertriebsmöglichkeiten von Flugtickets sowie die Menge der täglichen Flugbuchungen und Flugumbuchungen erfordern ein effizientes Vertriebssystem der Airline.[233] Das sind sog. ***Global Distribution Systems***, die den Absatzmittlern bspw. Informationen über Flugpläne, freie Sitzplätze, Flugpreise und Tarifinformationen geben sowie die Buchung und Abrechnung von Flugtickets ermöglichen.[234]

Nachdem ein Passagier einen Beförderungsvertrag abgeschlossen und damit ein Flugticket auf direktem oder indirektem Vertriebsweg erhalten hat, sind die Rechte und Pflichten aller Vertragsparteien geregelt. Allerdings können sich die vertraglich zugesagten Leistungen innerhalb eines Beförderungsvertrages im Nachhinein noch ändern. Mögliche Änderungen werden im folgenden Abschnitt beschrieben.

235. Leistungsänderungen

Abhängig vom gewählten Flugtarif kann ein Passagier seinen gebuchten Flug oder seine gebuchten Zusatzleistungen entgeltlich oder unentgeltlich umbuchen oder stornieren.[235] Aber auch seitens der Airline ist eine Umbuchung, Verlegung oder Stornierung eines gebuchten Fluges möglich. Schließlich schuldet die Airline dem Passagier nicht die Beförderung mit einem

---

226 Vgl. Meffert, H./Bruhn, M./Hadwich, K., Dienstleistungsmarketing, S. 379.

227 Vgl. Conrady, R./Fichert, F./Sterzenbach, R., Luftverkehr, S. 445; vgl. umfassend zum sog. *Interlining* Abschnitt 232.2.

228 Vgl. Pompl, W., Luftverkehr, S. 17.

229 Vgl. Palmer, A./Cole, C., Service Marketing, S. 209 f.

230 Vgl. Meffert, H./Bruhn, M./Hadwich, K., Dienstleistungsmarketing, S. 384.

231 Vgl. Conrady, R./Fichert, F./Sterzenbach, R., Luftverkehr, S. 445; Pompl, W., Luftverkehr, S. 286.

232 Vgl. Meffert, H./Bruhn, M./Hadwich, K., Dienstleistungsmarketing, S. 385.

233 Vgl. Pompl, W., Luftverkehr, S. 294.

234 Vgl. Belobaba, P. P./Barnhart, C./Swelbar, W. S., Information Technology in Airline Operations, S. 464 und 466-469; Conrady, R./Fichert, F./Sterzenbach, R., Luftverkehr, S. 476 f.; Doganis, R., The Airline Business, S. 214-217.

235 Vgl. Conrady, R./Fichert, F./Sterzenbach, R., Luftverkehr, S. 373; Pompl, W., Luftverkehr, S. 36 und 240. Vgl. für einen aktuellen Überblick zur rechtlichen Lage des Passagiers im Falle einer Kündigung des Beförderungsvertrages Besold, A./Wahl, P., Fluggastrechte, S. 111-113.

bestimmten Flug.[236] Gleichwohl behält der Passagier bei Flugüberbuchungen, Flugverlegungen oder auch Flugannullierungen seinen Beförderungsanspruch aus dem abgeschlossenen Luftbeförderungsvertrag.[237]

In diesem Zusammenhang ist unter einer **Umbuchung** die Verlegung des ursprünglich gebuchten Fluges auf einen anderen Flug zu verstehen.[238] So überbuchen Airlines bspw. regelmäßig ihre Flüge, um einen Leerstand der Sitzplätze zu verhindern.[239] Denn nicht jeder Passagier erscheint zu seinem gebuchten Flug (sog. *no-shows*).[240] Sind die *no-shows* geringer als erwartet, muss die Airline Passagiere entweder in einer anderen Beförderungsklasse[241] befördern oder auf einen anderen Flug umbuchen.[242] Bei Umbuchungen durch die Airline ist der Tatbestand einer Nichtbeförderung i. S. d. Fluggastrechte-VO erfüllt, sodass dem betroffenen Passagier entsprechende Unterstützungs-, Betreuungs- und Ausgleichsleistungen zustehen.[243] Der Grund für die Umbuchung ist nicht relevant.[244] Ist der Passagier mit den neuen Bedingungen für die Flugreise einverstanden, liegt ein Änderungsvertrag vor.[245] Besteht eine Flugreise aus mehreren Teilstrecken, darf eine Airline eine Teilstrecke nicht ohne den Willen des Passagiers zu einer anderen Uhrzeit mit einem anderen Flug bedienen. Eine **Änderung** der **Flugzeiten** (Flugverlegung) des vereinbarten Fluges ist unter Berücksichtigung der Interessen der Airline zulässig, wenn dies für den Passagier zumutbar ist.[246] Zwar schuldet eine Airline dem Passagier grundsätzlich sowohl einen rechtzeitigen Abflug als auch eine rechtzeitige Ankunft.[247] Indes kann sich das Zeitfenster für eine Flugverschiebung dabei an den Zeiten, die Art. 6 Fluggastrechte-VO für Abflugverspätungen vorgibt, von zwei, drei bzw. vier Stunden orientieren.[248]

---

236 Vgl. JANKÖSTER, J. P., Fluggastrechte, S. 80-85 m. w. N.; HAUSMANN, L., Europäische Fluggastrechte, S. 446-449; a. A. SCHMID, R., Haftung für Passagier- und Gepäckschäden, S. 202.

237 Vgl. JANKÖSTER, J. P., Fluggastrechte, S. 344.

238 Vgl. Art. 3 Abs. 2 Buchst. b Fluggastrechte-VO.

239 Schätzungen gehen in der europäischen Luftfahrt davon aus, dass jeder Flug um rund zehn Prozent überbucht wird. Vgl. hierzu LINDNER, R./FRIESE, U., Warum Passagiere Flugzeuge wieder verlassen müssen, S. 22; BARTELS, T., Warum Airlines ihre Flüge überbuchen (müssen).

240 Vgl. SCHONER, D., Die internationale Rechtsprechung zum Warschauer Abkommen, S. 343; POMPL, W., Luftverkehr, S. 13. Die Gründe der *no-shows* sind verschieden. So buchen Passagiere mit flexiblen Flugtarifen bspw. kurzfristig ihren Flug um oder Passagiere schaffen es nicht rechtzeitig zu ihrem Flug. Vgl. WITTEK, L., Warum Airlines Flüge überbuchen.

241 Es wird allgemein zwischen der *Economy Class*, der *Business Class* und der *First Class* differenziert. Diese Beförderungsklassen unterscheiden sich nicht allein durch ihren Preis, sondern auch durch den zunehmenden Sitz- und Servicekomfort. Es gibt bei vielen Airlines weitere Feinabstufungen bei den Beförderungsklassen, wie z. B. die *Premium Economy Class*, die vom Komfort zwischen der *Economy Class* und der *Business Class* angesiedelt ist. Vgl. ZANTKE, S., ABC des Luftverkehrs, S. 94; CONRADY, R./FICHERT, F./STERZENBACH, R., Luftverkehr, S. 428-434.

242 Vgl. VON WANGENHEIM, F./BAYÓN, T., Überbuchung von Servicekapazitäten, S. 106 f.

243 Vgl. FÜHRICH, E., Fluggastrechte, S. 5; HAUSMANN, L., Europäische Fluggastrechte, S. 207-216; FÜHRICH, E., in: Reiserecht, 7. Aufl., § 35, Luftbeförderungsvertrag, Rn. 52 m. w. N. Vgl. zu den Unterstützungs-, Betreuungs- und Ausgleichsleistungen Abschnitt 223.2 und 223.31.

244 Vgl. HAUSMANN, L., Europäische Fluggastrechte, S. 216.

245 Vgl. hier und im folgenden Satz FÜHRICH, E., in: Reiserecht, 7. Aufl., § 35, Luftbeförderungsvertrag, Rn. 52.

246 Vgl. BGH (Hrsg.), Urteil vom 10.12.2013 – X ZR 24/13; FÜHRICH, E., Anmerkung zum BGH (Hrsg.), Urteil vom 10.12.2013 – X ZR 24/13, S. 1171.

247 Vgl. JANKÖSTER, J. P., Fluggastrechte, S. 126-132; HAUSMANN, L., Europäische Fluggastrechte, S. 449.

248 Vgl. FÜHRICH, E., in: Reiserecht, 7. Aufl., § 35, Luftbeförderungsvertrag, Rn. 53; a. A. JANKÖSTER, J. P., Fluggastrechte, S. 96 f., der eine maximale Zeitspanne von dreißig Minuten für zumutbar hält.

Dies ist davon abhängig, ob es sich um einen Kurz-, Mittel- oder Langstreckenflug handelt. Eine **Annullierung** liegt vor, wenn ein geplanter Flug nicht durchgeführt wird.[249] Die Airline verzichtet also vollständig auf eine spätere Durchführung dieses Fluges.[250] Über Annullierungen muss die den Flug (theoretisch) ausführende Airline ihre Passagiere informieren.[251]

Bei einer Nichtbeförderung oder Fluganullierung hat der Passagier das Wahlrecht, die vertraglich zugesagte Beförderungsleistung in Anspruch zu nehmen oder vom geschlossenen Luftbeförderungsvertrag zurückzutreten, sofern eine erhebliche Pflichtverletzung seitens der Airline vorliegt.[252] Die Schwelle für eine erhebliche Pflichtverletzung liegt regelmäßig i. S. d. Art. 6 Abs. 1 Buchst. c Unterabs. 3 Fluggastrechte-VO bei einer Änderung des Abflugzeitpunktes um mindestens fünf Stunden.[253] Der Airline steht indes kein Wahlrecht zu.[254] Sie ist weiterhin verpflichtet, die Beförderungsleistung mittels eines anderen Fluges durchzuführen. Ist dies nicht möglich, bspw. im Falle einer Überbuchung und mangels eines Ersatzfluges, erhält der Passagier Anspruch auf Schadensersatz statt der Leistung.[255] Dieser Anspruch ist gemäß § 325 BGB durch einen Rücktritt des Passagiers vom Luftbeförderungsvertrag nicht ausgeschlossen. Hat die Airline die Pflichtverletzung nicht zu vertreten, muss sie nach § 278 BGB keinen Schadensersatz leisten. Eine Überbuchung eines Fluges muss die Airline bspw. regelmäßig vertreten, da diese ausschließlich in wirtschaftlichem Kalkül begründet liegt.[256]

24 Zusatzleistungen

Die Kernleistung in der Airline-Industrie ist die Beförderung des Passagiers durch die Airline vom Abflugort zum Zielort.[257] Da diese Beförderungsleistung im engeren Sinne mit zunehmendem Wettbewerb zwischen den Airlines einfacher substituiert werden kann, gewinnen Zusatzleistungen (engl. *ancillary services*) an Bedeutung.[258] Zusatzleistungen sind Dienstleistungen,

---

249 Vgl. Art. 2 Buchst. l Fluggastrechte-VO.

250 Vgl. EuGH (Hrsg.), Urteil vom 19.11.2009 – C-402/07, C-432/07, Rn. 33.

251 Vgl. Art. 5 Abs. 4 Fluggastrechte-VO. Eine Airline, die nicht beweisen kann, dass ein Passagier über die Annullierung seines Fluges mindestens zwei Wochen vor der planmäßigen Abflugzeit informiert worden ist, muss entsprechende Ausgleichszahlungen an den Passagier leisten. Vgl. hierzu jüngst EuGH (Hrsg.), Urteil vom 11.05.2017 – C-302/16.

252 Vgl. LG Frankfurt am Main (Hrsg.), Urteil vom 18.02.2013 – 2-24 S 91/12, S. 127 m. w. N.

253 Vgl. Führich, E., in: Reiserecht, 7. Aufl., § 35, Luftbeförderungsvertrag, Rn. 56.

254 Vgl. LG Frankfurt am Main (Hrsg.), Urteil vom 18.02.2013 – 2-24 S 91/12, S. 127; Führich, E., in: Reiserecht, 7. Aufl., § 35, Luftbeförderungsvertrag, Rn. 56.

255 Vgl. Führich, E., in: Reiserecht, 7. Aufl., § 35, Luftbeförderungsvertrag, Rn. 57. Vgl. ausführlich zur Diskussion, ob es sich beim Luftbeförderungsvertrag um ein absolutes oder relatives Fixgeschäft handelt, Jankøster, J. P., Fluggastrechte, S. 133-161; Hausmann, L., Europäische Fluggastrechte, S. 449-455.

256 Vgl. Führich, E., in: Reiserecht, 7. Aufl., § 35, Luftbeförderungsvertrag, Rn. 57.

257 Vgl. Freyer, W., Tourismus-Marketing, S. 92 f.; Conrady, R./Fichert, F./Sterzenbach, R., Luftverkehr, S. 419.

258 Vgl. Wheatcroft, S., Air Transport Policy, S. 87; Schröder, A./Freyer, W., Bedeutung von Zusatzeinnahmen bei Airlines, S. 245; Butcher, K./Sparks, B./O'Callaghan, F., Beyond Core Service, S. 192-194.

die i. V. m. der Luftbeförderung angeboten werden.[259] Es kann zwischen obligatorisch ergänzenden und freiwillig ergänzenden Leistungen unterschieden werden.[260] Während **obligatorische Zusatzleistungen** für die Erbringung der Kernleistung zwingend erforderlich sind (sog. Beförderungsleistung im weiteren Sinne), wie z. B. der Check-in und das Boarding, kann sich eine Airline mit unmittelbar und mittelbar **freiwilligen Zusatzleistungen** von den Wettbewerbern differenzieren.[261] Unmittelbar freiwillig ergänzende Leistungen sollen die Beförderungsleistung attraktiver machen, indem der Passagier vor, während oder nach dem Flug weitere Services in Anspruch nehmen kann.[262] Mittelbar freiwillig ergänzende Leistungen stehen in keinem Zusammenhang zur Beförderungsleistung, sondern sollen den Passagier emotional, z. B. in Form einer gebrandeten Airline-Kreditkarte, an die Airline binden.[263] In der Airline-Industrie gibt es auch Mischformen von freiwilligen Zusatzleistungen, die unmittelbar und mittelbar freiwillig ergänzenden Charakter haben.[264] So binden bspw. Treueprogramme einerseits den Passagier durch das Sammeln von Prämien- und Statusmeilen an die Airline.[265] Andererseits kann der Passagier die erworbenen Prämien- und Statusmeilen einlösen, um die Attraktivität der Beförderungsleistung zu erhöhen.[266]

In dieser Arbeit sollen ausschließlich unmittelbar freiwillige Zusatzleistungen (im Folgenden nur noch Zusatzleistung genannt) im Kontext der Umsatzrealisierung nach IFRS 15 betrachtet werden.[267] Der Passagier kann zwischen einer Vielzahl solcher Zusatzleistungen wählen. Airlines bieten diese Zusatzleistungen standardisiert an, um einen hohen gleichbleibenden Qualitätsstandard gewährleisten zu können.[268] Einige Leistungen können bereits bei Abschluss des Luftbeförderungsvertrages gebucht werden.[269] Abhängig vom gewählten Flugtarif können Zu-

---

259 Vgl. ZANTKE, S., ABC des Luftverkehrs, S. 76.

260 Vgl. JUGEL, S./ZERR, K., Dienstleistungen als strategisches Element, S. 163; MEYER, A./DULLINGER, F., Leistungsprogramm von Dienstleistungs-Anbietern, S. 728.

261 Vgl. JUGEL, S./ZERR, K., Dienstleistungen als strategisches Element, S. 163 f.; FREYER, W., Tourismus-Marketing, S. 93 und 456-466.

262 Vgl. MEFFERT, H./BRUHN, M./HADWICH, K., Dienstleistungsmarketing, S. 277; CONRADY, R./FICHERT, F./STERZENBACH, R., Luftverkehr, S. 422-425 und 431.

263 Vgl. BRUHN, M./MEFFERT, H., Handbuch Dienstleistungsmarketing, S. 427; MEFFERT, H./BRUHN, M./HADWICH, K., Dienstleistungsmarketing, S. 277.

264 Vgl. MEFFERT, H./BRUHN, M./HADWICH, K., Dienstleistungsmarketing, S. 277 f.

265 Vgl. hierzu z. B. auch LAUER, T., Bonusprogramme, S. 75.

266 Vgl. so auch HAAG, N. C., Direktmarketing mit Kundendaten aus Bonusprogrammen, S. 30 f.

267 Vgl. zur Konkretisierung der Vorschriften des IFRS 15 für Treueprogramme, die nicht Gegenstand dieser Arbeit sind, bspw. AICPA AIRLINES REVENUE RECOGNITION TASK FORCE (Hrsg.), Issue #2-6 (C) – Loyalty "Tier Status"; IAWG (Hrsg.), Issue #2-6 (h) – Estimating Stand-alone Selling Price of Loyalty Credits; AICPA AIRLINES REVENUE RECOGNITION TASK FORCE (Hrsg.), Issue #2-6 (f) – Significant Financing Component; AICPA AIRLINES REVENUE RECOGNITION TASK FORCE (Hrsg.), Issue #2-6 (h) – Standalone Selling Price of Mileage Credits in Customer Loyalty Programs; AICPA AIRLINES REVENUE RECOGNITION TASK FORCE (Hrsg.), Issue #2-6 (i) – Interline Loyalty Transactions; IAWG (Hrsg.), Issue #2-6 (i) – Interline Loyalty Transactions; vgl. allgemein zur Bilanzierung von Kundenbindungsprogrammen nach IFRS 15 LÜHN, M., Bilanzierung von Kundenbindungsprogrammen, S. 41-50; LÜHN, M., Kundenbindungsprogramme nach IFRS 15, S. 223-225.

268 Vgl. MEFFERT, H./BRUHN, M./HADWICH, K., Dienstleistungsmarketing, S. 298.

269 Vgl. CONRADY, R./FICHERT, F./STERZENBACH, R., Luftverkehr, S. 423.

satzleistungen bereits im Flugpreis inbegriffen sein oder gegen einen Aufpreis zur Beförderungsleistung hinzugebucht werden.[270] Die Höhe des Aufpreises für eine Zusatzleistung kann davon abhängen, ob diese Zusatzleistung bereits im Vorfeld der Flugreise im Internet gebucht wird oder ob der Passagier sich erst am Flughafen oder im Flugzeug für die Inanspruchnahme dieser Zusatzleistung entscheidet.[271] Eine Airline schuldet diese Leistungen nach dem ursprünglichen Vertragsinhalt nicht. Zusatzleistungen sind also für den Erfolg der Beförderungsleistung nicht erforderlich.[272] Vereinbarte Zusatzleistungen werden nachträglich Inhalt der Leistungspflicht der Airline.

Zusatzleistungen, die am Flughafen oder während eines Fluges in Anspruch genommen werden können, sind bspw.:

- der Vorabend-Check-in zur vorzeitigen Aufgabe des Gepäcks,
- zusätzliches Hand- oder Aufgabegepäck[273] sowie Sondergepäck,
- eine Sitzplatzreservierung,
- ein Upgrade des Sitzplatzes, z. B. ein Sitzplatz mit mehr Beinfreiheit,
- Betreuungsleistungen vor oder nach dem Flug sowie bei Umsteigeverbindungen,
- bevorzugter Check-in, bevorzugtes Boarding sowie bevorzugte Gepäckabholung,
- der Zutritt zu den Flughafenlounges,
- Bordunterhaltungsprogramme,
- Internet und Telefon an Bord oder
- die Bordverpflegung.[274]

---

270 Vgl. statt vieler bspw. DEUTSCHE LUFTHANSA (Hrsg.), Zusatzoptionen.

271 Vgl. so bspw. EASYJET (Hrsg.), Gebühren und Kosten; CONDOR (Hrsg.), Bordunterhaltung; vgl. hierzu im Kontext von IFRS 15 HILLMER, H.-J., IFRS-Rechnungslegung vor wichtigen Weichenstellungen, S. 569.

272 Vgl. hier und im folgenden Satz SPRAU, H., in: Bürgerliches Gesetzbuch, 77. Aufl., § 631 BGB, Rn. 8.

273 Gemäß Art. 22 Abs. 1 der Verordnung (EG) Nr. 1008/2008 über gemeinsame Vorschriften für die Durchführung von Luftverkehrsdiensten in der Gemeinschaft ist eine Airline der Gemeinschaft frei in der Festlegung ihrer Flugpreise. Airlines sind also nicht verpflichtet, in jedem Fall für den Preis des Flugtickets sowohl den Passagier als auch das von ihm aufgegebene Gepäck zu befördern. Für Gepäck darf eine Airline Zusatzkosten verlangen, sofern es gewissen Anforderungen, wie z. B. Gewicht, entspricht. Vgl. hierzu EUGH (Hrsg.), Urteil vom 18.09.2014 – C 487/12.

274 Vgl. statt vieler bspw. SINGAPORE AIRLINES (Hrsg.), Konnektivität an Bord; SINGAPORE AIRLINES (Hrsg.), Before the Flight; EMIRATES (Hrsg.), Emirates erleben; DEUTSCHE LUFTHANSA (Hrsg.), Guide Services; EASYJET (Hrsg.), Gebühren und Kosten; CONDOR (Hrsg.), Priority Package; vgl. ähnlich auch KPMG (Hrsg.), IFRS 15 for Airlines, S. 20; AICPA AIRLINES REVENUE RECOGNITION TASK FORCE (Hrsg.), Issue #2-4 – Ancillary Fees and Services, Rn. 1.

3 Konzeptionelle Grundlagen der IFRS-Rechnungslegung

31 *Conceptual Framework* als konzeptionelle Basis

Das Regelwerk der IFRS-Rechnungslegung besteht aus mehreren Komponenten.[275] Zum einen sind darunter die vom IASB und vom IFRS-Interpretationskomitee (IFRS IC) erarbeiteten Rechnungslegungsstandards und Interpretationen zu subsumieren.[276] Die Anwendung dieser Vorschriften ist nach deren Übernahme in EU-Recht verbindlich (sog. *endorsement*).[277] Zum anderen enthält das Regelwerk das sog. *Conceptual Framework*[278], das den konzeptionellen Bezugsrahmen für das Rechnungslegungssystem der IFRS bildet.[279] Das *Conceptual Framework* hat nicht den Rang eines Standards.[280] Vielmehr sind die im *Conceptual*

---

[275] Vgl. statt vieler BAETGE, J./KIRSCH, H.-J./THIELE, S., Bilanzen, S. 54-62; HENNRICHS, J., in: MüKo Bilanzrecht, Einführung in die Rechnungslegung nach IFRS, Rn. 58; WAWRZINEK, W./LÜBBIG, M., in: Beck'sches IFRS-Handbuch, 5. Aufl., § 2, Rn. 1; BAETGE, J. U. A., in: Rechnungslegung nach IFRS, 2. Aufl., Teil A, Kap. 2, Rn. 14.

[276] Vgl. WOLLMERT, P., in: WP Handbuch, 15. Aufl., Kap. K, Rn. 7; MERKT, H., in: Rechnungslegung nach HGB und IFRS, Kap. 1, Rn. 113-122.

[277] Vgl. detailliert zum Prozess und zu den Voraussetzungen der Übernahme der Vorschriften durch die EU (sog. *Endorsement*-Prozess) BUCHHEIM, R./KNORR, L./SCHMIDT, M., Endorsement-Verfahren, S. 334-341; PELLENS, B. U. A., Internationale Rechnungslegung, S. 79-84; BUCHHEIM, R./GRÖNER, S./KÜHNE, M., Übernahme von IAS/IFRS in Europa, S. 1783-1788. Zu beachten ist, dass Standard- und Interpretationsentwürfe, Agendaentscheidungen des IFRS IC, Verlautbarungen, die vorbereitend von Mitarbeitern des IASB erstellt werden, ebenso wenig Rechtsnormcharakter haben wie Umsetzungsleitlinien (*implementation guidances*) oder Begründungserwägungen (*basis for conclusions*). Vgl. PETERSEN, K./BANSBACH, F./DORNBACH, E., IFRS Praxishandbuch, S. 5 f. Der Rechnungslegungsstandard IFRS 15 *Erlöse aus Verträgen mit Kunden* sowie die Änderung an IFRS 15, durch die der Zeitpunkt des Inkrafttretens vom 01.01.2017 auf den 01.01.2018 verschoben wird, sind am 22.09.2016 in EU-Recht übernommen worden. Am 31.10.2017 wurden die Klarstellungen zu IFRS 15 *endorsed*. Vgl. EFRAG (Hrsg.), Endorsement Status Report, S. 2.

[278] Das *Conceptual Framework* wurde erstmals 1989 veröffentlicht. Im Jahr 2004 haben der FASB und der IASB ein Konvergenzprojekt begonnen, um ein gemeinsames Rahmenkonzept zu entwickeln. Dieses soll die Grundlage für die Entwicklung neuer und die Überarbeitung bereits bestehender Rechnungslegungsstandards sein. Im Jahr 2010 veröffentlichten die Boards als Teilergebnis das *Conceptual Framework for Financial Reporting* (2010). Anschließend beendeten sie die Zusammenarbeit. Der IASB setzte die Überarbeitung des Rahmenwerks allein fort. Im März 2018 veröffentlichte er das finale Rahmenwerk (*Conceptual Framework for Financial Reporting* (2018)), dessen Inhalte in dieser Arbeit berücksichtigt werden. Zwar ist dieses Rahmenwerk erst für nach dem 31.12.2019 beginnende Geschäftsjahre verpflichtend anzuwenden. Indes wenden der Board und das IFRS IC dieses bereits unmittelbar an. Vgl. CF.BC0.27 f.; IASB (Hrsg.), Conceptual Framework, S. 2. Vgl. zum Überarbeitungsprojekt des *Conceptual Framework* m. w. N. ED.CF.BCIN.1-BCIN.11; CF.BC0.1-BC0.17; KIRSCH, H.-J./SCHOO, L./KRAFT, A., Discussion Paper zum Conceptual Framework des IASB, S. 301-310; BAETGE, J./KIRSCH, H.-J./THIELE, S., Bilanzen, S. 152; ERB, C./PELGER, C., Vorstellungen des IASB vom neuen Rahmenkonzept, S. 1058-1064; KRAFT, A., Extractive Activities in der IFRS-Rechnungslegung, S. 43 f.

[279] Vgl. CF.SP1.1 und CF.1.11; HAYN, S., International Accounting Standards, S. 719 f.; GOEBEL, A., Konzernrechnungslegung nach IAS, S. 2459; MERKT, H., in: Rechnungslegung nach HGB und IFRS, Kap. 1, Rn. 115; THEILE, C., in: IFRS Handbuch, 5. Aufl., B II, Rn. 250-253.

[280] Vgl. CF.SP1.2; MERKT, H., Conceptual Framework aus regelungsmethodischer Sicht, S. 491-497; WINNEFELD, R., Bilanz-Handbuch, 5. Aufl., Einführung in das nationale Handels- und Steuerbilanzrecht sowie in die internationalen Rechnungslegungsgrundsätze, Abschnitt VII., Rn. 205; WAGENHOFER, A., Zukunft der internationalen Rechnungslegung, S. 539; GEBHARDT, G./MORA, A./WAGENHOFER, A., Fundamental Concepts of IFRS, S. 108. Grundaussagen des *Conceptual Framework* werden zum Teil in Rechnungslegungsstandards übernommen, so bspw. in IAS 1 und IAS 8. Diese Grundaussagen sind dann, sofern der Rechnungslegungsstandard *endorsed* wird, für Unternehmen, die dem EU-Recht unterliegen, verbindlich. Vgl. hierzu WAWRZINEK, W./LÜBBIG, M., in: Beck'sches IFRS-Handbuch, 5. Aufl., § 2, Rn. 9.

Framework enthaltenen Grundsätze den Standards und Interpretationen gegenüber nachrangig, d. h. subsidiär, anzuwenden.[281]

Das *Conceptual Framework* ist das theoretische Fundament der IFRS-Rechnungslegung. Für ein nach IFRS bilanzierendes Unternehmen dienen die im *Conceptual Framework* enthaltenen Leitlinien der Auslegung sowie Interpretation der Vorschriften und sind somit Grundlage für eine deduktive Beantwortung von Auslegungs- und Anwendungsfragen, die in der Bilanzierungspraxis aufkommen.[282] Deshalb dient das *Conceptual Framework* in dieser Arbeit als konzeptionelle Basis, besonders für die Analyse und Konkretisierung der Vorschriften des IFRS 15 im Rahmen von Beförderungs- und Zusatzleistungen.

Im *Conceptual Framework* wird das Ziel der IFRS-Rechnungslegung formuliert sowie der damit in engem Zusammenhang stehende relevante Adressatenkreis bestimmt (CF.Chapter 1 und Abschnitt 32). Zur Erreichung des Ziels leitet der IASB abstrakte qualitative Anforderungen an die zu vermittelnden Informationen (CF.Chapter 2 und Abschnitt 33) sowie Definitions-, Ansatz-, Bewertungs- und Ausweisgrundsätze (CF.Chapter 4-7 und Abschnitt 34) ab.[283] Zudem wird die Bedeutung des Jahresabschlusses in der Finanzberichterstattung beschrieben und die für den Abschluss zugrunde zu legende „*reporting entity*" abgegrenzt (CF.Chapter 3).[284]

32 Zielsetzung und Adressaten der IFRS-Rechnungslegung

Ziel der IFRS-Rechnungslegung ist es, den Adressaten entscheidungsnützliche Informationen bereitzustellen.[285] Das sind gemäß IAS 1.9 Informationen über die Vermögens-, Finanz- und Ertragslage sowie über die Cashflows eines Unternehmens, die für einen möglichst weiten Adressatenkreis relevant sind, um wirtschaftliche Entscheidungen treffen zu können. Gleichwohl ist dabei zu beachten, dass die Informationsbedürfnisse einzelner Adressatengruppen aufgrund unterschiedlicher Interessen divergieren können.[286] Um daraus resultierende Zielkonflikte für

---

281 Zur Diskussion, ob das *Conceptual Framework* im Rahmen des *Endorsement*-Prozesses in EU-Recht übernommen werden sollte, vgl. HAAKER, A./FREIBERG, J., Endorsement des IFRS-Rahmenkonzepts, S. 259 f.; MERKT, H., Conceptual Framework aus regelungsmethodischer Sicht, S. 497-499.

282 Vgl. hier und im folgenden Satz BAETGE, J. U. A., in: Rechnungslegung nach IFRS, 2. Aufl., Teil A, Kap. 2, Rn. 15; BAETGE, J./KIRSCH, H.-J./THIELE, S., Bilanzen, S. 55; HAYN, S., International Accounting Standards, S. 719; KAMPMANN, H./SCHWEDLER, K., Gemeinsames Rahmenkonzept von FASB und IASB, S. 522 f.; GASSEN, J./FISCHKIN, M./HILL, V., Rahmenkonzept-Projekt, S. 875; THEILE, C., in: IFRS Handbuch, 5. Aufl., B II, Rn. 252; MERKT, H., in: Rechnungslegung nach HGB und IFRS, Kap. 1, Rn. 115; IAS 1.19; CF.SP1.1 (b)-(c); ED.CF.BCIN.1-BCIN.11; CF.BC0.18 f. Das *Conceptual Framework* unterstützt mit seinen Leitlinien nicht nur den IFRS-Anwender. Es dient auch der konsistenten Entwicklung und Überarbeitung neuer bzw. bestehender Standards. Vgl. CF.SP1.1 (a).

283 Abschließend werden sowohl das finanzwirtschaftliche als auch das leistungswirtschaftliche Kapitalkonzept beschrieben und erörtert, wobei jedes Unternehmen das für sich passende Konzept verfolgen soll (CF.Chapter 8). Beide Konzepte sind mit dem übrigen *Conceptual Framework* konform. Ein Unterschied liegt im Ausweis der Höhe des Gewinns. Vgl. hierzu ausführlich BAETGE, J. U. A., in: Rechnungslegung nach IFRS, 2. Aufl., Teil A, Kap. 2, Rn. 175-181; WAGENHOFER, A., Internationale Rechnungslegungsstandards, S. 136 f.

284 Vgl. zur Aufnahme bzw. Einführung des Begriffes „*reporting entity*" in das *Conceptual Framework* TEITLER-FEINBERG, E., Reporting Entity, S. 3-5.

285 Vgl. CF.1.2.

286 Vgl. BAETGE, J./THIELE, S., Gesellschafterschutz versus Gläubigerschutz, S. 17.

die Standardsetzung zu vermeiden, wird die primäre Adressatengruppe im *Conceptual Framework* festgelegt. Hierzu zählen die bestehenden und potenziellen Investoren, Kreditgeber und Gläubiger.[287] Die vermittelten Informationen müssen insofern nützlich für die Entscheidung über den Kauf, Verkauf oder das Halten von Eigen- und Fremdkapitalinstrumenten sein. Der IASB stellt die Interessen der Eigen- und Fremdkapitalgeber in den Mittelpunkt der Finanzberichterstattung.[288] Dies kann dazu führen, dass der Informationswert der Berichterstattung für andere Adressatengruppen, wie z. B. das Management oder Regulierungsbehörden, geringer ist.[289] Ihre Interessen sind für die IFRS-Rechnungslegung nachrangig.

Die im Jahresabschluss vermittelten Informationen müssen Rückschlüsse auf die erwartete Rendite der eingesetzten wirtschaftlichen Ressourcen zulassen (sog. **Bewertungsfunktion**[290]).[291] Dies erfordert Informationen über die Höhe, den Zeitpunkt sowie die Unsicherheit der Einzahlungsüberschüsse. Zugleich werden Informationen gefordert, die eine Beurteilung der Effizienz und Effektivität des Einsatzes der dem Unternehmen bereitgestellten Ressourcen ermöglichen.[292] Auf diese Weise wird das leitende Management dazu bewegt, Rechenschaft über das ihm anvertraute Kapital zu legen (sog. **Rechenschaftsfunktion**[293]). Die Bewertungsfunktion und die Rechenschaftsfunktion sind gleichgewichtete Unterziele, die dem übergeordneten Ziel der Bereitstellung entscheidungsnützlicher Informationen dienlich sein können.[294]

---

[287] Vgl. hier und im folgenden Satz CF.1.2; BAETGE, J./KIRSCH, H.-J./THIELE, S., Bilanzen, S. 145; KLEINDIEK, D., in: MüKo Bilanzrecht, Einführung in die Rechnungslegung nach IFRS, Rn. 90.

[288] Vgl. zum (potenziellen) Adressatenkreis der IFRS-Rechnungslegung auch PELGER, C., Exposure Draft zur Phase A des Conceptual Framework-Projekts, S. 160-162.

[289] Vgl. hier und im folgenden Satz CF.1.5-1.10. Die vermittelten Informationen für Eigen- und Fremdkapitalgeber können gewiss auch entscheidungsnützlich für andere Adressatengruppen sein. Vgl. CF.1.8.

[290] So wird im Schrifttum von einer sog. Bewertungsfunktion bzw. Informationsfunktion im engeren Sinne als Unterziel der IFRS-Rechnungslegung gesprochen. Vgl. hierzu stellvertretend statt vieler FÜLBIER, R. U./GASSEN, J., Bilanzrechtsregulierung, S. 138-143; GIMPEL-HENNING, N., Sukzessive Anteilserwerbe im IFRS-Konzernabschluss, S. 11 f.

[291] Vgl. hier und im folgenden Satz CF.1.3-1.4 (a) i. V. m. CF.1.12-1.21. Impliziert sind Informationen über Veränderungen der Höhe und Zusammensetzung der wirtschaftlichen Ressourcen und der gegen das berichterstattende Unternehmen gerichteten Ansprüche in der Berichtsperiode.

[292] Vgl. hier und im folgenden Satz CF.1.3 und CF.1.4 (b) i. V. m. CF.1.22-1.23; CF.BC1.32-BC1.41.

[293] Der IASB stellt mit dem Verweis auf die Rechenschaft (*stewardship*) klar, dass die Rechenschaftsfunktion ein Unterziel der IFRS-Rechnungslegung ist. Die Informationen, die diese Rechenschaftsfunktion erfüllen, können der (übergeordneten) Zielsetzung der IFRS dienlich sein. Vgl. CF.BC1.33 f., .BC1.36 und .BC1.41. So können bspw. Informationen über einen (nicht) verantwortungsbewussten Umgang mit den Ressourcen seitens des leitenden Managements entscheidungsrelevant für verschiedene Adressatengruppen sein. Vgl. CF.1.22; vgl. zur Rechenschaft ausführlich bereits MOXTER, A., Fundamentalgrundsätze ordnungsmäßiger Rechenschaft, S. 96 f.; LEFFSON, U., GoB, S. 56-58; GJESDAL, F., Accounting for Stewardship, S. 208-226; kritisch zum Rechenschaftszweck in der IFRS-Rechnungslegung im Rahmen der Überarbeitung des *Conceptual Framework* bereits BALLWIESER, W., Ökonomische Analyse des Rahmenkonzepts, S. 469 f.; COENENBERG, A. G./STRAUB, B., Rechenschaft versus Entscheidungsunterstützung, S. 22 f.; CHRISTENSEN, J., Conceptual Frameworks of Accounting, S. 294 f.; GEBHARDT, G./MORA, A./WAGENHOFER, A., Fundamental Concepts of IFRS, S. 109-111.

[294] Vgl. GASSEN, J./FISCHKIN, M./HILL, V., Rahmenkonzept-Projekt, S. 877; PELGER, C., Rechnungslegungszweck und qualitative Anforderungen, S. 913; GIMPEL-HENNING, N., Sukzessive Anteilserwerbe im IFRS-Konzernabschluss, S. 13; ALKEMEIER, M., Konzerninterne Unternehmenszusammenschlüsse, S. 7.

Um dieses Ziel zu erreichen, liegt der IFRS-Rechnungslegung die Basisannahme der Unternehmensfortführung (*going concern*) zugrunde.[295] Es wird unterstellt, dass weder eine Liquidation als Ganzes noch eine Stilllegung wesentlicher Geschäftsteile beabsichtigt oder wirtschaftlich notwendig ist.[296]

33 Qualitative Anforderungen an die IFRS-Rechnungslegung

331. Vorbemerkungen

Ziel eines IFRS-Abschlusses ist die Vermittlung entscheidungsnützlicher Informationen.[297] Um dieses Ziel erfüllen zu können, müssen bestimmte qualitative Anforderungen an die IFRS-Rechnungslegung gestellt werden.[298] Diese Anforderungen werden im *Conceptual Framework* genannt und konkretisiert.

Zum einen müssen die im IFRS-Abschluss vermittelten Informationen den beiden grundlegenden qualitativen Anforderungen der Relevanz und der glaubwürdigen Darstellung (sog. **Fundamentalgrundsätze**) genügen.[299] Beide Kriterien müssen kumulativ erfüllt sein, damit eine Information entscheidungsnützlich ist.[300] Die Fundamentalgrundsätze stehen bisweilen in einem Spannungsverhältnis zueinander.[301] Sie können aber in eine Ranghierarchie gebracht werden und unterliegen einer Prüfreihenfolge.[302] Demnach ist im ersten Prüfschritt ein ökonomisches Phänomen zu identifizieren, das für die Adressaten des IFRS-Abschlusses potenziell relevant ist.[303] Im zweiten Prüfschritt ist diejenige Abbildungsvariante zu wählen, mit der die Informationen über das Phänomen am relevantesten vermittelt werden können. Abschließend ist zu überprüfen, ob die ausgewählte Information verfügbar ist und glaubwürdig dargestellt werden kann.[304] Ist dies der Fall, kann die Information als entscheidungsnützlich qualifiziert werden. Anderenfalls müssen die Prüfschritte für die jeweils nächst relevante Information

---

295 Vgl. CF.3.9.

296 Vgl. CF.3.9; PwC (Hrsg.), Understanding IAS, Rn. 1.38 f.; BAETGE, J. U. A., in: Rechnungslegung nach IFRS, 2. Aufl., Teil A, Kap. 2, Rn. 36.

297 Vgl. CF.1.2.

298 Vgl. CF.2.1.

299 Vgl. CF.2.4-2.22. LÜDENBACH, N./HOFFMANN, W.-D./FREIBERG, J., in: Haufe IFRS-Kommentar, 16. Aufl., § 1, Rn. 17.

300 Vgl. CF.2.20-2.22.

301 Vgl. CF.2.22 i. V. m. CF.BC2.52-BC2.56; BAETGE, J./KIRSCH, H.-J./THIELE, S., Bilanzen, S. 148 f.; BALLWIESER, W., IFRS-Rechnungslegung, S. 17 f.; THEILE, C., in: IFRS Handbuch, 5. Aufl., B II, Rn. 284.

302 Vgl. CF.2.21; LACHMANN, M./KÜMPEL, K./HAGEN, J., Ziele des IFRS-Framework, S. 574; LORSON, P./GATTUNG, A., Wahrheitsgemäße Darstellung der IFRS, S. 662; GASSEN, J./FISCHKIN, M./HILL, V., Rahmenkonzept-Projekt, S. 878; GEBHARDT, G./DEAN, G., Conceptual Framework, S. 222; KRAFT, A., Extractive Activities in der IFRS-Rechnungslegung, S. 48 f. m. w. N.

303 Vgl. hier und im folgenden Satz CF.2.21.

304 Vgl. hier und im folgenden Satz CF.2.21; GIMPEL-HENNING, N., Sukzessive Anteilserwerbe im IFRS-Konzernabschluss, S. 16. Zusätzlich sind zur Lösung dieses Zielkonflikts auch die fördernden qualitativen Anforderungen (sog. Erweiterungsgrundsätze) sowie die Nebenbedingung der Kostenbegrenzung zu berücksichtigen. Vgl. hierzu detailliert Abschnitt 333. und 334.

erneut durchgeführt werden.[305] Insgesamt ist darauf zu achten, dass die Relevanz und die glaubwürdige Darstellung der vermittelten Informationen in einem ausgewogenen Verhältnis zueinander stehen.[306]

Zum anderen sollen fördernde qualitative Anforderungen (sog. **Erweiterungsgrundsätze**) an die IFRS-Rechnungslegung einen hohen Informationsnutzen gewährleisten.[307] Dies soll durch vergleichbare, nachprüfbare sowie verständliche Informationen ermöglicht werden, die zeitnah zum Adressaten gelangen.[308] Die Erweiterungsgrundsätze sind somit „Optimierungsgebote“[309] für die Erreichung des Ziels der IFRS-Rechnungslegung. Hierarchisch sind diese den Fundamentalgrundsätzen untergeordnet.[310] Die Erweiterungsgrundsätze allein können die Entscheidungsnützlichkeit einer Information nicht begründen.[311]

Eingeschränkt werden die qualitativen Anforderungen durch die **Nebenbedingung der Kostenbegrenzung**.[312] Informationen sollen somit nur gewährt werden, wenn der Nutzen für die Adressaten die mit der Informationsgewinnung und Informationsvermittlung einhergehenden Kosten übersteigt.[313]

332. Fundamentale qualitative Anforderungen

332.1 Relevanz

Informationen sind relevant, wenn sie einen Vorhersagewert (*predictive value*), einen Bestätigungswert (*confirmatory value*) oder beides haben.[314] Ein **Vorhersagewert** bedeutet, dass die Information für Beurteilungen künftiger Entwicklungen genutzt werden kann.[315] Hierbei muss die Information selbst nicht den Charakter einer Vorhersage oder Prognose haben. Vielmehr muss sie den Adressaten bei seiner Einschätzung über künftige Entwicklungen unterstützen können.[316] Ein **Bestätigungswert** liegt vor, wenn die Information eine in der Vergangenheit getroffene Entscheidung bestätigt oder korrigiert.[317] So geben bspw. Umsatzerlöse zunächst für das abgelaufene Geschäftsjahr einen Einblick in die Ertragslage eines Unternehmens und haben

---

305 Vgl. CF.2.21.

306 Vgl. BAETGE, J. U. A., in: Rechnungslegung nach IFRS, 2. Aufl., Teil A, Kap. 2, Rn. 67; kritisch hierzu PELLENS, B. U. A., Internationale Rechnungslegung, S. 108. Vgl. kritisch zur vorgegebenen Prüfreihenfolge, mit der ggf. die Relevanz gegenüber der glaubwürdigen Darstellung gestärkt wird, WHITTINGTON, G., Fair Value and the Conceptual Framework, S. 146.

307 Vgl. CF.2.23; BAETGE, J./KIRSCH, H.-J./THIELE, S., Bilanzen, S. 149; SCHRUFF, W., IFRS-Rechnungslegung im Spannungsfeld, S. 859; KLEINDIEK, D., in: MüKo Bilanzrecht, Einführung in die Rechnungslegung nach IFRS, Rn. 93.

308 Vgl. CF.2.23-2.36.

309 ANZINGER, H., in: Rechnungslegung nach HGB und IFRS, Kap. 4, Rn. 143.

310 Vgl. so auch LORSON, P./GATTUNG, A., Faithful Representation, S. 556.

311 Vgl. CF.2.37.

312 Vgl. CF.2.39-2.43.

313 Vgl. BAETGE, J./ZÜLCH, H., in: HdJ, Abt. I/2, Rechnungslegungsgrundsätze nach HGB und IFRS, Rn. 255.

314 Vgl. CF.2.7; BAETGE, J./KIRSCH, H.-J./THIELE, S., Bilanzen, S. 147 f.

315 Vgl. hier und im folgenden Satz CF.2.8.

316 Vgl. CF.2.8; WAWRZINEK, W./LÜBBIG, M., in: Beck'sches IFRS-Handbuch, 5. Aufl., § 2, Rn. 58; MUJKANOVIC, R., Fair Value nach IAS, S. 27-30.

317 Vgl. CF.2.9; BAETGE, J. U. A., in: Rechnungslegung nach IFRS, 2. Aufl., Teil A, Kap. 2, Rn. 42.

somit einen Bestätigungswert.[318] Darüber hinaus können Umsatzerlöse aber auch zur Vorhersage künftiger Ergebnisse durch die Adressaten genutzt werden.[319] Schließlich handelt es sich hierbei um eine nachhaltige Erfolgsgröße, die als Indikator für künftige Entwicklungen geeignet sein kann.[320]

Konkretisiert wird der Grundsatz der Relevanz durch den Grundsatz der **Wesentlichkeit** (*materiality*).[321] Zwar handelt es sich bei dem Begriff der Wesentlichkeit um einen unbestimmten Rechtsbegriff.[322] Diesem liegt im *Conceptual Framework* indes ein bestimmtes inhaltliches Verständnis zugrunde.[323] Demzufolge ist eine Information für den IFRS-Abschluss wesentlich, wenn ihr Weglassen oder ihre fehlerhafte Darstellung die wirtschaftlichen Entscheidungen der Adressaten beeinflussen kann.[324] Die Bestimmung der Wesentlichkeit einer Information für den IFRS-Abschluss ist damit einzelfallabhängig und fordert immer ein Abwägen aller Umstände. Denn die Wesentlichkeit kann von der Art der Information sowie von ihrer Auswirkung auf einzelne Größen des Abschlusses abhängen.[325] Deshalb sind konsequenterweise keine Wesentlichkeitsgrenzen in der IFRS-Rechnungslegung quantifiziert.[326]

---

318 Vgl. CF.2.10; vgl. ähnlich auch LAßMANN, G., Gewinn- und Verlustrechnung, S. 666 und 675 und zur Definition von Umsatzerlösen nach IFRS DE LA PAIX, G./PLANKENSTEINER, H., Definition der Umsatzerlöse, S. 333.

319 Vgl. CF.2.10; vgl. allgemein BAETGE, J./KIRSCH, H.-J./THIELE, S., Bilanzen, S. 147.

320 Vgl. BERGER, F., Strategisches Management der Umsatzerlöse, S. 98; KOLLER, T./GOEDHART, M./WESSELS, D., Valuation, S. 232 und 235-237; COENENBERG, A. G./STRAUB, B., Rechenschaft versus Entscheidungsunterstützung, S. 20; BAETGE, J., Möglichkeiten der Objektivierung des Jahreserfolges, S. 19; LAM, S., Umsatzerlöse nach IFRS 15, S. 41.

321 Vgl. CF.2.11; PELLENS, B. U. A., Internationale Rechnungslegung, S. 106 f.; SCHÖLLHORN, T./MÜLLER, M., Relevanz des Rahmenkonzepts bei IFRS-Abschlüssen, S. 1625. Der Grundsatz der Wesentlichkeit ist nicht nur im *Conceptual Framework* niedergeschrieben, sondern bspw. auch in IAS 1.29-31 enthalten.

322 Vgl. hierzu ausführlich LEFFSON, U., Wesentlich, S. 434-447; BAETGE, J. U. A., in: Rechnungslegung nach IFRS, 2. Aufl., Teil A, Kap. 2, Rn. 43.

323 Vgl. BAETGE, J. U. A., in: Rechnungslegung nach IFRS, 2. Aufl., Teil A, Kap. 2, Rn. 43; BAETGE, J./ZÜLCH, H., in: HdJ, Abt. I/2, Rechnungslegungsgrundsätze nach HGB und IFRS, Rn. 233 f.; KÜTING, K. U. A., Auswirkungen der Wesentlichkeit auf die Fehlerbeurteilung, S. 8-12.

324 Vgl. hier und im folgenden Satz CF.2.11; vgl. ebenso IAS 8.5; BALLWIESER, W., Informations-GoB, S. 116; LAUX, H./GILLENKIRCH, R. M./SCHENK-MATHES, H. Y., Entscheidungstheorie, S. 310; LÜDENBACH, N./HOFFMANN, W.-D./FREIBERG, J., in: Haufe IFRS-Kommentar, 16. Aufl., § 1, Rn. 67. Umgekehrt ist zu beachten, dass eine Veröffentlichung zu vieler Informationen, ein sog. *information overload*, negative Auswirkungen auf die Relevanz aller Information haben kann. Vgl. zum *information overload* PAREDES, T. A., Information Overload, S. 417-485; KÜTING, K./STRAUß, M., Anhangangaben nach HGB und IFRS im Vergleich, S. 445, sowie empirisch im Bereich der Rechnungslegung bereits SNOWBALL, D., Infomation Load and Accounting Reports, S. 22-27; CHEWNING, E. G./HARRELL, A. M., The Effect of Information Load on Decision Makers' Cue Utilization Levels, S. 527-542; TUTTLE, B./BURTON, F. G., Information Overload, S. 673-687, sowie aktuell RACHFALL, T., The Information Overload Phenomenon.

325 Vgl. PELLENS, B. U. A., Internationale Rechnungslegung, S. 107; KIRSCH, H.-J./GALLASCH, F./GIMPEL-HENNING, N., Die formale Gestaltung anhangbezogener Rechnungslegungsvorschriften, S. 89 f.

326 Vgl. BAETGE, J./ZÜLCH, H., in: HdJ, Abt. I/2, Rechnungslegungsgrundsätze nach HGB und IFRS, Rn. 233; LÜDENBACH, N./HOFFMANN, W.-D./FREIBERG, J., in: Haufe IFRS-Kommentar, 16. Aufl., § 1, Rn. 63. Vgl. zu Versuchen Bezugsgrößen oder quantitative Schwellenwerte festzulegen: im Schrifttum stellvertretend OSSADNIK, W., Materiality, S. 617-629; TOEBE, M./LORSON, P., Festlegung von wertmäßigen Wesentlichkeitsgrenzen, S. 1200-1206 und in der Rechtsprechung stellvertretend WOLF, T. C., Bilanzmanipulation, S. 912 f. Auch in IFRS 15 wird bspw. keine Wesentlichkeitsgrenze für die Berücksichtigung einer möglichen Finanzierungskomponente im Transaktionspreis quantifiziert. Vgl. hierzu ausführlich Abschnitt 444.311.

332.2 Glaubwürdige Darstellung

Die durch den IFRS-Abschluss vermittelten Informationen können nur dann entscheidungsnützlich sein, wenn sie relevant sind und überdies die Anforderungen an eine glaubwürdige Darstellung erfüllen.[327] Hierzu muss die bilanzielle Abbildung den wirtschaftlichen Gehalt eines Sachverhalts widerspiegeln (sog. *substance over form*).[328] Die rechtliche Form von Sachverhalten ist dabei nicht entscheidend. Konkretisiert wird der Grundsatz der glaubwürdigen Darstellung durch drei Eigenschaften.[329] So sind Informationen zu Sachverhalten glaubwürdig, wenn sie einen bilanziell nachzuzeichnenden Sachverhalt vollständig, neutral und fehlerfrei wiedergeben. Diese Gütekriterien sind bestmöglich zu erfüllen.[330]

Vollständig ist eine Darstellung, wenn sie alle erforderlichen Informationen enthält, um einen Sachverhalt zu verstehen.[331] Dies umfasst verbale Beschreibungen und Erklärungen.[332] Der Vollständigkeitsbegriff in der IFRS-Rechnungslegung zielt primär auf den Ausweis ab.[333] Eine ansatzbezogene Vollständigkeit soll aber durch IAS 1.13 gewährleistet werden. Begrenzt wird das Gütekriterium der Vollständigkeit einerseits durch den Grundsatz der Wesentlichkeit, andererseits durch die Nebenbedingung der Kostenbegrenzung.[334]

Um eine glaubwürdige Darstellung zu gewährleisten, müssen die im IFRS-Abschluss vermittelten Informationen ferner **neutral** sein.[335] Ziel ist eine wertungsfreie, möglichst objektive und damit willkürfreie Informationsvermittlung.[336] Die Auswahl der Informationen darf somit nicht zur Folge haben, dass die Adressaten in ihrer Entscheidung oder Meinung gezielt beeinflusst

---

und 444.32. Der Board schafft aber i. S. d. Wesentlichkeit eine Ausnahmeregelung, nach der ein Bilanzierender eine wesentliche Finanzierungskomponente nicht berücksichtigen muss, wenn der Zeitpunkt der Zahlung und der Leistungserbringung weniger als ein Jahr auseinanderliegt. Vgl. IFRS 15.63.

[327] Vgl. CF.2.12; BAETGE, J. U. A., in: Rechnungslegung nach IFRS, 2. Aufl., Teil A, Kap. 2, Rn. 48. Im Zuge der Überarbeitung des *Conceptual Framework* (Phase A des Konvergenzprojekts von IASB und FASB) wurde der Begriff der Verlässlichkeit (*reliability*) durch den Begriff der glaubwürdigen Darstellung (*faithful representation*) ersetzt. Zuvor war die glaubwürdige Darstellung der Verlässlichkeit untergeordnet. Vgl. hierzu kritisch KIRSCH, H.-J. U. A., Die Bedeutung der Verlässlichkeit der Berichterstattung im Conceptual Framework, S. 762-771; PELGER, C., Rechnungslegungszweck und qualitative Anforderungen, S. 915 f.

[328] Vgl. hier und im folgenden Satz CF.2.12; IASB (Hrsg.), Staff Paper 10G (October 2014), Rn. 7 (b) (ii); LÜDENBACH, N., Bilanzierungsobjekt, S. 96. Diese wirtschaftliche Betrachtungsweise gilt ebenfalls im Zusammenhang mit der Umsatzrealisierung. Vgl. hierzu ausführlich SESSAR, C., Grundsätze ordnungsmäßiger Gewinnrealisierung, S. 28-41, sowie bereits MOXTER, A., Wirtschaftliche Betrachtungsweise im Bilanzrecht, S. 240 f.

[329] Vgl. hier und im folgenden Satz CF.2.13.

[330] Vgl. CF.2.13; so auch ANZINGER, H., in: Rechnungslegung nach HGB und IFRS, Kap. 4, Rn. 142.

[331] Vgl. hier und im folgenden Satz CF.2.14; BAETGE, J./KIRSCH, H.-J./THIELE, S., Bilanzen, S. 148; THEILE, C., in: IFRS Handbuch, 5. Aufl., B II, Rn. 274.

[332] Für die Adressaten eines IFRS-Abschlusses sind im Zusammenhang mit der Umsatzrealisierung bspw. die Art der Erlöse zu beschreiben sowie die dazugehörigen Beträge anzugeben und Angaben zu den zugrunde liegenden Methoden der Umsatzrealisierung zu machen. Vgl. sinngemäß CF.2.14.

[333] Vgl. hier und im folgenden Satz CF.2.14; DETTENRIEDER, D., Hedge Accounting, S. 15.

[334] Vgl. Abschnitt 332.1 und 334.; WAWRZINEK, W./LÜBBIG, M., in: Beck'sches IFRS-Handbuch, 5. Aufl., § 2, Rn. 71; ADLER, H./DÜRING, W./SCHMALTZ, K., in: ADS International, Abschnitt 1, Rn. 82.

[335] Vgl. CF.2.15-2.17.

[336] Vgl. ADLER, H./DÜRING, W./SCHMALTZ, K., in: ADS International, Abschnitt 1, Rn. 76; vgl. zur Willkürfreiheit auch LEFFSON, U., GoB, S. 202-205.

werden.[337] Unterstützt wird eine neutrale Berichterstattung durch das Gebot der Vorsicht.[338] So sind Schätzungen unter Unsicherheit, wie z. B. die Berücksichtigung variabler Bestandteile der Gegenleistung bei der Bestimmung des Transaktionspreises eines Beförderungsvertrages,[339] durch ein sorgfältiges Maß an Ermessensausübung so vorzunehmen, dass Vermögenswerte und Erträge nicht überbewertet sowie Verbindlichkeiten und Aufwendungen nicht unterbewertet werden (sog. *cautious prudence*).[340]

Neben den zwei beschriebenen Gütekriterien der Vollständigkeit und Neutralität fordert die glaubwürdige Darstellung eine Berichterstattung, die möglichst **frei von Fehlern** ist.[341] Zum einen muss die Abschlussinformation durch einen korrekt angewendeten bzw. anwendbaren Rechnungslegungsprozess erzeugt werden.[342] Zum anderen darf der abzubildende Sachverhalt nicht falsch und mit bewussten Auslassungen beschrieben werden. Nicht gemeint ist, dass die Genauigkeit einer Information garantiert werden muss.[343] Vielmehr soll die Darstellung und Erläuterung einer Schätzung – wie z. B. die Höhe des Betrages aus nicht geltend gemachten Ansprüchen eines Passagiers in einem Beförderungsvertrag[344] – zeigen, dass die Schätzung fehlerfrei ermittelt wurde.[345] So wird eine glaubwürdige Darstellung von Schätzungen bereits erreicht, wenn der geschätzte Betrag klar und deutlich als Schätzwert bezeichnet wird, Wesen und Beschränkung des Schätzprozesses erläutert werden und bei Auswahl und Anwendung des Schätzprozesses keine Fehler unterlaufen sind. Beeinflusst wird die glaubwürdige Darstellung somit auch durch **Bewertungsunsicherheiten**.[346] Die glaubwürdige Darstellung einer Information nimmt mit steigendem Unsicherheitsgrad des dafür erforderlichen Schätzprozesses ceteris paribus ab.[347]

---

337 Vgl. CF.2.15.

338 Vgl. CF.2.16.

339 Vgl. hierzu Abschnitt 444.22.

340 Vgl. CF.2.16 f. i. V. m. CF.BC2.39 f.; IASB (Hrsg.), Staff Paper 10A (February 2017), S. 7; WAGENHOFER, A., Vorsichtsprinzip in den IFRS, S. 265 f.; DINH, T./SEITZ, B., „Vorsicht" in den IFRS, S. 146 f. Der Vorsichtsgrundsatz ist indes nicht i. S. e. imparitätischen, also einer zu pessimistischen Bilanzierung zu verstehen, die zur Bildung stiller Reserven führen kann (asymmetrische Vorsicht). Diese Auffassung würde die Neutralität der Informationen gefährden. Vgl. hierzu CF.2.16 f. i. V. m. CF.BC2.41-BC2.45.

341 Vgl. CF.2.18.

342 Vgl. hier und im folgenden Satz CF.2.18; BAETGE, J./KIRSCH, H.-J./THIELE, S., Bilanzen, S. 148; WAWRZINEK, W./LÜBBIG, M., in: Beck'sches IFRS-Handbuch, 5. Aufl., § 2, Rn. 74. Das gilt ebenfalls für die Anwendung eines Schätzprozesses.

343 Vgl. CF.2.18; THEILE, C., in: IFRS Handbuch, 5. Aufl., B II, Rn. 277.

344 Vgl. hierzu Abschnitt 446.4.

345 Vgl. hier und im folgenden Satz CF.2.18; GASSEN, J./FISCHKIN, M./HILL, V., Rahmenkonzept-Projekt, S. 878.

346 Vgl. CF.2.19 i. V. m. CF.2.22; CF.BC.2.46-BC.2.49; IASB (Hrsg.), Staff Paper 10A (February 2017), S. 8. Auch im Rahmen der Umsatzrealisierung muss ein Unternehmen Schätzungen aufgrund von Ermessensentscheidungen vornehmen. Vgl. hierzu bereits an dieser Stelle IFRS 15.123-126. Vgl. zur Bewertungsunsicherheit und ihrem Einfluss auf die glaubwürdige Darstellung einer Information im Rahmen des Ansatzes eines Vermögenswertes oder einer Schuld bzw. der Erfassung eines Ertrages oder Aufwandes CF.5.19-5.23.

347 Vgl. CF.2.19 i. V. m. CF.2.22; ERB, C./PELGER, C., Vorstellungen des IASB vom neuen Rahmenkonzept, S. 1059. Dieser Zielkonflikt besteht nicht erst seit der Überarbeitung des *Conceptual Framework*, vgl. CF.BC2.48 f. i. V. m. CF.BC2.53-BC2.56. Zuvor war dieser Zielkonflikt unter dem Trade-off von Relevanz und Verlässlichkeit (*reliability*) bekannt. Vgl. dazu bereits ADLER, H./DÜRING, W./SCHMALTZ, K., in: ADS International, Abschnitt 1, Rn. 70 f.; IASB (Hrsg.), Staff Paper 10A (February 2017), S. 8.

333. Fördernde qualitative Anforderungen

Während die fundamentalen qualitativen Anforderungen der Relevanz und der glaubwürdigen Darstellung die Eigenschaften einer entscheidungsnützlichen Information definieren, konkretisieren die vier fördernden qualitativen Anforderungen den Grad der Entscheidungsnützlichkeit.[348] Zu den fördernden qualitativen Anforderungen gehören die Vergleichbarkeit, die Nachprüfbarkeit, die Zeitnähe und die Verständlichkeit.[349] Diese fördernden Kriterien sind in einem iterativen Prozess gegeneinander abzuwägen, um sie auf aggregierter Ebene soweit wie möglich zu maximieren.[350]

Ein IFRS-Abschluss muss in zweierlei Hinsicht **vergleichbar** sein.[351] Zum einen müssen die Adressaten die Abschlüsse eines Unternehmens **im Zeitverlauf** miteinander vergleichen können.[352] Zum anderen muss eine **zwischenbetriebliche** Vergleichbarkeit der Abschlüsse möglich sein. In der IFRS-Rechnungslegung gilt deshalb ein Stetigkeitsgebot für die Art der Darstellung von Sachverhalten sowie für die Verwendung von Bilanzierungs- und Bewertungsmethoden.[353] Vorschriften zur Stetigkeit gibt es nicht nur im *Conceptual Framework*, sondern auch in zahlreichen Standards.[354] So ist bspw. eine sog. sachliche Stetigkeit in IFRS 15 festgeschrieben.[355] Demnach sind die Regelungen des Standards für ähnlich gestaltete Verträge und unter ähnlichen Umständen einheitlich anzuwenden. Dies gilt auch für die Erleichterungsvorschriften, die der Standard zulässt.[356] Das sind Vereinfachungsregelungen, wie etwa die sog. Portfolioregelung,[357] die der Abschlussersteller unter gewissen Umständen im Rahmen der Umsatzbilanzierung anwenden kann.

Die im IFRS-Abschluss vermittelten Informationen sollten außerdem möglichst nachprüfbar sein.[358] Dies ist der Fall, wenn fachkundige und voneinander unabhängige Beobachter übereinstimmend zu der Auffassung gelangen, dass ein bestimmter Sachverhalt glaubwürdig dargestellt wird.[359] Dabei ist zwischen einer **direkten** und einer **indirekten Nachprüfbarkeit** zu

---

348 Vgl. CF.2.4; CF.2.23; BAETGE, J. U. A., in: Rechnungslegung nach IFRS, 2. Aufl., Teil A, Kap. 2, Rn. 41.

349 Vgl. CF.2.4; CF.2.23-2.36.

350 Vgl. CF.2.4; CF.2.37 f.; BAETGE, J. U. A., in: Rechnungslegung nach IFRS, 2. Aufl., Teil A, Kap. 2, Rn. 67; GIMPEL-HENNING, N., Sukzessive Anteilserwerbe im IFRS-Konzernabschluss, S. 20.

351 Vgl. CF.2.4; CF.2.24-2.29.

352 Vgl. hier und im folgenden Satz CF.2.24. Für eine Vergleichbarkeit im Zeitverlauf müssen bspw. gemäß IAS 1.38 f. für alle quantitativen Informationen im IFRS-Abschluss Vorjahresangaben gemacht werden. Eine zwischenbetriebliche Vergleichbarkeit ist in der IFRS-Rechnungslegung aufgrund zahlreicher Ermessensspielräume indes schwer zu realisieren. Vgl. hierzu WAWRZINEK, W./LÜBBIG, M., in: Beck'sches IFRS-Handbuch, 5. Aufl., § 2, Rn. 76.

353 Vgl. IAS 1.45 bzw. IAS 8.13.

354 Vgl. THEILE, C., in: IFRS Handbuch, 5. Aufl., B II, Rn. 282.

355 Vgl. hier und im folgenden Satz IFRS 15.3; EY (Hrsg.), Umsatzrealisierung, S. 10 und 146. Eine im Verhältnis zu den alten Vorschriften zur Umsatzrealisierung nach IFRS bessere, z. B. zwischenbetriebliche, Vergleichbarkeit der Umsatzrealisierung ist ein Grund für die Entwicklung des neuen Rechnungslegungsstandards IFRS 15 gewesen. Vgl. IFRS 15.IN4 und IFRS 15.IN5 (c) i. V. m. IFRS 15.BC3 (b).

356 Vgl. IFRS 15.3.

357 Vgl. hierzu Abschnitt 442.3.

358 Vgl. hier und im folgenden Satz CF.2.30.

359 Im Schrifttum wird deshalb auch von einer sog. intersubjektiven Nachprüfbarkeit gesprochen, vgl. statt vieler BAETGE, J./KIRSCH, H.-J./THIELE, S., Bilanzen, S. 149.

unterscheiden.[360] Eine direkte Nachprüfbarkeit ermöglicht den Adressaten eine direkte Überprüfung der im IFRS-Abschluss vermittelten Informationen.[361] Indirekte Nachprüfbarkeit meint die Prüfung von Inputparametern, z. B. von einer Berechnung, um den Output, also das Ergebnis dieser Berechnung, kontrollieren zu können.[362]

Der IFRS-Abschluss sollte zudem **zeitnah** aufgestellt werden.[363] Denn je älter eine Information ist, desto geringer ist i. d. R. der Nutzen für die Adressaten. Umgekehrt können indes auch ältere Informationen für die Ermittlung von Trends oder Entwicklungstendenzen hilfreich sein.[364]

Überdies sollen die im IFRS-Abschluss vermittelten Informationen für die Adressaten grundsätzlich leicht **verständlich** sein.[365] Hierzu sind die zu berichtenden Sachverhalte klar und präzise zu beschreiben. Der IASB unterstellt eine gewisse Fachkundigkeit des Adressaten.[366] Wichtige Informationen dürfen daher nicht allein deswegen weggelassen werden, weil vermutet wird, dass sie für bestimmte Adressaten zu schwer bzw. nicht verständlich sein könnten.[367] Das Resultat hieraus wäre ein unvollständiger IFRS-Abschluss, der das Ziel der IFRS-Rechnungslegung, entscheidungsnützliche Informationen zu vermitteln, konterkarieren würde.[368] Insofern schränkt der Grundsatz der Verständlichkeit das Vollständigkeitsgebot nicht ein.[369] Vielmehr begründet er einen Qualitätsanspruch an die Form der Darstellung.

334. Nebenbedingung der Kostenbegrenzung

Ob eine Information in der IFRS-Rechnungslegung im Allgemeinen sowie im Rahmen der Umsatzrealisierung im Speziellen im Abschluss zu vermitteln ist, ist nicht nur an die zuvor beschriebenen fundamentalen und fördernden qualitativen Anforderungen geknüpft.[370] Letztlich muss der Nutzen einer Information auch größer sein als die mit ihrer Bereitstellung verbundenen Kosten.[371] Kosten können dabei einerseits auf der Seite des Abschlusserstellers beim

---

360 Vgl. CF.2.31; BAETGE, J. U. A., in: Rechnungslegung nach IFRS, 2. Aufl., Teil A, Kap. 2, Rn. 61.

361 Vgl. hier und im folgenden Satz CF.2.31; PELLENS, B. U. A., Internationale Rechnungslegung, S. 109.

362 Besonders bei Schätzungen sind somit zugrunde liegende Annahmen, Inputparameter und Methoden der Informationsgewinnung sowie andere Faktoren und Umstände mitzuteilen, vgl. CF.2.32.

363 Vgl. hier und im folgenden Satz CF.2.33.

364 Vgl. CF.2.33; so auch BAETGE, J./KIRSCH, H.-J./THIELE, S., Bilanzen, S. 149; THEILE, C., in: IFRS Handbuch, 5. Aufl., B II, Rn. 283; PELLENS, B. U. A., Internationale Rechnungslegung, S. 109.

365 Vgl. hier und im folgenden Satz CF.2.34-2.36.

366 Vgl. CF.2.36; BAETGE, J./KIRSCH, H.-J./THIELE, S., Bilanzen, S. 149 f.

367 Vgl. hier und im folgenden Satz CF.2.35.

368 Vgl. zur Zielsetzung und zu den Adressaten der IFRS-Rechnungslegung Abschnitt 32. Da nicht jeder komplexe Sachverhalt leicht verständlich abgebildet werden kann, müssen sich ggf. auch fachkundige Adressaten an spezialisierte Berater wenden, wenn ihnen das zum Verständnis erforderliche Fachwissen fehlt. Vgl. CF.2.36.

369 Vgl. hier und im folgenden Satz BAETGE, J. U. A., in: Rechnungslegung nach IFRS, 2. Aufl., Teil A, Kap. 2, Rn. 64; vgl. ausführlich zum Vollständigkeitsgebot Abschnitt 332.2.

370 Vgl. ähnlich THEILE, C., in: IFRS Handbuch, 5. Aufl., B II, Rn. 285 f. Vgl. zu den fundamentalen und fördernden qualitativen Anforderungen Abschnitt 332. und 333.

371 Vgl. CF.2.39-2.43. Der Grundsatz betrifft sowohl die berichterstattenden Unternehmen bei der Erstellung des IFRS-Abschlusses als auch den IASB bei der inhaltlichen Konzeption und Erarbeitung von Rechnungslegungsstandards wie IFRS 15. Somit ist davon auszugehen, dass die in den IFRS geforderten Informationen

Sammeln, Aufbereiten, Prüfen und Verbreiten von Informationen anfallen.[372] Andererseits fallen Kosten auf der Seite der Adressaten beim Analysieren und Interpretieren der vermittelten Informationen an. Der **Nebenbedingung der Kostenbegrenzung** muss überdies auch der IASB als Standardsetzer bei der inhaltlichen Konzeption und Erarbeitung von Rechnungslegungsstandards wie IFRS 15 entsprechen.[373] Deshalb können sich die Ersteller eines IFRS-Abschlusses grundsätzlich nicht mit einem Verweis auf die Kosten der Abschlusserstellung von einzelnen spezifischen Bestimmungen befreien.[374]

34 Grundzüge der Ertragskonzeption

341. Vorbemerkungen

Erträge und Aufwendungen sind unabhängig von den tatsächlichen Zahlungszeitpunkten jeweils in der Periode zu erfassen, der sie wirtschaftlich zugerechnet werden können (sog. *accrual accounting*).[375] Die Adressaten erhalten infolgedessen einen Einblick in die Ertragslage des Unternehmens.[376]

Um das System der Ertrags- und Aufwandsvereinnahmung und die Definition der anzusetzenden Vermögenswerte und Schulden an einem zuvor definierten Ziel in Bezug auf die Gewinnermittlung auszurichten, ist ein **theoretisches Fundament** erforderlich.[377] In der IFRS-Rechnungslegung werden hierzu vor allem zwei Ansätze unterschieden.[378] Nach dem ***Revenue-Expense*-Ansatz** ist das primäre Ziel des IFRS-Abschlusses, den Periodenerfolg zu ermitteln.[379] Der ***Asset-Liability*-Ansatz** hingegen verfolgt das Ziel, die Bestandsgrößen, also die

---

grundsätzlich diesem Grundsatz entsprechen. Vgl. hierzu statt vieler BIEG, H./KÄUFER, A., Rahmenkonzept, S. 10.

372 Vgl. hier und im folgenden Satz CF.2.40.

373 Vgl. CF.2.42 f.

374 Vgl. hierzu statt vieler BIEG, H./KÄUFER, A., Rahmenkonzept, S. 10; ADLER, H./DÜRING, W./SCHMALTZ, K., in: ADS International, Abschnitt 1, Rn. 92. Vgl. bspw. zu den Kosten der Umstellung der Regelungen zur Umsatzrealisierung auf IFRS 15 und zur Frage, inwieweit die neuen Vorschriften des IFRS 15 unter Kosten-Nutzen-Gesichtspunkten sinnvoll sind PELLENS, B., IFRS 15, S. I; BECKER, J., IFRS 15 kostet Millionen; COENENBERG, A. G./HALLER, A./SCHULTZE, W., Jahresabschluss und Jahresabschlussanalyse, S. 70.

375 Vgl. IAS 1.27 f.; CF.1.17.

376 Vgl. CF.4.71 f.

377 Vgl. MOXTER, A., Bilanzlehre, S. 1 f.; GERBAULET, C., Reporting Comprehensive Income, S. 6 f.; LÜDENBACH, N./HOFFMANN, W.-D./FREIBERG, J., in: Haufe IFRS-Kommentar, 16. Aufl., § 1, Rn. 114; BAETGE, J. U. A., in: Rechnungslegung nach IFRS, 2. Aufl., Teil A, Kap. 2, Rn. 15.

378 Vgl. RUHNKE, K./SIMONS, D., Rechnungslegung nach IFRS und HGB, S. 196; DICHEV, I. D., Balance Sheet-Based Model, S. 454 f.

379 Dieser Ansatz wurde entscheidend von PATON und LITTLETON geprägt. Vgl. daher ausführlich PATON, W. A./LITTLETON, A. C., Corporate Accounting Standards. Vgl. aber auch RUHNKE, K./SIMONS, D., Rechnungslegung nach IFRS und HGB, S. 196; ANTONAKOPOULOS, N., Gewinnkonzeptionen und Erfolgsdarstellung, S. 18-20; GERBAULET, C., Reporting Comprehensive Income, S. 7 f. Im Vordergrund dieses Ansatzes steht die Periodenabgrenzung (*accrual principle*), die den Zeitpunkt und die Höhe der Erfassung von Erträgen und Aufwendungen bestimmt. Mithilfe des Realisationsprinzips (*realisation principle*), anhand dessen der Zeitpunkt der Ertragsrealisierung ermittelt wird, sowie des *matching principle*, das eine Zuordnung der Erträge zu den Aufwendungen vornimmt, wird die Periodenabgrenzung gewährleistet. Vgl. WURM, B., Ertragsrealisierungsansätze von IASB und FASB, S. 13; HALLER, A., Grundlagen der externen Rechnungslegung, S. 133; ANTHONY, R. N., A Conceptual Framework for Financial Accounting, S. 68; STREIM, H., Vermittlung von entscheidungsnützlichen Informationen, S. 117; DICHEV, I. D., Balance Sheet-Based Model, S. 455. Der

Vermögenswerte und Schulden zu ermitteln, um den Reinvermögenszuwachs einer Periode bestimmen zu können.[380] Das Reinvermögen repräsentiert hierbei das Nutzenpotenzial und etwaige Veränderungen des Reinvermögens spiegeln die Leistungen eines Unternehmens wider.[381] Dieser bilanzorientierte Ansatz wird im *Conceptual Framework* sowie in IFRS 15 verfolgt.[382]

Gemäß dem *Conceptual Framework* gilt für die Erfassung von Erträgen ein **zweistufiges Verfahren** im Rahmen des verfolgten *Asset-Liability*-Ansatzes.[383] Auf der ersten Stufe ist zu beurteilen, ob die aus einem Sachverhalt resultierenden Vermögenswerte und Schulden, wie z. B. die Rechte und Pflichten einer Airline innerhalb eines Beförderungsvertrages, die Definitionskriterien erfüllen (sog. notwendige Bedingung für eine Erfassung in der GuV bzw. Gesamtergebnisrechnung)[384].[385] Ist die erste Stufe erfüllt, wird auf der zweiten Stufe untersucht, ob den allgemeinen Ansatzkriterien entsprochen wird (sog. hinreichende Bedingung). Schließlich müssen beide Stufen erfüllt sein, um einen Ertrag im IFRS-Abschluss erfassen zu dürfen.[386]

Revenue-Expense-Ansatz ist der dynamischen Bilanztheorie ähnlich. Vgl. hierzu SESSAR, C., Grundsätze ordnungsmäßiger Gewinnrealisierung, S. 218 und grundlegend SCHMALENBACH, E., Dynamische Bilanz.

380 Vgl. DICHEV, I. D., Balance Sheet-Based Model, S. 454; WURM, B., Ertragsrealisierungsansätze von IASB und FASB, S. 14 f.; EDWARDS, E. O./BELL, P. W., Business Income, S. 25.

381 Vgl. VON KEITZ, I., Immaterielle Güter, S. 91; SPROUSE, R. T./MOONITZ, M., Accounting Principles, S. 9; WURM, B., Ertragsrealisierungsansätze von IASB und FASB, S. 14. Der *Asset-Liability*-Ansatz ist der statischen Bilanztheorie ähnlich. Vgl. hierzu grundlegend SIMON, H. V., Die Bilanzen der Aktiengesellschaften. Ein wesentlicher Unterschied zum *Asset-Liability*-Ansatz ist der Vorrang der Bilanz. Die Erfolgsermittlung in der statischen Bilanztheorie ist somit nachrangig. Beim *Asset-Liability*-Ansatz haben alle Abschlussinstrumente den gleichen Stellenwert. Vgl. SPROUSE, R. T./MOONITZ, M., Accounting Principles, S. 4 f.; SPROUSE, R. T., Importance of Earnings in the Conceptual Framework, S. 68 f.; ANTONAKOPOULOS, N., Gewinnkonzeptionen und Erfolgsdarstellung, S. 26-29; PFERDEHIRT, H., Leasingbilanzierung nach IFRS, S. 43. Dies betont der IASB auch noch einmal explizit im *Conceptual Framework for Financial Reporting (2018)*. Vgl. CF.4.71; CF.BC4.94 (a).

382 Vgl. PLOCK, M., Ertragrealisation nach IFRS, S. 39 f.; HOMMEL, M./SCHMITZ, S./WÜSTEMANN, S., Discussion Paper "Revenue Recognition", S. 374; MILLER, P. B. W./BAHNSON, P. R., Illuminating the Asset/Liability Theory, S. 419-440. Vgl. grundlegend zum *Asset-Liability*-Ansatz SPROUSE, R. T./MOONITZ, M., Accounting Principles. Vgl. für einen Überblick zu beiden Ansätzen statt vieler ZÜLCH, H./FISCHER, D. T./WILLMS, J., Neugestaltung der Ertragsrealisation nach IFRS, S. 6-9. Vgl. im Hinblick auf das *Conceptual Framework* WÜSTEMANN, J./KIERZEK, S., Revenue Recognition, S. 78; BULLEN, H. G./CROOK, K., New Conceptual Framework Project, S. 7; KÜHNE, M., Ertragsvereinnahmung in der Diskussion des IASB, S. 1395; IFRS 15.BC24; CF.4.68.

383 Vgl. ADLER, H./DÜRING, W./SCHMALTZ, K., in: ADS International, Abschnitt 1, Rn. 186; WAWRZINEK, W./LÜBBIG, M., in: Beck'sches IFRS-Handbuch, 5. Aufl., § 2, Rn. 143. Dies gilt analog der Bilanzierung von Vermögenswerten und Schulden. Vgl. hierzu bspw. BAETGE, J./KIRSCH, H.-J./THIELE, S., Bilanzen, S. 182-187; vgl. zur Ertragskonzeption des IFRS 15 Abschnitt 42.

384 Gemäß IAS 1.81A kann ein Unternehmen den Unternehmenserfolg einer Periode entweder in einer einzigen Gesamtergebnisrechnung oder in einer gesonderten GuV mit einer Überleitung vom Gewinn oder Verlust zum Gesamtergebnis darstellen. Vgl. m. w. N. BUDDE, A., in: Handbuch der Rechnungslegung – Einzelabschluss, 5. Aufl., § 275 HGB, Rn. 159-160d.

385 Vgl. hier und im folgenden Satz WURM, B., Ertragsrealisierungsansätze von IASB und FASB, S. 18 f.; WAWRZINEK, W./LÜBBIG, M., in: Beck'sches IFRS-Handbuch, 5. Aufl., § 2, Rn. 143 f.; ZÜLCH, H., Gewinn- und Verlustrechnung IFRS, S. 83.

386 Vgl. CF.5.6 f.

342. Definitionskriterien

Erträge sind ebenso wie Aufwendungen, Vermögenswerte, Schulden und Eigenkapital Elemente der Finanzberichterstattung.[387] Erträge resultieren aus einer Erhöhung von Vermögenswerten und einer Minderung von Schulden, die eine Mehrung des Eigenkapitals begründen.[388] Der Zuwachs des Eigenkapitals aufgrund von Transaktionen mit Eigenkapitalgebern ist indes kein Ertrag.[389]

Die Definition von Erträgen nimmt klaren Bezug auf die Bestandsgrößen der Bilanz. Dies betont den im *Conceptual Framework* verfolgten *Asset-Liability*-Ansatz.[390] Aufgrund der bilanzorientierten Ertragsdefinition ist folglich auf die Vermögenswert- und Schulddefinition zurückzugreifen.[391]

Ein **Vermögenswert** wird als eine gegenwärtige ökonomische Ressource definiert, die in der Verfügungsmacht des bilanzierenden Unternehmens steht und aus Ereignissen der Vergangenheit resultiert.[392] Eine ökonomische Ressource ist dabei ein Recht, das potenziell einen ökonomischen Nutzen generieren kann.[393] Allein die Möglichkeit eines künftigen Nutzenzuflusses ist demnach ausreichend.[394] Spiegelbildlich zu einem Vermögenswert repräsentiert eine **Schuld** eine gegenwärtige Verpflichtung des Unternehmens, die ebenfalls durch Ereignisse der Vergangenheit begründet wird, zur Übertragung einer ökonomischen Ressource an einen Dritten.[395] Das **Eigenkapital** ist schließlich die Residualgröße, die sich als Differenz aus Vermögenswerten und Schulden ergibt.[396]

---

387 Vgl. CF.4.1 i. V. m. CF.BC4.1 f.

388 Vgl. CF.4.2 i. V. m. CF.4.68. Spiegelbildlich zur Ertragsdefinition führt eine Abnahme des Eigenkapitals aufgrund einer Minderung von Vermögenswerten und einer Erhöhung von Schulden zu Aufwendungen. Vgl. CF.4.2 i. V. m. CF.4.69.

389 Vgl. CF.4.70.

390 Vgl. hierzu Abschnitt 341. Zu beachten ist indes, dass dieser Ansatz (noch) nicht in allen Rechnungslegungsstandards implementiert ist. Vielmehr handelt es sich hierbei um einen fortwährenden Prozess, diesen Ansatz in (künftigen) Überarbeitungen und Neufassungen von Rechnungslegungsstandards zu integrieren. Vgl. statt vieler SCHMITZ, S., Bilanztheorie, S. 127-129; RUHNKE, K./SIMONS, D., Rechnungslegung nach IFRS und HGB, S. 197.

391 Vgl. ähnlich PLOCK, M., Ertragrealisation nach IFRS, S. 47; SCHOO, L., Umsatzrealisierung nach IFRS, S. 17. Mit der Überarbeitung des *Conceptual Framework* kommt es für die Erfüllung der Ertragsdefinition nun nicht mehr auf einen zu erwartenden Zufluss wirtschaftlichen Nutzens an. Vgl. CF.BC4.8-BC4.14. Diese Änderung in der Definition erfolgte laut IASB ausschließlich, um konsistent zur Vermögenswert- und Schulddefinition zu sein. Vgl. CF.BC4.94 (c) i. V. m. CF.BC4.95. BROWN, J., Asset and Liability Definitions, S. 426.

392 Vgl. CF.4.2 i. V. m. CF.4.3-4.5.

393 Vgl. CF.4.4 i. V. m. CF.4.6-4.13.

394 Vgl. CF.BC4.3, .BC4.6 f. und .BC4.14. Entscheidend ist nach der Überarbeitung des *Conceptual Framework* somit zur Erfüllung der Definitionskriterien nicht mehr das Vorliegen einer Mindestwahrscheinlichkeit eines künftigen Nutzenzuflusses, vgl. hierzu KIRSCH, H.-J./SCHOO, L./KRAFT, A., Discussion Paper zum Conceptual Framework des IASB, S. 302; WAGENHOFER, A., Zukunft der internationalen Rechnungslegung, S. 540-542.

395 Vgl. CF.4.2 i. V. m. CF.4.26 f.

396 Vgl. CF.4.2 i. V. m. CF.4.63-4.67.

Die Höhe der Vermögenswerte und Schulden eines Unternehmens kann sich durch Geschäftsvorfälle und andere Umstände, bspw. Änderungen des Buchwertes aufgrund eines externen Einflusses, ändern.[397] Dies führt regelmäßig zu Erträgen und Aufwendungen. Vor der Überarbeitung des *Conceptual Framework* hat der IASB Erträge (*income*) explizit in (Umsatz-)Erlöse (*revenue*) und sonstige Erträge (*gains*) unterteilt.[398] Zwar ist eine solche Differenzierung im *Conceptual Framework* nicht mehr vorgesehen.[399] Gleichwohl soll sich diese Änderung nicht auf die IFRS-Bilanzierungspraxis auswirken.[400] Schließlich wird die Ertragskonzeption in den jeweiligen Rechnungslegungsstandards, z. B. in IFRS 15, konkretisiert.[401] So sind Umsatzerlöse gemäß IFRS 15 die im Rahmen der gewöhnlichen Geschäftstätigkeit im Kontext eines Kundenvertrages anfallenden Erträge.[402]

Sobald ein Ertrag die Definitionskriterien erfüllt, ist die **notwendige Bedingung** (erste Stufe) für eine Erfassung in der Gesamtergebnisrechnung bzw. in der GuV erfüllt.[403] Dann sind die Erträge in Bezug auf die im nachfolgenden Abschnitt erläuterten Ansatzkriterien (zweite Stufe) zu untersuchen.

343. Ansatzkriterien

Damit ein Ertrag im IFRS-Abschluss berücksichtigt wird, muss er neben der Erfüllung der Definitionskriterien noch zwei weiteren qualitativen Kriterien genügen.[404] So ist ein Ertrag zu erfassen, wenn er relevante Informationen vermittelt und eine glaubwürdige Darstellung gewährleistet.[405]

---

397 Vgl. hier und im folgenden Satz CF.4.71 f. i. V. m. CF.BC4.94 (c) und .BC4.96. Zur Klarheit sei an dieser Stelle noch einmal darauf hingewiesen, dass aus Transaktionen mit Eigenkapitalgebern definitionsgemäß keine Erträge entstehen (können). Vgl. CF.4.70.

398 Vgl. hierzu ausführlich SCHOO, L., Umsatzrealisierung nach IFRS, S. 17 f. m. w. N.

399 Vgl. CF.BC4.96.

400 Der IASB hat diese Unterscheidung im *Conceptual Framework* gestrichen, da er sie nicht für hilfreich hielt. Vgl. CF.BC4.96.

401 Vgl. bspw. IFRS 15.Anhang A. Dort werden die Begriffe Ertrag (*income*) sowie (Umsatz-)Erlös (*revenue*) definiert. Im *Conceptual Framework* unterscheidet der Board nur in Beispielen zwischen den verschiedenen Ertragsarten. Vgl. CF.BC4.96.

402 Vgl. IFRS 15.Anhang A; IFRS 15.BC53 i. V. m. IFRS 15.BC29. Der Begriff der „gewöhnlichen Geschäftstätigkeit" wird in IFRS 15 nicht konkretisiert, weil diesem in der IFRS-Rechnungslegung bereits ein bestimmtes Verständnis zugeordnet ist. Vgl. so bspw. auch EY (Hrsg.), Umsatzrealisierung, S. 30. Vgl. zur Ertragskonzeption des IFRS 15 Abschnitt 42.

403 Vgl. statt vieler zur Darstellung von Erträgen in der Gesamtergebnisrechnung und in der GuV PELLENS, B. U. A., Internationale Rechnungslegung, S. 186-188.

404 Vgl. CF.5.6-5.25; vgl. zur Erfüllung der Definitionskriterien Abschnitt 342. Durch den verfolgten *Asset-Liability*-Ansatz beziehen sich die Ansatzkriterien nur mittelbar auf Erträge. Sie beziehen sich primär auf den Ansatz von Vermögenswerten und Schulden. Vgl. so bereits für die Ansatzkriterien des alten *Conceptual Framework* ADLER, H./DÜRING, W./SCHMALTZ, K., in: ADS International, Abschnitt 1, Rn. 192. Vor der Überarbeitung des *Conceptual Framework* gab es zwei Ansatzkriterien. Erträge waren zu erfassen, wenn die Zunahme eines wirtschaftlichen Nutzens wahrscheinlich war und verlässlich ermittelt werden konnte. Vgl. CF.4.38 a. F.; CF.BC5.1 und .BC5.4. Diese beiden Kriterien indizieren nun nur noch, ob eine Information relevant ist. Vgl. CF.5.12 f.; CF.BC5.12 f. i. V. m. CF.BC5.19 und kritisch hierzu SCHMIDT, M./ BLECHER, C., Überarbeitung des Conceptual Framework, S. 254-256.

405 Vgl. CF.5.6-5.8; IASB (Hrsg.), Staff Paper 10A (February 2017), S. 17. Der Nutzen der Informationen, der durch eine Erfassung von Erträgen entsteht, soll ihre Kosten sowohl für die Abschlussersteller als auch für

Prima facie erscheinen die im *Conceptual Framework* genannten qualitativen **Ansatzkriterien** obsolet.[406] Denn die Kriterien sind bereits als fundamentale qualitative Anforderungen an die IFRS-Rechnungslegung formuliert.[407] Der IASB aber konkretisiert diese Kriterien für Ansatzentscheidungen in der Bilanz, da sie den Umfang der dort anzusetzenden Vermögenswerte und Schulden begrenzen sollen.[408] Durch die Koppelung des Erfolgsverständnisses – auch in IFRS 15 – an die Vermögenswert- und Schulddefinition im *Conceptual Framework* gelten die zwei Kriterien auch für Erträge und Aufwendungen.[409] So sind bspw. Umsatzerlöse nach IFRS 15 das Resultat einer veränderten Vermögenslage, indem ein Vermögenswert (netto) zunimmt oder eine Schuld abnimmt.[410]

Das erste Kriterium der **Relevanz** wird im Kontext von verschiedenen Unsicherheiten erläutert, die ein gewisses Maß an Ermessensausübung erfordern können.[411] Beispielsweise können Unsicherheiten über die Existenz einer Schuld sowie eine geringe Wahrscheinlichkeit eines wirtschaftlichen Nutzenzuflusses ein Indikator dafür sein, dass solche Informationen für die Adressaten der IFRS-Rechnungslegung nicht relevant sind. Das zweite Kriterium der **glaubwürdigen Darstellung** ist nach Ansicht des Boards nicht erfüllt, wenn ein Sachverhalt nicht bewertbar, verständlich und realitätsnah abgebildet werden kann.[412] Deshalb sollen vor der Ansatzentscheidung die potenziellen Auswirkungen auf Erträge und Aufwendungen berücksichtigt werden, ob zugehörige Vermögenswerte und Schulden auch bilanziell erfasst werden müssen und welche Folgen dies für den Ausweis hat. Eine glaubwürdige Darstellung meint in diesem Kontext eine angemessene Informationsvermittlung, die alle erforderlichen Aspekte berücksichtigt.[413]

---

die Adressaten rechtfertigen. Diese Nebenbedingung der Kostenbegrenzung wird nur noch klarstellend genannt, ist aber selbst kein eigenständiges Kriterium mehr.

406 Vgl. so auch KRAFT, A., Extractive Activities in der IFRS-Rechnungslegung, S. 58.

407 Vgl. Abschnitt 332.

408 Vgl. CF.5.6-5.25; CF.BC5.4 (b) und .BC5.8. Vgl. kritisch hierzu DEHMEL, I., Definitions- und Ansatzkriterien, S. 1773 f.; KIRSCH, H.-J./SCHOO, L./KRAFT, A., Discussion Paper zum Conceptual Framework des IASB, S. 302 f.; ERB, C./PELGER, C., IFRS-Rahmenkonzept, S. 339.

409 Vgl., wenn auch in anderem Kontext, GIMPEL-HENNING, N., Sukzessive Anteilserwerbe im IFRS-Konzernabschluss, S. 24; vgl. zur Ertragskonzeption des IFRS 15 Abschnitt 42.

410 Vgl. hierzu ausführlich Abschnitt 42, sowie bspw. WÜSTEMANN, J./WÜSTEMANN, S./JENDRECK, A., in: Rechnungslegung nach IFRS, 2. Aufl., IFRS 15, Rn. 12 m. w. N. Die Konzeption des IFRS 15 stimmt grundsätzlich mit der Ertragskonzeption des *Conceptual Framework* überein. Vgl. zur nicht konsistenten Umsetzung des statischen Erlöskonzeptes in IFRS 15 WÜSTEMANN, J./WÜSTEMANN, S., Erfassung von Umsatzerlösen nach IFRS 15, S. 930 f.; WAGENHOFER, A., The Role of Revenue Recognition in Performance Reporting, S. 367 f. So sollen Umsatzerlöse nach IFRS 15 die wirtschaftliche Leistungsfähigkeit des Unternehmens widerspiegeln. Diese Aufgabe entspricht grundsätzlich einer dynamisch geprägten Bilanzauffassung. Außerdem sind die Regelungen zur Umsatzrealisierung bspw. nicht an den Ansatz und die Bewertung des Kundenvertrages, sondern an den Zeitpunkt und die Höhe des Ertragszuflusses ausgerichtet. Vgl. IFRS 15.BC21.

411 Vgl. hier und im folgenden Satz CF.5.12 f.; BROWN, J., Asset and Liability Definitions, S. 426.

412 Vgl. hier und im folgenden Satz so auch KRAFT, A., Extractive Activities in der IFRS-Rechnungslegung, S. 58; CF.5.18 und .5.24 f.; FISCHER, D. T., ED/2015/3, S. 226.

413 Vgl. CF.5.18 und .5.24 f. i. V. m. CF.BC5.21 f.; FISCHER, D. T., ED/2015/3, S. 226.

Sofern ein Ertrag zusätzlich zu den Definitionskriterien auch die Ansatzkriterien erfüllt, ist die **hinreichende Bedingung** (zweite Stufe) für eine Erfassung des Ertrages in der Gesamtergebnisrechnung bzw. in der GuV erfüllt. Damit endet das zweistufige Verfahren, mit dem geprüft wird, ob Erträge im IFRS-Abschluss zu erfassen sind.

Allein auf der Grundlage der Ertragskonzeption können keine entscheidungsnützlichen Informationen im Rahmen der Umsatzbilanzierung vermittelt werden. Hierzu sind Vorschriften zur Umsatzbilanzierung erforderlich. Diese Vorschriften können allerdings nicht die Vielfalt aller Geschäftsvorfälle in der Praxis vollständig regeln. Deshalb sollen im folgenden Abschnitt allgemein die Grundlagen erläutert werden, die notwendig sind, um die Vorschriften des IFRS 15 für Beförderungs- und Zusatzleistungen in der Airline-Industrie zu konkretisieren.

35 Auslegung und Konkretisierung von Regelungen der IFRS

351. Anforderungen an die Auslegung und Konkretisierung sowie Vorgehensweise nach IAS 8

Die IFRS behandeln **Einzelfragen** der Rechnungslegung.[414] Indes kann die Vielfalt aller Sachverhalte, wie z. B. die der Airline-Industrie, nicht vollständig geregelt werden.[415] Da die IFRS den Anspruch eines **prinzipienorientierten** Rechnungslegungssystems haben,[416] muss der IFRS-Anwender die zum Teil zu weit gefassten bzw. unscharfen Regelungen auslegen und konkretisieren.[417] Sollte es für einen Sachverhalt keine konkreten Regelungen zu dessen bilanziellen Abbildung geben, liegt gar eine Regelungslücke vor.[418] Diese Regelungslücke ist dann durch eine zielkonforme Auslegung seitens des IFRS-Anwenders selbst zu schließen.[419]

Im Rahmen des *Endorsement*-Verfahrens in EU-Recht übernommene Rechnungslegungsstandards, wie bspw. IFRS 15, erhalten den Status von sekundärem **Gemeinschaftsrecht**.[420] Damit

---

[414] Vgl. statt vieler MERKT, H., in: Rechnungslegung nach HGB und IFRS, Kap. 1, Rn. 116.

[415] Vgl. LÜDENBACH, N./HOFFMANN, W.-D./FREIBERG, J., in: Haufe IFRS-Kommentar, 16. Aufl., § 1, Rn. 76. Der Begriff des Sachverhalts umfasst i. S. d. IAS 8.10 einen Geschäftsvorfall sowie sonstige Ereignisse oder Umstände.

[416] Vgl. KABURECK, G., Principles-based Accounting oder auch früher schon TWEEDIE, D., Statement of Sir David Tweedie, S. 4 f.; vgl. so auch IFRS 15.1; vgl. hierzu kritisch BALLWIESER, W., Die Konzeptionslosigkeit des IASB, S. 739; LÜDENBACH, N./HOFFMANN, W.-D./FREIBERG, J., in: Haufe IFRS-Kommentar, 16. Aufl., § 1, Rn. 48; PREIßLER, G., Prinzipienbasierung, S. 2389-2395.

[417] Vgl. KLEINMANNS, H., Offene Gesellschaft der IFRS-Interpreten, S. 1325.

[418] Vgl. bspw. ENGISCH, K., Einführung in das juristische Denken, S. 236, der eine Lücke als „[...] eine unbefriedigende Unvollständigkeit innerhalb eines Ganzen" definiert.

[419] Vgl. BAETGE, J./ZÜLCH, H., in: HdJ, Abt. I/2, Rechnungslegungsgrundsätze nach HGB und IFRS, Rn. 187; vgl. ausführlich hierzu RUHNKE, K./NERLICH, C., Behandlung von Regelungslücken innerhalb der IFRS, S. 389-395.

[420] Vgl. Art. 2, 3 und 6 IAS-VO; SCHÖN, W., Auslegung von IAS/IFRS, S. 764; SCHULZE-OSTERLOH, J., Internationalisierung der Rechnungslegung, S. 173; GROßFELD, B./LUTTERMANN, C., Bilanzrecht, Zweiter Teil, Kap. D, Rn. 160 und 168. Dies gilt ungeachtet dessen, dass die IFRS angelsächsisch geprägt sind und in ihrer Struktur nicht kontinental-europäischer Regelungstradition entsprechen. Vgl. SCHULZE-OSTERLOH, J., Internationale Rechnungslegung, S. 97 f.; KÜTING, K./RANKER, D., Auslegung der endorsed IFRS, S. 2511; HAUCK, A./PRINZ, U., Auslegung von IFRS, S. 638.

unterliegt die Entscheidung über die Auslegung der IFRS letztlich der Jurisdiktion des Europäischen Gerichtshofs in Arbeitsteilung mit den nationalen Gerichten.[421] Zwar besitzt der Europäische Gerichtshof die Auslegungskompetenz und kann somit der „Wächter des europäischen Rechts“[422] sein. Indes hat dies in der Praxis (bislang) keine wesentlichen Auswirkungen auf die Auslegung der IFRS-Rechnungslegungsvorschriften durch die IFRS-Anwender.[423] In dieser Arbeit werden daher ausschließlich die im Normensystem der IFRS enthaltenen Auslegungsmethoden berücksichtigt.[424] Sofern erforderlich, wird dazu auf die juristische Methodenlehre zurückgegriffen.

Bei der **Auslegung** der IFRS muss der IFRS-Anwender zuerst den Sinn der Rechnungslegungsvorschrift, deren Anwendung ihm zum Problem geworden ist, verstehen.[425] Dabei ist die Auslegung durch den Wortsinn der jeweiligen Vorschrift begrenzt.[426] Hieran knüpft in einer zweiten Stufe ggf. die **Lückenausfüllung** an, die sich auch „[...] noch im Rahmen [...] der Teleologie des Gesetzes selbst [...]“[427] bewegen muss.[428] Auslegung und Lückenausfüllung sind somit ihrem Wesen nach nicht grundsätzlich verschieden, sondern nur zwei verschiedene Stufen innerhalb desselben Verfahrens.[429]

Die Auslegung einzelner Rechnungslegungsvorschriften erfordert Kriterien, anhand derer die IFRS-Anwender etwaig unklare oder unpräzise Vorschriften konkretisieren können.[430] IAS 8 *Rechnungslegungsmethoden, Änderungen von rechnungslegungsbezogenen Schätzungen und Fehler* bietet den IFRS-Anwendern derartige **Auslegungshilfen**.[431]

---

421 Vgl. zur Verankerung des Rechtsinstituts der sogenannten Vorabentscheidung durch nationale Gerichte im Verfassungsrecht für den Europäischen Gerichtshof Art. 267 AEUV. Vgl. ausführlich KARPENSTEIN, U., in: Das Recht der Europäischen Union, Art. 267 AEUV. So sind unterinstanzliche Gerichte berechtigt und letztinstanzliche Gerichte verpflichtet, Fragen zur Auslegung der *endorsed* IFRS dem EuGH vorzulegen, sofern sie für die Urteilsfindung erheblich sind. Vgl. EUGH (Hrsg.), Urteil vom 06.10.1982 – Rs. 283/81, S. 1257 f.; WOLLMERT, P./OSER, P./BELLERT, S., in: Rechnungslegung nach IFRS, 2. Aufl., Teil A, Kap. 3, Rn. 59.

422 ALBER, S., Tendenzen der neueren Rechtsprechung des EuGH, S. 3.

423 Vgl. hierzu KLEINMANNS, H., Offene Gesellschaft der IFRS-Interpreten, S. 1328; BOHL, W./WIECHMANN, J., IFRS für Juristen, Rn. 336; NERLICH, C., Auslegungsmethodik für IFRS, S. 257-261.

424 Vgl. ausführlich zu den Auslegungsmethoden des Europäischen Gerichtshofs NAJDEREK, A., Harmonisierung des europäischen Bilanzrechts, S. 20-29.

425 Vgl. LARENZ, K., Methodenlehre der Rechtswissenschaft, S. 204; HASSOLD, G., Strukturen der Gesetzesauslegung, S. 214; SCHAPP, J., Methodenlehre des Zivilrechts, S. 66; ASCHE, M., Europäisches Bilanzrecht und nationales Gesellschaftsrecht, S. 159. Die Auslegung einer Rechnungslegungsvorschrift ist somit die „Reconstruction [sic!] des [der Rechnungslegungsvorschrift; Anm. d. Verf.] [...] in[ne; Anm. d. Verf.]wohnenden Gedankens.“ VON SAVIGNY, F. C., System des heutigen Römischen Rechts, S. 213.

426 Vgl. HECK, P., Problem der Rechtsgewinnung, S. 33. Hierzu muss sich der IFRS-Anwender beim Verstehen der Rechnungslegungsvorschrift „[...] gegen die Willkür von Einfällen und die Beschränktheit unmerklicher Denkgewohnheiten abschirmen“. GADAMER, H.-G., Wahrheit und Methode, S. 271.

427 LARENZ, K., Methodenlehre der Rechtswissenschaft, S. 366.

428 Vgl. LARENZ, K./CANARIS, C.-W., Methodenlehre der Rechtswissenschaft, S. 187; ENGISCH, K., Einführung in das juristische Denken, S. 254.

429 Vgl. LARENZ, K., Methodenlehre der Rechtswissenschaft, S. 366; CANARIS, C.-W., Die Feststellung von Lücken im Gesetz, S. 23.

430 Vgl. allgemein statt vieler WANK, R., Die Auslegung von Gesetzen, S. 41.

431 Im Schrifttum ist zum Teil umstritten, ob die Auslegungskriterien des IAS 8 neben der Lückenausfüllung auch zur Auslegung einzelner Rechnungslegungsstandards angewendet werden dürfen. Befürwortend bspw.

Sofern Auslegungs- und Anwendungsfragen bei einem Rechnungslegungsstandard, wie z. B. IFRS 15, auftreten, muss der IFRS-Anwender **eigene Bilanzierungs- und Bewertungsmethoden** entwickeln, die zu entscheidungsnützlichen Abschlussinformationen führen.[432] Bei der Entwicklung eigener Bilanzierungs- und Bewertungsmethoden dienen in nachstehender Rangfolge folgende **Quellen** als Auslegungshilfen:

- die **IFRS**, die ähnliche oder verwandte Fragestellungen behandeln (IAS 8.11 (a));
- die Definitionen sowie die Ansatz- und Bewertungskriterien für Vermögenswerte, Schulden, Erträge und Aufwendungen, die im ***Conceptual Framework*** angeführt werden (IAS 8.11 (b)) und
- die **Verlautbarungen** anderer Standardsetzer, sonstige Rechnungslegungskommentare bzw. -fachliteratur und anerkannte **Branchenpraktiken**, sofern sie mit den Vorschriften des IASB vereinbar sind (IAS 8.12).

Vorzugsweise sollten in der Bilanzierungspraxis auftretende Anwendungsprobleme also über die **Analogie** zu Abbildungsvorschriften für ähnliche Sachverhalte gelöst werden.[433] Zu unterscheiden ist dabei zwischen der Einzelanalogie und der Gesamtanalogie.[434] Bei der Einzelanalogie, die vorrangig zu nutzen ist,[435] wird eine Abbildungsvorschrift der IFRS für einen konkreten Sachverhalt auf einen anderen, diesem ähnlichen Sachverhalt übertragen.[436] Hingegen

---

FINK, C./SCHWARZ, D., in: Thiele/von Keitz/Brücks, IAS 8, Rn. 130; RUHNKE, K./SIMONS, D., Rechnungslegung nach IFRS und HGB, S. 375 f. und im Ergebnis auch LÜDENBACH, N./HOFFMANN, W.-D./FREIBERG, J., in: Haufe IFRS-Kommentar, 16. Aufl., § 1, Rn. 77. Demgegenüber ablehnend bspw. WOJCIK, K.-P., IFRS als europäisches Recht, S. 287; NERLICH, C., Auslegungsmethodik für IFRS, S. 220-223. Indes sieht NERLICH auch Anhaltspunkte hinsichtlich der Auslegung in IAS 8. Vgl. NERLICH, C., Auslegungsmethodik für IFRS, S. 224 f. In der vorliegenden Arbeit wird die Auslegung und Lückenausfüllung i. S. d. CANARIS und LARENZ als ein gedankliches Verfahren verstanden. So wird für die Auslegung auf die Kriterien des IAS 8 zurückgegriffen.

432 Vgl. IAS 8.10; WAWRZINEK, W./LÜBBIG, M., in: Beck'sches IFRS-Handbuch, 5. Aufl., § 2, Rn. 115; IASB (Hrsg.), Staff Paper 10G (October 2014), Anhang B. Derzeit bezieht sich IAS 8.10 aufgrund eines statischen Verweises zwar noch auf das ursprüngliche *Conceptual Framework* aus dem Jahr 1989 und somit auf die dortigen Primärgrundsätze der Relevanz und der Verlässlichkeit. Da eine Änderung des IAS 8 aufgrund des überarbeiteten *Conceptual Framework* allerdings erwartet werden kann, werden in dieser Arbeit die fundamentalen qualitativen Anforderungen zur Entwicklung von Bilanzierungs- und Bewertungsmethoden als Kriterien zugrunde gelegt. Vgl. statt vieler MERKT, H., Conceptual Framework aus regelungsmethodischer Sicht, S. 493. Vgl. zur Relevanz CF.26-28 a. F. und zur Verlässlichkeit CF.31 f. a. F. im alten *Conceptual Framework*. Vgl. IASB (Hrsg.), Staff Paper 10G (October 2014), Rn. 2 (a), 7 (a) (i), Anhang B. Dies gilt ungeachtet dessen, dass der IASB eine endgültige Änderung von IAS 8 noch nicht beschließen möchte. Er weist indes darauf hin, dass es zwischen der Verlässlichkeit und der glaubwürdigen Darstellung viele Gemeinsamkeiten gibt. Vgl. IASB (Hrsg.), Staff Paper 10C (February 2017), Rn. BCE.18 f.

433 Vgl. statt vieler RUHNKE, K./NERLICH, C., Behandlung von Regelungslücken innerhalb der IFRS, S. 391; WOJCIK, K.-P., IFRS als europäisches Recht, S. 286 und 288.

434 Vgl. LARENZ, K., Methodenlehre der Rechtswissenschaft, S. 383; CASSEL, J., Unternehmensbewertung im IFRS-Abschluss, S. 86.

435 Vgl. WOJCIK, K.-P., IFRS als europäisches Recht, S. 289, der überzeugend darauf hinweist, dass in IAS 8.11 die Struktur, „vom Besonderen zum Allgemeinen“ vorzugehen, angelegt ist. Vgl. ähnlich auch RUHNKE, K./NERLICH, C., Behandlung von Regelungslücken innerhalb der IFRS, S. 393.

436 Vgl. LÜDENBACH, N./HOFFMANN, W.-D./FREIBERG, J., in: Haufe IFRS-Kommentar, 16. Aufl., § 1, Rn. 78; RUHNKE, K./NERLICH, C., Behandlung von Regelungslücken innerhalb der IFRS, S. 391.

wird bei der Gesamtanalogie ein allgemeiner Regelungsgrundsatz aus mehreren Abbildungsvorschriften der IFRS abgeleitet, der dann auf einen anderen, diesem ähnlichen Sachverhalt übertragen wird.[437] Unter welchen Gesichtspunkten ein Sachverhalt einem anderen ähneln muss, konkretisiert der IASB nicht näher.[438] Die Beurteilung, wann zwei Sachverhalte einander ähneln, ist durchaus kritisch.[439] Die Sachverhalte sollten mindestens „[...] in den für die rechtliche Bewertung maßgebenden Hinsichten übereinstimmen"[440].[441] Damit der IFRS-Anwender die Ähnlichkeit beurteilen kann, muss er auf den **Zweck** und die **Grundgedanken** der analogiefähigen Abbildungsvorschrift rekurrieren.[442] Denn nur so kann er sicherstellen, dass der IASB die Abbildungsvariante für den konkreten Sachverhalt nicht bewusst auf eben diesen Sachverhalt beschränken wollte.[443]

Sofern ein Anwendungsproblem in der Bilanzierungspraxis nicht mithilfe der Analogie gelöst werden kann, muss der IFRS-Anwender auf das ***Conceptual Framework*** zurückgreifen.[444] Der IASB schafft mit dem verbindlichen Verweis in IAS 8.11 (b) auf das *Conceptual Framework* zwar rechtlich eine Legitimationslücke, weil das *Conceptual Framework* im Rahmen des *Endorsement*-Prozesses nicht in EU-Recht übernommen wurde.[445] Faktisch ist das *Conceptual Framework* allerdings „[...] Grundlage für die Urteilsbildung bei der Lösung von Rechnungslegungsproblemen."[446] Deshalb sind sämtliche im *Conceptual Framework* enthaltenen Grundsätze und Prinzipien bei der Auslegung unklarer Abbildungsvorschriften zu berücksichtigen.[447]

Zusätzlich können gemäß IAS 8.12 die **Verlautbarungen** anderer Standardsetzer berücksichtigt werden, sofern sie mit den Vorschriften des IASB vereinbar sind. So haben die IFRS-Anwender bspw. bei Anwendungsproblemen mit dem Vorgängerstandard von IFRS 15 – IAS 18 *Umsatzerlöse* – regelmäßig auf die Regelungen der US-GAAP zur Umsatzbilanzierung zurückgegriffen.[448] Da IFRS 15 und das US-amerikanische Pendant ASC 606 vom

---

437 Vgl. LÜDENBACH, N./HOFFMANN, W.-D./FREIBERG, J., in: Haufe IFRS-Kommentar, 16. Aufl., § 1, Rn. 78; LARENZ, K., Methodenlehre der Rechtswissenschaft, S. 383 f.

438 Vgl. so auch BLAUM, U./HOLZWARTH, J./WENDTLAND, G., in: Rechnungslegung nach IFRS, 2. Aufl., IAS 8, Rn. 58.

439 Vgl. RUHNKE, K./NERLICH, C., Behandlung von Regelungslücken innerhalb der IFRS, S. 391.

440 LARENZ, K./CANARIS, C.-W., Methodenlehre der Rechtswissenschaft, S. 202.

441 Vgl. CASSEL, J., Unternehmensbewertung im IFRS-Abschluss, S. 86.

442 Vgl. LARENZ, K., Methodenlehre der Rechtswissenschaft, S. 382.

443 Vgl. LARENZ, K./CANARIS, C.-W., Methodenlehre der Rechtswissenschaft, S. 209; KRAMER, E. A., Juristische Methodenlehre, S. 210 und 220-224.

444 Vgl. IAS 8.11 (b); BLAUM, U./HOLZWARTH, J./WENDTLAND, G., in: Rechnungslegung nach IFRS, 2. Aufl., IAS 8, Rn. 59; KAMPMANN, H./SCHWEDLER, K., Gemeinsames Rahmenkonzept von FASB und IASB, S. 524.

445 Vgl. Abschnitt 31; RANKER, D., Immobilienbewertung, S. 73; HOFFMANN, S./DETZEN, D., Das Joint Conceptual Framework von IASB und FASB, S. 54; WAWRZINEK, W./LÜBBIG, M., in: Beck'sches IFRS-Handbuch, 5. Aufl., § 2, Rn. 115; BLAUM, U./HOLZWARTH, J./WENDTLAND, G., in: Rechnungslegung nach IFRS, 2. Aufl., IAS 8, Rn. 59.

446 KOMMISSION DER EUROPÄISCHEN GEMEINSCHAFTEN (Hrsg.), IAS-VO-Kommentare, S. 6; vgl. SCHÖN, W., Auslegung von IAS/IFRS, S. 766.

447 Vgl. IASB (Hrsg.), Staff Paper 10G (October 2014), Rn. 7 (c); IASB (Hrsg.), Staff Paper 10C (February 2017), Rn. BCE.20 f.

448 Vgl. statt vieler KUHNER, C., in: MüKo Bilanzrecht, IAS 18, Rn. 103; PILHOFER, J./BÖSSER, J./DÜNGEN, J.,

IASB und vom FASB im Rahmen eines Konvergenzprojektes entwickelt wurden, erscheint ein Rückgriff auf die Regelungen des US-amerikanischen ASC 606 somit nunmehr obsolet. Schließlich haben der IASB und der FASB gemeinsam eine sog. *Transition Resource Group* (TRG) *for Revenue Recognition* gegründet, deren Ziel es war, gemeinsam Implementierungsfragen zu beantworten.[449] Allerdings veröffentlichten der IASB und der FASB zum Teil unterschiedliche Lösungsansätze, sodass der IFRS-Anwender bei Anwendungsproblemen in IFRS 15 die Regelungen nach US-GAAP zumindest nicht mehr unreflektiert übernehmen kann.[450] Dennoch können die Regelungen zur Umsatzrealisierung nach US-GAAP im Einzelfall durchaus eine wichtige Argumentationshilfe sein, soweit ihre Konformität mit den Regelungen der IFRS sichergestellt ist.

Darüber hinaus können IFRS-Anwender gemäß IAS 8.12 auch auf **Rechnungslegungsfachliteratur** und anerkannte **Branchenpraktiken** zurückgreifen, sofern diese mit den IFRS im Einklang stehen. Hierunter fallen bspw. einschlägige IFRS-Kommentare, Fachzeitschriften, Dissertationen, Monographien und internetbasierte Quellen, wie z. B. Publikationen der *Big Four* zu Anwendungsproblemen in der Rechnungslegung.[451] Ferner zählen auch die Verlautbarungen des amerikanischen Berufsverbands der *Certified Public Accountants* (AICPA) sowie der *International Air Transport Association* (IATA) hierzu.[452] Die AICPA und die IATA entwickeln jeweils in einer Arbeitsgruppe (*Airlines Revenue Recognition Task Force* bzw. *Industry Accounting Working Group*) Anwendungsleitlinien zu in der Bilanzierungspraxis auftretenden Auslegungs- und Anwendungsproblemen bei der Umsatzrealisierung in der Airline-Industrie.[453] Die von der AICPA entwickelten Anwendungsleitlinien zur Umsatzrealisierung beziehen sich zwar auf die Regelungen nach US-GAAP. Dennoch können genannte Argumente IFRS-konform sein und somit für die Auslegung einzelner Abbildungsvorschriften des IFRS 15 als Erkenntnisquelle dienen. Die von der IATA entwickelten Anwendungsleitlinien beziehen sich unmittelbar auf IFRS 15. Wie bei allen Branchenpraktiken sind die Anwendungsleitlinien der AICPA sowie der IATA kritisch und nicht unreflektiert zur Konkretisierung der Vorschriften des IFRS 15 für Beförderungs- und Zusatzleistungen in der Airline-Industrie zu übernehmen.[454] Schließlich werden diese Leitlinien unter dem Einfluss von IFRS-Abschlusserstellern entwickelt, die ggf. bilanzpolitisch motivierte Interessen vertreten.

Umsatzrealisierung von Mehrkomponentenverträgen, S. 82 f.; GROTE, A./HOLD, C./PILHOFER, J., ED/2011/6 (Teil 1), S. 110.

449 Vgl. IASB/FASB (Hrsg.), Purpose of the TRG.

450 Vgl. im Ergebnis so auch LÜDENBACH, N./HOFFMANN, W.-D./FREIBERG, J., in: Haufe IFRS-Kommentar, 16. Aufl., § 25, Rn. 11.

451 Vgl. statt vieler BLAUM, U./HOLZWARTH, J./WENDTLAND, G., in: Rechnungslegung nach IFRS, 2. Aufl., IAS 8, Rn. 64; RUHNKE, K./SIMONS, D., Rechnungslegung nach IFRS und HGB, S. 379-382.

452 Vgl., wenn auch in anderem Kontext, LÖW, E./LORENZ, K., Ansatz und Bewertung von Finanzinstrumenten, S. 496.

453 Vgl. AICPA (Hrsg.), Airlines Revenue Recognition Task Force; IATA (Hrsg.), IAWG Accounting Guides. Die AICPA hat nicht nur für die Airline-Industrie, sondern für verschiedene Branchen Anwendungsleitlinien entwickelt.

454 Vgl. hier und im folgenden Satz RUHNKE, K./NERLICH, C., Behandlung von Regelungslücken innerhalb der IFRS, S. 393.

352. Grundlagen der Hermeneutik

Um den Zweck und Grundgedanken einer Abbildungsvorschrift zu erschließen, können für die Auslegung anerkannte **Kriterien** der Hermeneutik herangezogen werden.[455] Zunächst ist dabei der Wortlaut der auslegungsbedürftigen Abbildungsvorschrift im Hinblick auf Anhaltspunkte für den Sinn und Zweck und damit die Auslegung der Vorschrift zu untersuchen (sog. **semantische Auslegung**).[456] Dabei sind grundsätzlich alle Sprachfassungen, in denen eine Vorschrift veröffentlicht wird, für die Auslegung maßgeblich.[457] Die Sprache der IFRS ist Englisch.[458] Im Rahmen des *Endorsement*-Prozesses werden die IFRS in allen Amtssprachen der EU veröffentlicht.[459] Das Alleinstellungsmerkmal der englischen Sprache geht somit verloren.[460] Es sollte aber berücksichtigt werden, dass der Ursprung aller Übersetzungen die englische Sprache ist, sodass bei der semantischen Auslegung der englischen Fassung der IFRS im Zweifel eine höhere Bedeutung beigemessen werden sollte.[461] In dieser Arbeit werden daher bei Fragen der Auslegung ausschließlich die englische und die deutsche Fassung des IFRS 15 berücksichtigt.

Neben dem Wortlaut der auszulegenden Vorschrift kann auch der Entstehungsprozess eines IFRS Aufschluss über den Zweck und Grundgedanken einer Vorschrift geben (sog. **historische Auslegung**).[462] Denn einen „[...] Text [zu, Anm. d. Verf.] verstehen, das setzt voraus, die Frage oder die Lage zu verstehen, auf die der Text eine Antwort war."[463] Im Kontext der IFRS sind somit besonders die erläuternden Materialien des IASB aus dem Standardsetzungsprozess für die Auslegung heranzuziehen, z. B. die vom IASB veröffentlichten Umsetzungsleitlinien (*implementation guidances*), Begründungserwägungen (*basis for conclusions*), die veranschaulichenden Beispiele (*illustrative examples*), abweichende Meinungen einzelner Mitglieder des Boards (*dissenting opinions*) sowie die Arbeitspapiere des IASB (*staff paper*).[464]

---

455 Die Hermeneutik ist eine in der Rechtswissenschaft anerkannte und verbreitete Methode zur Auslegung von Rechtsnormen. Vgl. hierzu detailliert LARENZ, K., Methodenlehre der Rechtswissenschaft, S. 204 f. und 312-347; BAETGE, J./KIRSCH, H.-J./THIELE, S., Bilanzen, S. 109. Vgl. in Bezug auf die IFRS MERKT, H., in: Rechnungslegung nach HGB und IFRS, Kap. 1, Rn. 165 f. und NERLICH, C., Auslegungsmethodik für IFRS, S. 32-39 und 271-276, sowie HENNRICHS, J., in: MüKo Bilanzrecht, Einführung in die Rechnungslegung nach IFRS, Rn. 65. Die Kriterien gehen zurück auf SAVIGNY, vgl. hierzu VON SAVIGNY, F. C., System des heutigen Römischen Rechts, S. 213-215.

456 Vgl. BAETGE, J./KIRSCH, H.-J./THIELE, S., Bilanzen, S. 110; MERKT, H., in: Rechnungslegung nach HGB und IFRS, Kap. 1, Rn. 48; WANK, R., Die Auslegung von Gesetzen, S. 41; KOCH, H.-J./RÜSSMANN, H., Juristische Begründungslehre, S. 126-188.

457 Vgl. GRUNDMANN, S./RIESENHUBER, K., Auslegung des Europäischen Privat- und Schuldvertragsrechts, S. 530; EUGH (Hrsg.), Urteil vom 06.10.1982 – Rs. 283/81.

458 Vgl. IASB (Hrsg.), Preface to IFRS, Rn. 22.

459 Vgl. Art. 3 Abs. 4 IAS-VO. Vgl. ausführlich zur Sprachenvielfalt in der EU und damit verbundener Probleme LUTTERMANN, C., Internationale Rechnungslegung in der EU und Sprachenfrage, S. 167-169.

460 Vgl. LUTTERMANN, C., Internationale Rechnungslegung in der EU und Sprachenfrage, S. 170.

461 Vgl. im Ergebnis auch WOJCIK, K.-P., IFRS als europäisches Recht, S. 268-271.

462 Vgl. RÜTHERS, B./FISCHER, C./BIRK, A., Rechtstheorie, Rn. 787.

463 RÜTHERS, B./FISCHER, C./BIRK, A., Rechtstheorie, Rn. 787 mit Hinweis auf COLLINGWOOD, R. G., Denken, S. 30-43.

464 Vgl. LÜDENBACH, N./HOFFMANN, W.-D./FREIBERG, J., in: Haufe IFRS-Kommentar, 16. Aufl., § 1, Rn. 53; CASSEL, J., Unternehmensbewertung im IFRS-Abschluss, S. 80; KOMMISSION DER EUROPÄISCHEN

Verbleiben nach der semantischen und historischen Auslegung noch Beurteilungsspielräume, muss der IFRS-Anwender versuchen, die Abbildungsvorschrift in den systematischen Regelungskontext, in den sie eingebunden ist, zu stellen und ihren Zweck zu ermitteln (sog. **systematische Auslegung**).[465] Auf diese Weise soll der Forderung nach einem konsistenten und widerspruchsfreien Normgefüge nachgekommen werden.[466] In diesem Zusammenhang können aus der Stellung der Abbildungsvorschrift innerhalb des IFRS sowie aus der Überschrift des Abschnitts, in dem die auszulegende Abbildungsvorschrift festgeschrieben ist, weitere Erkenntnisse für die systematische Auslegung gewonnen werden.[467] Die Beurteilung der auszulegenden Abbildungsvorschrift darf weder die spezifischen Regelungen des anzuwendenden Rechnungslegungsstandards noch die Vorschriften anderer IFRS konterkarieren.[468] So entspricht die systematische Auslegung der IFRS praktisch dem Analogieschluss.[469]

Außerdem ist eine Abbildungsvorschrift grundsätzlich auch **teleologisch** auszulegen.[470] Unter Berücksichtigung der Eigenart des Anwendungsproblems sollte nämlich immer der Sinn und Zweck der auszulegenden Abbildungsvorschrift vor dem Hintergrund des Ziels der IFRS abgeleitet werden.[471] Hinweise zum Sinn und Zweck der auszulegenden Anwendungsvorschrift können sich aus den Begründungserwägungen (*basis for conclusions*), den veranschaulichenden Beispielen (*illustrative examples*) sowie dem *Conceptual Framework* ergeben.[472]

Damit steht dem bilanzierenden Unternehmen für die Konkretisierung der Vorschriften nach IFRS eine umfassende Methodik zur Verfügung, mithilfe derer es grundsätzlich entscheidungsnützliche Informationen vermitteln kann. Im folgenden Hauptkapitel dieser Arbeit sollen die Vorschriften gemäß IFRS 15 für Beförderungs- und Zusatzleistungen in der Airline-Industrie konkretisiert werden.

GEMEINSCHAFTEN (Hrsg.), IAS-VO-Kommentare, S. 5 f. Dies gilt ungeachtet dessen, dass der Grad der Verbindlichkeit dieser Verlautbarungen geringer ist als ein IFRS-Standard. Die genannten Verlautbarungen gehören zwar zum IFRS-Standard, werden allerdings nicht im Rahmen des *Endorsement*-Prozesses in EU-Recht transformiert. Vgl. hierzu ausführlich FINK, C./SCHWARZ, D., in: Thiele/von Keitz/Brücks, IAS 8, Rn. 115.

465 Vgl. BOHL, W./WIECHMANN, J., IFRS für Juristen, Rn. 313; ZIPPELIUS, R., Juristische Methodenlehre, S. 43; LUTTER, M., Die Auslegung angeglichenen Rechts, S. 595.

466 Vgl. CASSEL, J., Unternehmensbewertung im IFRS-Abschluss, S. 74 f.; ZIPPELIUS, R., Juristische Methodenlehre, S. 44; HONSELL, H., Die rhetorischen Wurzeln der juristischen Auslegung, S. 120.

467 Vgl. CASSEL, J., Unternehmensbewertung im IFRS-Abschluss, S. 41 m. w. N.

468 Vgl., wenn auch in anderem Kontext, WANK, R., Die Auslegung von Gesetzen, S. 62-65. Das Fundament der systematischen Auslegung ist die Prämisse, dass die gesamte Rechtsordnung eine Einheit bildet. Vgl. hierzu RÜTHERS, B./FISCHER, C./BIRK, A., Rechtstheorie, Rn. 744. Vgl. in diesem Kontext kritisch zum IFRS-Regelwerk BOHL, W./WIECHMANN, J., IFRS für Juristen, Rn. 313 und 394 m. w. N.

469 Vgl. hierzu CASSEL, J., Unternehmensbewertung im IFRS-Abschluss, S. 73 und 93 f.; METZ, C., Unternehmenskauf, S. 22, sowie ausführlich zur systematischen Auslegung WOJCIK, K.-P., IFRS als europäisches Recht, S. 274 f.

470 Vgl. MERKT, H., in: Rechnungslegung nach HGB und IFRS, Kap. 1, Rn. 156 f.; WOJCIK, K.-P., IFRS als europäisches Recht, S. 275.

471 Vgl. ausführlich WOJCIK, K.-P., IFRS als europäisches Recht, S. 275-279; ZIPPELIUS, R., Juristische Methodenlehre, S. 41 f.; GIMPEL-HENNING, N., Sukzessive Anteilserwerbe im IFRS-Konzernabschluss, S. 33 f.

472 Vgl. HENNRICHS, J., in: MüKo Bilanzrecht, Einführung in die Rechnungslegung nach IFRS, Rn. 70.

4 Kritische Analyse, Konkretisierung und Beurteilung der Umsatzrealisierung aus Beförderungs- und Zusatzleistungen nach IFRS 15

41 Standardentwicklungsprozess von IFRS 15

IFRS 15[473] ist das Ergebnis gemeinsamer jahrelanger Diskussionen und Entwicklungen des IASB und FASB mit der Fachwelt über die Regelungen zur Umsatzrealisierung.[474] Ausgangspunkt dieses **Konvergenzprojekts** von IASB und FASB war im Jahr 2002 die Feststellung, dass die Regelungen zur Umsatzrealisierung zum damaligen Zeitpunkt durch Inkonsistenzen sowie Regelungslücken geprägt waren und insgesamt als unzureichende Bilanzierungsgrundlage angesehen wurden.[475] Nachdem der IASB im Dezember 2008 ein Diskussionspapier über die vorläufigen Ansichten zur Erlöserfassung aus Verträgen mit Kunden veröffentlichte, folgte unter Berücksichtigung der hierzu eingegangenen Stellungnahmen der Fachwelt im Juni 2010 ein erster Standardentwurf (ED/2010/6).[476] Die zahlreichen Kommentierungen zu diesem Entwurf, auch von verschiedenen Airlines,[477] zeigten indes, dass der Entwurf konzeptionelle Schwachstellen hatte und zu Unklarheiten hinsichtlich der praktischen Umsetzung führte.[478] Vor diesem Hintergrund wurden mehr Anwendungsleitlinien sowie eine stärkere Anpassung an die damals geltenden Regelungen zur Ertragsvereinnahmung gefordert.[479] Als Reaktion darauf veröffentlichte der Board im November 2011 einen überarbeiteten Standardentwurf (ED/2011/6).[480] Dabei hielt der Board an den Grundprinzipien zur Umsatzrealisierung fest, konkretisierte aber einzelne Regelungen und Anwendungshinweise zur Umsatzrealisierung.[481]

---

473 Der Standard IFRS 15 wurde vom IASB verabschiedet und umfasst die Vorschriften zur Umsatzrealisierung nach IFRS. Das Pendant für die Rechnungslegung nach US-GAAP – ASC 606 – hat der FASB zeitgleich mit dem IASB veröffentlicht.

474 Vgl. EBNER STOLZ (Hrsg.), IFRS 15, S. 4; LINKEMANN, C., IFRS 15, S. 593.

475 Vgl. IFRS 15.IN5 und .BC2; PELLENS, B., IFRS 15, S. I; BREIDENBACH, K., Umsatzerlöse nach IFRS 15, S. 631. IFRS 15 ersetzt die vorherigen Standards zur Umsatzrealisierung IAS 11 *Fertigungsaufträge* und IAS 18 *Umsatzerlöse*, sowie die dazugehörigen Interpretationen IFRIC 13 *Kundenbindungsprogramme*, IFRIC 15 *Verträge über die Errichtung von Immobilien*, IFRIC 18 *Übertragungen von Vermögenswerten durch Kunden* sowie SIC-31 *Umsatzerlöse – Tausch von Werbedienstleistungen*.

476 Vgl. IFRS 15.BC5-BC7. Vgl. zu den Einzelheiten z. B. HOMMEL, M./SCHMITZ, S., ED/2010/6, S. 17-24.

477 Vgl. statt aller bspw. AMERICAN AIRLINES (Hrsg.) U. A., Comment Letter (ED/2010/6); QANTAS AIRWAYS (Hrsg.), Comment Letter (ED/2010/6); EASYJET (Hrsg.), Comment Letter (ED/2010/6).

478 Vgl. statt vieler z. B. SANDLEBEN, H.-M./REINHOLDT, A., Revenue Recognition, S. 413; vgl. zusammenfassend zu den wesentlichen Aspekten, die in den eingegangenen Stellungnahmen zum ersten Standardentwurf ED/2010/6 thematisiert wurden IASB/FASB (Hrsg.), Staff Paper 3A (December 2010) i. V. m. IASB/FASB (Hrsg.), Staff Paper 3C (December 2010); IFRS 15.BC10.

479 Vgl. WÜSTEMANN, J./WÜSTEMANN, S., ED/2011/6, S. 3117-3119.

480 Vgl. für einen kritischen Überblick zum ED/2011/6 GROTE, A./HOLD, C./PILHOFER, J., ED/2011/6 (Teil 1), S. 105-113; GROTE, A./HOLD, C./PILHOFER, J., ED/2011/6 (Teil 2), S. 170-177; FINK, C./KETTERLE, G./SCHEFFEL, S., Auswirkungen des Re-Exposure Draft auf die Bilanzierungspraxis, S. 1997-2006. Vgl. zu den Unterschieden gegenüber dem vorherigen Entwurf ED/2010/6 KÜHNE, M./SCHLEIS, I., Neuregelung der Umsatzrealisierung nach IFRS, S. 259-263.

481 Vgl. KÜHNE, M./SCHLEIS, I., Neuregelung der Umsatzrealisierung nach IFRS, S. 263.

Formal hat der Standardsetzungsprozess mit der Veröffentlichung des finalen Standards IFRS 15 im Mai 2014 seinen Abschluss gefunden.[482] Die Aktivitäten des IASB zur Unterstützung bei der Umsetzung des neuen Standards endeten zu diesem Zeitpunkt allerdings noch nicht. So hatten der IASB und FASB bereits im Juni 2014 die Gründung einer sog. ***Joint Transition Resource Group*** (TRG) bekanntgegeben.[483] Ziel dieses Beratungsgremiums war es, Anwendungsfragen der Bilanzierungspraxis im Zusammenhang mit IFRS 15 bzw. mit dem korrespondierenden ASC 606 des FASB zu diskutieren und zu analysieren.[484] Die TRG sollte ein Anwenderforum für den fachlichen Austausch der Bilanzierungspraxis sein und darüber hinaus die Boards über eine etwaige Notwendigkeit von Klarstellungen und Ergänzungen der Regelungen des Standards informieren.[485] In diesem Rahmen identifizierte der IASB einen gewissen Anpassungsbedarf der Regelungen im Standard, der im April 2016 zur Veröffentlichung von Klarstellungen (sog. ***Clarifications***) führte.[486] Die Klarstellungen konkretisieren einzelne Vorschriften des IFRS 15, sie sollen die Prinzipien der Umsatzrealisierung sowie die konkreten Regelungen und Beispiele indes nicht ändern.[487] Fast zeitgleich mit der Veröffentlichung des Entwurfs für die Klarstellungen im Juli 2015 beschloss der IASB die **erstmalig verpflichtende Anwendung** von IFRS 15 um ein Jahr auf Berichtsperioden, die nach dem 31.12.2017 beginnen, zu verschieben.[488] Der IASB wollte der Bilanzierungspraxis damit mehr Zeit bei der Umsetzung der Vorschriften des IFRS 15 geben.[489] Zudem ist der Standard dadurch zeitgleich mit

---

482 Vgl. hier und im folgenden Satz BRUNE, J. W., Herausforderungen in der Umsetzung von IFRS 15, S. 19; vgl. zusammenfassend zu den Neuverhandlungen des IASB und FASB aufgrund der eingegangenen Stellungnahmen zum ED/2011/6 IASB/FASB (Hrsg.), Staff Paper (February 2013). Vgl. hierzu auch KÜTING, K./LAM, S., Reform der internationalen Umsatzrealisierung, S. 1835-1840. In den Begründungserwägungen des IFRS 15 erläutert der Board seine Entscheidungen zu Aspekten, die während der Kommentierung des ED/2011/6 in der Bilanzierungspraxis aufgekommen sind. Vgl. IFRS 15.BC12 f.

483 Vgl. IASB/FASB (Hrsg.), Gründung der TRG for Revenue Recognition. Die TRG setzte sich aus Abschlusserstellern, Abschlussprüfern und Adressaten von Abschlüssen zusammen. Vgl. IASB (Hrsg.), TRG Members.

484 Vgl. IASB/FASB (Hrsg.), Purpose of the TRG.

485 Vgl. IASB/FASB (Hrsg.), Purpose of the TRG; FASB TRG (Hrsg.), Update on Implementing ASC 606; IASB (Hrsg.), IASB Completes Decision-Taking on Clarification to IFRS 15. Im Januar 2016 entschied der IASB, an keinen weiteren Treffen der TRG mehr aktiv teilzunehmen. Die IFRS-Anwender sollten somit sicher sein, dass der Standard vor der Erstanwendung nicht mehr geändert wird. Vgl. IASB (Hrsg.), IASB Completes Decision-Taking on Clarification to IFRS 15. Der FASB hat in zwei weiteren Treffen in 2016 erneut Anwendungsfragen aus der Bilanzierungspraxis diskutiert. Weitere Treffen wurden seitdem allerdings auch von Seiten des FASB nicht mehr geplant. Vgl. EY (Hrsg.), FASB-TRG diskutiert weitere Implementierungsfragen, S. 25.

486 Vgl. IASB (Hrsg.), Clarifications to IFRS 15. Vgl. für einen Überblick statt vieler NARDMANN, H./GEBERTH, S./HAUSSMANN, K., Klarstellung des IASB zu IFRS 15, S. 321-325; BRÜCKS, M., in: Thiele/von Keitz/Brücks, Aktuelles – Clarifications to IFRS 15, Rn. 4 f.

487 Vgl. IFRS 15.BC1A. Vgl. im Detail zu den Klarstellungen in IFRS 15 statt vieler bspw. HEINTGES, S./HOFFMANN, T./MARX, A., Klarstellungen von IFRS 15, S. 1050-1057; NARDMANN, H./GEBERTH, S./HAUSSMANN, K., Klarstellung des IASB zu IFRS 15, S. 321-325. Im Wesentlichen wurden die Vorschriften zur Identifikation einer Leistungsverpflichtung, zur Stellung einer Vertragspartei als Prinzipal oder Agent innerhalb einer Transaktion sowie zur Übertragung von Lizenzen konkretisiert. Der FASB hat auch Änderungen am Standard ASC 606 vorgenommen. Diese gehen allerdings über die Änderungen des IASB hinaus. Vgl. IFRS 15.BC1A; IFRS 15.BC27A-BC27H.

488 Vgl. BRUNE, J. W./HAYN, B., IASB verschiebt erstmalige Pflichtanwendung von IFRS 15, S. 334.

489 Vgl. hier und im folgenden Satz IFRS 15.BC453A-BC453H.

dem in weiten Teilen inhaltlich korrespondierenden US-amerikanischen ASC 606 verpflichtend anzuwenden.

Im Rahmen dieser Arbeit werden die Abbildungsvorschriften des IFRS 15 unter Berücksichtigung von Beförderungs- und Zusatzleistungen aus konzeptioneller Sicht untersucht. Um das Verständnis für die Vorschriften zur Umsatzrealisierung zu erhöhen, sollen im folgenden Abschnitt die Zielsetzung sowie die zugrunde liegende Konzeption des IFRS 15 erläutert werden. Überdies soll dessen Anwendungsbereich abgegrenzt werden.

42 Zielsetzung, Ertragskonzeption und Anwendungsbereich des IFRS 15

Ziel des IASB ist es, der Bilanzierungspraxis mit IFRS 15 branchenübergreifende, einheitliche Regelungen und Prinzipien zur Umsatzrealisierung beim Verkauf von Gütern und der Erbringung von Dienstleistungen bereitzustellen, um die konzeptionellen Schwächen und Regelungslücken der bisherigen Vorschriften zur Umsatzrealisierung in IAS 11 *Fertigungsaufträge* und IAS 18 *Umsatzerlöse* zu beseitigen.[490] Dafür enthält IFRS 15 Prinzipien, durch deren Anwendung die Adressaten des IFRS-Abschlusses entscheidungsnützliche Informationen zur Art, zum Umfang, zum zeitlichen Anfall und zu den Unsicherheiten von Umsatzerlösen sowie Zahlungsmittelzuflüssen aus einem Kundenvertrag erhalten sollen.[491] Das **Kernprinzip** des IFRS 15 zielt in diesem Zusammenhang darauf ab, Umsatzerlöse grundsätzlich in Höhe der Gegenleistung zu erfassen, mit der das berichtende Unternehmen im Gegenzug für die Übertragung von Gütern oder die Erbringung von Dienstleistungen erwartungsgemäß rechnen kann.[492]

Ob bzw. in welchem Umfang eine Leistung als erbracht gilt, hängt vom Übergang der **Kontrolle** über das zugesagte Gut bzw. über die zugesagte Leistung auf den Kunden ab (sog. Kriterium des Kontrollübergangs).[493] Dieses Kriterium ersetzt den vor Anwendung des IFRS 15 geltenden *risk and reward approach*.[494] Erst wenn der Kunde die Kontrolle über den Vermögenswert erlangt, kann ein Unternehmen Umsätze realisieren.[495] Das Kontrollprinzip ist aus der Sicht des Kunden formuliert, damit nur die Aktivitäten eines Unternehmens bei der Umsatzrealisierung berücksichtigt werden, die tatsächlich zur Übertragung der zugesagten Güter oder

---

490 Vgl. IFRS 15.IN5 und .BC2 f. Vgl. zur Kritik an den vorherigen Vorschriften zur Umsatzrealisierung z. B. SCHMIDT, A./BAREKZAI, O./HÜTTERMANN, K., Umsatzrealisierung nach IFRS 15 (Teil 1), S. 77; SANDLEBEN, H.-M./REINHOLDT, A., IFRS 15, S. 269; KNOBLOCH, A. P./ANTON, K., Das Fünf-Schritte-Modell zur Umsatzrealisation (Teil 1), S. 1519.

491 Vgl. IFRS 15.1. Vgl. hierzu auch ZÜLCH, H./FISCHER, D. T., Neuregelung der Ertragsrealisation nach IFRS 15, S. 1696.

492 Vgl. IFRS 15.2. Vgl. hierzu auch BREIDENBACH, K., Umsatzerlöse nach IFRS 15, S. 632; WALTER, R./HOLD, C., IFRS 15 in der Medien- und Entertainmentbranche, S. 198.

493 Vgl. IFRS 15.IN7 (e); IFRS 15.31; IFRS 15.BC118 f. und .BC154. Vgl. hierzu auch BAETGE, J./CELIK, A., IFRS 15, S. 365 f.

494 Vgl. IAS 18.14 (a). Die Verteilung von Risiken und Chancen, die mit dem Eigentum der zugesagten Güter bzw. Leistungen verbunden sind, sind indes in IFRS 15 ein Indikator für einen erfolgten Kontrollübergang. Vgl. IFRS 15.38 (d); MORICH, S., IFRS 15, S. 2005.

495 Vgl. IFRS 15.31.

Dienstleistungen führen.[496] Auch etwaige Rückkaufvereinbarungen hat ein Unternehmen bei der Beurteilung des Kontrollprinzips zu berücksichtigen.[497] In Anlehnung an die Vermögenswertdefinition des *Conceptual Framework* geht die **Kontrolle** auf den Kunden über, wenn er die Fähigkeit bzw. das gegenwärtige Recht hat, über die Verwendung des Vermögenswertes zu bestimmen und den verbleibenden Nutzen aus diesem in wesentlichen Teilen ziehen zu können.[498] Das schließt die Fähigkeit ein, Dritte daran zu hindern, den Vermögenswert zu verwenden und einen Nutzen aus diesem zu ziehen. Der Nutzen besteht in potenziellen Zahlungsmittelzuflüssen, die aufgrund verschiedener Verwendungsmöglichkeiten des jeweiligen Vermögenswertes sowohl direkt als auch indirekt generiert werden können, oder in den durch das Gut oder die Dienstleistung erzielten geringeren Zahlungsmittelabflüssen.[499] Beispielsweise kann ein Unternehmen den Vermögenswert zur Aufwertung anderer Vermögenswerte nutzen oder den Vermögenswert veräußern.[500] Mithilfe des Kontrollprinzips lässt sich also der Zeitpunkt bzw. Zeitraum bestimmen, in dem das bilanzierende Unternehmen einen Umsatz zu erfassen hat. Im Folgenden soll deshalb erläutert werden, wie ein solcher Umsatz überhaupt entsteht.

Die Umsatzrealisierung nach IFRS 15 ist an den Ansatz und die Bewertung von vertraglichen Ansprüchen und Verpflichtungen geknüpft, um eine erhöhte Objektivierung und Vergleichbarkeit zu erreichen.[501] Ein Erlös ist das Resultat einer veränderten Vermögenslage, indem ein Vermögenswert (netto) zunimmt oder eine Schuld abnimmt.[502] IFRS 15 verfolgt also eine statische **Erlöskonzeption**, den sog. *Asset-Liability*-Ansatz, und ist damit grundsätzlich konsistent zur Ertragskonzeption des *Conceptual Framework*.[503] Mit Abschluss eines Vertrages, bspw. eines Luftbeförderungsvertrages, entstehen auf der Verkäuferseite (Airline) eine Leistungsverpflichtung und ein Anspruch auf eine Gegenleistung.[504] Diese sind über die Vertragslaufzeit **saldiert** in der Bilanz auszuweisen.[505] Da sich der Anspruch auf eine Gegenleistung und die Leistungsverpflichtung annahmegemäß zum Zeitpunkt des Vertragsabschlusses in gleicher

---

496 Vgl. IFRS 15.32 i. V. m. IFRS 15.BC121; EY (Hrsg.), Umsatzrealisierung, S. 219; WÜSTEMANN, J./WÜSTEMANN, S./JENDRECK, A., in: Rechnungslegung nach IFRS, 2. Aufl., IFRS 15, Rn. 64; SCHOO, L., Umsatzrealisierung nach IFRS, S. 125.

497 Vgl. IFRS 15.34.

498 Vgl. hier und im folgenden Satz IFRS 15.33 i. V. m. IFRS 15.BC120. Der Begriff des Kontrollübergangs wird auch in anderen IFRS-Standards konkretisiert, vgl. bspw. IFRS 16.9 i. V. m. IFRS 16.B9 f. und .B21-B30; IFRS 16.BC117 und IFRS 16.BC119-BC124. Vgl. hierzu bspw. auch SCHMIDT, A./BAREKZAI, O./HÜTTERMANN, K., Umsatzrealisierung nach IFRS 15 (Teil 2), S. 143. Vgl. zur Vermögenswertdefinition Abschnitt 342.

499 Vgl. IFRS 15.33; vgl. hierzu bspw. auch BAUR, C./EISELE, A./HOLD, C., Klassifizierung von Leistungsverpflichtungen nach IFRS 15.35, S. 394.

500 Vgl. IFRS 15.33 (b) und (d). Vgl. für weitere (nicht abschließende) Verwendungsmöglichkeiten des Vermögenswertes IFRS 15.33.

501 Vgl. IFRS 15.BC17. Vgl. hierzu auch WÜSTEMANN, J./WÜSTEMANN, S., Erfassung von Umsatzerlösen nach IFRS 15, S. 931.

502 Vgl. CF.4.2 i. V. m. CF.4.68; vgl. so bspw. auch WÜSTEMANN, J./WÜSTEMANN, S./JENDRECK, A., in: Rechnungslegung nach IFRS, 2. Aufl., IFRS 15, Rn. 12.

503 Vgl. HOMMEL, M./SCHMITZ, S., ED/2010/6, S. 17; BREIDENBACH, K./WÄHRISCH, M., Umsatzerlöse, Rn. 93. Vgl. zum *Asset-Liability*-Ansatz bereits Abschnitt 341. und 342., sowie zum *Conceptual Framework* ausführlich Kapitel 3.

504 Vgl. IFRS 15.BC18.

505 Vgl. IFRS 15.105; IFRS 15.BC317 f.; HOMMEL, M./SCHMITZ, S., ED/2010/6, S. 17 f.

Höhe gegenüberstehen, ist der Saldo hieraus null (vgl. Abbildung 4-1 (a)).[506] Es können zunächst also keine Umsatzerlöse realisiert werden.

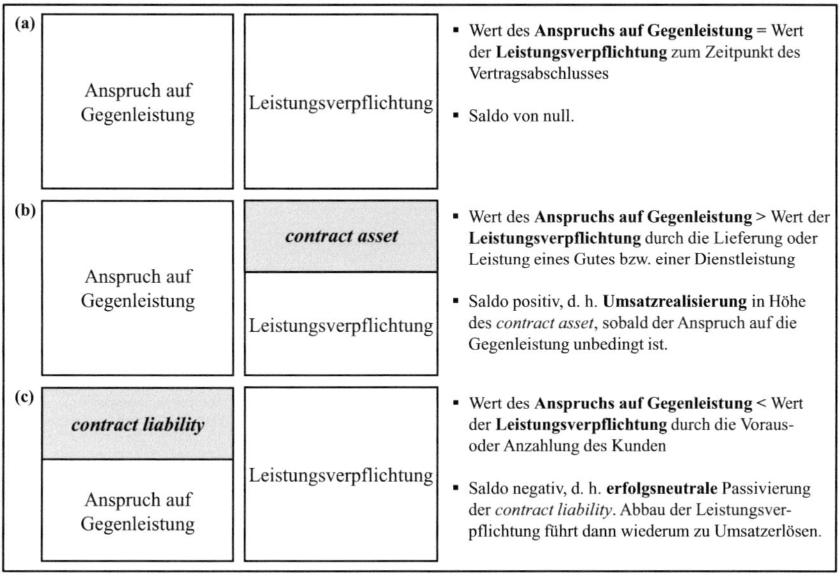

Abbildung 4-1: Konzeption der Umsatzrealisierung nach IFRS 15[507]

Mit Erfüllung einer abgrenzbaren Leistungsverpflichtung baut der Bilanzierende seine Leistungsverpflichtung ab, sodass netto betrachtet der Anspruch auf eine Gegenleistung die eigene Leistungspflicht übersteigt.[508] Dies führt zum Ansatz eines vertraglichen Vermögenswertes (***contract asset***). In Höhe dieses Vermögenswertes ist der Umsatz zu realisieren, sobald das bilanzierende Unternehmen einen unbedingten Anspruch auf die Gegenleistung hat (vgl. Abbildung 4-1 (b)).[509] Leistet indes der Kunde, z. B. ein Passagier, eine Voraus- oder Anzahlung, bevor das Unternehmen seiner Verpflichtung nachkommt, führt dies in der Nettobetrachtung zu einer vertraglichen Verbindlichkeit (***contract liability***), die erfolgsneutral zu passivieren

[506] Vgl. hier und im folgenden Satz IFRS 15.BC19 i. V. m. IFRS 15.BC25; Morich, S., IFRS 15, S. 1998; Gruss, C./Karitskaya, E./Wied, A., Bilanzierung von Mehrkomponentengeschäften, S. 89; Wüstemann, J./Wüstemann, S., Umsatzerlöse aus Kundenverträgen nach IFRS, S. 2036. Diese Annahme verhindert, dass schwebende Geschäfte in der Bilanz abgebildet werden. Schließlich ist in der Bilanz (annahmegemäß) ein Betrag in Höhe von null Euro anzusetzen.

[507] Abbildung in Anlehnung an Fischer, D. T., Mehrkomponentenverträge nach IFRS, S. 72; Schoo, L., Umsatzrealisierung nach IFRS, S. 35 f.

[508] Vgl. hier und im folgenden Satz IFRS 15.105 und .107; IFRS 15.BC20; Erchinger, H./Melcher, W., Bilanzierung von Umsatzerlösen (Teil 1), S. 441.

[509] Vgl. IFRS 15.105 und .108. Ein unbedingter Anspruch auf eine Gegenleistung ist mit Fälligkeit als Forderung auszuweisen. Für die Folgebewertung gelten die Vorschriften gemäß IFRS 9. Vgl. IFRS 15.107 f. i. V. m. IFRS 15.BC322-BC326.

ist.[510] Denn die Zahlung des Kunden mindert entsprechend den Anspruch auf eine Gegenleistung (vgl. Abbildung 4-1 (c)). Im Rahmen der Beförderungsleistung ist dies bspw. regelmäßig der Fall, da Passagiere den Flugpreis vor dem Flug entrichten müssen.[511] Umsatzerlöse entstehen aus diesem Vorgang nicht. Diese können wiederum nur erfasst werden, wenn das Unternehmen seine Leistungsverpflichtung(en) erfüllt.[512] Das führt mithin zum Rückgang der *contract liability*. Zwar wird in der deutschen Fassung des IFRS 15 die *contract liability* grundsätzlich mit vertraglicher Verbindlichkeit übersetzt.[513] Indes sollte bei einer *contract liability*, die bezüglich ihrer Fälligkeit oder ihrer Höhe i. S. d. IAS 37.10 ungewiss ist, besser von einer vertraglichen Rückstellung oder allgemein von einer vertraglichen Schuld gesprochen werden.

Umsatzerlöse können also nur dann realisiert werden, wenn der Wert eines *contract asset* steigt und/oder der Wert einer *contract liability* sinkt.[514] Hierzu muss das bilanzierende Unternehmen grundsätzlich seine vertraglichen Verpflichtungen erfüllen. In einzelnen Fällen – wenn bspw. ein Passagier sein vollständig bezahltes Flugticket nicht in Anspruch nimmt[515] – sind Umsatzerlöse auch ohne die Erbringung einer Leistung zu realisieren.

Grundsätzlich fallen alle Verträge mit Kunden in den **Anwendungsbereich** von IFRS 15.[516] Ausgenommen sind Kundenverträge, für die gesonderte Normen bestehen.[517] Das sind Leasingverträge (IAS 17 bzw. IFRS 16), Versicherungsverträge (IFRS 4 bzw. IFRS 17), Finanzinstrumente (IFRS 9) und andere vertragliche Rechte oder Verpflichtungen, die in den Anwendungsbereich von IFRS 10 *Konzernabschlüsse*, IFRS 11 *Gemeinsame Vereinbarungen*, IAS 27 *Einzelabschlüsse* bzw. IAS 28 *Anteile an assoziierten Unternehmen und Gemeinschaftsunternehmen* fallen.[518] Darüber hinaus sind nichtmonetäre Tauschgeschäfte zwischen Unternehmen vom Anwendungsbereich des IFRS 15 ausgeschlossen, die das Ziel haben, Verkäufe an Kunden zu erleichtern.[519] Das gilt bspw. für einen Vertrag zwischen zwei Mineralölunternehmen, in dem diese einen Tausch von Kerosin vereinbaren, um die Nachfrage ihrer Kunden an verschiedenen Standorten zeitnah bedienen zu können.

510 Vgl. IFRS 15.105 f.; IFRS 15.BC18; BARDENS, A./WALLEK, C., Umsatzrealisierung im Healthcare-Sektor, S. 329; KÜTING, K./LAM, S., Umsatzrealisierung dem Grunde nach, S. 2351.

511 Vgl. zu AGB-Klauseln und ihrer Rechtmäßigkeit im Zusammenhang mit der Vorauszahlung des Flugpreises Abschnitt 223.3.

512 Vgl. hier und im folgenden Satz IFRS 15.BC20 f. und .BC29.

513 Vgl. die deutsche Fassung des IFRS 15 im Amtsblatt der EU, EUROPÄISCHE KOMMISSION (Hrsg.), IFRS 15 (Deutsche Fassung), S. 19-73.

514 Vgl. hier und im folgenden Satz Abbildung 4-2. Vgl. so auch HOMMEL, M./SCHMITZ, S./WÜSTEMANN, S., Discussion Paper "Revenue Recognition", S. 374; im Ergebnis so auch SCHOO, L., Umsatzrealisierung nach IFRS, S. 36. Würde indes der vertragliche Vergütungsanspruch sinken bzw. die vertragliche Leistungsverpflichtung steigen, ist keine Umsatzrealisierung möglich. So berühren Zahlungen des Kunden bspw. nicht die Gewinn- und Verlustrechnung. Vgl. ED/2010/6.2.29-2.32; IFRS 15.BC20 f. und .BC29.

515 Vgl. hierzu ausführlich Abschnitt 446.4.

516 Vgl. IFRS 15.5.

517 Vgl. FISCHER, D. T., Bilanzierung von Mehrkomponentenverträgen, S. 218; FISCHER, D. T., Bilanzierung von Mehrkomponentenverträgen, S. 11.

518 Vgl. IFRS 15.5 (a)-(c).

519 Vgl. hier und im folgenden Satz IFRS 15.5 (d). Vgl. KNOBLOCH, A. P./ANTON, K., Das Fünf-Schritte-Modell zur Umsatzrealisation (Teil 1), S. 1519.

Ein **Kunde** i. S. d. IFRS 15 ist eine Vertragspartei, die die aus der gewöhnlichen Geschäftstätigkeit des Unternehmens stammenden Güter erwirbt bzw. Dienstleistungen im Austausch für eine Gegenleistung in Anspruch nimmt.[520] Bei Beförderungs- und Zusatzleistungen in der Airline-Industrie ist die Identifizierung des Kunden innerhalb eines Vertrages regelmäßig ohne Probleme möglich. Enthält ein Kundenvertrag Elemente, die in einem anderen IFRS-Standard geregelt sind, ist der Kundenvertragsanteil vom sonstigen Vertrag zu trennen.[521] Für eine etwaige Aufteilung gelten zunächst die Vorschriften des spezielleren Standards.[522] Erst wenn dieser keine Vorschriften zur Aufteilung enthält, sind die Regelungen des IFRS 15 anzuwenden.[523] Für die Bilanzierung des Kundenvertragsanteils sind schließlich die Regelungen des IFRS 15 maßgebend.[524]

IFRS 15 enthält nicht nur Vorschriften zur Umsatzbilanzierung, sondern auch zur bilanziellen Behandlung von Kosten der Vertragserlangung. Da die Umsatzbilanzierung einen Kundenvertrag voraussetzt, sollen im folgenden Abschnitt 43 zuerst die Regelungen zur bilanziellen Behandlung von Vertragserlangungskosten erläutert und konkretisiert werden, bevor in Abschnitt 44 die Vorschriften zur Umsatzrealisierung kritisch untersucht werden.

43 Kosten der (Beförderungs-)Vertragserlangung

Die Vorschriften gemäß IFRS 15 beziehen sich nicht nur auf die Bilanzierung von Umsatzerlösen aus Kundenverträgen.[525] Vielmehr kodifiziert der Board auch Vorschriften zur Bilanzierung der Kosten zur Erlangung eines solchen Vertrages.[526] Demnach hat ein Unternehmen Kosten im Rahmen des Vertragsabschlusses als Vermögenswert zu aktivieren, wenn es erwartet, diese Kosten tatsächlich zurückzuerlangen.[527] Die Kosten können dabei sowohl durch eine Rückerstattung als auch durch eine angemessene Gewinnmarge gedeckt werden.[528] Grundsätzlich sind aber nur diejenigen **Kosten** aktivierbar, die dem Unternehmen **ohne den Vertragsabschluss nicht entstanden wären**.[529] Beim Abschluss eines Beförderungsvertrages sind das bpsw. Kreditkartengebühren, buchungsabhängige Gebühren für die Nutzung der Vertriebssysteme (sog. *Global Distribution Systems*) sowie Vermittlungsgebühren an Absatzmittler.[530]

---

520 Vgl. IFRS 15.6; IFRS 15.Anhang A; IFRS 15.BC53-BC56.

521 Vgl. IFRS 15.7.

522 Vgl. IFRS 15.7 (a).

523 Vgl. IFRS 15.7 (b); FISCHER, D. T., Bilanzierung von Mehrkomponentenverträgen, S. 218.

524 Vgl. IFRS 15.7.

525 Vgl. zur Bilanzierung der Kosten der Vertragserlangung statt vieler ausführlich KIRSCH, H.-J./SCHOO, L., Die Bilanzierung von Vertragserlangungskosten, S. 249-268; LAM, S., Umsatzerlöse nach IFRS 15, S. 199 f. und 202-204.

526 Neben den Kosten der Vertragserlangung regelt IFRS 15 auch die Bilanzierung von Vertragserfüllungskosten, die nicht in den Anwendungsbereich anderer Rechnungslegungsstandards fallen. Vgl. hierzu IFRS 15.95-98 i. V. m. IFRS 15.BC304-BC308. Vgl. hierzu bspw. LÜDENBACH, N./HOFFMANN, W.-D./FREIBERG, J., in: Haufe IFRS-Kommentar, 16. Aufl., § 25, Rn. 231-233.

527 Vgl. IFRS 15.91.

528 Vgl. EY (Hrsg.), International GAAP 2018, Chapter 30, S. 2258; EY (Hrsg.), Umsatzrealisierung, S. 320.

529 Vgl. IFRS 15.92 i. V. m. IFRS 15.BC301 f. Anderenfalls wäre der bilanzpolitische Gestaltungsspielraum groß. Die Einschränkung ist deshalb positiv zu werten.

530 Vgl. EY (Hrsg.), How the new Revenue Standard affects Airlines, S. 9; AICPA AIRLINES REVENUE

Kosten, die auch ohne Vertragsabschluss angefallen wären, z. B. Kosten für die Angebotserstellung oder Marketing- und Vertriebskosten, sind indes nicht zu aktivieren, sondern aufwandswirksam zu erfassen.[531] Es sei denn, der Kunde trägt diese Kosten unabhängig von dem Vertragsabschluss. Damit eine Aktivierung der Kosten der Vertragserlangung sachgerecht ist, müssen die Vertragserlangungskosten den allgemeinen Definitions- und Ansatzkriterien des *Conceptual Framework* genügen.[532]

Eine Airline entrichtet die Kosten, um einen Beförderungsvertrag abzuschließen. Aus dem in der Vergangenheit geschlossenen Beförderungsvertrag – der ökonomischen Ressource – erwartet die Airline künftige Zahlungsmittelzuflüsse.[533] Da die Airline mit dem Passagier ein Vertragsverhältnis eingeht, ist überdies anzunehmen, dass der Beförderungsvertrag von der Airline kontrolliert wird. Außerdem kann die Bilanzierung der Vertragserlangungskosten dabei relevante Informationen vermitteln und eine glaubwürdige Darstellung gewährleisten.[534] Die Definitions- und Ansatzkriterien des *Conceptual Framework* sind somit erfüllt.

Eine Aktivierung der Vertragserlangungskosten hat zur Folge, dass diese Kosten in der Berichtsperiode aufwandswirksam erfasst werden, in der auch die Umsatzerlöse aus den in diesem Beförderungsvertrag vereinbarten und erfüllten Beförderungs- und Zusatzleistungen realisiert werden.[535] Auf diese Weise kann der wirtschaftliche Gehalt der zugrunde liegenden Transaktion i. d. R. sachgerecht abgebildet werden und die im IFRS-Abschluss vermittelten Informationen haben einen Bestätigungs- und Prognosewert. Allerdings ist in der IFRS-Rechnungslegung auch die Nebenbedingung der Kostenbegrenzung zu berücksichtigen.[536] So muss der Nutzen dieser Information ihre Kosten rechtfertigen.

Wenn die Abschreibungsdauer bei einer Aktivierung der Vertragserlangungskosten weniger als ein Jahr beträgt, gewährt der Board daher ein **Wahlrecht**, nach dem die Kosten der Vertragserlangung unmittelbar aufwandswirksam erfasst werden dürfen.[537] Damit soll sichergestellt werden, dass die Kosten zur Bereitstellung der Informationen deren Informationsnutzen nicht

---

RECOGNITION TASK FORCE (Hrsg.), Issue #2-8 – Accounting for Contract Costs – Commissions and Selling Costs, Rn. 1; IAWG (Hrsg.), Issue #2-8 – Contract Costs – Commissions and Selling Costs, S. 2. Vgl. zu den *Global Distribution Systems* Abschnitt 234.

531 Vgl. hier und im folgenden Satz IFRS 15.93. Vgl. bspw. IFRS 15.IE191; WÜSTEMANN, J./WÜSTEMANN, S./JENDRECK, A., in: Rechnungslegung nach IFRS, 2. Aufl., IFRS 15, Rn. 145; PwC (Hrsg.), Revenue from Contracts with Customers, S. 11-2; KIRSCH, H.-J./SCHOO, L., Die Bilanzierung von Vertragserlangungskosten, S. 252.

532 Vgl. zur Vermögenswertdefinition Abschnitt 342. und zu den Ansatzkriterien Abschnitt 343. Vgl. hierzu und im folgenden Absatz allgemein KIRSCH, H.-J./SCHOO, L., Die Bilanzierung von Vertragserlangungskosten, S. 253.

533 Vgl. hier und im folgenden Satz CF.4.2 i. V. m. CF.4.3-4.5. Vgl. allgemein so auch ANDERS, G., Aufwandsaktivierung nach IFRS 15, S. 101. Vgl. allgemein zum Beförderungsvertrag Abschnitt 223.3.

534 Vgl. CF.5.6 f.

535 Vgl. hier und im folgenden Satz IASB/FASB (Hrsg.), Staff Paper 7B (December 2012), Rn. 24.

536 Vgl. hier und im folgenden Satz Abschnitt 334.

537 Vgl. IFRS 15.94 i. V. m. IFRS 15.BC297.

übersteigen.[538] Diese Erleichterungsvorschrift kann bspw. regelmäßig für Beförderungsverträge in Anspruch genommen werden, weil ein Flugticket grundsätzlich nicht länger als ein Jahr gültig ist.[539] Zu beachten ist, dass zwischen dem Zeitpunkt des Vertragsabschlusses und dem Zeitpunkt, zu dem die Airline die jeweils vereinbarten Beförderungs- und Zusatzleistungen erbringt, der Abschlussstichtag der Airline liegen kann. In diesem Fall werden die Kosten der Vertragserlangung nicht den Erträgen aus dem Beförderungsvertrag gegenübergestellt, obwohl diese Kosten entrichtet wurden, um eben diese Erträge zu erwirtschaften. Dies spiegelt den wirtschaftlichen Gehalt dieser Transaktion dann nur eingeschränkt wider. Indes ist die Höhe dieser Kosten im Verhältnis zum Ticketpreis grundsätzlich gering, sodass die Verzerrung der Ertragslage in der Praxis nicht wesentlich sein sollte.[540] Nimmt eine Airline die Erleichterungsvorschrift in Anspruch, muss sie diese auf sämtliche Beförderungsverträge anwenden und dies entsprechend angeben.[541] Nur so sind die Informationen sowohl innerhalb einer Berichtsperiode als auch im Zeitverlauf vergleichbar.

Sobald die Ertragslage durch Anwendung der Erleichterungsvorschrift wesentlich verzerrt würde, ist nach hier vertretener Auffassung eine Aktivierung der aktivierungsfähigen Kosten der Vertragserlangung geboten. Der in Höhe der Kosten aktivierte Vermögenswert ist dann entsprechend abzuschreiben, wenn die Beförderungsleistung erbracht wird.[542] Enthält ein Beförderungsvertrag mehrere Leistungsverpflichtungen, sind die Kosten der Vertragserlangung grundsätzlich relativ, d. h. im Verhältnis des den einzelnen Leistungsverpflichtungen zugeordneten Transaktionspreises, auf die jeweiligen Leistungsverpflichtungen aufzuteilen.[543] Alternativ kann eine Airline die Kosten vereinfachend proportional zu den insgesamt vereinbarten Flügen aufteilen. Abzuschreiben ist der Vermögenswert über den Leistungszeitraum des jeweiligen Fluges.[544] Die Airline weist so einen Periodenerfolg aus, der auf das Ertragspotenzial schließen lässt. Die vereinfachende proportionale Aufteilung der Kosten auf die einzelnen Flüge ist unter Berücksichtigung des Kosten-Nutzen-Verhältnisses der zu vermittelnden Informationen zu befürworten. Übersteigt der Buchwert der aktivierten Kosten den zu erwartenden ausstehenden Gegenleistungsanspruch abzüglich direkt zurechenbarer Kosten, die zur Erfüllung der Beförderungs- und Zusatzleistungen aufgewendet und nicht als

538 Vgl. IFRS 15.BC297. Vgl. zur Nebenbedingung der Kostenbegrenzung Abschnitt 334.

539 Vgl. Deutsche Lufthansa (Hrsg.), ABB Flugpassage, Art. 3.2; Singapore Airlines (Hrsg.), ABB, Art. 8; vgl. so bspw. auch EY (Hrsg.), How the new Revenue Standard affects Airlines, S. 9; AICPA Airlines Revenue Recognition Task Force (Hrsg.), Issue #2-8 – Accounting for Contract Costs – Commissions and Selling Costs, Rn. 4.

540 Vgl. zum Verhältnis der Kosten der Vertragserlangung zum Flugticketpreis AICPA Airlines Revenue Recognition Task Force (Hrsg.), Issue #2-8 – Accounting for Contract Costs – Commissions and Selling Costs, Rn. 2; IAWG (Hrsg.), Issue #2-8 – Contract Costs – Commissions and Selling Costs, S. 2; vgl. allgemein Kirsch, H.-J./Schoo, L., Die Bilanzierung von Vertragserlangungskosten, S. 253.

541 Vgl. IFRS 15.3; IFRS 15.129; IFRS 15.BC235.

542 Vgl. IFRS 15.99.

543 Vgl. so bspw. allgemein FASB/IASB TRG (Hrsg.), Agenda Paper 23 (January 2015), Rn. 60-65.

544 A. A. IAWG (Hrsg.), Issue #2-8 – Contract Costs – Commissions and Selling Costs, S. 3.

Aufwand erfasst wurden, ist der Vermögenswert entsprechend außerplanmäßig abzuschreiben.[545] Wie in IAS 36 sind auch nach IFRS 15 Wertaufholungen geboten, wenn die Gründe für die Wertminderung nicht mehr bestehen.[546] Dabei darf der Vermögenswert jedoch nur in der Höhe zugeschrieben werden, in der er anzusetzen wäre, wenn der Vermögenswert nicht außerplanmäßig abgeschrieben worden wäre.

Nachdem ein (Beförderungs-)Vertrag zwischen einer Airline und einem Passagier abgeschlossen wurde, erfolgt im nachstehenden Abschnitt die Analyse und Konkretisierung der Abbildungsvorschriften des IFRS 15 zur Umsatzrealisierung im Rahmen von Beförderungs- und Zusatzleistungen in der Airline-Industrie.[547]

44 Fünf-Schritte-Modell zur Umsatzrealisierung

441. Grundkonzeption des Fünf-Schritte-Modells

Zentrale Grundlage der Umsatzrealisierung nach IFRS 15 ist das sog. **Fünf-Schritte-Modell**, das die in Abbildung 4-2 gezeigten Prüfschritte umfasst, um Umsatzerlöse aus Kundenverträgen zu erfassen.[548]

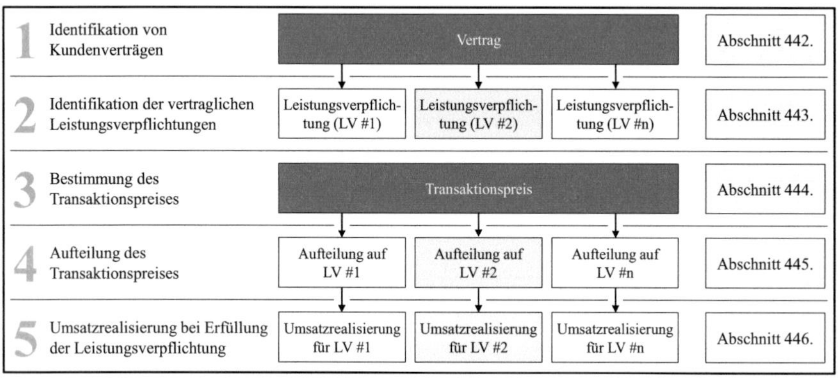

Abbildung 4-2: Fünf-Schritte-Modell zur Umsatzrealisierung nach IFRS 15[549]

Im ersten Prozessschritt ist zu prüfen, ob die Vorschriften des IFRS 15 auf den zugrunde liegenden Kundenvertrag anzuwenden sind. Hierbei kann es erforderlich sein, Kundenverträge für

545 Vgl. IFRS 15.101. Vgl. ausführlich zur Folgebewertung statt vieler bspw. WÜSTEMANN, J./WÜSTEMANN, S./JENDRECK, A., in: Rechnungslegung nach IFRS, 2. Aufl., IFRS 15, Rn. 152 f.

546 Vgl. hier und im folgenden Satz IFRS 15.104; vgl. hierzu bspw. auch EY (Hrsg.), Umsatzrealisierung, S. 329.

547 Es sei an dieser Stelle bereits darauf hingewiesen, dass im ersten Prüfschritt des sog. Fünf-Schritte-Modells beurteilt werden muss, ob IFRS 15 auf Beförderungsverträge anzuwenden ist. Vgl. Abschnitt 442. Diese Voraussetzung sei an dieser Stelle gegeben. Anderenfalls sind sämtliche Ausführungen zur Umsatzrealisierung aus erbrachten Beförderungs- und Zusatzleistungen obsolet.

548 Vgl. IFRS 15.IN7; vgl. für einen Überblick zum Fünf-Schritte-Modell bereits KNOBLOCH, A. P./ANTON, K., Das Fünf-Schritte-Modell zur Umsatzrealisation (Teil 1), S. 1519-1525, und KNOBLOCH, A. P./ANTON, K., Das Fünf-Schritte-Modell zur Umsatzrealisation (Teil 2), S. 1582-1588.

549 Abbildung in Anlehnung an KAUFMANN, S./VETH, C., IFRS 15, S. 12, sowie GROTE, A./HOLD, C./PILHOFER, J., IFRS 15 (Teil 1), S. 408.

die Bilanzierung zusammenzufassen. Im zweiten Prozessschritt sind innerhalb des Kundenvertrages die eigenständig abgrenzbaren Leistungsverpflichtungen zu identifizieren, bevor im dritten Prozessschritt der Transaktionspreis für die Leistungen im Kundenvertrag zu bestimmen ist. Dieser Transaktionspreis wird im vierten Prozessschritt auf die bereits identifizierten Verpflichtungen aufgeteilt. Sobald das bilanzierende Unternehmen seine Leistungsverpflichtungen erfüllt, hat es die Umsatzerlöse entsprechend dem fünften und letzten Prüfschritt zu realisieren. Erfüllt werden können die Verpflichtungen entweder zeitpunkt- oder zeitraumbezogen.

Die Analyse, Konkretisierung und Beurteilung der Vorschriften gemäß IFRS 15 vor dem Hintergrund der Entscheidungsnützlichkeit unter Berücksichtigung von Beförderungs- und Zusatzleistungen orientiert sich gliederungssystematisch an diesem Fünf-Schritte-Modell zur Umsatzrealisierung. Eine Airline befolgt das Kernprinzip des IFRS 15, nach dem Umsatzerlöse in Höhe der Gegenleistung zu realisieren sind, die die Airline im Gegenzug für ihre erbrachten Leistungen erwartungsgemäß erhält, indem sie die einzelnen Prozessschritte des Modells für den Beförderungsvertrag durchläuft.[550]

442. Identifikation von Kundenverträgen

442.1 Merkmale eines (Beförderungs-)Vertrages

Voraussetzung für eine Umsatzrealisierung nach IFRS 15 ist das Vorliegen eines Kundenvertrages.[551] Der Kundenvertrag ist die notwendige Bedingung für eine Anwendung von IFRS 15 und somit **Bilanzierungsobjekt im weiteren Sinne**.[552] Damit ein Vertrag mit einem Kunden in den Anwendungsbereich des IFRS 15 fällt, muss er rechtlich durchsetzbare Rechte und Verpflichtungen begründen.[553] Die **Form** des Vertragsabschlusses ist dabei irrelevant, sofern für das jeweilige Rechtsgeschäft im gültigen Rechtsraum keine besondere Form für den Vertragsabschluss festgeschrieben ist. Der Standard knüpft damit an die jeweils geltenden zivilrechtlichen Regelungen an und wird so weltweit verschiedenen Rechtsrahmen gerecht.[554] Auch wenn dies die Vergleichbarkeit und die internationale Harmonisierung der IFRS-Rechnungslegung beeinträchtigt, können die schließlich mit der Umsatzrealisierung vermittelten Informationen nur relevant und glaubwürdig sein, wenn sie auf rechtsgültigen Verpflichtungen und Ansprüchen gründen.

In einem **ersten Schritt** ist bei der Identifikation eines Kundenvertrages folglich auf das **einschlägige nationale Zivilrecht** zu rekurrieren.[555] Für Airlines, die ihren Verwaltungssitz in

---

550 Vgl. IFRS 15.2 i. V. m. IFRS 15.IN7.

551 Vgl. ausführlich zum Anwendungsbereich des IFRS 15 Abschnitt 42.

552 Vgl. im Ergebnis ähnlich FISCHER, D. T./BURGHARDT, S. T., ED/2011/6, S. 356 f.; SCHOO, L., Umsatzrealisierung nach IFRS, S. 39. Vgl. zum Bilanzierungsobjekt im engeren Sinne Abschnitt 443.

553 Vgl. hier und im folgenden Satz IFRS 15.10; IFRS 15.Anhang A.

554 Vgl. hier und im folgenden Satz so auch WÜSTEMANN, J./WÜSTEMANN, S., Erfassung von Umsatzerlösen nach IFRS 15, S. 931; MORICH, S., IFRS 15, S. 1998. Vgl. zu den qualitativen Anforderungen an die IFRS-Rechnungslegung Abschnitt 33.

555 Vgl. IFRS 15.BC32; vgl. so auch HEINTGES, S./HOFFMANN, T./USINGER, R., Spagat zwischen rechtlicher und wirtschaftlicher Sicht, S. 572.

Deutschland haben, gelten regelmäßig die Vorschriften des deutschen Vertragsrechts.[556] Die Form des Vertragsabschlusses ist nach deutschem Recht grundsätzlich frei wählbar, sodass ein Beförderungsvertrag sowohl schriftlich als auch mündlich geschlossen werden kann.[557] Im Beförderungsvertrag vereinbaren mindestens zwei Parteien, i. d. R. eine Airline und ein Passagier, eine Beförderung des Passagiers über den Luftweg zu einem bestimmten Ort gegen Zahlung eines Entgelts.[558] Die Airline verspricht die Beförderungsleistung zum vereinbarten Zielort. Zugleich erhält sie hierfür einen vertraglich geregelten Vergütungsanspruch. Die Pflichten beider Vertragsparteien, nämlich die Erbringung der Beförderungsleistung durch die Airline sowie die Pflicht zur Zahlung des Flugpreises durch den Passagier, entstehen durch bloße Willenseinigung beider Parteien.[559] Ein nach deutschem Recht geschlossener Luftbeförderungsvertrag begründet also durchsetzbare Rechte und Verpflichtungen i. S. d. IFRS 15.10.[560]

Überdies werden im Zusammenhang mit Luftbeförderungsverträgen regelmäßig Zusatzleistungen vereinbart.[561] Auch hierdurch werden Leistungsverpflichtungen und Ansprüche auf Gegenleistung i. S. d. IFRS 15.10 begründet. So hat eine Airline dem Passagier bspw. während des Fluges den Zugang zum Bordunterhaltungsprogramm zu ermöglichen oder die Bordverpflegung auszuhändigen, wenn der Passagier diese Zusatzleistungen für diesen Flug gebucht hat.

Um in den Anwendungsbereich von IFRS 15 zu gelangen, muss ein Vertrag zwischen zwei oder mehreren Parteien nicht nur zivilrechtlich durchsetzbare Rechte und Pflichten begründen.[562] Vielmehr muss er auch weitere **wirtschaftliche Kriterien** erfüllen, die in einem **zweiten Schritt** der Identifikation eines Kundenvertrages zu untersuchen sind.[563] Die wirtschaftlichen Kriterien sollen gewährleisten, dass die aus dem Vertrag zu erwartenden Zahlungsmittelflüsse effektiv durchsetzbar sind und somit nur Verträge mit wirtschaftlicher Substanz abgebildet

---

556 Vgl. zum Luftbeförderungsvertrag allgemein Abschnitt 223.3.

557 Vgl. ELLENBERGER, J., in: Bürgerliches Gesetzbuch, 77. Aufl., § 125 BGB, Rn. 1; einleitend zur grundsätzlichen Formfreiheit aller Rechtsgeschäfte im deutschen Recht RUDKOWSKI, L., Wirtschaftsrecht, S. 34. Im Falle eines mündlichen (z. B. telefonischen) Vertragsschlusses muss eine Airline nachweisen, dass tatsächlich ein Vertrag mit durchsetzbaren Rechten und Pflichten zustande gekommen ist. Hierzu muss sie alle relevanten Fakten und Umstände berücksichtigen. Dieser Nachweis sollte aber nur dann erforderlich sein, wenn eine Leistungsstörung auftritt. Vgl. hierzu FINK, C./KETTERLE, G./SCHEFFEL, S., Auswirkungen des Re-Exposure Draft auf die Bilanzierungspraxis, S. 1999; HEINTGES, S./HOFFMANN, T./USINGER, R., Spagat zwischen rechtlicher und wirtschaftlicher Sicht, S. 573.

558 Ein Luftbeförderungsvertrag wird nicht immer direkt zwischen der den Flug ausführenden Airline und einem Passagier abgeschlossen. Dies kann bspw. bei Codesharing-Flügen der Fall sein, wenn der Flug von einer anderen Airline durchgeführt wird und nicht von der Airline, bei der der Flug gebucht wurde. Im Ergebnis ändert sich die rechtliche Einordnung eines Luftbeförderungsvertrages als Kundenvertrag i. S. d. IFRS 15 nicht, da die Airline, die den Vertrag abschließt, letztlich für den Erfolg der Beförderung des Passagiers einsteht. Vgl. zum Codesharing Abschnitt 232.1.

559 Vgl. GRÜNEBERG, C., in: Bürgerliches Gesetzbuch, 77. Aufl., Überblick vor § 311 BGB, Rn. 3.

560 Vgl. HEINTGES, S./HOFFMANN, T./USINGER, R., Spagat zwischen rechtlicher und wirtschaftlicher Sicht, S. 572.

561 Vgl. allgemein zu Zusatzleistungen Abschnitt 24.

562 Vgl. so auch HEINTGES, S./HOFFMANN, T./USINGER, R., Spagat zwischen rechtlicher und wirtschaftlicher Sicht, S. 572.

563 Vgl. IFRS 15.9; WÜSTEMANN, J./WÜSTEMANN, S., Erfassung von Umsatzerlösen nach IFRS 15, S. 931.

werden.[564] Mit dieser wirtschaftlichen Sichtweise wird der Informationsnutzen gegenüber einer rein rechtlichen Betrachtung erhöht.[565] Folgende fünf Merkmale müssen kumulativ erfüllt sein, damit es sich bei dem identifizierten Vertrag auch um einen Vertrag im bilanzrechtlichen Sinne handelt:[566]

1. Die Vertragsparteien haben dem Vertrag zugestimmt und zugesagt, ihre **Pflichten** aus dem Vertrag zu **erfüllen**.
2. Die **Rechte** jeder Vertragspartei hinsichtlich der zu übertragenden Güter oder der zu erbringenden Dienstleistung können identifiziert werden.
3. Die **Zahlungsbedingungen** können identifiziert werden.
4. Der Vertrag hat **wirtschaftliche Substanz**.
5. Es ist **wahrscheinlich**, dass das Unternehmen den vertraglichen **Vergütungsanspruch** für die zu übertragenden Güter oder die zu erbringenden Dienstleistungen erhält.

Zuerst muss ein rechtlich gültiger Vertrag zwischen den Parteien abgeschlossen worden sein (**erstes Kriterium**).[567] Denn ohne einen rechtlich bindenden Vertrag können sich beide Vertragsparteien ihrer zugesagten Verpflichtungen noch ohne Konsequenzen entziehen. Eine Airline wäre bspw. nicht verpflichtet, den Passagier zu befördern. Auch müsste der Passagier den Flugpreis nicht zahlen. Zwar werden durch IFRS 15 in diesem Kontext weder explizit rechtlich gültige Verträge vorausgesetzt noch schließt der Standard nichtige Verträge aus. Allerdings rekurriert IFRS 15 bereits im ersten Schritt der Identifikation eines Vertrages auf die zivilrechtlichen Regelungen eines jeden Landes. Damit sollten nichtige Verträge schon im ersten Schritt vom Anwendungsbereich des IFRS 15 ausgeschlossen werden. Obwohl die IFRS-Rechnungslegung im Hinblick auf ihr Ziel dem wirtschaftlichen Gehalt eines Sachverhalts grundsätzlich mehr Wert beimisst als rechtlichen Gegebenheiten (*substance over form*), bedeutet das also nicht „*substance without form*“[568]. Schließlich kann sich der Bilanzierende dem rechtlichen Rahmen eines Vertragsschlusses nicht gänzlich entziehen. So fällt ein zivilrechtlich nichtiger Vertrag aus Gründen der Objektivierung auch dann nicht in den Anwendungsbereich von IFRS 15, wenn er für beide Vertragsparteien aus wirtschaftlicher Sicht bindend ist.[569] Zudem betont der IASB, dass explizit kein Vertrag nach IFRS 15 vorliegt, wenn beide Vertragsparteien ohne Zahlung einer Entschädigung von einem geschlossenen Vertrag zurücktreten können und

[564] Vgl. IFRS 15.BC33 i. V. m. IFRS 15.BC35-BC46; WÜSTEMANN, J./WÜSTEMANN, S., Erfassung von Umsatzerlösen nach IFRS 15, S. 931.

[565] Vgl. allgemein zur Ausrichtung der IFRS am Informationsnutzen KÜTING, K./LAUER, P., Jahresabschlusszwecke nach HGB und IFRS, S. 1987; BAETGE, J./KIRSCH, H.-J./THIELE, S., Bilanzen, S. 149 f.

[566] Vgl. IFRS 15.9 i. V. m. IFRS 15.BC33; HEINTGES, S./HOFFMANN, T./USINGER, R., Spagat zwischen rechtlicher und wirtschaftlicher Sicht, S. 571.

[567] Vgl. IFRS 15.9 (a); BREIDENBACH, K./WÄHRISCH, M., Umsatzerlöse, Rn. 96.

[568] LÜDENBACH, N./HOFFMANN, W.-D., Wirtschaftliches Eigentum, S. 862.

[569] Vgl. so auch LÜDENBACH, N./HOFFMANN, W.-D./FREIBERG, J., in: Haufe IFRS-Kommentar, 16. Aufl., § 25, Rn. 28 f.; a. A. WÜSTEMANN, J./WÜSTEMANN, S./JENDRECK, A., in: Rechnungslegung nach IFRS, 2. Aufl., IFRS 15, Rn. 23.

der Vertrag vollständig unerfüllt ist.[570] Ohne durchsetzbare Rechte und Pflichten können Umsatzerlöse i. S. d. IFRS 15 nämlich nicht entstehen.[571] Sobald nur eine Vertragspartei unter Zahlung einer Entschädigung vom unerfüllten Vertrag zurücktreten kann, entspricht der Vertrag indes dem ersten Kriterium.[572] Hat das bilanzierende Unternehmen das Recht, den unerfüllten Vertrag entschädigungslos zu kündigen, hat es nämlich einen Anspruch auf eine Gegenleistung, sobald es seine Leistung erbringt. Wenn ausschließlich der Kunde den unerfüllten Vertrag entschädigungslos kündigen kann, ist das bilanzierende Unternehmen zur Leistungserbringung verpflichtet. Können hingegen beide Vertragsparteien nur unter Zahlung einer Entschädigung vom Vertrag zurücktreten, kompensiert diese Zahlung i. d. R. den Anspruch oder die Verpflichtung.

Für Beförderungsverträge nach deutschem Recht ist das erste Kriterium zur Identifikation eines Vertrages i. S. d. IFRS 15 grundsätzlich erfüllt, weil Verträge im deutschen Zivilrecht erst mit der Abgabe zweier übereinstimmender Willenserklärungen begründet werden.[573] Im Beförderungsvertrag haben die Vertragsparteien sämtlichen Rechten und Pflichten zugestimmt.[574] Die Vertragsparteien können i. d. R. nicht ohne Zahlung einer Entschädigung vom Beförderungsvertrag zurücktreten.

Überdies müssen in einem Vertrag i. S. d. IFRS 15 auf der einen Seite die Rechte aller Vertragsparteien identifiziert werden können (**zweites Kriterium**).[575] Die Kenntnis über die jeweiligen Rechte aller Parteien ist eine logische Voraussetzung, um eine vertraglich vereinbarte Leistung überhaupt erbringen zu können.[576] Auf der anderen Seite müssen die Zahlungsbedingungen identifizierbar sein (**drittes Kriterium**).[577] Zwar müssen die Höhe des Transaktionspreises und/oder die Konditionen der Zahlung(en) noch nicht vollständig festgelegt sein, indes muss der geschätzte Vergütungsanspruch durchgesetzt werden können.[578] Die Identifikation eines Vertrages an diese Kriterien zu knüpfen, ist sowohl aus wirtschaftlicher als auch aus rechtlicher Sicht verständlich und nachvollziehbar.

Nach deutschem Recht sind diese beiden Kriterien für Beförderungsverträge regelmäßig erfüllt. Schließlich sind Beförderungsverträge keine komplexen Verträge, sondern Standardverträge, in denen die vertraglich begründeten Rechte sowie die Zahlungsbedingungen grundsätzlich in

---

570 Vgl. IFRS 15.12.

571 Vgl. LÜDENBACH, N./HOFFMANN, W.-D./FREIBERG, J., in: Haufe IFRS-Kommentar, 16. Aufl., § 25, Rn. 29.

572 Vgl. hier und im Folgenden IFRS 15.BC50; FASB/IASB TRG (Hrsg.), Agenda Paper 10 (October 2014), Rn. 8; FASB/IASB TRG (Hrsg.), Agenda Paper 11 (January 2015), Rn. 27; FASB/IASB TRG (Hrsg.), Agenda Paper 48 (November 2015), Rn. 50.

573 Vgl. GRÜNEBERG, C., in: Bürgerliches Gesetzbuch, 77. Aufl., Überblick vor § 311 BGB, Rn. 3; HEINTGES, S./HOFFMANN, T./USINGER, R., Spagat zwischen rechtlicher und wirtschaftlicher Sicht, S. 572.

574 Vgl. Abschnitt 223.3.

575 Vgl. IFRS 15.9 (b).

576 Vgl. IFRS 15.BC37.

577 Vgl. IFRS 15.9 (c).

578 Vgl. IFRS 15.9 (c) i. V. m. IFRS 15.BC39.

den Allgemeinen Beförderungsbedingungen festgelegt werden.[579] Die Beförderungsbedingungen unterliegen der Inhaltskontrolle und müssen demzufolge transparent sein. Ein Beförderungsvertrag, aus dem die jeweiligen Rechte und Pflichten sowie die Zahlungsbedingungen der einzelnen Vertragsparteien nicht ersichtlich werden, wäre somit nichtig. Für einen solchen Beförderungsvertrag wären die Vorschriften des IFRS 15 also bereits nach der Prüfung der zivilrechtlichen Voraussetzungen nicht anzuwenden (erster Schritt für eine Identifikation eines Kundenvertrages). Der erste Schritt sowie die ersten drei wirtschaftlichen Kriterien zur Identifikation eines Kundenvertrages zeigen deutlich das Bestreben des Standardsetzers, die rechtliche Betrachtungsweise in den Vordergrund zu stellen.[580] Hierdurch erreicht der Board eine höhere Objektivierbarkeit und Vergleichbarkeit der Umsatzrealisierung im Vergleich zu einer rein wirtschaftlichen Betrachtungsweise, weil ein vorhandener (Rechts-)Rahmen genutzt wird, der vom bilanzierenden Unternehmen anerkannt ist und bei sämtlichen unternehmerischen Entscheidungen bereits berücksichtigt wird.[581]

Die wirtschaftliche Betrachtungsweise lässt der IASB aber nicht vollständig außer Acht. So setzt das **vierte Kriterium** voraus, dass ausschließlich Verträge mit wirtschaftlicher Substanz in den Anwendungsbereich von IFRS 15 fallen.[582] Das sind solche Verträge, die voraussichtlich zu einer Änderung des Risikos, des Zeitpunktes oder der Höhe der künftigen Zahlungsmittelzuflüsse führen.[583] Ausgeschlossen werden sollen damit Verträge, die eine künstliche Erhöhung der Umsatzerlöse bezwecken, indem Güter oder Dienstleistungen zwischen denselben Unternehmen hin- und hergeschoben werden.[584] Gleichwohl kann die wirtschaftliche Substanz eines Vertrages nur schwer beurteilt werden, da eine entsprechende Dokumentation eines vermeintlich wirtschaftlichen Hintergrunds nur schwer zu falsifizieren ist.[585] Das schränkt die Objektivität und Glaubwürdigkeit dieses Kriteriums grundsätzlich ein. Luftbeförderungsverträgen kann aber eine wirtschaftliche Substanz unterstellt werden. Schließlich nehmen ausschließlich Passagiere Beförderungs- und ggf. Zusatzleistungen der Airline in Anspruch. Es gibt somit nur Transaktionen, die in eine Richtung verlaufen. Eine Airline kann glaubhaft machen, dass sie mit dem Abschluss eines Beförderungsvertrages künftig Zahlungsmittelzuflüsse erzielen

---

579 Vgl. allgemein zum Einbinden Allgemeiner Beförderungsbedingungen in den Luftbeförderungsvertrag Abschnitt 223.32.

580 Vgl. MORICH, S., IFRS 15, S. 1999; HEINTGES, S./HOFFMANN, T./USINGER, R., Spagat zwischen rechtlicher und wirtschaftlicher Sicht, S. 571; BRUNE, J. W., Herausforderungen in der Umsetzung von IFRS 15, S. 20; WÜSTEMANN, J./WÜSTEMANN, S./JENDRECK, A., in: Rechnungslegung nach IFRS, 2. Aufl., IFRS 15, Rn. 28.

581 Vgl. IFRS 15.BC17; WÜSTEMANN, J./WÜSTEMANN, S., Erfassung von Umsatzerlösen nach IFRS 15, S. 931; HEINTGES, S./HOFFMANN, T./USINGER, R., Spagat zwischen rechtlicher und wirtschaftlicher Sicht, S. 582.

582 Vgl. IFRS 15.9 (d).

583 Vgl. EY (Hrsg.), Umsatzrealisierung, S. 42; PwC (Hrsg.), Revenue from Contracts with Customers, S. 2-13.

584 Vgl. IFRS 15.BC40. Transaktionen dieser Art werden *Roundtrip*-Transaktionen (Zirkeltransaktionen) genannt. Die Bezeichnung leitet sich vom Begriff des *roundtrip* in der Airline-Industrie ab. Vgl. einleitend bspw. FITZGERALD, K./WEIL, R. L., The Accounting Underpinnings, S. 776 f.

585 Vgl. hier und im folgenden Satz EY (Hrsg.), Umsatzrealisierung, S. 42; PwC (Hrsg.), Revenue from Contracts with Customers, S. 2-13; FINK, C./KETTERLE, G./SCHEFFEL, S., Auswirkungen des Re-Exposure Draft auf die Bilanzierungspraxis, S. 1999.

möchte. Das vierte Kriterium ist für Beförderungsverträge also ohne eine weitere Prüfung erfüllt.

Im **fünften Kriterium** fordert der Board die Einbringlichkeit der Gegenleistung.[586] Für die Beurteilung der Einbringlichkeit der Gegenleistung muss ein Unternehmen einschätzen, ob es wahrscheinlich ist, dass der Kunde die geschuldete Gegenleistung im Gegenzug für die vom Unternehmen erbrachten Leistungen erbringen kann und auch tatsächlich erbringen wird.[587] Das ist der Fall, wenn mehr für den Erhalt der geschuldeten Gegenleistung als dagegen spricht. Insofern folgt die Definition des Wahrscheinlichkeitsbegriffes in IFRS 15 dem Verständnis in der IFRS-Rechnungslegung (*more likely than not*) und trägt damit zu einem konsistenten Regelungskanon bei.[588] Für die Beurteilung der Einbringlichkeit muss das Unternehmen zum einen die Kapitalkraft des Kunden, bspw. dessen Bonität, berücksichtigen, um dessen Zahlungsfähigkeit beurteilen zu können.[589] Zum anderen muss es dessen Zahlungsabsicht einschätzen, indem es alle relevanten Indikatoren, wie z. B. dessen bisheriges Zahlverhalten, berücksichtigt.[590] Ein Unternehmen muss bei der Beurteilung der Einbringlichkeit prüfen, wie sich sein vertraglicher Gegenleistungsanspruch zur Leistungsverpflichtung verhält.[591] Hierzu hat ein Unternehmen die Geschäftspraktiken, die einem Unternehmen zur Steuerung seines Ausfallrisikos während der Vertragslaufzeit zur Verfügung stehen, zu berücksichtigen.[592] Eine solche Geschäftspraxis ist bspw. die Möglichkeit des Unternehmens, die Lieferung weiterer Güter oder die Erbringung weiterer Dienstleistungen einzustellen oder eine Vorauszahlung zu verlangen. Letzteres ist gängige Praxis bei Beförderungs- und Zusatzleistungen.[593] Ohne Erhalt einer Vorauszahlung erbringt eine Airline regelmäßig keine Leistungen. Die Einbringlichkeit der Gegenleistung wird insofern gesichert. Somit ist auch das fünfte und letzte wirtschaftliche Kriterium zur Identifikation eines Beförderungsvertrages erfüllt. Dieses Kriterium lässt – wie die vorherigen Kriterien – Airlines keine Möglichkeit, die Anwendung der Vorschriften des IFRS 15 für Beförderungsverträge zu umgehen.

Rein konzeptionell mag die Wahrscheinlichkeitsbeurteilung im Rahmen der Vertragsidentifikation zunächst verwundern.[594] Schließlich ist im überarbeiteten *Conceptual Framework* das

586 Vgl. IFRS 15.9 (e). Im Gegensatz zum IASB hat der FASB Klarstellungen in Bezug auf die Einbringlichkeit einer Gegenleistung veröffentlicht. Vgl. zu den Regelungen nach US-GAAP FISCHER, D. T., Änderungen an ASC 606, S. 226; vgl. zu den Diskussionsergebnissen der TRG zusammenfassend FISCHER, D. T., Ausgewählte Arbeitsergebnisse der TRG, S. 323 f.; IFRS 15.BC46E.

587 Vgl. hier und im folgenden Satz IFRS 15.BC44 f. Ist die Gegenleistung variabel, bspw. aufgrund eines gewährten Preisnachlasses, ist nicht der vollständige Verkaufspreis, sondern der niedrigere Betrag Grundlage für die Beurteilung der Einbringlichkeit. Um zu bestimmen, wann ein impliziter Preisnachlass vorliegt, kann ein erhebliches Maß an Ermessensausübung erforderlich sein. Vgl. IFRS 15.9 (e); IFRS 15.IE7-IE13; EY (Hrsg.), Umsatzrealisierung, S. 45; LAM, S., Umsatzerlöse nach IFRS 15, S. 226.

588 Vgl. IFRS 15.BC44; vgl. so z. B. auch in IAS 37.16; IAS 37.Anhang C, Beispiel 10).

589 Vgl. IFRS 15.BC45 (a).

590 Vgl. IFRS 15.BC45 (b); WÜSTEMANN, J./WÜSTEMANN, S./JENDRECK, A., in: Rechnungslegung nach IFRS, 2. Aufl., IFRS 15, Rn. 29.

591 Vgl. IFRS 15.BC46C.

592 Vgl. hier und im folgenden Satz IFRS 15.BC46C; EY (Hrsg.), Umsatzrealisierung, S. 43.

593 Vgl. Abschnitt 223.31.

594 Vgl. kritisch hierzu WÜSTEMANN, J./WÜSTEMANN, S., Erfassung von Umsatzerlösen nach IFRS 15, S. 931 f.

Vorliegen einer Mindestwahrscheinlichkeit eines künftigen Nutzenzuflusses nicht mehr zwingend erforderlich, um die Definitionskriterien zu erfüllen.[595] Vielmehr genügt für den Ansatz eines Vermögenswertes grundsätzlich die alleinige Möglichkeit eines künftigen Nutzenzuflusses. Diesbezügliche Unsicherheiten sind dann nicht im Ansatz, sondern in der Bewertung zu berücksichtigen.[596] Der Board hat sich in diesem Fall bewusst für eine Konkretisierung der Definitionskriterien des *Conceptual Framework* in IFRS 15 entschieden, um eine glaubwürdige Darstellung, besonders durch Transaktionen mit einem hohen Zahlungsausfallsrisiko, nicht zu gefährden.[597] Realisiert ein Unternehmen nämlich auf der einen Seite Umsatzerlöse und mindert aufgrund eines Zahlungsausfalls auf der anderen Seite den Wertansatz der erfassten Forderungen, wird der wirtschaftliche Gehalt dieser Transaktion nicht glaubwürdig dargestellt.[598] Zwar wäre eine Umsatzrealisierung in diesem speziellen Fall bzw. allgemein ohne Implementierung einer Mindestwahrscheinlichkeit eines Nutzenzuflusses i. S. d. Kontrollprinzips, das dieser Standard bei der Umsatzrealisierung grundsätzlich auch verfolgt.[599] Im Hinblick auf die Zielsetzung der IFRS ist dieser Bruch mit dem Kontrollprinzip allerdings vertretbar und somit nach hier vertretener Auffassung zu vernachlässigen. Würde das Zahlungsausfallrisiko erst im Rahmen der Bewertung des Gegenleistungsanspruchs berücksichtigt, könnten die Adressaten die Leistung des Unternehmens nur eingeschränkt analysieren, da einerseits die einzelnen Informationen zum Ertragspotenzial des Unternehmens und andererseits die Informationen zum Forderungsmanagement aufgrund des Nettoausweises nicht einzeln ersichtlich wären.[600] Die Wahrscheinlichkeitsbeurteilung bewirkt, dass keine Kundenverträge in den Anwendungsbereich von IFRS 15 fallen, von denen erwartet wird, dass das bilanzierende Unternehmen seine Gegenleistung nicht erhält. Wenn das Unternehmen somit aus dem geschlossenen Vertrag keine Zahlungsmittelflüsse erwartet, wird es selbst regelmäßig seine Leistungsverpflichtungen nicht erfüllen. Informationen über derartige Verträge wären nicht relevant, weil sie die wirtschaftlichen Entscheidungen der Adressaten nicht beeinflussen. Somit scheint die Wahrscheinlichkeitsbeurteilung ein konzeptioneller Kompromiss zu sein, der der Vermittlung entscheidungsnützlicher Informationen nicht entgegensteht.

Erfüllt ein Vertrag die genannten Merkmale nicht, ist das Fünf-Schritte-Modell zur Umsatzrealisierung (vorerst) nicht anzuwenden.[601] Erhaltene Vorauszahlungen sind dann passivisch als

---

595 Vgl. zu den Definitionskriterien des *Conceptual Framework* Abschnitt 342.

596 Vgl. CF.5.15-5.25; CF.BC5.18 und .BC5.21.

597 Vgl. IFRS 15.BC265.

598 Vgl. IFRS 15.BC265; WÜSTEMANN, J./WÜSTEMANN, S., Erfassung von Umsatzerlösen nach IFRS 15, S. 932.

599 Vgl. SCHOO, L., Umsatzrealisierung nach IFRS, S. 102 m. w. N., die sich insgesamt für eine Abschaffung eines Ansatzschwellenwertes ausspricht.

600 Vgl. IFRS 15.BC260.

601 Vgl. IFRS 15.BC33. Ein Unternehmen muss gemäß IFRS 15.14 kontinuierlich prüfen, ob diese Kriterien zu einem späteren Zeitpunkt erfüllt werden. Werden diese Kriterien erfüllt, muss ein Unternehmen gemäß IFRS 15.13 nur dann prüfen, ob die Kriterien weiterhin erfüllt sind, wenn es einen Hinweis darauf gibt, dass wesentliche Änderungen der vertraglichen Rahmenbedingungen eingetreten sind. Sollte sich bspw. die Wahrscheinlichkeit der Zahlungsfähigkeit eines Passagiers erheblich verschlechtern, muss die Airline ihre bisherige Einschätzung überprüfen, ob es wahrscheinlich ist, das Entgelt für den Flug zu erhalten. Die erneute Beurteilung der Einbringlichkeit der Gegenleistung ist ermessensbehaftet. Sobald mindestens eines der fünf

Verbindlichkeit abzugrenzen und dürfen erst als Umsatz realisiert werden, sobald die Vorauszahlungen nicht rückerstattungspflichtig sind und entweder kein Vertragsverhältnis oder keine weitere Verpflichtung seitens des Unternehmens besteht.[602] Ein Beförderungsvertrag erfüllt grundsätzlich alle Kriterien, die der Board an einen Vertrag im bilanziellen Sinne knüpft. Folglich sind die Vorschriften des IFRS 15 auf Beförderungsverträge anzuwenden.

Eine Airline muss die Vorschriften des IFRS 15 auf Beförderungsverträge über den Zeitraum anwenden, in dem alle Vertragsparteien durchsetzbare Rechte und Pflichten haben.[603] Im Folgenden sollen deshalb die Vorschriften zur Bestimmung der für Bilanzierungszwecke relevanten Vertragslaufzeit zunächst allgemein vorgestellt und kritisch analysiert werden, bevor diese für Beförderungsverträge konkretisiert werden.

442.2 Bestimmung der Laufzeit eines (Beförderungs-)Vertrages

Die **Vertragslaufzeit**, auf die IFRS 15 anzuwenden ist, kann die Zahl der zu identifizierenden Leistungsverpflichtungen und die Bestimmung des Transaktionspreises beeinflussen.[604] Überdies knüpft der Standardsetzer Anwendungserleichterungen an die Vertragslaufzeit.[605] So kann sich die Vertragslaufzeit bspw. auf die Beurteilung auswirken, ob und in welcher Höhe eine wesentliche Finanzierungskomponente bei der Bestimmung des Transaktionspreises zu berücksichtigen ist.[606] Informationen, die auf Basis einer nicht zutreffenden Vertragslaufzeit ermittelt und im IFRS-Abschluss vermittelt werden, können deshalb ggf. nur eingeschränkt glaubwürdig sein.

Die Regelungen des IFRS 15 sind über die Vertragslaufzeit anzuwenden, in der die Vertragsparteien durchsetzbare Rechte und Pflichten haben.[607] Für **Beförderungsverträge** beginnt dieser Zeitraum zum Zeitpunkt des Vertragsschlusses zwischen der Airline und dem Passagier. Eine Airline schuldet dem Passagier zwar keinen bestimmten Flug, grundsätzlich aber einen rechtzeitigen Abflug am Startort und eine rechtzeitige Ankunft am Zielort.[608] Somit werden der Zeitraum, in denen der Flug bzw. die Flüge durchgeführt werden, und damit logischerweise auch der Zeitraum, in denen die Zusatzleistungen erbracht werden (können), vertraglich genau vereinbart.[609]

Kriterien nachträglich nicht erfüllt ist oder die Ansprüche rechtlich nicht (mehr) durchsetzbar sind, z. B. aufgrund einer Anfechtungsklage, liegt ab diesem Zeitpunkt kein Vertrag mehr i. S. d. IFRS 15 vor. Vgl. allgemein FASB/IASB TRG (Hrsg.), Agenda Paper 13 (January 2015), Rn. 21; FASB/IASB TRG (Hrsg.), Agenda Paper 25 (March 2015), Rn. 40 und 43; HEINTGES, S./HOFFMANN, T./USINGER, R., Spagat zwischen rechtlicher und wirtschaftlicher Sicht, S. 575.

602 Vgl. IFRS 15.15 f.

603 Vgl. IFRS 15.11.

604 Vgl. so auch EY (Hrsg.), Umsatzrealisierung, S. 48.

605 Vgl. bspw. die Anwendungserleichterung im Rahmen von Kosten der Vertragserlangung. Vgl. Abschnitt 43; IFRS 15.94.

606 Vgl. zur Berücksichtigung einer Finanzierungskompenente im Transaktionspreis Abschnitt 444.311.

607 Vgl. IFRS 15.11; EY (Hrsg.), Umsatzrealisierung, S. 39.

608 Vgl. Abschnitt 235.

609 Vgl. GRÜNEBERG, C., in: Bürgerliches Gesetzbuch, 77. Aufl., § 312g BGB, Rn. 12.

Der Zeitraum, in dem die Vertragsparteien durchsetzbare Rechte und Pflichten haben, kann durch **Kündigungsklauseln** beeinflusst werden.[610] Eine **Airline** kann den Beförderungsvertrag nach §§ 643, 648a BGB indes nur kündigen, wenn der Passagier seiner Mitwirkungspflicht nicht nachkommt.[611] Das ist bspw. der Fall, wenn der Passagier das geschuldete Entgelt für den Flug nicht vor Antritt der Flugreise an die Airline entrichtet.[612] Wenn ein vertraglich vereinbarter Flug von der Airline umgebucht oder annulliert wird, bleiben der Beförderungsanspruch des Passagiers und der Vergütungsanspruch der Airline hingegen i. d. R. unverändert bestehen.[613] Der zugrunde liegende Beförderungsvertrag ist also unverändert gültig.[614] Somit hat die Airline ausschließlich in dem Zeitraum ein potenzielles Kündigungsrecht, in dem noch keine Leistungen innerhalb des Beförderungsvertrages erbracht wurden. Ob ihr dieses Recht tatsächlich zusteht, hängt von der (Nicht-)Leistung des Passagiers ab. Eine Airline kann den Vertrag somit rechtlich nicht ohne Weiteres aufheben. Deshalb ist das Kündigungsrecht der Airline unschädlich für das Bestehen eines Vertrages i. S. d. IFRS 15.10 und somit für die Festlegung der Laufzeit des Vertrages.[615]

Im Gegensatz zur Airline kann der **Passagier** den geschlossenen Beförderungsvertrag einseitig und ohne Vorbehalt gemäß § 648 BGB kündigen. Einem Passagier, der einen sog. **Volltarif** vereinbart hat, wird der Flugpreis vollständig erstattet, wenn er seinen Flug storniert.[616] Er muss mithin weder eine Stornierungsgebühr noch den Flugpreis zahlen. Sobald ein Passagier allerdings einen sog. **Sondertarif** vereinbart, steht der Airline in einem Stornierungsfall weiterhin das vereinbarte Entgelt abzüglich der infolge der Vertragskündigung ersparten Aufwendungen zu.[617] Überdies muss der Passagier, wenn er einen Beförderungsvertrag kündigt, ggf. Stornierungsgebühren an die Airline zahlen, deren Höhe sich abhängig vom gewählten Flugtarif nach den jeweiligen Tarifbestimmungen richtet.[618] Dies gilt bspw. auch für Flugbuchungen über das Internet oder das Telefon. Zwar handelt es sich hierbei um einen Fernabsatzvertrag nach § 312c Abs. 1 BGB, für den der Gesetzgeber regelmäßig ein Widerrufsrecht für den Kunden

---

610 Vgl. IFRS 15.11; IFRS 15.BC391. Neben Kündigungsklauseln kann die Laufzeit eines Vertrages auch durch Vertragsverlängerungsoptionen beeinflusst werden. Solche Optionen werden in dieser Arbeit nicht näher erörtert, da sie für Beförderungs- und Zusatzleistungen keine Bedeutung haben. Vgl. ausführlich zu Vertragsverlängerungsoptionen im Kontext der Telekommunikationsindustrie BRÜCKS, M. U. A., Anwendungs- und Auslegungsfragen zu IFRS 15 (Teil 2), S. 237-239.

611 Vgl. RUHWEDEL, E., Luftbeförderungsvertrag, Rn. 77; KIRSCH, A., Der Luftbeförderungsvertrag im Personenverkehr, Rn. 156; BUSCHE, J., in: MüKo zum BGB, Bd. 5/1, 7. Aufl., § 643 BGB, Rn. 3.

612 Vgl. bspw. auch DEUTSCHE LUFTHANSA (Hrsg.), ABB Flugpassage, Art. 5.2.

613 Vgl. hier und im Folgenden Abschnitt 223.31 und 235.

614 Die Vorschriften der Fluggastrechte-VO enthalten keine Regelungen zum Beförderungsvertrag, sondern sollen die Rechte der Passagiere im Rahmen von Beförderungsleistungen schützen. Obwohl die Airline bspw. nach Art. 5 Abs. 1 Buchst. c Unterabs. 1 Fluggastrechte-VO bis zu zwei Wochen vor der festgelegten Abflugzeit einen Flug ohne Ausgleichszahlung annullieren kann, wird damit nicht der zugrunde liegende Beförderungsvertrag gekündigt.

615 Vgl. allgemein HEINTGES, S./HOFFMANN, T./USINGER, R., Spagat zwischen rechtlicher und wirtschaftlicher Sicht, S. 574.

616 Vgl. zum Volltarif Abschnitt 223.31.

617 Vgl. KIRSCH, A., Der Luftbeförderungsvertrag im Personenverkehr, Rn. 136; RUHWEDEL, E., Luftbeförderungsvertrag, Rn. 77. Bei sog. Volltarifen erhält ein Passagier das Beförderungsentgelt vollständig erstattet, wenn er seinen Flug rechtzeitig storniert.

618 Vgl. bspw. DEUTSCHE LUFTHANSA (Hrsg.), ABB Flugpassage, Art. 5.1.3.

von vierzehn Tagen nach Vertragsschluss vorsieht. Gebuchte Flüge sind hiervon allerdings gemäß § 312 Abs. 2 Nr. 5 BGB ausgenommen.

Die Voraussetzungen, die im deutschen Recht erfüllt sein müssen, um einen Beförderungsvertrag zu **kündigen**, sind also klar geregelt.[619] Da ein Beförderungsvertrag grundsätzlich nur vom Passagier gekündigt werden darf, ist bilanziell die vertraglich festgelegte Laufzeit des Beförderungsvertrages zugrunde zu legen und nicht zu begrenzen.[620] Denn der Passagier hat einen Anspruch auf seine gebuchten Beförderungs- und Zusatzleistungen, sobald er das hierfür erforderliche Entgelt an die Airline entrichtet. Die Airline muss annehmen, dass sie die gebuchten Leistungen zu erbringen hat. Daher beginnt die Vertragslaufzeit zum Zeitpunkt des Vertragsabschlusses und endet, sobald die Airline ihr Werk, d. h. die jeweils vereinbarten Beförderungs- und Zusatzleistungen, erbracht hat. Das ist grundsätzlich der Fall, wenn der Passagier das Vorfeld am Zielflughafen verlässt.[621] In diesem Zeitraum haben die Airline und der Passagier mithin durchsetzbare Rechte und Pflichten.[622]

442.3 Anwendung des Portfolioansatzes auf einen (Beförderungs-)Vertrag

Grundsätzlich regelt IFRS 15 die Bilanzierung eines einzelnen Vertrages mit einem Kunden.[623] Sollte ein Unternehmen, bspw. eine Airline, indes eine **Vielzahl ähnlich gestalteter Verträge** haben, kann es den Standard aus Vereinfachungsgründen **freiwillig** auf das gesamte **Portfolio** dieser Verträge anwenden. Dies ist allerdings nur möglich, wenn zu erwarten ist, dass die Anwendung von IFRS 15 auf ein Portfolio zu keinen wesentlich anderen bilanziellen Ergebnissen führt als eine Anwendung des Standards auf Einzelvertragsebene.[624] Der IASB hat sich mit dieser Vereinfachungsregelung dem Druck der Praxis, besonders der Telekommunikationsindustrie, gebeugt.[625] Denn die Bilanzierung einer Vielzahl homogener Verträge auf Einzelvertragsebene ist komplex und kostspielig. Wie bei unspezifischen Normen üblich, führt eine solche Vereinfachungsmöglichkeit zu erheblichen Ermessensspielräumen, besonders in Bezug auf die Größe und Zusammensetzung eines Portfolios.[626] Der IASB hat sich allerdings bewusst gegen eine Konkretisierung der Vorschriften zum Portfolioansatz ausgesprochen, um dessen Attraktivität für die Anwender verschiedener Branchen nicht einzuschränken.[627] Die Tatsache,

---

619 Vgl. zu den rechtlichen Grundlagen einer Kündigung eines Beförderungsvertrages Abschnitt 223.31. Sofern der Passagier das Beförderungsentgelt nicht geleistet hat, gibt es ohnehin keine bilanziellen Auswirkungen.

620 Vgl. IFRS 15.10 i. V. m. IFRS 15.BC50; vgl. IFRS 15.10 f. Auswirkungen auf die Ertragslage ergeben sich bei Beförderungs- und Zusatzleistungen frühestens mit dem Start vom Abflugort.

621 Vgl. so bspw. RUHWEDEL, E., Luftbeförderungsvertrag, Rn. 338; vgl. hierzu bereits Abschnitt 223.31.

622 Vgl. IFRS 15.11.

623 Vgl. hier und im folgenden Satz IFRS 15.4.

624 Vgl. IFRS 15.4 i. V. m. IFRS 15.BC69.

625 Vgl. hier und im folgenden Satz IFRS 15.BC70 i. V. m. IFRS 15.BC287-BC293; WÜSTEMANN, J./WÜSTEMANN, S., Erfassung von Umsatzerlösen nach IFRS 15, S. 932; EFRAG (Hrsg.), Endorsement Advice Letter, S. 35.

626 Vgl. statt vieler bspw. GROTE, A./HOLD, C./PILHOFER, J., IFRS 15 (Teil 1), S. 413; BRÜCKS, M. U. A., Anwendungs- und Auslegungsfragen zu IFRS 15 (Teil 1), S. 180 f.

627 Vgl. IFRS 15.BC293.

dass Unternehmen lediglich prüfen müssen, ob erhebliche bilanzielle Unterschiede bei Anwendung des Standards auf Portfolioebene statt auf Einzelvertragsebene resultieren könnten, erfordert von den Unternehmen angemessene und nachvollziehbare Angaben über die zugrunde liegenden Schätzungen und Annahmen.[628] Nicht unterschätzt werden darf allerdings der erforderliche Aufwand, Prozesse und Kontrollen zu entwickeln, die die Bilanzierung nach dem Portfolioansatz erst ermöglichen.[629] Dies kann mit erheblichen Kosten verbunden sein, sodass der Nutzen des Portfolioansatzes nicht immer höher ist als die aus dessen Anwendung resultierenden Kosten. Unter Berücksichtigung des Kosten-Nutzen-Aspekts ist die Vereinfachungsregelung aber verständlich und nachvollziehbar.

Mit Blick auf die zahlreichen Beförderungsverträge, die während des Geschäftsjahres zwischen einer Airline und den Passagieren geschlossen werden, unterscheiden sich die darin vereinbarten Rechte und Pflichten im Detail teils erheblich voneinander. So sind regelmäßig nicht nur der Zeitraum und der Zielort der gebuchten Flüge verschieden. Auch die Höhe der vereinbarten Gegenleistung der Leistungserbringung ist aufgrund verschiedener angebotener Tarife für denselben Flug und dieselbe Beförderungsklasse oftmals nicht identisch. Zum Teil vereinbaren Passagiere auch mehrere Flüge innerhalb eines Beförderungsvertrages.[630] Der jeweils vereinbarte Flug kann hierbei nicht nur von der Vertragsairline selbst, sondern auch von einem ihrer strategischen Partner durchgeführt werden.[631] Diese (nicht abschließenden) Aspekte zeigen, wie komplex es ist, ein Portfolio zu finden, das letztlich zu keinen wesentlich anderen Ergebnissen führt als die Anwendung der Regelungen des IFRS 15 auf Einzelvertragsbasis.[632] Die Umstände in der Airline-Industrie führen dazu, dass die Zusammensetzung eines etwaigen Portfolios ggf. stark ermessensbehaftet ist. Dies kann die zwischenbetriebliche Vergleichbarkeit erheblich einschränken. Eine Portfoliobetrachtung für Beförderungsverträge kann im Hinblick auf das Ziel der IFRS-Rechnungslegung daher nur geeignet sein, wenn eine Airline alle relevanten Fakten und Umstände bei der Wahl eines Portfolios berücksichtigt und glaubhaft vermitteln kann, dass die Ertragslage zutreffend dargestellt wird. Aufgrund der vielen verschiedenen (Kombinations-)Möglichkeiten bei der Gestaltung eines Beförderungsvertrages werden die mit der Anwendung des Portfolioansatzes verbundenen Kosten regelmäßig höher sein als der Nutzen hieraus, sodass Beförderungsverträge nach hier vertretener Auffassung jeweils auf Einzelvertragsebene bilanziert werden sollten.

442.4 Zusammenfassung von (Beförderungs-)Verträgen

Im Unterschied zur freiwilligen Anwendung des Portfolioansatzes für ähnlich gestaltete (Beförderungs-)Verträge sind mehrere Verträge **verpflichtend zusammenzufassen**, wenn ein Unternehmen mit demselben Kunden oder mit einer diesem nahestehenden Partei zeitgleich oder

[628] Vgl. IFRS 15.4; FASB/IASB TRG (Hrsg.), Agenda Paper 38 (July 2015), S. 3.
[629] Vgl. hier und im folgenden Satz KPMG (Hrsg.), IFRS 15, S. 6; EFRAG (Hrsg.), European Field-Test of the IASB's ED, S. 15 f.
[630] Vgl. Abschnitt 231.
[631] Vgl. Abschnitt 232.
[632] Vgl. IFRS 15.4.

innerhalb eines kurzen Zeitraums mindestens zwei Verträge abschließt, die wirtschaftlich betrachtet als ein einziger Vertrag zu behandeln sind.[633] Das ist der Fall, wenn wenigstens eines der folgenden drei Kriterien erfüllt ist:

1. Die Verträge werden als **Paket** ausgehandelt und verfolgen einen **einzigen wirtschaftlichen Zweck**,
2. der **Betrag** der vereinbarten Gegenleistung ist vom Vergütungsanspruch aus dem anderen Vertrag oder der Erfüllung des anderen Vertrages **abhängig** oder
3. bei den in den Verträgen zugesagten Gütern oder Dienstleistungen oder bei einem Teil der in den Verträgen zugesagten Güter oder Dienstleistungen handelt es sich um **eine einzige Leistungsverpflichtung** i. S. d. IFRS 15.22-30.[634]

Das Zusammenfassen von Verträgen soll den bilanzpolitischen Spielraum der Bilanzierenden durch vertragliche Gestaltungsmaßnahmen einschränken, um entscheidungsnützliche Informationen vermitteln zu können.[635] Das kann erforderlich sein, weil der Transaktionspreis im dritten Prozessschritt des Fünf-Schritte-Modells auf Basis des zugrunde liegenden Vertrages ermittelt wird, bevor dieser dann im vierten Prozessschritt auf die eigenständig abgrenzbaren Leistungsverpflichtungen innerhalb des Vertrages aufgeteilt wird.[636] Handeln Unternehmen wirtschaftlich voneinander abhängige Verträge aus, könnten sie ohne eine Pflicht zur Zusammenfassung solcher Verträge den vereinbarten Betrag für die Gegenleistung beliebig auf die wirtschaftlich zusammen geschlossenen Verträge verteilen. Somit könnten sie letztlich die Höhe und den Zeitpunkt bzw. Zeitraum der Umsatzrealisierung nach Belieben festlegen.[637] Der wirtschaftliche Gehalt dieser Transaktionen würde in diesen Fällen aufgrund juristischer Gestaltungsmaßnahmen nicht zutreffend widergespiegelt.[638] Unter Berücksichtigung der Zielsetzung der jeweiligen Vorschrift ist der unterschiedliche **Verpflichtungsgrad** zwischen einem Portfolioansatz und einer Zusammenfassung von Verträgen sinnvoll.

Notwendige Bedingung für eine Zusammenfassung von Verträgen ist, dass sie mit demselben Kunden oder diesem nahestehenden Parteien i. S. d. IAS 24 gleichzeitig oder in geringem Zeitabstand geschlossen wurden.[639] Die Beurteilung der Länge des Zeitraums, in dem etwaige Verträge zusammenzufassen sind, liegt im Ermessen des Bilanzierenden.[640] Je größer der zeitliche

---

633 Vgl. IFRS 15.17; FINK, C./KETTERLE, G./SCHEFFEL, S., Auswirkungen des Re-Exposure Draft auf die Bilanzierungspraxis, S. 1999; WÜSTEMANN, J./WÜSTEMANN, S./JENDRECK, A., in: Rechnungslegung nach IFRS, 2. Aufl., IFRS 15, Rn. 36; vgl. zur (freiwilligen) Anwendung des Portfolioansatzes Abschnitt 442.3.

634 Vgl. IFRS 15.17.

635 Vgl. IFRS 15.BC73; LÜDENBACH, N./HOFFMANN, W.-D./FREIBERG, J., in: Haufe IFRS-Kommentar, 16. Aufl., § 25, Rn. 41.

636 Vgl. IFRS 15.47 i. V. m. IFRS 15.BC184-BC186; IFRS 15.73. Vgl. zum Fünf-Schritte-Modell Abschnitt 441.

637 Vgl. IFRS 15.BC71.

638 Vgl. so auch BREIDENBACH, K./WÄHRISCH, M., Umsatzerlöse, Rn. 117; KPMG (Hrsg.), Revenue Issues, S. 39; IASB/FASB (Hrsg.), Staff Paper 7B (June 2009), Rn. 7-10.

639 Vgl. IFRS 15.17 i. V. m. IFRS 15.BC72-BC74.

640 Vgl. hier und im folgenden Satz IFRS 15.BC75. Kritisch dazu KPMG (Hrsg.), Comment Letter (ED/2011/6), S. 15.

Abstand zwischen zwei oder mehreren Vertragsschlüssen ist, desto unwahrscheinlicher ist i. d. R. ein wirtschaftlicher Zusammenhang zwischen diesen Verträgen. Das Merkmal der zeitlichen Nähe sollte allerdings nicht eng ausgelegt werden, weil spezifische Fakten und Umstände der jeweiligen Branche, der gewöhnlichen Geschäftstätigkeit, der üblichen Vertragsgestaltung sowie das Kundenverhalten im Kontext von Vertragsverhandlungen und -abschlüssen die Beurteilung der Länge des zu berücksichtigenden Zeitraums beeinflussen können.[641] So können bspw. objektive Faktoren wie die Häufigkeit von Vertragsabschlüssen mit dem jeweiligen Kunden oder ihm nahestehenden Partnern und die durchschnittliche Vertragsdauer Aufschluss über einen angemessenen Zeitraum geben, in dem Verträge grundsätzlich zusammenzufassen wären. Diese Daten werden im Rahmen der Vertragsinventur ohnehin gesammelt, sodass hieraus kein wesentlicher Mehraufwand für das bilanzierende Unternehmen resultiert.[642] Damit die notwendige Bedingung für eine Zusammenfassung von Beförderungsverträgen in der Airline-Industrie geprüft werden kann, müssen also die spezifischen Fakten und Umstände im Rahmen des Abschlusses eines Beförderungsvertrages beachtet werden. Eine Airline kann mit einem Passagier mehrere **Beförderungsverträge** zeitgleich oder in geringem Zeitabstand schließen.[643] Dies ist bspw. bei Vertragsabschlüssen mit Vielfliegern der Fall. Die Vertragsdauer eines einzelnen Beförderungsvertrages ist dabei grundsätzlich nicht länger als ein Jahr. Schließlich werden die Flugpläne regelmäßig nicht weiter im Voraus veröffentlicht, weshalb Flüge vorher nicht gebucht werden können.[644] Unter Berücksichtigung der Zwecksetzung der Regelung des IFRS 15.17 sollten daher zunächst alle Beförderungsverträge berücksichtigt werden, die innerhalb eines Jahres, ausgehend vom ersten Vertragsabschluss der Airline mit dem Passagier oder diesem nahestehenden Parteien i. S. d. IAS 24, geschlossen wurden. Die notwendige Bedingung für eine Zusammenfassung der Beförderungsverträge ist dann erfüllt. Im Folgenden ist zu prüfen, ob mindestens eines der drei hinreichenden Kriterien erfüllt ist.

Gemäß dem **ersten hinreichenden Kriterium** ist zu prüfen, ob zeitgleich oder in einem geringen zeitlichen Abstand geschlossene Verträge im Paket ausgehandelt werden und einen einzigen wirtschaftlichen Zweck verfolgen.[645] Wenn ein Unternehmen bspw. zuerst mit einem Kunden einen Verlustvertrag abschließt und zeitlich unmittelbar danach einen weiteren Vertrag mit diesem Kunden vereinbart, um den Verlust mit einer entsprechend hohen Gewinnmarge zu kompensieren, sind diese Verträge i. S. d. IFRS 15.17 verpflichtend zusammenzufassen.[646]

641 Vgl. ähnlich LÜDENBACH, N./HOFFMANN, W.-D./FREIBERG, J., in: Haufe IFRS-Kommentar, 16. Aufl., § 25, Rn. 42.

642 Vgl. zum Erfordernis einer regelmäßigen Vertragsinventur bspw. BRUNE, J. W., Herausforderungen in der Umsetzung von IFRS 15, S. 21.

643 Der Abschluss eines Luftbeförderungsvertrages mit einem dem Kunden nahestehenden Unternehmen oder einer ihm nahestehenden Person i. S. d. IAS 24.9 hat für Beförderungs- und Zusatzleistungen keine praktische Bedeutung. Zwar gibt es für Unternehmen zum Teil günstigere Raten und somit auch für ihnen nahestehende Unternehmen und Personen. Indes bestehen hier keine Preisinterdependenzen. Vielmehr liegt dann z. B. ein Mengenrabatt vor. Deshalb wird dieser Teilaspekt der notwendigen Bedingung hier nicht weiter betrachtet.

644 Vgl. statt vieler bspw. DEUTSCHE LUFTHANSA (Hrsg.), Flugplan; SINGAPORE AIRLINES (Hrsg.), Flugplan.

645 Vgl. IFRS 15.17 (a).

646 Vgl. GROTE, A./HOLD, C./PILHOFER, J., IFRS 15 (Teil 1), S. 409.

Einzeln bilanzierte Verträge könnten den Adressaten des IFRS-Abschlusses den wirtschaftlichen Gehalt der zugrunde liegenden Gesamttransaktion ggf. nicht realitätsgetreu vermitteln, da die Höhe der realisierten Umsatzerlöse aus den jeweiligen Verträgen isoliert betrachtet möglicherweise nicht sachgerecht abgebildet wird.[647] Erkennbare Auswirkungen auf den IFRS-Abschluss hat dies, sobald solche Verträge in unterschiedlichen Berichtsperioden abgeschlossen werden und die Vertragsparteien mit der Leistungserbringung beginnen. Eine glaubwürdige Darstellung ist dann nur eingeschränkt möglich, sodass eine Zusammenfassung dieser Verträge angezeigt ist. Um eine solche Zusammenfassung zu ermöglichen und die Zusammenhänge einzelner Verträge zu erkennen, müssen der Vertrieb, das Vertragsmanagement und das Rechnungswesen in einem engen Austausch stehen bzw. auf geeignete Systemanwendungen zurückgreifen können.[648] Der mit dem Abschluss eines Beförderungsvertrages verfolgte Zweck ist eindeutig.[649] Unabhängig davon, ob eine Airline mehrere Beförderungsverträge mit einem Passagier schließt oder nur einen einzigen, verfolgt jeder einzelne Vertrag seinen eigenen wirtschaftlichen Zweck. So schuldet die Airline mit jedem Vertrag den erfolgreichen Transport des Passagiers und ggf. seines Gepäcks zum jeweils vereinbarten Zielort. Mehrere Beförderungsverträge verfolgen somit keinen gemeinsamen wirtschaftlichen Zweck.[650] Das erste Kriterium ist für Beförderungsverträge somit nicht erfüllt, sodass sie auf dieser Grundlage (vorerst) nicht zusammenzufassen sind.

Das **zweite hinreichende Kriterium** stellt darauf ab, ob der Betrag der vereinbarten Gegenleistung von den Vergütungsansprüchen aus dem anderen Vertrag oder der Erfüllung des anderen Vertrages abhängt.[651] Gemeint sind Interdependenzen zwischen den vertraglichen Ansprüchen und Verpflichtungen, die sich aus den potenziell zusammenzufassenden Verträgen ergeben.[652] Das betrifft z. B. Verträge, die ein Flugzeughersteller mit einem Zulieferer über die Lieferung von speziellen Bauteilen, bspw. dem Leitwerk, sowie über die Herstellung des dafür notwendigen Werkzeugs abschließt und die überdies vorsehen, dass das Eigentum am Werkzeug nach der Lieferung der Bauteile auf den Flugzeughersteller übergeht sowie der Zulieferer die hierfür angefallenen Kosten erstattet bekommt.[653] Der Betrag der Gegenleistung des einen Vertrages hängt von dem Preis und der Erfüllung des anderen Vertrages ab, weil die vereinbarte Leistung in Bezug auf das Werkzeug ausschließlich die entstandenen Kosten deckt.[654] Wie

---

647 Vgl. IFRS 15.BC73.

648 Vgl. ähnlich BREIDENBACH, K./WÄHRISCH, M., Umsatzerlöse, Rn. 117.

649 Vgl. ausführlich zu den Grundlagen des Beförderungsvertrages Abschnitt 223.3.

650 Vgl. zu einem Beispiel aus der Automobilindustrie, in dem wirtschaftliche Interdependenzen zwischen zwei Zuliefererverträgen bestehen SCHURBOHM-EBNETH, A./VIEMANN, K., Anwendung des IFRS 15 in der Automobilindustrie, S. 182; KONOLD, D./MÜLLER, M., Umsatzrealisierung bei Mehrkomponentenverträgen, S. 6.

651 Vgl. IFRS 15.17 (b).

652 Vgl. WÜSTEMANN, J./WÜSTEMANN, S./JENDRECK, A., in: Rechnungslegung nach IFRS, 2. Aufl., IFRS 15, Rn. 37. Die Kriterien, die der Board vorgibt, sind nicht immer überschneidungsfrei. Vgl. hierzu LÜDENBACH, N./HOFFMANN, W.-D./FREIBERG, J., in: Haufe IFRS-Kommentar, 16. Aufl., § 25, Rn. 43.

653 Vgl., wenn auch in anderem Kontext, SCHURBOHM-EBNETH, A./VIEMANN, K., Anwendung des IFRS 15 in der Automobilindustrie, S. 182.

654 Vgl. KONOLD, D./MÜLLER, M., Umsatzrealisierung bei Mehrkomponentenverträgen, S. 6.

beim ersten Kriterium würde bei einer separaten Bilanzierung solcher Verträge der wirtschaftliche Gehalt im Abschluss nicht zutreffend wiedergegeben und letztlich die Ertragslage ggf. falsch oder verzerrt abgebildet.[655] Obgleich deutsche Airlines frei in der Festlegung ihrer Flugpreise sind, hängt der Preis eines Fluges grundsätzlich nicht vom Preis weiterer in einem anderen Vertrag gebuchter Flüge oder gar von dem Erfolg des (nahezu) zeitgleich geschlossenen Beförderungsvertrages ab.[656] Somit ist die Zusammenfassung von Beförderungsverträgen auf Basis des zweiten Kriteriums nicht zulässig.

Entsprechend dem **dritten hinreichenden Kriterium** ist zu prüfen, ob es sich bei den in den Verträgen zugesagten Gütern oder Dienstleistungen oder bei einem Teil der in den Verträgen zugesagten Güter oder Dienstleistungen um eine einzige Leistungsverpflichtung i. S. d. IFRS 15.22-30 handelt.[657] Wenn bspw. ein Flugzeughersteller einen Vertrag über den Verkauf eines Flugzeugs mit einem Kunden abschließt und überdies in einem zweiten zeitnah geschlossenen Vertrag vereinbart, dass dieses kundenspezifisch angepasst werden soll, liegt insgesamt eine eigenständig abgrenzbare Leistungsverpflichtung vor.[658] Schließlich erbringt der Flugzeughersteller eine wesentliche Integrationsleistung. Der Board will mit dieser Regelung verhindern, dass durch bilanzpolitisch motivierte rechtlich zulässige Vertragsgestaltungen die Vorschriften zur Identifikation der Leistungsverpflichtungen innerhalb eines (!) Vertrages umgangen werden.[659] Mithin soll das dritte Kriterium den Fokus der Bilanzierenden wie die ersten beiden Kriterien auf eine wirtschaftliche Betrachtungsweise legen, um den Adressaten glaubwürdige und letztlich auch entscheidungsnützliche Informationen vermitteln zu können.[660] Ein Luftbeförderungsvertrag ist ein Werkvertrag i. S. d. § 631 BGB. Somit schuldet die Airline in einem rechtlich wirksam geschlossenen Vertrag immer auch einen Erfolg, nämlich die Beförderung des Passagiers und ggf. seines zugehörigen Gepäcks zum vereinbarten Zielort. Diese Leistung ist grundsätzlich auch als separate Leistungsverpflichtung i. S. d. IFRS 15.22-30 einzeln abgrenzbar.[661] Beförderungsleistungen, die in verschiedenen Verträgen vertraglich vereinbart werden, können also keine einheitliche Leistungsverpflichtung sein. Zusatzleistungen können immer nur in Verbindung mit einer konkreten Beförderungsleistung vereinbart werden. Eine Zusatzleistung bedingt nämlich eine Beförderungsleistung. Dies lässt auch

655 Vgl. zu den konzeptionellen Aspekten, die bei allen hinreichenden Kriterien identisch sind, die Ausführungen zum ersten hinreichenden Kriterium im vorherigen Absatz.

656 Vgl. Art. 22 Abs. 1 der Verordnung (EG) Nr. 1008/2008 über gemeinsame Vorschriften für die Durchführung von Luftverkehrsdiensten in der Gemeinschaft. Es kann durchaus Mengenrabatte bspw. für Unternehmen oder Gruppen geben. Diese hängen aber nicht vom Preis eines anderen Fluges ab, sondern werden aufgrund einer hohen Abnahmemenge gewährt. Vgl. hierzu bspw. BRUHN, M./MEFFERT, H., Handbuch Dienstleistungsmarketing, S. 552.

657 Vgl. IFRS 15.17 (c). Vgl. ausführlich zum zweiten Prozessschritt (Identifikation von Leistungsverpflichtungen) der Umsatzrealisierung nach IFRS 15 Abschnitt 443.

658 Vgl. hier und im folgenden Satz in Anlehnung an IFRS 15.IE45-IE48.

659 Vgl. IFRS 15.BC73.

660 Vgl. im Ergebnis ähnlich LAM, S., Umsatzerlöse nach IFRS 15, S. 126.

661 An dieser Stelle sei darauf hingewiesen, dass eine ausführliche Analyse, Konkretisierung und Beurteilung der Vorschriften zur Identifikation von Leistungsverpflichtungen in Abschnitt 443. erfolgt.

den Schluss zu, dass etwaig vereinbarte Zusatzleistungen in verschiedenen Beförderungsverträgen nicht als eigenständig abgrenzbare Leistungsverpflichtung anzusehen sind. Schließlich ist auch das dritte hinreichende Kriterium bei Beförderungsverträgen nicht erfüllt.

Verschiedene Beförderungsverträge sind folglich nach IFRS 15 für Bilanzierungszwecke **nicht zusammenzufassen**. Zwar erfüllen sie regelmäßig die notwendige Bedingung, die der Board an eine weitere Prüfung der Kriterien zur Zusammenfassung von Verträgen stellt. Allerdings trifft keines der drei hinreichenden Kriterien auf Beförderungsverträge zu. Schließlich hat die Prüfung der drei Kriterien gezeigt, dass es zwischen einzelnen Beförderungsverträgen keine Interdependenzen gibt, aufgrund derer der wirtschaftliche Gehalt der Transaktionen durch eine Bilanzierung auf Einzelvertragsbasis nicht abgebildet werden könnte. Da überdies der rechtliche Rahmen von Beförderungsverträgen im deutschen Recht klar festgelegt ist und Beförderungsverträge i. d. R. standardisiert sind, haben Airlines ohnehin nur geringe Vertragsgestaltungsmöglichkeiten.[662] Dies ist für die bilanzielle Abbildung positiv zu werten. Eine glaubwürdige Darstellung auf Basis einzelner Beförderungsverträge ist also grundsätzlich möglich. Inwieweit dies auch für die Abbildung etwaiger Vertragsänderungen gilt, ist im Folgenden zu untersuchen.

442.5 Vertragsänderungen

442.51 Analyse und Würdigung der normativen Vorgaben

Häufig werden bereits zwischen den Vertragsparteien geschlossene Verträge noch hinsichtlich des Vertragsumfangs und/oder des Transaktionspreises geändert.[663] Deshalb hat der Board in IFRS 15 Regelungen implementiert, mit denen die Bilanzierenden prüfen können, ob etwaige Änderungen des Vertrages bilanzierungspflichtig sind.[664] So muss ein Unternehmen stets beurteilen, ob die mit der Vertragsänderung verbundenen Rechte und Pflichten unter Berücksichtigung aller relevanter Tatsachen und Umstände, einschließlich der Vertragsbedingungen und sonstiger Nachweise, durchsetzbar sind.[665] Da eine Vertragsänderung in unterschiedlichem Maß bereits bestehende vertragliche Vereinbarungen ändern kann, knüpft der Standard hieran, wie Abbildung 4-3 zeigt, verschiedene bilanzielle Konsequenzen.

Zunächst müssen alle Vertragsparteien der **Vertragsänderung zugestimmt** haben, damit diese bilanziell nachzuzeichnen ist.[666] Soll bspw. ein Beförderungsvertrag geändert werden, müssen

---

662 Vgl. zu den rechtlichen Rahmenbedingungen ausführlich Abschnitt 22 sowie zum Inhalt von Beförderungsverträgen und den eingebundenen Allgemeinen Beförderungsbedingungen Abschnitt 223.3.

663 Vgl. IFRS 15.18.

664 Vgl. IFRS 15.BC76.

665 Vgl. hier und im folgenden Satz IFRS 15.19; IFRS 15.IE42 f.; SCHMIDT, A./BAREKZAI, O./HÜTTERMANN, K., Umsatzrealisierung nach IFRS 15 (Teil 1), S. 79; KNOBLOCH, A. P./ANTON, K., Das Fünf-Schritte-Modell zur Umsatzrealisation (Teil 2), S. 1582.

666 Vgl. IFRS 15.18; vgl. hierzu bspw. auch WÜSTEMANN, J./WÜSTEMANN, S./JENDRECK, A., in: Rechnungslegung nach IFRS, 2. Aufl., IFRS 15, Rn. 39. Haben sich die Vertragsparteien noch nicht über die konkreten Inhalte der Vertragsänderung geeinigt oder ausschließlich über den Vertragsumfang, allerdings noch nicht über eine entsprechende Anpassung der zu erwartenden Gegenleistung, sind sämtliche Fakten und Umstände sowie die Vertragsbedingungen oder die Erfahrungswerte aus vergleichbaren Verträgen zu berücksichtigen,

sowohl die Vertragsairline als auch der Passagier diese Änderung akzeptieren. Die Zustimmung kann schriftlich, mündlich oder konkludent aufgrund der gängigen Geschäftspraxis erfolgen.[667]

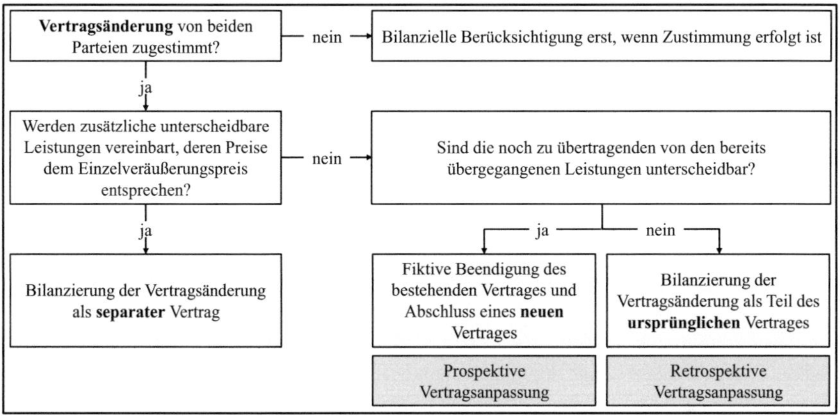

Abbildung 4-3: Bilanzierung der Vertragsänderungen nach IFRS 15[668]

Sofern die Vertragsänderung zusätzliche Leistungsverpflichtungen bedingt, die eigenständig abgrenzbar i. S. d. IFRS 15.26-30 sind und deren vertraglich vereinbarter Betrag für die Gegenleistung grundsätzlich dem Einzelveräußerungspreis der zu erbringenden Leistung entspricht, ist die Vertragsänderung als **separater Vertrag** zu bilanzieren.[669] Abweichungen vom Einzelveräußerungspreis sind dafür unschädlich, wenn sie vertragsspezifisch begründet sind, wie z. B. ein Nachlass des Verkäufers in Höhe der bei einem Neukunden sonst angefallenen Vertriebskosten. Sobald die zusätzlichen Leistungsverpflichtungen zwar eigenständig abgrenzbar sind, allerdings die Höhe der Gegenleistung – aus anderen als aus vertragsspezifischen Gründen – nicht dem Einzelveräußerungspreis entspricht, ist der ursprüngliche Vertrag fiktiv zu beenden.[670] Zu bilanzieren ist ein **neuer Vertrag**, in dem sich der Anspruch auf eine Gegenleistung aus dem noch nicht als Umsatzerlös erfassten Teil des Transaktionspreises des ursprünglichen Vertrages und dem im Rahmen der Vertragsänderung zugesagten Vergütungsanspruch zusammensetzt. Dieser ist dann auf die einzelnen Leistungsverpflichtungen aufzuteilen.[671] Wenn die

um zu beurteilen, inwieweit sich der Anspruch auf die Gegenleistung ändern wird. Hierzu muss der Bilanzierende die Regelungen des IFRS 15 zur Schätzung der variablen Gegenleistung berücksichtigen. Vgl. IFRS 15.19; PwC (Hrsg.), Revenue from Contracts with Customers, S. 2-23. Vgl. zur Bestimmung der Höhe der variablen Gegenleistung Abschnitt 444.2.

[667] Vgl. IFRS 15.18.

[668] Abbildung in Anlehnung an SCHURBOHM-EBNETH, A./VIEMANN, K., Anwendung des IFRS 15 in der Automobilindustrie, S. 182.

[669] Vgl. hier und im folgenden Satz IFRS 15.20.

[670] Vgl. hier und im folgenden Satz IFRS 15.21 (a).

[671] Vgl. IFRS 15.21 (a). Die ausstehenden eigenständig abgrenzbaren Leistungen können auch Teil einer sich aus mehreren eigenständig abgrenzbaren Leistungen zusammensetzenden Leistungsverpflichtung gemäß IFRS 15.22 (b) sein.

zusätzlich zugesagten Leistungen allerdings nicht von den bisher erbrachten Leistungen eigenständig abgegrenzt werden können, sind zum Zeitpunkt der Vertragsänderung der Transaktionspreis und der Leistungsfortschritt für die einzige Leistungsverpflichtung im **ursprünglichen Vertrag** zu aktualisieren.[672] Die bisher im Rahmen des ursprünglichen Vertrages erfassten Umsatzerlöse sind dann auf einmal und zum Zeitpunkt der Vertragsänderung zu korrigieren.

Im Hinblick auf die zwischenbetriebliche Vergleichbarkeit der Abschlüsse sind detaillierte Regelungen zu Vertragsänderungen, die IFRS 15 erstmalig für die Umsatzbilanzierung regelt, grundsätzlich positiv zu werten.[673] Der Board will mit diesen Regelungen die glaubwürdige Darstellung fördern, indem der wirtschaftliche Gehalt der Vertragsänderungen wiedergegeben wird.[674] Die Tatsache, dass eine Vertragsänderung i. S. d. IFRS 15 frühestens mit der Zustimmung beider Vertragsparteien vorliegen kann, unterbindet bilanzpolitisch motivierte fiktive oder unsichere Vertragsänderungen. Mit der Anknüpfung einer Vertragsänderung an das Kriterium der durchsetzbaren Rechte und Pflichten bleibt der Board dabei seiner Konzeption zum Ansatz eines Vertrages treu.[675] Deshalb ist es nachvollziehbar und konsequent, dass er zusätzliche Leistungen, die eigenständig abgrenzbar sind und deren vereinbarter Preis grundsätzlich dem Einzelveräußerungspreis entspricht, bilanziell in einem separaten Vertrag abbildet. Die Änderungen erfüllen nämlich die Anforderungen an einen Vertrag i. S. d. IFRS 15.[676] Außerdem stiftet eine Änderung im bereits bestehenden Vertrag den Adressaten keinen Mehrwert an Informationen.[677]

Sobald der Betrag der Gegenleistung nicht dem Einzelveräußerungspreis der zusätzlich vereinbarten abgrenzbaren Leistungsverpflichtung entspricht, ist zu prüfen, ob diese Abweichung vertragsspezifisch begründet ist.[678] Ist dies der Fall, muss die Änderung als **separater Vertrag** bilanziert werden. Anderenfalls ist der ursprüngliche Vertrag fiktiv zu beenden und ein neuer Vertrag zu bilanzieren. Die Ermessensentscheidung des Bilanzierenden, inwieweit eine solche Abweichung vom Einzelveräußerungspreis vertragsspezifisch ist, bedingt also eine andere bilanzielle Abbildung.[679] Der Bilanzierende sollte deshalb seine Beurteilung, ob Abweichungen vom Einzelveräußerungspreis einer Leistung aufgrund der Fakten und Umstände des jeweiligen Vertrages resultieren, plausibel und nachvollziehbar begründen können und stets die Auswirkungen der verschiedenen Bilanzierungsmöglichkeiten im Hinblick auf die Zielsetzung der Rechnungslegung beachten. Um möglichst relevante Informationen zu vermitteln, sollte der

[672] Vgl. hier und im folgenden Satz IFRS 15.21 (b); IFRS 15.BC80. Möglich ist auch eine Kombination der beiden Methoden des IFRS 15.21 (a) und (b).

[673] Vgl. zu den Änderungen gegenüber den vorher geltenden IFRS EY (Hrsg.), Umsatzrealisierung, S. 58. Die jetzigen Vorschriften sind detaillierter als in IAS 11. In IAS 18 gab es hierzu keine Vorschriften.

[674] Vgl. IFRS 15.BC76.

[675] Vgl. zum *Asset-Liability*-Ansatz in IFRS 15 Abschnitt 341., 342. und 42.

[676] Vgl. zu den Merkmalen eines Vertrages ausführlich Abschnitt 442.1.

[677] Vgl. IFRS 15.BC77.

[678] Vgl. IFRS 15.20 (b).

[679] Vgl. FINK, C./KETTERLE, G./SCHEFFEL, S., Auswirkungen des Re-Exposure Draft auf die Bilanzierungspraxis, S. 2000; DEUTSCHE TELEKOM (Hrsg.), Comment Letter (ED/2011/6), S. 17.

Terminus „Fakten und Umstände des jeweiligen Vertrags“[680] eng ausgelegt werden. Denn je größer die Abweichung vom Einzelveräußerungspreis, desto mehr spricht aus konzeptioneller Sicht für eine fiktive Beendigung des alten Vertrages und die Bilanzierung eines neuen Vertrages.

Bei der Bilanzierung eines **neuen Vertrages** werden die noch nicht realisierten Umsatzerlöse des alten Vertrages sowie der Betrag der Gegenleistung, der sich aus den Änderungen des Vertrages ergibt, zunächst zusammengefasst und dann im vierten Prozessschritt des Fünf-Schritte-Modells zur Umsatzrealisierung anhand der relativen Einzelveräußerungspreise auf die einzelnen Leistungsverpflichtungen aufgeteilt.[681] So steht bspw. ein Mengenrabatt, der mit dem Erwerb weiterer Leistungen gewährt wird, den der Bilanzierende indes vorher nicht erwarten konnte, regelmäßig in einem Zusammenhang mit dem ursprünglichen Vertrag. Im Sinne einer wirtschaftlichen Betrachtungsweise ist es daher bilanziell geboten, den gewährten Rabatt entsprechend auf alle ausstehenden Leistungsverpflichtungen zu verteilen.[682] Bei einer Umsatzrealisierung im Zeitverlauf erhalten die Adressaten somit zum einen vergleichbare Informationen. Zum anderen spiegeln diese Informationen das tatsächliche Ertragspotenzial des Unternehmens wider und können somit für eine Beurteilung zukünftiger Entwicklungen genutzt werden.[683] Wenn das bilanzierende Unternehmen für solche Sachverhalte hingegen auf die Regelungen zur Bilanzierung der Vertragsänderung als separater Vertrag oder als Teil des ursprünglichen Vertrages rekurriert, würden die wechselseitigen Abhängigkeiten der Vergütungsansprüche für die vertraglich vereinbarten Leistungsverpflichtungen vernachlässigt. Dies könnte die Relevanz und die glaubwürdige Darstellung der vermittelten Informationen gegenüber einer Bilanzierung als neuen Vertrag einschränken. Eine Vertragsänderung ist überdies auch als neuer Vertrag zu bilanzieren, wenn diese Änderung nur den Transaktionspreis betrifft und die verbleibenden Leistungen eigenständig abgrenzbar sind.[684] Dadurch werden bereits erfüllte Leistungsverpflichtungen und die hieraus erfassten Umsatzerlöse nicht korrigiert.[685] Die realisierten Umsatzerlöse resultieren schließlich aus einer abgeschlossenen Transaktion, deren Fakten und Umstände sich nicht mehr ändern. Eine einmalige Korrektur der Umsatzerlöse würde somit den wirtschaftlichen Gehalt dieser Vertragsänderung nicht realitätsgetreu wiedergeben.[686]

---

680 IFRS 15.20 (b).

681 Vgl. IFRS 15.21 (a). Vgl. zur Aufteilung des Transaktionspreises auf die eigenständig abgrenzbaren Leistungsverpflichtungen ausführlich Abschnitt 445.

682 Vgl. so auch IFRS 15.90 (b). A. A. EY (Hrsg.), Umsatzrealisierung, S. 60. EY zählt den Mengenrabatt zu den Fakten und Umständen des jeweiligen Vertrages und spricht sich folglich für die Bilanzierung der Änderungen in einem separaten Vertrag aus.

683 Sollten die eigenständig abgrenzbaren Leistungsverpflichtungen alle zum selben Zeitpunkt realisiert werden, unterscheiden sich die beiden Bilanzierungsformen (separater Vertrag vs. fiktive Beendigung des ursprünglichen Vertrages und Bilanzierung eines neuen Vertrages) im Ausweis nicht.

684 Vgl. IFRS 15.21 (a). Vgl. auch BAUR, D./LÜPOLD, P./WITTE, C., Ermessensspielräume im Umgang mit IFRS 15, S. 471 f. Für eine solche Bilanzierungskonsequenz ist es gleichgültig, ob die entsprechenden Leistungen eine einzige Leistungsverpflichtung gemäß IFRS 15.22 (b) oder mehrere eigenständig abgrenzbare Leistungsverpflichtungen begründen.

685 Vgl. hier und im folgenden Satz IFRS 15.BC78.

686 Vgl. IFRS 15.BC78.

Wurde das bilanzierende Unternehmen für seine vor der Vertragsänderung erbrachten Leistungen weniger vergütet als ihm vertragsgemäß zustand, hat es zum Zeitpunkt der Vertragsänderung einen vertraglichen Vermögenswert (*contract asset*) in der Bilanz aktiviert.[687] Dieser ist nach einer Vertragsänderung, die eine fiktive Beendigung des ursprünglichen Vertrages und eine Bilanzierung eines neuen Vertrages bedingt, auf neue Rechnung fortzuführen.[688] Eine Abschreibung des bilanzierten vertraglichen Vermögenswertes zulasten der bisher realisierten Umsatzerlöse ist nicht sachgerecht, weil bisher erfasste Umsatzerlöse korrigiert würden und die prospektive Ausrichtung, die mit der bilanziellen Abbildung eines neuen Vertrages verfolgt wird, konterkariert würde.

Sofern die noch ausstehenden Leistungen von den bereits erbrachten Leistungen nicht eigenständig abgrenzbar sind, werden die **Umsatzerlöse** im Rahmen des ursprünglichen Vertrages **auf einmal und zum Zeitpunkt der Vertragsänderung korrigiert**.[689] Diese retrospektive Anpassung der Umsatzerlöse hat zwar einen einmaligen Effekt auf die Abbildung der Vermögens- und Ertragslage des Unternehmens, sodass die Vergleichbarkeit der Umsatzerlöse der entsprechenden Periode mit denen der Vorperiode zunächst eingeschränkt scheint. Allerdings müssen die Bilanzierenden die bilanziellen Anpassungen im Anhang näher erläutern.[690] Eine prospektive Bilanzierung würde in diesem Fall hingegen vernachlässigen, dass die Änderungen Auswirkungen auf bereits erfasste Umsatzerlöse haben, da die Leistungen nicht eigenständig abgrenzbar sind. Dies würde zum einen zulasten der Relevanz gehen, weil die ausgewiesenen Umsatzerlöse dann nur einen eingeschränkten Bestätigungswert haben. Zum anderen ist die Bilanzierungsmethode aus konzeptioneller Sicht geeignet, vor allem mit Blick auf künftige Berichtsperioden den wirtschaftlichen Gehalt solcher Transaktionen wiederzugeben.

442.52 Vertragsänderungen in Beförderungsverträgen

442.521. Vorbemerkungen

Änderungen eines Beförderungsvertrages sind abhängig vom gewählten Flugtarif und/oder von der Art der Änderung entweder entgeltlich oder unentgeltlich möglich.[691] Sie werden im Zusammenhang mit Beförderungs- und Zusatzleistungen wie beim ursprünglichen Vertragsabschluss schriftlich oder mündlich geschlossen und erfordern die Zustimmung beider Vertragsparteien.[692] Die Voraussetzungen, die der Standard an eine bilanziell zu berücksichtigende Vertragsänderung stellt, sind somit erfüllt. Im Folgenden sollen die Vorschriften des

687 Vgl. zur Ertragskonzeption des IFRS 15 Abschnitt 42.

688 Vgl. hier und im folgenden Satz FASB TRG (Hrsg.), Agenda Paper 51 (April 2016), Rn. 8-15; FISCHER, D. T., TRG-Meeting 2016, S. 355.

689 Vgl. IFRS 15.21 (b). Diese Methode ist der Bilanzierungspraxis aus der Bauindustrie bekannt. Vgl. IFRS 15.BC80.

690 Vgl. IFRS 15.118 (b).

691 Vgl. Abschnitt 235.

692 Vgl. Abschnitt 442.1.

IFRS 15 für ausgewählte Änderungen des Beförderungsvertrages analysiert und konkretisiert werden.

442.522. Änderungen des Beförderungsvertrages durch Umbuchungen

Flüge können nicht nur vom Passagier, sondern auch von der Airline umgebucht werden.[693] Dies liegt darin begründet, dass eine Airline dem Passagier keinen bestimmten Flug schuldet.[694] Sofern die Beförderungsleistung abweichend von der vertraglich vereinbarten Zeit erbracht wird und der Passagier über diese Leistungsänderung rechtzeitig informiert wurde, verschiebt sich lediglich der Beginn der Leistungserbringung und somit der Zeitpunkt bzw. Zeitraum der Umsatzrealisierung.[695] Dem Passagier stehen keine Ansprüche auf Unterstützungs-, Betreuungs- und Ausgleichsleistungen zu, sodass sich die Höhe der vertraglichen Verpflichtungen und Vergütungsansprüche nicht ändert.[696] Mithin liegt in diesen Fällen keine Vertragsänderung i. S. d. IFRS 15 vor.

Sobald eine Airline die **Umbuchung** des vom Passagier gebuchten Fluges allerdings nicht rechtzeitig bekannt gibt, hat ein Passagier unter anderem Anspruch auf Ausgleichsleistungen.[697] Sofern der Passagier hierfür anstatt einer Barzahlung einen **Reisegutschein** akzeptiert, erhält er innerhalb seines Beförderungsvertrages eine zusätzliche eigenständig abgrenzbare Leistung.[698] Mit dem Reisegutschein hat der Passagier das Recht auf eine kostenfreie oder preislich reduzierte Beförderungsleistung. Die Airline ist in diesem Fall zum einen dazu verpflichtet, dem Passagier den Reisegutschein auszustellen, und zum anderen hat sie die Pflicht, hierfür die entsprechende(n) Beförderungsleistung(en) zu erbringen.[699] Allerdings erhält die Airline für die Ausstellung des Reisegutscheins keine Gegenleistung. Das entspricht nicht dem Wert des Gutscheins und somit nicht dem Einzelveräußerungspreis des Anspruchs auf eine Beförderung. Dementsprechend handelt es sich gemäß IFRS 15 um eine fiktive Beendigung des bestehenden Vertrages und um den Abschluss eines neuen Vertrages mit nunmehr einer zusätzlichen Leistungsverpflichtung.[700]

693 Vgl. hierzu ausführlich Abschnitt 235.

694 Vgl. zu Leistungsänderungen allgemein Abschnitt 235.

695 Ob Umsatzerlöse aus der Erbringung etwaiger Leistungen zeitpunkt- oder zeitraumbezogen realisiert werden, wird für Beförderungs- und Zusatzleistungen in Abschnitt 446. konkretisiert.

696 Vgl. zu den Leistungsänderungen ausführlich Abschnitt 235.

697 Vgl. ausführlich zu den Passagierrechten Abschnitt 223.2. Anspruch auf Ausgleichsleistungen hat der Passagier bspw. auch im Falle einer Stornierung des Fluges durch die den Flug ausführende Airline.

698 Vgl. Art. 7 Abs. 3 Fluggastrechte-VO; vgl. hier und im folgenden Satz IAWG (Hrsg.), Issue #2-3 – Breakage and Vouchers, S. 3; AICPA Airlines Revenue Recognition Task Force (Hrsg.), Issue #2-3 – Passenger Ticket Breakage, Rn. 13 f.; KPMG (Hrsg.), IFRS 15 for Airlines, S. 27. Da es eine zusätzliche eigenständig abgrenzbare Leistungsverpflichtung ist, scheidet eine Bilanzierung der Vertragsänderung als Teil des ursprünglichen Vertrages aus. Vgl. IFRS 15.21 (b).

699 Vgl. Art. 7 Abs. 3 Fluggastrechte-VO; vgl. hier und im folgenden Satz IAWG (Hrsg.), Issue #2-3 – Breakage and Vouchers, S. 3; AICPA Airlines Revenue Recognition Task Force (Hrsg.), Issue #2-3 – Passenger Ticket Breakage, Rn. 13 f.

700 Vgl. IFRS 15.21 (a); AICPA Airlines Revenue Recognition Task Force (Hrsg.), Issue #2-3 – Passenger Ticket Breakage, Rn. 13 f.; IAWG (Hrsg.), Issue #2-3 – Breakage and Vouchers, S. 3; EY (Hrsg.), How the new Revenue Standard affects Airlines, S. 8 f.

Eine Bilanzierung der Vertragsänderung als separater Vertrag i. S. d. IFRS 15.20 scheidet aus konzeptionellen Gründen aus, weil der Leistungsverpflichtung aus dem Reisegutschein keine Gegenleistung in gleicher Höhe gegenübersteht. Damit ein Vertrag nach IFRS 15 gesondert zu bilanzieren ist, muss er zum einen nicht nur Pflichten, sondern auch Rechte begründen.[701] Zum anderen muss er weitere wirtschaftliche Kriterien erfüllen, um unter anderem nachzuweisen, dass er wirtschaftliche Substanz hat. Der hier betrachtete Sachverhalt erfüllt die Voraussetzungen, die an die Bilanzierung eines (separaten) Vertrages geknüpft sind, mangels eines Gegenleistungsanspruchs allerdings nicht.

Die bilanzielle Berücksichtigung dieser Vertragsänderung als Teil des ursprünglichen Vertrages würde vernachlässigen, dass die Leistungen, die aufgrund der Inanspruchnahme des Reisegutscheins seitens des Passagiers zu erbringen sind, eigenständig abgrenzbar sind. In diesem Fall würden bereits realisierte Umsatzerlöse, bspw. aus bereits durchgeführten Flügen, erfolgswirksam aufgelöst, weil der Leistungsfortschritt aufgrund der erweiterten Verpflichtungen aus dem Reisegutschein angepasst werden müsste. Damit würden Umsatzerlöse aus bereits erbrachten Beförderungs- und Zusatzleistungen korrigiert, obwohl diese erbrachten Leistungen mit dem nunmehr abzubildenden Reisegutschein in keinem Zusammenhang stehen. Der wirtschaftliche Gehalt des zugrunde liegenden Sachverhalts würde somit nicht den tatsächlichen Verhältnissen entsprechend wiedergegeben.

Die vom Passagier erbrachte Gegenleistung bezieht sich nun auf eine weitere Leistungsverpflichtung, die zum Zeitpunkt des ursprünglichen Vertragsabschlusses noch nicht bestand. Durch die bilanzielle Abbildung eines (!) Vertrages wird die realitätsgetreue Wiedergabe gefördert.[702] So werden die wirtschaftlichen Abhängigkeiten der einzelnen Verpflichtungen nämlich bilanziell berücksichtigt.

Insgesamt ist deshalb eine prospektive Vertragsanpassung, indem der bestehende Beförderungsvertrag fiktiv beendet und ein neuer Vertrag i. S. d. IFRS 15.21 (a) bilanziert wird, am besten geeignet, um glaubwürdige Informationen durch den IFRS-Abschluss zu vermitteln. Zudem lassen diese Informationen auch Rückschlüsse auf die Zuverlässigkeit einer Airline bei der Erbringung ihrer Beförderungs- und Zusatzleistungen zu. Somit sind diese Informationen für die Adressaten des IFRS-Abschlusses auch relevant.

Neben Änderungen des Vertrages durch die Airline kann auch der **Passagier** den Vertrag anpassen, indem er einen **Flug umbucht**, bevor die Airline eine Leistung erbracht hat.[703] Da letztlich beide Vertragsparteien einer Änderung zustimmen müssen, sind auf den ersten Blick keine

---

[701] Vgl. hier und im Folgenden ausführlich zu den Voraussetzungen eines Vertrages i. S. d. IFRS 15 Abschnitt 442.1.

[702] Vgl. zur Aufteilung des Transaktionspreises auf alle identifizierten Leistungsverpflichtungen ausführlich Abschnitt 445.; AICPA Airlines Revenue Recognition Task Force (Hrsg.), Issue #2-3 – Passenger Ticket Breakage, Rn. 15; IAWG (Hrsg.), Issue #2-3 – Breakage and Vouchers, S. 3.

[703] Vgl. für einen Überblick zu den Fluggastrechten bei einer Kündigung des Beförderungsvertrages durch den Passagier Besold, A./Wahl, P., Fluggastrechte, S. 111-113.

bilanziellen Unterschiede im Vergleich zu fristgerechten Flugumbuchungen oder -stornierungen seitens der Airline zu erwarten. Allerdings muss ein Passagier, abhängig vom gewählten Flugtarif, für eine Umbuchung ggf. eine Umbuchungsgebühr bezahlen. Somit liegt eine Vertragsänderung i. S. d. IFRS 15 vor, da sich der vertraglich vereinbarte Preis für die Leistungen und nach hier vertretener Auffassung auch der Vertragsumfang ändern.[704] Der Umbuchungsservice ist zwar grundsätzlich als Leistungsverpflichtung aufzufassen. Allerdings ist dieser nicht von der Beförderungsleistung abgrenzbar, sondern Teil der bestehenden Leistungsverpflichtung.[705]

Würde der Umbuchungsservice (unzulässigerweise) als eigenständig abgrenzbare Leistungsverpflichtung identifiziert, wäre der Service der Flugumbuchung in einem separaten Vertrag zu bilanzieren.[706] Die Klassifizierung des Umbuchungsservices als abgrenzbare Leistungsverpflichtung hätte nach hier vertretener Auffassung zur Folge, dass die Umsatzerlöse aus dem Umbuchungsservice grundsätzlich früher realisiert würden als die Umsatzerlöse aus der umgebuchten Beförderungsleistung, weil der Service bereits vor dem Beginn des Fluges erbracht wurde.[707] Da die Höhe der Umbuchungsgebühr im Verhältnis zum Flugpreis im Regelfall gering ist, wird die ggf. versetzte Umsatzrealisierung indes regelmäßig nicht die Abbildung der Ertragslage wesentlich verzerren.[708] Das ist im Hinblick auf die Vergleichbarkeit und die Entscheidungsnützlichkeit der vermittelten Informationen im IFRS-Abschluss positiv zu bewerten.

Konzeptionell ist die Leistungsverpflichtung, die den umzubuchenden Flug enthält, zum Zeitpunkt der Umbuchung noch nicht erfüllt. Somit ist aus dieser Verpflichtung noch kein Vergütungsanspruch entstanden. Auch wenn bereits Umsatzerlöse aus dem zugrunde liegenden Beförderungsvertrag erfasst wurden, bspw. im Fall mehrerer vereinbarter Flüge, hängt die Umbuchung eines künftigen Fluges wirtschaftlich nicht mit bereits in Anspruch genommenen Flügen zusammen. Eine Korrektur bereits erfasster Umsatzerlöse würde den wirtschaftlichen Gehalt der Umbuchung somit nicht realitätsgetreu widerspiegeln.[709] Folglich scheidet eine retrospektive Anpassung der bilanziellen Abbildung des Beförderungsvertrages aus. Da der Umbuchungsservice keine eigenständig abgrenzbare Leistungsverpflichtung ist, muss der ursprüngliche Vertrag deshalb fiktiv beendet und ein neuer Vertrag bilanziert werden.[710] Die noch ausstehenden vertraglichen Leistungsverpflichtungen und Vergütungsansprüche sind dann um die (Gegen-)Leistung der Umbuchung zu ergänzen. Umsatzerlöse aus dem Umbuchungsservice

[704] Vgl. IFRS 15.18. Vgl. hier und im Folgenden zur Diskussion, ob es sich beim Umbuchungsservice um eine abgrenzungsfähige Leistungsverpflichtung handelt, Abschnitt 443.122.4.

[705] Vgl. so auch IAWG (Hrsg.), Issue #2-11 – Change Fees, S. 2 f.; EY (Hrsg.), How the new Revenue Standard affects Airlines, S. 8; a. A. AICPA Airlines Revenue Recognition Task Force (Hrsg.), Issue #2-11 – Change Fees, Rn. 3.

[706] Vgl. IFRS 15.20.

[707] Anscheinend a. A. AICPA Airlines Revenue Recognition Task Force (Hrsg.), Issue #2-11 – Change Fees, Rn. 6.

[708] Vgl. IAWG (Hrsg.), Issue #2-11 – Change Fees, S. 3.

[709] Vgl. hier und im folgenden Satz IFRS 15.21 (b). Vgl. anscheinend a. A. EY (Hrsg.), How the new Revenue Standard affects Airlines, S. 8.

[710] Vgl. hier und im folgenden Satz IFRS 15.21 (a).

werden somit zusammen mit der geänderten Beförderungsleistung erfasst. Dies bildet den wirtschaftlichen Zusammenhang zwischen dem Umbuchungsservice und der geänderten Beförderungsleistung sachgerecht ab.[711]

Neben Flugumbuchungen können innerhalb eines Beförderungsvertrages regelmäßig auch einzelne oder alle Leistungen storniert werden.[712] Im Folgenden soll deshalb die bilanzielle Abbildung solcher Stornierungen näher untersucht werden.

442.523. Änderungen des Beförderungsvertrages durch Stornierungen

Wenn die **Airline vom Beförderungsvertrag**, den sie mit dem Passagier geschlossen hat, **zurücktritt**, hat sie gegenüber dem Passagier keine durchsetzbaren Rechte und Pflichten mehr. Folglich sind die Vorschriften des IFRS 15 nicht mehr anzuwenden.[713] Abhängig vom Zeitpunkt des Rücktritts vom Vertrag können hieraus für die Airline ggf. Schadensersatzverpflichtungen gegenüber dem Passagier resultieren. Solche Verpflichtungen fallen dann allerdings in den Anwendungsbereich von IAS 37 *Rückstellungen, Eventualschulden und Eventualforderungen*.

Annulliert eine **Airline** in einem Beförderungsvertrag über einen unterbrochenen Flug einen oder mehrere, aber nicht alle vertraglich vereinbarten **Flüge**, bleibt der Beförderungsvertrag zunächst bestehen.[714] Der Passagier hat die Wahl, die vertraglich zugesagte Beförderungsleistung im Rahmen eines anderen Fluges in Anspruch zu nehmen oder vom Beförderungsvertrag zurückzutreten. Im ersten Fall ändert sich regelmäßig nur der Leistungszeitraum. Der Vertragsumfang und der Transaktionspreis ändern sich hingegen nicht.[715] Es liegt also keine Vertragsänderung i. S. d. IFRS 15 vor. Im zweiten Fall tritt der Passagier vom Beförderungsvertrag zurück. Demzufolge hat die Airline keine Rechte und Pflichten mehr gegenüber dem Passagier. Einen bereits erhaltenen Flugpreis muss die Airline dann dem Passagier vollständig erstatten.

Überdies kann ein **Passagier**, je nach gewähltem Flugtarif, seinen vereinbarten Flug unabhängig von einer Leistungsstörung seitens der Airline stornieren. Auch in diesem Fall hat keine der Vertragsparteien mehr durchsetzbare Rechte und Pflichten, sodass die Regelungen des IFRS 15

---

711 Vgl. so auch IAWG (Hrsg.), Issue #2-11 – Change Fees, S. 3; AICPA AIRLINES REVENUE RECOGNITION TASK FORCE (Hrsg.), Issue #2-11 – Change Fees, Rn. 5 f.

712 Vgl. zu den Leistungsänderungen ausführlich Abschnitt 235.

713 Vgl. Abschnitt 442.1. Vgl. auch IFRS 15.11.

714 Vgl. zu den Leistungsänderungen hier und im Folgenden ausführlich Abschnitt 235.

715 Sofern die den Flug ausführende Airline den Flug nicht rechtzeitig i. S. d. Fluggastrechte-VO storniert hat, stehen dem von der Stornierung betroffenen Passagier unter anderem Ausgleichsleistungen zu. Vgl. Art. 5 Abs. 1 Buchst. c) Fluggastrechte-VO. Sollte der Passagier diese in Form eines Gutscheines erhalten, wird für die bilanzielle Abbildung auf die entsprechenden Ausführungen in Abschnitt 442.522. verwiesen. Eine entgeltliche Zahlung fällt unter die Vorschriften des IAS 37.

nicht mehr anzuwenden sind.[716] Gegebenenfalls müssen Passagiere noch eine Stornierungsgebühr an die Airline entrichten. Eine solche Forderung muss die Airline dann nach IFRS 9 *Finanzinstrumente* bilanzieren.[717]

Storniert ein Passagier hingegen in einem Beförderungsvertrag über einen unterbrochenen Flug einen oder mehrere, aber nicht alle (Teil-)Flüge, reduzieren sich regelmäßig der vertragliche Vergütungsanspruch sowie die Leistungsverpflichtungen der Airline.[718] Es liegt dann eine Vertragsänderung i. S. d. IFRS 15 vor.[719] Die zu diesem Zeitpunkt noch ausstehenden Beförderungsleistungen sind von bereits erbrachten eigenständig abgrenzbar. In diesem Fall ist der bestehende Beförderungsvertrag gemäß IFRS 15.21 (a) fiktiv zu beenden und ein neuer Vertrag zu bilanzieren. Auf diese Weise werden bereits erfasste Umsatzerlöse nicht mehr korrigiert. Die Umsatzerlöse aus noch ausstehenden Flügen werden realisiert, sobald die Airline diese erbringt. Um die Höhe der Umsatzerlöse zu bestimmen, muss die Airline den Transaktionspreis, d. h. den Flugpreis, des zugrunde liegenden Beförderungsvertrages (neu) bewerten. Der Preis eines einzelnen Fluges ist in Beförderungsverträgen über mehrere Flüge oftmals günstiger als bei der Buchung eines einzigen Fluges.[720] Dieser Preisvorteil gilt allerdings regelmäßig nur für bestimmte Kombinationen mehrerer Flüge. Somit entspricht die Höhe der bereits realisierten Umsatzerlöse zum Zeitpunkt der Stornierung nicht mehr zwingend dem durch die erbrachte(n) Leistung(en) zustehenden Vergütungsanspruch. Sollte aufgrund der Vertragsänderung die Ertragslage zu niedrig abgebildet werden, wird diese aber regelmäßig durch die vom Passagier zu entrichtende Stornierungsgebühr und/oder durch den zu entrichtenden Aufpreis aufgrund des *Cross-Ticketing* korrigiert.[721] Mithilfe einer prospektiven Vertragsanpassung kann der wirtschaftliche Gehalt des zugrunde liegenden Sachverhalts realitätsgetreu wiedergegeben werden. Zudem haben die so vermittelten Informationen auch einen Bestätigungs- und Prognosewert, weil vorherige Bewertungen bestätigt bzw. korrigiert werden und künftige Entwicklungen eingeschätzt werden können. Die Adressaten des IFRS-Abschlusses können schließlich glaubwürdige und relevante Informationen erhalten.

Ein Passagier kann in einem Beförderungsvertrag nicht nur die Beförderungsleistung(en) selbst ändern, sondern auch nachträglich eine oder mehrere Zusatzleistungen vereinbaren. Außerdem können unter bestimmten Umständen Zusatzleistungen storniert werden. Die bilanziellen Folgen sollen im folgenden Abschnitt vorgestellt und kritisch analysiert werden.

[716] Vgl. Abschnitt 442.1.

[717] Vgl. IFRS 15.107.

[718] Wenn nach der Stornierung keine Beförderungsleistung mehr aussteht, liegt der gerade beschriebene Sachverhalt vor: Die Vertragsparteien haben keine Rechte und Pflichten, sodass kein Vertrag mehr i. S. d. IFRS 15 vorliegt. Vgl. so auch IFRS 15.11.

[719] Vgl. IFRS 15.18.

[720] Vgl. hierzu ausführlich Abschnitt 233.

[721] Vgl. zum *Cross-Ticketing* Abschnitt 233.

442.524. Änderungen des Beförderungsvertrages durch nachträglich vereinbarte oder stornierte Zusatzleistungen

Beförderungsverträge werden regelmäßig angepasst, **bevor Leistungen erbracht** und somit bevor Umsatzerlöse aus dem zugrunde liegenden Beförderungsvertrag realisiert werden.[722] Änderungen resultieren dabei häufig aus dem Hinzubuchen einer oder mehrerer **Zusatzleistungen** zur originären Beförderungsleistung.[723] Vereinbarte Zusatzleistungen werden dann nachträglich Gegenstand der Leistungspflicht einer Airline.[724] Sie können grundsätzlich nur i. V. m. Beförderungsleistungen erworben und in Anspruch genommen werden, weshalb sie im Kontext eines Beförderungsvertrages nicht von der jeweiligen Beförderungsleistung eigenständig abgrenzbar sind.[725] Somit erfüllen sie nicht die Anforderungen an eine Bilanzierung als separater Vertrag i. S. d. IFRS 15.20.

Da Beförderungs- und Zusatzleistungen also Teil einer einzigen Leistungsverpflichtung sind, hängt die bilanzielle Behandlung des Beförderungsvertrages davon ab, ob sich die noch nicht erbrachten Beförderungs- und Zusatzleistungen von bereits erfüllten Leistungsverpflichtungen abgrenzen lassen.[726] Zum Zeitpunkt, zu dem eine Zusatzleistung hinzugebucht wird, ist die zugehörige Leistungsverpflichtung – sprich der Flug, der mithilfe der Zusatzleistung attraktiver gestaltet werden soll – noch nicht erfüllt und somit aus dieser Leistungsverpflichtung noch kein Umsatz realisiert worden. Folglich sind die noch zu übertragenden von den bereits übergegangenen Leistungen unterscheidbar. Deshalb scheidet die Bilanzierung als Teil des ursprünglichen Vertrages aus.[727] Die aus der Änderung des Vertrages resultierenden Bilanzierungskonsequenzen werden prospektiv abgebildet. Hierzu ist der ursprüngliche Beförderungsvertrag fiktiv zu beenden und ein neuer Vertrag zu bilanzieren, in dem die bislang unerfüllten Rechte und Pflichten des ursprünglichen Vertrages um die vereinbarte Zusatzleistung ergänzt werden.[728] Die Vertragsänderung ist erfolgsneutral abzubilden, weil sich die vertraglichen Leistungsverpflichtungen und die vertraglichen Vergütungsansprüche zum einen in gleicher Höhe gegenüberstehen und zum anderen zum Zeitpunkt der Vertragsanpassung noch keine Leistung er-

---

722 Vgl. zur Erfüllung der Leistungsverpflichtung und somit zur Umsatzrealisation in der Airline-Industrie Abschnitt 446. Vgl. zu den Anteilen verschiedener Zusatzleistungen am Gesamtumsatz bspw. SORENSEN, J., Top 10 Ancillary Revenue Rankings, S. 6.

723 Vgl. so bspw. auch EY (Hrsg.), How the new Revenue Standard affects Airlines, S. 7.

724 Vgl. SPRAU, H., in: Bürgerliches Gesetzbuch, 77. Aufl., § 631 BGB, Rn. 8.

725 Vgl. zur ausführlichen Analyse Abschnitt 443. Vgl. auch IAWG (Hrsg.), Issue #2-11 – Change Fees, S. 3; AICPA AIRLINES REVENUE RECOGNITION TASK FORCE (Hrsg.), Issue #2-4 – Ancillary Fees and Services, Rn. 5 und 8. In dieser Arbeit werden nur Zusatzleistungen betrachtet, die in einem engen Verhältnis zur Beförderungsleistung stehen und von der Airline selbst angeboten werden. Alternativ gibt es auch Zusatzleistungen, die ein Passagier separat bei einem Dritten erwerben kann. Vgl. bspw. den sog. *Priority Pass*, mit dem der Erwerber über einen Zeitraum von einem Jahr abhängig vom gewählten Paket gebührenfreien Zutritt zu Flughafenlounges erhält. Vgl. PRIORITY PASS (Hrsg.), Priority Pass.

726 Vgl. IFRS 15.21.

727 Vgl. IFRS 15.21 (b). Vgl. hierzu auch Abbildung 4-3 in Abschnitt 442.51; anscheinend a. A. KPMG (Hrsg.), IFRS 15 for Airlines, S. 22; EY (Hrsg.), How the new Revenue Standard affects Airlines, S. 7.

728 Vgl. IFRS 15.21 (a); vgl. so auch IAWG (Hrsg.), Issue #2-11 – Change Fees, S. 3; AICPA AIRLINES REVENUE RECOGNITION TASK FORCE (Hrsg.), Issue #2-11 – Change Fees, Rn. 5.

bracht worden ist. Zudem ist anzumerken, dass Zusatzleistungen eine Beförderungsleistung voraussetzen. Somit sind Umsatzerlöse aus Zusatzleistungen regelmäßig zeitgleich mit denen aus der Erfüllung der zugrunde liegenden Beförderungsleistung zu realisieren.[729] Deshalb wirkt sich die Entscheidung der Airline, ob die durch eine hinzugebuchte Zusatzleistung bedingte Vertragsänderung als separater oder neuer Beförderungsvertrag bilanziert wird, effektiv nicht auf die Abbildung im IFRS-Abschluss aus. Das gewährleistet eine zwischenbetriebliche Vergleichbarkeit.

Passagiere können auch **während des Fluges**, also während der Erbringung der Kernleistung, **Zusatzleistungen erwerben**. Beispielsweise kann ein Passagier das Bordunterhaltungsprogramm oder einen Internetpass buchen, nachdem das Flugzeug gestartet ist.[730] Hierdurch erweitert sich die vertragliche Leistungspflicht einer Airline. Der Unterschied zur Hinzubuchung von Zusatzleistungen vor dem Flug besteht darin, dass bereits ein Teil der zugehörigen Leistungsverpflichtung erbracht wurde und somit Umsatzerlöse realisiert worden sind.[731] Da Zusatzleistungen nicht eigenständig abgrenzbar sind, ist die Vertragsänderung als Teil des ursprünglichen Beförderungsvertrages zu bilanzieren.[732] Grundsätzlich sind die bereits realisierten Umsatzerlöse deshalb um den anteiligen Wert der Gegenleistung für die zusätzlich vereinbarte Leistung entsprechend dem Leistungsfortschritt des jeweiligen Fluges zu erhöhen.[733] Zusatzleistungen sind jedoch faktisch von den bereits erbrachten Leistungen unterscheidbar. So hängt bspw. ein Internetpass, den ein Passagier während des Fluges erwirbt, nicht mit den bereits erbrachten Beförderungs- und Zusatzleistungen zusammen. Der Passagier verfügt ab diesem Zeitpunkt über das Datenvolumen und zieht erst dann seinen Nutzen aus dieser Zusatzleistung, sodass entgegen den Vorschriften des IFRS 15 eine prospektive Abbildung der aus der Änderung resultierenden Bilanzierungskonsequenzen den wirtschaftlichen Gehalt des zugrunde liegenden Sachverhalts besser wiedergeben würde als die nach IFRS 15.21 (b) angezeigte retrospektive Vertragsanpassung.

Da ein Nonstop-Flug nicht länger als einen Tag dauert, wird eine Korrektur der bereits erfassten Umsatzerlöse während eines Fluges regelmäßig nicht in den Rechnungslegungssystemen nachgezeichnet werden können. Dies beeinflusst die Entscheidungsnützlichkeit der vermittelten Informationen aber i. d. R. nicht wesentlich.[734] Die Umsatzerlöse aus den vereinbarten Zusatzleistungen werden dann ggf. aus technischen Gründen unmittelbar separat oder im Rahmen

---

729 Vgl. ausführlich Abschnitt 446. Vgl. hier und im folgenden Satz bspw. auch AICPA AIRLINES REVENUE RECOGNITION TASK FORCE (Hrsg.), Issue #2-11 – Change Fees, Rn. 6; AICPA AIRLINES REVENUE RECOGNITION TASK FORCE (Hrsg.), Issue #2-4 – Ancillary Fees and Services, Rn. 8; IAWG (Hrsg.), Issue #2-11 – Change Fees, S. 3; EY (Hrsg.), How the new Revenue Standard affects Airlines, S. 7; KPMG (Hrsg.), IFRS 15 for Airlines, S. 21.

730 Vgl. allgemein zu Zusatzleistungen Abschnitt 24.

731 Vgl. zum Zeitraum bzw. Zeitpunkt der Umsatzrealisierung ausführlich Abschnitt 446.

732 Vgl. IFRS 15.21 (b); vgl. hierzu ausführlich Abschnitt 443.12.

733 Vgl. IFRS 15.21 (b); vgl. zur Messung des Leistungsfortschritts Abschnitt 446.22.

734 Es gibt nicht nur ununterbrochene Flüge zum vereinbarten Zielort. In einem Beförderungsvertrag werden regelmäßig auch unterbrochene Flüge, d. h. Beförderungen über mehrere Teilstrecken vereinbart. Vgl. hierzu Abschnitt 231. Werden Zusatzleistungen auf verschiedenen Flugsegmenten hinzugebucht, ändert sich der

einer fiktiven Beendigung des Beförderungsvertrages und der Bilanzierung eines neuen Vertrages erfasst werden. Zwar steht das nicht mit einer engen Auslegung der Vorschriften gemäß IFRS 15.20 f. im Einklang. Indes hat dies effektiv keine wesentlichen Auswirkungen auf die Abbildung der Ertragslage der Airline.

Gebuchte Zusatzleistungen, wie z. B. eine Sitzplatzreservierung, sind regelmäßig nicht erstattungsfähig.[735] Unter bestimmten Umständen, bspw. aus Sicherheitsgründen, kann eine Airline dem Passagier seinen kostenpflichtig gewählten Sitzplatz nicht zuweisen, sodass sie die Sitzplatzreservierung storniert und ihm das hierfür entrichtete Entgelt zurückerstatten muss.[736] Wenn eine **Zusatzleistung storniert** wird, reduzieren sich sowohl der Vertragsumfang als auch der Transaktionspreis. Es werden mithin keine zusätzlichen Leistungen vereinbart, sodass eine solche Vertragsänderung konzeptionell nicht als separater Vertrag bilanziert werden kann.[737] Da eine Zusatzleistung ausschließlich storniert werden kann, sofern die zugrunde liegende Beförderungsleistung noch nicht erbracht worden ist, muss die Airline die aus der Änderung resultierenden Bilanzierungskonsequenzen prospektiv abbilden.[738] In diesem Fall ist der bestehende Beförderungsvertrag fiktiv zu beenden und der Transaktionspreis neu zu bestimmen. Die Vertragsänderung ist somit erfolgsneutral im IFRS-Abschluss nachzuzeichnen. Deren Abbildung spiegelt den zugrunde liegenden Sachverhalt realitätsgetreu wider.

442.6 Abschließende Würdigung des ersten Schrittes zur Umsatzrealisierung

Im ersten Prozessschritt des Fünf-Schritte-Modells zur Umsatzrealisierung wird der Beförderungsvertrag als **Bilanzierungsobjekt im weiteren Sinne** identifiziert.[739] Denn ein Beförderungsvertrag erfüllt die Voraussetzungen eines Kundenvertrages nach IFRS 15. So begründet ein rechtlich wirksamer Beförderungsvertrag zum einen durchsetzbare Rechte und Verpflichtungen. Zum anderen kann einem Beförderungsvertrag wirtschaftliche Substanz unterstellt werden und davon ausgegangen werden, dass alle Vertragsparteien ihre zugesagten Leistungen tatsächlich erfüllen werden. Zwar legt der Board den Fokus im ersten Prozessschritt auf die rechtliche Betrachtungsweise, um die im Rahmen der Umsatzrealisierung vermittelten Informationen gegenüber einer rein wirtschaftlichen Betrachtungsweise objektivierbarer und vergleichbabarer zu machen. Indes vernachlässigt er die in der IFRS-Rechnungslegung verfolgte wirtschaftliche Sichtweise durch die pflichtmäßige Erfüllung wirtschaftlicher Kriterien nicht vollständig. Damit wird der wirtschaftliche Gehalt des Beförderungsvertrages zumindest in Teilen berücksichtigt. Die Regelungen zur Identifikation eines Beförderungsvertrages sind somit ein geeignetes Grundgerüst, um sowohl glaubwürdige als auch relevante Informationen vermitteln zu können. Es kann ein hoher Informationsnutzen erreicht werden.

---

zugrunde liegende Sachverhalt indes nicht.

735 Vgl. bspw. EASYJET (Hrsg.), ABB, Art. 14.5.4.

736 Vgl. DEUTSCHE LUFTHANSA (Hrsg.), ABB Flugpassage, Art. 5.4.3.

737 Vgl. IFRS 15.20.

738 Vgl. IFRS 15.21 (a); vgl. Abbildung 4-3 in Abschnitt 442.51.

739 Vgl. hierzu ausführlich Abschnitt 442.1.

Die Vorschriften des IFRS 15 sind über den Zeitraum anzuwenden, in dem alle Vertragsparteien durchsetzbare Rechte und Pflichten haben. In einem Beförderungsvertrag ist die **Vertragslaufzeit** vertraglich genau vereinbart.[740] Sie beginnt zum Zeitpunkt des Vertragsabschlusses und endet, sobald die Airline die vertraglich vereinbarten Beförderungs- und Zusatzleistungen erfüllt hat. Etwaige Kündigungsrechte beeinflussen die Vertragslaufzeit eines Beförderungsvertrages nicht. Daher ist der Bilanzierungszeitraum klar vorgegeben, sodass Ermessensentscheidungen nicht zu treffen sind.

In diesem Bilanzierungszeitraum sind die Vorschriften des IFRS 15 grundsätzlich auf **Einzelvertragsebene** anzuwenden.[741] Sofern erwartet wird, dass sich die bilanziellen Ergebnisse bei Anwendung der Regelungen auf ein **Portfolio** ähnlich gestalteter Beförderungsverträge nicht wesentlich von denen einer Bilanzierung auf Einzelvertragsebene unterscheiden, darf eine Airline den Standard auf der Ebene eines abzugrenzenden Portfolios anwenden. Allgemein ist diese Erleichterungsvorschrift unter Berücksichtigung des Kosten-Nutzen-Verhältnisses verständlich und nachvollziehbar. Für Beförderungsverträge ist im Speziellen zu beachten, dass sie auf den ersten Blick ähnlich ausgestaltet wirken. Im Detail unterscheiden sich die darin vereinbarten Rechte und Pflichten indes teils erheblich voneinander. Dadurch bedingt ist die Zusammensetzung von Einzelverträgen in einem Portfolio mit großen Ermessensspielräumen verbunden, was die zwischenbetriebliche Vergleichbarkeit stark einschränken kann. Eine Airline, die diese Erleichterungsvorschrift in Anspruch nehmen möchte, muss sicherstellen und glaubhaft erläutern, wie sie mit einem Portfolioansatz die Ertragslage zutreffend widerspiegelt. Das kann dazu führen, dass der Nutzen des Portfolioansatzes nicht immer höher ist als die durch dessen Anwendung resultierenden Kosten. Insgesamt ist der Portfolioansatz i. S. d. Wirtschaftlichkeit zu begrüßen. Bei einer sorgfältigen Anwendung wird die glaubwürdige Darstellung und Relevanz nicht wesentlich beeinträchtigt.

Von dem unter den genannten Voraussetzungen wahlweise anwendbaren Portfolioansatz ist die verpflichtende **Zusammenfassung von Verträgen** zu unterscheiden.[742] Eine Zusammenfassung ist stets erforderlich, sofern mit demselben Kunden oder diesen nahestehenden Parteien gleichzeitig oder in geringem zeitlichen Abstand wirtschaftlich voneinander abhängige Verträge geschlossen werden. Nur dann kann im weiteren Bilanzierungsprozess der wirtschaftliche Gehalt der einzelnen Transaktionen realitätsgetreu wiedergegeben werden. Auf Basis einer unzutreffenden Bilanzierungsgrundlage können schließlich keine entscheidungsnützlichen Informationen vermittelt werden. Da Beförderungsverträge standardisiert sind und ihr rechtlicher Rahmen im deutschen Recht klar festgelegt ist, gibt es zwischen mehreren Beförderungsverträgen grundsätzlich keine wirtschaftlichen Abhängigkeiten. Beförderungsverträge sind somit nicht zusammenzufassen. Eine glaubwürdige Darstellung der wirtschaftlichen Verhältnisse ist dementsprechend auf Einzelvertragsbasis möglich.

[740] Vgl. hierzu ausführlich Abschnitt 442.2.
[741] Vgl. hierzu ausführlich Abschnitt 442.3.
[742] Vgl. hierzu ausführlich Abschnitt 442.4.

Häufig ändern Passagiere ihren mit der Airline geschlossenen Beförderungsvertrag noch hinsichtlich des Vertragsumfangs und/oder des Transaktionspreises. Bevor nicht alle Vertragsparteien einer **Vertragsänderung** zugestimmt haben, ist sie bilanziell nicht zu berücksichtigen.[743] Damit unterbindet der Board bilanzpolitisch motivierte fiktive oder unsichere Vertragsänderungen und stärkt so die glaubwürdige Darstellung. Die Tatsache, dass der Board Vorschriften für Vertragsänderungen macht, fördert ferner die zwischenbetriebliche Vergleichbarkeit etwaiger Vertragsänderungen. Abhängig von Art und Ausmaß der jeweiligen Vertragsänderung sieht der Standard verschiedene bilanzielle Konsequenzen vor. So kann eine Vertragsänderung zur Bilanzierung eines separaten Vertrages eine fiktive Beendigung des alten und Bilanzierung eines neuen Vertrages nach sich ziehen oder als Teil des ursprünglichen Vertrages abzubilden sein. In einem Beförderungsvertrag können verschiedene Sachverhalte zu Vertragsänderungen führen. Beispielsweise ist es möglich, dass Passagiere vor oder während eines Fluges Zusatzleistungen mit der Airline vereinbaren oder ihre gebuchten Flüge ändern. Mithilfe der unterschiedlichen Bilanzierungsmethoden für die verschiedenen Vertragsänderungen ermöglicht der Standard für sämtliche Sachverhalte eine sachgerechte Abbildung, ohne dass bei Änderungen von Beförderungsverträgen bilanzpolitische Spielräume entstehen. Dies gewährleistet eine neutrale Berichterstattung, die zu glaubwürdigen und relevanten Informationen für die Adressaten des IFRS-Abschlusses führen kann.

Insgesamt betrachtet sind die Regelungen des ersten Prozessschrittes sowie die aus deren Anwendung resultierenden Bilanzierungskonsequenzen klar formuliert und können bezogen auf Beförderungsverträge grundsätzlich eindeutig ausgelegt werden. Sie schaffen eine geeignete Grundlage, um in den weiteren Prozessschritten entscheidungsnützliche Informationen zu vermitteln.

443. Identifikation von Leistungsverpflichtungen

443.1 Identifikation und Abgrenzung der vertraglich zugesagten Güter und Dienstleistungen

443.11 Begriff der Leistungsverpflichtung

Nachdem der Kundenvertrag, z. B. ein Beförderungsvertrag, als Bilanzierungsobjekt im weiteren Sinne im ersten Prozessschritt des Fünf-Schritte-Modells zur Umsatzrealisierung identifiziert worden ist, sind im zweiten Prozessschritt die im Kundenvertrag enthaltenen Leistungsverpflichtungen zu identifizieren.[744] Der Board knüpft die Umsatzrealisierung nach IFRS 15 nämlich an die Erfüllung einer Leistungsverpflichtung.[745] Leistungsverpflichtungen sind deshalb das **Bilanzierungsobjekt im engeren Sinne**. Es sind in Verträgen mit Kunden enthaltene

743 Vgl. hierzu ausführlich Abschnitt 442.5.

744 Vgl. IFRS 15.22-30.

745 Vgl. hier und im folgenden Satz IFRS 15.BC85; Fischer, D. T./Burghardt, S. T., ED/2011/6, S. 357; Schoo, L., Umsatzrealisierung nach IFRS, S. 39; Wüstemann, J./Kierzek, S., Das Projekt „Revenue Recognition" von FASB und IASB, S. 254.

Zusagen, die vertraglich explizit festgelegt sind oder sich implizit durch Geschäftsgepflogenheiten, veröffentlichte Leitlinien oder spezifische Aussagen eines Unternehmens ergeben und i. S. d. Kontrollprinzips zur Übertragung einer Leistung an den Kunden verpflichten.[746] Zusagen können z. B. Güter sein, die ein Unternehmen für den Weiterverkauf erworben hat, oder vertraglich vereinbarte Aufgaben, die ein Unternehmen für seinen Kunden ausführt.[747] Implizite Zusagen müssen im Gegensatz zu explizit festgelegten Zusagen nicht zwingend rechtlich durchsetzbar sein, indes eine berechtigte Erwartungshaltung beim Kunden begründen, künftig Leistungen vom Unternehmen zu erhalten.[748] Für die Identifikation einer Leistungsverpflichtung sind alle explizit und implizit zugesagten Leistungen zu berücksichtigen.[749] Dies gilt bspw. auch für solche Leistungen, die aus Sicht eines Unternehmens lediglich Marketing- oder Vertriebsanreize darstellen.[750] Tätigkeiten, durch die keine Leistungen übertragen werden, wie z. B. Verwaltungsaufgaben, sind indes keine Leistungsverpflichtungen nach IFRS 15.[751] Dies ist i. S. d. in IFRS 15 verfolgten Kontrollprinzips.[752]

Bei der Identifikation von Leistungsverpflichtungen wird i. S. d. IFRS-Rechnungslegung nicht ausschließlich auf die rechtliche, sondern auch auf die wirtschaftliche Betrachtungsweise abgestellt.[753] Im Hinblick auf die Zielsetzung der IFRS-Rechnungslegung ist es grundsätzlich positiv zu bewerten, dass nicht der Vertrag als Ganzes, sondern die in den jeweiligen Verträgen enthaltenen einzelnen Leistungsverpflichtungen das konkrete Bilanzierungsobjekt sind.[754] Sofern ein Kundenvertrag mehrere Leistungsverpflichtungen enthält, die zu unterschiedlichen Zeitpunkten und/oder über verschiedene Zeiträume erfüllt werden, erhalten die Adressaten dann regelmäßig im Vergleich zur Bilanzierung auf Vertragsebene zutreffendere Informationen über den wirtschaftlichen Gehalt der Transaktionen des bilanzierenden Unternehmens. Überdies können die Adressaten des IFRS-Abschlusses diese Informationen zeitlich früher als bei einer Bilanzierung auf Vertragsebene erhalten, wenn die verschiedenen Leistungen innerhalb

746 Vgl. IFRS 15.24; IFRS 15.Anhang A; IFRS 15.BC87.

747 Vgl. IFRS 15.26 (b) und (d). Vgl. IFRS 15.26 zu weiteren beispielhaften Gütern oder Dienstleistungen i. S. d. IFRS 15.

748 Vgl. IFRS 15.BC32 und .BC87.

749 Vgl. so auch SCHOO, L., Umsatzrealisierung nach IFRS, S. 59; LAM, S., Umsatzerlöse nach IFRS 15, S. 132. Während der Entwicklung des IFRS 15 wurden Ausnahmeregelungen bei der Identifikation von Leistungsverpflichtungen noch diskutiert. Vgl. z. B. IASB/FASB (Hrsg.), Staff Paper 7A (July 2012), Rn. 5, 33-41. Vgl. gemäß IFRS 15.BC90 zu den Wesentlichkeitsüberlegungen die allgemeinen Vorschriften in IAS 8, sowie IFRS 15.BC116E. Der Board betont, dass der Grundsatz der Wesentlichkeit in den IFRS immer gilt. Das ist unabhängig davon, ob der Grundsatz in einem IFRS nochmals explizit erwähnt wird. Vgl. hierzu auch Abschnitt 332.1.

750 Vgl. IFRS 15.BC88 f.

751 Vgl. hier und im folgenden Satz IFRS 15.25 i. V. m. IFRS 15.BC93.

752 Vgl. zum Kriterium des Kontrollübergangs Abschnitt 42.

753 Vgl. so auch GROTE, A./HOLD, C./PILHOFER, J., IFRS 15 (Teil 1), S. 409; GROTE, A./HOLD, C./PILHOFER, J., ED/2011/6 (Teil 1), S. 107; vgl. bereits IASB/FASB (Hrsg.), Staff Paper 6C (January 2011), Rn. 15-20; IASB/FASB (Hrsg.), Staff Paper 4A (February 2011), Rn. 6.

754 Vgl. hier und im Folgenden ähnlich PILHOFER, J., Umsatz- und Gewinnrealisierung, S. 372 f.; LÜDENBACH, N./HOFFMANN, W.-D., Erlösrealisierung bei Mehrkomponentengeschäften, S. 154; WÜSTEMANN, J./KIERZEK, S., Das Projekt „Revenue Recognition" von FASB und IASB, S. 254; HAAS, S./MÖHRING, S./BORNHOFEN, M. C., Revenue Recognition, S. 238; SCHOO, L., Umsatzrealisierung nach IFRS, S. 58.

des Vertrages in mehreren Berichtsperioden erbracht werden. Die vermittelten Informationen haben dann einen Bestätigungs- und Prognosewert, sodass sie auch von Relevanz sein können. Somit scheinen Leistungsverpflichtungen das geeignete Bilanzierungsobjekt zu sein, um im Rahmen der Umsatzbilanzierung entscheidungsnützliche Informationen vermitteln zu können.

443.12 Abgrenzbare Leistungsverpflichtungen

443.121. Vorbemerkungen

Ein Unternehmen muss die Leistungsverpflichtungen innerhalb eines Kundenvertrages auf Grundlage eigenständig abgrenzbarer zugesagter Güter oder Dienstleistungen identifizieren.[755] Umschrieben werden kann der **Begriff der Eigenständigkeit** durch die Unterschiedlichkeit und Separierbarkeit einzelner vertraglicher Verpflichtungen.[756] Um eigenständig abgrenzbar zu sein, muss eine Leistungsverpflichtung sowohl abstrakt abgrenzungsfähig als auch einzeln identifizierbar, d. h. im Vertragszusammenhang konkret abgrenzungsfähig sein.[757]

Das erste Kriterium (**abstrakte Abgrenzungsfähigkeit**) legt die Mindestmerkmale fest, damit ein Gut oder eine Dienstleistung separat bilanziert werden kann.[758] Demgemäß ist zuerst zu prüfen, ob der Kunde aus der versprochenen Leistung im Vertrag allein oder in Kombination mit anderen jederzeit verfügbaren Gütern oder Dienstleistungen einen Nutzen ziehen kann.[759] Ist dies der Fall, muss anschließend beurteilt werden, ob das Leistungsversprechen über das abgrenzungsfähige Gut oder die abgrenzungsfähige Dienstleistung im Vertragszusammenhang konkret abgrenzungsfähig ist.[760] Besonders das zweite Kriterium der Eigenständigkeit im Vertragskontext (**konkrete Abgrenzungsfähigkeit**) sowie die erläuternden Faktoren, die zeigen, wann zwei oder mehr Leistungsversprechen nicht konkret abgrenzbar sind,[761] führten im Rahmen der Umsetzung der Regelungen des IFRS 15 zu unterschiedlichen Auslegungen.[762] Deshalb hat der Board diese Regelung in den Klarstellungen, die im April 2016 veröffentlicht worden sind, konkretisiert und die erläuternden Beispiele angepasst und erweitert.[763] Entscheidend ist demnach, dass das Lieferungs- und Leistungsversprechen über Güter bzw. Dienstleistungen und nicht das jeweilige Gut bzw. die jeweilige Dienstleistung selbst im Vertragszusammenhang konkret abgrenzbar ist.[764] Ob ein Gut oder eine Dienstleistung konkret abgrenzungsfähig ist,

---

755 Vgl. IFRS 15.22 (a).

756 Vgl. IFRS 15.BC95; im Englischen „*different*“, „*separate*“, „*dissimilar*“.

757 Vgl. IFRS 15.27; vgl. statt vieler bspw. HEINTGES, S./HOFFMANN, T./MARX, A., Klarstellungen von IFRS 15, S. 1050; NARDMANN, H./GEBERTH, S./HAUSSMANN, K., Klarstellung des IASB zu IFRS 15, S. 321; HOLD, C./HARMS, S., Praxisfragen der Erlöserfassung, S. 900 f.

758 Vgl. IFRS 15.BC98. Vgl. hierzu ausführlich Abschnitt 443.122.

759 Vgl. IFRS 15.27 (a). Ist das erste Kriterium, das auf der ersten Stufe zu prüfen ist, für ein Leistungsversprechen nicht erfüllt, liegt keine abgrenzungsfähige Leistungsverpflichtung i. S. d. IFRS 15 vor.

760 Vgl. IFRS 15.27 (b). Vgl. hierzu ausführlich Abschnitt 443.123.

761 Vgl. IFRS 15.29.

762 Vgl. IFRS 15.BC116F; FASB/IASB TRG (Hrsg.), Agenda Paper 9 (October 2014); FASB/IASB TRG (Hrsg.), Agenda Paper 27 (March 2015).

763 Vgl. IFRS 15.BC116H, .BC116L f., .BC116P. Die Klarstellungen des IASB sind bis auf einige Beispiele identisch zu denen des FASB.

764 Vgl. hier und im folgenden Satz IFRS 15.27 (b); HOLD, C./HARMS, S., Praxisfragen der Erlöserfassung, S. 901; EY (Hrsg.), Umsatzrealisierung, S. 89; EY (Hrsg.), International GAAP 2018, S. 2085 f. Der Board

hängt also von der Art und Weise ab, wie das Unternehmen diese im bilanziell abzubildenden Vertrag zu einem Leistungspaket bündelt.

Die nachstehende Abbildung 4-4 gibt einen Überblick zum zweistufigen Prozess, um eine eigenständig abgrenzbare Leistungsverpflichtung innerhalb eines Vertrages mit einem Kunden i. S. d. IFRS 15 zu identifizieren.

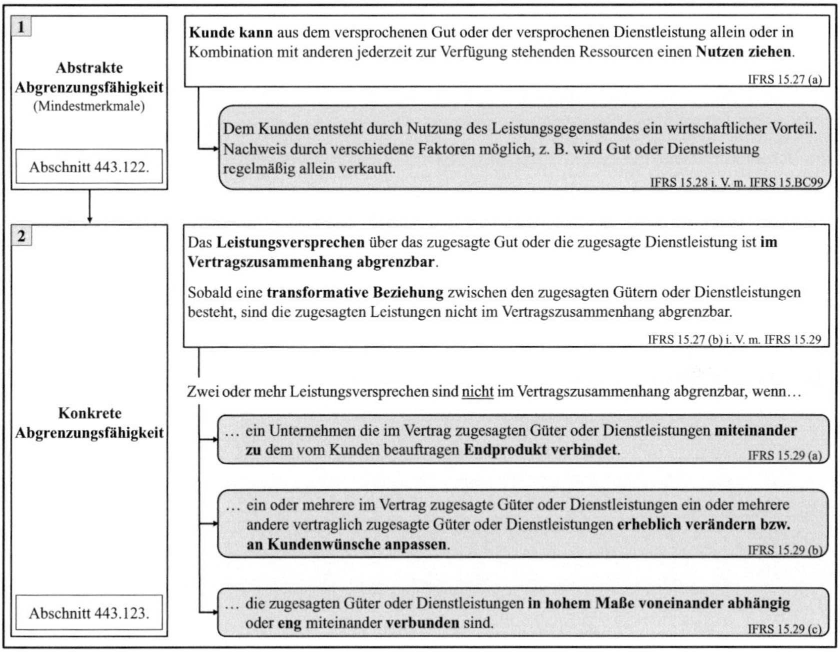

Abbildung 4-4: Schema zur Identifikation von Leistungsverpflichtungen

In den nachfolgenden Abschnitten sollen die einzelnen Regelungen zur Abgrenzung des Bilanzierungsobjektes im engeren Sinne dargestellt, konkretisiert und kritisch im Hinblick auf ihre Entscheidungsnützlichkeit untersucht werden.

443.122. Abstrakt abgrenzungsfähige Leistungsverpflichtung

443.122.1 Analyse und Würdigung der normativen Vorgaben

Das erste Kriterium zur Identifikation einer Leistungsverpflichtung fordert, dass das versprochene Gut bzw. die versprochene Dienstleistung eigenständig abgrenzbar ist.[765] Abstrakt abgrenzungsfähig ist ein vertragliches Leistungsversprechen immer dann, wenn der Kunde aus

---

merkt zu den Änderungen der Regelungen zur Abgrenzbarkeit einer Leistungsverpflichtung nochmals explizit an, dass es sich lediglich um Klarstellungen handelt. Am zugrunde liegenden Prinzip des IFRS 15 ändert sich nichts. Vgl. IFRS 15.BC116I sowie grundsätzlich hierzu IFRS 15.BC1A und Abschnitt 441.

[765] Vgl. hier und im folgenden Satz IFRS 15.22 (a) i. V. m. IFRS 15.27 (a); IFRS 15.BC97.

dem versprochenen Gut oder der versprochenen Dienstleistung einen Nutzen ziehen kann. Den Nutzen aus dieser Leistung erhält er, indem er den Leistungsgegenstand unabhängig von anderen Vertragsleistungen nutzt, verbraucht, ihn für mehr als den Schrottwert verkauft oder ihn anderweitig verwendet und ihm dadurch **wirtschaftliche Vorteile entstehen**.[766] Der Kunde kann den Nutzen dabei entweder aus dem Gut bzw. aus der Dienstleistung selbst oder durch Kombination mit anderen jederzeit zur Verfügung stehenden Ressourcen ziehen.[767] Stets verfügbare Ressourcen sind diejenigen Güter oder Dienstleistungen, die am Markt einzeln verkauft werden oder die der Kunde bereits vom Unternehmen oder aufgrund anderer Geschäftsvorfälle erhalten hat. Gemeint sind sowohl Güter oder Dienstleistungen aus anderen Verträgen als auch solche, die „[…] im Rahmen des [bilanziell abzubildenden; Anm. d. Verf.] Vertrags **bereits** auf den Kunden übertragen […]“[768] wurden. Hierbei ist also die Reihenfolge entscheidend, in der das Unternehmen die Kontrolle über die jeweils zugesagten Leistungen auf den Kunden überträgt.[769] Die Beachtung der Reihenfolge ist nicht nur gemäß dem Wortlaut der Vorschrift, sondern auch mit Blick auf das Ziel der Vorschrift zwingend. Denn bereits an den Kunden gelieferte Güter oder erbrachte Dienstleistungen sind faktisch ebenso jederzeit verfügbar wie Güter oder Dienstleistungen, die am Markt erworben werden können. Die Vorschrift gewährleistet, dass nur solche Leistungen abgegrenzt werden, aus denen der Kunde weitestgehend unabhängig von anderen Leistungen einen Nutzen ziehen kann.[770] Das begrenzt mögliche wirtschaftliche Abhängigkeiten zwischen solchen Leistungsverpflichtungen. Da Umsatzerlöse realisiert werden, sobald eine eigenständig abgrenzbare Leistungsverpflichtung erfüllt ist, kann der wirtschaftliche Gehalt der zugrunde liegenden Transaktion auf Basis dieser Vorschrift glaubwürdig abgebildet werden.[771]

Entscheidend für die Einschätzung, ob der Kunde aus den versprochenen Gütern oder den versprochenen Dienstleistungen, z. B. aus Beförderungs- und Zusatzleistungen, einen Nutzen ziehen kann, sind dabei die **Eigenschaften der Güter oder Dienstleistungen** und nicht, auf welche Art und Weise der Kunde diese nutzen könnte.[772] Somit sind etwaige vertragliche Beschränkungen, die den Kunden bspw. daran hindern, eine für die Nutzenziehung erforderliche Ressource von einem anderen Unternehmen zu erwerben, nicht zu berücksichtigen. Überdies könnte sich das bilanzierende Unternehmen nur schwer in die Lage seines Kunden versetzen, um einzuschätzen, wie er aus der jeweiligen Leistung einen Nutzen ziehen wird. Wenn das

---

766 Vgl. IFRS 15.28; WÜSTEMANN, J./WÜSTEMANN, S./JENDRECK, A., in: Rechnungslegung nach IFRS, 2. Aufl., IFRS 15, Rn. 57.

767 Vgl. hier und im folgenden Satz IFRS 15.28.

768 IFRS 15.28 [Hervorhebungen durch Verfasser]. In der englischen Fassung heißt es in IFRS 15.28 [Hervorhebungen durch Verfasser]: „[…] *that the entity* ***will have already transferred*** *to the customer under the contract* […]“.

769 Vgl. so auch LÜDENBACH, N./HOFFMANN, W.-D./FREIBERG, J., in: Haufe IFRS-Kommentar, 16. Aufl., § 25, Rn. 59; PwC (Hrsg.), Revenue from Contracts with Customers, S. 3-6; KPMG (Hrsg.), Insights into IFRS, Rn. 4.2A.70.40; EY (Hrsg.), International GAAP 2018, Chapter 30, S. 2085 f.

770 Vgl. hier und im Folgenden SCHOO, L., Umsatzrealisierung nach IFRS, S. 60.

771 Vgl. zum Umsatzrealisierungsprozess gemäß des Fünf-Schritte-Modells Abschnitt 441.

772 Vgl. hier und im folgenden Satz IFRS 15.BC100 i. V. m. IFRS 15.BC116O.

gefordert wäre, müsste das Unternehmen zahlreiche Annahmen treffen. Der klarstellende Hinweis auf die Eigenschaft des jeweiligen Gutes oder der jeweiligen Dienstleistung schränkt zwar grundsätzlich den bilanzpolitischen Spielraum ein und stärkt somit die Vergleichbarkeit der Abschlüsse einzelner Unternehmen sowie letztlich die Entscheidungsnützlichkeit der im Rahmen der Umsatzrealisierung vermittelten Informationen. Allerdings kann der Nachweis, dass der Kunde aus den vertraglich vereinbarten Gütern oder Dienstleistungen jeweils einen Nutzen ziehen kann, durch verschiedene Faktoren erbracht werden.[773] Erfüllt ist dieses erste Kriterium grundsätzlich, wenn ein Unternehmen den Leistungsgegenstand regelmäßig separat veräußert oder erbringt.[774] Dann ist anzunehmen, dass ein Kunde aus diesem Gut oder dieser Dienstleistung einen Nutzen ziehen kann.[775] Anderenfalls würde das Unternehmen diese Leistung nicht separat veräußern können. Sofern nur auf die Sicht des Unternehmens abgestellt würde, könnte ein Unternehmen etwaige Leistungen ggf. nur deshalb nicht abgrenzen, weil es diese nicht einzeln veräußert.[776] Abhängig von den zugesagten Gütern oder Dienstleistungen kann die Berücksichtigung des Kundennutzens mithin erhebliche Ermessensspielräume eröffnen.[777] Das kann bei unterschiedlicher Ausübung durch die Bilanzierenden die Neutralität und somit die Glaubwürdigkeit der bei der Umsatzbilanzierung vermittelten Informationen einschränken.[778] Dem ist aber entgegenzuhalten, dass der Kundennutzen zur Beurteilung der Abgrenzungsfähigkeit einer Leistung wichtig ist, um den wirtschaftlichen Gehalt der Leistungen eines Unternehmens im Rahmen der Umsatzrealisierung stärker abzubilden.[779]

In den folgenden Abschnitten sollen die Vorschriften des IFRS 15 für Beförderungs- und Zusatzleistungen innerhalb eines Beförderungsvertrages konkretisiert und vor dem Hintergrund der Entscheidungsnützlichkeit beurteilt werden.

443.122.2 Abstrakt abgrenzungsfähige Leistungsverpflichtungen in einem Beförderungsvertrag über einen ununterbrochenen Flug

Beförderungsverträge sind unterschiedlich gestaltet.[780] So können innerhalb eines Vertrages Beförderungsleistungen für einen oder mehrere Flüge festgelegt werden, die außerdem um Zusatzleistungen freiwillig ergänzt werden können. Überdies beeinflussen zahlreiche Kooperationsformen, wie z. B. das Codesharing und *Interlining*, die Vertragsgestaltung betreffend den Durchführungsweg. Es ist deshalb im Detail zu prüfen, welche Leistungen innerhalb eines Beförderungsvertrages über einen ununterbrochenen und einen unterbrochenen Flug zugesagt

773 Vgl. IFRS 15.28.

774 Vgl. IFRS 15.28 i. V. m. IFRS 15.BC99.

775 Vgl. hier und im folgenden Satz IFRS 15.28 i. V. m. IFRS 15.BC99.

776 Vgl. SCHOO, L., Umsatzrealisierung nach IFRS, S. 60.

777 Vgl. EY (Hrsg.), Umsatzrealisierung, S. 84.

778 Vgl. SCHOO, L., Umsatzrealisierung nach IFRS, S. 60.

779 Vgl. IASB/FASB (Hrsg.), Staff Paper 7A (July 2012), Rn. 27.

780 Vgl. zu den Grundlagen von Beförderungs- und Zusatzleistungen in diesem Absatz besonders Abschnitt 231., 232. und 24.

werden und inwieweit diese abstrakt abgrenzungsfähig i. S. d. IFRS 15.27 (a) sind.[781] Der Passagier muss demnach aus der (bzw. den) versprochenen Dienstleistung(en) allein oder in Kombination mit anderen jederzeit zur Verfügung stehenden Ressourcen einen Nutzen ziehen.

Zuerst sind die Mindestmerkmale, die IFRS 15 an die Identifikation einer separaten Leistungsverpflichtung stellt, für den einfachsten Fall eines Beförderungsvertrages zu konkretisieren. Im einfachsten Fall wird ein **Beförderungsvertrag über einen ununterbrochenen Flug**, d. h. einen Nonstop-Flug, gegen Zahlung eines Entgelts geschlossen. Zusatzleistungen werden darin nicht vereinbart. Jeder (potenzielle) Passagier kann diesen Flug einzeln buchen. Dies indiziert, dass der Passagier durch die Nutzung des erworbenen Flugtickets einen wirtschaftlichen Vorteil erhält.[782] Der Passagier profitiert letztlich von einer erfolgreich durchgeführten Beförderung zum vereinbarten Zielort, sodass er aus dieser Beförderungsleistung allein einen Nutzen ziehen kann.[783] Zur Beförderungsleistung im weiteren Sinne gehören aber auch obligatorische Zusatzleistungen, die für die Erbringung der Beförderungsleistung zwingend erforderlich sind.[784] Dazu zählen bspw. der Check-in, das Betreten des Sicherheitsbereiches im Flughafen sowie das Boarding, also das Betreten des Flugzeugs. Der Passagier kann aus diesen Leistungen weder gesondert noch im Zusammenhang mit anderen jederzeit verfügbaren Ressourcen einen Nutzen ziehen.[785] Diese obligatorischen Leistungen sind faktisch nur Mittel zum Zweck, durch die ein Passagier die vertraglich vereinbarte Beförderungsleistung erst in Anspruch nehmen kann.[786] Da also durch die Erfüllung dieser obligatorischen Zusatzleistungen keine Güter oder Dienstleistungen auf den Passagier übertragen werden, begründen diese Leistungen nach IFRS 15 keine Leistungsverpflichtung.[787] Hiermit wird konzeptionell konsistent das Kontrollprinzip des IFRS 15 berücksichtigt.[788] Die Prüfung der abstrakten Abgrenzungsfähigkeit einer Leistungsverpflichtung ist im Fall eines Nonstop-Fluges also unproblematisch, da letztlich nur eine Leistung zugesagt wird.[789] So resultieren aus Beförderungsverträgen über eine einfache Flugstrecke keine Auslegungs- und Anwendungsfragen im Hinblick auf die Prüfung der abstrakten Abgrenzungsfähigkeit einer Leistungsverpflichtung.

Oftmals werden im Beförderungsvertrag neben der einfachen Beförderungsleistung auch eine oder mehrere Zusatzleistungen vereinbart. Fraglich ist, ob die zugesagten Leistungen in einem solchen Beförderungsvertrag jeweils abgrenzungsfähige Leistungsverpflichtungen i. S. d.

[781] Vgl. zur Prüfung der abstrakten Abgrenzungsfähigkeit der zugesagten Leistungen in einem Beförderungsvertrag über einen unterbrochenen Flug Abschnitt 443.122.3.

[782] Vgl. IFRS 15.28 i. V. m. IFRS 15.BC99; vgl. hier und im Folgenden auch Abbildung 4-4 in Abschnitt 443.121.

[783] Vgl. IFRS 15.27 (a) i. V. m. IFRS 15.28.

[784] Vgl. hier und im folgenden Satz Abschnitt 24.

[785] Vgl. IFRS 15.27 (a) i. V. m. IFRS 15.28.

[786] Vgl. IFRS 15.25; IFRS 15.BC93; FASB/IASB TRG (Hrsg.), Agenda Paper 46 (November 2015), Rn. 6-12.

[787] Vgl. IFRS 15.25 i. V. m. IFRS 15.BC93.

[788] Vgl. Abschnitt 42.

[789] Unabhängig von Beförderungsleistungen muss die in einem Vertrag zugesagte Leistung nicht zwingend eigenständig abgrenzbar i. S. d. IFRS 15 sein. Gegebenenfalls sind mehrere zugesagte Leistungen aus verschiedenen Verträgen zu einer einzigen Leistungsverpflichtung zusammenzufassen. Vgl. hierzu ausführlich das dritte Kriterium zur Zusammenfassung von Verträgen in Abschnitt 442.4.

IFRS 15.27 (a) begründen. Hierzu sollen die Regelungen für den Fall eines Vertragsschlusses über einen **ununterbrochenen Flug inklusive einer vereinbarten Zusatzleistung**, z. B. einer Sitzplatzreservierung, konkretisiert werden. Die mögliche Zusatzleistung, die ein Passagier freiwillig zu einem Flug hinzubuchen kann, macht den Flug für den Passagier zwar attraktiver.[790] Indes haben sie auf dessen erfolgreiche Durchführung keine Auswirkung. Der Passagier kann nämlich unabhängig von der vereinbarten Zusatzleistung den Nutzen aus der Beförderungsleistung ziehen. Deshalb ist eine vertraglich zugesagte Beförderungsleistung in einem geschlossenen Beförderungsvertrag, in dem auch eine Zusatzleistung vereinbart wird, abstrakt abgrenzungsfähig i. S. d. IFRS 15.27 (a).[791]

Eine Zusatzleistung kann grundsätzlich nur im Zusammenhang mit einer Beförderungsleistung in Anspruch genommen werden.[792] Für einige Zusatzleistungen, wie z. B. Betreuungsleistungen vor oder nach dem Flug, benötigt der Passagier ein gültiges Flugticket, um den Sicherheitsbereich des Flughafens betreten zu dürfen. Andererseits gibt es Leistungen, bspw. Bordunterhaltungsprogramme, für deren Inanspruchnahme die Beförderungsleistung an sich notwendige Bedingung ist.[793] Der Passagier kann aus der Zusatzleistung allein also grundsätzlich keinen Nutzen ziehen.[794] Überdies können Airlines Zusatzleistungen i. d. R. nicht ohne einen gültigen Beförderungsvertrag veräußern.[795] Zwar indiziert ein separater Verkauf einer Leistung regelmäßig eine abstrakt abgrenzungsfähige Leistungsverpflichtung.[796] Allerdings kann eine Leistungsverpflichtung auch abstrakt abgrenzungsfähig sein, wenn eine zugesagte Leistung nicht separat veräußert wird.

Deshalb ist zu prüfen, ob der Passagier die Möglichkeit hat, durch Kombination mit anderen jederzeit zur Verfügung stehenden Ressourcen einen Nutzen aus der vereinbarten Zusatzleistung zu ziehen.[797] Zum Zeitpunkt bzw. im Zeitraum, in dem der Passagier seine vereinbarte Zusatzleistung in Anspruch nimmt, hat der Passagier aus demselben Beförderungsvertrag i. d. R. bereits einen (Teil-)Nutzen aus der Beförderungsleistung ziehen können.[798] Denn der Passagier kann nur während der Beförderung die vereinbarte Zusatzleistung beanspruchen. Die

---

790 Vgl. Abschnitt 24.

791 Vgl. so auch AICPA AIRLINES REVENUE RECOGNITION TASK FORCE (Hrsg.), Issue #2-4 – Ancillary Fees and Services, Rn. 5.

792 Vgl. hier und im folgenden Satz AICPA AIRLINES REVENUE RECOGNITION TASK FORCE (Hrsg.), Issue #2-4 – Ancillary Fees and Services, Rn. 5; vgl. Abschnitt 24. Die eingeschränkte Nutzungsmöglichkeit einer Zusatzleistung ist ein typisches Charakteristikum dieser Leistung. Diese Einschränkung ist nicht mit den in IFRS 15.BC100 genannten vertraglichen Einschränkungen zu verwechseln, die die Beurteilung der Abgrenzungsfähigkeit einer separaten Leistungsverpflichtung nicht beeinflussen. Vgl. Abschnitt 443.122.1.

793 Vgl. Abschnitt 24, sowie AICPA AIRLINES REVENUE RECOGNITION TASK FORCE (Hrsg.), Issue #2-4 – Ancillary Fees and Services, Rn. 5.

794 Vgl. IFRS 15.27 f.

795 Vgl. Abschnitt 24.

796 Vgl. IFRS 15.28 i. V. m. IFRS 15.BC99. Vgl. Abschnitt 443.122.1.

797 Vgl. IFRS 15.28.

798 Auch der Check-in, das Betreten des Sicherheitsbereiches sowie das Boarding sind Bestandteil der Beförderungsleistung (im weiteren Sinne). Sobald der Passagier also vor dem Flug eine Zusatzleistung in Anspruch nimmt, hängt diese grundsätzlich mit der zugehörigen Beförderungsleistung (im weiteren Sinne) zusammen.

Art der Leistungserbringung einer Zusatzleistung innerhalb des Beförderungsvertrages spricht somit regelmäßig dafür, die Beförderungsleistung zu den verfügbaren Ressourcen i. S. d. IFRS 15.27 (a) zu zählen.[799] Dabei könnte es kritisch sein, dass die Beförderungsleistung bei einer Zusatzleistung während des Fluges regelmäßig noch nicht vollständig erbracht wurde. Denn i. S. d. IFRS 15.27 sind verfügbare Ressourcen Dienstleistungen, „[...] die das Unternehmen im Rahmen des Vertrags bereits auf den Kunden übertragen hat [...]“[800]. Im Fall eines Nonstop-Fluges ist die Beförderungsleistung eine einzige Leistungsverpflichtung. Sobald nun also eine Zusatzleistung vor oder während eines Fluges erbracht wird, ist die Kontrolle über die Beförderungsleistung noch nicht (vollständig) auf den Passagier übergegangen.[801] Eine Beförderungsleistung ist nämlich erst bei einer Zusatzleistung vollständig erfüllt, die nach dem Flug erbracht wird, wie z. B. bei Betreuungsleistungen und Zutritt zu Flughafenlounges am Zielort. Um zu beurteilen, ob die Zusatzleistung, die vor oder während eines Fluges erbracht wird, dennoch von der Beförderungsleistung abstrakt abgrenzungsfähig ist, muss das Ziel der Vorschrift in IFRS 15.27 (a) i. V. m. IFRS 15.28 berücksichtigt werden. So ist es für die Beurteilung entscheidend, dass der Passagier die Möglichkeit hat, aus der zugesagten Zusatzleistung einen Nutzen ziehen zu können.[802] Eine Zusatzleistung soll die Beförderungsleistung für den Passagier attraktiver machen, damit sich die Airline mit ihrem Leistungsangebot von anderen Fluggesellschaften abgrenzen kann.[803] Ein Passagier würde eine solche Zusatzleistung nicht separat innerhalb des Beförderungsvertrages vereinbaren, wenn er nicht aus jeder einzelnen Zusatzleistung i. V. m. der zugrunde liegenden Beförderungsleistung einen Nutzen ziehen könnte.[804] Deshalb ist eine Zusatzleistung nach hier vertretener Auffassung von der Beförderungsleistung abstrakt abgrenzungsfähig.[805]

Werden bei einem **Nonstop-Flug** nicht nur eine, sondern **mehrere Zusatzleistungen** vereinbart, ist zusätzlich zu prüfen, ob die verschiedenen Zusatzleistungen jeweils voneinander abstrakt abgrenzungsfähig sind.[806] Hierzu sei angenommen, dass der Passagier innerhalb eines Beförderungsvertrages zwei Zusatzleistungen vereinbart. Beispielsweise ermöglicht die erste vereinbarte Zusatzleistung dem Passagier den Zutritt zu einer Lounge im Sicherheitsbereich. In

---

799 Vgl., wenn auch in anderem Kontext, SCHURBOHM-EBNETH, A./VIEMANN, K., Anwendung des IFRS 15 in der Automobilindustrie, S. 184. Dort übernimmt der Verkäufer eines Autos die ersten zwei Wartungen für das Auto im ersten Jahr. Beide Leistungszusagen sind innerhalb eines Vertrages abgrenzungsfähig. Auch in diesem Fall könnte der Kunde allerdings ohne das auf ihn übertragene Auto keinen Nutzen aus den Wartungen ziehen. Da er das Auto aber im Rahmen des Vertrages erhalten hat, ist die Leistung auch abgrenzungsfähig i. S. d. IFRS 15.27 (a).

800 IFRS 15.28.

801 Vgl. zum Zeitraum bzw. Zeitpunkt der Leistungserbringung Abschnitt 446.

802 Vgl. ausführlich Abschnitt 443.122.1.

803 Vgl. hier und im folgenden Satz Abschnitt 24.

804 Vgl. IFRS 15.27 (a) i. V. m. IFRS 15.28.

805 A. A. AICPA AIRLINES REVENUE RECOGNITION TASK FORCE (Hrsg.), Issue #2-4 – Ancillary Fees and Services, Rn. 5. Es sei nochmals darauf hingewiesen, dass die Diskussion und Konkretisierung einzelner Aspekte zu Beförderungs- und Zusatzleistungen in dieser Arbeit auf Vorschriften gemäß IFRS 15 beruht. Gewiss könnte kritisiert werden, dass eine Leistung nur abgrenzungsfähig sein kann, wenn sie auch allein genutzt werden kann. Dies ist bei Zusatzleistungen bspw. regelmäßig nicht der Fall.

806 Vgl. IFRS 15.27 (a) i. V. m. IFRS 15.28.

einer zweiten Zusatzleistung bucht der Passagier eine Massagebehandlung in dieser Lounge. Sobald der Passagier die Lounge betritt, nimmt er die erste Zusatzleistung in Anspruch. Die Kontrolle über diese Leistung geht damit im Zeitraum der Nutzung der Lounge auf den Passagier über.[807] Auch den Nutzen aus der Massage, der zweiten Zusatzleistung, kann der Passagier nur in diesem vereinbarten Zeitraum ziehen. Da die Reihenfolge, in der Airlines Zusatzleistungen in Beförderungsverträgen erbringen, fest vorgegeben bzw. vereinbart wird, wird eine Airline regelmäßig Zusatzleistungen – wie den Zugang und die Massage – als jeweils einzeln abstrakt abgrenzungsfähig klassifizieren müssen.[808] Schließlich kann der Passagier in diesen Fällen grundsätzlich aus jeder Zusatzleistung separat einen Nutzen i. S. d. IFRS 15.27 (a) ziehen. Zum Teil bieten Airlines Zusatzleistungen nicht nur einzeln, sondern gesondert im Paket an.[809] Auch in diesem Fall sind die vereinbarten Zusatzleistungen voneinander abstrakt abgrenzungsfähig, da sie jeweils gesondert im Rahmen der Beförderungsleistung genutzt werden können.[810]

Bilanziell ergibt sich für die Beurteilung der abstrakten Abgrenzungsfähigkeit einer Leistungsverpflichtung somit kein Unterschied, ob eine oder mehrere Zusatzleistungen vereinbart werden. Der bilanzpolitische Gestaltungsspielraum ist somit eingeschränkt. Das erhöht die Objektivierung und stärkt die glaubwürdige Darstellung. Zu beachten ist, dass zunächst nur festgestellt worden ist, dass die zugesagten Beförderungs- und Zusatzleistungen innerhalb eines Beförderungsvertrages über einen Nonstop-Flug grundsätzlich abstrakt abgrenzungsfähig sind. Das bedeutet indes nicht, dass es sich bei diesen Leistungen auch um eigenständig abgrenzbare Leistungsverpflichtungen i. S. d. IFRS 15 handeln muss. Denn hierfür müssen die Leistungen auch im Vertragszusammenhang voneinander konkret abgrenzbar sein.[811] Zunächst soll aber untersucht werden, ob die zugesagten Leistungen auch in einem Beförderungsvertrag über einen unterbrochenen Flug abstrakt abgrenzungsfähig sind.

443.122.3 Abstrakt abgrenzungsfähige Leistungsverpflichtungen in einem Beförderungsvertrag über einen unterbrochenen Flug

In einem Beförderungsvertrag werden häufig **Flüge über mehrere Teilstrecken** vereinbart.[812] Es ist zu prüfen, ob jedes Flugsegment, das vertraglich vereinbart worden ist, abstrakt abgrenzungsfähig i. S. d. IFRS 15.27 (a) ist.[813] Zusatzleistungen sollen dabei zunächst nicht berücksichtigt werden. Zwar ist für die Beurteilung der abstrakten Abgrenzungsfähigkeit entscheidend, dass der Kunde aus der Beförderungsleistung entweder gesondert oder zusammen mit

807 Vgl. zur zeitraumbezogenen Umsatzrealisierung Abschnitt 446.2.

808 Zusatzleistungen können bspw. abhängig von ihrem Leistungszeitpunkt bzw. -raum in drei Kategorien unterteilt werden. Das sind Zusatzleistungen, die vor, während oder nach einem Flug erbracht werden.

809 Vgl. CONDOR (Hrsg.), Priority Package.

810 Vgl. IFRS 15.27 (a) i. V. m. IFRS 15.28.

811 Vgl. Abschnitt 443.123.

812 Vgl. Abschnitt 231.

813 Vgl. so auch AICPA AIRLINES REVENUE RECOGNITION TASK FORCE (Hrsg.), Issue #2-5 – Interline Transactions, Rn. 4.

anderen jederzeit verfügbaren Ressourcen einen Nutzen ziehen kann.[814] Passagiere verfolgen mit der Buchung solcher Flüge über mehrere Teilstrecken oftmals verschiedene Absichten. So nehmen sie bspw. eine Zwischenlandung und einen Umstieg für eine insgesamt günstigere Flugreise in Kauf oder planen an einem oder an mehreren Orten einen längeren Aufenthalt.[815] Die Absicht der Passagiere hat indes für die Einschätzung, ob sie aus den gebuchten Teilstrecken einen Nutzen ziehen können, keinen Einfluss auf die Beurteilung der abstrakten Abgrenzungsfähigkeit einer Teilstrecke.[816]

Aus Gründen der Praktikabilität und besonders mit Blick auf die Objektivierbarkeit ist nicht die Art und Weise, wie der Passagier einen Nutzen aus der Leistung zieht, ausschlaggebend. Denn eine solche Beurteilung wäre mit großen Ermessensspielräumen verbunden, die die Neutralität der abzubildenden Informationen und damit die Vergleichbarkeit der Abschlüsse verschiedener Airlines erheblich beeinträchtigen könnten. So wäre bspw. zweifelhaft, ob ein Passagier aus einem Zubringerflug von Hamburg nach Düsseldorf einen Nutzen ziehen kann, wenn er mit einem Anschlussflug in Düsseldorf unmittelbar nach Stockholm fliegt. Auf der einen Seite wird der Passagier diesen Flug nicht ohne Grund gebucht haben. Er hat dafür z. B. einen günstigeren Flugpreis als für einen Nonstop-Flug von Hamburg nach Stockholm entrichtet und kann mithilfe des Zubringerfluges seinen Flug zum Zielort in Anspruch nehmen. Auf der anderen Seite kann der Passagier aus der ersten Beförderung allein keinen Nutzen ziehen. Schließlich entfernt er sich von seinem Zielort, anstatt sich diesem zu nähern. Dieses Beispiel zeigt, wie ermessensbehaftet solche subjektiven Entscheidungen wären, wenn der individuelle Nutzen des Passagiers für die Beurteilung der abstrakten Abgrenzungsfähigkeit heranzuziehen wäre. Zusätzlich wären derartige Beurteilungen mit erheblichem Aufwand verbunden. Daher ist es i. S. e. glaubwürdigen Darstellung und unter Kosten-Nutzen-Abwägungen positiv zu werten, dass allein die Eigenschaften der Beförderungsleistung über die jeweiligen Teilstrecken maßgebend sind. Eine wichtige Eigenschaft der Flüge über mehrere Teilstrecken ist es, dass eine Airline jede Teilstrecke regelmäßig separat veräußert.[817] Somit kann grundsätzlich davon ausgegangen werden, dass die jeweilige Beförderungsleistung über eine Teilstrecke einen Kundennutzen spendet.[818] Anderenfalls würde diese Leistung nicht separat angeboten und verkauft. Mit jedem geflogenen Streckenabschnitt (z. B. Hamburg – Düsseldorf und Düsseldorf – Stockholm) kommt die Airline ihrer Pflicht nach, den Passagier und ggf. sein Gepäck gemäß der vertraglichen Vereinbarung zum festgelegten (Zwischen-)Ziel zu befördern. Aus jedem erfolgreichen Ortswechsel kann der Passagier demgemäß einen Nutzen aus der jeweiligen Beförderungsleistung ziehen.

814 Vgl. IFRS 15.27 (a) i. V. m. IFRS 15.28.

815 Vgl. Abschnitt 231. und 233.

816 Vgl. IFRS 15.BC100 f.; vgl. Abschnitt 443.122.1.

817 Vgl. so auch AICPA AIRLINES REVENUE RECOGNITION TASK FORCE (Hrsg.), Issue #2-5 – Interline Transactions, Rn. 4 und 11; EY (Hrsg.), How the new Revenue Standard affects Airlines, S. 6.

818 Vgl. hier und im folgenden Satz IFRS 15.28 i. V. m. IFRS 15.BC99; vgl. so auch allgemein SCHOO, L., Umsatzrealisierung nach IFRS, S. 60; vgl. Abschnitt 443.122.1 und 443.122.2.

Deshalb ist jede Teilstrecke, die in einem Luftbeförderungsvertrag vertraglich vereinbart wurde, abgrenzungsfähig i. S. d. IFRS 15.27 (a).

Regelmäßig werden **in Beförderungsverträgen mit Flügen über mehrere Teilstrecken** auch eine oder mehrere **Zusatzleistungen vereinbart**.[819] Eine oder mehrere Zusatzleistungen können entweder für einen einzelnen Flug oder für Flüge über mehrere Teilstrecken vereinbart werden. Oftmals muss ein Passagier eine Zusatzleistung für jede Teilstrecke gesondert vereinbaren und auch vergüten. Dies gilt bspw. regelmäßig für Sitzplatzreservierungen und einen Internetzugang an Bord.[820] Da jeder Flug abstrakt abgrenzungsfähig ist, unterscheidet sich die Beurteilungsgrundlage für die abstrakte Abgrenzungsfähigkeit von Zusatzleistungen, die für einen einzelnen Flug vereinbart werden, nicht von der für einen Nonstop-Flug.[821] Ein Passagier hat nämlich die Möglichkeit, aus der zugesagten Zusatzleistung i. V. m. der einzelnen Beförderungsleistung über die jeweilige Teilstrecke einen Nutzen zu ziehen. Die jeweils vereinbarten Zusatzleistungen sind somit abstrakt abgrenzungsfähig i. S. d. IFRS 15.27 (a).[822]

Sobald eine oder mehrere Zusatzleistungen hingegen für Flüge über mehrere Teilstrecken vereinbart werden, muss ein Passagier i. V. m. mehreren Beförderungsleistungen einen Nutzen aus der jeweils vereinbarten Zusatzleistung ziehen können, damit diese Zusatzleistung abstrakt abgrenzungsfähig ist.[823] Die Durchbeförderung des Gepäcks an den Umsteigeverbindungen ist bspw. eine solche Zusatzleistung.[824] Im konkreten Beispiel hat der Passagier den Vorteil, den Sicherheitsbereich an den Umsteigeverbindungen nicht verlassen zu müssen, um sein Gepäck am Gepäckband entgegenzunehmen und im Anschluss erneut aufzugeben. Ein Passagier erhält also durch die Inanspruchnahme dieser Zusatzleistung regelmäßig einen wirtschaftlichen Vorteil, sodass er aus einer derartigen Zusatzleistung regelmäßig einen Nutzen ziehen kann.[825] Somit sind grundsätzlich alle Beförderungs- und Zusatzleistungen in einem Beförderungsvertrag, in dem Flüge über mehrere Teilstrecken vereinbart wurden, abstrakt abgrenzungsfähig. Da ein Passagier oftmals die Möglichkeit hat, Leistungen im Beförderungsvertrag umzubuchen, ist im Folgenden zu prüfen, ob dieser Umbuchungsservice neben den Beförderungs- und Zusatzleistungen innerhalb eines Beförderungsvertrages eine abstrakt abgrenzungsfähige Leistungsverpflichtung begründet.

---

819 Vgl. Abschnitt 24. Vgl. zur Vereinbarung von Zusatzleistungen im Rahmen eines Nonstop-Fluges ausführlich Abschnitt 443.122.2.

820 Vgl. statt vieler z. B. Deutsche Lufthansa (Hrsg.), Zusatzoptionen; Singapore Airlines (Hrsg.), Konnektivität an Bord.

821 Vgl. hier und im folgenden Satz IFRS 15.27 (a) i. V. m. IFRS 15.28; vgl. Abschnitt 443.122.2.

822 Vgl. Abschnitt 443.122.2.

823 Vgl. IFRS 15.27 (a) i. V. m. IFRS 15.28.

824 Vgl. bspw. Deutsche Lufthansa (Hrsg.), Zusatzoptionen.

825 Vgl. IFRS 15.28.

443.122.4 Umbuchungsservice als abstrakt abgrenzungsfähige Leistungsverpflichtung in einem Beförderungsvertrag

Ein Passagier kann seinen vertraglich vereinbarten Flug abhängig vom gewählten Flugtarif entgeltlich oder unentgeltlich ändern, umbuchen oder stornieren.[826] Die Höhe dieser Umbuchungs- bzw. Servicegebühren ist u. a. abhängig von der jeweils beabsichtigten Änderung am zugrunde liegenden Beförderungsvertrag und der ursprünglich gebuchten Buchungsklasse.[827] Im Fall einer **Umbuchung** stellt sich die Frage, ob der Service der Umbuchung eine abgrenzbare Leistungsverpflichtung i. S. d. IFRS 15.22 ist. Um eine **Leistungsverpflichtung** nach IFRS 15 zu begründen, muss durch ein Leistungsversprechen ein Gut oder eine Leistung auf einen Passagier übertragen werden.[828] Anderenfalls würde gegen das zugrunde liegende Kontrollprinzip des IFRS 15 verstoßen. Die Bedingungen, die an eine Umbuchung geknüpft sind, sind bereits zum Zeitpunkt des ursprünglichen Vertragsschlusses in den Allgemeinen Beförderungsbedingungen jeder Airline festgelegt.[829] Daher handelt es sich bei einer Umbuchung grundsätzlich um eine bedingt zugesagte Dienstleistung i. S. d. IFRS 15.26 (d). Demgemäß liegt eine Leistungsverpflichtung nach IFRS 15 vor.[830]

Es ist jedoch fraglich, ob diese **Leistungsverpflichtung** abgrenzbar i. S. d. IFRS 15.27 ist. Deshalb ist auf der ersten Stufe zu prüfen, ob eine Umbuchung **abstrakt abgrenzungsfähig** i. S. d. IFRS 15.27 (a) i. V. m. IFRS 15.28 ist.[831] Hierzu muss der Passagier aus der Umbuchung allein oder in Kombination mit anderen jederzeit verfügbaren Ressourcen einen Nutzen ziehen können. Ein Passagier ist regelmäßig dazu bereit, für eine Umbuchung eine Gebühr zu entrichten.[832] Das deutet darauf hin, dass er aus der Umbuchung einen Nutzen ziehen kann. Anderenfalls könnte eine Airline keine Umbuchungsgebühr verlangen, da sonst kein Passagier diesen Service in Anspruch nähme. Überdies verliert das Flugticket aufgrund der Umbuchung nicht

---

826 Vgl. hier und im folgenden Satz Abschnitt 235. und zur bilanziellen Abbildung von Änderungen im Beförderungsvertrag Abschnitt 442.52.

827 Vgl. bspw. für die Höhe solcher Umbuchungsgebühren CONDOR (Hrsg.), Umbuchungsgebühr. Diese Gebühren liegen bei Condor abhängig vom gewählten Tarif und von der gewählten Flugstrecke zwischen null und siebzig Euro; vgl. IAWG (Hrsg.), Issue #2-11 – Change Fees, S. 2.

828 Vgl. hier und im folgenden Satz IFRS 15.25 i. V. m. IFRS 15.BC93. Vgl. zum Begriff der Leistungsverpflichtung Abschnitt 443.11.

829 Vgl. so bspw. DEUTSCHE LUFTHANSA (Hrsg.), ABB Flugpassage, Art. 3.3; SINGAPORE AIRLINES (Hrsg.), ABB, Art. 16; EMIRATES (Hrsg.), ABB, Art. 3.4.2-3.4.4.

830 Vgl. so auch IAWG (Hrsg.), Issue #2-11 – Change Fees, S. 2 f.; KPMG (Hrsg.), IFRS 15 for Airlines, S. 21; a. A. AICPA AIRLINES REVENUE RECOGNITION TASK FORCE (Hrsg.), Issue #2-11 – Change Fees, Rn. 2 f.; EY (Hrsg.), How the new Revenue Standard affects Airlines, S. 8, die den Service der Umbuchung als eine Verwaltungsaufgabe klassifizieren.

831 Vgl. zum zweistufigen Prüfprozess, ob eine Leistungsverpflichtung eigenständig abgrenzbar i. S. d. IFRS 15 ist, Abbildung 4-4 in Abschnitt 443.121.

832 Vgl. hier und im folgenden Satz so auch IAWG (Hrsg.), Issue #2-11 – Change Fees, S. 3.

seinen Wert.[833] Der Passagier hat dadurch grundsätzlich die Möglichkeit, seine Beförderungsleistung flexibel in Anspruch zu nehmen. Er erhält somit aus der Umbuchungsleistung in Kombination mit der Beförderungsleistung einen **wirtschaftlichen Vorteil**.[834]

Damit die Umbuchungsleistung abstrakt abgrenzungsfähig ist, muss die umgebuchte Beförderungsleistung eine jederzeit verfügbare Ressource i. S. d. IFRS 15.28 sein.[835] Nur in diesem Fall kann der Passagier nämlich aus der Umbuchung **weitestgehend unabhängig** von anderen Leistungen einen Nutzen ziehen. Einen Flug kann der Passagier allerdings ausschließlich solange umbuchen, bis er die Beförderungsleistung in Anspruch nimmt. Die Beförderungsleistung, die der Passagier umbucht, ist zu diesem Zeitpunkt also noch nicht erbracht worden. Folglich ist die Beförderungsleistung keine verfügbare Ressource und die Umbuchungsleistung somit keine abstrakt abgrenzungsfähige Leistungsverpflichtung.[836] Vielmehr ist das unter bestimmten Voraussetzungen zugesagte Leistungsversprechen Teil der eigenständig abgrenzbaren Beförderungsleistung.[837] Umsätze werden also erst zum Zeitpunkt bzw. über den Zeitraum realisiert, in dem die Beförderungsleistung erbracht wird.[838]

Alternativ könnte die Umbuchung als **Verwaltungsaufgabe** interpretiert werden. Diese Auslegung wird besonders durch die *Airlines Revenue Recognition Task Force* der AICPA gestärkt.[839] In diesem Fall ist die Höhe der Umbuchungsgebühr Teil des Transaktionspreises des Beförderungsvertrages.[840] Folglich sind die Erträge hieraus – wie bei einer Klassifizierung des Umbuchungsservices als Leistungsverpflichtung – zeitgleich mit den Umsatzerlösen aus der umgebuchten Beförderungsleistung zu erfassen.[841] Die unterschiedliche Interpretation eines Umbuchungsservices wirkt sich somit effektiv nicht auf die Abbildung im IFRS-Abschluss aus. Das fördert eine neutrale und somit glaubwürdige Berichterstattung.

Da innerhalb eines Beförderungsvertrages grundsätzlich alle Beförderungs- und Zusatzleistungen abstrakt abgrenzungsfähig sind, muss auf der zweiten Stufe beurteilt werden, ob sie auch im Vertragszusammenhang eigenständig abgrenzbar sind (konkrete Abgrenzungsfähigkeit).[842]

---

[833] Vgl. hier und im folgenden Satz so auch IAWG (Hrsg.), Issue #2-11 – Change Fees, S. 3.

[834] Vgl. so auch IAWG (Hrsg.), Issue #2-11 – Change Fees, S. 3.

[835] Vgl. IFRS 15.27 (a) i. V. m. IFRS 15.28. Vgl. hier und im Folgenden Abschnitt 443.122.1.

[836] Vgl. hier und im folgenden Satz so auch IAWG (Hrsg.), Issue #2-11 – Change Fees, S. 3; KPMG (Hrsg.), IFRS 15 for Airlines, S. 21. Die Prüfung (zweite Stufe), ob eine Leistungsverpflichtung im Vertragszusammenhang konkret abgrenzbar ist, entfällt somit.

[837] Vgl. hierzu ausführlich Abschnitt 443.122.2 und 443.122.3, sowie 443.123.2 und 443.123.3.

[838] Vgl. so bspw. auch KPMG (Hrsg.), IFRS 15 for Airlines, S. 21; PwC (Hrsg.), Revenue Guidance in the Transportation and Logistics Sector, S. 5.

[839] Vgl. AICPA AIRLINES REVENUE RECOGNITION TASK FORCE (Hrsg.), Issue #2-11 – Change Fees, Rn. 1-4.

[840] Vgl. hier und im folgenden Satz allgemein LÜDENBACH, N./HOFFMANN, W.-D./FREIBERG, J., in: Haufe IFRS-Kommentar, 16. Aufl., § 25, Rn. 51; AICPA AIRLINES REVENUE RECOGNITION TASK FORCE (Hrsg.), Issue #2-11 – Change Fees, Rn. 6.

[841] Vgl. im Ergebnis so auch EY (Hrsg.), How the new Revenue Standard affects Airlines, S. 8. Vgl. zum Zeitpunkt bzw. Zeitraum der Umsatzrealisierung aus Beförderungs- und Zusatzleistungen Abschnitt 446.212.2, 446.212.3 und 446.321.

[842] Vgl. zum zweistufigen Prüfprozess, ob Leistungen eigenständig abgrenzbar i. S. d. IFRS 15 sind, Abbildung 4-4 in Abschnitt 443.121.

Sollte dies der Fall sein, sind sie als separate Leistungsverpflichtung i. S. d. IFRS 15 zu behandeln.

443.123. Konkret abgrenzungsfähige Leistungsverpflichtung

443.123.1 Analyse und Würdigung der normativen Vorgaben

Das zweite Kriterium zur Identifikation einer Leistungsverpflichtung fordert, dass das **Lieferungs- und Leistungsversprechen** über das zugesagte Gut bzw. die zugesagte Dienstleistung im Vertragszusammenhang eigenständig abgrenzbar ist.[843] Leistungsversprechen eines Unternehmens umfassen oftmals mehr als nur die Summe aller einzelnen zugesagten Güter oder Dienstleistungen.[844] Deshalb muss das bilanzierende Unternehmen prüfen, ob ein Endprodukt versprochen wird, in das die zugesagten Güter oder Dienstleistungen als Input einfließen, sodass eine transformative Beziehung zwischen den einzelnen Leistungen besteht. Das ist der Fall, wenn sich der Charakter einzelner abstrakt abgrenzungsfähiger Güter und/oder Dienstleistungen innerhalb eines Vertrages während der Leistungserbringung ändert.[845] Dann sind die Leistungsversprechen über die entsprechenden zugesagten Güter und/oder Dienstleistungen nicht im Vertragszusammenhang voneinander abgrenzbar und bilden somit keine separate, sondern eine einzige Leistungsverpflichtung i. S. d. IFRS 15. Vertragliche Beschränkungen, die sich nicht auf den Charakter der zugesagten Güter oder Dienstleistungen auswirken, beeinflussen die Beurteilung der Abgrenzbarkeit einer Leistungsverpflichtung nicht.[846] Die Identifikation der abgrenzbaren Leistungsverpflichtungen innerhalb eines Vertrages erfordert ein umfassendes Verständnis der dem Vertrag zugrunde liegenden Sachverhalte und Umstände.[847] Anders als bei der Beurteilung der abstrakten Abgrenzungsfähigkeit einer Leistungsverpflichtung auf der ersten Stufe kann zwar auf der zweiten Stufe zur Identifikation von abgrenzbaren Leistungsverpflichtungen die Absicht des Kunden, die er mit dem spezifischen Vertrag verfolgt, Hinweise darüber geben, ob einzelne zugesagte Leistungen konkret eigenständig abgrenzbar sind.[848] Beispielsweise indiziert ein vertraglich festgelegtes Leistungspaket, das der Kunde vereinbart, um alle Leistungen wie den Verkauf eines Gutes, dessen Anlieferung und Installation von nur einem Unternehmen zu erhalten, eine fehlende eigenständige Abgrenzbarkeit dieses

---

843 Vgl. IFRS 15.27 (b) i. V. m. IFRS 15.29; vgl. auch Abbildung 4-4 in Abschnitt 443.121. Vgl. hier und im folgenden Satz IFRS 15.27 (b) i. V. m. IFRS 15.BC116I-BC116K; IASB (Hrsg.), Staff Paper 7C (February 2015), Rn. 35; HOLD, C./HARMS, S., Praxisfragen der Erlöserfassung, S. 901.

844 Vgl. hier und im folgenden Satz IFRS 15.BC116J; LAM, S., Umsatzerlöse nach IFRS 15, S. 235; HOLD, C./HARMS, S., Praxisfragen der Erlöserfassung, S. 901.

845 Vgl. hier und im folgenden Satz IFRS 15.27 (b) i. V. m. IFRS 15.BC116J-BC116O; HEINTGES, S./HOFFMANN, T./MARX, A., Klarstellungen von IFRS 15, S. 1050 f.

846 Vgl. IFRS 15.BC100 i. V. m. IFRS 15.BC116O.

847 Vgl. IFRS 15.BC116I; FASB/IASB TRG (Hrsg.), Agenda Paper 11 (January 2015), Rn. 24; EY (Hrsg.), Umsatzrealisierung, S. 87.

848 Vgl. hier und im folgenden Satz LÜDENBACH, N., Mehrkomponentengeschäft oder einheitliche Leistung, S. 61; HEINTGES, S./HOFFMANN, T./USINGER, R., Spagat zwischen rechtlicher und wirtschaftlicher Sicht, S. 577. Vgl. zur Beurteilung der abstrakten Abgrenzungsfähigkeit einer Leistungsverpflichtung Abschnitt 443.122.

Gutes und der Dienstleistungen. Allerdings verbleiben bei der Beurteilung der Abgrenzbarkeit erhebliche Ermessensspielräume.[849]

Der Board nennt deshalb drei Indikatoren, wann zwei oder mehr Leistungsversprechen **nicht im Vertragszusammenhang konkret abgrenzbar** sind und somit zu einer einzigen Leistungsverpflichtung zusammengefasst werden sollten.[850] Es ist stets zu prüfen, ob ein oder mehrere Indikatoren zeigen, dass die zugesagten Leistungen nicht im Vertragszusammenhang konkret abgrenzbar sind. So sind zwei oder mehr Leistungsversprechen nicht im Vertragszusammenhang konkret abgrenzbar, wenn

1. ein Unternehmen die im Vertrag zugesagten Güter oder Dienstleistungen miteinander zu dem vom Kunden beauftragten Endprodukt verbindet (IFRS 15.29 (a)).
2. ein oder mehrere im Vertrag zugesagte Güter oder Dienstleistungen ein oder mehrere andere vertraglich zugesagte Güter oder Dienstleistungen erheblich verändern bzw. an Kundenwünsche anpassen (IFRS 15.29 (b)).
3. die zugesagten Güter oder Dienstleistungen in hohem Maße voneinander abhängig oder eng miteinander verbunden sind (IFRS 15.29 (c)).

Sobald ein Unternehmen eine signifikante Integrationsleistung erbringt, indiziert dies, dass die dadurch kombinierten Güter oder Dienstleistungen nach dem **ersten Indikator** nicht eigenständig im Vertragszusammenhang abgrenzbar sind.[851] Denn zum einen ist das Risiko für eine vertragsgemäße Erfüllung der Leistungsverpflichtung dann untrennbar mit dem Paket der integrierten Güter oder Dienstleistungen verbunden.[852] Zum anderen würde die wechselseitige Abhängigkeit dieser einzelnen Güter oder Dienstleistungen ignoriert. Je stärker die Integrationsleistung ist, desto größer ist ceteris paribus diese wechselseitige Abhängigkeit der einzelnen Güter oder Dienstleistungen.[853] Eine wesentliche Integrationsleistung liegt bspw. vor, wenn ein Flugzeughersteller als Komplettleistung ein Geschäftsflugzeug entwickelt und herstellt sowie für die Gesamtorganisation des Produktionsprozesses verantwortlich ist.[854] Der Flugzeughersteller verbindet einzelne abstrakt abgrenzungsfähige Leistungen zu einem einzigen Endprodukt, sodass die jeweiligen Leistungszusagen im Vertragszusammenhang nicht konkret abgrenzbar sind. Mithin kann nur eine einzige Leistungsverpflichtung identifiziert werden. Die Erfassung dieser Leistungen als separate Leistungsverpflichtung könnte den wirtschaftlichen

[849] Vgl. IFRS 15.BC105.

[850] Vgl. IFRS 15.29.

[851] Vgl. IFRS 15.29 (a).

[852] Vgl. IFRS 15.BC107, .BC116M; IASB (Hrsg.), Staff Paper 7C (February 2015), Rn. 38; EY (Hrsg.), Umsatzrealisierung, S. 87.

[853] Vgl. im Ergebnis ähnlich WÜSTEMANN, J./WÜSTEMANN, S./JENDRECK, A., in: Rechnungslegung nach IFRS, 2. Aufl., IFRS 15, Rn. 61.

[854] Vgl. hier und im folgenden Satz, wenn auch ein anderer Sachverhalt gewählt wird, IFRS 15.IE48A-IE48C.

Gehalt dieser kombinierten Güter oder Dienstleistungen daher nur eingeschränkt wiedergeben.[855] Der Board spricht in IFRS 15.29 von „signifikante[n; Anm. d. Verf.] Integrationsleistungen". Zwar ist der Begriff „signifikant" unbestimmt und somit auslegungsbedürftig.[856] Indes ist dem Begriff der Wesentlichkeit im *Conceptual Framework* ein bestimmtes Verständnis zugeordnet.[857] Deshalb ist es für die Relevanz der vermittelten Informationen positiv, dass der Board beim ersten (und bei den beiden anderen) Indikator(en) auf den Grundsatz der Wesentlichkeit abstellt. Insgesamt ist dieser Indikator somit im Hinblick auf das Ziel der IFRS-Rechnungslegung positiv zu sehen.

Wenn einzelne zugesagte Güter oder Dienstleistungen innerhalb eines Vertrages erheblich angepasst oder verändert werden, deutet dies darauf hin, dass diese Güter oder Leistungen gemäß dem **zweiten Indikator** nicht voneinander trennbar sind und somit als eine einzige Leistungsverpflichtung zu erfassen sind.[858] Das ist bspw. der Fall, wenn eine Airline ein ERP-System erwirbt, das vom Verkäufer selbst wesentlich an die unternehmensinternen Strukturen der Airline angepasst werden muss.[859] Auch der zweite Indikator berücksichtigt folglich das Risiko für eine vertragsgemäße Erfüllung, das in diesem Fall untrennbar mit den kundenspezifisch angepassten oder erheblich modifizierten Gütern oder Dienstleistungen verbunden ist.[860] Wenn derartige Leistungsversprechen über Güter oder Dienstleistungen als separate Leistungsverpflichtungen bilanziell abgebildet würden, könnten die Interdependenzen der einzelnen Güter oder Dienstleistungen ggf. nicht realitätsgetreu abgebildet werden.

Mit dem **dritten Indikator** beabsichtigt der Board, Leistungsversprechen über Güter oder Dienstleistungen nicht als separate Leistungsverpflichtungen zu bilanzieren, die in hohem Maße voneinander abhängig oder eng miteinander verbunden sind.[861] Das ist der Fall, wenn die einzelnen abgrenzungsfähigen Leistungsverpflichtungen innerhalb eines Vertrages nicht unabhängig voneinander erbracht werden können. Deshalb muss ein bilanzierendes Unternehmen prüfen, ob eine gegenseitige Abhängigkeit oder ein transformativer Zusammenhang zwischen den zugesagten Gütern oder Dienstleistungen besteht.[862] Beispielsweise vereinbart ein Hersteller für Flugzeugsitze mit einem Kunden, schrittweise drei Prototypen eines Sitzes für die *First Class* zu entwickeln, deren Funktionalität nach jedem Schritt geprüft wird, damit die gewonnenen Erkenntnisse in die Entwicklung des jeweils nächsten Prototyps einfließen können.[863] Der

---

855 Vgl. IFRS 15.BC107, .BC116M; IASB (Hrsg.), Staff Paper 7C (February 2015), Rn. 38; EY (Hrsg.), Umsatzrealisierung, S. 87.

856 Vgl. hierzu bereits FINK, C./KETTERLE, G./SCHEFFEL, S., Auswirkungen des Re-Exposure Draft auf die Bilanzierungspraxis, S. 2000.

857 Vgl. Abschnitt 332.1.

858 Vgl. IFRS 15.29 (b); IFRS 15.BC109 f.; IASB (Hrsg.), Staff Paper 7C (February 2015), Rn. 38; WÜSTEMANN, J./WÜSTEMANN, S./JENDRECK, A., in: Rechnungslegung nach IFRS, 2. Aufl., IFRS 15, Rn. 62.

859 Vgl., wenn auch ein anderer Sachverhalt gewählt wird, IFRS 15.IE54-IE58.

860 Vgl. IFRS 15.BC106.

861 Vgl. hier und im folgenden Satz IFRS 15.29 (c); IFRS 15.BC111 f.; EY (Hrsg.), International GAAP 2018, Chapter 30, S. 2085.

862 Vgl. IFRS 15.BC112; IASB (Hrsg.), Staff Paper 7C (February 2015), Rn. 39; EY (Hrsg.), International GAAP 2018, Chapter 30, S. 2085.

863 Vgl. hier und im folgenden Satz, wenn auch ein anderer Sachverhalt gewählt wird, IFRS 15.BC112.

Entwurf des Designs hängt unmittelbar mit der Produktion des Sitzes zusammen, sodass eine wechselseitige Abhängigkeit zwischen beiden Leistungen besteht. Mit dem dritten Indikator bestärkt der Board nochmals seinen Willen, die wirtschaftliche Betrachtungsweise für die Identifizierung der Bilanzierungseinheiten in IFRS 15 in den Mittelpunkt zu stellen.

Es ist zu beachten, dass die Vorschriften von IFRS 15 zum einen für alle Kundenverträge und zum anderen branchenübergreifend anzuwenden sind.[864] Der Anwendungsbereich von IFRS 15 ist also weit gefasst, sodass die Indikatoren nicht den Anspruch haben (können), abschließend zu sein.[865] Im Hinblick auf die Vergleichbarkeit und die Objektivierbarkeit ist die Vorgabe solcher Indikatoren grundsätzlich positiv zu bewerten.[866] Die Indikatoren basieren alle auf der Frage, ob die vertragsgemäße Erfüllung der zugesagten Güter oder die Erbringung der zugesagten Leistungen denselben Risiken unterliegt.[867] Der Board schafft somit Rahmenbedingungen, mit denen Unternehmen die gleichen Beurteilungsmaßstäbe für die Identifikation einzelner Bilanzierungseinheiten zugrunde legen.[868] Er legt den Schwerpunkt bei der Identifikation der einzelnen Bilanzierungseinheiten auf die wirtschaftliche Betrachtungsweise. So sollen nur zugesagte Güter oder Dienstleistungen in einem Kundenvertrag als separate Leistungsverpflichtung bilanziert werden, wenn dies den wirtschaftlichen Gehalt des Vertrages abbildet.[869]

Im Vertragszusammenhang nicht abgrenzbare Güter oder Dienstleistungen sind so lange mit anderen zugesagten Leistungen zusammenzufassen, bis das so entstehende Bündel abgrenzbar i. S. d. IFRS 15 ist.[870] Dies kann dazu führen, dass es innerhalb eines Vertrages nur eine einzige Leistungsverpflichtung gibt. Insgesamt ist das vorgegebene zweistufige Schema zur Identifizierung der eigenständig abgrenzbaren Leistungsverpflichtungen grundsätzlich positiv zu bewerten, auch wenn dem Bilanzierenden gewisse Auslegungs- und Gestaltungsspielräume bleiben.[871]

---

864 Vgl. Abschnitt 42.

865 Vgl. IFRS 15.BC106 i. V. m. IFRS 15.BC116N.

866 Vgl. allgemein WÜSTEMANN, J./WÜSTEMANN, S., Why Consistency of Accounting Standards Matters, S. 17 f.; vgl. im Speziellen so auch SCHOO, L., Umsatzrealisierung nach IFRS, S. 62 f. Dass die Beurteilung von Indikatoren mit Ermessensspielräumen beim Bilanzierenden verbunden sein kann, ist ein grundsätzliches Charakteristikum einer prinzipienorientierten Gestaltung eines Standards und sachgerecht, um den verschiedenen abzubildenden Sachverhalten in der Bilanzierungspraxis gerecht zu werden. Vgl. allgemein zu diesem Thema WÜSTEMANN, J./WÜSTEMANN, S., Why Consistency of Accounting Standards Matters, S. 4 und 8. Vgl. hierzu auch IFRS 15.BC104 (b).

867 Vgl. FASB/IASB TRG (Hrsg.), Agenda Paper 9 (October 2014), Rn. 13; HEINTGES, S./HOFFMANN, T./USINGER, R., Spagat zwischen rechtlicher und wirtschaftlicher Sicht, S. 576; WÜSTEMANN, J./WÜSTEMANN, S./JENDRECK, A., in: Rechnungslegung nach IFRS, 2. Aufl., IFRS 15, Rn. 59.

868 Vgl. ähnlich LAM, S., Umsatzerlöse nach IFRS 15, S. 235 f.

869 Vgl. IFRS 15.BC106 i. V. m. IFRS 15.BC116N.

870 Vgl. hier und im folgenden Satz IFRS 15.30.

871 Vgl. Abbildung 4-4 in Abschnitt 443.121.; vgl. so bspw. auch FINK, C./KETTERLE, G./SCHEFFEL, S., Auswirkungen des Re-Exposure Draft auf die Bilanzierungspraxis, S. 2000.

443.123.2 Konkret abgrenzungsfähige Leistungsverpflichtungen in einem Beförderungsvertrag über einen ununterbrochenen Flug

Im Folgenden ist zu prüfen, inwieweit die im Rahmen eines **Beförderungsvertrages zugesagten** abstrakt abgrenzungsfähigen **Leistungen** i. S. d. IFRS 15.27 (a) i. V. m. IFRS 15.28 jeweils von den anderen Zusagen **im Vertrag konkret trennbar** sind.[872] Hierzu wird, wie bei der Prüfung der Identifizierung von abstrakt abgrenzungsfähigen Gütern oder Dienstleistungen, zum einen zwischen ununterbrochenen und unterbrochenen Flügen unterschieden.[873] Besonders ein etwaiger Einfluss verschiedener Kooperationsformen in der Airline-Industrie auf die Abgrenzbarkeit zugesagter Leistungen soll bei unterbrochenen Flügen untersucht werden.[874] Zum anderen sind unmittelbar freiwillige Zusatzleistungen auf ihre konkrete Abgrenzbarkeit von der Beförderungsleistung im Vertragszusammenhang zu prüfen.[875]

In einem Beförderungsvertrag, in dem **ausschließlich** ein **Nonstop-Flug** vereinbart wird, gibt es nur eine abstrakt abgrenzungsfähige Leistungsverpflichtung.[876] Eine Airline muss die vereinbarte Beförderungsleistung des Passagiers und ggf. seines Gepäcks zum vereinbarten Zielort erbringen. Da es keine weiteren Zusagen innerhalb des Beförderungsvertrages gibt, ist die Leistungszusage der Airline zwangsläufig auch im Vertragszusammenhang konkret abgrenzbar. Für diese Beurteilung bzw. Feststellung ist keinerlei Ermessensausübung erforderlich. Die Bilanzierung spiegelt den wirtschaftlichen Gehalt der vertraglichen Verpflichtung der Airline wider.

Oftmals vereinbart ein Passagier bei einem **Nonstop-Flug** noch eine oder mehrere **Zusatzleistungen**. Nach hier vertretener Auffassung handelt es sich bei diesen zugesagten Leistungen jeweils um abgrenzungsfähige Leistungsverpflichtungen.[877] Es ist jedoch fraglich, ob diese vertraglichen Leistungsverpflichtungen auch im Vertragszusammenhang gemäß IFRS 15.27 (b) i. V. m. IFRS 15.29 konkret abgrenzbar sind.

Hierzu ist zunächst mithilfe des **ersten Indikators** zu prüfen, ob eine Airline die Beförderungs- und Zusatzleistung zu einem einzigen vom Kunden beauftragten Endprodukt verbindet.[878] Sollte dies der Fall sein, deutet dies darauf hin, dass die Leistungsversprechen im Beförderungsvertrag nicht trennbar und somit als eine einzige Leistungsverpflichtung abzubilden sind.[879] Durch die Vereinbarung einer Zusatzleistung wird die bereits zuvor (erforderlicherweise) festgelegte Leistungszusage über die Beförderungsleistung nicht geändert. Ein Passagier vereinbart eine oder mehrere freiwillige Zusatzleistungen ausschließlich, um die Beförderungsleistung

872 Vgl. IFRS 15.27 (b) i. V. m. IFRS 15.29.

873 Vgl. Abschnitt 231. und 443.122.

874 Vgl. Abschnitt 232.

875 Vgl. Abschnitt 24.

876 Vgl. Abschnitt 443.122.2.

877 Vgl. Abschnitt 443.122.2; a. A. AICPA Airlines Revenue Recognition Task Force (Hrsg.), Issue #2-4 – Ancillary Fees and Services, Rn. 5.

878 Vgl. hier und im folgenden Satz IFRS 15.29 (a); Abschnitt 443.123.1.

879 Primär zielt dieser Indikator auf Fertigungsaufträge ab. Aber auch für andere Leistungszusagen kann dieser Indikator durchaus relevant sein. Vgl. IFRS 15.BC108.

insgesamt attraktiver zu gestalten.[880] Eine (wesentliche) Integrationsleistung i. S. d. IFRS 15.29 (a) wird innerhalb eines Beförderungsvertrages über einen Nonstop-Flug folglich nicht erbracht.

Daher ist gemäß dem **zweiten Indikator** zu prüfen, ob mindestens eine zugesagte Leistung im Beförderungsvertrag andere versprochene Leistungen erheblich verändert bzw. an Kundenwünsche anpasst.[881] Der Charakter der vereinbarten Zusatzleistungen ändert sich durch die Beförderungsleistung nicht. Vielmehr ist regelmäßig die Beförderungsleistung Voraussetzung, damit der Passagier Zusatzleistungen überhaupt in Anspruch nehmen kann.[882] Überdies kann die Beförderungsleistung unabhängig von der Zusatzleistung erbracht werden, sodass das Leistungsversprechen über die zugesagte Zusatzleistung das Leistungsversprechen über die Beförderungsleistung nicht wesentlich beeinflusst. Somit werden die vereinbarten Beförderungs- und Zusatzleistungen nicht erheblich modifiziert.[883] Auf den ersten Blick könnte aber vermutet werden, dass die Beförderungsleistung aufgrund einer oder mehrerer vereinbarter Zusatzleistungen an die Kundenwünsche angepasst wird. Diese Zusatzleistungen entsprechen zwar dem Wunsch des Passagiers und machen die Beförderungsleistung attraktiver.[884] Anderenfalls würde der Passagier diese Zusatzleistungen nicht gesondert mit der Airline im Beförderungsvertrag vereinbaren. Allerdings sind die Zusatzleistungen grundsätzlich standardisiert, sodass die Beförderungs- und Zusatzleistungen nicht kundenspezifisch aufeinander abgestimmt werden. Somit ändert sich weder das originäre Leistungsversprechen, mit dem die Beförderungsleistung zugesagt wird, noch das Leistungsversprechen, das die Zusatzleistung(en) zusichert.

Vor dem Hintergrund der bisherigen Ergebnisse scheint die Bilanzierung separater Leistungsverpflichtungen angezeigt. Es sei denn, die Leistungsversprechen über die Beförderungs- und Zusatzleistungen sind in hohem Maße voneinander abhängig oder eng miteinander verbunden (**dritter Indikator**).[885] Bei der Prüfung der beiden vorangegangenen Indikatoren wurde bereits mehrfach deutlich, dass eine vertraglich vereinbarte Zusatzleistung eine Beförderungsleistung voraussetzt.[886] So kann ein Passagier ohne eine zugrunde liegende Beförderungsleistung keine Zusatzleistung in Anspruch nehmen. Denn der Passagier benötigt für die Inanspruchnahme einer Zusatzleistung sowohl vor, während als auch nach einem Flug grundsätzlich ein gültiges Flugticket. Sonst kann der Passagier zum einen aufgrund von Sicherheitsbestimmungen nicht in den Sicherheitsbereich, um etwaige Zusatzleistungen in Anspruch zu nehmen. Zum anderen ist die Beförderungsleistung bei einigen Zusatzleistungen, wie z. B. beim Bordunterhaltungsprogramm, selbst notwendige Bedingung für die Inanspruchnahme solcher Zusatzleistungen.

880 Vgl. Abschnitt 24.
881 Vgl. IFRS 15.29 (b); Abschnitt 443.123.1.
882 Vgl. Abschnitt 24.
883 Vgl. hier und im folgenden Satz IFRS 15.29 (b); Abschnitt 443.123.1.
884 Vgl. Abschnitt 24.
885 Vgl. IFRS 15.29 (c).
886 Vgl. hier und im Folgenden bspw. auch Abschnitt 24, 442.4 und 443.122.2 m. w. N.

Die Erbringung der Zusatzleistung(en) hängt somit nicht nur in hohem Maße von der Beförderungsleistung ab. Vielmehr ist die Beförderungsleistung hierfür auch zwingend erforderlich.[887] Das Risiko, das mit der Erbringung der Zusatzleistung(en) verbunden ist, ist untrennbar mit dem Risiko der Erbringung der Beförderungsleistung verbunden.[888] Somit bilden eine **Beförderungs- und** eine oder mehrere **Zusatzleistungen** grundsätzlich immer insgesamt **eine eigenständig abgrenzbare Leistungsverpflichtung** i. S. d. IFRS 15.22. Nur so kann der wirtschaftliche Gehalt dieser Leistungen im Rahmen der Umsatzrealisierung wiedergegeben werden. Anderenfalls würde die enge Beziehung, in der eine Zusatzleistung zur Beförderungsleistung steht, nicht ersichtlich. Ob diese Ausführungen für Beförderungsverträge über einen unterbrochenen Flug entsprechend gelten, ist Gegenstand der nachstehenden Untersuchung.

443.123.3 Konkret abgrenzungsfähige Leistungsverpflichtungen in einem Beförderungsvertrag über einen unterbrochenen Flug

In einem **Beförderungsvertrag** werden regelmäßig auch Flüge **über mehrere Teilstrecken** vereinbart, die abstrakt abgrenzungsfähig i. S. d. IFRS 15.27 (a) i. V. m. IFRS 15.28 sind.[889] Diese Flüge werden entweder ausschließlich von der Airline durchgeführt, die Vertragspartner des Passagiers ist, oder von verschiedenen Airlines im Rahmen einer Kooperation **mit** der **Vertragsairline**.[890] Viele Passagiere wollen auf allen Flügen, die sie in einem Beförderungsvertrag vereinbaren, von derselben Airline zu den vereinbarten Zielorten befördert werden. Die Gründe hierfür sind verschieden. Ausschlaggebend können bspw. der Service, die von der Airline gebotene Sicherheit und der Flugpreis sein.

Es ist fraglich, ob diese einzelnen **Teilstrecken innerhalb eines Beförderungsvertrages** im Vertragszusammenhang konkret abgrenzungsfähig sind.[891] Hierzu ist zunächst zu prüfen, ob eine einzige durchführende Airline die verschiedenen vereinbarten Teilstrecken zu einem vom Passagier beauftragten Endprodukt verbindet.[892] Die Airline bietet im Rahmen des Beförderungsvertrages die verschiedenen Teilstrecken als Gesamtprodukt an. So werden bspw. regelmäßig Hin- und Rückflüge oder Flüge mit einer planmäßigen Zwischenlandung innerhalb eines Vertrages vereinbart. Die Flüge werden innerhalb des Beförderungsvertrages für den Passagier als Leistungszusagen aufgeführt, sind indes jeweils kein Input für eine oder weitere Beförderungsleistungen. Der Umstand, dass der Passagier bei Verbindungsflügen regelmäßig nur einmal die Sicherheitskontrolle passieren muss und auch sein Gepäck i. d. R. durchbefördert wird, ist nach hier vertretener Auffassung kein Indiz für eine signifikante Integrationsleistung i. S. d. IFRS 15.29 (a).[893] Denn hierbei handelt es sich ausschließlich um Zusatzleistungen, die dem

[887] Vgl. so bspw. auch EY (Hrsg.), How the new Revenue Standard affects Airlines, S. 7.

[888] Vgl. IFRS 15.BC106.

[889] Vgl. Abschnitt 443.122.3 m. w. N.

[890] Vgl. Abschnitt 231. und 232.

[891] Vgl. IFRS 15.27 (b) i. V. m. IFRS 15.29. Vgl. so auch AICPA Airlines Revenue Recognition Task Force (Hrsg.), Issue #2-5 – Interline Transactions, Rn. 5.

[892] Vgl. IFRS 15.29 (a).

[893] Vgl. im Ergebnis so auch AICPA Airlines Revenue Recognition Task Force (Hrsg.), Issue #2-5 – Interline Transactions, Rn. 8 f.

Kunden sicherlich einen Nutzen stiften. Indes kann dies im Vertragszusammenhang, in dem die Beförderungsleistung selbst im Vordergrund steht, nicht wesentlich sein. Vielmehr greift der Passagier auf schon geplante Flüge zurück, die eine Airline bereits im Flugplan festgelegt hat. Zwar muss der Passagier für die jeweils vereinbarten Flüge stets am Abflugort sein. Allerdings kann eine Airline ihre Leistungsversprechen auch unabhängig vom Erfolg der vorherigen Teilstrecken erfüllen, z. B. durch eine alternative Beförderung des Passagiers zum jeweiligen Abflugort.[894] Bei den Leistungsversprechen über einzelne Flüge, die in einem Beförderungsvertrag vereinbart werden, handelt es sich somit **nicht** um eine **signifikante Integrationsleistung** i. S. d. IFRS 15.29 (a).

Die einzelnen Teilstrecken sind operativ grundsätzlich unabhängig voneinander.[895] Sie werden zwar aufeinander abgestimmt, jedoch werden die Flüge nicht individuell an den jeweiligen Passagier angepasst. Vielmehr wird im *Global Distribution System*[896] geprüft, welche Flugverbindungen aus dem Flugplan in einem Beförderungsvertrag gewählt werden können, um zwischen den jeweiligen Teilstrecken eine ausreichende Umsteigezeit zu gewährleisten. Deshalb werden einzelne oder mehrere vereinbarte Beförderungsleistungen über einzelne oder mehrere Teilstrecken **weder** von anderen zugesagten Beförderungsleistungen **erheblich modifiziert noch an kundenspezifische Wünsche angepasst**.[897]

Zwar ist der Flugtarif bei kombinierten Flügen regelmäßig günstiger als einzelne Buchungen der Flüge für jede Teilstrecke.[898] Allerdings ist dies vielmehr ein wettbewerbspolitisches Mittel, um die Flugreise zu bewerben. Dies allein stellt **keine hohe Abhängigkeit** der Teilstrecken bzw. **keine enge Verbundenheit** der Teilstrecken innerhalb eines Beförderungsvertrages her.[899]

Aus der geführten Diskussion wird deutlich, dass die mit der Erbringung der Beförderungsleistungen über die jeweiligen Teilstrecken verbundenen Risiken voneinander trennbar sind.[900] Es sind zudem keine Fakten oder Umstände ersichtlich, die dieser Beurteilung entgegenstehen.[901] Daher ist grundsätzlich jede Beförderungsleistung über eine Teilstrecke als separate Leistungsverpflichtung zu bilanzieren, wenn sämtliche Leistungen von der Vertragsairline erbracht werden.[902] Da der Transaktionspreis im vierten Prozessschritt des Fünf-Schritte-Modells auf

---

894 Vgl. so auch AICPA AIRLINES REVENUE RECOGNITION TASK FORCE (Hrsg.), Issue #2-5 – Interline Transactions, Rn. 9, 11 und 13.

895 Vgl. hier und im folgenden Satz AICPA AIRLINES REVENUE RECOGNITION TASK FORCE (Hrsg.), Issue #2-5 – Interline Transactions, Rn. 11 und 13.

896 Vgl. Abschnitt 234.

897 Vgl. IFRS 15.29 (b).

898 Vgl. Abschnitt 233.

899 Vgl. IFRS 15.29 (c); vgl. im Ergebnis AICPA AIRLINES REVENUE RECOGNITION TASK FORCE (Hrsg.), Issue #2-5 – Interline Transactions, Rn. 9-12.

900 Vgl. IFRS 15.BC105 f.

901 Vgl. IFRS 15.BC105.

902 Vgl. IFRS 15.27 (b) i. V. m. IFRS 15.29; vgl. so auch AICPA AIRLINES REVENUE RECOGNITION TASK FORCE (Hrsg.), Issue #2-5 – Interline Transactions, Rn. 8 und 10; IAWG (Hrsg.), Issue #2-5 – Interline Transactions, S. 2; EY (Hrsg.), How the new Revenue Standard affects Airlines, S. 6 f.

Basis des relativen Einzelveräußerungspreises auf die einzelnen abgrenzbaren Leistungsverpflichtungen aufgeteilt wird, können die Adressaten regelmäßig einen differenzierteren Einblick in die Ertragslage der Airline als bei der Bilanzierung nur einer einzigen Leistungsverpflichtung erhalten und den wirtschaftlichen Gehalt der zugrunde liegenden Transaktionen erkennen.[903] Überdies kann der Transaktionspreis für die einzelnen Teilstrecken i. d. R. verlässlich ermittelt werden, sodass die auf Basis der abgrenzbaren Leistungsverpflichtungen vermittelten Informationen zusätzlich von Relevanz sind.[904] Das trägt zu einer entscheidungsnützlichen Informationsvermittlung bei.

Ob die einzelnen vertraglich vereinbarten **Teilstrecken** im Vertragszusammenhang jeweils konkret abgrenzungsfähig sind, wenn die Flüge im Rahmen einer Kooperation **von verschiedenen Airlines durchgeführt** werden, muss gesondert geprüft werden. So werden in einem Beförderungsvertrag Leistungsversprechen über verschiedene Teilstrecken zusammengefasst, die sowohl durch die Vertragsairline als auch durch eine oder mehrere andere Airlines durchgeführt werden. Die Vertragsairline kombiniert die einzelnen Flüge allerdings nicht zu einem einzigen Endprodukt, sondern koordiniert unter Berücksichtigung des Flugplans lediglich – wie in einem Beförderungsvertrag, in dem mehrere Flüge nur von der Vertragsairline durchgeführt werden – die einzelnen Flüge im Beförderungsvertrag.[905] Deshalb liegt **keine signifikante Integrationsleistung** i. S. d. IFRS 15.29 (a) vor.

Für die Vertragsairline ist die Vereinbarung mehrerer Beförderungsleistungen, die von verschiedenen Fluggesellschaften erbracht werden, grundsätzlich mit keinem wesentlichen operativen Aufwand verbunden. Denn bevor Flugreisen gebucht werden können, hat sie den Flugplan aufgestellt, der alle möglichen Flugverbindungen enthält.[906] Im Flugplan werden auch Flugverbindungen von Airlines berücksichtigt, mit denen die (potenzielle) Vertragsairline bspw. eine sog. Codesharing-Vereinbarung getroffen hat.[907] Zusätzlich kann ein Passagier regelmäßig über die Vertragsairline auch auf das Streckennetz anderer Airlines zugreifen, mit denen die Airline eine sog. *Interline*-Vereinbarung getroffen hat.[908] Zwar werden die Flugpläne und damit die einzelnen Flüge der verschiedenen Airlines im Rahmen der Erstellung des Flugplans aufeinander abgestimmt. Allerdings ändert sich der Charakter der einzelnen zugesagten Beförderungsleistungen innerhalb des Beförderungsvertrages nicht.[909] Schließlich kann jeder Passagier und jeder Anbieter von Flugreisen auf der Grundlage des Flugplans verschiedene Flüge innerhalb eines Beförderungsvertrages individuell zusammenstellen und aufeinander abstimmen. Die

---

903 Vgl. hierzu allgemein Abschnitt 445.

904 Vgl. hierzu allgemein Abschnitt 444.

905 Vgl. hier und im folgenden Satz IFRS 15.29 (a); AICPA Airlines Revenue Recognition Task Force (Hrsg.), Issue #2-5 – Interline Transactions, Rn. 13.

906 Vgl. so bspw. Deutsche Lufthansa (Hrsg.), Flugplan; Singapore Airlines (Hrsg.), Flugplan.

907 Vgl. Abschnitt 232.1.

908 Vgl. Abschnitt 232.2; vgl. so auch AICPA Airlines Revenue Recognition Task Force (Hrsg.), Issue #2-5 – Interline Transactions, Rn. 13.

909 Vgl. Abschnitt 443.123.1.

einzelnen Beförderungsleistungen werden somit **nicht wesentlich modifiziert oder kundenspezifisch angepasst**.[910]

Die einzelnen Flüge können außerdem – wie Beförderungsleistungen, die von nur einer Airline im Rahmen eines Vertrages erbracht werden – **unabhängig voneinander** durchgeführt werden. Es gibt keine transformativen Beziehungen zwischen den einzelnen Beförderungen. Das Risiko für eine vertragsgemäße Durchführung eines einzelnen Fluges ist von den anderen zugesagten Beförderungsleistungen trennbar.[911] Deshalb sind die abgrenzungsfähigen Leistungsverpflichtungen auch **nicht eng miteinander verbunden**.[912]

Die einzelnen Teilstrecken, die von verschiedenen Airlines innerhalb eines Beförderungsvertrages erbracht werden, sind demnach **im Vertragszusammenhang konkret abgrenzbar**.[913] Deshalb hat eine Vertragsairline die im Beförderungsvertrag zugesagten Teilstrecken jeweils als separate Leistungsverpflichtung zu erfassen.[914] Die Abgrenzbarkeit der Leistungsverpflichtungen ist also im Ergebnis vom Durchführungsweg losgelöst. Eine Airline kann somit nicht durch bilanzpolitisch motivierte Sachverhalts- bzw. Vertragsgestaltungen eine separate Bilanzierung der jeweiligen Beförderungsleistung als eigene Leistungsverpflichtung umgehen. Diese Tatsache schränkt den Ermessensspielraum der Airline ein und stärkt zugleich die Vergleichbarkeit.

Passagiere vereinbaren regelmäßig auch auf **Flügen über mehrere Teilstrecken**, die von einer oder von mehreren Airlines durchgeführt werden, eine oder mehrere **Zusatzleistungen**.[915] Zum einen sind das Zusatzleistungen, die ausschließlich für eine eigenständig abgrenzbare Teilstrecke vereinbart werden. So kann ein Passagier bspw. einen Internetpass für einen Flug auf einer Teilstrecke abschließen. Zum anderen sind das Zusatzleistungen, die über mehrere Teilstrecken in Anspruch genommen werden. Das ist z. B. der Fall, wenn das Gepäck des Passagiers an den Umsteigeverbindungen durchbefördert wird. Sofern ein Passagier eine oder mehrere Zusatzleistungen **für nur eine einzelne Teilstrecke** vereinbart, ergeben sich bei der Beurteilung der konkreten Abgrenzbarkeit dieser Zusatzleistungen im Vertragszusammenhang keine Unterschiede zu einer oder mehreren vereinbarten Zusatzleistungen bei einem Nonstop-Flug. Denn auch in diesem Fall erbringt eine Airline weder eine signifikante Integrationsleistung noch wer-

---

910 Vgl. IFRS 15.29 (b).

911 Vgl. IFRS 15.BC106 i. V. m. IFRS 15.BC112.

912 Vgl. IFRS 15.29 (c). Vgl. so auch AICPA AIRLINES REVENUE RECOGNITION TASK FORCE (Hrsg.), Issue #2-5 – Interline Transactions, Rn. 13.

913 Vgl. IFRS 15.27 (b) i. V. m. IFRS 15.29.

914 Vgl. so auch AICPA AIRLINES REVENUE RECOGNITION TASK FORCE (Hrsg.), Issue #2-5 – Interline Transactions, Rn. 13 f.; IAWG (Hrsg.), Issue #2-5 – Interline Transactions, S. 2; EY (Hrsg.), How the new Revenue Standard affects Airlines, S. 6 f.; PwC (Hrsg.), Revenue Guidance in the Transportation and Logistics Sector, S. 15.

915 Vgl. zur Prüfung der Abgrenzungsfähigkeit bzw. der Abgrenzbarkeit von Zusatzleistungen in Beförderungsverträgen, in denen nur ein Flug vereinbart wird, Abschnitt 443.122.2 bzw. 443.123.2.

den die einzelnen Leistungsversprechen in einem Beförderungsvertrag durch die Zusatzleistung(en) verändert.[916] Vielmehr ist die Beförderungsleistung für den jeweiligen Flug, für den eine oder mehrere Zusatzleistungen vereinbart werden, zwingende Voraussetzung, um diese Leistungen in Anspruch nehmen zu können.[917] Deshalb hängt bzw. hängen die Zusatzleistung(en) auch in diesem Fall in hohem Maße von der Beförderungsleistung ab, sodass Zusatzleistungen im Vertragszusammenhang nicht trennbar sind.[918] Sie bilden zusammen mit der jeweiligen Beförderungsleistung insgesamt eine eigenständig abgrenzbare Leistungsverpflichtung.

Fraglich ist, ob das auch zwingend für eine oder mehrere **Zusatzleistungen** gelten muss, die **über mehrere Teilstrecken** in Anspruch genommen werden. Es gibt Zusatzleistungen, die einzeln oder in einem Paket abgeschlossen werden und nur i. V. m. bestimmten einzelnen Flügen innerhalb des Beförderungsvertrages in Anspruch genommen werden können. Das sind bspw. Sitzplatzreservierungen für mehrere Flüge. Diese Zusatzleistungen sind in hohem Maße von der jeweiligen Beförderungsleistung abhängig.[919] Denn ohne die zugrunde liegende Beförderungsleistung kann die Airline das jeweilige Leistungsversprechen nicht erbringen. Daher sind die Leistungsversprechen über diese Zusatzleistungen jeweils auf die zugehörigen Flüge aufzuteilen. Sie bilden dann mit der jeweils zugrunde liegenden Beförderungsleistung insgesamt eine eigenständig abgrenzbare Leistungsverpflichtung.[920]

Außerdem gibt es **Zusatzleistungen**, die **von mehreren Beförderungsleistungen stark abhängig** sind. Das ist bspw. bei der bereits genannten Durchbeförderung des Gepäcks des Passagiers der Fall. Eine Durchbeförderung des Gepäcks bis zum vereinbarten Zielort ist nur möglich, wenn der Passagier für die Flüge jeweils eingecheckt hat und die Beförderungsleistung in Anspruch nimmt.[921] Anderenfalls darf das Gepäck des Passagiers nicht befördert werden. Eine Airline kann diese Zusatzleistung folglich nur leisten, wenn die jeweiligen einzelnen Beförderungsleistungen auch tatsächlich in Anspruch genommen werden. Eine Zusatzleistung, die grundsätzlich von mehreren Flügen innerhalb eines Beförderungsvertrages abhängt, ist somit faktisch wiederum von jeder einzelnen Beförderungsleistung abhängig. Da die Erfüllung einer Zusatzleistung an die jeweilige Beförderungsleistung geknüpft ist und somit stark von ihr abhängt, kann die Zusatzleistung nicht eigenständig abgegrenzt werden.[922]

Zusatzleistungen sind somit grundsätzlich **nicht im Vertragszusammenhang konkret abgrenzbar**. Deshalb bilden sie mit den jeweils eigenständig abgrenzbaren Beförderungsleistun-

---

916 Vgl. IFRS 15.29 (a) und IFRS 15.29 (b).
917 Vgl. Abschnitt 443.123.2; vgl. im Ergebnis ähnlich AICPA AIRLINES REVENUE RECOGNITION TASK FORCE (Hrsg.), Issue #2-4 – Ancillary Fees and Services, Rn. 5.
918 Vgl. IFRS 15.27 (b) i. V. m. IFRS 15.29.
919 Vgl. IFRS 15.29 (c).
920 Vgl. IFRS 15.30.
921 Vgl. bspw. DEUTSCHE LUFTHANSA (Hrsg.), ABB Flugpassage, Art. 8.6.3.
922 Vgl. IFRS 15.29 (c); IFRS 15.BC106 i. V. m. IFRS 15.BC112.

gen innerhalb eines Beförderungsvertrages insgesamt eine eigenständig abgrenzbare Leistungsverpflichtung.[923] Die starke Abhängigkeit einer Zusatzleistung von der zugrunde liegenden Beförderungsleistung lässt einer Airline keinen Spielraum bei der Beurteilung, ob sie im Vertragszusammenhang konkret abgrenzbar ist. Angesichts der diesem Ergebnis zugrunde liegenden wirtschaftlichen Betrachtungsweise können die Adressaten Informationen aus der bilanziellen Abbildung erhalten, die den wirtschaftlichen Gehalt eines Beförderungsvertrages vermitteln.

443.13 Zusammenfassung eigenständig abgrenzbarer und nahezu identischer Leistungsverpflichtungen

443.131. Analyse und Würdigung der normativen Vorgaben

Grundsätzlich begründen eigenständig abgrenzbare und voneinander unterscheidbare Güter oder Dienstleistungen, wie z. B. eine Beförderungsleistung, jeweils eine einzelne Leistungsverpflichtung.[924] Sobald eine Reihe eigenständig abgrenzbarer Güter oder Dienstleistungen indes nahezu identisch ist und jeweils nach dem gleichen Muster auf einen Kunden übertragen wird, wie bspw. Reinigungsleistungen, muss der Bilanzierende diese Reihe als eine einzige Leistungsverpflichtung bilanzieren.[925] Nach dem gleichen Muster wird diese Reihe übertragen, wenn jedes eigenständig abgrenzbare Gut oder jede eigenständig abgrenzbare Dienstleistung zeitraumbezogen erfüllt und ihr Leistungsfortschritt nach der gleichen Methode bestimmt wird.[926]

Die Zusammenfassung einer Reihe eigenständig abgrenzbarer Güter oder Dienstleistungen führt zu einer **Vereinfachung** des Fünf-Schritte-Modells zur Umsatzrealisierung und fördert die **Konsistenz** bei der Identifikation solcher Leistungsverpflichtungen.[927] Denn der Bilanzierende muss nur eine Leistungsverpflichtung identifizieren, auf die der Transaktionspreis dann alleine entfällt, und anschließend Umsatzerlöse mithilfe einer einzigen Methode für die Bestimmung des Leistungsfortschritts realisieren.[928] Fraglich ist allerdings, ob die Zusammenfassung der Zusagen zur Übertragung von eigenständig abgrenzbaren und (nahezu) identischen Gütern oder Dienstleistungen eine konsistente Identifikation von Leistungsverpflichtungen sicherstellen kann.[929] Schließlich erfordert die Beurteilung, ob eigenständig abgrenzbare Güter oder

---

923 Vgl. IFRS 15.22 i. V. m. IFRS 15.30.

924 Vgl. IFRS 15.22 (a) i. V. m. IFRS 15.27. Vgl. ausführlich zur Identifikation eigenständig abgrenzbarer Leistungsverpflichtungen Abschnitt 443.12.

925 Vgl. IFRS 22 (b) i. V. m. IFRS 15.23; IFRS 15.BC113 f. Vgl. zustimmend zu einer verpflichtenden Anwendung dieser Ausnahmevorschrift EY (Hrsg.), Umsatzrealisierung, S. 90; anscheinend a. A. BRUNE, J. W., Herausforderungen in der Umsetzung von IFRS 15, S. 21, Fußnote 12.

926 Vgl. IFRS 15.23. Vgl. ausführlich zur zeitraumbezogenen Erfassung der Umsatzerlöse Abschnitt 446.2, sowie zur Bestimmung des Leistungsfortschritts Abschnitt 446.22.

927 Vgl. IFRS 15.BC113; EY (Hrsg.), International GAAP 2018, Chapter 30, S. 2086.

928 Vgl. IFRS 15.BC114. Als Beispiele für eine Reihe eigenständig abgrenzbarer Leistungsverpflichtungen nennt der IASB neben Reinigungsleistungen die Transaktionsverarbeitung, die Bereitstellung von Strom und Hotelmanagementleistungen. Vgl. bspw. FASB/IASB TRG (Hrsg.), Agenda Paper 39 (July 2015), Rn. 12.

929 Vgl. hier und im folgenden Satz ähnlich FASB/IASB TRG (Hrsg.), Agenda Paper 39 (July 2015), Rn. 14; FISCHER, D. T., Neues von der TRG, S. 26.

Dienstleistungen nahezu identisch sind, eine detaillierte Analyse der zugrunde liegenden Zusagen.

Die Beurteilung, ob die Voraussetzungen für eine Zusammenfassung von einer Reihe eigenständig abgrenzbarer und nahezu identischer Leistungsverpflichtungen erfüllt sind, kann regelmäßig Ermessensausübungen bedingen.[930] Nach Ansicht der TRG liegt der Schwerpunkt der Beurteilung bei Bereitschaftsverpflichtungen bzw. zeitraumbezogenen Dienstleistungen regelmäßig darauf, ob die einzelnen Zeiteinheiten (z. B. Stunden oder Tage) **nahezu identisch** sind.[931] Besteht die Zusage hingegen darin, eine festgelegte Menge an Leistungen bzw. eine bestimmte Zahl von Aktivitäten zu erbringen, ist zu prüfen, ob die einzelnen zugesagten Güter oder Dienstleistungen nahezu identisch sind.[932] Gleichwohl können die Ermessensspielräume bei der Beurteilung, ob die eigenständig abgrenzbaren Leistungen nahezu identisch sind, durch die Konkretisierung der Regelungen seitens der TRG nicht vollständig beseitigt werden. Die Ermessensspielräume können bei entsprechender Ausübung entweder zu einzeln abzubildenden Leistungsverpflichtungen (nicht nahezu identisch) oder zu einer Zusammenfassung mehrerer Leistungsverpflichtungen (nahezu identisch) führen.[933] Wenngleich die Höhe der insgesamt aus den zugrunde liegenden Transaktionen zu realisierenden Umsatzerlöse bei beiden Bilanzierungskonsequenzen identisch ist, unterscheidet sich dennoch die Periodisierung der Umsatzerlöse. Dies kann sowohl die innerbetriebliche als auch die zwischenbetriebliche Vergleichbarkeit beeinträchtigen, da die Grenze, bis wann eine Leistung nahezu identisch ist, ggf. unterschiedlich festgelegt wird. Eine beeinträchtigte Vergleichbarkeit wird bei dieser Vereinfachungsvorschrift allerdings bewusst in Kauf genommen. So muss die Zusammenfassung mehrerer Leistungsverpflichtungen nicht die gleiche bilanzielle Abbildung nach sich ziehen wie die Bilanzierung der betreffenden Güter oder Dienstleistungen als einzelne Leistungsverpflichtungen.[934] Vor dem Hintergrund der Zielsetzung dieser Vorschrift ist die Wertungsentscheidung des Standardsetzers nachvollziehbar und konsequent, da die Anwendung dieser Vorschrift das Fünf-Schritte-Modell zur Umsatzrealisierung vereinfachen soll.

Da viele Unternehmen ohne die Möglichkeit, nahezu identische Zusagen zusammenzufassen, vor operationalen Herausforderungen stehen würden und die Anwendung des Fünf-Schritte-Modells zur Umsatzrealisierung ohne diese Vereinfachungsregelung besonders bei repetitiven Tätigkeiten sehr kostenintensiv wäre, ist die Vereinfachungsregelung positiv zu werten.[935]

---

930 Vgl. so auch EY (Hrsg.), Umsatzrealisierung, S. 92.

931 Vgl. FASB/IASB TRG (Hrsg.), Agenda Paper 39 (July 2015), Rn. 15 f.

932 Vgl. FISCHER, D. T., Neues von der TRG, S. 26; EY (Hrsg.), Umsatzrealisierung, S. 91.

933 Damit die eigenständig abgrenzbaren und nahezu identischen Leistungsverpflichtungen zusammenzufassen sind, müssen diese außerdem nach dem gleichen Muster auf den Kunden übertragen werden. Vgl. IFRS 15.22 (b) i. V. m. IFRS 15.23.

934 Vgl. FASB/IASB TRG (Hrsg.), Agenda Paper 27 (March 2015), Rn. 18-20; FASB/IASB TRG (Hrsg.), Agenda Paper 34 (July 2015), Rn. 43. Vgl. zu einem Beispiel FASB/IASB TRG (Hrsg.), Agenda Paper 27 (March 2015), Rn. 18.

935 Vgl. IFRS 15.BC114.

Im Folgenden ist zu beurteilen, ob die im Beförderungsvertrag identifizierten eigenständig abgrenzbaren Leistungsverpflichtungen, also die einzelnen Flüge inklusive etwaig vereinbarter Zusatzleistungen, nahezu identisch sind.[936] Unter der Annahme, dass diese Leistungen dann auch nach dem gleichen Muster auf den Passagier übertragen werden, muss eine Airline die im Beförderungsvertrag vereinbarten Beförderungsleistungen zusammenfassen.[937]

443.132. Leistungsverpflichtungen im Beförderungsvertrag

In Beförderungsverträgen, in denen mehrere **Flüge** vereinbart werden, begründet jeder einzelne Flug eine **eigenständig abgrenzbare Leistungsverpflichtung** i. S. d. IFRS 15.27.[938] Sobald indes eine Reihe einzelner Flüge innerhalb eines Beförderungsvertrages nahezu identisch ist und nach dem gleichen Muster erbracht wird, muss die Airline die einzelnen Flüge zu einer Leistungsverpflichtung zusammenfassen.[939] Fraglich ist, ob die im Beförderungsvertrag festgelegten Flüge **(nahezu) identisch** i. S. d. IFRS 15.22 (b) sind, sodass die Zusammenfassung dieser Flüge eine konsistente Identifikation von Leistungsverpflichtungen sicherstellen kann.[940]

Gemein haben die festgelegten Beförderungsleistungen, dass der Passagier und ggf. sein Gepäck jeweils zum vereinbarten Zielort befördert werden.[941] Das allein kann bzw. darf allerdings im Hinblick auf die möglichen bilanziellen Konsequenzen nicht maßgebend dafür sein, ob diese Leistungen nahezu identisch sind. Für die Beurteilung müssen folglich alle Fakten und Umstände berücksichtigt werden, die mit den zugesagten Beförderungsleistungen zusammenhängen. Wenn die Art, der Umfang und der Preis einzelner Leistungen vergleichbar sind, sollten diese innerhalb eines Vertrages im Wesentlichen gleich sein. Im Beförderungsvertrag unterscheiden sich die vereinbarten Leistungen indes teils erheblich, bspw. in der Dauer des jeweiligen Fluges sowie im Preis für die einzelnen Flüge.[942]

Unter der **Annahme**, dass die in einem Beförderungsvertrag festgelegten Flüge nach dem **gleichen Muster** i. S. d. IFRS 15.23 auf den Passagier übertragen werden,[943] muss eine Airline mehrere Flüge zusammenfassen, sofern diese nahezu identisch sind.[944] Fasst eine Airline dabei Flüge zusammen, die ihrer Ansicht nach nahezu identisch sind, sich aber z. B. im Flugpreis

[936] Vgl. zur Identifikation der eigenständig abgrenzbaren Leistungsverpflichtungen im Beförderungsvertrag Abschnitt 443.122.2-443.122.4 und 443.123.2-443.123.3.

[937] Es wird an dieser Stelle in der Untersuchung angenommen, dass die eigenständig abgrenzbaren Leistungsverpflichtungen einer Airline nach dem gleichen Muster i. S. d. IFRS 15.22 (b) i. V. m. IFRS 15.23 auf den Passagier übertragen werden.

[938] Vgl. zur Identifikation der eigenständig abgrenzbaren Leistungsverpflichtungen im Beförderungsvertrag Abschnitt 443.122.2-443.122.4 und 443.123.2-443.123.3.

[939] Vgl. IFRS 15.22 (b) i. V. m. IFRS 15.23.

[940] Vgl. allgemein FASB/IASB TRG (Hrsg.), Agenda Paper 39 (July 2015), Rn. 14; FISCHER, D. T., Neues von der TRG, S. 26.

[941] Vgl. hierzu ausführlich Abschnitt 223.3.

[942] Vgl. Abschnitt 231.-233.

[943] Die Voraussetzungen, die IFRS 15.23 nennt, sind für Beförderungs- und Zusatzleistungen erfüllt. Für die Prüfung wird auf die Ausführungen zur zeitraumbezogenen Umsatzrealisierung bzw. zur Bestimmung des Leistungsfortschritts in Beförderungsverträgen nach IFRS 15 verwiesen. Vgl. hierzu Abschnitt 446.212.2-446.212.3 bzw. 446.222.-446.223.

[944] Vgl. IFRS 15.22 (b) i. V. m. IFRS 15.23.

unterscheiden, kann der wirtschaftliche Gehalt der einzelnen Transaktionen im Vergleich zu einer separaten Bilanzierung der einzelnen Flüge ggf. nur eingeschränkt in den verschiedenen Berichtsperioden abgebildet werden. Schließlich kommt es bei der Bilanzierung einer einzigen Leistungsverpflichtung, in der die (scheinbar) nahezu identischen Flüge zusammengefasst sind, zu einer Durchschnittsbetrachtung, bei der die Höhe der erfassten Umsatzerlöse – isoliert betrachtet – nicht zwingend den tatsächlichen Vergütungsanspruch für den jeweils erbrachten Flug widerspiegelt. Dadurch wird die Ertragslage der Airline ggf. verzerrt abgebildet, sobald die vereinbarten Leistungen eines Beförderungsvertrages nicht in derselben Berichtsperiode erbracht werden.[945] Zum einen kann dadurch die glaubwürdige Darstellung eingeschränkt werden. Zum anderen kann auch die Relevanz der vermittelten Informationen beeinträchtigt sein, wenn die realisierten Umsatzerlöse nur einen begrenzten Bestätigungs- und Prognosewert haben. Somit kann die Entscheidungsnützlichkeit der auf Basis der zusammengefassten Flüge vermittelten Informationen begrenzt sein.

Die Grenze, bis zu der einzelne Beförderungs- und Zusatzleistungen innerhalb eines Beförderungsvertrages nahezu identisch sind, ist objektiv kaum bestimmbar.[946] Eine Airline könnte bspw. einen Hin- und Rückflug als nahezu identisch klassifizieren, weil der jeweilige Flugpreis im Wesentlichen gleich ist. Hingegen ist es denkbar, dass diese beiden Flüge ceteris paribus für eine andere Airline nicht als nahezu identisch zu identifizieren sind, weil sich bereits das Flugziel unterscheidet. Mithin ist die Beurteilung für die Airlines stark ermessensbehaftet. Um eine inner- und zwischenbetriebliche Vergleichbarkeit der im Abschluss vermittelten Informationen gewährleisten zu können, ist nach hier vertretener Auffassung für Beförderungsverträge grundsätzlich anzunehmen, dass die darin festgelegten Beförderungs- und Zusatzleistungen nicht nahezu identisch sind. Die einzelnen Flüge sind folglich nicht zusammenzufassen.[947] Das für die Umsatzbilanzierung nach IFRS 15 maßgebende Bilanzierungsobjekt bildet daher der einzelne Flug, d. h. die geschuldete Beförderungsleistung über eine Teilstrecke inklusive etwaig im Rahmen dieser Leistung vereinbarter Zusatzleistungen.[948]

443.14 Zwischenfazit

Im zweiten Prozessschritt des Fünf-Schritte-Modells zur Umsatzrealisierung werden die Leistungsverpflichtungen innerhalb eines Beförderungsvertrages identifiziert, die die zugrunde zu legende **Bilanzierungseinheit** in den weiteren Prozessschritten bilden.[949] Damit eine Leistungsverpflichtung eigenständig abgrenzbar ist, muss der Passagier aus ihr zum einen gesondert oder durch Kombination mit anderen ihm jederzeit zur Verfügung stehenden Ressourcen einen Nutzen ziehen können.[950] Zum anderen muss das Lieferungs- und Leistungsversprechen von

945 Vgl. allgemein hierzu bereits Abschnitt 443.131. Über die Totalperiode unterscheidet sich die Höhe der Umsatzerlöse gegenüber einer separaten Bilanzierung der Leistungsverpflichtungen aber nicht.
946 Vgl. allgemein hierzu bereits Abschnitt 443.131.
947 Vgl. IFRS 15.22 f.
948 Vgl. Abschnitt 443.122.2-443.122.3 und 443.123.2.-443.123.3.
949 Vgl. hierzu ausführlich Abschnitt 443.11.
950 Vgl. hier und im folgenden Satz IFRS 15.27.

Gütern oder Dienstleistungen im Vertragszusammenhang konkret abgrenzbar sein. IFRS 15 enthält Regelungen zur Identifikation von Leistungsverpflichtungen, die im Rahmen der Klarstellungen im April 2016 konkretisiert und um erläuternde Beispiele erweitert wurden.[951] Zwar ist dies im Hinblick auf die zwischenbetriebliche Vergleichbarkeit grundsätzlich positiv zu bewerten. Indes kann die Identifikation eigenständig abgrenzbarer Leistungsverpflichtungen aufgrund von Ermessensentscheidungen nach wie vor zu Auslegungs- und Anwendungsfragen führen.[952]

Beförderungsverträge sind in der Airline-Industrie oftmals verschieden gestaltet. So können Passagiere einen Vertrag über einen oder mehrere Flüge abschließen. Darüber hinaus können sie regelmäßig eine oder mehrere Zusatzleistungen vereinbaren, um ihre Beförderungsleistung(en) attraktiver zu gestalten. Diese unterschiedlichen Gestaltungen erwecken zunächst den Eindruck, dass die Identifikation der Bilanzierungseinheit, die für Zwecke der Bilanzierung nach IFRS 15 maßgebend ist, im Rahmen von Beförderungsverträgen komplex und ermessensbehaftet ist. Nach einer ausführlichen Untersuchung kann aber festgestellt werden, dass die Aufteilung der zugesagten Leistungen in **eigenständig abgrenzbare Leistungsverpflichtungen** mit wenig Aufwand und ohne hohes Maß an Ermessensausübung möglich ist. So begründet jeder einzelne Flug inklusive etwaig vereinbarter Zusatzleistung(en) eine eigenständig abgrenzbare Leistungsverpflichtung. Das gilt unabhängig davon, ob der jeweilige Flug von der Vertragsairline selbst oder einer anderen Fluggesellschaft durchgeführt wird. Eine solche Abgrenzung der Leistungsverpflichtungen spiegelt den wirtschaftlichen Gehalt der zugrunde liegenden Beförderungs- und Zusatzleistungen realitätsgetreu wider. Da es in Beförderungsverträgen ein **klares Abgrenzungsergebnis** gibt, das den Charakter der Beförderungs- und Zusatzleistungen berücksichtigt, sind gute Voraussetzungen für eine entscheidungsnützliche Informationsvermittlung gegeben. Deshalb darf eine Airline mit Blick auf eine konsistente Identifikation von Leistungsverpflichtungen mehrere vereinbarte Flüge innerhalb eines Beförderungsvertrages nicht als nahezu identisch klassifizieren. Denn nahezu identische Flüge innerhalb eines Beförderungsvertrages müsste eine Airline zu einer Leistungsverpflichtung zusammenfassen, sobald sie die Leistungen zeitraumbezogen erbringt und der Leistungsfortschritt nach der gleichen Methode bestimmt wird, wodurch die inner- und zwischenbetriebliche Vergleichbarkeit eingeschränkt wird.

443.2 Identifikation des zur Erfüllung der Leistungsverpflichtung Verpflichteten

443.21 Vorbemerkungen

Oftmals sind in Kundenverträgen, wie bspw. in Beförderungsverträgen, mehrere Vertragsparteien an der Leistungserbringung beteiligt.[953] Ein Unternehmen muss dann beurteilen, ob es die spezifizierten Güter oder Dienstleistungen selbst liefert oder erbringt und somit als **Prinzipal**

[951] Vgl. hierzu ausführlich Abschnitt 443.12.

[952] Vgl. hierzu bspw. auch SCHOO, L., Umsatzrealisierung nach IFRS, S. 83.

[953] Vgl. statt vieler bspw. DIETRICH, A./MALSCH, A., Prinzipal-Agenten-Konzept des IFRS 15, S. 335; BEIERSDORF, K./SCHMIDT, M., Umsatzerfassung, S. 457.

tätig ist oder ob es die Übertragung der spezifizierten Güter oder Dienstleistungen arrangiert und folglich als **Agent** handelt.[954] Diese Beurteilung wirkt sich schließlich unmittelbar auf die Bilanzierung des zugrunde liegenden Sachverhalts aus. Agiert ein Unternehmen als Prinzipal, hat es Umsätze in Höhe der Gegenleistung zu realisieren, die das Unternehmen für die Leistungserbringung erwartungsgemäß erhält (Bruttoumsatzerlöse).[955] Ein Unternehmen, das als Agent tätig ist, realisiert Umsatzerlöse lediglich in Höhe seiner Kommission, die ihm als Gegenleistung für die erbrachte Vermittlungsleistung erwartungsgemäß zusteht (Nettoumsatzerlöse).[956] Zur Beurteilung der Stellung des Bilanzierenden in einem Absatzgeschäft hat der Board in IFRS 15 Regelungen und Indikatoren kodifiziert.[957] Bereits unmittelbar nach der Veröffentlichung des IFRS 15 entstanden diesbezügliche Auslegungs- und Umsetzungsfragen.[958] Aus diesem Grund hat der Board die Indikatoren und Regelungen im Rahmen der Klarstellungen konkretisiert.[959]

443.22 Stellung als Prinzipal oder Agent im Rahmen des Vertrages

443.221. Analyse und Würdigung des Prinzipal-Agenten-Konzepts in IFRS 15

Grundsätzlich ist für die Beurteilung der Stellung des bilanzierenden Unternehmens als Prinzipal oder Agent im Rahmen des Vertrages eine **zweistufige Prüfung** vorgesehen (vgl. Abbildung 4-5).[960] Hierzu muss das Unternehmen auf der ersten Stufe zunächst die spezifizierten Güter oder Dienstleistungen innerhalb des Vertrages identifizieren. Auf der zweiten Stufe ist dann zu prüfen, ob es die Kontrolle über das jeweilige spezifizierte Gut oder die jeweilige spezifizierte Dienstleistung hat, bevor es diese(s) überträgt.[961] Ist dies der Fall, ist das Unternehmen für dieses Gut bzw. diese Dienstleistung als Prinzipal tätig.[962] Sonst handelt es als Agent.

---

954 Vgl. IFRS 15.B34; WÜSTEMANN, J./WÜSTEMANN, S./JENDRECK, A., in: Rechnungslegung nach IFRS, 2. Aufl., IFRS 15, Rn. 230; HEINTGES, S./HOFFMANN, T./MARX, A., Klarstellungen von IFRS 15, S. 1052. Der Board spricht im Rahmen der Prinzipal-Agent-Prüfung bewusst von spezifizierten Gütern und Dienstleistungen anstatt von Leistungsverpflichtungen. Denn es ist bei Sachverhalten mit mehr als zwei Parteien zu beurteilen, ob die Kontrolle über die spezifizierten Güter oder Dienstleistungen auf den Kunden übergeht. Das ist die Leistungsverpflichtung des Prinzipals. Die Leistungsverpflichtung eines Agenten ist indes ausschließlich die Vermittlungsleistung zwischen dem Prinzipal und dem Kunden. Vgl. IFRS 15.BC380 i. V. m. IFRS 15.BC385B.

955 Vgl. IFRS 15.B35B.

956 Vgl. IFRS 15.B36.

957 Vgl. IFRS 15.B34-B38.

958 Vgl. bspw. FASB/IASB TRG (Hrsg.), Agenda Paper 1 (July 2014); IASB/FASB (Hrsg.), Agenda Paper 7A (June 2015); IASB/FASB (Hrsg.), Agenda Paper 7G (December 2015).

959 Vgl. IFRS 15.BC27A (b); IFRS 15.BC385A-BC385Z; IFRS 15.B34-B38.

960 Vgl. IFRS 15.B34A; vgl. hierzu auch BRÜCKS, M. U. A., Anwendungs- und Auslegungsfragen zu IFRS 15 (Teil 1), S. 185; DIETRICH, A./MALSCH, A., Prinzipal-Agenten-Regelungen des IFRS 15, S. 74.

961 Vgl. IFRS 15.B34A (a) und (b); EY (Hrsg.), Umsatzrealisierung, S. 110.

962 Vgl. hier und im folgenden Satz IFRS 15.B35 und .B36.

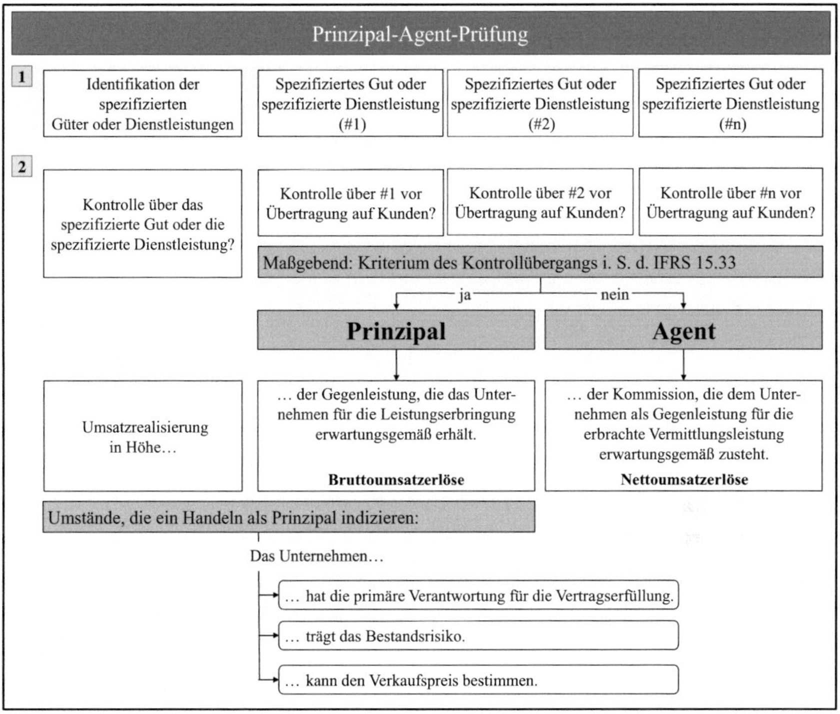

Abbildung 4-5: Prinzipal-Agent-Prüfung

Für die **erste Stufe** verweist der Board auf die allgemeinen Regelungen zur Identifikation der vertraglich zugesagten Güter oder Dienstleistungen.[963] Bei einem **spezifizierten Gut bzw. einer spezifizierten Dienstleistung**[964] handelt es sich um ein eigenständig abgrenzbares Gut bzw. eine eigenständig abgrenzbare Dienstleistung, das bzw. die für einen Kunden bereitzustellen ist.[965] Wenn in einem Kundenvertrag mehrere spezifizierte Güter oder Dienstleistungen enthalten sind, kann ein Unternehmen entweder für alle als Prinzipal respektive Agent oder für einige als Prinzipal und für andere als Agent tätig sein.[966]

---

963 Vgl. IFRS 15.B34A (a) i. V. m. IFRS 15.26; vgl. DIETRICH, A./MALSCH, A., Prinzipal-Agenten-Konzept des IFRS 15, S. 337; vgl. hierzu ausführlich Abschnitt 443.1.

964 Im Standard wird im Kontext der Beurteilung der Prinzipal-Agent-Prüfung nicht von einer Leistungsverpflichtung, sondern von spezifizierten Gütern oder Dienstleistungen gesprochen, weil die Leistungsverpflichtung eines Agenten nicht in der Lieferung eines identifizierten Gutes bzw. in der Erfüllung einer identifizierten Dienstleistung, sondern ausschließlich in der Leistungsvermittlung zwischen Prinzipal und Kunde besteht. Vgl. IFRS 15.BC385B.

965 Vgl. IFRS 15.B34.

966 Vgl. IFRS 15.B34; IFRS 15.IE248A-IE248F.

Auf der **zweiten Stufe** muss ein Unternehmen prüfen, ob es die **Kontrolle** über das spezifizierte Gut oder die spezifizierte Dienstleistung vor der Übertragung auf den Kunden besitzt.[967] Grundlage der Prüfung ist das in IFRS 15 zugrunde liegende Kriterium des Kontrollübergangs.[968] Sobald ein Unternehmen die spezifizierten Güter oder Dienstleistungen kontrolliert, bevor sie auf den Kunden übertragen werden, agiert es im Rahmen der spezifizierten Leistung als Prinzipal.[969] Für die Beurteilung, ob ein Unternehmen kurz vor der Übertragung des Gutes auf den Kunden die Kontrolle über dieses innehat, muss ein Unternehmen nicht rechtlicher Eigentümer sein. Vielmehr genügt es, wenn ein Unternehmen vor der Übertragung an den Kunden die Kontrolle über ein Gut bzw. einen Vermögenswert einer dritten Vertragspartei erlangt oder ein vertragliches Recht auf eine Dienstleistung erwirbt, das dem Unternehmen die Fähigkeit gibt, den Dritten bei der Erbringung der Dienstleistung anzuweisen.[970] Letzteres ist bspw. beim Verkauf eines Flugtickets durch ein Reisebüro der Fall.[971] Ein Flugticket begründet einen Anspruch auf einen bestimmten Flug. Die Kontrolle über diesen Anspruch besitzt das Reisebüro nur, wenn es dieses Recht aufgrund eines eigenen Kontingents an Flugtickets bereits vor der Übertragung auf den Kunden hatte.[972] Außerdem hat ein Unternehmen die Kontrolle über ein Gut oder eine Dienstleistung des Dritten, wenn es diese(s) mit eigenen Gütern oder Dienstleistungen kombiniert und so eine wesentliche Integrationsleistung erbringt.[973]

Ein Unternehmen, das ein Gut selbst herstellt oder eine Dienstleistung selbst erbringt, ist stets Prinzipal.[974] Ist ein Gut oder eine Dienstleistung nicht eigenständig abgrenzbar, sondern Teil einer einzigen Zusage, muss ein Unternehmen prüfen, ob es die Kontrolle über diese eine Zusage besitzt.[975] Ob ein Unternehmen innerhalb eines Kundenvertrages die spezifizierten Güter oder Dienstleistungen vor der Übertragung auf den Kunden kontrolliert und somit als Prinzipal agiert, muss es auf der zweiten Stufe der Prinzipal-Agent-Prüfung anhand des Kriteriums des Kontrollübergangs beurteilen.[976] Die Prinzipal-Agent-Prüfung bzw. die Prüfung der Kontrolle

---

967 Vgl. IFRS 15.B34A (b). Vgl. zum Kriterium des Kontrollübergangs Abschnitt 42.

968 Vgl. IFRS 15.IN7 (e); IFRS 15.B34A; IFRS 15.BC385B; IFRS 15.BC385S; vgl. so auch NARDMANN, H./GEBERTH, S./HAUSSMANN, K., Klarstellung des IASB zu IFRS 15, S. 323.

969 Vgl. hier und im folgenden Satz IFRS 15.B35 i. V. m. IFRS 15.BC385D.

970 Vgl. IFRS 15.B35A (a)-(b).

971 Vgl. hier und im folgenden Satz IFRS 15.B35A (b); IFRS 15.BC381; IFRS 15.BC385N (a); IFRS 15.IE239-IE243; HEINTGES, S./HOFFMANN, T./MARX, A., Klarstellungen von IFRS 15, S. 1052. Vgl. ausführlich Abschnitt 443.222.

972 Vgl. IFRS 15.BC385O. Ein Unternehmen kann ein solches Recht durch Verkauf an einen Kunden übertragen, es kann dieses Recht selbst nutzen oder die Leistung durch ein anderes Unternehmen erbringen lassen. Wenn ein anderes Unternehmen diese Leistung erbringt, bleibt das bilanzierende Unternehmen für die vertragsgemäße Erfüllung verantwortlich. Vgl. IFRS 15.B35A (b); IFRS 15.B35; IFRS 15.BC385V; WÜSTEMANN, J./WÜSTEMANN, S./JENDRECK, A., in: Rechnungslegung nach IFRS, 2. Aufl., IFRS 15, Rn. 231 f.

973 Vgl. IFRS 15.B35A (c).

974 Vgl. IFRS 15.BC385E.

975 Vgl. IFRS 15.BC385Q.

976 Vgl. IFRS 15.B34A (b); IFRS 15.B35.

über die spezifizierten Güter oder Dienstleistungen wird durch drei nicht abschließende Indikatoren konkretisiert.[977] Sie sollen ein Unternehmen bei dieser Prüfung **unterstützen**.[978] Folgende drei Umstände indizieren ein Handeln als Prinzipal:

1. Das Unternehmen hat die **primäre Verantwortung** für die Vertragserfüllung.
2. Das Unternehmen trägt das **Bestandsrisiko**.
3. Das Unternehmen kann den **Verkaufspreis bestimmen**.[979]

Der **erste Indikator** spricht für ein Handeln eines Unternehmens als Prinzipal, wenn es sowohl für die Erfüllung des Vertrages als auch für den ordnungs- und vertragsgemäßen Zustand der spezifizierten Güter oder Dienstleistungen primär verantwortlich ist.[980] Oftmals trägt ein Unternehmen hierfür nicht allein die Verantwortung.[981] Welche Vertragspartei für die Bereitstellung sowie die Ordnungsmäßigkeit des jeweiligen spezifizierten Gutes oder der jeweiligen spezifizierten Dienstleistung verantwortlich ist, ist indes regelmäßig aus den Vertragsbedingungen ersichtlich. Wenn ein Unternehmen mindestens im Innenverhältnis das Gewährleistungsrisiko trägt, indiziert dies, dass es die Kontrolle über ein Gut oder eine Dienstleistung hat.[982] Sofern ein Unternehmen nur im Außenverhältnis gegenüber dem Kunden das Gewährleistungsrisiko trägt, ist fraglich, ob das Unternehmen allein aufgrund dieses Umstands als Agent handelt.[983] Ein Unternehmen muss deshalb auch die beiden anderen Indikatoren berücksichtigen.

Trägt ein Unternehmen das Bestandsrisiko, d. h. das Risiko des zufälligen Untergangs und das Absatzrisiko, bevor die spezifizierte Leistung auf den Kunden übertragen oder nachdem sie durch diesen zurückgegeben wird, weist dies nach dem **zweiten Indikator** auf die Kontrolle des Unternehmens über das spezifizierte Gut oder die spezifizierte Dienstleistung hin.[984] Dies indiziert ein Handeln des Unternehmens als Prinzipal, da das Unternehmen in diesen Fällen mit hoher Wahrscheinlichkeit die Nutzung dieser Leistung bestimmen und den verbleibenden Nutzen aus dieser ziehen kann.

Nach dem **dritten Indikator** deutet ein Handeln eines Unternehmens auf eine Stellung als Prinzipal hin, wenn das Unternehmen den Verkaufspreis bestimmen kann.[985] Durch eine mögliche

---

977 Vgl. IFRS 15.B37 (a)-(c); IFRS 15.BC385H i. V. m. IFRS 15.BC385J (e).

978 Vgl. IFRS 15.B35 und .B37A; IFRS 15.BC385H und .BC382.

979 Vgl. IFRS 15.B37.

980 Vgl. IFRS 15.B37 (a).

981 Vgl. hier und im folgenden Satz EY (Hrsg.), Umsatzrealisierung, S. 114.

982 Vgl. LÜDENBACH, N./HOFFMANN, W.-D./FREIBERG, J., in: Haufe IFRS-Kommentar, 16. Aufl., § 25, Rn. 86 und 89.

983 Vgl. hier und im folgenden Satz LÜDENBACH, N./HOFFMANN, W.-D./FREIBERG, J., in: Haufe IFRS-Kommentar, 16. Aufl., § 25, Rn. 89.

984 Vgl. hier und im folgenden Satz IFRS 15.B37 (b); EY (Hrsg.), International GAAP 2018, S. 2103; NARDMANN, H./GEBERTH, S./HAUSSMANN, K., Klarstellung des IASB zu IFRS 15, S. 323; HEINTGES, S./HOFFMANN, T./MARX, A., Klarstellungen von IFRS 15, S. 1053; WÜSTEMANN, J./WÜSTEMANN, S./JENDRECK, A., in: Rechnungslegung nach IFRS, 2. Aufl., IFRS 15, Rn. 235; EY (Hrsg.), Umsatzrealisierung, S. 114.

985 Vgl. hier und im folgenden Satz IFRS 15.B37 (c).

Gestaltung des Preises für das spezifizierte Gut oder die spezifizierte Dienstleistung hat ein Unternehmen einen Handlungsspielraum, mit dem es die Nutzung dieses Gutes oder dieser Dienstleistung bestimmen kann und im Wesentlichen den gesamten verbleibenden Nutzen daraus ziehen kann. Indes kann auch ein Agent die Möglichkeit haben, Preise festzulegen, um für seine Vermittlungsleistung einen höheren Umsatz realisieren zu können.[986] Deshalb muss ein Unternehmen bei der Beurteilung des zugrunde liegenden Sachverhalts alle relevanten Fakten und Umstände sorgfältig prüfen.[987]

Bis der Board im April 2016 die Klarstellungen veröffentlichte, konkretisierten noch zwei weitere Indikatoren das zweistufige Konzept der Prinzipal-Agent-Prüfung innerhalb eines Kundenvertrages.[988] So sollten eine Vergütung in Form eines Kommissionsentgelts und ein fehlendes auf den Kunden bezogenes Bonitätsrisiko die Stellung eines Unternehmens als Agent indizieren. Zum einen ist der Indikator zum Kommissionsentgelt implizit im dritten Indikator zur Verkaufspreisbestimmung enthalten.[989] Zum anderen wurde das Bonitätsrisiko in den Regelungen des IAS 18 zur Umsatzrealisierung teils missbräuchlich verwendet, indem bspw. ein Unternehmen, das klar als Agent tätig ist, unter Verweis auf das Bonitätsrisiko als Prinzipal klassifiziert wurde.[990] Diese beiden Indikatoren sind nun nicht mehr in IFRS 15 enthalten, weil sie nicht mit dem Kontrollprinzip im Einklang stehen, sondern auf dem in IAS 18 vorherrschenden *risk and reward approach* basieren.[991]

Ein Unternehmen muss die für die Prinzipal-Agent-Beurteilung erforderliche Kontrollprüfung indes nicht zwingend anhand der drei Indikatoren gemäß IFRS 15.B37 durchführen.[992] Vielmehr sollen sie dem bilanzierenden Unternehmen in mehrdeutigen Fällen eine Hilfestellung sein. Abhängig vom zugrunde liegenden Sachverhalt können sie jeweils mehr oder weniger relevant sein.[993] Da die Indikatoren fallweise anzuwenden sind, verbleiben bei der Beurteilung, ob ein Unternehmen als Prinzipal oder Agent handelt, Ermessensspielräume.[994] Der Board legt den Vorschriften zur Prinzipal-Agent-Prüfung eindeutig das Kontrollprinzip zugrunde.[995] Somit gibt er den Adressaten, betont durch die Konkretisierung der anzuwendenden Vorschriften im Rahmen der Klarstellungen, eine klare Prinzipienorientierung vor. Unternehmen können

---

[986] Vgl. IFRS 15.B37 (c).

[987] Vgl. EY (Hrsg.), Umsatzrealisierung, S. 115; NARDMANN, H./GEBERTH, S./HAUSSMANN, K., Klarstellung des IASB zu IFRS 15, S. 323 f.

[988] Vgl. hier und im folgenden Satz IFRS 15.B37 (d)-(e) a. F.

[989] Vgl. LÜDENBACH, N./HOFFMANN, W.-D./FREIBERG, J., in: Haufe IFRS-Kommentar, 16. Aufl., § 25, Rn. 87.

[990] Vgl. IFRS 15.BC385J (d); LÜDENBACH, N./HOFFMANN, W.-D./FREIBERG, J., in: Haufe IFRS-Kommentar, 16. Aufl., § 25, Rn. 87; vgl. zur Diskussion über das Bonitätsrisiko im Rahmen der TRG IASB/FASB (Hrsg.), Agenda Paper 7G (December 2015), Rn. 24-30.

[991] Vgl. IFRS 15.BC385J (d); HOLD, C./HARMS, S., Praxisfragen der Erlöserfassung, S. 902; IASB/FASB (Hrsg.), Agenda Paper 7G (December 2015), Rn. 23.

[992] Vgl. hier und im folgenden Satz IFRS 15.B37A.

[993] Vgl. IFRS 15.B37A; KPMG (Hrsg.), Revenue Issues, S. 266.

[994] Vgl. so auch HEINTGES, S./HOFFMANN, T./MARX, A., Klarstellungen von IFRS 15, S. 1053; NARDMANN, H./GEBERTH, S./HAUSSMANN, K., Klarstellung des IASB zu IFRS 15, S. 324.

[995] Vgl. so auch bereits bei der Identifikation von Leistungsverpflichtungen Abschnitt 443.11.

eine standardkonforme Beurteilung erreichen, indem sie alle Fakten und Umstände jedes Einzelfalls berücksichtigen und etwaige Ermessensentscheidungen dokumentieren.[996] Im Folgenden sollen die Vorschriften zur Identifikation des zur Erfüllung der spezifizierten Leistung Verpflichteten im Rahmen von Beförderungs- und Zusatzleistungen analysiert, konkretisiert und beurteilt werden.

443.222. Stellung als Prinzipal oder Agent beim Vertrieb von Flugtickets

Airlines können ihre Flugtickets entweder unmittelbar oder mittelbar über sog. Absatzmittler an den Passagier verkaufen.[997] Erbringt die Vertragsairline die vertraglich vereinbarte Beförderungsleistung[998] selbst, ist sie stets Prinzipal.[999] Folglich hat sie die Umsätze in Höhe der Gegenleistung zu realisieren, die sie für die Beförderungsleistung erwartungsgemäß erhält.[1000] Sobald Flugtickets über einen Absatzmittler verkauft werden, sind mindestens zwei Vertragsparteien an der Leistungserbringung gegenüber einem Passagier beteiligt. In diesem Fall muss der Absatzmittler beurteilen, ob er die spezifizierten Leistungen selbst erbringt und somit als Prinzipal handelt oder ob er die Übertragung der spezifizierten Leistungen arrangiert und damit Agent ist.[1001] Mithin können mehrere Vertragsparteien für dieselbe Leistung Prinzipal bzw. Agent sein.

Wenn die Airline die Beförderungsleistung selbst erbringt, könnte zunächst vermutet werden, dass der Absatzmittler, bspw. ein Reisebüro, zwangsläufig als Agent tätig ist.[1002] Denn offenbar erbringt er nur eine Vermittlungstätigkeit und nicht die im Beförderungsvertrag vereinbarten Beförderungs- und Zusatzleistungen. Ohne die weiteren Fakten und Umstände des zugrunde liegenden Sachverhalts zu berücksichtigen, wäre eine solche Beurteilung allerdings nicht hinreichend fundiert. Dadurch würde der wirtschaftliche Gehalt dieses Sachverhalts ggf. nicht zutreffend im Abschluss des Absatzmittlers wiedergegeben und somit die glaubwürdige Darstellung beeinträchtigt. Deshalb muss ein Absatzmittler systematisch seine Stellung als Prinzipal oder Agent beim Vertrieb von Flugtickets beurteilen.[1003]

---

[996] Vgl. so auch NARDMANN, H./GEBERTH, S./HAUSSMANN, K., Klarstellung des IASB zu IFRS 15, S. 324.

[997] Vgl. zum Vertrieb von Flugtickets Abschnitt 234.

[998] Da Zusatzleistungen nicht konkret von der zugrunde liegenden Beförderungsleistung im Vertragszusammenhang abgrenzbar sind, begründen sie gemeinsam mit der Beförderungsleistung eine einzige Leistungsverpflichtung. Deshalb werden Zusatzleistungen im Folgenden nicht gesondert berücksichtigt. Vgl. Abschnitt 443.123.2 und 443.123.3.

[999] Vgl. IFRS 15.BC385E. Es ist möglich, dass eine Vertragsairline eine Beförderungsleistung im Rahmen eines Beförderungsvertrages verkauft, die sie nicht selbst, sondern einer ihrer Kooperationspartner erbringt. In diesem Fall ist die Vertragsairline ein Absatzmittler. Für die Beurteilung ihrer Stellung im Rahmen des Vertrages wird auf die entsprechenden Ausführungen verwiesen. Vgl. Abschnitt 443.223. und 443.224.

[1000] Vgl. IFRS 15.B35B.

[1001] Vgl. IFRS 15.B34.

[1002] Vgl. hier und im folgenden Satz ähnlich LÜDENBACH, N./HOFFMANN, W.-D./FREIBERG, J., in: Haufe IFRS-Kommentar, 16. Aufl., § 25, Rn. 91.

[1003] Vgl. zum zweistufigen Prozess der Prinzipal-Agent-Prüfung ausführlich Abschnitt 443.221.

Hierzu sind auf der **ersten Stufe** die spezifizierten Güter oder Dienstleistungen innerhalb des Vertrages zu identifizieren.[1004] Die Tatsache, dass ein Absatzmittler die vereinbarte Beförderungs- und Zusatzleistung nicht selbst erbringt, ist nicht maßgebend.[1005] Vielmehr ist entscheidend, ob der Absatzmittler für den vom Kunden gewünschten Flug bzw. für die jeweils gewünschten Flüge ein **eigenes Flugkontingent** vorrätig hat.[1006] Ist dies der Fall, gewährt der Absatzmittler, bspw. ein Dienstleistungsgroßhändler, ein Recht auf eine Beförderung mit einem bestimmten Flug.[1007] Anderenfalls beauftragt der Absatzmittler einen Dritten, z. B. die Vertragsairline, damit, dem Kunden einen Anspruch auf eine Beförderung zu gewähren.[1008]

Auf der **zweiten Stufe** ist zu prüfen, ob der Absatzmittler die Kontrolle über die spezifizierte Leistung besitzt, bevor er diese auf den Kunden überträgt.[1009] Da die spezifizierte Leistung eines Absatzmittlers nicht die Beförderungsleistung selbst, sondern ein Recht auf eine Beförderung ist, zeigt sich der Absatzmittler für die erfolgreiche Beförderungsleistung nicht primär verantwortlich. Der **erste Indikator** ist somit für die Beurteilung der Stellung eines Absatzmittlers im Rahmen des Vertrages nicht relevant.[1010]

Folglich muss der **zweite Indikator** berücksichtigt werden, um zu beurteilen, ob der Absatzmittler die spezifizierte Leistung kontrolliert, bevor er diese erbringt. Sobald der Absatzmittler **ein Flugkontingent** besitzt, trägt er das Risiko des zufälligen Untergangs sowie das Absatzrisiko und handelt somit eigenverantwortlich.[1011] Der Absatzmittler hat nämlich im Wesentlichen das Recht, die Verwendung des Flugtickets zu bestimmen.[1012] Er kann folglich den verbleibenden Nutzen aus diesem Flugticket in wesentlichen Teilen ziehen, indem er es verkauft oder ggf. selbst nutzt. Das weist auf die Kontrolle des Absatzmittlers über die spezifizierte Leistung hin.[1013] Hingegen trägt ein Absatzmittler **ohne ein Flugkontingent** mangels eines existierenden Vermögenswertes weder das Risiko des zufälligen Untergangs noch das Absatzrisiko.[1014] Da er ausschließlich einen Dritten anweist, ein Recht auf eine Beförderung des Passagiers zu gewähren, scheint der Absatzmittler keine Kontrolle über dieses Recht zu haben. Das deutet nicht auf ein Handeln als Prinzipal hin.

1004 Vgl. IFRS 15.B34A (a).

1005 Vgl. IFRS 15.B34A (a); IFRS 15.B35; IFRS 15.BC385N (a) und .BC385O; vgl. statt vieler bspw. auch KPMG (Hrsg.), Revenue Issues, S. 266.

1006 Eine Airline vergibt an Absatzmittler zum Teil sog. Flugkontingente. Ein Kontingent enthält eine bestimmte Zahl an Flugtickets, über die der Absatzmittler dann verfügen kann.

1007 Vgl. IFRS 15.B34A (a); IFRS 15.BC385N (a) und .BC385O; IFRS 15.IE239-IE243; vgl. statt vieler bspw. auch KPMG (Hrsg.), Revenue Issues, S. 266.

1008 Vgl. IFRS 15.B34 und .B36; IFRS 15.BC385O; IFRS 15.IE242.

1009 Vgl. IFRS 15.B34A (b).

1010 Vgl. IFRS 15.B37 (a); im Ergebnis so auch IFRS 15.IE242A f.

1011 Vgl. IFRS 15.B37 (b) i. V. m. IFRS 15.IE242C.

1012 Vgl. hier und im folgenden Satz IFRS 15.33 i. V. m. IFRS 15.BC120; IFRS 15.IE242A f.; vgl. zum Kontrollprinzip Abschnitt 42.

1013 Vgl. IFRS 15.B37 (b) i. V. m. IFRS 15.IE242C.

1014 Vgl. IFRS 15.B37 (b).

Gemäß dem **dritten Indikator** hat ein Absatzmittler vor der Leistungserbringung die Kontrolle über die spezifizierte Leistung, wenn er den Flugpreis bestimmen kann.[1015] Ein Absatzmittler **mit einem Flugkontingent** hat die Möglichkeit, die Nutzung des Flugtickets zu bestimmen, indem er bspw. den Verkaufspreis für das Flugticket entsprechend anpasst.[1016] Anhand der Fakten und Umstände ist ersichtlich, dass er die Kontrolle über den Anspruch auf die Beförderung hat und somit als Prinzipal handelt.[1017] Deshalb hat er die Umsatzerlöse gemäß IFRS 15 brutto zu realisieren, d. h. in Höhe der zu erwartenden Gegenleistung, die er für den Verkauf des jeweiligen Flugtickets an den Endkunden erhält.[1018] Sofern ein Absatzmittler **ohne Flugkontingent** die Möglichkeit hat, den Verkaufspreis zu bestimmen, könnte dies zwar ein Handeln als Prinzipal indizieren.[1019] Allerdings kann der Absatzmittler durch Festlegung des Flugticketpreises nicht die Nutzung dieses Rechts auf Beförderung beeinflussen. Er kann durch einen höheren Verkaufspreis ggf. lediglich einen höheren Umsatz aus seiner Vermittlungsleistung realisieren. Unter Berücksichtigung aller Fakten und Umstände weist damit auch der dritte Indikator nicht auf ein Handeln eines solchen Absatzmittlers als Prinzipal hin. Im Gegenteil, es liegt eine klassische Vermittlungsleistung als Agent vor.[1020] Um den wirtschaftlichen Gehalt dieses Sachverhalts so auch bilanziell abzubilden, hat der Absatzmittler ausschließlich Umsätze in Höhe der zu erwartenden Vermittlungsprovision zu realisieren.[1021]

Im Ergebnis kann ein Absatzmittler beim Verkauf von Flugtickets sowohl Prinzipal als auch Agent sein. Folglich muss er alle relevanten Fakten und Umstände bei der Prinzipal-Agent-Prüfung berücksichtigen.[1022] Die jeweiligen Rechte und Pflichten des Absatzmittlers sind grundsätzlich eindeutig im zugrunde liegenden Vertrag geregelt und davon abhängig, ob das vom Kunden erworbene Flugticket aus dem Flugkontingent des Absatzmittlers stammt oder nicht. Durch ein systematisches Vorgehen bei der Beurteilung, ob er die Kontrolle über das Recht auf eine Beförderung besitzt, bevor dieses auf den Kunden übergeht, wird mithin regelmäßig die Ermessensausübung begrenzt. So sollte die bilanzielle Abbildung des alleinigen Vertriebs von Flugtickets zwischenbetrieblich vergleichbar sein.

443.223. Stellung als Prinzipal oder Agent im Rahmen einer *Interline*-Vereinbarung

Bei Flugtickets für Flüge über mehrere Teilstrecken können neben der Vertragsairline noch weitere Airlines an der Erbringung der vertraglich zugesagten Beförderungsleistung beteiligt sein, die den Passagier auf einer oder mehreren Teilstrecken der vereinbarten Gesamtstrecke befördern.[1023] Dies ist aufgrund einer geschlossenen *Interline*-Vereinbarung zwischen mindestens zwei Airlines möglich. In diesem Fall erkennen die an der Beförderung beteiligten Airlines

[1015] Vgl. IFRS 15.B37 (c).
[1016] Vgl. IFRS 15.B37 (c) i. V. m. IFRS 15.IE242C.
[1017] Vgl. IFRS 15.BC385O und .BC385U; im Ergebnis so auch IFRS 15.IE239-IE243.
[1018] Vgl. im Ergebnis so auch LÜDENBACH, N., Agent oder Prinzipal nach IFRS 15, S. 91.
[1019] Vgl. hier und im folgenden Satz IFRS 15.B37 (c).
[1020] Vgl. so auch LÜDENBACH, N., Agent oder Prinzipal nach IFRS 15, S. 90.
[1021] Vgl. IFRS 15.B36.
[1022] Vgl. Abbildung 4-5 in Abschnitt 443.221.
[1023] Vgl. hier und im folgenden Satz Abschnitt 234.

die Beförderungsdokumente, Verkaufs- und Beförderungsbedingungen sowie Abrechnungsmodalitäten gegenseitig an.[1024] Es sind mithin mehrere Parteien an der Leistungserbringung für den Passagier beteiligt. Dementsprechend muss eine Airline beurteilen, ob sie die spezifizierten Leistungen selbst ausführt und somit als Prinzipal tätig ist oder ob sie die Erbringung der spezifizierten Leistungen arrangiert und folglich als Agent handelt.[1025] Innerhalb eines Beförderungsvertrages kann eine Airline für einzelne Teilstrecken als Prinzipal und für andere als Agent tätig sein. Um zu beurteilen, für welche Teilstrecke(n) eine Airline als Prinzipal bzw. als Agent auftritt, muss sie grundsätzlich die im Beförderungsvertrag vereinbarten Leistungen hieraufhin mithilfe der zweistufigen Prinzipal-Agent-Prüfung untersuchen.[1026]

Die **Vertragsairline** hat vor jeder Beförderungsleistung, die sie selbst erbringt, die Kontrolle über diese und überträgt sie durch den Flug auf den Passagier.[1027] So kann sie die Beförderungsleistung selbst beeinflussen, wie z. B. die Flugzeit, Flugdauer und den angebotenen Service für den Passagier. Für diese Teilstrecke(n) ist sie stets Prinzipal.[1028] Gemäß IFRS 15 hat die Airline aus diesem Grund für diese Teilstrecke(n) Umsätze in Höhe der Gegenleistung zu realisieren, die sie für die Beförderungsleistung erwartungsgemäß erhält.[1029] Die übrigen Teilstrecken werden durch mindestens eine andere Airline im Rahmen von ***Interline*-Transaktionen** bedient.

Auf der ersten Stufe muss die Vertragsairline folglich die **spezifizierten Dienstleistungen** innerhalb des Beförderungsvertrages identifizieren, um beurteilen zu können, für welche Leistungen sie als Prinzipal oder Agent handelt.[1030] Das sind jeweils die Beförderungsleistungen über eine Teilstrecke.[1031] Die Identifikation dieser Leistungen ist in Beförderungsverträgen indes nicht komplex und somit mit wenig Aufwand verbunden. Fraglich ist, ob die Vertragsairline die Kontrolle über die spezifizierten Leistungen besitzt.[1032] So muss sie auf der zweiten Stufe für jede vereinbarte Teilstrecke gesondert prüfen, ob sie die Kontrolle über diese Teilstrecke hat. Maßgebend ist das Kriterium des **Kontrollübergangs** i. S. d. IFRS 15.33. Die Vertragsairline hat aufgrund einer bestehenden *Interline*-Vereinbarung ausschließlich das Recht, Flugtickets für die andere Airline zu verkaufen, mit der sie diese Vereinbarung getroffen hat.[1033] Sie kann die Teilstrecke, die vom *Interline*-Partner bedient wird, folglich grundsätzlich nicht

1024 Vgl. Abschnitt 232.2.

1025 Vgl. hier und im folgenden Satz IFRS 15.B34; vgl. auch Abschnitt 443.221. und 443.222.

1026 Vgl. Abbildung 4-5 in Abschnitt 443.221.

1027 Vgl. zum Kontrollprinzip Abschnitt 42.

1028 Vgl. IFRS 15.BC385E; Abschnitt 443.222.

1029 Vgl. IFRS 15.B35B.

1030 Vgl. IFRS 15.B34A (a).

1031 Vgl. Abschnitt 443.122.3. Das Recht auf eine Beförderung durch eine andere Airline ist in diesem Kontext keine spezifizierte Leistung der Vertragsairline. Vgl. hierzu Abschnitt 443.222.

1032 Vgl. hier und im folgenden Satz IFRS 15.B34A (b).

1033 Vgl. Abschnitt 232.2; AICPA Airlines Revenue Recognition Task Force (Hrsg.), Issue #2-5 – Interline Transactions, Rn. 21.

kontrollieren.[1034] Somit ist der Partner für die Beförderungsleistung auf seiner Teilstrecke auf den ersten Blick selbst verantwortlich.

Ob auf Flügen über diese Teilstrecken dennoch Umstände vorliegen (können), die ein Handeln der Vertragsairline als Prinzipal in Ausnahmefällen indizieren, ist zu prüfen.[1035] Zuerst ist zu beurteilen, welche Airline für die Vertragserfüllung der einzelnen Teilstrecken **primär verantwortlich** ist.[1036] Oftmals trägt nämlich ein Unternehmen nicht alleine die Verantwortung für eine ordnungs- und vertragsgemäße Erbringung der spezifizierten Leistungen.[1037] Wer sich für welche Teilstrecke verantwortlich zeigt, ist in den Vertragsbedingungen des geschlossenen Beförderungsvertrages mit dem Passagier und in der *Interline*-Vereinbarung zwischen der Vertragsairline und der jeweils anderen Partnerairline festgelegt. So trägt i. d. R. die Airline, die die Beförderungsleistung erbringt, sowohl im Innen- als auch im Außenverhältnis gegenüber dem Passagier das Gewährleistungsrisiko.[1038] Denn die Vertragsairline verpflichtet sich im Rahmen einer *Interline*-Vereinbarung weder zur Erbringung der Beförderungsleistung noch zur Übernahme der Verpflichtung zur Beförderung auf den jeweiligen Teilstrecken. Die den jeweiligen Flug ausführende Airline haftet somit bspw. unmittelbar für etwaige Überbuchungen, Annullierungen und Verspätungen von Flügen. Passagiere müssen ihre Ansprüche auf Unterstützungs-, Betreuungs- und Ausgleichsleistungen im Falle solcher Leistungsstörungen direkt an die den Flug (theoretisch) ausführende Airline richten.[1039] Der erste Indikator deutet also darauf hin, dass die Vertragsairline für die Teilstrecken, deren Flüge sie nicht selbst ausführt, als Agent auftritt.

Ein Indiz für ein Handeln als Prinzipal liegt außerdem vor, wenn die Vertragsairline das **Bestandsrisiko** für die Flüge über die jeweilige(n) Teilstrecke(n) trägt, die sie nicht selbst ausführt.[1040] Gemeint ist in diesem Kontext das Absatzrisiko, d. h. das Risiko von frei bleibenden Sitzplätzen während des jeweiligen Fluges.[1041] Die Vertragsairline übernimmt indes grundsätzlich weder vor dem Verkauf der Beförderungsleistung für die jeweilige Teilstrecke, die durch eine andere Airline erbracht wird, das Absatzrisiko noch nach dem Verkauf eine Verpflichtung, das verkaufte Flugticket für die jeweilige Beförderungsleistung zurückzunehmen. Der zweite Indikator weist somit nicht auf ein Handeln der Vertragsairline als Prinzipal hin.[1042] Vielmehr

1034 Vgl. AICPA AIRLINES REVENUE RECOGNITION TASK FORCE (Hrsg.), Issue #2-5 – Interline Transactions, Rn. 21.

1035 Vgl. IFRS 15.B37.

1036 Vgl. IFRS 15.B37 (a).

1037 Vgl. hier und im folgenden Satz EY (Hrsg.), Umsatzrealisierung, S. 114.

1038 Vgl. hier und im folgenden Satz AICPA AIRLINES REVENUE RECOGNITION TASK FORCE (Hrsg.), Issue #2-5 – Interline Transactions; IAWG (Hrsg.), Issue #2-5 – Interline Transactions, S. 3; PWC (Hrsg.), Revenue Guidance in the Transportation and Logistics Sector, S. 15.

1039 Vgl. zu den Passagierrechten Abschnitt 223.2.

1040 Vgl. IFRS 15.B37 (b).

1041 Vgl. hier und im folgenden Satz Abschnitt 443.221.; AICPA AIRLINES REVENUE RECOGNITION TASK FORCE (Hrsg.), Issue #2-5 – Interline Transactions, Rn. 23.

1042 Vgl. AICPA AIRLINES REVENUE RECOGNITION TASK FORCE (Hrsg.), Issue #2-5 – Interline Transactions, Rn. 23; IAWG (Hrsg.), Issue #2-5 – Interline Transactions, S. 3.

scheint die Vertragsairline für die Beförderungsleistungen über die Teilstrecken, die eine andere Airline im Rahmen einer *Interline*-Vereinbarung erbringt, Agent zu sein.

Allerdings hat eine Airline regelmäßig die Möglichkeit, den **Preis** für die vertraglich vereinbarte Beförderungsleistung **festzulegen**, um wettbewerbsfähig zu bleiben und bspw. auch bestimmte Flugverbindungen bewerben zu können.[1043] Die Aufteilung des Flugpreises auf die geflogenen Teilstrecken hängt von der jeweiligen *Interline*-Vereinbarung ab.[1044] Der Nutzen, den die Vertragsairline aus der Preisfestlegung ziehen kann, ist zwar begrenzt.[1045] Denn für die jeweils vereinbarten Beförderungsleistungen über eine Teilstrecke, die von einer anderen Airline erbracht werden, erhält die Vertragsairline entweder eine bestimmte Zuteilungsquote vom Ticketpreis oder einen Provisionsanteil. Gleichwohl hat die Vertragsairline letztlich die Kontrolle über die Preisfestsetzung des gesamten Beförderungsvertrages.[1046] Mit dieser Kontrolle hat die Airline den Handlungsspielraum, mit dem sie die Nutzung dieser Beförderungsleistung bestimmen kann.[1047] Diese Möglichkeit der Kontrolle indiziert – isoliert betrachtet – ein Handeln als Prinzipal.[1048]

Um beurteilen zu können, ob die Vertragsairline auch für Beförderungsleistungen über die jeweiligen Teilstrecken, die von einer anderen Airline erbracht werden, als Prinzipal agiert, sind die **Indikatoren** sowie alle **Fakten und Umstände** zu berücksichtigen. Während die ersten beiden Indikatoren gegen ein Handeln der Vertragsairline als Prinzipal sprechen, zeigt der dritte Indikator eine solche Stellung an. Der Bilanzierende würde den wirtschaftlichen Gehalt dieses Sachverhalts indes ggf. nicht realitätsgetreu abbilden, wenn er den Sachverhalt ausschließlich mit der Begründung aus der Perspektive eines Agenten bilanziert, dass die Zahl der Indikatoren für die Stellung als Agent die Zahl der Indikatoren für die Stellung als Prinzipal übersteigt. Vielmehr ist entscheidend, welchen Einfluss die einzelnen Umstände auf die Kontrolle der Vertragsairline haben, bevor die jeweilige Beförderungsleistung erbracht wird.[1049] Hierzu ist es erforderlich, die einzelnen Indikatoren entsprechend ihrer Bedeutung für den Besitz der Kontrolle über die jeweilige Beförderungsleistung zu gewichten.[1050] Auf diese Weise wird der wirtschaftliche Gehalt bei der Gesamtbeurteilung der einzelnen Umstände berücksichtigt.[1051] Das kann für die glaubwürdige Darstellung der vermittelten Informationen positiv sein.

1043 Vgl. Abschnitt 232.2.

1044 Vgl. AICPA AIRLINES REVENUE RECOGNITION TASK FORCE (Hrsg.), Issue #2-5 – Interline Transactions, Rn. 24.

1045 Vgl. hier und im folgenden Satz AICPA AIRLINES REVENUE RECOGNITION TASK FORCE (Hrsg.), Issue #2-5 – Interline Transactions, Rn. 25.

1046 Vgl. AICPA AIRLINES REVENUE RECOGNITION TASK FORCE (Hrsg.), Issue #2-5 – Interline Transactions, Rn. 25; IAWG (Hrsg.), Issue #2-5 – Interline Transactions, S. 3.

1047 Vgl. IFRS 15.B37 (c).

1048 Vgl. AICPA AIRLINES REVENUE RECOGNITION TASK FORCE (Hrsg.), Issue #2-5 – Interline Transactions, Rn. 25; IAWG (Hrsg.), Issue #2-5 – Interline Transactions, S. 3.

1049 Vgl. ähnlich KPMG (Hrsg.), IFRS 15 for Airlines, S. 25.

1050 Vgl., wenn auch in anderem Kontext, aber ähnlich, ZEYER, F./ENGLER, D., Brutto- oder Netto-Umsatzausweis nach IFRS, S. 123-125.

1051 Vgl. hier und im folgenden Satz ähnlich bereits ZEYER, F./ENGLER, D., Brutto- oder Netto-Umsatzausweis

Flüge über mehrere Teilstrecken sind operativ grundsätzlich unabhängig voneinander.[1052] So trägt die den Flug ausführende Airline die Verantwortung für die operative Durchführung des jeweiligen Fluges.[1053] Die Vertragsairline hat also, wie bereits konkretisiert, i. d. R. weder einen Einfluss auf die ordnungs- und vertragsgemäße Erbringung der Beförderungsleistung durch die ausführende Airline noch ist sie an den Kosten oder der Marge für den jeweiligen Flug beteiligt. Über die operative Durchführung des Teilstreckenfluges, der nicht durch die Vertragsairline erbracht wird, hat die Vertragsairline somit keine Kontrolle. Dieser Umstand muss im IFRS-Abschluss für die Adressaten ersichtlich sein. Denn das Kernprinzip in IFRS 15 ist das Kriterium des Kontrollübergangs.[1054] Anderenfalls würde die Vertragsairline zum Teil Umsatzerlöse realisieren, für die sie operativ zu keinem Zeitpunkt die Kontrolle besitzt und folglich auch niemals selbst auf den Passagier überträgt. Die **Abbildung der Ertragslage** würde letztlich kein realitätsgetreues Bild wiedergeben. Das schränkt nicht nur den Bestätigungs- und Prognosewert, sondern auch den wirtschaftlichen Gehalt der vermittelten Informationen ein. Sowohl die Relevanz als auch die glaubwürdige Darstellung würden damit negativ beeinflusst.

Gewiss kann als Argument entgegengebracht werden, dass die Vertragsairline die Kontrolle über die Preisfestlegung hat. Doch zum einen hat sie hierzu, besonders aus wettbewerbstechnischen Gründen, keinen unbegrenzten Spielraum. So können Passagiere bei zu hohen Flugpreisen bspw. die Airline wechseln oder der *Interlining*-Partner kündigt auf Dauer seine Vereinbarung mit der Vertragsairline auf, wenn er mit der Kooperation nicht zufrieden ist. Zum anderen hat der Preis im Rahmen von *Interline*-Transaktionen einen geringeren Einfluss auf die Kontrolle über den Teilstreckenflug als der Umstand, welche Partei den jeweiligen Flug operativ durchführt.[1055]

Deshalb agiert die Vertragsairline bei Beförderungsleistungen über die jeweilige(n) Teilstrecke(n), die durch den *Interline*-Partner erbracht werden, als **Agent**.[1056] Sie realisiert für diese Teilstrecken Umsatzerlöse ausschließlich in Höhe der Provision, die ihr als Gegenleistung für die erbrachte Vermittlungsleistung erwartungsgemäß zusteht. Airlines kooperieren nicht nur im

nach IFRS, S. 124.

1052 Vgl. Abschnitt 443.123.3.

1053 Vgl. hier und im folgenden Satz so auch AICPA Airlines Revenue Recognition Task Force (Hrsg.), Issue #2-5 – Interline Transactions, Rn. 26; IAWG (Hrsg.), Issue #2-5 – Interline Transactions, S. 3; EY (Hrsg.), How the new Revenue Standard affects Airlines, S. 7.

1054 Vgl. Abschnitt 42.

1055 Vgl. AICPA Airlines Revenue Recognition Task Force (Hrsg.), Issue #2-5 – Interline Transactions, Rn. 26; IAWG (Hrsg.), Issue #2-5 – Interline Transactions, S. 3.

1056 Vgl. IFRS 15.B36; vgl. so auch AICPA Airlines Revenue Recognition Task Force (Hrsg.), Issue #2-5 – Interline Transactions, Rn. 26; IAWG (Hrsg.), Issue #2-5 – Interline Transactions, S. 3; PwC (Hrsg.), Revenue Guidance in the Transportation and Logistics Sector, S. 15; EY (Hrsg.), How the new Revenue Standard affects Airlines, S. 7.

Rahmen des *Interlining*, sondern auch durch Codesharing miteinander.[1057] Im folgenden Abschnitt soll deshalb untersucht werden, welche Stellung die Vertragsairline im Kontext von Codesharing-Vereinbarungen in einem Beförderungsvertrag einnimmt.

443.224. Stellung als Prinzipal oder Agent im Rahmen einer Codesharing-Vereinbarung

Airlines schließen nicht nur *Interline*-Vereinbarungen, sondern auch sog. Codesharing-Vereinbarungen ab, um mit einer oder mehreren anderen Airlines strategisch zusammenzuarbeiten.[1058] Auch in diesem Fall sind mindestens zwei Airlines an der Leistungserbringung gegenüber dem Passagier beteiligt. Wenn die Vertragsairline die vertraglich vereinbarte Beförderungsleistung über eine Teilstrecke selbst erbringt, kann sie den Nutzen aus dieser Leistung im Wesentlichen selbst bestimmen und ist somit stets Prinzipal.[1059] Deshalb muss eine Airline für diese Flüge Umsatzerlöse in Höhe der Gegenleistung realisieren, die sie für die Beförderungsleistung erwartungsgemäß erhält.[1060] Sobald aber eine andere Airline die Beförderungsleistung über eine Teilstrecke erbringt, stellt sich bei Codesharing-Vereinbarungen – wie bei *Interline*-Vereinbarungen – die Frage, ob die Vertragsairline Prinzipal oder Agent ist.[1061]

Die Vertragsairline muss folglich im Rahmen einer Codesharing-Vereinbarung für die im Beförderungsvertrag identifizierten spezifizierten Leistungen ihre Stellung als Prinzipal oder Agent beurteilen.[1062] Da es verschiedene Formen des Codesharing gibt, deren Merkmale die Beurteilung einer Prinzipal-Agent-Prüfung ggf. unterschiedlich beeinflussen können, soll im Folgenden zwischen dem sog. *Blocked Space-*, *Freesale-* sowie dem *Revenue Sharing-* bzw. *Profit Sharing*-Codesharing differenziert werden.[1063]

Beim sog. ***Blocked Space*-Codesharing** erhält die Vertragsairline im Vorfeld des Fluges Sitzplatzkontingente.[1064] Die Vertragsairline besitzt damit in diesem Fall ein Recht auf eine Beförderung, das sie in Form eines Flugtickets verkaufen kann.[1065] Die Tatsache, dass die Vertragsairline die Beförderungsleistung nicht selbst erbringt, ist für eine Klassifizierung der Vertragsairline als Prinzipal oder Agent nicht maßgebend.[1066] Entscheidend ist, ob sie dieses Recht

1057 Vgl. hierzu ausführlich Abschnitt 232.1 und 232.2.
1058 Vgl. Abschnitt 232.1.
1059 Vgl. IFRS 15.BC385E; vgl. ausführlich bereits Abschnitt 443.222. und 443.223.
1060 Vgl. IFRS 15.B35B.
1061 Vgl. IFRS 15.B34; vgl. bereits Abschnitt 443.21.
1062 Vgl. hierzu ausführlich Abbildung 4-5 in Abschnitt 443.221. Diese Prinzipal-Agent-Prüfung ist regelmäßig auch für Beförderungsverträge über ununterbrochene Flüge im Rahmen einer Codesharing-Vereinbarung durchzuführen, sobald die Vertragsairline den Flug nicht eigenständig durchführt.
1063 Vgl. zu den verschiedenen Formen des Codesharing Abschnitt 232.1.
1064 Vgl. Abschnitt 232.1.
1065 Vgl. ausführlich zur bilanziellen Behandlung eines Rechts auf Beförderung im Kontext eines Absatzmittlers, der ausschließlich Flugtickets veräußert, wie z. B. ein Reisebüro, Abschnitt 443.222. Der erste Indikator gemäß IFRS 15.B37 (a) ist folglich für die Beurteilung, ob die Vertragsairline die Kontrolle hat, bevor sie die spezifizierte Leistung erbringt, nicht relevant.
1066 Vgl. IFRS 15.BC385N (a) und .BC385O; vgl. ausführlich zur Identifikation eines Rechts auf eine Beförderungsleistung Abschnitt 443.222.

kontrolliert, bevor sie es auf den Passagier überträgt.[1067] Dann kann sie bspw. einen Nutzen aus diesem Recht ziehen, indem sie es verkauft, selbst nutzt oder andere von der Nutzung dieses Rechts ausschließt. Den Preis für das Flugticket kann die Vertragsairline im Rahmen des *Blocked Space*-Codesharing selbst festlegen.[1068] Das indiziert ein Handeln als Prinzipal.

Im Falle eines ***Hard Blocked Space*-Codesharing** kann die Vertragsairline das Flugticket bzw. seine Sitzplatzkontingente nicht an den *Operating Carrier*, also an die den Flug ausführende Airline, zurückgeben. Sie trägt somit das Absatzrisiko.[1069] Die Vertragsairline besitzt also in jedem Fall die Kontrolle über das Recht auf die Beförderung im Rahmen des Codesharing-Fluges, sodass sie als Prinzipal tätig ist.

Fraglich ist, inwieweit ein Wegfall des Absatzrisikos gegen ein Handeln der Vertragsairline als Prinzipal sprechen würde. So kann die Vertragsairline nämlich im Rahmen eines ***Soft Blocked Space*-Codesharing** ihre Sitzplatzkontingente wieder ohne Weiteres an den *Operating Carrier* zurückgeben. Indes hat sie zum einen weiterhin die Möglichkeit, die Preise für das Flugticket bzw. für die Beförderungsleistung mittels des Codesharing-Fluges selbst festzulegen. Zum anderen kann sie den *Operating Carrier* mit dem erhaltenen Sitzplatzkontingent unverändert anweisen, die Beförderungsleistung durchzuführen.[1070] Wenngleich die Vertragsairline die Möglichkeit hat, Sitzplatzkontingente gegen Erstattung ihres zuvor ggf. entrichteten Entgelts wieder zurückzugeben, ist für die Beurteilung der Stellung der Vertragsairline maßgebend, dass sie die Kontrolle ausübt, bevor sie das Flugticket bzw. das Recht auf die Beförderungsleistung für die Teilstrecke an den Passagier verkauft. Deshalb handelt sie auch im Rahmen eines *Soft Blocked Space*-Codesharing als Prinzipal. Demnach muss ein Codesharing-Partner im Falle eines *Blocked Space*-Codesharing die Umsatzerlöse brutto, also in Höhe der gesamten zu erwartenden Gegenleistung realisieren, die er für den Verkauf des jeweiligen Flugtickets für den Codesharing-Flug an den Passagier erhält. So sind der wirtschaftliche Gehalt und das Nutzenpotenzial aus dieser Transaktion im Abschluss ersichtlich.[1071]

Zwar trägt eine Airline, die ihr zugewiesenes Sitzplatzkontingent an den *Operating Carrier* zurückgeben kann, kein Absatzrisiko. Das deutet auf ein Handeln der Vertragsairline als Absatzmittler bzw. Agent hin und zeigt, dass die Beurteilung der Stellung der Vertragsairline innerhalb des Beförderungsvertrages nicht frei von Ermessensspielräumen ist.[1072] Dies kann die zwischenbetriebliche Vergleichbarkeit und somit die glaubwürdige Darstellung beeinträchtigen. Doch muss dem entgegengesetzt werden, dass in IFRS 15 nicht das zu tragende Risiko, sondern die Kontrolle das entscheidende Kriterium für die Prinzipal-Agent-Prüfung ist. Mithin

---

1067 Vgl. hierzu bereits Abschnitt 443.222. Vgl. hier und im folgenden Satz IFRS 15.BC385O und .BC385U.

1068 Vgl. hier und im folgenden Satz IFRS 15.B37 (c).

1069 Vgl. IFRS 15.B37 (b) i. V. m. IFRS 15.IE242C.

1070 Vgl. IFRS 15.B35A (b).

1071 Vgl. zusammenfassend zur Prüfung der Indikatoren im Rahmen der Prinzipal-Agent-Prüfung beim Codesharing Abbildung 4-6.

1072 Vgl. IFRS 15.B37 (b); vgl. für den Fall eines Absatzmittlers, der keine eigenen Flugkontingente vorrätig hat, Abschnitt 443.222.

ist die Kontrolle der Vertragsairline über das Recht auf eine Beförderungsleistung für einen Codesharing-Flug mit Erhalt der Sitzplatzkontingente maßgebend. Zudem sollen die Indikatoren zur Prinzipal-Agent-Prüfung die Beurteilung der Kontrolle erleichtern, nicht aber dazu genutzt werden, sich über die Kontrollprüfung hinwegzusetzen.[1073]

Neben einer *Blocked Space*-Codesharing-Vereinbarung gibt es weitere Formen des Codesharing. In diesem Zusammenhang ist zu beachten, dass die alleinige Möglichkeit, ein Recht auf eine Beförderungsleistung zu erlangen, keine spezifizierte Leistung i. S. d. IFRS 15 ist.[1074] Denn aus der alleinigen Möglichkeit auf ein Recht kann eine Airline noch keinen Nutzen ziehen. Da eine Vertragsairline im Rahmen eines ***Freesale-* oder *Revenue Sharing-* bzw. *Profit Sharing*-Codesharing** kein fest zugewiesenes Sitzplatzkontingent erhält, ist folglich die Beförderungsleistung die spezifizierte Leistung. Fraglich ist daher, ob die Vertragsairline die Kontrolle über die Beförderungsleistung im Rahmen eines *Freesale-* oder *Revenue Sharing-* bzw. *Profit Sharing*-Codesharing-Fluges innehat, bevor diese erbracht wird.[1075] Schließlich führt die Vertragsairline den Codesharing-Flug nicht selbst aus, sondern der *Operating Carrier*.[1076] Dieser besitzt in jedem Fall die Kontrolle über die jeweilige Beförderungsleistung. Der *Operating Carrier* agiert somit im Rahmen des Codesharing-Fluges als Prinzipal.[1077] Das heißt im Umkehrschluss allerdings nicht, dass die Vertragsairline zwingend Agent ist. Vielmehr können mehrere Vertragsparteien für dieselbe Leistung Prinzipal sein. Eine auf diese Weise abgeleitete Beurteilung wäre nicht hinreichend substanziiert und würde ggf. zu einer nicht den tatsächlichen Verhältnissen entsprechenden bilanziellen Abbildung des zugrunde liegenden Sachverhalts im Abschluss der Vertragsairline führen. Es sind nämlich zwingend alle **relevanten Fakten und Umstände** bei der Kontrollprüfung zu berücksichtigen. Vor allem die Merkmale der verschiedenen Formen des Codesharing, die die Kontrolle der Vertragsairline über die Beförderungsleistung möglicherweise unterschiedlich beeinflussen können, sind daher in die Prinzipal-Agent-Prüfung einzubeziehen.[1078]

Zuerst ist zu beurteilen, welche Airline die **primäre Verantwortung** für die Erbringung der Beförderungsleistung auf einem Codesharing-Flug hat.[1079] Aus den Bedingungen des abgeschlossenen Beförderungsvertrages mit dem Passagier sowie der Codesharing-Vereinbarung zwischen der Vertragsairline und dem *Operating Carrier* ist regelmäßig ersichtlich, dass der *Operating Carrier* sowohl im Innen- als auch im Außenverhältnis gegenüber dem Passagier das Gewährleistungsrisiko für den Codesharing-Flug trägt.[1080] Zwar werden alle verfügbaren

1073 Vgl. IFRS 15.B35 und .B37A; IFRS 15.BC385H und .BC382.

1074 Vgl. hier und im Folgenden IFRS 15.B34A i. V. m. IFRS 15.B35A (b); IFRS 15.B34 i. V. m. IFRS 15.27 (a); IFRS 15.IE242A f. Vgl. zum Recht auf eine Beförderung bereits Abschnitt 443.221. und 443.222.

1075 Vgl. IFRS 15.B34A (b).

1076 Vgl. Abschnitt 232.1.

1077 Vgl. IFRS 15.BC385E.

1078 Vgl. Abschnitt 232.1.

1079 Vgl. IFRS 15.B37 (a).

1080 Vgl. AICPA AIRLINES REVENUE RECOGNITION TASK FORCE (Hrsg.), Issue #2-5 – Interline Transactions, Rn. 22; IAWG (Hrsg.), Issue #2-5 – Interline Transactions, S. 3; vgl. so bereits im Rahmen einer *Interline-*

Sitzplätze eines Codesharing-Fluges von jedem Codesharing-Partner selbständig vermarktet.[1081] Aus Verbraucherschutzgründen und aus Gründen der Produktwahrheit müssen Passagiere aber stets über die Identität des *Operating Carrier* informiert werden.[1082] Somit ist auch für den Passagier ersichtlich, dass der *Operating Carrier* für den jeweiligen Codesharing-Flug primär verantwortlich ist.[1083] Die operative Verantwortung des *Operating Carrier* deutet auf eine Stellung der Vertragsairline als Agent hin.

Wenn ein Codesharing-Partner für einen Codesharing-Flug hingegen das **Bestandsrisiko**, also das Absatzrisiko bzw. das Risiko für einen nicht besetzten Sitzplatz, übernimmt, indiziert dies ein Handeln als Prinzipal.[1084] Indes übernimmt der Codesharing-Partner im Falle eines *Freesale*-Codesharing weder das Absatzrisiko für den Codesharing-Flug noch verpflichtet er sich, das verkaufte Flugticket zurückzunehmen.[1085] Das Absatzrisiko liegt allein beim *Operating Carrier*. Somit spricht dies gegen ein Handeln als Prinzipal. Im Falle des *Revenue Sharing*- bzw. *Profit Sharing*-Codesharing tragen jedoch alle Codesharing-Partner gemeinsam das Absatzrisiko, wobei keiner ein zugewiesenes Sitzplatzkontingent erhält. Zudem vereinbaren sie im Vorfeld, wie die Einnahmen bzw. der Gewinn aus der Beförderungsleistung auf alle Partner verteilt werden. Dies indiziert, dass sowohl die Vertragsairline als auch der *Operating Carrier* – sofern abweichend – für dieselbe Leistung als Prinzipal tätig ist.

Ein weiteres Indiz für ein Handeln als Prinzipal liegt vor, wenn die Vertragsairline für den Codesharing-Flug den vertraglich vereinbarten **Flugpreis festlegen** kann.[1086] Dies ist im Falle eines *Freesale*-Codesharing gegeben.[1087] Im Rahmen eines *Revenue Sharing*- bzw. *Profit Sharing*-Codesharing kann die Vertragsairline den Flugpreis indes nicht allein bestimmen.[1088] Sie hat aber die Möglichkeit, die Preisgestaltung des Codesharing-Fluges zu beeinflussen. Diese Möglichkeit gibt der Vertragsairline einen Handlungsspielraum, mit dem sie die Nutzung eines Codesharing-Fluges bestimmen kann. Der Nutzen, den sie selbst daraus ziehen kann, ist allerdings begrenzt.[1089] Denn die Vertragsairline erhält die Einnahmen bzw. den Gewinn aus der Beförderungsleistung gemäß der im Vorfeld festgelegten Schlüsselung. Die Vertragsairline

Vereinbarung in Abschnitt 443.223.

1081 Vgl. Abschnitt 232.1.

1082 Vgl. Europäisches Parlament und Rat der Europäischen Union (Hrsg.), Verordnung (EG) Nr. 2111/2005, Art. 11.

1083 Vgl. hier und im folgenden Satz AICPA Airlines Revenue Recognition Task Force (Hrsg.), Issue #2-5 – Interline Transactions; IAWG (Hrsg.), Issue #2-5 – Interline Transactions, S. 3; vgl. aber auch Deutsche Lufthansa (Hrsg.), ABB Flugpassage, Art. 2.3; Emirates (Hrsg.), ABB, Art. 2.2.

1084 Vgl. IFRS 15.B37 (b).

1085 Vgl. AICPA Airlines Revenue Recognition Task Force (Hrsg.), Issue #2-5 – Interline Transactions, Rn. 23.

1086 Vgl. IFRS 15.B37 (c).

1087 Vgl. Abschnitt 232.1.

1088 Vgl. hier und im folgenden Satz Abschnitt 232.1.

1089 Vgl. hier und im folgenden Satz AICPA Airlines Revenue Recognition Task Force (Hrsg.), Issue #2-5 – Interline Transactions, Rn. 25.

partizipiert an der (gemeinsamen) Kontrolle über die Bestimmung des Flugpreises.[1090] Das indiziert grundsätzlich ein Handeln als Prinzipal.

Die Berücksichtigung der Indikatoren zeigt sowohl beim *Freesale*- als auch beim *Revenue Sharing*- bzw. *Profit Sharing*-Codesharing, dass einzelne Aspekte auf ein Handeln der Vertragsairline als Prinzipal hinweisen. Entscheidend im Kontext von Beförderungsleistungen ist allerdings, dass die Vertragsairline sowohl im Innen- als auch im Außenverhältnis gegenüber dem Passagier nicht das Gewährleistungsrisiko trägt und somit nicht die operative Verantwortung für die Erbringung dieser spezifizierten Leistung hat.[1091] Gewiss kann die Vertragsairline regelmäßig die Preisgestaltung beeinflussen und trägt zum Teil sogar auch das Absatzrisiko. Diese Aspekte können aus konzeptioneller Sicht indes nicht die fehlende Verantwortung für die tatsächliche Erbringung der Beförderungsleistung überwiegen. Schließlich haben sie ein zu geringes Gewicht in Bezug auf die primäre Verantwortung über die tatsächliche Beförderungsleistung. Die Vertragsairline agiert also sowohl im Rahmen eines *Freesale*- als auch im Rahmen eines *Revenue Sharing*- bzw. *Profit Sharing*-Codesharing als Agent.

Dementsprechend realisiert eine Vertragsairline beim *Freesale*-Codesharing gemäß IFRS 15 nur Umsatzerlöse in Höhe der Differenz zwischen dem von ihr festgelegten Flugpreis und dem vorher zwischen den Airlines festgelegten Verrechnungspreis für die Sitzplätze. Beim *Revenue Sharing*- bzw. *Profit Sharing*-Codesharing realisiert sie Umsatzerlöse in Höhe der nach dem Verteilungsschlüssel zu erwartenden Einnahme bzw. dem danach zu erwartenden Gewinn. Die Vertragsairline zeigt so in ihrem Abschluss den wirtschaftlichen Gehalt dieser Transaktion. Zwar möchten alle am Codesharing beteiligten Airlines einen beiderseitigen wirtschaftlichen Nutzen aus der Vereinbarung erzielen.[1092] Die Kontrolle i. S. d. IFRS 15 hat vor der Erbringung der Beförderungsleistung letztlich nur die ausführende Airline, die diese während des Codesharing-Fluges auf den Passagier überträgt.

1090 Vgl. AICPA Airlines Revenue Recognition Task Force (Hrsg.), Issue #2-5 – Interline Transactions, Rn. 25; IAWG (Hrsg.), Issue #2-5 – Interline Transactions, S. 3.

1091 Vgl. hier und im folgenden Satz AICPA Airlines Revenue Recognition Task Force (Hrsg.), Issue #2-5 – Interline Transactions, Rn. 26. Vgl. so auch Abschnitt 443.223. Vgl. aber auch Deutsche Lufthansa (Hrsg.), ABB Flugpassage, Art. 2.3; Emirates (Hrsg.), ABB, Art. 2.2.2.

1092 Vgl. Abschnitt 232.1.

Die nachstehende Abbildung 4-6 fasst die Prüfung der Indikatoren im Rahmen der Prinzipal-Agent-Prüfung für verschiedene Formen des Codesharing zusammen.

Form des Codesharing	Primäre Verantwortung	Absatzrisiko	Möglichkeit, den Flugpreis zu bestimmen	Stellung der Vertragsairline
Hard Blocked Space	n/a	✓	✓	Prinzipal
Soft Blocked Space		–		
Freesale	–	–	✓	Agent
Revenue Sharing/ Profit Sharing		✓		

Legende:

✓ = Indikator ist erfüllt. Dies spricht für ein Handeln der Vertragsairline als Prinzipal.

– = Indikator ist nicht erfüllt. Dies spricht nicht für ein Handeln der Vertragsairline als Prinzipal.

n/a = Indikator nicht geeignet, da es sich um ein Recht auf eine Beförderung handelt, nicht um die Erbringung der Beförderungsleistung selbst.

Abbildung 4-6: Prüfung der Indikatoren im Rahmen der Prinzipal-Agent-Prüfung bei verschiedenen Formen des Codesharing

443.3 Abschließende Würdigung des zweiten Schrittes zur Umsatzrealisierung

Im zweiten Prozessschritt wird mit der Identifikation der eigenständig abgrenzbaren Leistungsverpflichtungen das **zentrale Fundament** für die Umsatzbilanzierung gelegt. Diese zugrunde zu legende Bilanzierungseinheit muss gewährleisten, dass die zu erfassenden Umsatzerlöse den wirtschaftlichen Gehalt der einzelnen Geschäftsvorfälle innerhalb des Beförderungsvertrages widerspiegeln können. Das ist eine notwendige Bedingung, um entscheidungsnützliche Informationen vermitteln zu können.

In Beförderungsverträgen ist die **Bilanzierungseinheit**, wie Abbildung 4-7 (a) zeigt, grundsätzlich immer ein einzelner Flug mit etwaig im Zusammenhang mit diesem Flug vereinbarten Zusatzleistungen.[1093] Eine klare Abgrenzung, die den wirtschaftlichen Gehalt realitätsgetreu widerspiegelt, ist somit möglich. Das gilt unabhängig davon, wie der jeweilige Beförderungsvertrag gestaltet ist. Dies ist aus Gründen der Praktikabilität sowie im Hinblick auf die Vergleichbarkeit und Objektivierbarkeit der Rechnungslegung positiv zu bewerten. Damit liegt der Umsatzrealisation in den Abschlüssen von Airlines ein geeigneter Ausgangspunkt zur Vermittlung von Informationen mit hohem Nutzen zugrunde. Eine konkrete Aussage über die Entscheidungsnützlichkeit der Vorschriften ist an dieser Stelle der Arbeit noch nicht möglich.

[1093] Vgl. hierzu ausführlich Abschnitt 443.12.

Schließlich ist hierzu das Zusammenspiel der einzelnen Prozessschritte zur Umsatzrealisierung insgesamt zu würdigen.

(a)

Bilanzierungseinheit in einem Beförderungsvertrag

Abschnitt 443.122.-443.123.

Identifikation der **abgrenzbaren Leistungsverpflichtungen** mit wenig Aufwand und ohne hohes Maß an Ermessensausübung möglich

Beförderungsvertrag...

... über einen Flug:	... über mehrere Flüge:		
Leistungs-verpflichtung #1	**Leistungs-verpflichtung #1**	**Leistungs-verpflichtung #2**	**Leistungs-verpflichtung #n**
Flug #1 + etwaig vereinbarte Zusatzleistung(en)	Flug #1 + etwaig vereinbarte Zusatzleistung(en)	Flug #2 + etwaig vereinbarte Zusatzleistung(en)	Flug #n + etwaig vereinbarte Zusatzleistung(en)

(b)

Stellung als **Prinzipal oder Agent** innerhalb eines Beförderungsvertrages

Abschnitt 443.222.-443.224.

Verkauf von Flugtickets über Absatzmittler, die im Rahmen des Beförderungsvertrages keine Beförderungsleistung(en) erbringen:

	Stellung... ... des **Absatzmittlers**	... des ***Operating Carrier***
Absatzmittler erwirbt		
... kein eigenes Flugkontingent	Agent	Prinzipal
... ein eigenes Flugkontingent	Prinzipal	Prinzipal

Beförderungsleistungen im Rahmen einer...

	Stellung... ... des ***Operating Carrier***	... der **Vertragsairline**
... ***Interline*-Vereinbarung**	Prinzipal	Agent
... **Codesharing-Vereinbarung**		
Blocked Space	Prinzipal	Prinzipal
Freesale	Prinzipal	Agent
Revenue Sharing/Profit Sharing	Prinzipal	Agent

Abbildung 4-7: Identifikation der Leistungsverpflichtung(en) und der Stellung als Prinzipal oder Agent innerhalb eines Beförderungsvertrages

In der Airline-Industrie sind neben der Vertragsairline regelmäßig auch Dritte an der Leistungserbringung beteiligt. In diesen Fallkonstellationen muss die Vertragsairline prüfen, ob sie die spezifizierten Leistungen selbst erbringt und somit als **Prinzipal** tätig ist oder ob sie die Leistungen arrangiert und folglich als **Agent** handelt.[1094] Die Beurteilung hängt davon ab, ob sie die Kontrolle über die spezifizierte Leistung besitzt, bevor sie diese auf den Kunden überträgt. Hierzu nennt der Board drei nicht abschließende Indikatoren. Die Nennung solcher Indikatoren ist im Hinblick auf die Vergleichbarkeit i. d. R. positiv zu werten. Indes indizieren sie nicht immer dasselbe Bilanzierungsergebnis. Deshalb ist es wichtig, die einzelnen Indikatoren abhängig von ihrer Bedeutung für den Kontrollbesitz über die jeweilige spezifizierte Leistung zu gewichten. Dies muss systematisch erfolgen, um bei der Kontrollprüfung zwingend alle relevanten Fakten und Umstände des zugrunde liegenden Sachverhalts zu berücksichtigen. Nur so kann die Airline sicherstellen, dass der wirtschaftliche Gehalt bei der Gesamtbeurteilung der

[1094] Vgl. hierzu ausführlich Abschnitt 443.22.

einzelnen Umstände berücksichtigt wird. Schließlich fördert dies grundsätzlich eine glaubwürdige Darstellung.

Nach hier vertretener Auffassung kann eine Airline ihre Stellung als Prinzipal oder Agent im Rahmen des Beförderungsvertrages mit einer systematischen Kontrollprüfung sachgerecht und ohne erhebliche Ermessensspielräume beurteilen. Eine Airline kann, wie Abbildung 4-7 (b) zeigt, innerhalb eines Beförderungsvertrages für einzelne Teilstrecken Prinzipal, für andere Agent sein. Sobald sie die vereinbarten Flüge selbst durchführt, ist sie stets Prinzipal. Wird ein Flugticket über einen Absatzmittler verkauft, der keine Beförderungsleistung erbringt, handelt der Absatzmittler als Agent, wenn er kein eigenes Flugkontingent von der Vertragsairline erwirbt. Sofern er ein Flugkontingent erwirbt, ist er Prinzipal.

Erbringt die Vertragsairline im Rahmen einer *Interline*-Vereinbarung – ebenso wie beim *Freesale* oder *Revenue Sharing*- bzw. *Profit Sharing*-Codesharing – keine Beförderungsleistung, agiert sie grundsätzlich als Agent. Schließlich besitzt sie vor ihrer Leistungserbringung nicht die Kontrolle über die jeweiligen Leistungen. Allein beim *Blocked Space*-Codesharing handelt die Vertragsairline als Prinzipal, weil sie vor dem Verkauf die Kontrolle über das Recht auf die Beförderungsleistung durch den jeweiligen Flug hat. Da *Interline*- und Codesharing-Vereinbarungen international allerdings keinem einheitlichen rechtlichen Rahmen unterliegen, müssen die Fakten und Umstände einer jeden dieser Vereinbarungen individuell geprüft werden. Entscheidend ist, dass der wirtschaftliche Gehalt der jeweiligen Transaktion des Beförderungsvertrages im Abschluss einer Airline wiedergegeben wird.

444. Bestimmung des Transaktionspreises

444.1 Allgemeine Bewertungskonzeption

Nachdem im Kundenvertrag eine oder mehrere eigenständig abgrenzbare Leistungsverpflichtungen im zweiten Prozessschritt des Fünf-Schritte-Modells zur Umsatzrealisierung identifiziert worden sind, ist im dritten Prozessschritt der Transaktionspreis für die zugesagten Güter oder Dienstleistungen zu bestimmen.[1095] Die Bestimmung des Transaktionspreises ist ein wichtiger Teilschritt der Umsatzrealisierung nach IFRS 15, weil der ermittelte Betrag in den beiden letzten Schritten des Fünf-Schritte-Modells auf die identifizierten Leistungsverpflichtungen aufgeteilt und als Umsatz erfasst wird, sobald die jeweilige Leistungsverpflichtung erfüllt ist.[1096]

[1095] Vgl. IFRS 15.47-49.

[1096] Vgl. IFRS 15.BC184; vgl. statt vieler bspw. auch LÜDENBACH, N./HOFFMANN, W.-D./FREIBERG, J., in: Haufe IFRS-Kommentar, 16. Aufl., § 25, Rn. 98; EY (Hrsg.), Umsatzrealisierung, S. 137.

Der **Transaktionspreis** ist der Wert des Gegenleistungsanspruchs, den ein Unternehmen für die vertragsgemäße Übertragung von Gütern oder für die Erbringung von Dienstleistungen voraussichtlich erhalten wird.[1097] Er kann sich sowohl aus fixen als auch aus variablen Komponenten, wie z. B. Mengenrabatten, zusammensetzen.[1098] Beträge, die im Namen Dritter eingezogen werden, bspw. die Umsatzsteuer, sind indes nicht Bestandteil des Transaktionspreises.[1099] Oftmals kann der Transaktionspreis ohne großen Ermessensspielraum bestimmt werden.[1100] Denn in vielen Fällen ist der Verkaufspreis für die zu übertragenden Güter oder die zu erbringenden Dienstleistungen vertraglich fixiert und die Leistungserbringung und der Zahlungszeitpunkt fallen nicht erheblich auseinander.

Allerdings können **verschiedene Einflussfaktoren** die Bestimmung des Transaktionspreises komplexer und damit auch ermessensbehaftet werden lassen.[1101] Hierzu gehören neben variablen Bestandteilen des Transaktionspreises ein zeitliches Auseinanderfallen der Leistungserbringung und der Zahlung der zugesagten Güter oder Dienstleistungen sowie Gegenleistungen, die nicht in Bargeld bzw. Bargeldäquivalenten beglichen werden. Aber auch ein an einen Kunden zu leistendes Entgelt kann den Transaktionspreis beeinflussen.[1102] Zahlungsausfallrisiken sind bei der Bestimmung des Transaktionspreises nur zu berücksichtigen, wenn auch eine wesentliche Finanzierungskomponente vorliegt.[1103] Ansonsten sind diese im ersten Prozessschritt des Fünf-Schritte-Modells zur Umsatzrealisierung im Rahmen der Identifikation eines Kundenvertrages zu berücksichtigen.[1104] Dadurch werden der Transaktionspreis bzw. die Umsatzerlöse grundsätzlich in Höhe eines Bruttobetrages bewertet.[1105] Die Adressaten erhalten auf diese Weise vollständige Informationen über die Umsatzentwicklung, während Forderungsausfälle durch einen separaten Ausweis als Wertminderungsaufwand erfasst werden. Somit haben die vermittelten Informationen regelmäßig einen Bestätigungs- und Prognosewert. Dies fördert die Relevanz der Informationen zur Ertragslage des Unternehmens.

Für die **Bestimmung des Transaktionspreises** ist davon auszugehen, dass das Unternehmen die Güter oder Dienstleistungen wie vertraglich zugesagt liefert bzw. erbringt und der Vertrag nicht gekündigt oder geändert wird.[1106] Etwaige Vertragsverlängerungsoptionen sind erst dann

---

1097 Vgl. IFRS 15.47; IFRS 15.Anhang A.

1098 Vgl. hier und im folgenden Satz IFRS 15.47; IFRS 15.BC188; vgl. statt vieler bspw. auch KÜHNE, M./SCHLEIS, I., Neuregelung der Umsatzrealisierung nach IFRS, S. 260; KNOBLOCH, A. P./ANTON, K., Das Fünf-Schritte-Modell zur Umsatzrealisation (Teil 1), S. 1522.

1099 Die Zahlung der Gegenleistung kann aber grundsätzlich auch durch eine andere Partei als den Kunden erfolgen. Vgl. IFRS 15.BC187.

1100 Vgl. hier und im folgenden Satz SCHOO, L., Umsatzrealisierung nach IFRS, S. 84; EY (Hrsg.), Umsatzrealisierung, S. 121.

1101 Vgl. hier und im folgenden Satz IFRS 15.48; IFRS 15.BC188 (a)-(d); POLLMANN, R./HARTUNG, K., IFRS 15 in der Automobilzuliefererindustrie, S. 495; EY (Hrsg.), International GAAP 2018, Chapter 30, S. 2119 f.

1102 Vgl. IFRS 15.48 i. V. m. IFRS 15.70-72.

1103 Vgl. IFRS 15.BC185 i. V. m. IFRS 15.BC229-BC247 und .BC259-BC265.

1104 Vgl. IFRS 15.BC265 i. V. m. IFRS 15.9 (e); Abschnitt 442.1.

1105 Vgl. hier und im folgenden Satz so auch IFRS 15.BC264; WÜSTEMANN, J./WÜSTEMANN, S./JENDRECK, A., in: Rechnungslegung nach IFRS, 2. Aufl., IFRS 15, Rn. 99.

1106 Vgl. IFRS 15.49.

in die Bewertung einzubeziehen, wenn sie ausgeübt werden.[1107] Dies gilt grundsätzlich auch in dem Fall, wenn die Wahrscheinlichkeit sehr hoch ist, dass der Kunde den Vertrag verlängern wird. Die Beurteilung, zu welchem Zeitpunkt eine Vertragsverlängerung (sehr) wahrscheinlich ist, kann ermessensbehaftet sein und einen bilanzpolitischen Gestaltungsspielraum für die bilanzierenden Unternehmen schaffen. Deshalb ist es im Hinblick auf wertungsfreie, objektive und damit willkürfreie Informationen im Abschluss positiv zu bewerten, dass solche Optionen grundsätzlich nicht im Transaktionspreis berücksichtigt werden. Gegebenenfalls entspricht die bilanzielle Abbildung zwar nicht dem wirtschaftlichen Gehalt des zugrunde liegenden Sachverhalts, da der Board im hier betrachteten Zusammenhang eine rechtliche Betrachtungsweise bevorzugt.[1108] Dieser Aspekt ist nach hier vertretener Auffassung allerdings zugunsten einer neutralen Berichterstattung zu vernachlässigen.

Im Folgenden sollen die einzelnen Einflussfaktoren auf den Transaktionspreis genauer untersucht werden. Zunächst sollen die Einflussfaktoren auf Art, Zeitpunkt sowie Umfang der zu beanspruchenden Gegenleistungen vor dem Hintergrund der IFRS-Rechnungslegung analysiert und gewürdigt werden, bevor die jeweiligen Vorschriften gemäß IFRS 15 für Beförderungs- und Zusatzleistungen in der Airline-Industrie konkretisiert werden.

444.2 Variable Gegenleistungen

444.21 Analyse und Würdigung der normativen Vorgaben

Der Transaktionspreis soll die Erwartungen des Unternehmens bezüglich der Gegenleistung seitens des Kunden widerspiegeln, die dem Unternehmen zusteht.[1109] Die Höhe der Gegenleistung ist zum Zeitpunkt des Vertragsabschlusses indes oftmals noch nicht sicher bestimmbar, sondern von künftigen Gegebenheiten abhängig und somit variabel.[1110] Der **Begriff der variablen Gegenleistung** ist in IFRS 15 weit gefasst. So zählen hierzu u. a. Skonti, Rabatte, Rückerstattungen, Gutschriften, Preisnachlässe, Anreize, Leistungsprämien sowie Strafzahlungen.[1111] Kundenoptionen auf den Erhalt künftiger Güter oder Dienstleistungen zählen indes nicht zu den variablen Gegenleistungen.[1112] Denn vor Ausübung der Option besteht keine gegenwärtige Verpflichtung zur Lieferung bzw. Erbringung der Güter oder Dienstleistungen und auch kein Anspruch auf den Erhalt der Gegenleistung. Die Variabilität ergibt sich nicht nur aus den vertraglichen Rechten und Pflichten, sondern kann auch implizit im Vertrag enthalten

---

1107 Vgl. hier und im folgenden Satz IFRS 15.49 i. V. m. IFRS 15.BC186; vgl. hierzu auch HEINTGES, S./HOFFMANN, T./USINGER, R., Spagat zwischen rechtlicher und wirtschaftlicher Sicht, S. 577-581. Vgl. zur Ausnahme dieser Vorschrift IFRS 15.B43.

1108 Vgl. HEINTGES, S./HOFFMANN, T./USINGER, R., Spagat zwischen rechtlicher und wirtschaftlicher Sicht, S. 577 f.

1109 Vgl. EY (Hrsg.), International GAAP 2018, Chapter 30, S. 2121; EY (Hrsg.), Umsatzrealisierung, S. 139.

1110 Vgl. hier und im folgenden Satz IFRS 15.50 f.; IFRS 15.BC190 f.; vgl. statt vieler bspw. auch SCHOO, L., Umsatzrealisierung nach IFRS, S. 85; MORICH, S., IFRS 15, S. 2000.

1111 Vgl. IFRS 15.51.

1112 Vgl. hier und im folgenden Satz FASB/IASB TRG (Hrsg.), Agenda Paper 48 (November 2015), Rn. 19.

sein.[1113] Ein Unternehmen muss also bspw. auch die aus dem allgemeinen Geschäftsgebaren oder aus den Vertragszielen zu erwartenden Preiszugeständnisse berücksichtigen, weil hieraus eine Variabilität der Gegenleistung resultieren kann. Für die Beurteilung, ob eine variable Gegenleistung in einem Kundenvertrag vorliegt, muss das Unternehmen alle relevanten Fakten und Umstände des jeweils zugrunde liegenden Sachverhalts berücksichtigen.[1114] Das erfordert ein gewisses Maß an Ermessensausübung beim bilanzierenden Unternehmen. Da das Unternehmen im Anhang Angaben zu den Methoden, Inputs und Annahmen im Zusammenhang mit variablen Gegenleistungen machen muss, werden die Ermessensentscheidungen transparent gemacht.[1115]

Die **Schätzung der variablen Gegenleistung** basiert entweder auf dem Erwartungswert oder auf dem wahrscheinlichsten Betrag.[1116] Das bilanzierende Unternehmen muss für jede variable Gegenleistung innerhalb eines Kundenvertrages die Methode wählen, die es für geeigneter hält, um die dem Unternehmen zustehende Gegenleistung verlässlich zu schätzen.[1117] Die Methode ist somit nicht frei wählbar. Im ersten Standardentwurf sah der Board nur die Methode des Erwartungswertes zur Schätzung der variablen Gegenleistung vor.[1118] Die Möglichkeit der Schätzung der variablen Gegenleistung mithilfe des wahrscheinlichsten Betrages soll die Schwächen der Erwartungswertmethode kompensieren. So kann die **Erwartungswertmethode** zum einen komplex und kostenintensiv sein.[1119] Zum anderen kann sie bei nur einer geringen Zahl möglicher Ausprägungen der variablen Gegenleistung zu einem Betrag führen, der niemals realisiert würde und damit weder glaubwürdig noch relevant ist.[1120] Im Falle einer großen Zahl ähnlich gestalteter Verträge kann die künftige Gegenleistung regelmäßig auf Grundlage von Vergangenheitswerten angemessen angenähert werden.[1121] In diesem Fall ist daher grundsätzlich der Erwartungswert anzuwenden.

1113 Vgl. hier und im folgenden Satz IFRS 15.52; IFRS 15.BC192; vgl. statt vieler auch FREIBERG, J., Marktabhängige Variabilität des Transaktionspreises, S. 124; LÜDENBACH, N./HOFFMANN, W.-D./FREIBERG, J., in: Haufe IFRS-Kommentar, 16. Aufl., § 25, Rn. 107.

1114 Vgl. hier und im folgenden Satz IFRS 15.52 (b); IFRS 15.BC193 f.

1115 Vgl. IFRS 15.126.

1116 Vgl. IFRS 15.53. Diese Regelung ist mit den Vorschriften zur Rückstellungsbewertung gemäß IAS 37.36-40 vergleichbar.

1117 Vgl. hier und im folgenden Satz IFRS 15.53 i. V. m. IFRS 15.BC195.

1118 Vgl. hier und im folgenden Satz IFRS 15.BC196.

1119 Vgl. IFRS 15.BC196 (a).

1120 Vgl. IFRS 15.53 (a); IFRS 15.BC196 (b); IFRS 15.BC200.

1121 Vgl. hier und im folgenden Satz IFRS 15.53 (a); BREIDENBACH, K./WÄHRISCH, M., Umsatzerlöse, Rn. 189-191; WÜSTEMANN, J./BISCHOF, J., Der Grundsatz der Fair-Value-Bewertung von Schulden nach IFRS, S. 93 f.; WÜSTEMANN, J./WÜSTEMANN, S., Umsatzerlöse aus Kundenverträgen nach IFRS, S. 2039; vgl. kritisch zur Erwartungswertmethode im Zusammenhang mit variablen Gegenleistungen FINK, C./KETTERLE, G./SCHEFFEL, S., Auswirkungen des Re-Exposure Draft auf die Bilanzierungspraxis, S. 2001. Das Unternehmen nimmt in diesem Zusammenhang mit der Nutzung von Vergangenheitsdaten zu ähnlichen Kunden und/oder Verträgen das Wahlrecht zur Portfoliobildung gemäß IFRS 15.4 nicht in Anspruch. Vgl. FASB/IASB TRG (Hrsg.), Agenda Paper 38 (July 2015), Rn. 12; FASB/IASB TRG (Hrsg.), Agenda Paper 44 (November 2015), Rn. 25. Vgl. kritisch hierzu LÜDENBACH, N., Misslungene Portfolioregelungen in IFRS 15?, S. 64.

Hingegen ist der **wahrscheinlichste Betrag** der variablen Gegenleistung kein gemittelter Wert aus vielen Ausprägungen, sondern nur eine Ausprägung einer möglichen Gegenleistung.[1122] Diese Methode ist besonders in Fällen geeignet, in denen ein Unternehmen voraussichtlich nur auf zwei mögliche Beträge, z. B. auf den (Nicht-)Erhalt einer erfolgsabhängigen Vergütung, einen Anspruch hat.

Die (potenzielle) Möglichkeit der Wahl zwischen zwei verschiedenen Methoden schafft gewiss einen bilanzpolitischen Gestaltungsspielraum, mit dem die Höhe der zu realisierenden Umsatzerlöse beeinflusst werden kann.[1123] Doch zum einen ist die gewählte Methode stetig während der Vertragslaufzeit sowie auf ähnliche Verträge anzuwenden.[1124] Zum anderen sind bei der Schätzung der variablen Gegenleistung alle dem Unternehmen zur Verfügung stehenden historischen und gegenwärtigen Informationen sowie Prognosen zu berücksichtigen.[1125] Das sind regelmäßig die Informationen, die das Management ohnehin für die Angebots- und Preiserstellung der zugesagten Güter oder Dienstleistungen verwendet. Die Tatsache, dass der Board nicht nur eine, sondern zwei Methoden vorgibt, ist im Hinblick auf eine realitätsgetreue Ermittlung des Transaktionspreises positiv zu bewerten. Das fördert eine entscheidungsnützliche Informationsvermittlung im Rahmen der Umsatzrealisierung, weil das bilanzierende Unternehmen mithin die Methode anwenden muss, die die unternehmens- und vertragsspezifischen Fakten und Umstände besser berücksichtigt. Der Board gewährt dem bilanzierenden Unternehmen also kein explizites Wahlrecht. Deshalb darf sich ein Unternehmen auch nicht aus Kostengründen gegen die Methode entscheiden, die es für geeigneter hält, um die ihm zustehende Gegenleistung zu bestimmen.[1126] Denn letztlich muss ein Unternehmen weder bei der Erwartungswertmethode noch bei der Auswahl des wahrscheinlichsten Betrages alle möglichen Werte berücksichtigen. Dies ist i. S. d. Nebenbedingung der Kostenbegrenzung. Um auch eine glaubwürdige Darstellung im Zeitverlauf gewährleisten zu können, muss ein Unternehmen die vorgenommene Schätzung am Ende jeder Berichtsperiode aktualisieren.[1127]

1122 Vgl. hier und im folgenden Satz IFRS 15.53 (b); IFRS 15.BC200.

1123 Vgl. Baur, D./Lüpold, P./Witte, C., Ermessensspielräume im Umgang mit IFRS 15, S. 473 f.; Wüstemann, J./Wüstemann, S./Jendreck, A., in: Rechnungslegung nach IFRS, 2. Aufl., IFRS 15, Rn. 104.

1124 Vgl. IFRS 15.54 i. V. m. IFRS 15.BC195. Vgl. so bspw. IAS 1.45 und IAS 8.13. Das bedeutet indes nicht, dass das Unternehmen innerhalb eines Kundenvertrages auf nur eine Schätzmethode beschränkt ist. Wenn es darin mehrere Ausprägungsformen variabler Vergütungen gibt, kann es ggf. geboten sein, unterschiedliche Schätzmethoden zu nutzen. Vgl. IFRS 15.54 i. V. m. IFRS 15.BC202. Vgl. hierzu das Beispiel in IFRS 15.IE105-IE108, in dem beide Schätzverfahren in einem Vertrag angewendet werden.

1125 Vgl. hier und im folgenden Satz IFRS 15.54; vgl. statt vieler bspw. auch Knobloch, A. P./Anton, K., Das Fünf-Schritte-Modell zur Umsatzrealisation (Teil 1), S. 1523.

1126 Vgl. hier und im folgenden Satz IFRS 15.BC201.

1127 Vgl. IFRS 15.59. Sofern ein Unternehmen bereits eine Gegenleistung erhalten hat, die es dem Kunden erwartungsgemäß ganz oder teilweise zurückzahlen muss, ist eine Rückerstattungsverbindlichkeit bzw. -rückstellung zu bilanzieren. Deren Höhe richtet sich nach dem Betrag der Gegenleistung, der dem Unternehmen mangels eines vertraglichen Vergütungsanspruchs voraussichtlich nicht zusteht. Am Ende jeder Berichtsperiode ist dieser Passivposten an die aktuellen Umstände anzupassen. Vgl. IFRS 15.55.

Schätzmethoden sind grundsätzlich stark ermessensbehaftet.[1128] Aus Gründen der Vorsicht sind die **variablen Bestandteile** der Gegenleistung bei der Bestimmung des Transaktionspreises nur dann zu berücksichtigen, wenn es **hoch wahrscheinlich** ist, dass sich der entsprechende Erlösanteil bei Wegfall der Unsicherheit nicht umkehrt.[1129] Für die Beurteilung, die qualitativ vorzunehmen ist, hat ein Unternehmen sowohl die Wahrscheinlichkeit als auch das Ausmaß einer Umsatzkorrektur[1130] zu beachten.[1131]

Um Unsicherheiten bei der Beurteilung einzugrenzen, nennt der Board – nicht abschließend – **Umstände**, wann ein variabler Bestandteil zu begrenzen bzw. (zunächst) nicht bei der Bestimmung des Transaktionspreises zu berücksichtigen sein könnte:[1132]

- Die Gegenleistung hängt **in hohem Maße von externen Faktoren** außerhalb der Kontrolle des Unternehmens ab. Hierzu gehören bspw. Marktvolatilitäten, Ermessensentscheidungen, Handlungen Dritter, Wetterbedingungen oder hohe Alterungsrisiken der zugesagten Güter oder Dienstleistungen.
- Die Unsicherheit über die Höhe der Gegenleistung bleibt voraussichtlich über einen **langen Zeitraum** bestehen.
- Das Unternehmen hat **fehlende oder nur begrenzte Erfahrungswerte** mit ähnlichen Verträgen oder die Erfahrungswerte haben nur einen geringen Prognosewert.
- Das Unternehmen hat bei ähnlichen Verträgen oftmals unterschiedliche **Preisnachlässe** angeboten oder verschiedene Zugeständnisse bei den Zahlungsbedingungen gewährt.
- Im Vertrag gibt es eine hohe Zahl möglicher, **weit auseinanderliegender Gegenleistungen**.

Die Beurteilung der Wahrscheinlichkeit einer Umsatzkorrektur bzw. des sog. Vertrauensmaßstabs, der als höchstwahrscheinlich festgelegt wurde, liegt im Ermessen des Unternehmens.[1133] Bei Unternehmen sollte die Unsicherheit über die Interpretation des Wahrscheinlichkeitsbegriffes indes nicht so hoch sein, weil bereits aus der Anwendung anderer Standards ein Verständnis

1128 Vgl. ERCHINGER, H./MELCHER, W., Bilanzierung von Umsatzerlösen (Teil 2), S. 491.

1129 Vgl. IFRS 15.46 i. V. m. IFRS 15.56.

1130 In der offiziellen deutschen Übersetzung des IFRS 15 durch die EU ist nicht von einer Umsatzkorrektur, sondern von einer Umsatzstornierung die Rede. Diese Übersetzung des englischen Begriffes *reversal* ist nach hier vertretener Auffassung nicht sinnvoll gewählt. Denn auch variable Bestandteile, wie z. B. eine etwaige Strafzahlung, die die Höhe der Umsatzerlöse reduzieren würde, ist nach IFRS 15.51 bei der Bestimmung des Transaktionspreises unter Umständen zu berücksichtigen. Für den Fall, dass diese im Transaktionspreis berücksichtigte Strafzahlung wider Erwarten nicht eintritt, wäre eine Umsatzkorrektur fällig. Die Umsatzerlöse würden dann nicht storniert, sondern erhöht.

1131 Vgl. IFRS 15.57 i. V. m. IFRS 15.BC212.

1132 Vgl. IFRS 15.57 (a)-(e); IFRS 15.BC212. Vgl. hierzu statt vieler bspw. auch LÜDENBACH, N./HOFFMANN, W.-D./FREIBERG, J., in: Haufe IFRS-Kommentar, 16. Aufl., § 25, Rn. 110; WÜSTEMANN, J./WÜSTEMANN, S./JENDRECK, A., in: Rechnungslegung nach IFRS, 2. Aufl., IFRS 15, Rn. 112.

1133 Vgl. IFRS 15.BC210-BC212; BAUR, D./LÜPOLD, P./WITTE, C., Ermessensspielräume im Umgang mit IFRS 15, S. 473; BRUNE, J. W., Herausforderungen in der Umsetzung von IFRS 15, S. 21 f.

für das Begriffspaar „hoch wahrscheinlich" existiert.[1134] Das Ausmaß einer möglichen Korrektur erfasster variabler Umsatzerlöse ist nicht nur im Verhältnis zu den variablen, sondern zu den insgesamt bereits erfassten Umsatzerlösen zu bestimmen.[1135] Somit erfolgt die Beurteilung auf der Ebene des Vertrages, nicht auf Basis der jeweils abgrenzbaren Leistungsverpflichtung.[1136]

Würde ein Unternehmen diese variablen Bestandteile auch in den sonstigen (unwahrscheinlichen) Fällen berücksichtigen, droht in Abhängigkeit von der Art der variablen Gegenleistung eine Über- oder Unterbewertung der Umsatzerlöse.[1137] Mit der Begrenzung der für die Bestimmung des Transaktionspreises zu berücksichtigenden variablen Bestandteile wird grundsätzlich eine neutrale Berichterstattung und somit eine glaubwürdige Darstellung der vermittelten Informationen gefördert.

444.22 Variable Gegenleistungen in einem Beförderungsvertrag

444.221. Identifikation variabler Gegenleistungen

Die Höhe der Gegenleistung, die einer Airline seitens des Passagiers zusteht, ist zum Zeitpunkt des Vertragsabschlusses oftmals nicht sicher bestimmbar.[1138] Zwar sind die Absatzpreise für die Beförderungsleistung an sich und für die jeweilige(n) Zusatzleistung(en) vertraglich festgelegt, sodass der Passagier stets einen fixen Betrag an die Airline entrichtet, bevor er Leistungen von ihr in Anspruch nimmt.[1139] Doch kann die Höhe der Gegenleistung von künftigen Gegebenheiten abhängen und somit variabel sein.[1140]

Variable Bestandteile dürfen i. S. e. neutralen und somit glaubwürdigen Darstellung bei der Bestimmung des Transaktionspreises nur dann berücksichtigt werden, wenn es **hoch wahrscheinlich** ist, dass sich der entsprechende Erlösanteil bei Wegfall der Unsicherheit nicht umkehrt.[1141] Mit anderen Worten heißt das, dass es sehr unwahrscheinlich sein muss, den geschätzten variablen Betrag zu verfehlen.[1142] Beträge, die unwahrscheinlich zu realisieren sind, dürfen mithin nicht in den Transaktionspreis einbezogen werden. Entscheidend sind sowohl die Wahrscheinlichkeit als auch das Ausmaß einer Umsatzkorrektur.[1143] Für diese Beurteilung

[1134] Die Definition des Begriffes „hoch wahrscheinlich" entspricht der bestehenden Definition in anderen IFRS. Vgl. hier und im folgenden Satz IFRS 5.Anhang A: „erheblich wahrscheinlicher als wahrscheinlich"; EY (Hrsg.), Umsatzrealisierung, S. 149.

[1135] Vgl. IFRS 15.57 i. V. m. IFRS 15.BC217; vgl. hierzu bspw. auch PwC (Hrsg.), Revenue from Contracts with Customers, S. 4-7.

[1136] Vgl. FASB/IASB TRG (Hrsg.), Agenda Paper 14 (January 2015), Rn. 29 f.; FASB/IASB TRG (Hrsg.), Agenda Paper 25 (March 2015), Rn. 49; BAUR, D./LÜPOLD, P./WITTE, C., Ermessensspielräume im Umgang mit IFRS 15, S. 473 f.; a. A. BREIDENBACH, K./WÄHRISCH, M., Umsatzerlöse, Rn. 199.

[1137] Vgl. hier und im folgenden Satz IFRS 15.BC203 f.

[1138] Vgl. IFRS 15.50 f.

[1139] Vgl. Abschnitt 223.31.

[1140] Vgl. IFRS 15.50 f.

[1141] Vgl. IFRS 15.46 i. V. m. IFRS 15.56.

[1142] Vgl. ähnlich HOFFMANN, W.-D., Variable Vergütungen, S. 94.

[1143] Vgl. IFRS 15.57; Abschnitt 444.21.

müssen die spezifischen Fakten und Umstände der variablen Gegenleistung untersucht werden.[1144]

Beim **direkten Verkauf** eines Flugtickets an einen Passagier gibt es regelmäßig nicht viele verschiedene Faktoren, die die Höhe der Gegenleistung beeinflussen. So wird einem Passagier in einem Beförderungsvertrag grundsätzlich kein Skonto, Rabatt, Preisnachlass oder Ähnliches gewährt.[1145] Allerdings kann die Höhe der Gegenleistung zum einen erheblich durch etwaige von der Airline zu leistende „Strafzahlungen" negativ beeinflusst werden (Abschnitt 444.222.).[1146] Schließlich hat ein Passagier bei erheblichen Flugverspätungen nach der Fluggastrechte-VO unter anderem einen Standardanspruch auf Ausgleichsleistungen.[1147] Die Höhe dieser Leistungen ist vom Umstand und der Dauer der Reiseunterbrechung abhängig.[1148] Zum anderen kann möglicherweise ein Rückgaberecht die Höhe der Gegenleistung beeinflussen (Abschnitt 444.223.).

Im Großkundengeschäft bzw. beim **indirekten Verkauf** eines Flugtickets über einen Absatzmittler können überdies Rabatte den Flugpreis und somit die Höhe des Transaktionspreises einer Beförderungsleistung beeinflussen (Abschnitt 444.224.).

444.222. Strafzahlungen einer Airline im Falle einer Leistungsstörung

Eine Airline kann Ausgleichsleistungen grundsätzlich unmittelbar beeinflussen. So muss sie nämlich keine Ausgleichsleistungen an den Passagier erbringen, wenn sie ihren Flug entsprechend dem Flugplan durchführt.[1149] Sobald allerdings eine erhebliche Flugverspätung oder eine Flugannullierung von der Airline zu verantworten sind, die **nicht auf außergewöhnliche Umstände** zurückzuführen sind, hängt die Zahlung dieser Ausgleichsleistung ausschließlich davon ab, ob der Passagier seinen Anspruch gegen die Airline geltend macht.[1150] Die Höhe der Ausgleichsleistungen ist von der Länge der Flugstrecke abhängig und beträgt entweder 250 EUR, 400 EUR oder 600 EUR.[1151] Dieser Anspruch des Passagiers verjährt regelmäßig erst nach drei Jahren ab Ende des Jahres, in dem er entstanden ist, sodass bei der Airline regelmäßig über **einen längeren Zeitraum** die **Unsicherheit** besteht, ob der Passagier seine ihm zustehende Ausgleichsleistung einfordert.[1152]

1144 Vgl. PwC (Hrsg.), Revenue from Contracts with Customers, S. 4-7-4-9.

1145 Vgl. bspw. DEUTSCHE LUFTHANSA (Hrsg.), ABB Flugpassage, Art. 4.1; EMIRATES (Hrsg.), ABB, Art. 4.1.

1146 Vgl. IFRS 15.51.

1147 Vgl. hier und im folgenden Satz Abschnitt 223.2. Außerdem hat ein Passagier bei Leistungsstörungen regelmäßig Anspruch auf Unterstützungs- und Betreuungsleistungen.

1148 Wenn eine Airline erwartet, dass sie dem Passagier den gesamten oder einen Teil des Flugpreises zurückerstatten wird, muss sie hierfür eine Rückerstattungsrückstellung erfassen. Denn ein Passagier muss den vertraglich festgelegten Flugpreis bereits vollständig zahlen, bevor er die Beförderungs- und Zusatzleistungen in Anspruch nimmt. Vgl. IFRS 15.55; Abschnitt 223.31.

1149 Vgl. FLIGHTSTATS (Hrsg.), Arrival Performance. So sind weltweit mehr als die Hälfte aller Flüge der globalen Airlines pünktlich. Vgl. zu den Passagierrechten ausführlich Abschnitt 223.2.

1150 Vgl. IFRS 15.57 (a); vgl. auch Abschnitt 223.2.

1151 Vgl. Art. 7 Abs. 1 Fluggastrechte-VO; vgl. auch Abschnitt 223.2.

1152 Vgl. IFRS 15.57 (b); vgl. auch § 195 BGB i. V. m. BGH (Hrsg.), Urteil vom 10.12.2009 – Xa ZR 61/09,

Auf der **Ebene des Einzelvertrages** gibt es stets nur zwei mögliche Ausprägungen einer Ausgleichsleistung, die eintreten können. Entweder beträgt der Wert 0 EUR oder 250 EUR (bzw. in Abhängigkeit von der Flugstrecke 400 EUR respektive 600 EUR).[1153] Da auf der Ebene des einzelnen Beförderungsvertrages die Wahrscheinlichkeit, dass ein Flug eine erhebliche Verspätung hat bzw. annulliert wird und der Passagier seinen Anspruch gemäß Fluggastrechte-VO tatsächlich einfordert, wesentlich geringer als ein nicht eingeforderter Anspruch und ein entsprechend dem Flugplan durchgeführter Flug ist (0 EUR), ist ein Betrag in Höhe von null Euro hoch wahrscheinlich.[1154] Die auf der Ebene des Einzelvertrages ermittelte Höhe des variablen Bestandteils in Höhe von null Euro führt ggf. zu einer Überbewertung des Transaktionspreises bzw. der erfassten Umsatzerlöse. Das widerspricht dem Gebot der Vorsicht und damit einer neutralen Berichterstattung.[1155]

Eine Airline verfügt i. d. R. aufgrund vieler gleichartiger Beförderungsverträge und zahlreich durchgeführter Flüge über **fundierte Erfahrungswerte** hinsichtlich zu erwartender Ausgleichsleistungen.[1156] Im Sinne einer **Portfoliobetrachtung**[1157] kann eine Airline zum einen einschätzen, wie oft sich Flüge erheblich verspäten. Zum anderen kann sie abwägen, wie viele Passagiere in einem solchen Fall von ihren Fluggastrechten Gebrauch machen. Deshalb ist die Höhe dieser variablen Bestandteile, die mit hoher Wahrscheinlichkeit nicht korrigiert werden müssen, über alle Beförderungsverträge hinweg regelmäßig verlässlich zu bestimmen.[1158]

Eine Ausgleichsleistung könnte dementsprechend auf die einzelnen Verträge proportional aufgeteilt werden. Allerdings trifft die so für einen einzelnen Flug ermittelte Höhe des variablen

---

Rn. 7, 20 und 25; EuGH (Hrsg.), Urteil vom 22.11.2012 – C-139/11, Rn. 26.

1153 Vgl. Art. 7 Abs. 1 Fluggastrechte-VO; vgl. auch Abschnitt 223.2.

1154 Vgl. FLIGHTSTATS (Hrsg.), Arrival Performance. Mehr als die Hälfte aller Flüge der globalen Airlines weltweit sind pünktlich. Zudem macht die Mehrheit aller Passagiere von ihren Fluggastrechten keinen Gebrauch. Vgl. RATIS (Hrsg.), Nicht eingeforderte Entschädigung bei Flugverspätung.

1155 Das gilt in den Fällen, in denen der Passagier einen Anspruch auf eine Ausgleichsleistung hat und diesen Anspruch auch geltend macht. Dem Gebot der Vorsicht nach sind Schätzungen unter Unsicherheit durch eine sorgfältige Ausübung von Ermessensentscheidungen so vorzunehmen, dass Erträge nicht überbewertet und Aufwendungen nicht unterbewertet werden (sog. *cautious prudence*). Vgl. hierzu Abschnitt 332.2.

1156 Vgl. IFRS 15.57 (c).

1157 Eine Airline kann den Unsicherheitsgrad im Schätzprozess reduzieren, indem sie sich auf statistische Erfahrungswerte aus gleichartigen Verträgen stützt, um die Höhe der variablen Gegenleistung verlässlich zu schätzen. Auf Erfahrungswerte mit gleichartigen Verträgen i. S. e. Portfoliobetrachtung rekurrierte der Board bereits in seinem ersten Standardentwurf zur Umsatzrealisierung. Das Wahlrecht zur Portfoliobildung hingegen, demgemäß mehrere gleichartige Verträge für die Umsatzbilanzierung im ersten Prozessschritt des Fünf-Schritte-Modells zur Umsatzrealisierung zusammengefasst werden können, ist erst mit dem ED/2011/6 in den Standardsetzungsprozess aufgenommen worden. Konzeptionell betrachtet sieht die TRG daher zurecht in der Berücksichtigung von fundierten Erfahrungswerten aus gleichartigen Verträgen i. S. e. Portfoliobetrachtung keine Inanspruchnahme des Portfolioansatzes gemäß IFRS 15.4. Vgl. ED/2010/6.38; ED/2011/6.IN28; ED/2011/6.BC341; ED/2011/6.6; FASB/IASB TRG (Hrsg.), Agenda Paper 38 (July 2015), Rn. 12; FASB/IASB TRG (Hrsg.), Agenda Paper 44 (November 2015), Rn. 25; vgl. allgemein LEFFSON, U., GoB, S. 476 und Abschnitt 332.2; vgl. kritisch hierzu LÜDENBACH, N., Misslungene Portfolioregelungen in IFRS 15?, S. 64; LÜDENBACH, N./LUKAT, K., Vollständig erfolgsabhängige Vergütungen, S. 164.

1158 Vgl. in einem anderen branchenspezifischen Kontext LÜDENBACH, N., Misslungene Portfolioregelungen in IFRS 15?, S. 64.

Bestandteils auf der Ebene des Einzelvertrages i. d. R. nicht zu.[1159] Ein auf diese Weise bestimmter Transaktionspreis ist mithin regelmäßig in hohem Ausmaß zu korrigieren. Die so im Abschluss vermittelten Informationen haben dann nur einen eingeschränkten Bestätigungs- oder Prognosewert und beeinträchtigen die Abbildung des wirtschaftlichen Gehalts der zugrunde liegenden Beförderungsleistung. Folglich sind sie nur begrenzt entscheidungsnützlich. Mangels eines hinreichend sicheren realitätsgetreuen Betrages ist eine mögliche Ausgleichsleistung nach hier vertretener Auffassung bei der Bestimmung des Transaktionspreises mithin nicht zu berücksichtigen.[1160]

Da die Airline zum Zeitpunkt, zu dem sie einen Flug mit erheblicher Verspätung gegenüber dem Flugplan durchführt oder annulliert, eine gegenwärtige Verpflichtung aus einem vergangenen Ereignis hat, deren Höhe verlässlich geschätzt werden kann, hat die Ausgleichsleistung nicht den Charakter einer Umsatzkürzung, sondern einer **Rückstellung**.[1161] Es ist wahrscheinlich, dass Ressourcen mit wirtschaftlichem Nutzen abfließen werden, um die Ausgleichsleistung zu erfüllen. Schließlich muss die Airline bei einer Reihe ähnlicher Verpflichtungen die Wahrscheinlichkeit des Ressourcenabflusses gemeinsam beurteilen und darf nicht auf eine einzelne Verpflichtung abstellen.[1162] Mit der aufwandswirksamen Bildung einer Rückstellung korrigiert eine Airline die im Fall einer erheblichen Flugverspätung oder Annullierung sonst ggf. zu positiv ausgewiesene Ertragslage. Dadurch erhält der Adressat des Abschlusses Informationen, die den wirtschaftlichen Gehalt des zugrunde liegenden Sachverhalts widerspiegeln, und kann damit auf der einen Seite erkennen, wie hoch die realisierten Umsatzerlöse aus den erbrachten Beförderungs- und Zusatzleistungen sind. Er sieht somit das Ertragspotenzial der Beförderungsleistung. Auf der anderen Seite ist anhand der Rückstellung ersichtlich, welche Aufwendungen der Airline durch Leistungsstörungen entstehen. Der volle Ausweis der Umsatzerlöse bildet den hier betrachteten Sachverhalt gegenüber einem Nettoausweis, bei dem der hoch wahrscheinliche Betrag der zu erbringenden Ausgleichsleistung vom Transaktionspreis subtrahiert würde, geeigneter ab. Schließlich erhält der Adressat auf diese Weise zusätzliche entscheidungsnützliche Informationen.

Neben etwaigen Ausgleichsleistungen hat ein Passagier bei erheblichen Leistungsstörungen auch Anspruch auf **Unterstützungs- und Betreuungsleistungen**.[1163] Die Höhe dieser Leistungen ist vom Umstand und der Dauer der jeweiligen Reiseunterbrechung abhängig. So können bspw. neben Verpflegungskosten bei einer länger andauernden Leistungsstörung auch

[1159] Vgl. in einem anderen branchenspezifischen Kontext LÜDENBACH, N., Misslungene Portfolioregelungen in IFRS 15?, S. 64.

[1160] Vgl. IFRS 15.56.

[1161] Vgl. hier und im folgenden Satz IAS 37.14.

[1162] Vgl. IAS 37.24.

[1163] Vgl. hier und im folgenden Satz Abschnitt 223.2. Gemäß IFRS 15.49 muss eine Airline bei der Bestimmung des Transaktionspreises davon ausgehen, dass die Beförderungsleistung wie vertraglich vereinbart erbracht und nicht gekündigt wird. Es sind also bspw. solche Unterstützungs- und Betreuungsleistungen zu berücksichtigen, die eine Airline aufgrund einer Flugverspätung erbringen muss.

Übernachtungskosten anfallen.[1164] Im Unterschied zu Ausgleichsleistungen entstehen diese Kosten durch die Beauftragung Dritter für Leistungen, wie z. B. Mahlzeiten, Erfrischungen und Hotelübernachtungen, um einen Mangel, wie bspw. eine erhebliche Flugverspätung, abzumildern.[1165] Deshalb ist es nicht sachgerecht, die entsprechenden Kosten mit dem später als Umsatzerlös zu erfassenden Transaktionspreis zu verrechnen. Auf diese Weise wird verhindert, dass die Adressaten das Ertragspotenzial der Beförderungsleistung nicht erkennen können.

Ab dem Zeitpunkt, zu dem sich der jeweilige Flug erheblich verspätet oder dieser kurzfristig annulliert wird, hat ein Passagier Anspruch auf entsprechende Unterstützungs- und Betreuungsleistungen. Zu diesem Zeitpunkt hat die Airline aufwandswirksam die auf der gegenwärtigen Verpflichtung gründende Rückstellung zu passivieren, deren Höhe sie mithilfe von Erfahrungswerten verlässlich schätzen kann.[1166] Schließlich kann eine Airline die Höhe der Unterstützungs- und Betreuungsleistungen – wie bei den potenziell zu entrichtenden Ausgleichsleistungen – aufgrund vieler gleichartiger Verträge regelmäßig mithilfe statistischer Erfahrungswerte nachprüfbar, wertungsfrei und objektiv ermitteln. Außerdem ist es wahrscheinlich, dass für die Erbringung einer etwaigen Unterstützungs- und Betreuungsleistung ein Abfluss von Ressourcen mit wirtschaftlichem Nutzen verbunden ist.[1167] Denn die Airline muss für eine Reihe ähnlicher Verpflichtungen die Wahrscheinlichkeit des Ressourcenabflusses gemeinsam beurteilen und darf nicht auf eine einzelne Verpflichtung abstellen.[1168] Der wirtschaftliche Gehalt dieses Sachverhalts wird durch eine aufwandswirksame Erfassung sachgerecht abgebildet und fördert eine glaubwürdige Darstellung. Überdies haben die vermittelten Informationen regelmäßig einen Bestätigungs- und Prognosewert und sind somit relevant. Sobald der Passagier die Unterstützungs- und Betreuungsleistungen in Anspruch nimmt, ist die Rückstellung entsprechend gegen das Kasse/Bank-Konto auszubuchen.

444.223. Gewährte Rückgaberechte

Ein Passagier kann abhängig vom gewählten Flugtarif seinen gebuchten **Flug** oder seine gebuchte Zusatzleistung entgeltlich oder unentgeltlich **stornieren**.[1169] Das gilt grundsätzlich nur für diejenigen Flugstrecken innerhalb eines Beförderungsvertrages, die ein Passagier noch nicht in Anspruch genommen hat.[1170] Formell zählt ein solches Rückgaberecht zu den variablen Gegenleistungen.[1171] Eine Airline hat bis zum Zeitpunkt, zu dem der Passagier sein Flugticket

1164 Vgl. Art. 9 Abs. 1 Buchst. a) und b) Fluggastrechte-VO.

1165 Vgl. hier und im folgenden Satz allgemein EY (Hrsg.), Umsatzrealisierung, S. 142 f. Vgl. im Ergebnis, dass solche Kosten nicht den Transaktionspreis reduzieren, auch IAWG (Hrsg.), Issue #2-3 – Breakage and Vouchers, S. 3.

1166 Vgl. IAS 37.14.

1167 Vgl. IAS 37.14.

1168 Vgl. IAS 37.24.

1169 Vgl. Abschnitt 235.

1170 Vgl. bspw. EMIRATES (Hrsg.), ABB, Art. 10.1 und 10.3; DEUTSCHE LUFTHANSA (Hrsg.), ABB Flugpassage, Art. 10.1 und 10.3.

1171 Vgl. IFRS 15.51; IFRS 15.B20. Vgl. hierzu auch LÜDENBACH, N./HOFFMANN, W.-D./FREIBERG, J., in: Haufe IFRS-Kommentar, 16. Aufl., § 25, Rn. 108.

zurückgeben kann, noch keinerlei Umsätze aus der jeweiligen bzw. aus den verbleibenden Beförderungs- und Zusatzleistungen realisiert. Da sie aus diesen Geschäftsvorfällen überdies auch keine Umsätze i. S. d. IFRS 15 mehr realisieren wird, ist ein Rückgaberecht bei der Bestimmung des Transaktionspreises nicht zu beachten. Vielmehr ändert sich regelmäßig der zugrunde liegende Beförderungsvertrag, sodass die Vorschriften zur Vertragsänderung im ersten Prozessschritt des Fünf-Schritte-Modells zu berücksichtigen sind.[1172]

Neben dem Recht, noch nicht in Anspruch genommene Leistungen zu stornieren, können Passagiere **im Bordshop erworbene Güter** regelmäßig innerhalb des gesetzlichen Widerrufsrechts von vierzehn Tagen zurückgeben, obwohl die Kontrolle über diese Güter bereits auf den Passagier übergegangen ist.[1173] Das sind Güter wie z. B. Parfüms, Pflegeprodukte und Spirituosen. Eine Airline hat zum einen die Pflicht, das verkaufte Gut auf den Passagier zu übertragen. Zum anderen hat sie die Pflicht, das Gut während der Rückgabefrist zurückzunehmen.[1174] Konzeptionell handelt es sich hierbei um zwei Leistungsverpflichtungen, die sowohl abgrenzungsfähig als auch im Vertragszusammenhang abgrenzbar wären.[1175] Aus Praktikabilitäts- und Vereinfachungsgründen ist die Rücknahmeverpflichtung indes nicht als eigenständige Leistungsverpflichtung abzubilden.[1176] Denn eine Bilanzierung dieses Rückgaberechts als separate Leistungsverpflichtung stiftet keinen wesentlichen informativen Mehrwert und ist unter Berücksichtigung des Kosten-Nutzen-Verhältnisses nicht sinnvoll. Dieser Auffassung des Boards ist zuzustimmen.

Beim Verkauf von Gütern sind Umsatzerlöse nur für den Anteil zu erfassen, der erwartungsgemäß nicht zurückgegeben wird.[1177] So wird sichergestellt, dass die Airline aus dem Verkauf der Güter im Bordshop die Ertragslage weder zu positiv noch zu negativ wiedergibt. Das ist i. S. d. Gebotes der Vorsicht und fördert eine neutrale finanzielle Berichterstattung. Um Bewertungsunsicherheiten so gering wie möglich zu halten, muss eine Airline für die Schätzung der Rückgabequote entweder auf einen Erwartungswert oder auf den wahrscheinlichsten Betrag zurückgreifen.[1178] Das ist abhängig davon, mit welcher Methode die Höhe der variablen Gegenleistung zuverlässiger geschätzt werden kann. Aufgrund vieler gleichartiger Geschäftsvorfälle wird die Ermittlung der Rückgabequote mithilfe historischer Erfahrungswerte und statistischer Erwartungswerte regelmäßig verlässlich möglich sein. Wenngleich die Kontrolle über das Rückgaberecht außerhalb des Verantwortungsbereiches einer Airline liegt, ist eine objektive Schätzung

---

1172 Vgl. ausführlich zu Änderungen des Beförderungsvertrages durch Stornierungen Abschnitt 442.523.

1173 Vgl. § 355 BGB; vgl. hier und im folgenden Satz CONDOR (Hrsg.), Airshoppen; EUROWINGS (Hrsg.), Bordservice.

1174 Vgl. IFRS 15.BC363 und .BC366. Der Umtausch eines Gutes, unabhängig ob mangelfrei oder mangelbehaftet, ist kein Rückgaberecht i. S. d. IFRS 15. Vgl. IFRS 15.B26 f. Vielmehr handelt es sich hierbei um ein Umtauschrecht, das keinen ertragswirksamen Geschäftsvorfall darstellt, oder um eine Garantie- bzw. Gewährleistungsrückstellung. Vgl. hierzu WÜSTEMANN, J./WÜSTEMANN, S./JENDRECK, A., in: Rechnungslegung nach IFRS, 2. Aufl., IFRS 15, Rn. 155.

1175 Vgl. IFRS 15.27 (a) i. V. m. IFRS 15.28; IFRS 15.27 (b) i. V. m. IFRS 15.29; IFRS 15.BC363.

1176 Vgl. hier und im folgenden Satz IFRS 15.B22 i. V. m. IFRS 15.BC366.

1177 Vgl. IFRS 15.B21 (a).

1178 Vgl. hier und im folgenden Satz IFRS 15.23 i. V. m. IFRS 15.53.

der variablen Gegenleistung bei fundierten Erfahrungswerten dennoch möglich.[1179] In Höhe des Betrages, auf den eine Airline erwartungsgemäß keinen Anspruch hat, ist eine Rückerstattungsrückstellung erfolgsneutral zu bilden.[1180] Das Recht auf Rückerhalt der Güter hat die Airline als Vermögenswert zu bilanzieren.[1181] Die Höhe dieses Vermögenswertes ist der Buchwert der ausgebuchten Güter abzüglich etwaiger Wiedererlangungskosten. Hierzu zählen neben Versandkosten auch mögliche Wertminderungen der Güter.[1182]

Konzeptionell ist der Ansatz eines Vermögenswertes nicht mit dem in IFRS 15 zugrunde liegenden Kontrollprinzip vereinbar.[1183] Schließlich hat die Airline die Güter aus dem Bordshop bereits auf den Passagier übertragen und somit keinerlei Kontrolle mehr über diese. Der Board fordert an dieser Stelle indes bewusst einen Bruttoausweis des Vermögenswertes aus dem Rückgabeanspruch und der Rückerstattungsrückstellung, um eine größere Transparenz zu schaffen und um sicherzustellen, dass der Vermögenswert auch beim *impairment-testing* berücksichtigt wird.[1184]

Die Bilanzierungsvorschriften zu Rückgaberechten zeigen, dass der Board besonderen Wert auf eine vorsichtige und objektive Ermittlung der Höhe des Transaktionspreises legt. Dies ist vor allem im Hinblick auf eine glaubwürdige Darstellung der Ertragslage wichtig. Aber auch die Relevanz der vermittelten Informationen wird so gestärkt. Denn eine Airline muss bereits realisierte Umsatzerlöse mit hoher Wahrscheinlichkeit bei Rückgaben von Gütern nicht korrigieren. Die Informationen haben also auch einen Bestätigungs- und Prognosewert. Allerdings sind Ermessensspielräume bei der Beurteilung nicht auszuschließen.

444.224. Rabatte gegenüber Händlern und Kunden

Händler und (Groß-)Kunden verhandeln mit Airlines regelmäßig Rabatte auf den Kaufpreis von Flugtickets.[1185] Ist die Höhe des Rabattes bereits vor Rechnungslegung bekannt, wird die Höhe des Flugpreises buchhalterisch oftmals nicht brutto, sondern netto erfasst.[1186] Die gewährten Rabatte sollten aber zumindest für Zwecke der Erlösartenrechnungen und zur vollständigen Abbildung dieses Sachverhalts regelmäßig dokumentiert werden. Sobald die Höhe des Rabattes erst nach Rechnungslegung bekannt wird, ist die Höhe der variablen Gegenleistung bis zu

---

1179 Vgl. IFRS 15.IE110-IE115; WÜSTEMANN, J./WÜSTEMANN, S./JENDRECK, A., in: Rechnungslegung nach IFRS, 2. Aufl., IFRS 15, Rn. 112.

1180 Vgl. IFRS 15.B21 (b) i. V. m. IFRS 15.B23; GROTE, A./HOLD, C./PILHOFER, J., IFRS 15 (Teil 2), S. 476.

1181 Vgl. hier und im folgenden Satz IFRS 15.B21 (c) i. V. m. IFRS 15.B25.

1182 Vgl. IFRS 15.B25; FASB/IASB TRG (Hrsg.), Agenda Paper 35 (July 2015), Rn. 26; FASB/IASB TRG (Hrsg.), Agenda Paper 44 (November 2015), Rn. 54.

1183 Vgl. WÜSTEMANN, J./WÜSTEMANN, S., Erfassung von Umsatzerlösen nach IFRS 15, S. 934.

1184 Vgl. IFRS 15.BC367; vgl. hierzu bspw. auch WALTER, R./HOLD, C., IFRS 15 in der Medien- und Entertainmentbranche, S. 205.

1185 Vgl. Abschnitt 234.; POMPL, W., Luftverkehr, S. 121; CONRADY, R./FICHERT, F./STERZENBACH, R., Luftverkehr, S. 365.

1186 Vgl. allgemein hier und im folgenden Satz BREIDENBACH, K./WÄHRISCH, M., Umsatzerlöse, Rn. 194. Das gilt bspw. auch für Rabatte, die ein Passagier bei Buchung von mehreren Flügen innerhalb eines Beförderungsvertrages erhält. Diese sind im Transaktionspreis bereits berücksichtigt, da sie fix sind.

diesem Zeitpunkt nicht sicher bestimmbar.[1187] Das betrifft bspw. Mengen- und Treuerabatte.[1188] Preisschwankungen des Flugtickets wegen veränderter oder neu eingeführter luftfahrtspezifischer Abgaben oder Entgelte, wie z. B. Flughafengebühren, zählen indes nicht zu den variablen Gegenleistungen.[1189] Dies sind nämlich Beträge, die im Namen Dritter eingezogen werden. Um zu beurteilen, ob eine variable Gegenleistung i. S. d. IFRS 15 in einem Kundenvertrag mit einem Großhändler bzw. Großkunden vorliegt, muss eine Airline alle relevanten Fakten und Umstände des allgemeinen Geschäftsgebarens und des speziellen zugrunde liegenden Vertragsverhältnisses berücksichtigen.[1190] So können bspw. Geschäftsgepflogenheiten mit dem Händler bzw. dem Kunden oder veränderte Rahmenbedingungen, wie z. B. ein stärkerer Wettbewerb zwischen den Airlines, gerechtfertigte Erwartungen wecken, dass eine Airline als Gegenleistung einen geringeren Betrag für ihre Flugtickets akzeptiert als vertraglich vereinbart.

Eine Airline muss für die Schätzung der Höhe der variablen Gegenleistung die Methode wählen, mit der sie die Höhe am besten schätzen kann.[1191] Hierzu hat sie grundsätzlich die Wahl zwischen der Erwartungswertmethode und der Methode des wahrscheinlichsten Betrages. Welche Methode im spezifischen Fall geeigneter ist, um den variablen Bestandteil verlässlich zu schätzen, ist abhängig von der Qualität der verfügbaren Datengrundlage sowie der Varianz der verschiedenen Ausprägungen.[1192] Mithilfe statistischer Erfahrungswerte kann die variable Gegenleistung nachprüfbar, wertungsfrei und objektiv ermittelt werden.

Abhängig von der Wahrscheinlichkeit und dem Umfang einer Umsatzkorrektur ist der variable Vergütungsbestandteil in Form des Rabattes in den Transaktionspreis einzurechnen.[1193] Ist eine Umsatzkorrektur hoch wahrscheinlich, sobald die Unsicherheit nicht mehr besteht, ist der variable Bestandteil nicht im Transaktionspreis zu berücksichtigen.[1194] Die Beurteilung ist grundsätzlich ermessensabhängig.[1195] Airlines können indes regelmäßig künftige Rabatte aufgrund

[1187] Vgl. IFRS 15.50 f.

[1188] Vgl. Breidenbach, K./Währisch, M., Umsatzerlöse, Rn. 196.

[1189] Vgl. hier und im folgenden Satz IFRS 15.47; easyJet (Hrsg.), ABB, Art. 5.2. Vgl. weitergehend zu solchen Gebühren, die in dieser Arbeit nicht näher untersucht werden sollen, IAWG (Hrsg.), Issue #2-10 – Accounting for Passenger Taxes and Related Fees, S. 2.

[1190] Vgl. hier und im folgenden Satz IFRS 15.52; IFRS 15.BC192.

[1191] Vgl. hier und im folgenden Satz IFRS 15.53 i. V. m. IFRS 15.BC195.

[1192] Vgl. IFRS 15.BC199; Wüstemann, J./Bischof, J., Der Grundsatz der Fair-Value-Bewertung von Schulden nach IFRS, S. 93 f.

[1193] Vgl. IFRS 15.47 i. V. m. IFRS 15.57. Bei dem hier unterstellten Rabatt handelt es sich nicht um eine dem Großhändler oder Großkunden gewährte Option zum vergünstigten Erwerb zusätzlicher Flugtickets, sondern um einen Rabatt, der auch rückwirkend für bereits übertragene Flugtickets gilt. Anderenfalls ist zu prüfen, ob diese Option ein wesentliches Recht ist und somit als separate Leistungsverpflichtung zu bilanzieren ist. Diese Beurteilung erfordert ein hohes Maß an Ermessensausübung. Vgl. hierzu ausführlich EY (Hrsg.), Umsatzrealisierung, S. 131-134; FASB/IASB TRG (Hrsg.), Agenda Paper 6 (October 2014), Rn. 14-39; FASB/IASB TRG (Hrsg.), Agenda Paper 32 (March 2015), Rn. 9-31; FASB TRG (Hrsg.), Agenda Paper 54 (April 2016), Rn. 7-53.

[1194] Vgl. IFRS 15.56.

[1195] Vgl. IFRS 15.BC210-BC212; Baur, D./Lüpold, P./Witte, C., Ermessensspielräume im Umgang mit IFRS 15, S. 473; Brune, J. W., Herausforderungen in der Umsetzung von IFRS 15, S. 21 f.; PwC (Hrsg.), Revenue Guidance in the Transportation and Logistics Sector, S. 6.

ihrer Erfahrungswerte und vergleichbarer Rabatte in gleichartigen Verträgen hinreichend präzise schätzen.[1196] Schwierigkeiten und eine damit verbundene Unsicherheit bei der Schätzung künftiger Rabatte sollten also nur junge Airlines mit kurzer Geschäftshistorie haben.[1197] Somit haben Airlines grundsätzlich Rabatte als variable Bestandteile bei der Bestimmung des Transaktionspreises zu berücksichtigen. Abgesehen von verbleibenden, aber für die Rechnungslegung üblichen Bewertungsunsicherheiten erhalten die Adressaten des Abschlusses daher zum einen glaubwürdige Informationen über die Höhe der Umsatzerlöse der Airline, die sie mit hoher Wahrscheinlichkeit realisieren wird. Zum anderen erhalten die Adressaten auch prospektive Informationen, die i. d. R. einen Prognosewert haben und somit die Relevanz der vermittelten Informationen fördern.

444.3 Weitere Einflussfaktoren auf die Bestimmung des Transaktionspreises

444.31 Analyse und Würdigung der normativen Vorgaben

444.311. Vorliegen einer wesentlichen Finanzierungskomponente

Die Höhe des Gegenleistungsanspruchs kann sowohl fixe als auch variable Vergütungsbestandteile enthalten.[1198] Neben etwaigen variablen Entgelten ist der vereinbarte Gegenleistungsbetrag immer dann um den Zeitwert des Geldes anzupassen, wenn in einem Kundenvertrag eine **wesentliche Finanzierungskomponente** enthalten ist.[1199] Dies ist grundsätzlich der Fall, wenn der zeitliche Anfall der Zahlungen dem Kunden (Zahlung nach Erhalt der Leistung) oder dem leistenden Unternehmen (Zahlung vor Erbringung der Leistung) einen wesentlichen **Finanzierungsvorteil** verschafft.[1200] Eine wesentliche Finanzierungskomponente kann sich dabei nicht nur implizit aus den vertraglichen Zahlungsbedingungen ergeben.[1201] Vielmehr ist der Transaktionspreis auch bei expliziten Zinsregelungen anzupassen, sofern der vereinbarte Zins nicht den Marktbedingungen entspricht. Konzeptionell enthält ein Vertrag mit einem (impliziten oder expliziten) Finanzierungsvorteil zwei Geschäftsvorfälle, nämlich eine Leistungs- und eine Finanzierungskomponente.[1202] In solchen Fällen würde die Höhe der zu realisierenden Umsatzerlöse nicht dem Preis der Gegenleistung entsprechen, den der Kunde bei (oder unmittelbar nach) Erhalt der Güter oder Erbringung der Dienstleistung zahlen müsste.[1203] Deshalb muss die

[1196] Vgl. IFRS 15.57 (c) und (d).

[1197] Vgl., wenn auch in anderem Kontext, WALTER, R./HOLD, C., IFRS 15 in der Medien- und Entertainmentbranche, S. 201; WÜSTEMANN, J./WÜSTEMANN, S., Erfassung von Umsatzerlösen nach IFRS 15, S. 936.

[1198] Vgl. Abschnitt 444.1 und 444.2.

[1199] Vgl. IFRS 15.48 (c) i. V. m. IFRS 15.60.

[1200] Vgl. IFRS 15.60 i. V. m. IFRS 15.BC229 f. und IFRS 15.BC233 (c); SCHURBOHM-EBNETH, A./OHMEN, P., Finanzierungskomponente nach IFRS 15, S. 70; LÜDENBACH, N./HOFFMANN, W.-D./FREIBERG, J., in: Haufe IFRS-Kommentar, 16. Aufl., § 25, Rn. 101.

[1201] Vgl. hier und im folgenden Satz IFRS 15.60; WÜSTEMANN, J./WÜSTEMANN, S./JENDRECK, A., in: Rechnungslegung nach IFRS, 2. Aufl., IFRS 15, Rn. 114; LÜDENBACH, N./HOFFMANN, W.-D./FREIBERG, J., in: Haufe IFRS-Kommentar, 16. Aufl., § 25, Rn. 102.

[1202] Vgl. IFRS 15.BC229; GROTE, A./HOLD, C./PILHOFER, J., ED/2011/6 (Teil 1), S. 109; kritisch hierzu wegen der fehlenden Bilanzierung als separate Leistungsverpflichtung HOMMEL, M./SCHMITZ, S., ED/2010/6, S. 21.

[1203] Vgl. hier und im folgenden Satz IFRS 15.61.

Höhe des Vergütungsanspruchs regelmäßig an den Barwert des Verkaufspreises angepasst werden.

Sobald eine Finanzierungskomponente in einem Kundenvertrag identifiziert wird, muss i. d. R. geprüft werden, ob diese quantitativ wesentlich ist.[1204] Ausgenommen sind lediglich Kundenverträge, in denen zwischen der Leistung und Gegenleistung ein Zeitraum von einem Jahr oder weniger liegt.[1205] Dies hindert den Bilanzierenden indes nicht, dennoch einen etwaigen Finanzierungsvorteil zu berücksichtigen.[1206] Unter Berücksichtigung der Nebenbedingung der Kostenbegrenzung ist diese **Ausnahmeregelung** in IFRS 15 grundsätzlich positiv zu beurteilen. Schließlich ist der Nutzen einer Information über einen etwaigen Finanzierungsvorteil in einem so kurzen vertraglichen Zeitraum im Vergleich zu den Kosten der Bereitstellung der erforderlichen Informationen regelmäßig gering.[1207] Der Board folgt mit dieser Ausnahmeregelung dem Grundsatz der Wesentlichkeit.[1208] So wird damit bspw. das Risiko einer Informationsüberflutung gemindert, sodass die Adressaten andere (wesentliche) Informationen im Abschluss klarer erkennen können. Aus Gründen der Vergleichbarkeit muss der Bilanzierende diese praktische Erleichterung zudem einheitlich auf ähnliche Verträge mit ähnlichen Rahmenbedingungen anwenden.[1209]

Wenn die Ausnahmeregelung nicht greift, sind für die Beurteilung des Vorliegens und der **Wesentlichkeit** eines Finanzierungsvorteils alle relevanten Fakten und Umstände zu berücksichtigen.[1210] Die Wesentlichkeit eines Finanzierungsvorteils ist dabei auf Vertragsebene und nicht auf Portfolioebene zu beurteilen.[1211] Enthält ein Vertrag mehrere Leistungsverpflichtungen, eröffnet sich einem Unternehmen ein bilanzpolitischer Spielraum, mit dem es (im vierten Prozessschritt des Fünf-Schritte-Modells zur Umsatzrealisierung) einen etwaigen wesentlichen Finanzierungsvorteil auf eine oder mehrere Leistungsverpflichtungen aufteilen kann.[1212]

Als **Anhaltspunkt** für das Vorliegen einer Finanzierungskomponente kann zum einen ein etwaiger Unterschiedsbetrag dienen, der sich aus der Höhe des vereinbarten Entgelts und dem Barwert des Verkaufspreises der zugesagten Güter oder Dienstleistungen ergibt.[1213] Werden die

---

1204 Vgl. IFRS 15.60 f.

1205 Vgl. IFRS 15.63.

1206 Vgl. IFRS 15.BC234; FASB/IASB TRG (Hrsg.), Agenda Paper 34 (July 2015), Rn. 35.

1207 Vgl. IFRS 15.BC236.

1208 Vgl. LÜDENBACH, N./HOFFMANN, W.-D./FREIBERG, J., in: Haufe IFRS-Kommentar, 16. Aufl., § 25, Rn. 104; kritisch hierzu SCHOO, L., Umsatzrealisierung nach IFRS, S. 93; IASB/FASB (Hrsg.), Staff Paper 7A (May 2012), Rn. 78. Kritisch sollte die Ausnahmeregelung indes regelmäßig nur in Hochinflationsländern sein.

1209 Vgl. IFRS 15.BC235.

1210 Vgl. IFRS 15.61.

1211 Vgl. IFRS 15.BC234.

1212 Vgl. FASB/IASB TRG (Hrsg.), Agenda Paper 30 (March 2015), Rn. 42-45. Vgl. so auch für die Ausnahmeregelung FASB/IASB TRG (Hrsg.), Agenda Paper 34 (July 2015), Rn. 36; SCHURBOHM-EBNETH, A./OHMEN, P., Finanzierungskomponente nach IFRS 15, S. 72; PwC (Hrsg.), Revenue from Contracts with Customers, S. 4-22.

1213 Vgl. IFRS 15.61 (a); IFRS 15.IE135-IE140.

gleichen Güter oder Dienstleistungen nämlich abhängig von den zugrunde liegenden Zahlungsbedingungen zu einem anderen Betrag verkauft, indiziert dies einen möglichen Finanzierungsvorteil, über den alle Vertragsparteien informiert sind.[1214] Zum anderen kann der kombinierte Effekt aus der erwarteten Zeitspanne zwischen dem Leistungs- und Zahlungszeitpunkt einerseits und dem marktüblichen Zinssatz andererseits ein Hinweis für eine wesentliche Finanzierungskomponente sein.[1215] Demnach indiziert ein langer Zeitraum zwischen Leistung und Gegenleistung einen Finanzierungsvorteil.[1216] Gleichwohl kann trotz der Einschätzung gemäß IFRS 15.61, dass Leistung und Gegenleistung eines Kundenvertrages zeitlich auseinanderfallen, nicht zwingend auf eine wesentliche Finanzierungskomponente i. S. d. IFRS 15 geschlossen werden.[1217] Denn der Standardsetzer nennt drei Fälle, in denen der Transaktionspreis nicht um eine Finanzierungskomponente anzupassen ist. So ist eine Anpassung nicht geboten, wenn

1. der Kunde die Güter oder Dienstleistungen im Voraus bezahlt und den Zeitpunkt der Leistungserbringung selbst frei wählen kann, z. B. bei der Nutzung von Gutscheinen oder der Einlösung von Treuepunkten im Rahmen eines Kundenbindungsprogramms.[1218]

2. ein erheblicher Teil der Gegenleistung variabel ist und die Höhe oder der Zeitpunkt der Zahlung vom (Nicht-)Eintritt künftiger Ereignisse abhängt, über die keine der Vertragsparteien die Kontrolle innehat, wie bspw. bei umsatzabhängigen Lizenzgebühren.[1219]

3. eine ihrem Grunde nach angemessene Differenz zwischen der Höhe des vereinbarten Entgelts und dem Barwert des Verkaufspreises der zugesagten Güter oder Dienstleistungen nicht aus Finanzierungs-, sondern aus anderen ökonomischen Zwecken heraus resultiert.[1220] Das ist bspw. der Fall, wenn ein Kunde seine Gegenleistung einbehält, um sich gegen eine nicht vertragskonforme Leistungserfüllung des bilanzierenden Unternehmens abzusichern.

Liegt eine wesentliche Finanzierungskomponente für einen Vertrag vor, muss das bilanzierende Unternehmen den Transaktionspreis durch Diskontierung der zugesagten Gegenleistung ermitteln.[1221] Hierzu ist der **Zinssatz** zu verwenden, den Unternehmen und Kunde in einem gesonderten (hypothetischen) Finanzierungsgeschäft zum Zeitpunkt des Vertragsschlusses vereinbart hätten. Der Zinssatz muss die kunden- bzw. unternehmensspezifischen Risiken, wie die Bonität

---

1214 Vgl. IFRS 15.BC232 (a). Es handelt sich hierbei lediglich um ein Indiz für einen möglichen wesentlichen Finanzierungsvorteil. Denn einerseits kann ein etwaiger Unterschiedsbetrag auch aus anderen Gründen als aus einem Finanzierungsvorteil resultieren. Andererseits kann ein wesentlicher Finanzierungsvorteil ebenso bei gleichen Beträgen vorliegen. Vgl. IFRS 15.62; FASB/IASB TRG (Hrsg.), Agenda Paper 34 (July 2015), Rn. 33 f.

1215 Vgl. IFRS 15.61 (b); IFRS 15.BC232 (b).

1216 Vgl. PwC (Hrsg.), Revenue from Contracts with Customers, S. 4-22 f.; SCHURBOHM-EBNETH, A./OHMEN, P., Finanzierungskomponente nach IFRS 15, S. 71.

1217 Vgl. IFRS 15.62.

1218 Vgl. IFRS 15.62 (a) i. V. m. IFRS 15.BC233 (a).

1219 Vgl. IFRS 15.62 (b) i. V. m. IFRS 15.BC233 (b).

1220 Vgl. hier und im folgenden Satz IFRS 15.62 (c) i. V. m. IFRS 15.BC233 (c); FASB/IASB TRG (Hrsg.), Agenda Paper 34 (July 2015), Rn. 32; LAM, S., Umsatzerlöse nach IFRS 15, S. 145.

1221 Vgl. hier und im folgenden Satz IFRS 15.64.

des Kunden, unter Berücksichtigung etwaiger bestellter Sicherheiten widerspiegeln.[1222] Zwar erfordert die Schätzung eines solchen spezifischen Zinssatzes ein hohes Maß an Ermessensausübung und ist abhängig vom zugrunde liegenden Sachverhalt mit erheblichem Aufwand verbunden.[1223] Indes hat sich der Board bewusst für eine solche Ermittlung des Zinssatzes entschieden, um die Besonderheiten der jeweiligen Geschäftsbeziehung berücksichtigen zu können.[1224] Würde ein risikoloser Zinssatz für die Diskontierung zugrunde gelegt, läge hingegen keine Bewertungsunsicherheit vor. Die Informationen wären vielmehr vergleichbar und nachprüfbar. Allerdings würde zum einen regelmäßig der wirtschaftliche Gehalt der Transaktion nicht zutreffend widergespiegelt werden.[1225] Zum anderen wäre die Relevanz der vermittelten Informationen erheblich eingeschränkt, da die vermittelten Informationen i. d. R. nur einen geringen Bestätigungs- und Prognosewert hätten. Die Schätzung eines spezifischen Zinssatzes fördert somit eine entscheidungsnützliche Informationsvermittlung, weil der Bestätigungs- sowie Prognosewert eines solchen Zinssatzes gegenüber einem risikolosen Zinssatz vergleichsweise besser ist und der wirtschaftliche Gehalt der Transaktion besonders berücksichtigt werden kann.

Ein möglicher Diskontierungszinssatz darf praktisch als **interner Zinsfuß** ermittelt werden.[1226] Der interne Zinsfuß ist der Zinssatz, zu dem der Nominalbetrag der zugesagten Gegenleistung auf den Barwert des Verkaufspreises diskontiert wird.[1227] Bei der Schätzung des Zinssatzes sollte ein Unternehmen bei Vertragsschluss die voraussichtliche Laufzeit des Finanzierungsgeschäftes berücksichtigen.[1228] Nach Vertragsschluss ist eine Anpassung des geschätzten Zinssatzes, bspw. aufgrund geänderter Einschätzungen mit Blick auf die Bonität des Kunden, nicht mehr vorzunehmen.[1229] Dies ist unter Abwägung des Kosten-Nutzen-Verhältnisses einer nachträglichen Aktualisierung des Zinssatzes positiv zu werten. Die Effekte der Finanzierung, d. h. Zinsaufwendungen bzw. Zinserträge, sind in der Gesamtergebnisrechnung getrennt von den Umsatzerlösen aus Kundenverträgen auszuweisen.[1230] Zu erfassen sind Zinsaufwendungen bzw. Zinserträge nur, wenn aus einem Kundenvertrag ein vertraglicher Vermögenswert oder

---

[1222] Vgl. IFRS 15.64 i. V. m. IFRS 15.BC239.

[1223] Vgl. IFRS 15.BC240; vgl. statt vieler bspw. FINK, C./KETTERLE, G./SCHEFFEL, S., Auswirkungen des Re-Exposure Draft auf die Bilanzierungspraxis, S. 2001; GROTE, A./HOLD, C./PILHOFER, J., IFRS 15 (Teil 1), S. 411; WÜSTEMANN, J./WÜSTEMANN, S., Erfassung von Umsatzerlösen nach IFRS 15, S. 936; SCHURBOHM-EBNETH, A./OHMEN, P., Finanzierungskomponente nach IFRS 15, S. 71 f.; WÜSTEMANN, J./WÜSTEMANN, S./JENDRECK, A., in: Rechnungslegung nach IFRS, 2. Aufl., IFRS 15, Rn. 119; BREIDENBACH, K./WÄHRISCH, M., Umsatzerlöse, Rn. 211.

[1224] Vgl. IFRS 15.BC239.

[1225] Vgl. IFRS 15.BC239.

[1226] Vgl. LÜDENBACH, N./HOFFMANN, W.-D./FREIBERG, J., in: Haufe IFRS-Kommentar, 16. Aufl., § 25, Rn. 103.

[1227] Vgl. IFRS 15.64.

[1228] Vgl. EY (Hrsg.), Umsatzrealisierung, S. 166.

[1229] Vgl. IFRS 15.64 i. V. m. IFRS 15.BC242 f.

[1230] Vgl. hier und im folgenden Satz IFRS 15.65; IFRS 15.IE140; IFRS 15.IE145; IFRS 15.IE147. Sobald ein unbedingter Anspruch auf eine Gegenleistung fällig ist, ist dieser als Forderung auszuweisen. Vgl. IFRS 15.105.

eine vertragliche Verbindlichkeit bzw. Rückstellung erfasst wird. Für die Berechnung etwaiger Zinsaufwendungen bzw. Zinserträge sind die Regelungen des IFRS 9 anzuwenden.[1231]

Grundsätzlich ist die Berücksichtigung einer wesentlichen Finanzierungskomponente positiv zu werten. So kann der wirtschaftliche Gehalt der zugrunde liegenden Transaktion(en) vergleichsweise glaubwürdiger als bei der Erfassung des Nominalbetrages als Umsatzerlös vermittelt werden.[1232] Darüber hinaus wird sowohl die interne als auch die externe Vergleichbarkeit erhöht, da ähnliche Transaktionen unabhängig von einer etwaigen Finanzierungskomponente identisch abgebildet werden. Letztlich ist die Beurteilung des Vorliegens und der Wesentlichkeit eines Finanzierungsvorteils indes mit erheblichen Ermessensspielräumen verbunbunden.[1233] Deshalb sollten die Bilanzierenden die Analysen für ihre zugrunde liegenden Annahmen sorgfältig dokumentieren.[1234] Die praktische Erleichterung für Verträge, bei denen erwartet wird, dass der Zeitraum zwischen Erfüllung der Leistungsverpflichtung und Zahlung des Entgelts nicht mehr als ein Jahr beträgt, ist unter Berücksichtigung des Grundsatzes der Wesentlichkeit ebenfalls positiv zu werten. Ein gewisser Ermessensspielraum ist mit der Berücksichtigung einer Finanzierungskomponente bei der Bestimmung des Transaktionspreises verbunden. Mithilfe der Vorschriften zur Finanzierungskomponente können allerdings insgesamt entscheidungsnützliche Informationen vermittelt werden. Die Regelungen sind nach hier vertretener Auffassung somit sachgerecht.

444.312. Nicht monetäre Gegenleistungen

Nicht immer erhält ein Unternehmen für seine erbrachte Leistung eine zahlungswirksame Gegenleistung. So kann ein Unternehmen mit einem Kunden auch nicht monetäre Gegenleistungen vereinbaren, bspw. in Form von Gütern oder Dienstleistungen, Finanzinstrumenten oder Sachanlagen.[1235] Diese Gegenleistungen sind grundsätzlich **zum beizulegenden Zeitwert** (*fair value*) zu bewerten.[1236] Sobald der beizulegende Zeitwert indes nicht hinreichend sicher bestimmt werden kann, ist die Gegenleistung hilfsweise indirekt über den Einzelveräußerungspreis der zugesagten Güter oder Dienstleistungen zu bestimmen.[1237] Der Board rekurriert für solche Fälle also auf vergleichbare Werte und ist damit mit den Vorschriften anderer Standards, z. B. mit denen des IFRS 2 *Anteilsbasierte Vergütung*, konsistent.[1238] Den **Zeitpunkt**, zu dem die nicht monetäre Gegenleistung zu bewerten ist, spezifiziert der IASB nicht.[1239] Möglich ist

[1231] Vgl. FASB/IASB TRG (Hrsg.), Agenda Paper 30 (March 2015), Rn. 40 f.; FASB/IASB TRG (Hrsg.), Agenda Paper 34 (July 2015), Rn. 37.

[1232] Vgl. hier und im folgenden Satz so auch SCHOO, L., Umsatzrealisierung nach IFRS, S. 94; ADLER, H./DÜRING, W./SCHMALTZ, K., in: ADS International, Abschnitt 16, Rn. 65.

[1233] Vgl. statt vieler bspw. WÜSTEMANN, J./WÜSTEMANN, S., Erfassung von Umsatzerlösen nach IFRS 15, S. 936.

[1234] Vgl. IFRS 15.126 (a); EY (Hrsg.), Umsatzrealisierung, S. 166.

[1235] Vgl. IFRS 15.66 i. V. m. IFRS 15.BC248.

[1236] Vgl. IFRS 15.67.

[1237] Vgl. IFRS 15.67; LÜDENBACH, N./HOFFMANN, W.-D./FREIBERG, J., in: Haufe IFRS-Kommentar, 16. Aufl., § 25, Rn. 124.

[1238] Vgl. IFRS 15.BC249; WÜSTEMANN, J./WÜSTEMANN, S./JENDRECK, A., in: Rechnungslegung nach IFRS, 2. Aufl., IFRS 15, Rn. 120.

[1239] Vgl. IFRS 15.BC254D. Im Gegensatz zum IASB hat der FASB den Bewertungszeitpunkt im Rahmen seiner

eine Bewertung zum Zeitpunkt des Vertragsabschlusses, beim Erhalt der Gegenleistung oder – sofern zeitlich früher als der Zeitpunkt, zu dem die Gegenleistung erbracht wurde – der Zeitpunkt der Erfüllung der Leistungsverpflichtung.[1240] Eine derartige Wahlmöglichkeit konterkariert nicht nur grundsätzlich das Ziel einer zwischenbetrieblichen Vergleichbarkeit.[1241] Vielmehr wäre auch eine Festlegung des Bewertungszeitpunktes zum Zeitpunkt des Vertragsabschlusses aus zwei Gründen zu befürworten. Zum einen wäre dieser Zeitpunkt mit den Vorschriften zur Bestimmung des Transaktionspreises gemäß IFRS 15.47-49 konsistent.[1242] Zum anderen blieben die Regelungen des IFRS 15 zu denen nach US-GAAP (ASC 606) konvergent. Gewiss ist eine sachgerechte Abbildung auch zu den beiden anderen Bewertungszeitpunkten möglich.[1243] Indes weist der Board bereits selbst darauf hin, dass eine Bewertung zu den verschiedenen Zeitpunkten grundsätzlich keine erheblichen Auswirkungen auf die Abbildung des zugrunde liegenden Sachverhalts haben wird.[1244]

Der **beizulegende Zeitwert** einer nicht monetären Gegenleistung **kann sich** im Zeitverlauf einerseits aufgrund der Form der Gegenleistung **ändern**.[1245] Das ist bspw. bei einer Kursänderung einer notierten Aktie der Fall, die als nicht monetäre Gegenleistung vereinbart wird. Andererseits kann der beizulegende Zeitwert aus anderen Gründen, z. B. aufgrund der Unternehmensleistung oder dem (Nicht-)Eintritt bestimmter Ereignisse, variieren.[1246] Im zweiten Fall sind die Begrenzungsvorschriften gemäß IFRS 15.56-58 für variable Gegenleistungen anzuwenden. Eine nicht monetäre Gegenleistung ist dann nur zu berücksichtigen, wenn hoch wahrscheinlich ist, dass sich der entsprechende Erlösanteil bei Wegfall der Unsicherheit nicht umkehrt.[1247] Bei Änderungen des beizulegenden Zeitwertes aufgrund der Form der Gegenleistung ist es indes unzulässig, die Höhe der nicht monetären Gegenleistung zu begrenzen.[1248] Dies könnte nämlich zu einer zeitlich abweichenden Umsatzrealisierung von faktisch gleichen Sachverhalten führen, die sich ausschließlich in der Form ihrer Gegenleistung, z. B. in Barmitteln

---

Klarstellungen auf den Zeitpunkt des Vertragsschlusses konkretisiert.

1240 Vgl. IFRS 15.BC254B; vgl. ausführlich zur Diskussion der TRG FASB/IASB TRG (Hrsg.), Agenda Paper 15 (January 2015), Rn. 14-24.

1241 Vgl. zum Gestaltungsspielraum bereits FINK, C./KETTERLE, G./SCHEFFEL, S., Auswirkungen des Re-Exposure Draft auf die Bilanzierungspraxis, S. 2001.

1242 Vgl. hier und im folgenden Satz IFRS 15.BC254D; HEINTGES, S./HOFFMANN, T./USINGER, R., Umsatz nach IFRS 15, S. 622; WÜSTEMANN, J./WÜSTEMANN, S./JENDRECK, A., in: Rechnungslegung nach IFRS, 2. Aufl., IFRS 15, Rn. 121. Vgl. zur Bewertungskonzeption des IFRS 15 Abschnitt 444.1.

1243 Vgl. IFRS 15.IE156-IE158; HEINTGES, S./HOFFMANN, T./USINGER, R., Umsatz nach IFRS 15, S. 622; WÜSTEMANN, J./WÜSTEMANN, S./JENDRECK, A., in: Rechnungslegung nach IFRS, 2. Aufl., IFRS 15, Rn. 121.

1244 Vgl. IFRS 15.BC254E.

1245 Vgl. hier und im folgenden Satz IFRS 15.68; IFRS 15.BC251.

1246 Vgl. hier und im folgenden Satz IFRS 15.68; IFRS 15.BC252; IFRS 15.BC254H; BREIDENBACH, K./WÄHRISCH, M., Umsatzerlöse, Rn. 232; WÜSTEMANN, J./WÜSTEMANN, S./JENDRECK, A., in: Rechnungslegung nach IFRS, 2. Aufl., IFRS 15, Rn. 122; EY (Hrsg.), Umsatzrealisierung, S. 176-178. Vgl. zur Diskussion über die Regelungen zur Beschränkung der variablen Gegenleistung im Kontext von nicht monetären Gegenleistungen FASB/IASB TRG (Hrsg.), Agenda Paper 15 (January 2015), Rn. 25-31. Vgl. zu den Vorschriften zur Begrenzung der variablen Gegenleistung ausführlich Abschnitt 444.21.

1247 Vgl. IFRS 15.68 i. V. m. IFRS 15.56.

1248 Vgl. IFRS 15.68; IFRS 15.BC254G f.

oder in Aktien, unterscheiden.[1249] Dann würde bspw. eine Preiserhöhung einer als Gegenleistung vereinbarten Aktie nicht im Transaktionspreis berücksichtigt und somit bei einer zeitraumbezogenen Umsatzrealisierung gegenüber einer zahlungswirksamen Gegenleistung erst zu einem späteren Zeitpunkt realisiert.[1250] Grundsätzlich gleiche Sachverhalte würden dann im IFRS-Abschluss unterschiedlich abgebildet. Dies würde der sachlichen Stetigkeit, die in IFRS 15 und im *Conceptual Framework* festgeschrieben ist, entgegenstehen. Die Entscheidungsnützlichkeit der so vermittelten Informationen wäre eingeschränkt.[1251] Ob die Form oder andere Gründe für eine Änderung des beizulegenden Zeitwertes ausschlaggebend sind, kann komplex zu identifizieren sein.[1252] Indes sollte der Aufwand regelmäßig in einem angemessenen Verhältnis zum Nutzen der so ermittelten Informationen stehen. Die Vorschriften zu nicht monetären Gegenleistungen sind in dieser Hinsicht somit sachgerecht.[1253] Sofern sich der beizulegende Zeitwert nachträglich ändert, sind diese Änderungen grundsätzlich nicht als Umsatzerlöse zu erfassen.[1254]

444.313. An einen Kunden zu zahlendes Entgelt

In einem Kundenvertrag kann das bilanzierende Unternehmen verpflichtet sein, ein Entgelt im Austausch für vom Kunden erworbene Güter oder Dienstleistungen zu entrichten.[1255] Überdies bieten Unternehmen ihren Kunden häufig einen Kaufanreiz, damit diese ihre Güter oder Dienstleistungen beziehen. Das können bspw. **Werbekostenzuschüsse** sein, die eine Airline einem Absatzmittler zahlt, damit dieser ihre Flüge gezielt bewirbt.[1256] Hierzu zählen aber auch **Platzierungsgebühren, Gutschriften, Rabatte und Coupons**.[1257] Derartige Entgelte sind bei der Bestimmung des Transaktionspreises für sämtliche Kunden einer Vertriebskette zu berücksichtigen.[1258] Die Zahlungen dieser Entgelte an Kunden sind grundsätzlich als Verringerung des Transaktionspreises und somit als Umsatzminderung zu bilanzieren.[1259] Es sei denn, das bilanzierende Unternehmen erwirbt damit eigenständig abgrenzbare Güter oder Dienstleistungen i. S. d. IFRS 15.26-30.[1260] Dann handelt es sich um ein Kaufgeschäft wie zwischen Unternehmen und Lieferanten. Übersteigt die Zahlung des Entgelts an den Kunden den beizulegenden

---

1249 Vgl. IFRS 15.BC254G; FASB/IASB TRG (Hrsg.), Agenda Paper 15 (January 2015), Rn. 30; FASB (Hrsg.), Memo No. 1 (March 2015), Rn. 64.

1250 Vgl. IFRS 15.68; IFRS 15.BC251.

1251 Vgl. IFRS 15.BC254G.

1252 Vgl. IFRS 15.BC254H; FASB/IASB TRG (Hrsg.), Agenda Paper 15 (January 2015), Rn. 31.

1253 Vgl. IFRS 15.BC254H; FASB/IASB TRG (Hrsg.), Agenda Paper 15 (January 2015), Rn. 30 f.; a. A. FASB/IASB TRG (Hrsg.), Agenda Paper 15 (January 2015), Rn. 25 (a) und 29.

1254 Vgl. IFRS 15.IE158; WÜSTEMANN, J./WÜSTEMANN, S./JENDRECK, A., in: Rechnungslegung nach IFRS, 2. Aufl., IFRS 15, Rn. 122.

1255 Vgl. hier und im folgenden Satz IFRS 15.70; IFRS 15.BC255; EY (Hrsg.), Umsatzrealisierung, S. 180.

1256 Vgl. IFRS 15.IE160-IE162; GROTE, A./HOLD, C./PILHOFER, J., IFRS 15 (Teil 1), S. 411; KPMG (Hrsg.), Revenue, S. 81; vgl. bspw. TRAVIANET (Hrsg.), Werbekostenzuschuss für Charterflüge.

1257 Vgl. IFRS 15.70; IFRS 15.BC255.

1258 Vgl. FASB/IASB TRG (Hrsg.), Agenda Paper 28 (March 2015), Rn. 24-27; FASB/IASB TRG (Hrsg.), Agenda Paper 37 (July 2015), Rn. 8-10; FASB/IASB TRG (Hrsg.), Agenda Paper 44 (November 2015), Rn. 15.

1259 Vgl. IFRS 15.70.

1260 Vgl. hier und im folgenden Satz IFRS 15.71 i. V. m. IFRS 15.BC256. Vgl. zur Abgrenzbarkeit einer Leistungsverpflichtung ausführlich Abschnitt 443.12.

Zeitwert des vom Kunden erhaltenen eigenständig abgrenzbaren Gutes oder der eigenständig abgrenzbaren Dienstleistung, ist die Differenz als Umsatzminderung zu erfassen.[1261] Kann der beizulegende Zeitwert des vom Kunden erhaltenen Gutes oder der erhaltenen Dienstleistung nicht zuverlässig ermittelt werden, ist das gesamte Entgelt umsatzmindernd zu erfassen. Der Board verhindert mit diesen Vorschriften zur Minderung des Transaktionspreises, dass Umsatzerlöse zu hoch ausgewiesen werden und somit die Ertragslage des bilanzierenden Unternehmens zu positiv dargestellt wird.[1262] Das ist nachvollziehbar und für eine neutrale Berichterstattung förderlich. So wird die Glaubwürdigkeit der vermittelten Informationen gestärkt.[1263]

Wird das vom bilanzierenden Unternehmen zu zahlende Entgelt **umsatzmindernd** erfasst, erfolgt dies entweder zum **Zeitpunkt**, zu dem das Unternehmen den Umsatz aus der erbrachten Leistung realisiert oder die Zahlung an den Kunden tätigt bzw. dem Kunden zusichert.[1264] Maßgeblich ist grundsätzlich der spätere der beiden Zeitpunkte. Wenn das Unternehmen dem Kunden die Zahlung zusichert, kann diese Zusicherung von künftigen Ereignissen abhängen oder nur aufgrund von Geschäftsgepflogenheiten impliziert sein.[1265] Der Board wählt bewusst den späteren der beiden Zeitpunkte aus, um sicherzustellen, dass die Umsätze erst dann gekürzt werden, wenn das Unternehmen auch tatsächlich das zugesagte Entgelt gezahlt hat und die Kontrolle über die zugesagten Güter oder Leistungen auf den Kunden übertragen hat. Solange das Unternehmen also nicht erwartet, ein bestimmtes Entgelt zu zahlen, sollen die Informationen im Abschluss auch so abgebildet werden, dass sie die Sicht des Unternehmens und damit den wirtschaftlichen Gehalt dieser Transaktion(en) widerspiegeln. Im Hinblick auf die Objektivierbarkeit ist diese vorsichtige Konzeption daher positiv zu bewerten. Erwartet das Unternehmen indes eine Zahlung bestimmter Entgelte, bspw. in Form von Gutscheinen, handelt es sich um eine variable Gegenleistung, die bereits zum Zeitpunkt des Vertragsabschlusses zu berücksichtigen ist.[1266] Entsprechend muss das Unternehmen dann die Vorschriften für die Berücksichtigung variabler Gegenleistungen berücksichtigen. Anderenfalls würden gleiche Sachverhalte unterschiedlich bilanziert, sodass eine sachliche Stetigkeit nicht gegeben wäre. So vermittelte Informationen wären nicht glaubwürdig. Deshalb sind variable Bestandteile des Transaktionspreises im Zusammenhang mit an den Kunden zu zahlenden Entgelten entweder mithilfe der Erwartungswertmethode oder der Methode des wahrscheinlichsten Betrages zu bestimmen.[1267] Inwieweit der Transaktionspreis in einem Beförderungsvertrag neben variablen

[1261] Vgl. hier und im folgenden Satz IFRS 15.71.
[1262] Vgl. so auch BREIDENBACH, K./WÄHRISCH, M., Umsatzerlöse, Rn. 237.
[1263] Vgl. im Ergebnis so auch IFRS 15.BC257.
[1264] Vgl. hier und im folgenden Satz IFRS 15.72; IFRS 15.BC258.
[1265] Vgl. IFRS 15.72 (b).
[1266] Vgl. hier und im folgenden Satz IFRS 15.50-52; EY (Hrsg.), Umsatzrealisierung, S. 185; vgl. ausführlich zur Diskussion über den Zeitpunkt der Berücksichtigung etwaiger variabler Entgelte FASB/IASB TRG (Hrsg.), Agenda Paper 37 (July 2015), Rn. 11-19; FASB/IASB TRG (Hrsg.), Agenda Paper 44 (November 2015), Rn. 16.
[1267] Vgl. Abschnitt 444.21.

Gegenleistungen von weiteren Einflussfaktoren beeinflusst wird, soll im folgenden Abschnitt untersucht werden.

444.32 Sonstige Einflussfaktoren auf die Bestimmung des Transaktionspreises in einem Beförderungsvertrag

Für die Bestimmung des Transaktionspreises muss innerhalb eines Beförderungsvertrages geprüft werden, ob darin eine **wesentliche Finanzierungskomponente** enthalten ist.[1268] Ist dies der Fall, ist der vereinbarte Gegenleistungsbetrag dann grundsätzlich um den Zeitwert des Geldes anzupassen. Hierzu müsste für die Airline oder den Passagier durch den zeitlichen Anfall der Zahlung des Flugtickets und etwaiger Zusatzleistungen ein wesentlicher Finanzierungsvorteil resultieren.[1269] In der Airline-Industrie ist es aufgrund einer rechtmäßigen AGB-Klausel gängige Praxis, dass der Passagier den Flugpreis ohne Insolvenzschutz vollständig im Voraus entrichtet.[1270] Eine solche **Vorauszahlung** indiziert grundsätzlich einen Finanzierungsvorteil für die Airline. Denn der Liquiditätsnachteil des Passagiers hat einen Liquiditätsvorteil der Airline zur Folge. Dieser ist allerdings bereits regelmäßig in der Kalkulation des Flugpreises enthalten.[1271] Deshalb sollte der Finanzierungsvorteil einer Airline aus dem erhaltenen Flugpreis grundsätzlich nicht wesentlich und somit bei der Bestimmung des Transaktionspreises nicht zu berücksichtigen sein.[1272]

Sofern eine Airline (dennoch) einen wesentlichen Finanzierungsvorteil identifiziert, sollte sie die Fakten und Umstände im Rahmen des Beförderungsvertrages beachten, um beurteilen zu können, ob ein solcher Finanzierungsvorteil zu berücksichtigen ist. So verliert ein Flugticket regelmäßig nach einem Jahr seine Gültigkeit.[1273] Die Vertragsdauer eines einzelnen Beförderungsvertrages ist somit grundsätzlich nicht länger als ein Jahr. Zwar hindert ein Zeitraum von einem Jahr oder weniger eine Airline nicht, einen etwaigen Finanzierungsvorteil in die Bestimmung des Transaktionspreises einzubeziehen.[1274] Allerdings sollten Airlines unter Berücksichtigung der Nebenbedingung der Kostenbegrenzung von der **praktischen Erleichterung** Gebrauch machen, eine wesentliche Finanzierungskomponente bei einem solch geringen Zeitraum zwischen der Zahlung des Flugpreises und der Durchführung des Fluges bei der Bestimmung des Transaktionspreises nicht zu berücksichtigen.[1275] Denn der informative Mehrwert, den eine Berücksichtigung des Finanzierungsvorteils in diesem Fall bei der Bestimmung des Transaktionspreises liefern würde, ist regelmäßig gering. Diese Informationen wären unter Berücksichtigung des Wesentlichkeitsprinzips nicht relevant. Darüber hinaus sollte den Adressaten des

---

1268 Vgl. hier und im folgenden Satz IFRS 15.48 (c) i. V. m. IFRS 15.60; vgl. zur allgemeinen Analyse und Würdigung der Regelungen zur Berücksichtigung einer wesentlichen Finanzierungskomponente Abschnitt 444.311.

1269 Vgl. IFRS 15.60 i. V. m. IFRS 15.BC229 f. und .BC233 (c).

1270 Vgl. hierzu Abschnitt 223.31.

1271 Vgl. BGH (Hrsg.), Urteil vom 16.02.2016 – X ZR 97/14, Rn. 31.

1272 Vgl. hier und im folgenden Satz IFRS 15.60 f.

1273 Vgl. DEUTSCHE LUFTHANSA (Hrsg.), ABB Flugpassage, Art. 3.2; SINGAPORE AIRLINES (Hrsg.), ABB, Art. 8.

1274 Vgl. IFRS 15.BC234; FASB/IASB TRG (Hrsg.), Agenda Paper 34 (July 2015), Rn. 35.

1275 Vgl. IFRS 15.63.

Abschlusses die gängige Vorauszahlungspraxis des Flugticketpreises bekannt sein. Zudem werden sie über die Inanspruchnahme der praktischen Erleichterung im Anhang informiert.[1276]

Anders könnte der Fall gelagert sein, wenn eine Airline Flugtickets ausgibt, die länger als ein Jahr gültig sind.[1277] Dann nämlich kann die praktische Erleichterung nicht mehr in Anspruch genommen werden.[1278] Allerdings kann der Passagier bei derartigen Flugtickets grundsätzlich den **Zeitpunkt seines (Rück-)Fluges** und somit den Zeitpunkt der Leistungserbringung selbst **frei wählen**.[1279] Da der tatsächliche Leistungszeitpunkt für den Rückflug also nicht sicher bestimmt werden kann, ist es i. S. e. glaubwürdigen Darstellung, dass eine Airline eine etwaige Finanzierungskomponente nicht zu berücksichtigen hat. Schließlich könnte die Airline lediglich auf Erfahrungswerte mit vergleichbaren Passagiergruppen zurückgreifen, die sie fortlaufend aktualisieren müsste.[1280] Dies wäre, verglichen mit dem potenziellen Mehrwert der so ermittelten Information, zu aufwändig. Bei Beförderungsleistungen und damit einhergehend auch bei Zusatzleistungen ist also regelmäßig keine (wesentliche) Finanzierungskomponente bei der Bestimmung des Transaktionspreises zu berücksichtigen.[1281] Der Liquiditäts- und ggf. auch Zinsvorteil für eine Airline wird zudem aufgrund des starken Wettbewerbs zwischen den Airlines tendenziell wirtschaftlich durch einen Preisvorteil des Kunden gegenüber einer späteren Buchung ausgeglichen.[1282]

Im Rahmen von Beförderungs- und Zusatzleistungen gibt es **keine nicht monetären Gegenleistungen**. Airlines erhalten für ihre Flugtickets und etwaige Zusatzleistungen nämlich ausschließlich zahlungswirksame Gegenleistungen.[1283] Nicht monetäre Gegenleistungen haben somit keinen Einfluss auf die Bestimmung des Transaktionspreises, sodass die entsprechenden Vorschriften im Kontext von Beförderungs- und Zusatzleistungen nicht zu konkretisieren sind.[1284]

[1276] Vgl. IFRS 15.126 (a).

[1277] Vgl. bspw. sog. *Flex Open Return Tickets*. Der Passagier zahlt den Flugpreis beim Kauf dieses Flugtickets, das mindestens aus einem Hin- und einem Rückflug besteht. Den Zeitpunkt des Rückfluges kann der Passagier flexibel wählen, bspw. bei Singapore Airlines bis zu achtzehn Monate nach Ausstellung des Flugtickets. Vgl. hierzu O. V. (Hrsg.), Flex Open Return Ticket.

[1278] Vgl. IFRS 15.63.

[1279] Vgl. hier und im folgenden Satz IFRS 15.62 (a) i. V. m. IFRS 15.BC233 (a).

[1280] Vgl. hier und im folgenden Satz IFRS 15.BC233 (a).

[1281] Zusatzleistungen setzen eine Beförderungsleistung voraus und sind damit in hohem Maße von der zugrunde liegenden Beförderungsleistung abhängig. Vgl. hierzu Abschnitt 443.123.2. Da eine Beförderungsleistung bereits zum Zeitpunkt des Vertragsabschlusses zu bezahlen ist, kann der Zahlungszeitpunkt für etwaige Zusatzleistungen niemals weiter vom eigentlichen Leistungzeitpunkt bzw. -raum entfernt sein. Eine wesentliche Finanzierungskomponente kann in der Airline-Industrie bspw. im Falle eines Verkaufs von Meilen für ein Treueprogramm an ein Co-Branding-Kreditkartenunternehmen bei der Bestimmung des Transaktionspreises zu berücksichtigen sein. Vgl. hierzu bspw. ausführlich AICPA AIRLINES REVENUE RECOGNITION TASK FORCE (Hrsg.), Issue #2-6 (f) – Significant Financing Component, Rn. 5-15.

[1282] Vgl. BGH (Hrsg.), Urteil vom 16.02.2016 – X ZR 97/14, Rn. 31.

[1283] Vgl. DEUTSCHE LUFTHANSA (Hrsg.), ABB Flugpassage, Art. 4.1-4.3; EMIRATES (Hrsg.), ABB, Art. 4.1-4.4.

[1284] Vgl. zur allgemeinen Analyse und Würdigung der Vorschriften für nicht monetäre Gegenleistungen Abschnitt 444.312.

Eine Airline, die ihre Flugtickets über den indirekten Vertriebsweg an einen Passagier veräußert, nutzt hierzu sog. Absatzmittler.[1285] Damit ein Absatzmittler Flugtickets der Airline gezielt bewirbt, ist es in der Praxis üblich, hierfür einen **Werbekostenzuschuss** zu gewähren.[1286] Die bilanzierende Airline überlässt dem Absatzmittler mithin ein Entgelt, mit dem dieser seine Maßnahmen zur Verkaufsförderung der Flugtickets der Airline finanziert. Fraglich ist, ob die Airline im Gegenzug für das entrichtete Entgelt eigenständig abgrenzbare Leistungen i. S. d. IFRS 15.26-30 erhält.[1287] Das wäre immer dann der Fall, wenn die Airline aus der versprochenen Leistung des Absatzmittlers allein oder in Kombination mit anderen jederzeit verfügbaren Ressourcen einen Nutzen ziehen kann.[1288] Die vom Absatzmittler für die Werbekostenzuschüsse zu erbringenden Leistungen kann eine Airline indes grundsätzlich weder unabhängig von den anderen Vertragsleistungen nutzen, verbrauchen, weiterveräußern noch anderweitig verwenden.[1289] Einen Nutzen zieht eine Airline erst bei einem anschließenden Verkauf des Flugtickets an den Passagier, also nur in Kombination mit einer anderen Ressource, die (noch) nicht verfügbar ist.[1290] Die Gegenleistung, die eine Airline erhält, generiert folglich nicht unabhängig von anderen Leistungen und auch nicht gemeinsam mit anderen jederzeit verfügbaren Ressourcen einen Kundennutzen.[1291]

Der Board konkretisiert überdies die Vorschriften zur Prüfung der eigenständigen Abgrenzbarkeit von Gütern oder Dienstleistungen, die das bilanzierende Unternehmen, z. B. eine Airline, im Gegenzug für das entrichtete (Werbe-)Entgelt erhält, indem er auf die damaligen US-GAAP-Vorschriften in ASC 605-50-45-2 bzw. ursprünglich in EITF 01-09 rekurriert.[1292] Demgemäß gilt grundsätzlich die Vermutung, dass die Werbekostenzuschüsse der Airline erlösmindernden Charakter haben. Diese Vermutung lässt sich nur widerlegen, wenn ein Nutzen aus der geschalteten Werbung nachgewiesen werden kann.[1293] Ein solcher Nutzen kann aber für den konkreten Fall des Werbekostenkostenzuschusses für Absatzmittler nicht nachgewiesen werden, da es bei diesen Zuschüssen regelmäßig an fremdüblichen Konditionen, bspw. über eine Vereinbarung der Werbeintensität, einen Nachweis über die Wahrung einer solchen Vereinbarung oder eine

[1285] Vgl. zum Vertrieb von Flugtickets Abschnitt 234.

[1286] Vgl. bspw. TRAVIANET (Hrsg.), Werbekostenzuschuss für Charterflüge. Werbekostenzuschüsse werden bspw. auch regelmäßig für Programmwerbung von Treueprogrammen gezahlt. Vgl. hierzu bspw. LAUER, T., Bonusprogramme, S. 135.

[1287] Vgl. IFRS 15.71.

[1288] Vgl. IFRS 15.22 (a) i. V. m. IFRS 15.27 (a).

[1289] Vgl. IFRS 15.28.

[1290] Vgl. IFRS 15.28. Es kommt letztlich auf die Reihenfolge an, in der die Airline ihre Leistungen erhält. Der Verkauf des Flugtickets ist der geschalteten Werbung immer nachgelagert, sodass es sich nicht um eine jederzeit verfügbare Ressource i. S. d. IFRS 15 handelt. Erst zum Zeitpunkt des Verkaufs des Flugtickets ist diese andere Ressource verfügbar.

[1291] Vgl. bereits ausführlich zur eigenständigen Abgrenzbarkeit von Leistungen Abschnitt 443.122.1.

[1292] Vgl. hier und im folgenden Satz IFRS 15.BC256; LÜDENBACH, N./HOFFMANN, W.-D./FREIBERG, J., in: Haufe IFRS-Kommentar, 16. Aufl., § 25, Rn. 120.

[1293] Vgl. ASC 605-50-45-2.

Rückerstattung bei Nichtwahrung, fehlt.[1294] Daher erhält eine Airline keinen eigenständig abgrenzbaren Vermögenswert i. S. d. IFRS 15, sodass das entrichtete Entgelt den Transaktionspreis bzw. die Umsatzerlöse mindert.[1295]

Diese bilanzielle Behandlung spiegelt den wirtschaftlichen Gehalt der zugrunde liegenden Transaktion wider, weil eine Airline mit den entrichteten Werbekostenzuschüssen i. d. R. keine neuen Leistungsspektren schaffen möchte, sondern vielmehr der Absatzmittler den Wettbewerb zwischen den Airlines nutzt, um einen zusätzlichen Erlös zu erzielen.[1296] Die Umsatzerlöse der jeweiligen Airline reduzieren sich mithin in entsprechender Höhe.

Im Folgenden soll geprüft werden, ob es in der IFRS-Rechnungslegung **alternative Bilanzierungsformen** gibt, die zur Abbildung der Werbekostenzuschüsse im Hinblick auf die Zielsetzung der IFRS möglicherweise besser geeignet sein könnten als die umsatzmindernde Berücksichtigung eines Werbekostenzuschusses nach IFRS 15. Eine Aktivierung eines immateriellen Vermögenswertes i. S. d. IAS 38 *Immaterielle Vermögenswerte* scheidet aus, weil ein immaterieller Vermögenswert für Maßnahmen der Verkaufsförderung nicht aktiviert werden darf.[1297] Alternativ ist es auf den ersten Blick denkbar, den Werbekostenzuschuss als Aufwand zu buchen, sofern die Werbekostenzuschüsse an den Absatzmittler als Vertriebskosten gesehen werden.[1298] Zu beachten ist aber, dass die Werbekostenzuschüsse nicht an einen Dritten, sondern an den Absatzmittler als Kunde der Airline gerichtet sind. Das Entgelt, das der Absatzmittler erhält, ist letztlich auch ein Anreiz für ihn, seinen Umsatz mit der Airline zu stärken.[1299] Der wirtschaftliche Gehalt eines Werbekostenzuschusses wird also zutreffender in Form einer Umsatzminderung wiedergegeben als in Form eines unmittelbar zu erfassenden Vertriebsaufwandes, da der Charakter dieses besonderen Rabattes ersichtlich wird.[1300] Folglich gibt es in der IFRS-Rechnungslegung keine anderen geeigneten Bilanzierungsformen, sodass Werbekostenzuschüsse stets umsatzmindernd zu berücksichtigen sind.

1294 Vgl. LÜDENBACH, N./HOFFMANN, W.-D./FREIBERG, J., in: Haufe IFRS-Kommentar, 16. Aufl., § 25, Rn. 120.

1295 Vgl. IFRS 15.70.

1296 Vgl. hier und im folgenden Satz allgemein LÜDENBACH, N./HOFFMANN, W.-D./FREIBERG, J., in: Haufe IFRS-Kommentar, 16. Aufl., § 25, Rn. 121; LAM, S., Umsatzerlöse nach IFRS 15, S. 258 f.

1297 Vgl. IAS 38.69 (c).

1298 Vgl. hier und im folgenden Satz, wenn auch in anderem Kontext LÜDENBACH, N./HOFFMANN, W.-D./FREIBERG, J., in: Haufe IFRS-Kommentar, 16. Aufl., § 25, Rn. 118.

1299 Vgl. zur allgemeinen Diskussion, wer Kunde nach IFRS 15.70-72 ist FASB/IASB TRG (Hrsg.), Agenda Paper 19 (January 2015), Rn. 8-19; FASB/IASB TRG (Hrsg.), Agenda Paper 28 (March 2015), Rn. 24-27; FASB/IASB TRG (Hrsg.), Agenda Paper 37 (July 2015), Rn. 8-10; FASB/IASB TRG (Hrsg.), Agenda Paper 44 (November 2015), Rn. 15.

1300 Vgl. ähnlich, wenn auch in anderem Kontext, LÜDENBACH, N./HOFFMANN, W.-D./FREIBERG, J., in: Haufe IFRS-Kommentar, 16. Aufl., § 25, Rn. 118.

Neben Werbekostenzuschüssen können auch etwaige Standardansprüche des Passagiers auf Ausgleichsleistungen eines Passagiers die Bestimmung des Transaktionspreises eines Beförderungsvertrages beeinflussen.[1301] Sofern ein Passagier einverstanden ist, erhält er seine Ausgleichsleistungen in Form von **Reisegutscheinen oder anderen Dienstleistungen**.[1302] Löst ein Passagier seinen Reisegutschein im Falle einer Verspätung für den ursprünglich gebuchten Flug ein bzw. kann er diesen nur hierfür einlösen, verringert die erbrachte Gegenleistung der Airline in Höhe des Wertes des Reisegutscheines den Transaktionspreis der im Beförderungsvertrag vereinbarten Leistungen und somit die zu realisierenden Umsatzerlöse.[1303] Der Gutschein bzw. Rabatt ist dann nämlich unmittelbar dem bereits gezahlten Flugpreis zuordenbar. Zum Zeitpunkt bzw. im Zeitraum der Umsatzrealisierung sind im IFRS-Abschluss so nur die tatsächlich erwirtschafteten Erträge ersichtlich. Die erfassten Umsatzerlöse haben regelmäßig einen Bestätigungs- und Prognosewert, weil die Höhe der Umsatzerlöse nicht mehr korrigiert werden muss. Die vermittelten Informationen sind für die Adressaten des Abschlusses somit relevant. Sobald ein Gutschein allerdings nicht für den bereits gezahlten Flug eingelöst wird, begründet dieser eine (neue) Leistungsverpflichtung. Dann sind die Regelungen zur Vertragsänderung für die Bilanzierung anzuwenden.[1304]

444.4 Abschließende Würdigung des dritten Schrittes zur Umsatzrealisierung

Im dritten Prozessschritt des Fünf-Schritte-Modells zur Umsatzrealisierung ist der **Transaktionspreis** zu bestimmen.[1305] Das ist der Wert des Gegenleistungsanspruchs, den die Airline für die vertragsgemäße Erfüllung der zugesagten Leistungen voraussichtlich erhalten wird. Dieser ist nicht immer unmittelbar aus dem Beförderungsvertrag ersichtlich, weil dessen Höhe **von verschiedenen Faktoren beeinflusst** werden kann. Die Tatsache, dass der Board detaillierte Vorschriften zur Bestimmung des Transaktionspreises macht, ist im Hinblick auf die Vergleichbarkeit und Objektivierbarkeit grundsätzlich positiv zu bewerten.

Gewisse Ermessensspielräume sind bei der Bestimmung des Transaktionspreises indes nicht zu vermeiden. Das betrifft besonders die Analyse der Beförderungsverträge in Bezug auf mögliche **variable Gegenleistungen**. Zu deren Bestimmung muss eine Airline alle relevanten Fakten und Umstände unter Beachtung des Kosten-Nutzen-Verhältnisses berücksichtigen. Eine Airline hat variable Gegenleistungen nur in den Transaktionspreis einzubeziehen, wenn es hoch wahrscheinlich ist, dass der geschätzte Erlösanteil bei Wegfall der Unsicherheit nicht korrigiert werden muss. Dadurch soll eine Über- bzw. Unterbewertung der Umsatzerlöse verhindert werden. Der Board fördert damit eine neutrale und somit glaubwürdige Berichterstattung. **Ausgleichsleistungen**, die eine Airline im Falle einer erheblichen Leistungsstörung grundsätzlich zahlen

1301 Vgl. ausführlich zu den Passagierrechten Abschnitt 223.2.

1302 Vgl. Art. 7 Abs. 3 Fluggastrechte-VO.

1303 Vgl. IFRS 15.70; IAWG (Hrsg.), Issue #2-3 – Breakage and Vouchers, S. 3.

1304 Vgl. hierzu Abschnitt 442.52.

1305 Vgl. zur allgemeinen Bewertungskonzeption ausführlich Abschnitt 444.1.

muss, sind zwar variable Gegenleistungen i. S. d. IFRS 15.[1306] Indes sind sie nicht bei der Bestimmung des Transaktionspreises zu berücksichtigen, weil es hoch wahrscheinlich ist, dass ein i. S. e. Portfoliobetrachtung ermittelter Wert für eine etwaige Ausgleichsleistung mithilfe fundierter Erfahrungswerte auf der Ebene des Einzelvertrages regelmäßig in hohem Ausmaß korrigiert werden müsste. Damit die Ertragslage im Fall einer tatsächlichen erheblichen Verspätung nicht zu positiv wiedergegeben wird, muss eine Airline nach hier vertretener Auffassung eine Rückstellung für die Ausgleichsleistungen ansetzen. Nur so kann die Ertragslage den wirtschaftlichen Gehalt der zugrunde liegenden Beförderungsleistung abbilden. Bei **Gütern**, die im Bordshop verkauft werden, muss eine Airline regelmäßig das gesetzliche **Widerrufsrecht** von vierzehn Tagen gewähren.[1307] Für solche Rückgaberechte hat der Board explizit Anwendungsleitlinien erstellt. So sind Umsätze nur für den Anteil zu realisieren, der erwartungsgemäß nicht zurückgegeben wird. Eine Airline kann die Höhe aufgrund ihrer Erfahrungen regelmäßig hinreichend sicher schätzen. Überdies können **Rabatte** gegenüber Händlern und (Groß-)Kunden, die im Rahmen von Beförderungsverträgen gängige Praxis sind, die Höhe des Transaktionspreises beeinflussen.[1308] Mithilfe statistischer Erfahrungswerte kann eine Airline die variable Gegenleistung regelmäßig nachprüfbar, wertungsfrei und objektiv ermitteln. Airlines, die bereits längere Zeit am Markt aktiv sind und somit auf Erfahrungswerte zurückgreifen, können so entscheidungsnützliche Informationen vermitteln.

Die Anwendung der Vorschriften zur Berücksichtigung variabler Gegenleistungen zur Bestimmung des Transaktionspreises fördert eine neutrale Finanzberichterstattung, weil der Transaktionspreis eines Beförderungsvertrages vorsichtig und objektiv zu ermitteln ist. Außerdem kann der wirtschaftliche Gehalt der zugrunde liegenden Geschäftsvorfälle regelmäßig realitätsgetreu wiedergegeben werden. Die vermittelten Informationen über die Ertragslage haben zudem einen Bestätigungs- und Prognosewert, weil bereits realisierte Umsatzerlöse mit hoher Wahrscheinlichkeit nicht korrigiert werden müssen. Damit können im IFRS-Abschluss mithilfe der Vorschriften sowohl glaubwürdige als auch relevante Informationen vermittelt werden.

Neben variablen Gegenleistungen kann es auch **weitere Einflussfaktoren** auf die Bestimmung des Transaktionspreises für die Leistungen in einem Beförderungsvertrag geben.[1309] Eine **wesentliche Finanzierungskomponente** ist im Kontext von Beförderungs- und Zusatzleistungen indes grundsätzlich nicht zu berücksichtigen. Auf der einen Seite ist schließlich die Vertragslaufzeit eines Beförderungsvertrages regelmäßig nicht länger als ein Jahr. Wenngleich die Berücksichtigung eines solchen Finanzierungsvorteils nicht verboten ist, wird der zusätzliche Informationsnutzen regelmäßig nicht wesentlich sein. Auf der anderen Seite kann der Passagier bei einer Vertragslaufzeit von mehr als einem Jahr i. d. R. selbst entscheiden, zu welchem Zeitpunkt er seine Beförderungsleistung in Anspruch nimmt. In diesen Fällen darf die Airline eine

---

1306 Vgl. hierzu ausführlich Abschnitt 444.222.
1307 Vgl. hierzu ausführlich Abschnitt 444.223.
1308 Vgl. hierzu ausführlich Abschnitt 444.224.
1309 Vgl. hierzu ausführlich Abschnitt 444.32.

mögliche wesentliche Finanzierungskomponente gar nicht berücksichtigen, weil der Leistungszeitpunkt nicht hinreichend sicher ist. Eine Airline könnte nur auf Erfahrungswerte mit vergleichbaren Passagiergruppen zurückgreifen und müsste diese Informationen fortlaufend anpassen. Das wäre wiederum verglichen zum Informationsnutzen zu aufwändig. Überdies beeinflussen auch **Werbekostenzuschüsse**, die eine Airline beim indirekten Vertrieb von Flugtickets an die Absatzmittler zahlt, damit die Absatzmittler Flüge der Airline bewerben, sowie Ausgleichsleistungen in Form eines Reisegutscheins die Höhe des Transaktionspreises.

Insgesamt kann mithilfe der Vorschriften ein Transaktionspreis für die im Beförderungsvertrag vereinbarten Leistungen bestimmt werden, der das Ertragspotenzial aus den zugesagten Beförderungs- und Zusatzleistungen realitätsgetreu widerspiegelt. Zudem führt die der Bestimmung des Transaktionspreises zugrunde liegende wirtschaftliche Betrachtungsweise zu glaubwürdigen Informationen. Ferner rekurriert der Board zur Bestimmung des Transaktionspreises regelmäßig auf den Grundsatz der Wesentlichkeit. Damit zwingt er die Airline, die hinreichende Relevanz von Informationen zu beachten. Der Board schafft schließlich im dritten Prozessschritt geeignete Grundlagen, um mit der Umsatzbilanzierung entscheidungsnützliche Informationen vermitteln zu können.

445. Aufteilung des Transaktionspreises

445.1 Aufteilung nach der Methode des relativen Einzelveräußerungspreises

Nachdem der Transaktionspreis bestimmt ist, den ein Unternehmen für die vertragsgemäße Übertragung von Gütern oder für die Erbringung von Dienstleistungen voraussichtlich erhalten wird, muss dieser im vierten Prozessschritt des Fünf-Schritte-Modells zur Umsatzrealisierung auf die (im zweiten Prozessschritt) identifizierten eigenständig abgrenzbaren Leistungsverpflichtungen aufgeteilt werden.[1310] Dieser **Transaktionspreis ist** so auf die einzelnen eigenständig abgrenzbaren zugesagten Güter oder Dienstleistungen **aufzuteilen**, dass diese dem Wert der Gegenleistung entsprechen, die ein Unternehmen im Austausch für die Erfüllung der jeweiligen Leistungsverpflichtung voraussichtlich erhalten wird.[1311] Eine Aufteilung des Transaktionspreises entfällt zwangsläufig bei Kundenverträgen mit nur einer eigenständig abgrenzbaren Leistungsverpflichtung, wie z. B. bei Beförderungsverträgen über einen ununterbrochenen Flug.[1312] Faktisch bedeutungslos ist eine entsprechende Aufteilung des Transaktionspreises überdies bei Kundenverträgen mit mehreren eigenständig abgrenzbaren Leistungsverpflichtungen, die zeitgleich erfüllt werden.[1313] Schließlich wirkt sich dies bilanziell nicht auf die Höhe

[1310] Vgl. IFRS 15.73-86; vgl. zur Identifikation der eigenständig abgrenzbaren Leistungsverpflichtungen Abschnitt 443. und zur Bestimmung des Transaktionspreises Abschnitt 444.

[1311] Vgl. IFRS 15.73.

[1312] Vgl. IFRS 15.75. Vgl. zur Identifikation der eigenständig abgrenzbaren Leistungsverpflichtung in einem Beförderungsvertrag über einen ununterbrochenen Flug Abschnitt 443.122.2. und 443.123.2.

[1313] Vgl. so auch LÜDENBACH, N./HOFFMANN, W.-D./FREIBERG, J., in: Haufe IFRS-Kommentar, 16. Aufl., § 25, Rn. 128.

der zu realisierenden Umsatzerlöse aus. Unter Berücksichtigung der Nebenbedingung der Kostenbegrenzung ist es daher nicht erforderlich, den Transaktionspreis in diesem Fall aufzuteilen.

Bei Kundenverträgen mit mehreren Leistungsverpflichtungen, die nicht zeitgleich erbracht werden, wie bspw. ein Beförderungsvertrag über unterbrochene Flüge,[1314] ist der **Maßstab** der Aufteilung des Transaktionspreises nach IFRS 15 der **relative Einzelveräußerungspreis.**[1315] So ist der Transaktionspreis im Verhältnis des Einzelveräußerungspreises einer jeden im Kundenvertrag identifizierten Leistungsverpflichtung zur Summe der Einzelveräußerungspreise aller vertraglichen Leistungsverpflichtungen aufzuteilen.[1316] Der Einzelveräußerungspreis ist der Betrag, für den ein Unternehmen das einer Leistungsverpflichtung jeweils zugrunde liegende zugesagte Gut oder die zugesagte Dienstleistung einzeln an den Kunden verkaufen würde.[1317] Dieser Betrag ist zum Zeitpunkt des Vertragsabschlusses zu bestimmen.[1318]

445.2 Ermittlung des Einzelveräußerungspreises

445.21 Analyse und Würdigung der normativen Vorgaben

Bester Anhaltspunkt eines Einzelveräußerungspreises ist der **beobachtbare Preis** eines gleichen Gutes bzw. einer gleichen Dienstleistung, das/die unter ähnlichen Umständen einzeln an ähnliche Kunden verkauft wurde.[1319] Die Rahmenbedingungen solcher Transaktionen müssen vergleichbar sein, damit auf dieser Basis ermittelte Informationen glaubwürdig sein können.[1320] Das ist der Fall, sobald eine ausreichende Zahl solcher Transaktionen am Markt beobachtbar ist.[1321] Dann ist die Höhe der beobachtbaren Preise nämlich quasi-sicher und hinreichend objektiv, sodass diese sowohl eine relevante als auch eine glaubwürdige Darstellung fördern.

Vertraglich festgelegte Preise oder Listenpreise können hingegen (nur) ein Indiz für die Bestimmung des Einzelveräußerungspreises sein.[1322] Denn oftmals sind derartige Preise wettbewerbspolitisch getrieben.[1323] Der Board verfolgt mit der Aufteilung des Transaktionspreises auf

---

1314 Vgl. zur Identifikation der eigenständig abgrenzbaren Leistungsverpflichtung in einem Beförderungsvertrag über einen unterbrochenen Flug Abschnitt 443.122.3 und 443.123.3.

1315 Vgl. IFRS 15.73 f.; vgl. statt vieler bspw. BRAUN, M./FISCHER, C./ROOS, B., Umsatzrealisierung nach HGB und IFRS, S. 809; WAGENHOFER, A., The Role of Revenue Recognition in Performance Reporting, S. 369; BREIDENBACH, K., Präzisierungen zu IFRS 15, S. 859; BRÜCKS, M., in: Thiele/von Keitz/Brücks, Aktuelles – IFRS 15, Rn. 16; OSER, P./BELLERT, S./KÖNIG, C., Bilanzielle Behandlung von Mehrkomponentengeschäften, S. 50; POLLMANN, R./CHOLODOV, O./KÜMPEL, T., IFRS 15, S. 211; ANTONAKOPOULOS, N., in: Rechnungslegung nach HGB und IFRS, Kap. 9, Rn. 69. Ausgenommen von diesem Aufteilungsmaßstab sind variable Gegenleistungen und Preisnachlässe. Vgl. Abschnitt 444.2.

1316 Vgl. HOMMEL, M./SCHMITZ, S., ED/2010/6, S. 21; EY (Hrsg.), Umsatzrealisierung, S. 206.

1317 Vgl. IFRS 15.77; IFRS 15.Anhang A.

1318 Vgl. IFRS 15.76.

1319 Vgl. IFRS 15.77.

1320 Vgl. HEINTGES, S./HOFFMANN, T./USINGER, R., Spagat zwischen rechtlicher und wirtschaftlicher Sicht, S. 579; BREIDENBACH, K./WÄHRISCH, M., Umsatzerlöse, Rn. 246.

1321 Vgl. hier und im folgenden Satz SCHOO, L., Umsatzrealisierung nach IFRS, S. 105; vgl. im Kontext der Bewertungshierarchie des beizulegenden Zeitwertes BAETGE, J., Verwendung von DCF-Kalkülen, S. 17.

1322 Vgl. IFRS 15.77.

1323 Vgl. PILHOFER, J./BÖSSER, J./DÜNGEN, J., Umsatzrealisierung von Mehrkomponentenverträgen, S. 84; GROTE, A./HOLD, C./PILHOFER, J., ED/2011/6 (Teil 1), S. 107.

die identifizierten eigenständig abgrenzbaren Leistungsverpflichtungen eine wirtschaftliche Betrachtungsweise.[1324]

Sofern der Einzelveräußerungspreis eines Gutes oder einer Dienstleistung **nicht direkt beobachtet** werden kann, ist dieser bestmöglich zu schätzen.[1325] Hierbei hat der Bilanzierende sämtliche Informationen, besonders Marktbedingungen, unternehmensspezifische Faktoren, aber auch Informationen zum Kunden oder zur Kundenkategorie zu berücksichtigen, die er ohne erheblichen Aufwand beschaffen und aufbereiten kann. Das können bspw. Informationen über die Wettbewerbsintensität oder den Branchentrend in der Airline-Industrie, den geografischen Absatzmarkt der Airline oder die Preisgestaltung durch andere Airlines sein.[1326] Der Board betont, dass das Unternehmen hierfür möglichst viele beobachtbare Daten nutzen muss.[1327] So sollen die vermittelten Informationen nachprüfbar und vergleichbar sein. Außerdem soll eine wertungsfreie, objektive und damit willkürfreie Umsatzrealisierung erreicht werden, um die diesbezüglichen Informationen neutral zu vermitteln und somit eine glaubwürdige Darstellung zu fördern.

Der Board nennt (nicht abschließend) **drei geeignete Schätzmethoden** für die Bestimmung eines nicht direkt beobachtbaren Einzelveräußerungspreises: die angepasste Marktpreismethode, die Kostenzuschlagsmethode und die Residualwertmethode.[1328] Die ersten beiden Methoden sind, abgesehen von einer in IFRS 15 nicht vorgeschriebenen Anwendungsreihenfolge, ähnlich zu den Bewertungsverfahren zur Ermittlung des beizulegenden Zeitwertes nach IFRS 13.[1329] Der Board gibt bewusst keine konkrete Schätzmethode vor, damit der Bilanzierende angesichts der Vielfalt der verschiedenen Transaktionen den Umständen des Einzelfalls gerecht werden und somit den wirtschaftlichen Gehalt realitätsgetreu abbilden kann.[1330] Um

---

1324 Vgl. GRUSS, C./KARITSKAYA, E./WIED, A., Bilanzierung von Mehrkomponentengeschäften, S. 91; BRUNE, J. W., Herausforderungen in der Umsetzung von IFRS 15, S. 22; HEINTGES, S./HOFFMANN, T./USINGER, R., Spagat zwischen rechtlicher und wirtschaftlicher Sicht, S. 579; BRÜCKS, M., in: Thiele/von Keitz/Brücks, Aktuelles – IFRS 15, Rn. 17; IFRS 15.BC287-BC293. Vgl. kritisch zum Wegfall des sog. *Contingent-Revenue-Cap* in IFRS 15 (d. h. die Realisation von Umsatzerlösen bei Erfüllung einer Leistungsverpflichtung ist in IFRS 15 nicht mehr auf den Betrag beschränkt, der unabhängig von der Erfüllung noch ausstehender Leistungsverpflichtungen rechtlich durchsetzbar wäre) bereits in der Stellungnahme zum Diskussionspapier und zum ersten Standardentwurf ausführlich DEUTSCHE TELEKOM (Hrsg.), Comment Letter (DP), S. 13 und 22-24; DEUTSCHE TELEKOM (Hrsg.), Comment Letter (ED/2010/6), Rn. 30-51. Vgl. allgemein zum *Contingent-Revenue-Cap* WÜSTEMANN, J./KIERZEK, S., Mehrkomponentenverträge, S. 904-906; SESSAR, C., Grundsätze ordnungsmäßiger Gewinnrealisierung, S. 283-288.

1325 Vgl. hier und im folgenden Satz IFRS 15.78. Es sind also beobachtbare Inputfaktoren jedweder Art zu berücksichtigen, um bestmöglich einen intersubjektiv nachprüfbaren Einzelveräußerungspreis zu schätzen. Vgl. so auch LAM, S., Umsatzerlöse nach IFRS 15, Fußnote 699 auf S. 153.

1326 Vgl. allgemein LÜDENBACH, N./HOFFMANN, W.-D./FREIBERG, J., in: Haufe IFRS-Kommentar, 16. Aufl., § 25, Rn. 129; IFRS 15.BC269.

1327 Vgl. IFRS 15.78 i. V. m. IFRS 15.BC268.

1328 Vgl. IFRS 15.79.

1329 Vgl. WAGENHOFER, A., The Role of Revenue Recognition in Performance Reporting, S. 369; WÜSTEMANN, J./WÜSTEMANN, S./JENDRECK, A., in: Rechnungslegung nach IFRS, 2. Aufl., IFRS 15, Rn. 129; IFRS 15.BC274-BC276.

1330 Vgl. IFRS 15.78 i. V. m. IFRS 15.BC268 und .BC274-BC276; IFRS 15.79.

gleichwohl die Flexibilität zu beschränken, muss der Bilanzierende unter vergleichbaren Rahmenbedingungen die Methode konsistent auswählen und anwenden, damit die vermittelten Informationen im Zeitverlauf miteinander verglichen werden können.[1331]

Bei Anwendung der **angepassten Marktpreismethode** (*adjusted market assessment approach*) ergibt sich der Einzelveräußerungspreis eines Gutes oder einer Dienstleistung aus dem Betrag, den Kunden für das einzelne Gut oder die einzelne Dienstleistung entrichten würden.[1332] Das bilanzierende Unternehmen hat den Markt zu analysieren, auf dem es seine Güter oder Dienstleistungen vertreibt. Es können auch die Preise der konkurrierenden Unternehmen für gleichartige Güter oder Dienstleistungen berücksichtigt werden, wobei diese Preise an die unternehmensspezifischen Kosten sowie die jeweilige Marge anzupassen sind.[1333] Das kann bspw. erforderlich sein, weil Wettbewerber für solche Güter oder Dienstleistungen eine andere Preisstruktur aufgrund unterschiedlicher Vertriebskanäle oder höhere Absatzmengen aufgrund eines höheren Marktanteils im Vergleich zum bilanzierenden Unternehmen haben.[1334]

Dieser marktorientierte Ansatz, der im Wesentlichen auf **externen Informationen** rekurriert, eignet sich besonders für Güter oder Dienstleistungen, die ein Unternehmen schon seit mehreren Berichtsperioden anbietet und die von den Kunden stark nachgefragt werden, weil es dann auf zahlreiche externe Informationen zurückgreifen kann.[1335] Je mehr objektiv nachprüfbare Informationen das bilanzierende Unternehmen verwendet, desto verlässlicher wird seine Schätzung. Deshalb sind bei der Schätzung auch alle relevanten beobachtbaren Fakten und Umstände zu berücksichtigen.[1336] Das fördert die Glaubwürdigkeit des auf Basis dieser Informationen ermittelten Einzelveräußerungspreises und somit letztlich eine realitätsgetreue Aufteilung des Transaktionspreises auf die eigenständig abgrenzbaren Leistungsverpflichtungen.

Bei Anwendung der **Kostenzuschlagsmethode** (*expected cost plus a margin approach*) ergibt sich der Einzelveräußerungspreis, indem das bilanzierende Unternehmen seine erwarteten Kosten zur Erfüllung der zugesagten Leistungsverpflichtung zuzüglich einer angemessenen Gewinnmarge schätzt.[1337] Ein Unternehmen muss sämtliche direkte und indirekte Kosten bei der Schätzung berücksichtigen, die es gewöhnlich **intern** der Ermittlung eines Einzelveräußerungspreises zugrunde legt.[1338] Eine Schätzung der **Kosten**, z. B. der Anschaffungs- und Herstellungskosten, ist regelmäßig besonders bei Gütern oder Dienstleistungen hinreichend sicher

1331 Vgl. IFRS 15.78 i. V. m. IFRS 15.BC268; SCHOO, L., Umsatzrealisierung nach IFRS, S. 104; FISCHER, D. T., Mehrkomponentenverträge nach IFRS, S. 118.

1332 Vgl. hier und im folgenden Satz IFRS 15.79 (a).

1333 Vgl. IFRS 15.79 (a).

1334 Vgl. PwC (Hrsg.), Revenue from Contracts with Customers, S. 5-5 f.; WÜSTEMANN, J./WÜSTEMANN, S./JENDRECK, A., in: Rechnungslegung nach IFRS, 2. Aufl., IFRS 15, Rn. 132.

1335 Vgl. EY (Hrsg.), Umsatzrealisierung, S. 196; WÜSTEMANN, J./WÜSTEMANN, S./JENDRECK, A., in: Rechnungslegung nach IFRS, 2. Aufl., IFRS 15, Rn. 132.

1336 Vgl. IFRS 15.78 i. V. m. IFRS 15.BC269.

1337 Vgl. IFRS 15.79 (b).

1338 Vgl. PwC (Hrsg.), Revenue from Contracts with Customers, S. 5-6 f.; EY (Hrsg.), Umsatzrealisierung, S. 196; WÜSTEMANN, J./WÜSTEMANN, S./JENDRECK, A., in: Rechnungslegung nach IFRS, 2. Aufl., IFRS 15, Rn. 133; LÜDENBACH, N./HOFFMANN, W.-D./FREIBERG, J., in: Haufe IFRS-Kommentar, 16. Aufl., § 25,

möglich, deren Kosten eindeutig bestimmt werden können, da sie unmittelbar im Zusammenhang mit der Vertragserfüllung stehen.[1339] Das kann bspw. für ein physisches Produkt oder eine stündliche Dienstleistung gelten. Bei der Schätzung bzw. Bewertung der direkten und indirekten Kosten zur Erfüllung der zugesagten Leistungsverpflichtung liegt regelmäßig keine Bewertungsunsicherheit vor. Neben der internen Kostenbasis des bilanzierenden Unternehmens ist, wie bei der angepassten Marktpreismethode, zusätzlich eine marktspezifische **Gewinnmarge** zu berücksichtigen.[1340] Es darf also nicht die vom Unternehmen gewünschte bzw. angestrebte Marge für die Schätzung verwendet werden.[1341] Vielmehr hat ein Unternehmen die verwendete Marge, die die potenziellen Kunden am Markt zu zahlen bereit wären, an Unterschiede in Bezug auf Produkte, Länder, Kunden und andere Faktoren anzupassen.[1342]

Obgleich die Gewinnmarge am Markt zu orientieren ist, bietet sich aufgrund der die Kosten betreffenden nicht beobachtbaren Inputparameter ein bilanzpolitischer Gestaltungsspielraum.[1343] Dies kann die Neutralität ggf. einschränken. Überdies können Unternehmen ihren Schätzungen bspw. verschiedene Kostenbasen zugrunde legen, sodass die zwischenbetriebliche Vergleichbarkeit eingeschränkt sein kann.[1344] Indes darf die Kostenzuschlagsmethode im Hinblick auf die IFRS-Zielsetzung nicht ausschließlich negativ beurteilt werden. Schließlich können abhängig von den Fakten und Umständen hinreichend sichere Schätzungen möglich sein. Mithilfe der obligatorischen Anhangangaben zu den Inputs und den zugrunde gelegten Annahmen können die Adressaten die Schätzung des Einzelveräußerungspreises regelmäßig besser verstehen als ohne solche Angaben.[1345]

Bei Anwendung der **Residualwertmethode** (*residual approach*) bestimmt sich der Einzelveräußerungspreis für ein zugesagtes Gut oder eine zugesagte Dienstleistung aus der Differenz zwischen dem Transaktionspreis und der Summe der beobachtbaren, nicht der geschätzten Einzelveräußerungspreise der anderen eigenständig abgrenzbaren Leistungsverpflichtungen des

Rn. 129.

1339 Vgl. hier und im folgenden Satz EY (Hrsg.), International GAAP 2018, Chapter 30, S. 2166; EY (Hrsg.), Umsatzrealisierung, S. 196. Zu erwarten ist die Anwendung der Kostenzuschlagsmethode auch bei fehlenden Marktwerten für verschiedene Leistungen, bspw. im Asset-Management. Vgl. hierzu DIETRICH, A./MALSCH, A., IFRS 15, S. 390; WÜSTEMANN, J./WÜSTEMANN, S./JENDRECK, A., in: Rechnungslegung nach IFRS, 2. Aufl., IFRS 15, Rn. 132.

1340 Vgl. LÜDENBACH, N./HOFFMANN, W.-D./FREIBERG, J., in: Haufe IFRS-Kommentar, 16. Aufl., § 25, Rn. 129; WÜSTEMANN, J./WÜSTEMANN, S./JENDRECK, A., in: Rechnungslegung nach IFRS, 2. Aufl., IFRS 15, Rn. 133; PWC (Hrsg.), Revenue from Contracts with Customers, S. 5-6 f.; EY (Hrsg.), Umsatzrealisierung, S. 196.

1341 Vgl. LÜDENBACH, N./HOFFMANN, W.-D./FREIBERG, J., in: Haufe IFRS-Kommentar, 16. Aufl., § 25, Rn. 129; EY (Hrsg.), Umsatzrealisierung, S. 196.

1342 Vgl. EY (Hrsg.), International GAAP 2018, Chapter 30, S. 2166; PWC (Hrsg.), Revenue from Contracts with Customers, S. 5-7; KONOLD, D./MÜLLER, M., Umsatzrealisierung bei Mehrkomponentenverträgen, S. 6.

1343 Vgl. hier und im folgenden Satz so auch GROTE, A./HOLD, C./PILHOFER, J., IFRS 15 (Teil 1), S. 412; PWC (Hrsg.), Revenue from Contracts with Customers, S. 5-6 f.; SCHOO, L., Umsatzrealisierung nach IFRS, S. 106; ERCHINGER, H./MELCHER, W., Bilanzierung von Umsatzerlösen (Teil 2), S. 490 f.

1344 Vgl. FINK, C./KUNATH, O., Revenue Recognition, S. 231; ERCHINGER, H./MELCHER, W., Bilanzierung von Umsatzerlösen (Teil 2), S. 490 f.

1345 Vgl. IFRS 15.126 (c).

Vertrages.[1346] Die Residualwertmethode darf nur angewendet werden, wenn die gleichen Güter oder Dienstleistungen zeitgleich bzw. in geringem zeitlichen Abstand zu stark variierenden Preisen an verschiedene Kunden verkauft werden oder diese Güter bzw. Dienstleistungen bisher noch nicht einzeln verkauft wurden. Unter diesen Umständen ist ein Einzelveräußerungspreis nämlich weder direkt beobachtbar noch mithilfe der beiden anderen Methoden (angepasste Marktpreismethode oder Kostenzuschlagsmethode) verlässlich schätzbar.[1347] In begründeten Ausnahmefällen scheint der Residualwert daher angemessen.[1348] Das gilt besonders für Verträge, in denen die Übertragung geistigen Eigentums oder immaterieller Vermögenswerte gemeinsam mit physischen Gütern oder Dienstleistungen vereinbart ist.[1349] Mit der explizit restriktiven Anwendungsmöglichkeit der Residualwertmethode betont der Board sein Bestreben, den Einzelveräußerungspreis für ein zugesagtes Gut oder eine zugesagte Dienstleistung objektiv unter Berücksichtigung möglichst vieler beobachtbarer Inputfaktoren zu bestimmen.[1350] Das ist positiv zu werten, da dies eine glaubwürdige Darstellung der Ertragslage fördert.

Die Residualwertmethode kann in einem Vertrag anzuwenden sein, in dem es **mindestens zwei Leistungsverpflichtungen** mit variablen oder unsicheren Einzelveräußerungspreisen gibt.[1351] In diesem Fall muss der ermittelte Residualwert mithilfe weiterer Methoden auf die jeweiligen zugesagten Güter oder Dienstleistungen aufgeteilt werden. Wie der Bilanzierende in solchen Fällen technisch vorzugehen hat bzw. welche Methode er hierfür verwenden soll, konkretisiert der Board nicht.[1352] Dies kann die zwischenbetriebliche Vergleichbarkeit derartiger Schätzungen einschränken, weil verschiedene bilanzierende Unternehmen methodisch unterschiedlich vorgehen können.[1353] Dieser bestehende Zielkonflikt zwischen einer möglichst an den facettenreichen Umständen orientierten Bilanzierung und einer vergleichbaren Bilanzierung lässt sich zwar nicht vollständig lösen. Indes ist das inhärente Ziel der Bestimmung der jeweiligen Einzelveräußerungspreise vom Standardsetzer klar formuliert. So ist ein realistischer und möglichst objektiver Einzelveräußerungspreis zu bestimmen, indem alle erforderlichen Fakten und Umstände der zugrunde liegenden Transaktion berücksichtigt werden.[1354]

Es ist deshalb bei der Schätzung des Einzelveräußerungspreises mithilfe der Residualwertmethode stets anzunehmen, dass der Kunde bereit ist, für die in einem Kundenvertrag vereinbarten Leistungsverpflichtungen ein Entgelt zu entrichten, da er aus den eigenständig abgrenzbaren

---

[1346] Vgl. hier und im folgenden Satz IFRS 15.79 (c) i. V. m. IFRS 15.BC270.

[1347] Vgl. IFRS 15.79; vgl. hierzu statt vieler bspw. auch FREIBERG, J., Aufteilungsmaßstab von Mehrkomponentengeschäften, S. 328.

[1348] Vgl. bspw. DRSC (Hrsg.), Comment Letter (ED/2010/6), S. 12; DRSC (Hrsg.), Comment Letter (ED/2011/6), S. 18.

[1349] Vgl. IFRS 15.BC271; EY (Hrsg.), International GAAP 2018, Chapter 30, S. 2166; EY (Hrsg.), Umsatzrealisierung, S. 196. Der Board gibt jeweils ein Beispiel, unter welchen Umständen es (un)angemessen ist, die Residualwertmethode anzuwenden. Vgl. IFRS 15.IE173-IE177.

[1350] Vgl. IFRS 15.78 i. V. m. IFRS 15.BC269.

[1351] Vgl. hier und im folgenden Satz IFRS 15.80 i. V. m. IFRS 15.BC272.

[1352] Vgl. PwC (Hrsg.), Revenue from Contracts with Customers, S. 5-9.

[1353] Vgl. hier und im folgenden Satz so auch WÜSTEMANN, J./WÜSTEMANN, S./JENDRECK, A., in: Rechnungslegung nach IFRS, 2. Aufl., IFRS 15, Rn. 135; PwC (Hrsg.), Revenue from Contracts with Customers, S. 5-9.

[1354] Vgl. IFRS 15.BC273-BC276 i. V. m. IFRS 15.73 und .78.

Leistungsverpflichtungen einen Nutzen ziehen kann.[1355] Deshalb ist ein Residualwert von null explizit ausgeschlossen. Im Falle eines betragsmäßig geringen Residualwertes muss der Bilanzierende seine Schätzmethoden und die zugrunde liegenden Annahmen zumindest kritisch hinterfragen und ggf. anpassen.[1356] Anderenfalls bestünde die Gefahr, dass der wirtschaftliche Gehalt der Transaktion nicht zutreffend wiedergegeben wird. Einen Anhaltspunkt für die Höhe des zu schätzenden Einzelveräußerungspreises sollte daher grundsätzlich die Bandbreite beobachtbarer Verkaufspreise des jeweiligen Gutes oder der jeweiligen Dienstleistung sein.[1357] Indes können dem Bilanzierenden unter Umständen für die Schätzung erforderliche Informationen fehlen.[1358] In diesem Fall sollten für die Ermittlung des Einzelveräußerungspreises die drei verschiedenen Schätzmethoden kombiniert werden.[1359] Hierfür ist es erforderlich, die Ermittlungsmethodik klar zu dokumentieren, um eine sachliche und zeitliche Stetigkeit gewährleisten zu können, indem die Methodik auf vergleichbare Sachverhalte angewendet wird.[1360] Mit einer hinreichenden Dokumentation, die es dem Adressaten ermöglicht, die Schätzungen des bilanzierenden Unternehmens nachzuvollziehen, kann überdies das Verständnis des Adressaten für die vermittelten Informationen gefördert werden.

445.22 Ermittlung der Einzelveräußerungspreise in einem Beförderungsvertrag

Ein **Beförderungsvertrag über einen ununterbrochenen Flug** enthält nur eine eigenständig abgrenzbare Leistungsverpflichtung.[1361] Das gilt unabhängig davon, ob eine Airline dem Passagier ausschließlich die Beförderungsleistung zum vereinbarten Zielort schuldet oder darüber hinaus noch eine oder mehrere Zusatzleistungen im Beförderungsvertrag vereinbart werden. Denn Zusatzleistungen bedingen eine Beförderungsleistung, sodass Zusatzleistungen im Vertragszusammenhang nicht von der zugesagten Beförderungsleistung trennbar sind. Folglich muss der Einzelveräußerungspreis für diese Leistungsverpflichtung nicht gesondert ermittelt werden, weil der im dritten Prozessschritt des Fünf-Schritte-Modells zur Umsatzrealisierung bestimmte Transaktionspreis vollständig dieser Leistungsverpflichtung zuzuordnen ist.[1362]

In einem **Beförderungsvertrag über einen unterbrochenen Flug** gibt es je vereinbarter Teilstrecke eine eigenständig abgrenzbare Leistungsverpflichtung.[1363] Dies gilt unabhängig davon, ob die Flüge über die jeweils vereinbarten Teilstrecken von der Vertragsairline selbst oder von

---

[1355] Vgl. hier und im folgenden Satz IFRS 15.BC273.

[1356] Vgl. IFRS 15.BC273; IFRS 15.IE173-IE177; PwC (Hrsg.), Revenue from Contracts with Customers, S. 5-9.

[1357] Vgl. IFRS 15.IE173-IE177.

[1358] Vgl. EY (Hrsg.), International GAAP 2018, Chapter 30, S. 2167 f.; EY (Hrsg.), Umsatzrealisierung, S. 199.

[1359] Vgl. IFRS 15.80.

[1360] Vgl. so auch GROTE, A./HOLD, C./PILHOFER, J., IFRS 15 (Teil 1), S. 412, in Bezug auf die einzelnen Schätzmethoden.

[1361] Vgl. ausführlich zur Abgrenzbarkeit der zugesagten Leistungen in einem Beförderungsvertrag über einen ununterbrochenen Flug Abschnitt 443.122.2 und 443.123.2.

[1362] Wenn der Transaktionspreis nicht durch variable Bestandteile oder weitere Faktoren beeinflusst wird, entspricht der Transaktionspreis dem Einzelveräußerungspreis.

[1363] Vgl. ausführlich zur Abgrenzbarkeit der zugesagten Leistungen in einem Beförderungsvertrag über einen unterbrochenen Flug Abschnitt 443.122.3 und 443.123.3.

einem bzw. mehreren ihrer Kooperationspartner durchgeführt werden. Wie bei einem Beförderungsvertrag über einen ununterbrochenen Flug sind Zusatzleistungen von der jeweiligen Beförderungsleistung nicht abgrenzbar. In Beförderungsverträgen, in denen mehrere Flüge vereinbart werden, sind also **mindestens zwei Leistungsverpflichtungen eigenständig abgrenzbar**, denen der Transaktionspreis zuzuordnen ist. Die Aufteilung des Transaktionspreises auf die einzelnen Flüge wirkt sich effektiv auf die Höhe der Umsatzerlöse einer Airline aus, sobald die vereinbarten Flüge in unterschiedlichen Berichtsperioden durchgeführt werden.[1364]

Zum Zeitpunkt des Vertragsabschlusses über einen unterbrochenen Flug muss eine Airline den Einzelveräußerungspreis für die eigenständig abgrenzbaren Leistungsverpflichtungen, d. h. für jeden vertraglich vereinbarten Flug, bestimmen.[1365] Erster Anhaltspunkt kann der vertraglich festgelegte Flugpreis für die jeweiligen Teilstrecken sein.[1366] Da Airlines häufig durch spezielle Flugpreisangebote verschiedene Strecken oder Streckenkombinationen bewerben möchten, spiegelt eine ungeprüfte Übernahme des vom Passagier für den jeweiligen Streckenabschnitt gezahlten Flugpreises den Einzelveräußerungspreis des Fluges indes regelmäßig nicht wider.[1367] Bester Anhaltspunkt ist daher der Flugpreis des geflogenen Streckenabschnitts für ein Flugticket derselben Buchungsklasse[1368] zum Zeitpunkt der Buchung, das die Airline einzeln an einen Passagier dieses Fluges verkauft. Dieser **beobachtbare Preis** der Beförderungsleistung bildet den Einzelveräußerungspreis der Beförderungsleistung am geeignetsten ab, weil die Rahmenbedingungen vergleichbar sind.[1369] Beispielsweise kann bei Passagieren derselben Buchungsklasse angenommen werden, dass sie vergleichbare Ansprüche hinsichtlich Service und Komfort im Rahmen der Beförderungsleistung haben.

Eine Airline ermittelt ohnehin schon für Zwecke, in denen der Passagier seine vertraglich festgelegten Beförderungsleistungen nur teilweise oder nicht in der vereinbarten Reihenfolge in Anspruch nimmt, jeden Flugpreis, den ein Passagier in seiner jeweiligen Buchungsklasse **zum Zeitpunkt des Vertragsschlusses** für den einzelnen Flug zu entrichten gehabt hätte.[1370] Das gilt unabhängig davon, ob der jeweilige Flug von der Vertragsairline selbst oder von einem

---

[1364] Vgl. zur Erfüllung der eigenständig abgrenzbaren Leistungsverpflichtungen Abschnitt 446.

[1365] Vgl. IFRS 15.76.

[1366] Vgl. IFRS 15.77.

[1367] Airlines möchten in einem Beförderungsvertrag über einen unterbrochenen Flug bspw. auch Passagiere aus anderen Ländern und Regionen des Inlandes zu ihren Drehkreuzen befördern. Für die Inkaufnahme eines Zwischenstopps erhalten die Passagiere im Vergleich zu einem Nonstop-Flug einen günstigeren Flugpreis. Vgl. hierzu auch Abschnitt 233. Im Rahmen des sog. *Cross-Ticketing* haben die Passagiere solche Angebote missbräuchlich genutzt.

[1368] Buchungsklassen beziehen sich auf unterschiedliche Tarife in der gleichen Beförderungsklasse. Bei einer Beförderungsklasse wird allgemein zwischen der *First Class*, *Business Class* und der *Economy Class* differenziert. Vgl. Abschnitt 235., sowie POMPL, W., Luftverkehr, Fußnote 45 auf S. 296.

[1369] Vgl. IFRS 15.77; Abschnitt 445.21.

[1370] Vgl. Abschnitt 233. In diesem Fall muss ein Passagier nämlich die Differenz zum Einzelveräußerungspreis für ein Flugticket der gebuchten bzw. – sofern nicht verfügbar – der günstigsten verfügbar gewesenen Buchungsklasse über die jeweilige(n) Teilstrecke(n) nachzahlen. Vgl. DEUTSCHE LUFTHANSA (Hrsg.), ABB Flugpassage, Art. 3.3.3.

ihrer Kooperationspartner durchgeführt wird. Somit kann sie auf den jeweiligen Einzelveräußerungspreis des Fluges ohne unangemessenen Aufwand für die Aufteilung des Transaktionspreises zurückgreifen. Der von der Airline ermittelte Einzelveräußerungspreis sollte überdies regelmäßig hinreichend verlässlich und objektiv sein, weil die Airline damit gewährleisten möchte, dass sie in dem Fall, in dem der Passagier die Tarifbedingungen verletzt, ihr zustehendes Entgelt für die einzelne Leistung auch erhält.[1371]

Die Preise für vereinbarte Zusatzleistungen sind in einem Beförderungsvertrag regelmäßig fix, sodass diese beobachtbar sind. Folglich sind die Voraussetzungen für eine glaubwürdige Aufteilung des Transaktionspreises von Beförderungs- und Zusatzleistungen unter Berücksichtigung der Kosten-Nutzen-Restriktion gegeben. Eine Airline kann den Transaktionspreis entsprechend dem wirtschaftlichen Gehalt auf die einzelnen Flüge aufteilen.

445.3 Ausnahmen von der Anwendung des relativen Einzelveräußerungspreises

445.31 Analyse und Würdigung der normativen Vorgaben

Der Transaktionspreis ist grundsätzlich nach der Methode des relativen Einzelveräußerungspreises auf die eigenständig abgrenzbaren Leistungsverpflichtungen aufzuteilen.[1372] Eine solche Zuordnung spiegelt indes nicht immer den wirtschaftlichen Gehalt des Vertrages wider und kann ggf. die glaubwürdige Darstellung der zugrunde liegenden Transaktionen einschränken.[1373] Deshalb gibt es in IFRS 15 **zwei Ausnahmeregelungen** für die Zuordnung variabler Gegenleistungen und die Zuordnung eines fixen Preisnachlasses auf eine oder mehrere, aber nicht alle Leistungsverpflichtungen.[1374]

Variable Gegenleistungen können sich auf alle, auf mehrere oder nur auf eine einzige Leistungsverpflichtung(en) in einem Kundenvertrag beziehen.[1375] Ein variabler Bestandteil des Transaktionspreises ist nach IFRS 15.85 **einer einzigen oder mehreren Leistungsverpflichtung(en)** (oder einer einzelnen bzw. mehreren Leistung(en) innerhalb eines Leistungsbündels, das eigenständig abgrenzbar ist,) zuzuordnen, wenn zwischen der Variabilität der Gegenleistung und der Erbringung der Leistung(en) des Unternehmens ein spezifischer Zusammenhang besteht.[1376] Zudem muss der zugeordnete Betrag die Höhe der Gegenleistung abbilden, auf die das Unternehmen im Austausch für die Erfüllung der jeweiligen Leistungsverpflichtung(en) voraussichtlich einen Anspruch hat.[1377] Diese Ausnahmeregelung ist bspw. anzuwenden, sofern das bilanzierende Unternehmen einen Bonus nur dann erhält, wenn es das zugesagte Gut bzw.

1371 Vgl. Abschnitt 233.

1372 Vgl. Abschnitt 445.1.

1373 Vgl. IFRS 15.BC278 und .BC280 i. V. m. IFRS 15.BC284.

1374 Vgl. IFRS 15.81-86.

1375 Vgl. IFRS 15.84.

1376 Vgl. IFRS 15.85 (a); WÜSTEMANN, J./WÜSTEMANN, S./JENDRECK, A., in: Rechnungslegung nach IFRS, 2. Aufl., IFRS 15, Rn. 139; EY (Hrsg.), Umsatzrealisierung, S. 208; EY (Hrsg.), International GAAP 2018, Chapter 30, S. 2174 f.

1377 Vgl. IFRS 15.85 (b) i. V. m. IFRS 15.73.

die zugesagten Güter innerhalb des vereinbarten Zeitraums liefert.[1378] Mithin kann ein variables Entgelt z. B. einem einzelnen oder einem Teil eigenständig abgrenzbarer Güter oder Dienstleistungen innerhalb eines Leistungsbündels, die eine eigenständig abgrenzbare Leistungsverpflichtung begründen, zuzuordnen sein.[1379] Das ist z. B. bei einem über mehrere Jahre vereinbarten Reinigungsservice der Fall, wenn die zugesagte Gegenleistung in Abhängigkeit vom Inflationsindex angepasst wird.

Wenn die Vorschriften in IFRS 15.85 nicht erfüllt sind oder ein gewährter Preisnachlass nicht variabel, sondern fix ist, hat der Bilanzierende die (zweite) Ausnahmeregelung zur Zuordnung eines Preisnachlasses anzuwenden.[1380] Mit dieser klaren **Anwendungshierarchie** schränkt der Board unangemessen große Gestaltungsspielräume ein.

Oftmals übersteigt die Summe der Einzelveräußerungspreise der zugesagten Güter oder Dienstleistungen in einem Vertrag die vertraglich zugesagte Gegenleistung.[1381] In diesem Fall wurde dem Kunden ein **Preisnachlass** gewährt. Grundsätzlich ist dieser Preisnachlass proportional auf alle Leistungsverpflichtungen aufzuteilen.[1382] Allerdings kann ein Preisnachlass auch vollständig einer einzelnen oder einem Teil aller vereinbarten Leistungsverpflichtungen zuzuordnen sein.[1383] Das ist erforderlich, sobald die zugesagten Güter oder Dienstleistungen regelmäßig einzeln unter Gewährung des entsprechenden Preisnachlasses angeboten werden.[1384] Sofern ein Unternehmen den Einzelveräußerungspreis eines Gutes oder einer Dienstleistung nach der Residualwertmethode schätzt, hat es den Preisnachlass in diesem Fall vorher auf die entsprechenden Leistungsverpflichtungen aufzuteilen.[1385]

Mit der Ausnahmeregelung zur bilanziellen Behandlung von Preisnachlässen schafft der Board die Möglichkeit, die tatsächlichen wirtschaftlichen Verhältnisse im Abschluss abzubilden.[1386] Der Board knüpft auch diese Ausnahmeregelung bewusst an enge Restriktionen, um zu verhin-

---

1378 Vgl. IFRS 15.84 (a).

1379 Vgl. hier und im folgenden Satz IFRS 15.84 (b) i. V. m. IFRS 15.BC285. Vgl. zu eigenständig abgrenzbaren Gütern oder Dienstleistungen innerhalb eines Leistungsbündels, das eine eigenständig abgrenzbare Leistungsverpflichtung darstellt, Abschnitt 443.131.

1380 Vgl. IFRS 15.86; FASB/IASB TRG (Hrsg.), Agenda Paper 31 (March 2015), Rn. 8-10; FASB/IASB TRG (Hrsg.), Agenda Paper 34 (July 2015), Rn. 7; WÜSTEMANN, J./WÜSTEMANN, S./JENDRECK, A., in: Rechnungslegung nach IFRS, 2. Aufl., IFRS 15, Rn. 140; PwC (Hrsg.), Revenue from Contracts with Customers, S. 5-14.

1381 Vgl. hier und im folgenden Satz IFRS 15.81.

1382 Vgl. IFRS 15.81.

1383 Vgl. IFRS 15.81 f. Die Zuordnung eines Preisnachlasses zu einer einzelnen Leistungsverpflichtung sollte in der Praxis nur selten in Betracht kommen, da Preisnachlässe häufig im Rahmen von Leistungsbündeln gewährt werden. Deshalb beziehen sich die Vorschriften regelmäßig auf Verträge mit mindestens drei Leistungsverpflichtungen. Vgl. IFRS 15.BC283.

1384 Vgl. IFRS 15.82; IFRS 15.BC281; IFRS 15.IE169 f.; LÜDENBACH, N./HOFFMANN, W.-D./FREIBERG, J., in: Haufe IFRS-Kommentar, 16. Aufl., § 25, Rn. 131; WÜSTEMANN, J./WÜSTEMANN, S./JENDRECK, A., in: Rechnungslegung nach IFRS, 2. Aufl., IFRS 15, Rn. 138.

1385 Vgl. IFRS 15.83.

1386 Vgl. so auch EY (Hrsg.), Umsatzrealisierung, S. 217.

dern, dass es zwischen den verschiedenen Leistungsverpflichtungen zu willkürlichen sachlichen Quersubventionierungen kommt.[1387] Beispielsweise könnte sonst einem nicht rentablen Gut oder einer nicht rentablen Dienstleistung ein höherer Transaktionspreis zugeordnet werden, als der relative Einzelveräußerungspreis hergibt. Das Ertragspotenzial einer Leistungsverpflichtung ist dann möglicherweise nur eingeschränkt sichtbar, wenn die Umsatzerlöse zeitraumbezogen über mehrere Berichtsperioden erfasst werden. Mit der restriktiv anzuwendenden Ausnahmeregelung stärkt der Board das Bewertungskonzept der relativen Einzelveräußerungspreise.[1388] Dies ist aus konzeptioneller Sicht zu befürworten.

445.32 Zuordnung von variablen Gegenleistungen und Preisnachlässen in einem Beförderungsvertrag auf die einzelnen Flüge

In Beförderungsverträgen können **variable Gegenleistungen** vereinbart werden, die sich auf alle, mehrere oder nur auf eine einzige Leistungsverpflichtung(en) im Beförderungsvertrag beziehen können.[1389] Der Board möchte mit seinen Vorschriften zur Aufteilung des Transaktionspreises auf die eigenständig abgrenzbaren Leistungen die tatsächlichen wirtschaftlichen Verhältnisse im Abschluss abbilden.[1390] Für Beförderungsverträge über einen ununterbrochenen Flug sind die Vorschriften zur Zuordnung einer variablen Gegenleistung folglich nicht relevant, weil der Transaktionspreis der einzigen eigenständig abgrenzbaren Leistungsverpflichtung im Vertrag vollständig zuzuordnen ist.[1391]

Ein Passagier kann einen **Internetpass** erwerben, dessen Preis vom verbrauchten Datenvolumen abhängt und nur **während eines Fluges** in einem Beförderungsvertrag über unterbrochene Flüge genutzt werden kann.[1392] Je mehr Datenvolumen ein Passagier während eines Fluges, für den er den Internetpass vereinbart hat, verbraucht, desto mehr muss er für seine in Anspruch genommene Leistung an die Airline entrichten. Somit besteht zwischen der Höhe der Gegenleistung und der Erbringung der Dienstleistung durch die Airline ein spezifischer Zusammenhang.[1393] Die Höhe der Gegenleistung spiegelt überdies den voraussichtlichen Anspruch der Airline für die Erfüllung der Dienstleistung wider.[1394] Demnach ist der variable Bestandteil ausschließlich dem Flug zuzuordnen, für den der Passagier einen Internetpass erworben hat. Diese Zuordnung der variablen Gegenleistung berücksichtigt die wirtschaftlichen Verhältnisse der zugrunde liegenden Transaktion.

Eine variable Gegenleistung ist außerdem bei der Aufteilung des Transaktionspreises zu berücksichtigen, wenn ein **Händler oder (Groß-)Kunde** einen Rabatt erhält.[1395] Dieser Rabatt

1387 Vgl. IFRS 15.BC282; MORICH, S., IFRS 15, S. 2001.
1388 Vgl. IFRS 15.BC280.
1389 Vgl. IFRS 15.84. Vgl. zu variablen Gegenleistungen in einem Beförderungsvertrag Abschnitt 444.22.
1390 Vgl. Abschnitt 445.31.
1391 Vgl. Abschnitt 445.22. Das gilt entsprechend für die Zuordnung eines etwaigen Preisnachlasses.
1392 Vgl. zu einem Internetpass als Zusatzleistung bereits Abschnitt 24 und 443.123.3.
1393 Vgl. IFRS 15.85 (a).
1394 Vgl. IFRS 15.85 (b).
1395 Vgl. zu Rabatten gegenüber Händlern und (Groß-)Kunden ausführlich Abschnitt 444.224.

wird regelmäßig nicht für den Kauf bzw. die Buchung eines bestimmten Fluges gewährt. Vielmehr erhält ein Händler oder Kunde mengen- oder umsatzabhängige Rabatte, die sich wirtschaftlich betrachtet auf sämtliche bis zur Gewährung des Rabattes erworbenen bzw. gebuchten Flüge beziehen. Folglich steht die Höhe des gewährten Rabattes weder in einem spezifischen Zusammenhang mit einem einzelnen noch mit mehreren Flügen innerhalb eines Beförderungsvertrages.[1396] Deshalb sind derartige Rabatte den einzelnen Leistungsverpflichtungen innerhalb des Beförderungsvertrages proportional zuzuordnen.[1397]

Airlines möchten überdies regelmäßig mithilfe von (fixen) **Preisnachlässen** Passagiere für ihre angebotenen Flüge gewinnen.[1398] Deshalb übersteigt in einem Beförderungsvertrag die Summe der Einzelveräußerungspreise der zugesagten Beförderungs- und Zusatzleistungen regelmäßig die vertraglich zugesagte Gegenleistung.[1399] Wird einem Passagier in einem Beförderungsvertrag über einen unterbrochenen Flug ein fixer Preisnachlass gewährt, ist zunächst anzunehmen, dass dieser proportional auf die einzelnen Flüge aufzuteilen ist.[1400] Da aber Umstände, unter denen dem Passagier ein solcher Preisnachlass gewährt wird, anzeigen können, dass ein Preisnachlass nur einer einzelnen oder einem Teil aller vereinbarten Flüge zuzuordnen ist, werden im Folgenden verschiedene Arten von Preisnachlässen im Kontext von Beförderungsleistungen untersucht.[1401]

Eine Airline verkauft regelmäßig **Kombinationen von Flugstrecken in einem Paket.**[1402] Beispielsweise möchte sie damit Passagiere aus anderen Regionen des Inlandes und dem Ausland für Flugverbindungen über einen bestimmten Flughafen gewinnen.[1403] Im Gegenzug für die Unannehmlichkeiten, wie z. B. den erhöhten zeitlichen Aufwand aufgrund eines oder mehrerer Zwischenstopps, erhält ein Passagier im Vergleich zu einem Nonstop-Flug einen entsprechenden (fixen) Rabatt. Er muss die Beförderungsleistungen in der festgelegten Reihenfolge in Anspruch nehmen. Sobald ein Passagier einen oder mehrere vereinbarte Flüge nicht in Anspruch nimmt, muss er ein erhöhtes Entgelt entrichten, das dem einer isolierten Buchung für die verbleibende Strecke entspricht. Der Preisnachlass beeinflusst damit alle Flüge innerhalb des Beförderungsvertrages. Deshalb ist der Preisnachlass proportional i. S. d. Methode des relativen

1396 Vgl. IFRS 15.84 f.

1397 Vgl. IFRS 15.81.

1398 Vgl. hierzu bereits Abschnitt 233. und 445.22.

1399 Vgl. IFRS 15.81. Sofern ein Preisnachlass auch der Definition einer variablen Gegenleistung entspricht, weil die Höhe variabel ist und/oder von zukünftigen Ereignissen abhängt, sind die Vorschriften zur Zuordnung variabler Gegenleistungen anzuwenden. Nur wenn die Höhe des Preisnachlasses fix ist oder nicht von künftigen Ereignissen abhängt, sind die Vorschriften zur Zuordnung eines Preisnachlasses maßgebend. Vgl. Abschnitt 445.31.

1400 Vgl. IFRS 15.81.

1401 Vgl. Abschnitt 445.31.

1402 Vgl. hierzu hier und im Folgenden Abschnitt 233.

1403 Vgl. zu zentralen Umsteigeflughäfen (sog. *Hubs*) bspw. CONRADY, R./FICHERT, F./STERZENBACH, R., Luftverkehr, S. 200-205.

Einzelveräußerungspreises den einzelnen vereinbarten Flügen zuzuordnen.[1404] Damit werden die wirtschaftlichen Aspekte des zugrunde liegenden Sachverhalts berücksichtigt.

Wenn eine Airline eine **neue Flugverbindung** in ihren Flugplan aufgenommen hat, gewährt sie für diesen Flug regelmäßig einen (fixen) Rabatt.[1405] Mithilfe eines Preisnachlasses möchte eine Airline auf diese neue Flugverbindung aufmerksam machen und einen Kundenstamm aufbauen. In solchen Fällen würde eine proportionale Zuordnung des speziell für diese Flüge gewährten Rabattes auf alle in einem Beförderungsvertrag vereinbarten Flüge den wirtschaftlichen Hintergrund dieses Preisnachlasses nicht berücksichtigen.[1406] In (solch) ausgewählten Fällen kann es daher erforderlich sein, einen Preisnachlass vollständig einem einzelnen oder ggf. einem Teil der vertraglich vereinbarten Flüge zuzuordnen.[1407]

Die Beispiele zeigen, dass die Beurteilung hinsichtlich der Zuordnung eines Rabattes im Rahmen eines Beförderungsvertrages nicht komplex und aufwändig ist. Eine Zuordnung ist demnach regelmäßig so möglich, dass der auf eine Leistungsverpflichtung zugeschlüsselte Transaktionspreis den wirtschaftlichen Gehalt des zugrunde liegenden Sachverhalts berücksichtigt. Überdies kann diese Zuordnung das Ertragspotenzial eines jeden Fluges zeigen. Vor diesem Hintergrund sind die Vorschriften für die Zuordnung eines Preisnachlasses positiv zu bewerten.

445.4 Änderungen des Transaktionspreises

Nach Vertragsschluss kann sich der Wert der Gegenleistung aus verschiedenen Gründen wie dem Eintritt unsicherer Ereignisse oder anderweitig geänderter Umstände ändern.[1408] Deshalb muss das bilanzierende Unternehmen zu jedem Abschlussstichtag die **Schätzung des Transaktionspreises** inklusive seiner Beurteilung, ob variable Gegenleistungen in den Transaktionspreis einzubeziehen sind, **aktualisieren**. Nachträgliche Änderungen des Transaktionspreises, die nicht aus einer Vertragsänderung resultieren, sind den eigenständig abgrenzbaren Leistungsverpflichtungen im Allgemeinen auf der gleichen Grundlage zuzuordnen wie bei der ursprünglichen Zuordnung des Transaktionspreises.[1409] Die **Zuordnung** basiert also grundsätzlich auf den relativen Einzelveräußerungspreisen der zugesagten Güter und Dienstleistungen oder erfolgt entsprechend der Ausnahmeregelung für die Zuordnung variabler Gegenleistungen. Wurden einzelne bzw. mehrere oder sämtliche Leistungsverpflichtungen zum Zeitpunkt der Änderung des Transaktionspreises bereits vollständig erfüllt, ist die Differenz der Änderung in der Periode entsprechend als Umsatz bzw. Umsatzminderung zu erfassen.[1410]

1404 Vgl. IFRS 15.81.

1405 Vgl. bspw. zu beworbenen neuen Flugverbindungen EUROWINGS (Hrsg.), Neue Strecken.

1406 Vgl. allgemein IFRS 15.82; IFRS 15.IE169 f.

1407 Vgl. IFRS 15.81 f.

1408 Vgl. hier und im folgenden Satz IFRS 15.87; IFRS 15.59; IFRS 15.BC224.

1409 Vgl. hier und im folgenden Satz IFRS 15.88 f. i. V. m. IFRS 15.BC286; IFRS 15.90; IFRS 15.IE132 f.; PwC (Hrsg.), Revenue from Contracts with Customers, S. 5-16. Vgl. zu den Ausnahmeregelungen Abschnitt 445.3 sowie zu den entsprechenden Vorschriften, die anzuwenden sind, wenn es sich um eine Vertragsänderung i. S. d. IFRS 15 handelt, Abschnitt 442.5.

1410 Vgl. IFRS 15.88; IFRS 15.BC227; vgl. hierzu bspw. auch HEINTGES, S./HOFFMANN, T./USINGER, R., Umsatz

Im Hinblick auf das Kosten-Nutzen-Verhältnis erscheint ein Rückgriff auf die ursprünglichen Einzelveräußerungspreise bzw. den ursprünglichen Aufteilungsmaßstab sachgerecht.[1411] Zudem wäre ansonsten ggf. erneut ein hohes Maß an Ermessensausübung erforderlich, weil für die Ermittlung des Einzelveräußerungspreises einzelne Inputfaktoren nicht oder nur sehr eingeschränkt beobachtbar sein können. Damit wäre dann auch eine gewisse Bewertungsunsicherheit verbunden. Der bilanzpolitische Spielraum wird also eingeschränkt, weil Umsätze durch eine geänderte Aufteilung des Einzelveräußerungspreises nicht periodisch verschoben werden können, indem bspw. ein höherer Betrag des Transaktionspreises auf eine Leistungsverpflichtung aufgeteilt würde, die bereits in der Berichtsperiode und nicht erst in der nächsten Periode realisiert wird.[1412] Änderungen des Transaktionspreises anhand der zum Zeitpunkt des Vertragsschlusses ermittelten relativen Einzelveräußerungspreise aufzuteilen, ist darüber hinaus auch geeignet, um etwaige Veränderungen in der Höhe der zu erwartenden Gegenleistungen aus der Erfüllung der jeweiligen Leistungsverpflichtungen im Zeitverlauf vergleichen zu können.

Der ursprüngliche Aufteilungsmaßstab kann somit grundsätzlich eine glaubwürdige Darstellung fördern.[1413] Sollten sich Einzelveräußerungspreise nachhaltig ändern, könnte die Prognosefähigkeit und damit die Relevanz der vermittelten Informationen zwar gesteigert werden, indem der Aufteilungsmaßstab neu bestimmt wird.[1414] Insgesamt betrachtet können mit den Vorschriften des IFRS 15 zur Änderung des Transaktionspreises nach hier vertretener Auffassung aber grundsätzlich entscheidungsnützliche Informationen vermittelt werden.

Ändert sich der **Transaktionspreis** aufgrund einer Vertragsänderung i. S. d. IFRS 15.18-21, sind grundsätzlich die Regelungen zur Bilanzierung von Vertragsänderungen anzuwenden.[1415] Sofern sich der Transaktionspreis allerdings erst **nach** einer **Vertragsmodifikation** ändert, ist die Änderung ggf. den vor der Vertragsänderung identifizierten Leistungsverpflichtungen zuzuordnen.[1416] Das ist der Fall, wenn sich diese Änderung aus einer vor der Vertragsmodifikation vereinbarten variablen Vergütung ergibt und die Vertragsänderung wie der Abschluss eines neuen Vertrages gemäß IFRS 15.21 (a) bilanziert wurde. In den Fällen, in denen die Vertragsänderung nicht als separater Vertrag gemäß IFRS 15.20 bilanziert wurde, ist die Änderung des

nach IFRS 15, S. 619 f.; KNOBLOCH, A. P./ANTON, K., Das Fünf-Schritte-Modell zur Umsatzrealisation (Teil 1), S. 1525; SCHMIDT, A./BAREKZAI, O./HÜTTERMANN, K., Umsatzrealisierung nach IFRS 15 (Teil 1), S. 84. Für die Schätzung relevante Informationen erhält ein Unternehmen ggf. erst nach der Berichtsperiode. Derartige Informationen fallen in den Anwendungsbereich von IAS 10 *Ereignisse nach der Berichtsperiode*. Vgl. IFRS 15.BC228.

1411 Vgl. Abschnitt 445.21.

1412 Vgl. zur periodischen Vor- und Rückverlagerung von Umsatzerlösen ZÜLCH, H./PRONOBIS, P./FISCHER, D. T., Ertragsrealisation nach IFRS, S. 1946.

1413 Vgl. kritisch hierzu HOMMEL, M./SCHMITZ, S., ED/2010/6, S. 22.

1414 Vgl. SCHOO, L., Umsatzrealisierung nach IFRS, S. 110.

1415 Vgl. IFRS 15.90 i. V. m. IFRS 15.18-21; vgl. zur Bilanzierung von Vertragsänderungen Abschnitt 442.5.

1416 Vgl. hier und im folgenden Satz IFRS 15.90 (a).

Transaktionspreises den noch nicht oder nur teils erfüllten Leistungsverpflichtungen des modifizierten Vertrages zuzuordnen.[1417] Insgesamt gibt der Board somit Regelungen vor, mit denen der Transaktionspreis so auf die eigenständig abgrenzbaren Leistungsverpflichtungen aufgeteilt werden kann, dass eine entscheidungsnützliche Informationsvermittlung möglich ist.

445.5 Abschließende Würdigung des vierten Schrittes zur Umsatzrealisierung

Im vierten Prozessschritt ist der **Transaktionspreis** für alle im Beförderungsvertrag festgelegten Leistungen grundsätzlich nach Maßstab der relativen Einzelveräußerungspreise der zugesagten Güter oder Dienstleistungen auf die eigenständig abgrenzbaren Leistungsverpflichtungen **aufzuteilen**.[1418] So soll der den eigenständig abgrenzbaren Leistungsverpflichtungen zugeordnete Transaktionspreis dem Gegenleistungsanspruch entsprechen, den die Airline im Austausch für die Erbringung dieser Leistungen voraussichtlich erhalten wird. Erst dann kann nämlich der wirtschaftliche Gehalt der einzelnen Leistungsverpflichtungen realitätsgetreu wiedergegeben werden.

In **Beförderungsverträgen über ununterbrochene Flüge** gibt es grundsätzlich nur eine eigenständig abgrenzbare Leistungsverpflichtung, sodass der vierte Prozessschritt für solche Verträge nicht relevant ist.[1419] Denn der Transaktionspreis ist vollständig dem vereinbarten Flug inklusive etwaig vereinbarten Zusatzleistungen als eigenständig abgrenzbare Leistungsverpflichtung zuzuordnen. Für **Beförderungsverträge über unterbrochene Flüge** muss die Airline hingegen die Einzelveräußerungspreise der einzelnen Flüge und Zusatzleistungen ermitteln. Schließlich enthält der Beförderungsvertrag eindeutig mehrere eigenständig abgrenzbare Leistungsverpflichtungen, die nicht zeitgleich erfüllt werden. Eine entsprechende Aufteilung des Transaktionspreises ist erforderlich, um den mit einem Flug erwartungsgemäß erwirtschafteten Umsatz erfassen zu können. Zur Bestimmung eines Einzelveräußerungspreises ist der beobachtbare Preis des unter ähnlichen Umständen an ähnliche Kunden verkauften Gutes bzw. der verkauften Dienstleistung der beste Anhaltspunkt. Hierauf kann eine Airline regelmäßig zurückgreifen, weil sie den Flugpreis, den ein Passagier in seiner jeweiligen Buchungsklasse zum Zeitpunkt des Vertragsabschlusses für den einzelnen Flug entrichten müsste, ohnehin dokumentiert. So benötigt eine Airline diesen z. B. für etwaige Nachverrechnungen im Falle des sog. *Cross-Ticketing*.[1420] Die Einzelveräußerungspreise sind also mit geringem Aufwand im System abrufbar. Der Einzelveräußerungspreis einer Zusatzleistung ist fix, sodass dieser beobachtbar ist. Eine Airline kann den Transaktionspreis somit ohne subjektives Ermessen auf die einzelnen Flüge entsprechend dem wirtschaftlichen Gehalt aufteilen.

Zwar ist der Transaktionspreis grundsätzlich nach der Methode des relativen Einzelveräußerungspreises auf alle Leistungsverpflichtungen aufzuteilen. Indes kann es geboten sein, variable Gegenleistungen und/oder fixe Preisnachlässe nur einzelnen oder mehreren, aber nicht allen

[1417] Vgl. IFRS 15.90 (b).
[1418] Vgl. hierzu ausführlich Abschnitt 445.1 und 445.2.
[1419] Vgl. hierzu ausführlich Abschnitt 445.22.
[1420] Vgl. ausführlich zum *Cross-Ticketing* Abschnitt 233.

Leistungsverpflichtungen zuzuordnen, damit der einer Leistungsverpflichtung zugeordnete Transaktionspreis die tatsächlichen wirtschaftlichen Verhältnisse abbilden kann.[1421] **Variable Gegenleistungen** können sich auf einen, mehrere oder sämtliche Flüge in einem Beförderungsvertrag beziehen. Eine variable Gegenleistung kann entsprechend dem wirtschaftlichen Gehalt nach der in IFRS 15 vorgegebenen Anwendungshierarchie mit geringem Aufwand auf die jeweilige(n) Leistungsverpflichtung(en) aufgeteilt werden. Auch **fixe Preisnachlässe** auf den Einzelveräußerungspreis gewährt eine Airline regelmäßig. Diese sind grundsätzlich proportional auf die einzelnen Flüge aufzuteilen. Indes bezieht sich ein Preisnachlass wirtschaftlich nicht immer auf sämtliche Flüge innerhalb eines Beförderungsvertrages. In diesem Fall ist es wie bei variablen Gegenleistungen geboten, den Rabatt nur auf einen oder mehrere, aber nicht alle Flüge aufzuteilen. Die beiden Ausnahmeregelungen von der Methode des relativen Einzelveräußerungspreises für die Zuordnung von variablen Gegenleistungen und von Preisnachlässen fördern eine glaubwürdige Darstellung, weil die wirtschaftlichen Aspekte bei der Aufteilung des Transaktionspreises berücksichtigt werden. Überdies sind die so vermittelten Informationen auch relevant. Denn der auf diese Weise den einzelnen Flügen zugeordnete Transaktionspreis spiegelt das Ertragspotenzial der jeweiligen Beförderungsleistung wider.

Der Board legt den Schwerpunkt im vierten Prozessschritt auf eine wirtschaftliche Betrachtungsweise. Er schafft damit eine geeignete Grundlage für eine Umsatzrealisierung, die entscheidungsnützliche Informationen vermitteln kann. Auf dieser Grundlage kann eine Airline den Transaktionspreis eines Beförderungsvertrages so den einzelnen eigenständig abgrenzbaren Leistungsverpflichtungen zuordnen, dass diese jeweils dem Wert der Gegenleistung entsprechen, auf die die Airline erwartungsgemäß einen Anspruch hat.

446. Umsatzrealisierung bei Erfüllung der Leistungsverpflichtungen

446.1 Kontrollprinzip

Der abschließende Prozessschritt des Fünf-Schritte-Modells zur Umsatzrealisierung knüpft die Umsatzrealisierung an die Erfüllung der eigenständig abgrenzbaren Leistungsverpflichtungen innerhalb eines Kundenvertrages.[1422] Erfüllt ist eine Leistungsverpflichtung, wenn der Kunde die Kontrolle[1423] über die jeweiligen Vermögenswerte erlangt. Der Board subsumiert sowohl zugesagte Güter als auch zugesagte Dienstleistungen unter den **Begriff des Vermögenswertes.**[1424] Gemäß dem *Conceptual Framework* ist ein Vermögenswert eine gegenwärtige ökonomische Ressource, die in der Verfügungsmacht des Unternehmens ist und aus Ereignissen der

[1421] Vgl. zur Zuordnung von Preisnachlässen und variablen Gegenleistungen ausführlich Abschnitt 445.32.

[1422] Vgl. hier und im folgenden Satz IFRS 15.31; IFRS 15.BC117. Der Schwerpunkt liegt bei der Umsatzrealisierung also nicht auf dem Forderungszugang. Vgl. IFRS 15.BC148; WÜSTEMANN, J./WÜSTEMANN, S./JENDRECK, A., in: Rechnungslegung nach IFRS, 2. Aufl., IFRS 15, Rn. 65; kritisch hierzu WÜSTEMANN, J./WÜSTEMANN, S., Erfassung von Umsatzerlösen nach IFRS 15, S. 934.

[1423] In dieser Arbeit wird der Begriff „*control*" des IFRS 15 grundsätzlich mit „Kontrolle" übersetzt. Im Schrifttum gibt es darüber hinaus noch Übersetzungen mit „Verfügungsmacht", „Verfügungsgewalt" und „Beherrschung". Vgl. zum Kriterium des Kontrollübergangs Abschnitt 42.

[1424] Vgl. BAETGE, J./CELIK, A., IFRS 15, S. 365 f. Während der Entwicklung der Vorschriften gemäß IFRS 15

Vergangenheit resultiert.[1425] Die Definition eines Vermögenswertes ist für ein Gut erfüllt.[1426] Einer Dienstleistung wird im Zuge einer Fiktion „[…] mit einer Art Konzept der logischen Sekunde […]"[1427] die Eigenschaft eines Vermögenswertes zugesprochen.[1428] Innerhalb dieser logischen Sekunde erhält der Kunde zunächst den Dienst als (nicht aktivierungsfähigen) Vermögenswert, der unmittelbar in Anspruch genommen wird. Mit dieser Fiktion möchte der Board eine einheitliche konzeptionelle Grundlage für sämtliche vereinbarte Leistungen innerhalb eines Kundenvertrages schaffen.[1429] Da diese Konzeption fingiert ist, nimmt der Board in der Anwendung dieses Konzepts einzelfallspezifische Regelungen sowie dem *Revenue-Expense*-Ansatz folgende Aspekte in IFRS 15 auf.

Zum Zeitpunkt des Vertragsabschlusses muss ein Unternehmen für jede eigenständig abgrenzbare Leistungsverpflichtung bestimmen, ob es die Kontrolle über einen Vermögenswert über einen bestimmten Zeitraum (**zeitraumbezogen**) oder zu einem bestimmten Zeitpunkt (**zeitpunktbezogen**) überträgt.[1430] Zwar ist das Kontrollprinzip das konzeptionelle Grundgerüst für die Erfassung von Umsatzerlösen.[1431] Indes hat der Board dieses für zeitraum- und zeitpunktbezogene Leistungsverpflichtungen verschieden konkretisiert.[1432]

Die Kriterien bzw. Indikatoren, mithilfe derer das bilanzierende Unternehmen prüfen muss, ob eine Leistungsverpflichtung zeitraum- oder zeitpunktbezogen erfüllt wird, sollen im Folgenden untersucht werden. Hierzu werden diese Kriterien bzw. Indikatoren zunächst allgemein analysiert und gewürdigt, bevor diese im Hinblick auf Beförderungs- und Zusatzleistungen konkretisiert werden.

---

hat der Board zwischenzeitlich versucht, unterschiedliche Kriterien für eine Umsatzrealisierung bei der Übertragung von Gütern und Dienstleistungen über einen bestimmten Zeitraum vorzugeben. Dieser Versuch wurde indes aufgrund von Abgrenzungsschwierigkeiten, besonders bei Werkverträgen, aufgegeben. Vgl. hierzu IFRS 15.BC123; IASB (Hrsg.), IASB Update, Revenue Recognition (January 2011), S. 4.

1425 Vgl. Abschnitt 342.; CF.4.2 i. V. m. CF.4.3-4.5.

1426 Vgl. WÜSTEMANN, J./WÜSTEMANN, S./JENDRECK, A., in: Rechnungslegung nach IFRS, 2. Aufl., IFRS 15, Rn. 64; LAM, S., Umsatzerlöse nach IFRS 15, S. 161.

1427 LÜDENBACH, N./HOFFMANN, W.-D./FREIBERG, J., in: Haufe IFRS-Kommentar, 16. Aufl., § 25, Rn. 135.

1428 Vgl. hier und im folgenden Satz IFRS 15.33; IFRS 15.BC118 (a); HEINTGES, S./HOFFMANN, T./USINGER, R., Spagat zwischen rechtlicher und wirtschaftlicher Sicht, S. 581; BREIDENBACH, K./WÄHRISCH, M., Umsatzerlöse, Rn. 278; DELOITTE & TOUCHE (Hrsg.), IFRS 15, S. 9.

1429 Vgl. hier und im folgenden Satz IFRS 15.Anhang B sowie die *illustrative examples* in IFRS 15; LÜDENBACH, N./HOFFMANN, W.-D./FREIBERG, J., in: Haufe IFRS-Kommentar, 16. Aufl., § 25, Rn. 135; SCHMIDT, A./BAREKZAI, O./HÜTTERMANN, K., Umsatzrealisierung nach IFRS 15 (Teil 2), S. 144.

1430 Vgl. IFRS 15.32.

1431 Vgl. IFRS 15.31 i. V. m. IFRS 15.BC120.

1432 Vgl. statt vieler bspw. BAETGE, J./CELIK, A., IFRS 15, S. 366; WÜSTEMANN, J./WÜSTEMANN, S., ED/2011/6, S. 3117 f.; KÜTING, K./LAM, S., Umsatzrealisierung dem Grunde nach, S. 2352 f.; WÜSTEMANN, J./WÜSTEMANN, S., Erfassung von Umsatzerlösen nach IFRS 15, S. 934 f.; SCHMIDT, A./BAREKZAI, O./HÜTTERMANN, K., Umsatzrealisierung nach IFRS 15 (Teil 2), S. 143 f.; vgl. zum Erfordernis einer Konkretisierung des Kontrollprinzips unabhängig von IFRS 15 bereits EULER, R., Grundsätze ordnungsmäßiger Gewinnrealisierung, S. 102-104, und im Kontext von IFRS 15 WÜSTEMANN, J./WÜSTEMANN, S., Umsatzerlöse aus Kundenverträgen nach IFRS, S. 2037; vgl. ausführlich Abschnitt 446.211.4.

446.2 Zeitraumbezogener Kontrollübergang

446.21 Kriterien für einen zeitraumbezogenen Kontrollübergang

446.211. Analyse und Würdigung der normativen Vorgaben

446.211.1 Allgemeine Konzeption

Ein Unternehmen muss einen Kundenvertrag daraufhin analysieren, ob es die Kontrolle über die jeweils zugesagten Güter oder Dienstleistungen über einen bestimmten Zeitraum oder zu einem bestimmten Zeitpunkt auf den Kunden überträgt.[1433] IFRS 15.35 enthält **drei Kriterien** zur Prüfung eines zeitraumbezogenen Kontrollübergangs (vgl. Abbildung 4-8).

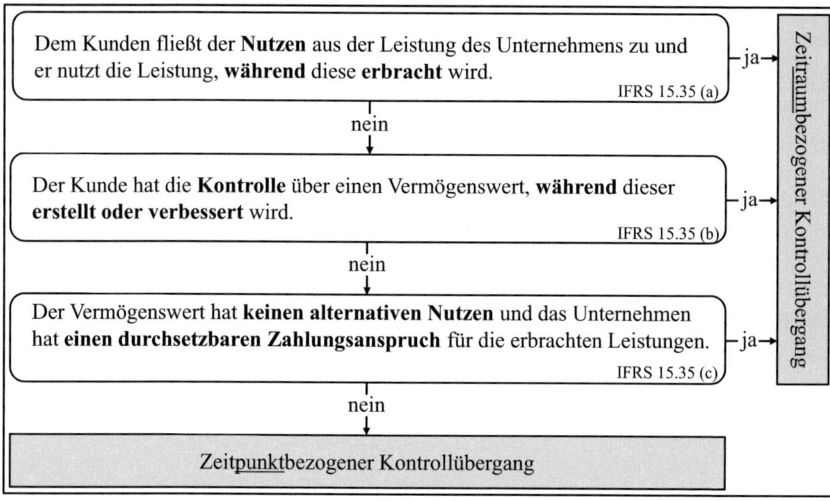

Abbildung 4-8: Zeitraum- und zeitpunktbezogener Kontrollübergang[1434]

Ist eines dieser Kriterien erfüllt, hat ein Unternehmen den Umsatz über einen bestimmten Zeitraum zu realisieren.[1435] Daraus folgt nicht zwingend eine Umsatzrealisierung pro rata temporis.[1436] Vielmehr ist der Umsatz nach Maßgabe des Leistungsfortschrittes der jeweiligen Leistungsverpflichtung zu realisieren.[1437] Wird keines der Kriterien erfüllt, die einen zeitraumbezogenen Kontrollübergang i. S. d. IFRS 15 bedingen, ist der Umsatz zu einem bestimmten Zeitpunkt zu erfassen.[1438]

[1433] Vgl. IFRS 15.32; FASB TRG (Hrsg.), Agenda Paper 56 (November 2016), Rn. 8-12.

[1434] Abbildung in Anlehnung an BAUR, C./EISELE, A./HOLD, C., Klassifizierung von Leistungsverpflichtungen nach IFRS 15.35, S. 395.

[1435] Vgl. IFRS 15.32 i. V. m. IFRS 15.35-37.

[1436] Vgl. LÜDENBACH, N./HOFFMANN, W.-D./FREIBERG, J., in: Haufe IFRS-Kommentar, 16. Aufl., § 25, Rn. 138.

[1437] Vgl. IFRS 15.39 f.; Abschnitt 446.22.

[1438] Vgl. IFRS 15.32 i. V. m. IFRS 15.38.

446.211.2 Kriterium der fortlaufenden Nutzenziehung

Nach dem **ersten Kriterium** wird eine Leistungsverpflichtung über einen bestimmten Zeitraum erfüllt, wenn der Kunde kontinuierlich einen **Nutzen** aus der Leistung des Unternehmens ziehen kann, **während das Unternehmen** diese **Leistung erbringt**.[1439] Der Kunde erhält und konsumiert also gleichzeitig die Vorteile aus der Leistungserbringung. Diese Form der Leistungserbringung im Zeitverlauf liegt regelmäßig bei Dauerschuldverhältnissen und Dienstleistungsverträgen vor.[1440] Dabei wird angenommen, dass der Kunde zunächst innerhalb einer logischen Sekunde den Dienst als Vermögenswert erhält und unmittelbar in Anspruch nimmt.[1441] Es liegt aber i. d. R. kein aktivierungsfähiger Vermögenswert vor.[1442] Sobald die Leistung des Unternehmens einen Vermögenswert schafft, den der Kunde nicht unmittelbar nach Erhalt vollständig nutzt oder verbraucht, ist das erste Kriterium nicht anwendbar.[1443]

Ob das Kriterium der fortlaufenden Nutzenziehung erfüllt ist, ist bei routinemäßigen oder wiederkehrenden Dienstleistungen, wie z. B. bei Reinigungsleistungen für Gebäude oder bei der Erstellung von Gehaltsabrechnungen, leicht festzustellen.[1444] Allerdings kann die Beurteilung auch mit einem erheblichen Maß an Ermessensausübung verbunden sein. So kann nämlich eine fortlaufende Nutzenziehung bei einigen Verträgen, bspw. bei Transportleistungen, nur subjektiv beurteilt werden.[1445]

Der Board nimmt für solche Fälle hilfsweise eine **Anwendungsleitlinie** in den Standard auf.[1446] Demnach wird unterstellt, dass der Kunde aus der fortlaufenden Leistungserbringung einen Nutzen ziehen kann, wenn ein Drittunternehmen den Vertrag übernehmen und den ausstehenden Teil der Leistungsverpflichtung erfüllen könnte, ohne bereits erbrachte Leistungen wiederholen zu müssen. Das ist bspw. der Fall, wenn ein Speditionsunternehmen dem Kunden zugesagte Güter nur bis zu einem Teil der Gesamtstrecke transportiert und ein anderes Unternehmen diese Güter nicht erneut über die bereits zurückgelegte Strecke transportieren muss. Insofern könnte das andere Unternehmen die Leistung erbringen, indem es den Transport der Güter ab dem Zwischenstopp übernimmt. Konnte der Kunde nämlich keinen Nutzen aus dieser Leistung ziehen, müsste diese Leistung erneut erbracht werden. Ob sie erneut erbracht werden müsste,

---

1439 Vgl. hier und im folgenden Satz IFRS 15.35 (a); statt vieler bspw. auch LÜDENBACH, N./HOFFMANN, W.-D./FREIBERG, J., in: Haufe IFRS-Kommentar, 16. Aufl., § 25, Rn. 140 f. Vgl. hierzu bspw. im Vergleich zur zeitraumbezogenen Umsatzrealisierung gemäß der BFH-Rechtsprechung HOFFMANN, W.-D., Realisation bei zeitraumbezogenen Leistungen, S. 62.

1440 Vgl. statt vieler bspw. BREIDENBACH, K./WÄHRISCH, M., Umsatzerlöse, Rn. 295; HEINTGES, S./HOFFMANN, T./USINGER, R., Spagat zwischen rechtlicher und wirtschaftlicher Sicht, S. 581.

1441 Vgl. Abschnitt 446.1.

1442 Vgl. IFRS 15.BC125; BAUR, C./EISELE, A./HOLD, C., Klassifizierung von Leistungsverpflichtungen nach IFRS 15.35, S. 395.

1443 Vgl. IFRS 15.BC128. In diesem Fall ist zu prüfen, ob die beiden anderen Kriterien gemäß IFRS 15.35 (b) und (c) erfüllt sind.

1444 Vgl. IFRS 15.35 (a) i. V. m. IFRS 15.B3; IFRS 15.IE67 f.; vgl. bspw. GROTE, A./PILHOFER, J., Umsatz- und Gewinnrealisierung, S. 199.

1445 Vgl. IFRS 15.BC126; IFRS 15.B4.

1446 Vgl. hier und im Folgenden IFRS 15.BC126; IFRS 15.B4.

ist aus der Sicht eines Dritten zu beurteilen.[1447] Das schränkt das mit dieser Beurteilung verbundene subjektive Ermessen ein. Für die Beurteilung sind überdies keine vertraglichen und praktischen Einschränkungen zu beachten, die das bilanzierende Unternehmen daran hindern könnten, den ausstehenden Teil der Leistungsverpflichtung auf ein anderes Unternehmen zu übertragen.[1448] Da mit dieser Anwendungsleitlinie beurteilt werden soll, inwieweit die Kontrolle über das zugesagte Gut oder die zugesagte Dienstleistung bereits (!) auf den Kunden übergegangen ist, würden etwaige Einschränkungen dieses Urteil ohnehin nicht beeinflussen. Darüber hinaus wird unterstellt, dass das Drittunternehmen, das die ausstehenden Leistungen erbringen würde, keinen Nutzen aus einem etwaigen Vermögenswert zieht, der bislang und auch nach der Übertragung der Leistungsverpflichtung in der Kontrolle des bilanzierenden Unternehmens bleibt.[1449] Mit dieser Annahme macht der Board deutlich, dass vor allem Dienstleistungen in den Anwendungsbereich dieses Kriteriums in IFRS 15.35 (a) fallen.[1450] Insgesamt ist diese Anwendungsleitlinie positiv zu bewerten, da sie das Kontrollprinzip berücksichtigt. Eine Erfassung der Umsatzerlöse auf Basis dieser Leitlinie kann den wirtschaftlichen Gehalt der zugrunde liegenden Transaktion(en) widerspiegeln.

Bei der Beurteilung, ob der Kunde fortlaufend einen Nutzen aus der Leistung zieht, verbleibt ein gewisser **Ermessensspielraum** beim Bilanzierenden. Um diese **einzugrenzen**, sind sämtliche relevanten Fakten und Umstände, wie z. B. die inhärenten Merkmale des Gutes bzw. der Dienstleistung, die Vertragsbedingungen sowie die Informationen über die Art der Übertragung oder Bereitstellung des Gutes oder der Dienstleistung, in der Beurteilung zu berücksichtigen.[1451] Wenn das erste Kriterium nicht erfüllt ist, muss das bilanzierende Unternehmen prüfen, ob die jeweilige Leistungsverpflichtung nach dem zweiten Kriterium zeitraumbezogen erfüllt wird.[1452]

446.211.3 Kriterium des durchgängigen Kontrollbesitzes

Nach dem **zweiten Kriterium** wird eine Leistungsverpflichtung über einen bestimmten Zeitraum erfüllt, wenn der Kunde die **Kontrolle über** einen materiellen oder immateriellen **Vermögenswert** hat, **während dieser erstellt oder verbessert wird.**[1453] Ob ein Kunde die Kontrolle über den Vermögenswert hat, ist mithilfe des Kontrollprinzips sowie der (nicht abschlie-

---

1447 Vgl. IFRS 15.B4 (a); IFRS 15.BC126.

1448 Vgl. hier und im folgenden Satz IFRS 15.B4 (a); IFRS 15.BC127.

1449 Vgl. IFRS 15.B4 (b).

1450 Vgl. IASB/FASB (Hrsg.), Staff Paper 7C (July 2012), Rn. 43. Ein Drittunternehmen müsste bei Gütern nämlich regelmäßig die Kontrolle über die unfertigen Erzeugnisse des bilanzierenden Unternehmens haben, um die bereits geleisteten Tätigkeiten nicht erneut erbringen zu müssen. Vgl. hierzu LAM, S., Umsatzerlöse nach IFRS 15, Fußnote 755 auf S. 167 m. w. N.

1451 Vgl. IFRS 15.3; FASB/IASB TRG (Hrsg.), Agenda Paper 43 (July 2015), Rn. 11-16; FASB/IASB TRG (Hrsg.), Agenda Paper 44 (November 2015), Rn. 49 f.; EY (Hrsg.), International GAAP 2018, Chapter 30, S. 2188; EY (Hrsg.), Umsatzrealisierung, S. 222.

1452 Vgl. Abbildung 4-8 in Abschnitt 446.211.1.

1453 Vgl. hier und im folgenden Satz IFRS 15.35 (b) i. V. m. IFRS 15.B5. Vgl. zum Kontrollprinzip Abschnitt 446.1.

ßenden) Indikatoren für einen zeitpunktbezogenen Kontrollübergang zu beurteilen. Zu den Indikatoren zählen bspw. eine unbedingte Zahlungsverpflichtung, das rechtliche Eigentum, der physische Besitz, das Tragen der mit dem Vermögenswert verbundenen Risiken und Chancen sowie die Abnahme des Vermögenswertes.[1454] Das Kriterium in IFRS 15.35 (b) kann z. B. für Bauaufträge auf fremdem Grund und Boden erfüllt sein, wenn der Kunde die Kontrolle über die unfertige Leistung hat, während die beauftragte Leistung erbracht wird.[1455] Dieses Beispiel ist mit den deutschen zivilrechtlichen Regelungen zur Eigentumsübertragung vergleichbar, da das Eigentum an einer Sache durch Verbindung mit dem Grundstück auf den Grundstückseigentümer übergeht.[1456] Das Kriterium betont das in IFRS 15 verfolgte Kontrollprinzip, da ein Umsatzerlös zu realisieren ist, sobald die Kontrolle über die zugesagte Leistung auf den Kunden übergeht.[1457]

Der Kunde muss indes für die Erfüllung des zweiten Kriteriums während der Leistungserbringung eindeutig („*a customer clearly controls*") die Kontrolle über alle erbrachten Leistungen („*the customer controls any work in progress*") haben.[1458] Dies begrenzt den Anwendungsbereich dieses Kriteriums, da nicht in allen Fällen eindeutig ist, ob der erstellte oder verbesserte Vermögenswert stets vom Kunden kontrolliert wird.[1459] Der Verweis des Boards, dass das Kontrollkonzept dieses zweiten Kriteriums mit dem Grundprinzip der Leitlinien der zuvor nach US-GAAP geltenden *Percentage-of-Completion*-Methode übereinstimmt, überzeugt aus konzeptionellen Gründen nicht.[1460] Denn einerseits basierte das Konzept nach US-GAAP nicht auf dem Übergang der Kontrolle, sondern auf dem Leistungsfortschritt des Unternehmens. Andererseits war es davon abhängig, ob das Unternehmen den Kunden zu einer Teilabnahme verpflichtet, wodurch es seine Rechte an der unfertigen Leistung an den Kunden abgibt. Diese Begründung trifft i. d. R. auf Werkverträge nach den deutschen zivilrechtlichen Regelungen nicht zu.[1461] So hat ein Unternehmen bei Werkverträgen nach deutschem Recht die Kontrolle über das Werk, bis es vom Kunden abgenommen wurde.[1462] Vertraglich kann ein Kunde zwar

---

[1454] Vgl. IFRS 15.38; vgl. zu den Indikatoren für einen zeitpunktbezogenen Kontrollübergang ausführlich Abschnitt 446.31.

[1455] Vgl. IFRS 15.BC129 f.

[1456] Vgl. DÖRNER, H., in: Bürgerliches Gesetzbuch, 9. Aufl., § 94 BGB, Rn. 2; STRESEMANN, C., in: MüKo zum BGB, Bd. 1, 7. Aufl., § 94 BGB, Rn. 2; FÜLLER, J. T., in: MüKo zum BGB, Bd. 7, 7. Aufl., § 946 BGB, Rn. 10.

[1457] Vgl. so auch BAUR, C./EISELE, A./HOLD, C., Klassifizierung von Leistungsverpflichtungen nach IFRS 15.35, S. 396.

[1458] Vgl. IFRS 15.BC129.

[1459] Vgl. BAUR, C./EISELE, A./HOLD, C., Klassifizierung von Leistungsverpflichtungen nach IFRS 15.35, S. 396; HEINTGES, S./ERBER, A., IAS 11=IFRS 15?, S. 1018.

[1460] Vgl. hier und im Folgenden SCHOO, L., Umsatzrealisierung nach IFRS, S. 132; BAUR, C./EISELE, A./HOLD, C., Klassifizierung von Leistungsverpflichtungen nach IFRS 15.35, S. 396; EY (Hrsg.), Comment Letter (ED/2011/6), S. 7.

[1461] Vgl. WOLLMERT, P., Neue Wege bei der Gewinnrealisierung nach IFRS, S. 88; SCHOO, L., Umsatzrealisierung nach IFRS, S. 132; BAUR, C./EISELE, A./HOLD, C., Klassifizierung von Leistungsverpflichtungen nach IFRS 15.35, S. 396.

[1462] Vgl. § 644 Abs. 1 BGB; BUSCHE, J., in: MüKo zum BGB, Bd. 5/1, 7. Aufl., § 644 BGB, Rn. 1 und 6; vgl. bspw. auch ZAUGG, D./ABDERHALDEN, M./SCHLUMPF, T., Umsatzrealisierung im Anlagebau, S. 126.

zur Teilabnahme verpflichtet werden.[1463] Bis zu diesem Zeitpunkt kann der Kunde allerdings noch keine Kontrolle über das (Teil-)Werk erlangt haben, sodass gemäß dem zweiten Kriterium für solche Werkverträge keine zeitraumbezogene Umsatzrealisierung angezeigt ist. In diesem Fall ist zu prüfen, ob die jeweilige Leistungsverpflichtung nach dem dritten Kriterium zeitraumbezogen erfüllt wird.[1464]

In IFRS 15 ist nicht klar geregelt, ob ein Unternehmen einen Umsatz zeitraum- oder zeitpunktbezogen zu erfassen hat, wenn das Kriterium in IFRS 15.35 (b) nicht bereits zu Beginn, sondern erst **zu einem späteren Zeitpunkt** während der Vertragslaufzeit erfüllt ist.[1465] Das könnte bspw. der Fall sein, wenn ein Unternehmen zunächst ein Produkt im eigenen Werk herstellt, das dort an die speziellen Wünsche des Kunden angepasst wird, und dieses Produkt anschließend auf dem Grundstück des Kunden weiter an dessen Bedürfnissen ausgerichtet wird.[1466] Es liegt in diesem Beispiel insgesamt eine eigenständig abgrenzbare Leistungsverpflichtung vor und es sei angenommen, dass das Unternehmen gesetzlich und vertraglich erst einen Zahlungsanspruch hat, wenn die Leistung vollständig erbracht wurde. Eine zeitpunktbezogene Umsatzrealisierung, nachdem die Leistung vollständig erbracht worden ist, könnte den wirtschaftlichen Gehalt der Transaktion regelmäßig nur eingeschränkt wiedergeben. Hingegen bildet eine zeitraumbezogene Umsatzrealisierung – beginnend mit der Anpassung des Produktes beim Kunden vor Ort – den kontinuierlichen Kontrollübergang besser ab.[1467] Die Umsatzerlöse werden erfasst, sobald die Kontrolle über die zugesagte Leistung auf den Kunden übergeht. Deshalb folgt aus einer zeitraumbezogenen Umsatzerfassung grundsätzlich nicht die Gefahr einer Über- oder Unterbewertung der Ertragslage. Das entspricht dem Gebot der Vorsicht.[1468] Den Adressaten des Abschlusses können somit glaubwürdige Informationen über die zugrunde liegende Transaktion vermittelt werden. Zudem erhalten die Adressaten für Transaktionen, die über mehrere Berichtsperioden erbracht werden, zu jedem Abschlussstichtag und nicht erst nach der letzten erbrachten Leistung Informationen über das Ertragspotenzial dieser zugesagten Leistung. Die vermittelten Informationen können also auch relevant sein. Deshalb erscheint eine zeitraumbezogene Umsatzrealisierung unter Berücksichtigung des Kontrollprinzips und im Hinblick auf die Zielsetzung der IFRS-Rechnungslegung sachgerecht.[1469]

[1463] Vgl. BUSCHE, J., in: MüKo zum BGB, Bd. 5/1, 7. Aufl., § 640 BGB, Rn. 61.

[1464] Vgl. Abbildung 4-8 in Abschnitt 446.211.1.

[1465] Vgl. HEINTGES, S./ERBER, A., IAS 11=IFRS 15?, S. 1018-1022; BAUR, C./EISELE, A./HOLD, C., Klassifizierung von Leistungsverpflichtungen nach IFRS 15.35, S. 396. Vgl. ausführlich zur Bestimmung der Vertragslaufzeit eines Vertrages Abschnitt 442.2.

[1466] Vgl. hier und im folgenden Satz ähnlich HEINTGES, S./ERBER, A., IAS 11=IFRS 15?, S. 1019 f.

[1467] Vgl. HEINTGES, S./ERBER, A., IAS 11=IFRS 15?, S. 1020.

[1468] Vgl. Abschnitt 332.2.

[1469] Vgl. so auch HEINTGES, S./ERBER, A., IAS 11=IFRS 15?, S. 1021.

446.211.4 Kriterium des fehlenden alternativen Nutzens und das Bestehen eines rechtlich durchsetzbaren Zahlungsanspruchs

Nicht in allen Fällen lässt sich eindeutig feststellen, ob der erstellte oder verbesserte Vermögenswert vom Kunden kontrolliert wird.[1470] Deshalb hat der Board ein **drittes Kriterium** in IFRS 15.35 (c) kodifiziert, das eine zeitraumbezogene Umsatzerfassung zur Folge hat. Das ist der Fall, wenn der Vermögenswert keinen alternativen Nutzen hat und das leistende Unternehmen einen durchsetzbaren Zahlungsanspruch für bereits erbrachte Leistungen hat.[1471] Dieses Kriterium gilt z. B. für kundenspezifische Dienstleistungen, wie Beratungsleistungen mit einem abschließenden Gutachten, sowie Werkverträge, für die die ersten beiden Kriterien nicht erfüllt sind.[1472]

Ein Vermögenswert hat **keinen alternativen Nutzen**, sofern das Unternehmen entweder aus vertraglichen Gründen keine Möglichkeit hat, den zu liefernden Vermögenswert während der Herstellung oder Verbesserung anderweitig zu verwenden, oder wenn ein Unternehmen den fertigen Vermögenswert aus praktischen Erwägungen nicht anderweitig verwenden kann.[1473] Können die zugesagten Vermögenswerte, wie z. B. standardisierte Güter, indes auch an andere Kunden übertragen werden, liegt regelmäßig eine alternative Verwendungsmöglichkeit vor.[1474] Das ist nicht der Fall, wenn der Kunde aufgrund einer vertraglichen Vereinbarung ein wesentliches Recht hat, seinen Anspruch auf die vereinbarten Güter oder Dienstleistungen durchzusetzen.[1475] Kann das Unternehmen seine vertraglichen Verpflichtungen gegenüber dem Kunden indes auch durch die Übertragung anderer Vermögenswerte erfüllen, liegt keine wesentliche Einschränkung vor.

Überdies kann ein Kunde in einem Vertrag ein Schutzrecht vereinbaren.[1476] Beispielsweise darf ein Unternehmen aufgrund eines vereinbarten Schutzrechts ein zugesagtes Gut nicht an einen anderen Kunden übertragen, wenn der Kunde das Eigentumsrecht an diesem Gut hat. Die vertragliche Vereinbarung ist nicht wesentlich, sofern das Unternehmen das Gut durch ein anderes Gut ersetzen und das ursprüngliche Gut mit geringen Kosten auf einen anderen Kunden übertragen könnte. Ein solches Schutzrecht reicht deshalb regelmäßig nicht aus, um den alternativen Nutzen des Vermögenswertes zu begrenzen, und deutet nicht auf einen Kontrollübergang hin.[1477]

[1470] Vgl. IFRS 15.BC131 f.

[1471] Vgl. IFRS 15.35 (c) i. V. m. IFRS 15.BC141. Beide Bedingungen müssen also kumulativ erfüllt sein.

[1472] Vgl. IFRS 15.BC132; WÜSTEMANN, J./WÜSTEMANN, S./JENDRECK, A., in: Rechnungslegung nach IFRS, 2. Aufl., IFRS 15, Rn. 72.

[1473] Vgl. IFRS 15.36; IFRS 15.BC136; IFRS 15.B6. Die Möglichkeit, den Kundenvertrag zu kündigen, ist keine relevante Überlegung.

[1474] Vgl. IFRS 15.BC134.

[1475] Vgl. hier und im folgenden Satz IFRS 15.B7; IFRS 15.BC137.

[1476] Vgl. hier und im Folgenden IFRS 15.BC138; SCHOO, L., Umsatzrealisierung nach IFRS, S. 156; EY (Hrsg.), Umsatzrealisierung, S. 227.

[1477] Vgl. IFRS 15.BC138.

Der alternative Nutzen eines Vermögenswertes ist zum Zeitpunkt des Vertragsabschlusses zu prüfen.[1478] Maßgebend für die Beurteilung des alternativen Nutzens ist der fertige Vermögenswert.[1479] Wird ein Vermögenswert kundenspezifisch gefertigt, hat dieser Vermögenswert regelmäßig keinen alternativen Nutzen.[1480] Denn ein Unternehmen kann diesen Vermögenswert entweder nur unter erheblichen Anpassungskosten oder nur mit einem Verlust weiterverkaufen. Der Grad der Anpassung eines Vermögenswertes ist indes nicht allein für die Beurteilung eines alternativen Nutzens maßgeblich.[1481] Vielmehr sind im Gegensatz zum ersten Kriterium eines zeitraumbezogenen Kontrollübergangs (Kriterium der fortlaufenden Nutzenziehung) die vertraglichen und praktischen Einschränkungen für die Beurteilung der alternativen Nutzungsmöglichkeit eines Vermögenswertes zu berücksichtigen. Dieser Unterschied ist nach Auffassung des Boards berechtigt, da jedes Kriterium in IFRS 15.35 verschiedene Methoden bereitstellt, um festzustellen, ob die Kontrolle zeitraumbezogen auf den Kunden übergeht.[1482] Dem ist nach hier vertretener Auffassung zuzustimmen. Schließlich ist beim ersten Kriterium zu prüfen, inwieweit die Kontrolle während der Leistungserbringung auf den Kunden übergeht.[1483] Vertragliche oder praktische Beschränkungen, die das bilanzierende Unternehmen daran hindern könnten, den ausstehenden Teil der Leistungsverpflichtung auf ein anderes Unternehmen zu übertragen, beeinflussen den erfolgten Kontrollübergang der bereits erbrachten Leistungen nicht. Im dritten Kriterium für einen zeitraumbezogenen Kontrollübergang ist hingegen ein etwaiger alternativer Nutzen des zugesagten Vermögenswertes zu beurteilen.[1484] Sobald der zugesagte Vermögenswert aus vertraglichen und praktischen Gründen nicht alternativ genutzt werden kann, kann die Kontrolle i. S. d. Kontrollprinzips auch nicht auf einen anderen Kunden übergehen. Dies ist schlüssig. Mithilfe einer entsprechenden Vertragsgestaltung kann ein Unternehmen aber einen zeitraumbezogenen Kontrollübergang unterstellen, indem es die alternative Nutzungsmöglichkeit eines Vermögenswertes vertraglich begrenzt, der nicht wesentlich kundenspezifisch angepasst wird.[1485] Dies führt zu erheblichen bilanzpolitischen Spielräumen. Auf diese Weise kann ein Unternehmen beeinflussen, ob Umsätze zeitraum- oder zeitpunktbezogen zu realisieren sind. Dies konterkariert das Ziel einer wertungsfreien, objektiven und damit willkürfreien Umsatzrealisation. Eingeschränkt wird das Maß an Ermessensausübung indes durch

---

1478 Vgl. IFRS 15.36 i. V. m. IFRS 15.BC140. Nur im Fall einer Vertragsänderung, bei der sich die Leistungsverpflichtungen innerhalb des Vertrages erheblich ändern, ist der alternative Nutzen neu zu beurteilen.

1479 Vgl. HEINTGES, S./ERBER, A., IAS 11=IFRS 15?, S. 1019; FASB TRG (Hrsg.), Agenda Paper 56 (November 2016), Rn. 14-22.

1480 Vgl. hier und im folgenden Satz IFRS 15.BC135; IFRS 15.B8; vgl. hierzu bspw. auch BREIDENBACH, K./WÄHRISCH, M., Umsatzerlöse, Rn. 305.

1481 Vgl. hier und im folgenden Satz IFRS 15.BC137 und .BC139; SCHARR, C./USINGER, R., Entwurf zur Umsatzrealisierung, S. 106; KÜHNE, M./SCHLEIS, I., Neuregelung der Umsatzrealisierung nach IFRS, S. 262; WÜSTEMANN, J./WÜSTEMANN, S./JENDRECK, A., in: Rechnungslegung nach IFRS, 2. Aufl., IFRS 15, Rn. 76; EY (Hrsg.), Umsatzrealisierung, S. 227; PwC (Hrsg.), Revenue from Contracts with Customers, S. 6-6 f.; KNOBLOCH, A. P./ANTON, K., Das Fünf-Schritte-Modell zur Umsatzrealisation (Teil 2), S. 1587.

1482 Vgl. IFRS 15.BC139.

1483 Vgl. hier und im folgenden Satz IFRS 15.B4 (a) i. V. m. IFRS 15.BC127; Abschnitt 446.211.2.

1484 Vgl. IFRS 15.35 (c).

1485 Vgl. hier und im folgenden Satz FINK, C./KETTERLE, G./SCHEFFEL, S., Auswirkungen des Re-Exposure Draft auf die Bilanzierungspraxis, S. 2003; WÜSTEMANN, J./WÜSTEMANN, S., Erfassung von Umsatzerlösen nach IFRS 15, S. 935; BREIDENBACH, K./WÄHRISCH, M., Umsatzerlöse, Rn. 307.

eine vorgegebene zeitliche und sachliche Stetigkeit in der Anwendung der Vorschriften des IFRS 15 unter sonst gleichen Bedingungen.[1486]

Um Umsätze zeitraumbezogen zu realisieren, muss ein Unternehmen nicht nur einen Vermögenswert ohne alternativen Nutzen schaffen, sondern zusätzlich einen **rechtlich durchsetzbaren Zahlungsanspruch** für bereits erbrachte Leistungen haben.[1487] Die Verknüpfung dieser beiden Unterkriterien erscheint auf den ersten Blick sachgerecht. Denn eine Umsatzrealisierung für erbrachte (Teil-)Leistungen, die (fast) keinen alternativen Nutzen haben, vermittelt nur relevante Informationen, sofern die Informationen über die Ertragslage einen Bestätigungs- und Prognosewert haben. Dieser sollte regelmäßig stärker sein, wenn das Unternehmen zusätzlich einen durchsetzbaren Zahlungsanspruch für erbrachte Leistungen hat.

Der Zahlungsanspruch muss weder unmittelbar bestehen noch unbedingt sein.[1488] Entscheidend ist, ob das Unternehmen während der Vertragslaufzeit das Recht hat, die Gegenleistung für bereits erbrachte Leistungen einzufordern bzw. einzubehalten, wenn der Vertrag aus anderen Gründen als der Nichterfüllung oder Schlechtleistung des Unternehmens gekündigt wird. Ein solches Kündigungsrecht liegt z. B. vor, wenn dem Kunden auf Grundlage vertraglicher oder gesetzlicher Regelungen ein Recht zur Kündigung ohne Grund zusteht.[1489] Gewährt weder der Vertrag noch das Gesetz ein Recht zur Kündigung ohne Grund, ist ein durchsetzbarer Zahlungsanspruch stets gegeben.

Das Recht, einen Betrag zu erhalten, muss nicht zwingend für einen fixen Betrag bestehen.[1490] Vielmehr liegt ein rechtlich durchsetzbarer Zahlungsanspruch i. S. d. IFRS 15.35 (c) vor, wenn ein Unternehmen einen Anspruch auf eine Gegenleistung hat, die sowohl die **Kosten**, die im Rahmen der Erfüllung der Leistung angefallen sind, als auch eine **angemessene Gewinnmarge** umfasst.[1491] Die Höhe der Gewinnmarge muss dabei nicht der bei Vertragsschluss vereinbarten Marge entsprechen. Sie bemisst sich entweder als Teil der erwarteten Gewinnmarge, die den Leistungsfortschritt widerspiegelt, oder sie kann, sofern die vertragsspezifische Marge höher ist als bei vergleichbaren Verträgen, anhand einer angemessenen Rendite für die Kapitalkosten oder anhand unternehmenstypischer operativer Margen vergleichbarer Verträge abgeleitet

---

[1486] Vgl. IFRS 15.36.

[1487] Vgl. IFRS 15.35 (c); IFRS 15.BC142.

[1488] Vgl. hier und im folgenden Satz IFRS 15.37; IFRS 15.B10. In vielen Fällen hat ein Unternehmen erst einen unbedingten Anspruch auf den Erhalt bzw. Einbehalt der Gegenleistung, wenn bestimmte Meilensteine erreicht werden oder sämtliche Leistungsverpflichtungen erfüllt sind. Dies ist für einen rechtlich durchsetzbaren Zahlungsanspruch i. S. d. IFRS 15.35 (c) aber nicht erforderlich. Zahlungen auf Basis festgelegter Zahlungspläne sind nur dann in die Beurteilung eines etwaigen durchsetzbaren Zahlungsanspruchs einzubeziehen, wenn diese im Fall einer Kündigung nicht rückzahlungspflichtig sind. Vgl. IFRS 15.B10; IFRS 15.BC145 f.; IFRS 15.B13.

[1489] Vgl. hier und im folgenden Satz IFRS 15.37 i. V. m. IFRS 15.B9-B13; vgl. hierzu bspw. auch BAUR, C./EISELE, A./HOLD, C., Klassifizierung von Leistungsverpflichtungen nach IFRS 15.35, S. 400.

[1490] Vgl. IFRS 15.37.

[1491] Vgl. hier und im folgenden Satz IFRS 15.B9; IFRS 15.BC143 f.

werden.[1492] Die Ermittlung einer angemessenen Gewinnmarge ist damit allerdings ermessensbehaftet und dies umso stärker, je unterschiedlicher die Margen vergleichbarer Verträge sind.[1493] Unter Beachtung der spezifischen Fakten und Umstände des zugrunde liegenden Vertrages sowie der unternehmerischen Gesamtsituation kann der Ermessensspielraum zumindest eingegrenzt werden.

Das Kriterium des durchsetzbaren Zahlungsanspruchs folgt prinzipiell der Idee der in IFRS 15 verfolgten statischen Erlöskonzeption, dem sog. *Asset-Liability*-Ansatz.[1494] Dieses Konzept wird indes nicht konsequent umgesetzt, da für die Umsatzrealisierung gemäß dem dritten Kriterium nicht auf die vollständige oder vertragsgemäße Erfüllung der Leistungsverpflichtung abgestellt wird.[1495] Der Board bricht insofern mit dem in IFRS 15 verfolgten Kontrollprinzip. Es wird ein Kontrollübergang mithilfe eines durchsetzbaren Zahlungsanspruchs fingiert, auch wenn die zugesagte Leistung im Fall einer Leistungsstörung rechtlich noch nicht erfüllt wurde und das Unternehmen weiterhin das Risiko der Nacherfüllung trägt.[1496] Der Board unterstellt hierbei ein ökonomisch rational handelndes Unternehmen, das bereit wäre, kontinuierlich die Kontrolle über einen Vermögenswert an den Kunden zu übertragen, sofern es einen durchsetzbaren Zahlungsanspruch für die erbrachte Leistung und keine alternative Verwendungsmöglichkeit hat. Dieser konzeptionelle Bruch mit dem Kontrollprinzip des IFRS 15 hätte vermieden werden können, indem der Board für langfristige Fertigungsaufträge i. S. d. IAS 11 in IFRS 15 eine Ausnahmeregelung geschaffen hätte, mit der zwar das Ziel eines einheitlichen Modells zur Umsatzrealisierung über sämtliche Vertragsarten nicht erreicht würde.[1497] Allerdings würden dann in IFRS 15 gleiche Anforderungen an einen Kontrollübergang gestellt. Diese Inkonsistenz ist nicht zuletzt dem Druck aus der Bilanzierungspraxis geschuldet.[1498]

1492 Vgl. IFRS 15.BC144 i. V. m. IFRS 15.B9.

1493 Vgl. hier und im folgenden Satz BAUR, C./EISELE, A./HOLD, C., Klassifizierung von Leistungsverpflichtungen nach IFRS 15.35, S. 141.

1494 Vgl. WÜSTEMANN, J./WÜSTEMANN, S., Erfassung von Umsatzerlösen nach IFRS 15, S. 935; vgl. zur statischen Erlöskonzeption Abschnitt 42.

1495 Vgl. hier und im folgenden Satz ED/2011/6.BC101; IFRS 15.37 i. V. m. IFRS 15.BC142-BC145; statt vieler bspw. WÜSTEMANN, J./WÜSTEMANN, S./JENDRECK, A., in: Rechnungslegung nach IFRS, 2. Aufl., IFRS 15, Rn. 80; BAETGE, J./CELIK, A., IFRS 15, S. 366.

1496 Vgl. hier und im folgenden Satz IFRS 15.BC143; FINK, C./KETTERLE, G./SCHEFFEL, S., Auswirkungen des Re-Exposure Draft auf die Bilanzierungspraxis, S. 1998; BAETGE, J./CELIK, A., IFRS 15, S. 366 f.; WÜSTEMANN, J./WÜSTEMANN, S., Erfassung von Umsatzerlösen nach IFRS 15, S. 934 f.; WÜSTEMANN, J./WÜSTEMANN, S./JENDRECK, A., in: Rechnungslegung nach IFRS, 2. Aufl., IFRS 15, Rn. 80; BAUR, C./EISELE, A./HOLD, C., Klassifizierung von Leistungsverpflichtungen nach IFRS 15.35, S. 398 und 403; HEINTGES, S./HOFFMANN, T./USINGER, R., Spagat zwischen rechtlicher und wirtschaftlicher Sicht, S. 582; WAGENHOFER, A., The Role of Revenue Recognition in Performance Reporting, S. 367.

1497 Vgl. hier und im folgenden Satz BAETGE, J./CELIK, A., IFRS 15, S. 366. Vgl. zum Kontrollprinzip des IFRS 15 Abschnitt 42 und 446.1. Vgl., wenn auch in anderem Kontext, zu den Besonderheiten langfristiger Fertigungsaufträge im Rahmen der Umsatzrealisierung bspw. BACKHAUS, K., Die Gewinnrealisation bei mehrperiodigen Lieferungen und Leistungen in der Aktienbilanz, S. 347-360; BACKHAUS, K., Das Anlagengeschäft im Jahresabschluss, S. 16-26.

1498 Vgl. statt vieler bspw. WÜSTEMANN, J./WÜSTEMANN, S., ED/2011/6, S. 3119; BAETGE, J./CELIK, A., IFRS 15, S. 366.

Wenn auch das dritte Kriterium nicht erfüllt ist, muss das bilanzierende Unternehmen die jeweilige Leistungsverpflichtung zeitpunktbezogen realisieren.[1499] In diesem Fall ist der Zeitpunkt, zu dem die Kontrolle über das Gut oder die Dienstleistung auf den Kunden übergeht, mithilfe der (nicht abschließenden) Indikatoren in IFRS 15.38 zu bestimmen.[1500] Nachdem die Kriterien für einen zeitraumbezogenen Kontrollübergang nun allgemein analysiert und gewürdigt wurden, sollen die entsprechenden Vorschriften im Folgenden für Beförderungs- und Zusatzleistungen konkretisiert werden.

446.212. Kriterien für einen zeitraumbezogenen Kontrollübergang in einem Beförderungsvertrag

446.212.1 Konzeptionelle Vorüberlegungen

Bei einem Beförderungsvertrag handelt es sich nach deutschem Recht um einen Werkvertrag i. S. d. § 631 BGB.[1501] Eine Airline muss für den mit dem Passagier geschlossenen Beförderungsvertrag analysieren, ob sie die Kontrolle über die eigenständig abgrenzbare(n) Leistungsverpflichtung(en) über einen bestimmten Zeitraum oder zu einem bestimmten Zeitpunkt auf den Kunden überträgt.[1502] Da die zugesagten Leistungen einer Airline grundsätzlich standardisiert sind, ist diese Analyse regelmäßig nur zur Erstanwendung der Vorschriften des IFRS 15 erforderlich. Der mit der Beurteilung verbundene Aufwand kann erstmalig hoch sein, sollte aber auf Dauer nachhaltig gering sein.[1503]

Unabhängig davon, ob ein Beförderungsvertrag über einen ununterbrochenen oder über einen unterbrochenen Flug geschlossen wird, gilt: Beförderungs- und Zusatzleistungen bilden zusammen für jede zu fliegende (Teil-)Strecke eine eigenständig abgrenzbare Leistungsverpflichtung i. S. d. IFRS 15.27.[1504] Da eine eigenständig abgrenzbare Leistungsverpflichtung mithin aus mehreren (unselbständigen) Teilleistungen bestehen kann, ist in einem ersten Schritt für Beförderungs- (Abschnitt 446.212.2) und Zusatzleistungen (Abschnitt 446.212.3) gesondert zu prüfen, ob Umsatzerlöse aus diesen Teilleistungen isoliert betrachtet zeitraum- oder zeitpunktbezogen zu realisieren sind.[1505] Sobald eine eigenständig abgrenzbare Leistungsverpflichtung aus **gemischten Leistungen** besteht, muss in einem zweiten Schritt untersucht werden, ob ein einheitliches Realisationsmodell auf die eigenständig abgrenzbare Leistungsverpflichtung bzw.

[1499] Vgl. Abbildung 4-8 in Abschnitt 446.211.1.

[1500] Vgl. Abschnitt 446.31.

[1501] Vgl. zu den rechtlichen Grundlagen des Beförderungsvertrages Abschnitt 223.3.

[1502] Vgl. IFRS 15.32.

[1503] Es sei an dieser Stelle bereits darauf hingewiesen, dass der Zeitraum, in dem Beförderungs- und Zusatzleistungen erbracht werden, regelmäßig nicht länger als ein Tag ist. Folglich wirkt sich die Unterscheidung zwischen einer zeitraum- und zeitpunktbezogenen Umsatzrealisierung nur bei der Erbringung von Leistungen über den Stichtag aus. Diese Arbeit hat indes eine konzeptionelle Untersuchung des IFRS 15 und eine standardkonforme Konkretisierung der Vorschriften des IFRS 15 vor dem Hintergrund der Entscheidungsnützlichkeit zum Gegenstand.

[1504] Vgl. ausführlich zur Abgrenzbarkeit von Beförderungs- und Zusatzleistungen innerhalb eines Beförderungsvertrages Abschnitt 443.122.2-443.122.3 und 443.123.2-443.123.3.

[1505] Vgl. hier und im folgenden Satz allgemein LÜDENBACH, N./HOFFMANN, W.-D./FREIBERG, J., in: Haufe IFRS-Kommentar, 16. Aufl., § 25, Rn. 139.

auf den Beförderungsvertrag anzuwenden ist, bzw. mit welchem Modell der Kontrollübergang sämtlicher Teilleistungen am zutreffendsten nachgezeichnet werden kann (Abschnitt 446.223.).

Neben Beförderungs- und Zusatzleistungen kann eine Airline im Rahmen ihrer strategischen Kooperationen innerhalb eines Beförderungsvertrages auch als Agent tätig sein und somit **Vermittlungsleistungen** erbringen.[1506] In diesem Fall muss die Airline prüfen, ob sie die Kontrolle über diese Leistungen über einen Zeitraum oder zu einem bestimmten Zeitpunkt auf den Kunden überträgt (Abschnitt 446.212.4 und 446.322.).

446.212.2 Konkretisierung der normativen Vorgaben für Beförderungsleistungen

446.212.21 Kriterium der fortlaufenden Nutzenziehung

Nach dem ersten Kriterium würde eine Beförderungsleistung bilanziell über einen bestimmten Zeitraum erbracht, wenn der Passagier einen Nutzen aus der Leistung der Airline ziehen kann und diese nutzt, während die Airline ihre Leistungsverpflichtung erfüllt.[1507] Die Leistung in einem Beförderungsvertrag unterscheidet sich grundsätzlich nicht von der in einem Transportvertrag.[1508] Auf den ersten Blick scheint daher das erste Kriterium für Beförderungsleistungen erfüllt zu sein, da der Standardsetzer hilfsweise eine Anwendungsleitlinie mit dem Beispiel einer Transportleistung in IFRS 15 aufgenommen hat.[1509] In Analogie zu diesem Beispiel zieht der Passagier dann aus der Beförderungsleistung fortlaufend einen Nutzen, sobald eine andere Airline den Beförderungsvertrag übernehmen und den ausstehenden Teil der Beförderungsleistung erfüllen könnte, ohne bereits erbrachte Leistungen wiederholen zu müssen.[1510] Vertragliche und praktische Einschränkungen, die eine Airline hindern könnten, den ausstehenden Teil der Leistungsverpflichtung auf eine andere Airline zu übertragen, sind bei der Beurteilung nicht zu beachten.[1511]

Um die Anwendungsleitlinie des IFRS 15 vor dem Hintergrund der Entscheidungsnützlichkeit sachgerecht für Beförderungsleistungen zu konkretisieren, ist zu prüfen, ob die zugrunde liegende **Annahme der Anwendungsleitlinie**, dass „[...] *potential contractual restrictions or practical limitations that otherwise would prevent the entity from transferring the remaining performance obligation to another entity* [...]“[1512] nicht zu berücksichtigen sind, weit auszulegen ist. Im Fall einer weiten Auslegung ist bei der Erbringung der Beförderungsleistung von sämtlichen vertraglichen und praktischen Einschränkungen zu abstrahieren. Dann wäre anzunehmen, dass die verbleibende Beförderungsleistung an jedem beliebigen Ort, selbst wenn sich an diesem kein Flughafen befindet, auf eine andere Airline übertragen werden kann. Mit einer

---

1506 Vgl. Abschnitt 443.223. und 443.224.
1507 Vgl. IFRS 15.35 (a).
1508 Vgl. RUHWEDEL, E., Luftbeförderungsvertrag, Rn. 3.
1509 Vgl. IFRS 15.B4; PwC (Hrsg.), Revenue Guidance in the Transportation and Logistics Sector, S. 12; IAWG (Hrsg.), Issue #2-5 – Interline Transactions, S. 2; Abschnitt 446.211.2.
1510 Vgl. IFRS 15.BC126; IFRS 15.B4.
1511 Vgl. IFRS 15.B4 (a); IFRS 15.BC127.
1512 IFRS 15.B4 (a).

derart weiten Auslegung dieser Annahme wird ein Sachverhalt konstruiert, der unter keinen Umständen eintreten kann. Eine Beurteilung darf nach hier vertretener Auffassung indes nicht auf einer realitätsfremden Annahme basieren. Anderenfalls könnten die bilanzierenden Unternehmen für sämtliche abzubildende Sachverhalte eine fortlaufende Nutzenziehung und damit eine zeitraumbezogene Umsatzrealisation unterstellen, obwohl in der Realität keine Kontrolle auf den Kunden übergeht. Das ist nicht mit dem Kontrollprinzip in IFRS 15 vereinbar und führt zu einer bilanziellen Abbildung, die den tatsächlichen wirtschaftlichen Umständen ggf. nicht gerecht wird.[1513]

Wenn die vermittelten Informationen auf einer **realitätsfremden Annahme** basieren, haben sie überdies regelmäßig nur eingeschränkten Wert, um getroffene Entscheidungen zu bestätigen oder künftige Entwicklungen einzuschätzen. Zudem widerspricht eine realitätsfremde Annahme einer objektiven und damit willkürfreien Informationsvermittlung. Das bilanzierende Unternehmen vermittelt dann also weder relevante noch glaubwürdige Informationen. Mit der Annahme, bei der Beurteilung eines etwaigen Kontrollübergangs keine vertraglichen oder praktischen Einschränkungen zu beachten, können daher vielmehr nur limitierende Faktoren gemeint sein, die das bilanzierende Unternehmen aus rechtlichen und wirtschaftlichen Gründen an einer Übergabe der verbleibenden Leistungsverpflichtung hindern könnten. So nennt der Board bspw. in seinem Beispiel zu Transportleistungen von Frachten einen (Zwischen-)Hafen, der auf dem Weg in Richtung des Zielortes liegt.[1514] Er erwähnt jedoch nicht den Umstand, dass die transportierten Güter auf dem Seeweg übertragen werden könnten.

Um beurteilen zu können, ob mit einer eng ausgelegten Anwendungsleitlinie eine fortlaufende Nutzenziehung des Passagiers im Falle einer Beförderungsleistung begründet werden kann, müssen die Umstände dieser Leistung berücksichtigt werden. Während eines (Nonstop-)Fluges ist grundsätzlich keine Zwischenlandung geplant.[1515] Eine Airline kann allerdings während eines vertraglich vereinbarten Nonstop-Fluges, bspw. von Düsseldorf nach Hong Kong, zu einem außerplanmäßigen Zwischenstopp, z. B. aufgrund technischer Mängel, gezwungen sein. In diesem zwar nicht realitätsfremden, aber auch nicht gewöhnlichen Fall kann die ausstehende Beförderungsleistung nach Hong Kong (theoretisch) von jeder anderen Airline erbracht werden,

---

[1513] Der Board führt in IFRS 15.BC126 als Beispiel für eine fortlaufende Nutzenziehung den Transport über den Seeweg an. Im Unterschied zum Transport von Personen über den Luftweg gibt es verschiedene Klauseln, sog. Incoterms® 2010, die für den Seeweg gelten. Sie legen die Pflichten der Vertragsparteien hinsichtlich des Lieferortes, des Gefahrenübergangs, des Kostenübergangs sowie der Kostentragung fest. Auch wenn die Kontrolle über ein Gut aufgrund einer solchen Klausel bereits an Bord eines Schiffes auf den Kunden übergeht, ist eine zeitraumbezogene Umsatzrealisierung gemäß IFRS 15.35 (a) i. V. m. IFRS 15.BC126 nicht sachgerecht. Denn der Kunde kann nicht fortlaufend aus dieser Leistung einen Nutzen ziehen. Vielmehr ist es sachgerecht, den Umsatz gemäß IFRS 15.35 (b) zeitraumbezogen über den Zeitraum der Transportleistung zu erfassen. Denn der Kunde hat einen durchgängigen Kontrollbesitz über den Vermögenswert. Vgl. zu den handelsrechtlichen Klauseln bspw. HOPT, K. J., in: Handelsgesetzbuch, 38. Aufl., Incoterms und andere Handelskaufklauseln, Rn. 19 f. und 45; vgl. im Ergebnis so auch WÜSTEMANN, J./WÜSTEMANN, S./JENDRECK, A., in: Rechnungslegung nach IFRS, 2. Aufl., IFRS 15, Rn. 69.

[1514] Vgl. IFRS 15.BC126.

[1515] Vgl. ausführlich zu ununterbrochenen Flügen Abschnitt 231.

ohne dass die bereits erbrachte Beförderungsleistung wiederholt werden muss.[1516] Abhängig davon, ob der Passagier seinem vereinbarten Zielort räumlich näher gekommen ist – bspw. im Fall einer Zwischenlandung in Moskau – kann er aus der bereits erbrachten Beförderungsleistung über diese erste Teilstrecke hypothetisch einen Nutzen ziehen.[1517] So muss eine andere Airline die bereits erbrachte Beförderungsleistung nicht wiederholen. Hingegen müsste eine Airline die Beförderungsleistung faktisch erneut erbringen, wenn das Flugzeug vom Zielort räumlich weiter entfernt, z. B. in Amsterdam, notlanden müsste. In diesem Fall konnte der Passagier somit aus dem ersten Teil der Beförderungsleistung von Düsseldorf nach Amsterdam keinen Nutzen ziehen. Da ein Nonstop-Flug aber i. d. R. (wortwörtlich) ohne Zwischenstopp erbracht wird und eine etwaige Nutzenziehung aus der Beförderungsleistung vom Ort der Zwischenlandung abhängt, kann nach hier vertretener Auffassung auf der Grundlage eines Sondersachverhalts – ebenso wenig wie auf der Grundlage einer realitätsfremden Annahme – kein zeitraumbezogener Kontrollübergang begründet werden.

Bei der Auslegung ist vielmehr das Ziel der Anwendungsleitlinie zu berücksichtigen. Mithilfe der Leitlinie soll ausschließlich geprüft werden, inwieweit die Kontrolle über die zugesagte Leistung bereits auf den Kunden bzw. Passagier übergegangen ist.[1518] Hierzu müssen alle relevanten Fakten und Umstände des Beförderungsvertrages berücksichtigt werden.[1519] Maßgebend sind daher sowohl das Ziel als auch die rechtlichen Rahmenbedingungen eines Beförderungsvertrages.[1520] Gegenstand eines Beförderungsvertrages ist die Vereinbarung einer Beförderung über den Luftweg zu einem bestimmten Ort. Es handelt sich nach deutschem Recht um einen Werkvertrag, sodass die Ankunft am Zielort und nicht eine fortlaufende Leistung geschuldet wird. Eine zeitraumbezogene Umsatzrealisierung kann mithilfe des ersten Kriteriums dementsprechend nicht begründet werden.[1521] Hierzu fehlt es sowohl aus wirtschaftlicher als auch aus rechtlicher Sicht an einem fortlaufenden Kontrollübergang. Ob die Kontrolle über die Beförderungsleistung zeitraumbezogen auf den Passagier übergeht, ist folglich entsprechend den beiden weiteren Kriterien für einen zeitraumbezogenen Kontrollübergang zu beurteilen.[1522]

446.212.22 Kriterium des durchgängigen Kontrollbesitzes

Nach dem zweiten Kriterium wird eine Leistungsverpflichtung über einen bestimmten Zeitraum erfüllt, wenn der Kunde die Kontrolle über einen materiellen oder immateriellen Vermögenswert hat, während dieser erstellt oder verbessert wird.[1523] Da es sich bei einem Beförderungsvertrag um einen Werkvertrag handelt, wird dem Passagier während der Erbringung der

1516 Vgl. IFRS 15.B4; IFRS 15.BC126. Der Sachverhalt ist in diesem Fall mit dem Ansteuern eines Zwischenhafens im Beispiel des Standardsetzers vergleichbar.
1517 Vgl. hier und im folgenden Satz IFRS 15.B4; IFRS 15.BC126.
1518 Vgl. IFRS 15.B4 (a); IFRS 15.BC127.
1519 Vgl. IFRS 15.3; FASB/IASB TRG (Hrsg.), Agenda Paper 43 (July 2015), Rn. 11-16; FASB/IASB TRG (Hrsg.), Agenda Paper 44 (November 2015), Rn. 49 f.
1520 Vgl. zum Ziel sowie zu den rechtlichen Grundlagen des Beförderungsvertrages Abschnitt 223.31.
1521 A. A. PwC (Hrsg.), Revenue Guidance in the Transportation and Logistics Sector, S. 12.
1522 Vgl. IFRS 15.BC128.
1523 Vgl. IFRS 15.35 (b).

Beförderungsleistung der Beförderungserfolg zum vereinbarten Zielort geschuldet.[1524] Demzufolge ist der **Passagier** während dieses Zeitraums **nicht im Kontrollbesitz**. Zwar kann eine unbedingte Zahlungsverpflichtung einen Kontrollbesitz indizieren.[1525] Indes ist die Vorauszahlung des Flugpreises in der Airline-Industrie gängige Praxis und hat nicht zur Folge, dass der Passagier die Airline bei der Erbringung der Beförderungsleistung beeinflussen kann.[1526] Die Vorauszahlung ist vielmehr ein Schutz für die Airline, dass sie die ihr zustehende Gegenleistung vom Passagier auch erhält. Es geht folglich während der Erbringung der Beförderungsleistung keine Kontrolle i. S. d. IFRS 15.35 (b) auf den Passagier über. Das zweite Kriterium spricht also nicht für eine zeitraumbezogene Erfassung der Erträge aus der erbrachten Beförderungsleistung.[1527]

446.212.23 Kriterium des fehlenden alternativen Nutzens und das Bestehen eines rechtlich durchsetzbaren Zahlungsanspruchs

Nach dem dritten Kriterium wird eine Leistungsverpflichtung über einen bestimmten Zeitraum erfüllt, wenn der Vermögenswert, der durch die Leistung des Unternehmens erstellt wird, keinen alternativen Nutzen hat und das Unternehmen einen durchsetzbaren Zahlungsanspruch für bereits erbrachte Leistungen hat.[1528] Unter den Begriff des Vermögenswertes sind neben zugesagten Gütern auch zugesagte Dienstleistungen zu subsumieren.[1529] Folglich ist das dritte Kriterium im Rahmen eines Beförderungsvertrages erfüllt, sobald die **zugesagte und erbrachte Beförderungsleistung keinen alternativen Nutzen** hat **und** die Airline zugleich gegenüber dem Passagier einen **durchsetzbaren Zahlungsanspruch** hat.

Ein etwaiger alternativer Nutzen ist zum Zeitpunkt des Vertragsabschlusses zu beurteilen.[1530] Bei dieser Beurteilung ist allerdings zu beachten, dass eine Beförderungsleistung nicht **kundenspezifisch** angepasst wird. Zwar kann ein Passagier seine Beförderungsleistung mithilfe von Zusatzleistungen attraktiver gestalten.[1531] Indes hat dies keine Auswirkungen auf die Beförderungsleistung als solche. Schließlich besteht diese lediglich darin, den Passagier über den Luftweg zum vereinbarten Zeitpunkt vom vertraglich festgelegten Abflugort zum vorgesehenen Zielort zu befördern.[1532] Maßgebend für die Beurteilung eines alternativen Nutzens ist al-

---

[1524] Vgl. zu den rechtlichen Grundlagen eines Beförderungsvertrages Abschnitt 223.31.

[1525] Vgl. IFRS 15.B5 i. V. m. IFRS 15.38 (a).

[1526] Vgl. zur gängigen Praxis der Vorauszahlung des Flugticketpreises Abschnitt 223.31.

[1527] Bei Zusatzleistungen, die über einen Zeitraum erbracht werden, kann der Passagier regelmäßig fortlaufend einen Nutzen ziehen. Für solche Leistungen ist das erste Kriterium einschlägig. Da die Aufgabe von zusätzlichem Gepäck analog zur Beförderungsleistung zu beurteilen ist, wird auf die entsprechenden Ausführungen verwiesen.

[1528] Vgl. IFRS 15.35 (c) i. V. m. IFRS 15.BC141.

[1529] Vgl. IFRS 15.BC123; vgl. zur Definition des Vermögenswertes bereits Abschnitt 446.1.

[1530] Vgl. IFRS 15.36 i. V. m. IFRS 15.BC140.

[1531] Vgl. Abschnitt 24.

[1532] Vgl. zu den Pflichten einer Airline im Kontext eines Beförderungsvertrages Abschnitt 223.31 und 235. Rechtlich betrachtet schuldet eine Airline dem Passagier keine Beförderung mit einem bestimmten Flug. Diese formaljuristische Betrachtung ist regelmäßig nur in Fällen einer Flugüberbuchung, Flugverlegung oder

lein der fertige Vermögenswert, also im Falle des Beförderungsvertrages ausschließlich die erfolgreiche Beförderung des Passagiers an den Zielort.[1533] Eine Airline muss daher prüfen, ob sie vertraglich oder praktisch wesentlich eingeschränkt ist, eine andere Verwendungsmöglichkeit für die vereinbarte Beförderungsleistung zu finden.[1534] Ist dies der Fall, hat die Airline **keine alternative Verwendungsmöglichkeit**, sodass die notwendige Bedingung für eine zeitraumbezogene Umsatzrealisierung erfüllt wäre.[1535]

Bei der Beurteilung, ob die Leistung anderweitig verwendet werden kann, darf eine Airline nicht die Kündigung des Beförderungsvertrages mit dem Passagier in Betracht ziehen.[1536] Einem Passagier, der einen Beförderungsvertrag geschlossen hat, steht die erfolgreiche Beförderung zum vereinbarten Zeitpunkt vom Abflugort zum vereinbarten Zielort zu. Den Anspruch auf Beförderung kann der Passagier grundsätzlich im Rahmen seines Vertrages durchsetzen, falls die Airline diesen anderweitig vergeben möchte.[1537] Die Airline ist also bereits vor der Erbringung der Beförderungsleistung vertraglich eingeschränkt, eine andere Verwendungsmöglichkeit für die zugesagte Beförderungsleistung zu finden, d. h. die konkret vereinbarte Beförderungsleistung einem anderen Kunden zuzusagen. Zwar könnte eine Airline ihre Verpflichtung gegenüber dem Passagier auch erfüllen, indem sie ihn zeitgleich mit einem anderen Flugzeug zum vereinbarten Zielort befördert. Regelmäßig gibt es zu diesem Zeitpunkt aber von der Airline keine weiteren Flüge zum Zielflughafen. Sofern andere Airlines diesen Zielort in dieser Zeit anfliegen, würden der Airline einerseits erhebliche Kosten entstehen, die i. V. m. diesem Beförderungsvertrag sonst nicht angefallen wären.[1538] Andererseits würde die Airline den Beförderungsvertrag mit dem Passagier brechen, da in diesem eindeutig geregelt ist, welche Airline den Flug durchführt. Die Airline hat also aus vertraglichen und praktischen Gründen keine Möglichkeit, die zu erbringende Beförderungsleistung anderweitig zu verwenden.

Dieser Argumentation kann auf den ersten Blick entgegengebracht werden, dass eine Airline im Flugzeug grundsätzlich für jede Buchungsklasse über mehrere Sitzplätze verfügt, mit der sie eine erfolgreiche Beförderungsleistung gewährleisten könnte.[1539] Ein Passagier hat nämlich

---

Flugannullierung relevant. So behält ein Passagier nämlich seinen Beförderungsanspruch aus dem geschlossenen Beförderungsvertrag.

1533 Vgl. HEINTGES, S./ERBER, A., IAS 11=IFRS 15?, S. 1019; FASB TRG (Hrsg.), Agenda Paper 56 (November 2016), Rn. 14-22.

1534 Vgl. IFRS 15.36 f. i. V. m. IFRS 15.B6-B8.

1535 Neben der notwendigen Bedingung muss für eine zeitraumbezogene Umsatzrealisierung noch die hinreichende Bedingung erfüllt sein. Hierzu muss die Airline einen durchsetzbaren Zahlungsanspruch für bereits erbrachte Leistungen haben. Vgl. IFRS 15.35 (c) i. V. m. IFRS 15.BC141.

1536 Vgl. IFRS 15.B6.

1537 Vgl. IFRS 15.B7. In der Praxis der Airlines werden Flüge regelmäßig überbucht. So kann es vorkommen, dass ein Passagier zwar einen Anspruch auf einen Flug hat. Aufgrund mangelnder Sitzkapazitäten muss er aber auf einen anderen Flug ausweichen. In diesem Fall hat ein Passagier Anspruch auf Unterstützungs-, Betreuungs- und Ausgleichsleistungen und ggf. auf Schadensersatz. Vgl. hierzu ausführlich Abschnitt 223.2 und 235.

1538 Vgl. hier und im folgenden Satz IFRS 15.B7.

1539 Eine Airline überbucht regelmäßig ihre Flüge, um eine hohe Flugauslastung zu erreichen. Ein Sitzplatz ist nämlich kein lagerfähiges Gut. Vgl. POMPL, W., Luftverkehr, S. 43; CONRADY, R./FICHERT, F./STERZENBACH, R., Luftverkehr, S. 366.

grundsätzlich keinen Anspruch auf einen fest zugewiesenen Sitzplatz.[1540] Sobald die Airline die Beförderungsleistung erbringt und der Passagier diese in Anspruch nimmt, kann ein Sitzplatz indes nicht mehr anderweitig vergeben und verwendet werden.[1541] Das ist spätestens der Fall, wenn das Flugzeug abhebt. Gerade der Zeitraum „[...] *during the creation or enhancement of that asset* [...]“[1542] ist für die Beurteilung eines alternativen Nutzens jedoch maßgebend. Die notwendige Bedingung für eine zeitraumbezogene Umsatzrealisierung ist somit erfüllt.

Um die Erträge aus der Beförderungsleistung zeitraumbezogen zu erfassen, muss eine Airline zusätzlich einen **rechtlich durchsetzbaren Zahlungsanspruch** für bereits erbrachte Leistungen haben.[1543] In der Airline-Industrie ist es gängige Praxis, eine vollständige Vorauszahlung des Entgelts für die Beförderung zu vereinbaren.[1544] Entscheidend für die Beurteilung ist, ob die Airline während der Vertragslaufzeit das Recht hätte, dieses Entgelt einzubehalten, wenn der Vertrag aus anderen Gründen als der Nichterfüllung oder Schlechtleistung der Airline gekündigt würde.[1545] Es ist mithin zu prüfen, ob einem Passagier in einem Beförderungsvertrag ein Recht zur Kündigung ohne Grund zusteht.[1546] Nach § 648 BGB kann ein Passagier den Beförderungsvertrag vor Beginn der Vertragslaufzeit jederzeit und ohne Angabe von Gründen kündigen.[1547] Abhängig vom gewählten Flugtarif bekommt der Passagier im Falle einer Kündigung des Vertrages sein bereits gezahltes Beförderungsentgelt bis zur vollen Höhe erstattet. Sobald eine Airline mit der Durchführung des Fluges beginnt, kann ein Passagier den Vertrag hingegen nicht mehr kündigen. Dies ist bereits aus praktischen Gründen nicht möglich. Denn ein Passagier kann das Flugzeug während des Fluges nicht mehr verlassen.[1548] Insofern ist ein durchsetzbarer Zahlungsanspruch **gegeben.**[1549] Neben einer fehlenden alternativen Verwendungsmöglichkeit der einem Passagier zugesagten Beförderungsleistung hat eine Airline folglich auch einen durchsetzbaren Zahlungsanspruch für eine erfolgreiche Beförderung. Eine Airline hat die Umsatzerlöse aus der Erbringung der **Beförderungsleistung** somit **zeitraumbezogen** zu realisieren.

1540 Vgl. bpsw. DEUTSCHE LUFTHANSA (Hrsg.), ABB Flugpassage, Art. 5.4.3; EMIRATES (Hrsg.), ABB, Art. 5.4.

1541 Vgl. IFRS 15.36.

1542 IFRS 15.36.

1543 Vgl. IFRS 15.35 (c); IFRS 15.BC142.

1544 Vgl. Abschnitt 223.31.

1545 Vgl. IFRS 15.37 i. V. m. IFRS 15.B10.

1546 Vgl. IFRS 15.37 i. V. m. IFRS 15.B9-B13.

1547 Vgl. hier und im folgenden Satz KIRSCH, A., Der Luftbeförderungsvertrag im Personenverkehr, Rn. 136; vgl. zur Kündigung eines Beförderungsvertrages Abschnitt 223.31.

1548 Services wie z. B. der Check-in und die Sicherheitskontrolle zählen zu den Beförderungsleistungen im weiteren Sinne. Es handelt sich dabei um obligatorische Zusatzleistungen, die zwingend für die Erbringung der Kernleistung erforderlich sind. Vgl. hierzu Abschnitt 24. Abhängig vom gewählten Flugtarif können Passagiere bis unmittelbar vor dem Besteigen des Flugzeugs von ihrem gewählten Flug zurücktreten und den gesamten Flugpreis erstattet bekommen. In diesem Fall hat die Airline keinen durchsetzbaren Zahlungsanspruch für bereits erbrachte obligatorische Zusatzleistungen. Diese entsprechenden Ausgaben sind als Aufwand zu erfassen.

1549 Vgl. IFRS 15.B11.

Auf dieser Grundlage werden bei einem Flug, der über den Abschlussstichtag einer Airline hinaus andauert, in der Gewinn- und Verlustrechnung bereits Umsatzerlöse aus der Beförderungsleistung erfasst, die im zu berichtenden Geschäftsjahr erbracht wurde. So erhalten die Adressaten des Abschlusses einer Airline aktuelle Informationen über **hinreichend sichere Umsatzerlöse**. Zwar wird grundsätzlich ein bestimmter (werkvertraglicher) Erfolg vereinbart, der zu diesem Zeitpunkt noch nicht erzielt wurde. Indes ist bereits mit Abheben des Flugzeugs hinreichend sicher, dass der Passagier die zugesagte Beförderungsleistung und somit den zugesagten Erfolg erhält. Schließlich ist eine Umleitung des Fluges zu einem anderen Zielort oder gar ein Absturz eines Flugzeugs höchst unwahrscheinlich. Eine rein formaljuristische Betrachtungsweise wäre demnach für Beförderungsleistungen nach hier vertretener Auffassung nicht sachgerecht.

Aufgrund der vertraglichen und praktischen Einschränkungen, denen eine Airline naturgemäß nach dem Start des Flugzeugs unterliegt, können weder die Airline selbst noch Dritte aus dieser Leistung einen **Nutzen ziehen**. Das kann ab diesem Zeitpunkt über die Dauer des gesamten Fluges nur noch der Passagier. Dies spricht für einen Kontrollübergang i. S. d. IFRS 15. Zudem werden im Abschluss die Umsatzerlöse der (tatsächlich) in dieser Berichtsperiode erbrachten Beförderungsleistungen vollständig erfasst. Die auf Basis einer zeitraumbezogenen Umsatzrealisierung vermittelten Informationen spiegeln folglich den wirtschaftlichen Gehalt der Beförderungsleistung wider, sodass eine glaubwürdige Darstellung des Sachverhalts gefördert wird. Überdies haben die Informationen einen Bestätigungs- und Prognosewert, weil der Adressat bereits zum Abschlussstichtag Kenntnis über den umsatzgenerierenden Sachverhalt gewinnen kann. Es können somit sowohl glaubwürdige als auch relevante Informationen vermittelt werden.

446.212.3 Konkretisierung der normativen Vorgaben für Zusatzleistungen

Zusatzleistungen, die innerhalb eines Beförderungsvertrages vereinbart werden können, sind Dienstleistungen der Airline.[1550] Ziel der unmittelbar freiwilligen Zusatzleistungen ist es, die Beförderungsleistung attraktiver zu machen. Es gibt eine **Vielzahl** verschiedener Zusatzleistungen, die entweder vor, während oder nach dem Flug in Anspruch genommen werden können. Im Falle eines Kontrollübergangs erhält ein Passagier das gegenwärtige Recht, den Nutzen dieser Leistung bestimmen und im Wesentlichen den verbleibenden Nutzen ziehen zu können.[1551] So kann ein Passagier bspw. im Falle eines gebuchten **Internetpasses** während des Fluges bestimmen, zu welchem Zeitpunkt und in welchem Umfang er das Datenvolumen nutzt. Er kann also fortlaufend einen Nutzen aus der angebotenen Leistung der Airline ziehen, sodass das erste Kriterium eines zeitraumbezogenen Kontrollübergangs erfüllt ist. Folglich sind die Umsätze aus dem verkauften Internetpass – isoliert betrachtet – zeitraumbezogen zu realisieren. Dies spiegelt den wirtschaftlichen Gehalt des Sachverhalts zutreffend wider. Das gilt entsprechend für **Bordunterhaltungsprogramme**, die dem Passagier entgeltlich während des Fluges zur

[1550] Vgl. allgemein zu Zusatzleistungen Abschnitt 24.
[1551] Vgl. IFRS 15.33 i. V. m. IFRS 15.BC120.

Verfügung gestellt werden. Auch bei einem **Zutritt zu Flughafenlounges** kann ein Passagier selbst bestimmen, zu welchem Zeitpunkt er die Lounge während des vereinbarten Zeitraums betritt und aus dieser Leistung einen Nutzen zieht. Im Falle einer **Sitzplatzreservierung** möchte ein Passagier einen bestimmten Sitzplatz auswählen, von dem er sich den höchsten Nutzen verspricht. Das kann bspw. ein Sitzplatz mit mehr Beinfreiheit, ein Fenster- oder ein Gangplatz sein.[1552] Der gewählte Sitzplatz steht dem Passagier grundsätzlich über diesen Zeitraum zu.[1553] Den Nutzen hieraus kann er folglich während des gesamten Fluges ziehen.[1554] Deshalb ist auch der dieser (Teil-)Leistung zugeordnete Transaktionspreis – separat betrachtet – **zeitraumbezogen** als Umsatz zu realisieren.

Bei der **Bordverpflegung** erhält der Passagier zum Zeitpunkt der Ausgabe der Speisen bzw. Getränke die Kontrolle über die jeweiligen Güter. Es wird keine Leistung über einen Zeitraum erbracht, da keines der Kriterien in IFRS 15.35 für einen zeitraumbezogenen Kontrollübergang erfüllt ist.[1555] Folglich sind diese Leistungen – isoliert betrachtet – **zeitpunktbezogen** zu realisieren.[1556] Ebenso werden ein **bevorzugter Check-in, ein bevorzugtes Boarding, eine bevorzugte Gepäckabholung sowie ein Vorabend-Check-in** nicht über einen Zeitraum, sondern zu einem bestimmten Zeitpunkt erbracht. Deshalb geht die Kontrolle i. S. d. IFRS 15 für diese Teilleistungen grundsätzlich zum Zeitpunkt der Leistungserbringung auf den Kunden über.

Ein Passagier hat bei einem Flug überdies die Möglichkeit, **zusätzliches Hand- oder Aufgabegepäck sowie Sondergepäck** befördern zu lassen.[1557] Dem Passagier wird grundsätzlich eine rechtzeitige und erfolgreiche Beförderung des Gepäcks mit demselben Flugzeug zugesagt, in dem der Passagier befördert wird.[1558] Der Passagier hat hierauf also einen Anspruch, den er grundsätzlich im Rahmen seiner Vereinbarung durchsetzen kann.[1559] Eine Airline ist analog zur Beförderungsleistung vertraglich und praktisch eingeschränkt, die Ladefläche für Gepäckstücke anderweitig zu verwenden.[1560] Deshalb ist die notwendige Bedingung einer fehlenden alternativen Verwendungsmöglichkeit der Gepäckbeförderungsleistung für eine zeitraumbezogene Umsatzrealisierung erfüllt. Da eine Vereinbarung über die Gepäckbeförderung außerdem nicht mehr aufgehoben werden kann, sobald der Flug beginnt, hat die Airline einen rechtlich

---

1552 Vgl. bspw. DEUTSCHE LUFTHANSA (Hrsg.), ABB Flugpassage, Art. 5.4.1.

1553 Aus Sicherheitsgründen, z. B. wenn ein Kind auf einem Sitzplatz am Notausgang sitzt, oder aus operationellen Gründen kann ein Passagier umgesetzt werden. Vgl. bspw. DEUTSCHE LUFTHANSA (Hrsg.), ABB Flugpassage, Art. 5.4.3.

1554 Vgl. IFRS 15.35 (a).

1555 Vgl. IFRS 15.35 (a)-(c).

1556 Vgl. IFRS 15.32 i. V. m. IFRS 15.38.

1557 Vgl. Abschnitt 24 und 446.212.2.

1558 Vgl. bspw. DEUTSCHE LUFTHANSA (Hrsg.), ABB Flugpassage, Art. 8.6.3. Das Gepäck wird nur in Ausnahmefällen nicht mit demselben Flugzeug befördert, z. B. aus Sicherheitsgründen oder aus operationellen Gründen. Der Erfolg wird bspw. auch für Betreuungsleistungen vor oder nach dem Flug sowie bei Umsteigeverbindungen geschuldet. Hier ist es das inhärente Ziel, den Passagier zum vereinbarten Zielort am Flughafen, z. B. zum Abfluggate oder zum Gepäckband bzw. Ausgang des Flughafens zu befördern.

1559 Vgl. IFRS 15.B7.

1560 Vgl. IFRS 15.35 (c) i. V. m. IFRS 15.36; IFRS 15.B7.

durchsetzbaren Zahlungsanspruch für die erbrachte Leistung.[1561] Somit ist das dritte Kriterium für eine zeitraumbezogene Umsatzrealisierung erfüllt, sodass eine zeitgleiche Realisierung der Umsätze aus der Beförderungsleistung und der Gepäckbeförderung angezeigt ist. Aufgrund der Analogie der Gepäckbeförderung zur Beförderung des Passagiers erscheint eine zeitraumbezogene Umsatzerfassung sachgerecht.

Mithin können in einem Beförderungsvertrag sowohl Zusatzleistungen vereinbart werden, bei denen die Kontrolle entweder zeitraum- oder zeitpunktbezogen auf den Kunden übergeht. Deshalb muss konkretisiert werden, wie die Umsatzerlöse einer eigenständig abgrenzbaren Leistungsverpflichtung in einem Beförderungsvertrag entsprechend ihrem Leistungsfortschritt am zutreffendsten abgebildet werden.[1562] Da eine Airline im Rahmen eines Beförderungsvertrages nicht nur Beförderungs- und Zusatzleistungen, sondern auch Vermittlungsleistungen erbringen kann, ist im folgenden Abschnitt zunächst zu prüfen, ob die Airline Umsatzerlöse aus solchen Leistungen zeitraumbezogen zu realisieren hat.[1563]

446.212.4 Konkretisierung der normativen Vorgaben für Vermittlungsleistungen

Die Vertragsairline erbringt nicht immer alle vertraglich vereinbarten Beförderungs- und Zusatzleistungen selbst.[1564] Abhängig von der Vereinbarung der Vertragsairline mit dem sog. *Operating Carrier*[1565] handelt die Vertragsairline als Agent. In diesem Fall hat die Vertragsairline die Umsatzerlöse netto in Höhe der Provision zu erfassen, die ihr als Gegenleistung für die erbrachte Vermittlungsleistung erwartungsgemäß zusteht.[1566] Es ist zu prüfen, ob die Umsatzerlöse aus dieser Leistung zeitraumbezogen zu realisieren sind.

Umsatzerlöse sind zu erfassen, sobald die Kontrolle über die zugesagte Leistung auf den Kunden übergeht.[1567] In einem Beförderungsvertrag, in dem einer oder mehrere Flüge vereinbart und von einer anderen Airline durchgeführt werden, sind mindestens drei Parteien beteiligt: die Vertragsairline, der *Operating Carrier* sowie der Passagier. Ein **Kunde i. S. d. IFRS 15** ist „[...] *a party that has contracted with an entity to obtain goods or services that are an output of the entity's ordinary activities in exchange for consideration.*“[1568] In einem Beförderungsvertrag übernimmt die Vertragsairline die Gesamtverpflichtung zur Beförderung des Passagiers

[1561] Vgl. IFRS 15.35 (c); IFRS 15.BC141 f.; Vgl. bspw. DEUTSCHE LUFTHANSA (Hrsg.), ABB Flugpassage, Art. 8.8.2. Sofern sie das Entgelt hierfür nicht im Voraus erhält, wird das aufgegebene Gepäck nur gegen Zahlung des für die Beförderung vereinbarten Entgelts ausgegeben.

[1562] Vgl. Abschnitt 446.22.

[1563] Vgl. Abschnitt 443.223. und 443.224.

[1564] Vgl. zur Prinzipal-Agent-Prüfung in einem Beförderungsvertrag über einen unterbrochenen Flug im Rahmen einer *Interline*- und einer Codesharing-Vereinbarung Abschnitt 443.223. und 443.224.

[1565] Der *Operating Carrier* ist die Airline, die den jeweiligen Flug tatsächlich durchführt.

[1566] Vgl. IFRS 15.B36; AICPA AIRLINES REVENUE RECOGNITION TASK FORCE (Hrsg.), Issue #2-5 A – Interline Transactions, Rn. 3-6.

[1567] Vgl. IFRS 15.31.

[1568] IFRS 15.6; IFRS 15.Anhang A. Vgl. zur Diskussion, wer Kunde in einem Vertrag ist, im Zusammenhang mit der Zahlung einer Gegenleistung an den Kunden, FASB/IASB TRG (Hrsg.), Agenda Paper 19 (January 2015), Rn. 8-19; FASB/IASB TRG (Hrsg.), Agenda Paper 28 (March 2015), Rn. 24-27; FASB/IASB

zu dem bzw. den jeweils vereinbarten Zielorten.[1569] Der Passagier ist damit in jedem Fall ein Kunde i. S. d. IFRS 15.[1570] Das gilt schließlich unabhängig davon, ob die Vertragsairline die jeweilige Beförderungsleistung selbst oder ob ihr *Interline-* bzw. Codesharing-Partner diese erbringt. Im Rahmen der Vermittlungsleistung ist aber nicht nur der Passagier, sondern auch der *Operating Carrier* als Prinzipal Kunde der Vertragsairline.[1571] Schließlich erhält die Vertragsairline von ihm eine Provision für eine erfolgreiche Vermittlungsleistung.

Der *Operating Carrier* kann aus einer Vermittlungsleistung weder einen kontinuierlichen Nutzen ziehen noch wird ein Vermögenswert erstellt, den er während der Leistungserbringung kontrolliert.[1572] Überdies hat die Vertragsairline keinen jederzeit durchsetzbaren Zahlungsanspruch gegenüber dem *Operating Carrier*, weil sie nur im Falle einer erfolgreichen Vermittlungsleistung einen solchen Anspruch besitzt.[1573] Folglich ist keines der drei Kriterien für einen zeitraumbezogenen Kontrollübergang erfüllt, sodass die Umsatzerlöse aus der Vermittlungsleistung vollständig **zu einem Zeitpunkt** zu realisieren sind.[1574]

Im Folgenden soll untersucht werden, wie die zeitraumbezogen zu erfassenden Umsatzerlöse aus den zugesagten Beförderungs- und Zusatzleistungen in einem Beförderungsvertrag entsprechend ihrem Leistungsfortschritt abgebildet werden. Zuerst sollen die Vorschriften des IFRS 15 allgemein analysiert werden, bevor sie für Beförderungs- und Zusatzleistungen vor dem Hintergrund der Entscheidungsnützlichkeit konkretisiert werden.

446.22 Bestimmung des Leistungsfortschritts bei zeitraumbezogener Umsatzrealisierung

446.221. Analyse und Würdigung der normativen Vorgaben

Wird eine Leistungsverpflichtung zeitraumbezogen erfüllt, muss ein Unternehmen für die betreffende Leistungsverpflichtung die **Methode zur Erfassung der Umsatzerlöse** wählen, die die Übertragung der Kontrolle über die zugesagten Güter oder Dienstleistungen realitätsgetreu widerspiegelt.[1575] Hierzu müssen die Eigenschaften der jeweiligen Leistungsverpflichtung berücksichtigt werden.[1576]

TRG (Hrsg.), Agenda Paper 37 (July 2015), Rn. 8-10; FASB/IASB TRG (Hrsg.), Agenda Paper 44 (November 2015), Rn. 15.

1569 Vgl. zu den rechtlichen Grundlagen eines Beförderungsvertrages Abschnitt 223.31.

1570 Vgl. hier und im folgenden Satz so auch AICPA Airlines Revenue Recognition Task Force (Hrsg.), Issue #2-5 A – Interline Transactions, Rn. 2. Der Passagier ist auch Kunde (i. S. d. IFRS 15) des Partners, sobald der Kunde in seiner Obhut ist.

1571 Vgl. FASB/IASB TRG (Hrsg.), Agenda Paper 44 (November 2015), Rn. 15; AICPA Airlines Revenue Recognition Task Force (Hrsg.), Issue #2-5 A – Interline Transactions, Rn. 2.

1572 Vgl. IFRS 15.35 (a) und (b).

1573 Vgl. IFRS 15.35 (c); vgl., wenn auch in anderem Kontext, Lüdenbach, N./Lukat, K., Vollständig erfolgsabhängige Vergütungen, S. 162.

1574 Vgl. IFRS 15.35. Vgl. ausführlich zu den Kriterien im Beförderungsvertrag Abschnitt 446.212.

1575 Vgl. IFRS 15.39 i. V. m. IFRS 15.BC158 f.

1576 Vgl. IFRS 15.39; IFRS 15.41 i. V. m. IFRS 15.BC159 f.

Grundsätzlich ist der Leistungsfortschritt **am Ende einer jeden Berichtsperiode** zu messen.[1577] Es sei denn, das bilanzierende Unternehmen verfügt nicht über eine hinreichend sichere Grundlage zur Bestimmung des Leistungsfortschritts.[1578] In einem solchen Fall hat ein Unternehmen die Umsatzerlöse i. d. R. erst (wieder) zu erfassen, wenn es den Leistungsfortschritt verlässlich bzw. – gemäß dem Wortlaut in IFRS 15.44 – vernünftig („*reasonably*") bestimmen kann. In den Fällen, in denen das Unternehmen zwar den Leistungsfortschritt nicht vernünftig bestimmen kann, indes einen Auftragsverlust ausschließen kann, ist ein Umsatz in Höhe der entstandenen Kosten zu erfassen.[1579] Diese sog. *Zero-Profit*-Methode führt i. S. d. Vorsichtsgebotes zu einer erfolgsneutralen Bilanzierung, wodurch eine neutrale Berichterstattung gewährleistet werden kann.[1580] Zudem bildet sie eine kontinuierliche Leistungserbringung ab und vermeidet die Erfassung von Auftragszwischenverlusten. Diese Ausnahmeregelung ist im Hinblick auf eine vergleichsweise glaubwürdige und relevante Darstellung der Ertragslage sachgerecht.

Für die Bestimmung des Leistungsfortschritts in den Fällen, in denen dies verlässlich möglich ist, schreibt der Board **keine bestimmte Methode** vor.[1581] Der Board unterscheidet zwischen output- und inputorientierten Methoden, d. h. zwischen Leistungs- und Einsatzverfahren.[1582] Dabei fördern seiner Ansicht nach outputorientierte Methoden eine glaubwürdige Darstellung der unternehmerischen Leistung grundsätzlich stärker, weil sie den Wert des Gegenleistungsanspruchs der Güter oder Dienstleistungen bestimmen, für die die Kontrolle auf den Kunden übergegangen ist.[1583] Inputorientierte Methoden können allerdings sachgerecht sein, wenn outputorientierte Methoden zu komplex und nur mit einem hohen Kostenaufwand durchzuführen sind.[1584]

Für die Entscheidung, welche der beiden Methodenarten für das Unternehmen geeigneter ist, um den wirtschaftlichen Gehalt des unternehmerischen Handelns am besten widerzuspiegeln, und somit zu wählen ist, muss ein Unternehmen sämtliche Fakten und Umstände des zugrunde liegenden Vertrages berücksichtigen.[1585] Adressaten erhalten so die Chance auf relevante und

---

1577 Vgl. IFRS 15.40.

1578 Vgl. hier und im folgenden Satz IFRS 15.44 i. V. m. IFRS 15.BC179 f.; EY (Hrsg.), Umsatzrealisierung, S. 238. In IAS 11 war die Messung des Leistungsfortschritts an eine verlässliche („*reliable*" (IAS 11.32)) und nicht an eine vernünftige („*reasonable*" (IFRS 15.44 f.)) Bewertung geknüpft. Diese Änderung sollte zu keinen wesentlichen Änderungen führen. Sie ist konsistent zur Änderung im *Conceptual Framework*. Vgl. CF.BC5.2-BC5.4 und .BC5.8; Wüstemann, J./Wüstemann, S./Jendreck, A., in: Rechnungslegung nach IFRS, 2. Aufl., IFRS 15, Rn. 89.

1579 Vgl. IFRS 15.45 i. V. m. IFRS 15.BC180.

1580 Vgl. hier und im folgenden Satz IFRS 15.45 i. V. m. IFRS 15.BC180; Kühne, M./Schleis, I., Neuregelung der Umsatzrealisierung nach IFRS, S. 262; Wüstemann, J./Wüstemann, S., Erfassung von Umsatzerlösen nach IFRS 15, S. 935; Wüstemann, J./Wüstemann, S./Jendreck, A., in: Rechnungslegung nach IFRS, 2. Aufl., IFRS 15, Rn. 88 f.

1581 Vgl. IFRS 15.39; IFRS 15.41 i. V. m. IFRS 15.BC159 f.

1582 Vgl. IFRS 15.41 i. V. m. IFRS 15.B14-B19 und IFRS 15.BC162. Vgl. hierzu bspw. Lüdenbach, N./Hoffmann, W.-D./Freiberg, J., in: Haufe IFRS-Kommentar, 16. Aufl., § 25, Rn. 148.

1583 Vgl. IFRS 15.BC164.

1584 Vgl. IFRS 15.BC164; IFRS 15.B17.

1585 Vgl. IFRS 15.3; IFRS 15.39; IFRS 15.41; IFRS 15.BC160.

glaubwürdige Informationen über die Ertragslage. Sowohl die Art der zugesagten Güter oder Dienstleistungen, die das Unternehmen vereinbarungsgemäß auf den Kunden überträgt, als auch die Art und Weise, wie es sein Leistungsversprechen erfüllt, beeinflussen diese Entscheidung.[1586] Die Tatsache, dass der Board keine konkrete Methode zur Messung des Leistungsfortschritts festlegt, begrenzt zwar die zwischenbetriebliche Vergleichbarkeit.[1587] Überdies eröffnet dies dem Unternehmen einen bilanzpolitisch nutzbaren Gestaltungsspielraum, der die Relevanz und die glaubwürdige Darstellung der auf dieser Grundlage vermittelten Informationen einschränken kann.[1588] Dieser Spielraum wird indes durch das Stetigkeitsgebot begrenzt. Im Sinne des Stetigkeitsgebotes ist die gewählte Methode im Zeitverlauf sowie auf ähnliche Leistungsverpflichtungen und unter ähnlichen Umständen einheitlich anzuwenden.[1589] Einerseits fördert dies die Vergleichbarkeit der realisierten Umsatzerlöse. Andererseits wird dadurch verhindert, dass ein Unternehmen die Vorschriften zur Identifikation einer Leistungsverpflichtung durch die Verwendung mehrerer Methoden zur Messung des Leistungsfortschritts faktisch umgeht.[1590] Schließlich ist die eigenständig abgrenzbare Leistungsverpflichtung, die im zweiten Prozessschritt identifiziert wird, die in den verbleibenden Prozessschritten des Fünf-Schritte-Modells zur Umsatzrealisierung zugrunde zu legende Bilanzierungseinheit.[1591] Aus diesem Grund ist auch der Leistungsfortschritt einer eigenständig abgrenzbaren Leistungsverpflichtung, die auf der Zusage mehrerer Güter oder Dienstleistungen gründet, wie z. B. die Beförderungs- und Zusatzleistung in einem Beförderungsvertrag über einen ununterbrochenen Flug,[1592] mittels einer einzigen Methode zu bestimmen.[1593]

Wählt ein Unternehmen eine **outputorientierte Methode** zur Bestimmung des Leistungsfortschritts, werden Umsatzerlöse im Verhältnis der bereits erbrachten Leistung zu der insgesamt zu erbringenden Gesamtleistung abzüglich etwaiger in Vorperioden erfasster Umsatzerlöse

[1586] Vgl. IFRS 15.41; IFRS 15.BC160; EY (Hrsg.), Umsatzrealisierung, S. 240; EY (Hrsg.), International GAAP 2018, Chapter 30, S. 2200 f.

[1587] Vgl. so bspw. bereits bei den Vorschriften zu nicht monetären Gegenleistungen in Abschnittt 444.312.

[1588] Vgl. hierzu bereits kritisch im Kontext der Vorgängerregelungen zur Umsatzrealisierung nach IAS 11 statt vieler bspw. BRANDT, C., Ermittlung des Fertigstellungsgrades, S. 171-173; FREISLEBEN, N./LEIBFRIED, P., IAS/IFRS-Abschlüsse nicht (miteinander) vergleichbar, S. 104 f.; VON KEITZ, I./SCHMIESZEK, O., Ertragserfassung, S. 122 f.; ZWIRNER, C./BOECKER, C./REUTER, M., Umstellung der Rechnungslegung von HGB auf IFRS, S. 224; POTTGIEßER, G./VELTE, P./WEBER, S., Auftragsfertigung, S. 315 f. Aus den Vorschriften zur Bestimmung des Leistungsfortschritts sollten grundsätzlich keine (neuen) Auslegungs- und Anwendungsfragen resultieren. Schließlich sind die Vorschriften mit den Vorgängerregelungen in IAS 11 vergleichbar. Vgl. statt vieler bspw. KURSATZ, D./MURER, A./SELLMANN, O., Probleme der Umsatzrealisierung in der Bauindustrie, S. 19 f. und 22; GROTE, A./HOLD, C./PILHOFER, J., ED/2011/6 (Teil 2), S. 172.

[1589] Vgl. hier und im folgenden Satz IFRS 15.40 i. V. m. IFRS 15.BC161; vgl. so bspw. auch SCHMIDT, M., Leistungsfortschritt bei zeitraumbezogener Erlöserfassung, S. 268.

[1590] Vgl. IFRS 15.40 i. V. m. IFRS 15.BC161.

[1591] Vgl. zur Identifizierung der Bilanzierungseinheit(en) in einem Kundenvertrag ausführlich Abschnitt 443.

[1592] Vgl. Abschnitt 446.223.

[1593] Vgl. IFRS 15.BC161; FASB/IASB TRG (Hrsg.), Agenda Paper 41 (July 2015), Rn. 11; FASB/IASB TRG (Hrsg.), Agenda Paper 44 (November 2015), Rn. 45-48. Ändern sich die Umstände bei der Messung des Leistungsfortschritts im Zeitverlauf, sind die Änderungen entsprechend den Vorschriften gemäß IAS 8 als Änderung einer Schätzung zu bilanzieren. Vgl. IFRS 15.43.

realisiert.[1594] Hierzu kann auf bereits erstellte oder gelieferte Einheiten, bereits erbrachte physische Teilleistungen oder auf erreichte Leistungsziele, sog. Meilensteine, zurückgegriffen werden. Ein Unternehmen muss prüfen, ob der gewählte Output den Leistungsfortschritt zutreffend darstellt.[1595]

Vereinfachend kann es Umsatzerlöse in Höhe des Betrages realisieren, den es dem Kunden für die bereits erbrachte Leistung in Rechnung gestellt hat.[1596] Das gilt bspw. bei Dienstleistungsverträgen mit einer fixen Stundenvergütung. Aber auch bei Verträgen, die einen variablen Preis je Einheit während der Vertragslaufzeit vorsehen, z. B. bei Stromlieferungsverträgen mit marktabhängigen Preisen, kann diese Vereinfachungsvorschrift genutzt werden.[1597] Die Beurteilung, ob die Vereinfachungsvorschrift in Anspruch genommen werden kann, ist allerdings ermessensbehaftet und bietet bilanzpolitischen Gestaltungsspielraum.[1598] Beispielsweise muss die Möglichkeit der Rechnungsstellung nicht zwingend im Zusammenhang mit der erbrachten Leistung bzw. der auf den Kunden übertragenen Kontrolle stehen. Voraussetzung ist deshalb, dass der Rechnungsbetrag dem Wert der erbrachten Leistung entspricht.[1599] Dann nämlich erfasst das Unternehmen nur Erträge, die ihm für die (anteilige) Erfüllung seiner Leistungsverpflichtung bereits zustehen. Diese Informationen sind wertungsfrei, objektiv und damit willkürfrei, sodass sie eine glaubwürdige Informationsvermittlung fördern. Überdies sind die Informationen regelmäßig auch relevant, da sie einen Bestätigungswert sowie einen mittelbaren Vorhersagewert aufweisen, wodurch das Ertragspotenzial des Unternehmens im Abschluss gezeigt wird.

Wenn das bilanzierende Unternehmen die Vereinfachungsvorschrift in Anspruch nimmt, muss es zwar die eigenständig abgrenzbaren Leistungsverpflichtungen innerhalb seines Kundenvertrages identifizieren (erster und zweiter Prozessschritt) sowie feststellen, dass die Umsatzerlöse zeitraumbezogen zu erfassen sind (fünfter Prozessschritt).[1600] Es umgeht bzw. vereinfacht allerdings die Prozessschritte drei bis fünf des Fünf-Schritte-Modells zur Umsatzrealisierung.[1601] Denn das Unternehmen ermittelt die Höhe der Umsatzerlöse durch Multiplikation des den gelieferten Gütern und/oder erbrachten Dienstleistungen zugeordneten Rechnungspreises mit dem Leistungsfortschritt und bestimmt somit keinen Transaktionspreis. Überdies darf das Unterneh-

---

1594 Vgl. hier und im folgenden Satz IFRS 15.B15 i. V. m. IFRS 15.BC163. Vgl. bspw. auch LÜDENBACH, N./HOFFMANN, W.-D./FREIBERG, J., in: Haufe IFRS-Kommentar, 16. Aufl., § 25, Rn. 148 f.

1595 Vgl. IFRS 15.B15; BREIDENBACH, K./WÄHRISCH, M., Umsatzerlöse, Rn. 322.

1596 Vgl. hier und im folgenden Satz IFRS 15.B16.

1597 Vgl. FASB/IASB TRG (Hrsg.), Agenda Paper 44 (November 2015), Rn. 40; vgl. zu diesem und weiteren Beispielen FASB/IASB TRG (Hrsg.), Agenda Paper 40 (July 2015), Rn. 11 f.; vgl. hierzu bspw. auch WÜSTEMANN, J./WÜSTEMANN, S./JENDRECK, A., in: Rechnungslegung nach IFRS, 2. Aufl., IFRS 15, Rn. 84.

1598 Vgl. hier und im folgenden Satz FASB/IASB TRG (Hrsg.), Agenda Paper 40 (July 2015), Rn. 19. Ein Unternehmen muss deshalb u. a. auch im Anhang angeben, aus welchen Gründen die verwendete Methode den Leistungsfortschritt realitätsgetreu widerspiegelt. Vgl. IFRS 15.124 (b).

1599 Vgl. IFRS 15.B16; FASB/IASB TRG (Hrsg.), Agenda Paper 40 (July 2015), Rn. 19; FASB/IASB TRG (Hrsg.), Agenda Paper 44 (November 2015), Rn. 40.

1600 Vgl. EY (Hrsg.), Umsatzrealisierung, S. 241; EY (Hrsg.), International GAAP 2018, Chapter 30, S. 2202.

1601 Vgl. hier und im folgenden Satz FASB/IASB TRG (Hrsg.), Agenda Paper 40 (July 2015), Rn. 23 und 26 (d).

men in diesem Fall die Umsatzerlöse vereinfachend zum Zeitpunkt der Rechnungsstellung erfassen, sodass auch der Zeitpunkt der Umsatzrealisierung nicht bestimmt werden muss.[1602] Das IFRS 15 zugrunde liegende Konzept wird somit aufgeweicht. Besonders für Dienstleistungsverträge kann diese Vereinfachungsvorschrift unter Kosten-Nutzen-Abwägungen sinnvoll sein. Es sollte indes immer kritisch geprüft werden, ob die so realisierten Umsatzerlöse auch den wirtschaftlichen Gehalt der Transaktionen widerspiegeln. Nur dann ist es im Hinblick auf die Zielsetzung der IFRS-Rechnungslegung vertretbar, den konzeptionellen Rahmen des Fünf-Schritte-Modells zur Umsatzrealisierung zu verlassen.

Wählt ein Unternehmen hingegen eine **inputorientierte Methode** zur Bestimmung des Leistungsfortschritts, werden Umsatzerlöse im Verhältnis der eingesetzten Faktormenge zu dem insgesamt erwarteten Faktoreinsatz erfasst.[1603] Der Leistungsfortschritt kann bspw. anhand entstandener Kosten, vergangener Zeit, verbrauchter Ressourcen und geleisteter Arbeitsstunden gemessen werden. Fallen Aufwendungen des Unternehmens gleichmäßig über den Zeitraum der Leistungserbringung an, kann es angemessen sein, die entsprechenden Umsatzerlöse linear zu erfassen.[1604] Bei langfristigen Aufträgen kann ein Unternehmen regelmäßig Erfahrungskurveneffekte realisieren.[1605] In derartigen Fällen kann es sachgerecht sein, den Leistungsfortschritt anhand der entstandenen Kosten zu bestimmen.[1606] Demnach hat ein Unternehmen zu Beginn der Produktion höhere Umsatzerlöse und Aufwendungen zu erfassen als später, wenn die Produktionsmenge steigt und die dazugehörigen Kosten fallen.

Der erbrachte Input eines Unternehmens steht nicht immer in einem unmittelbaren Zusammenhang zur Übertragung der Kontrolle auf den Kunden.[1607] In solchen Fällen ist es erforderlich, den bestimmten **Leistungsfortschritt entsprechend anzupassen**. So hat z. B. ein Unternehmen, das seinen Leistungsfortschritt mittels einer kostenbasierten Inputmethode misst, zum einen keine Kosten in die Bestimmung des Leistungsfortschritts einzubeziehen, die auf Ineffizienzen zurückzuführen sind.[1608] Anderenfalls würde ein Unternehmen zu hohe Erträge erfassen. Schließlich darf ein Unternehmen nur Umsätze in der Höhe realisieren, in der es seine Verbindlichkeiten erfüllt und damit reduziert. Es hat zumindest einen Teil des angezeigten Leistungsfortschritts (noch) nicht erreicht. Deshalb sind nur die Kosten zu berücksichtigen, die für Leistungen anfallen, die zum Leistungsfortschritt beitragen.[1609] Zum anderen ist der Leistungsfortschritt anzupassen, wenn die entstandenen Kosten nicht proportional zum Leistungsfortschritt anfallen.[1610]

1602 Vgl. FASB/IASB TRG (Hrsg.), Agenda Paper 40 (July 2015), Rn. 23 und 26 (d); IFRS 15.121.
1603 Vgl. hier und im folgenden Satz IFRS 15.B18 i. V. m. IFRS 15.BC168.
1604 Vgl. IFRS 15.B18.
1605 Vgl. IFRS 15.BC312-BC314.
1606 Vgl. hier und im folgenden Satz IFRS 15.BC314; vgl. bspw. auch WÜSTEMANN, J./WÜSTEMANN, S./JENDRECK, A., in: Rechnungslegung nach IFRS, 2. Aufl., IFRS 15, Rn. 85.
1607 Vgl. hier und im folgenden Satz IFRS 15.B19.
1608 Vgl. IFRS 15.B19 (a) i. V. m. IFRS 15.BC176.
1609 Vgl. IFRS 15.B19 i. V. m. IFRS 15.BC178.
1610 Vgl. IFRS 15.B19 (b).

Der Board rekurriert in der Begründungserwägung und in den Anwendungsleitlinien zu den Vorschriften für die Bestimmung des Leistungsfortschritts regelmäßig auf die in IFRS 15 zugrunde liegende **Konzeption**.[1611] Das fördert nicht nur allgemein die prinzipienorientierte Ausrichtung des IFRS 15.[1612] Vielmehr sensibilisiert der Board die Bilanzierenden für eine sachgerechte Bestimmung des Leistungsfortschritts in Bezug auf die Zielsetzung des IFRS 15 und der IFRS-Rechnungslegung. So unterstützt der Board, dass die Ertragslage eines Unternehmens durch Anwendung dieser Prinzipien entscheidungsnützliche Informationen vermitteln kann. Gewiss legt der Board keine feste Methode und kein bestimmtes Realisationsmodell zur Bestimmung des Leistungsfortschritts fest, sodass ein Ermessensspielraum beim Bilanzierenden verbleibt.[1613] Indes gewährt der Board dem bilanzierenden Unternehmen damit kein explizites Wahlrecht.[1614] Nach hier vertretener Auffassung ist es im Hinblick auf die verschiedenen abzubildenden Sachverhalte in der Bilanzierungspraxis zielführend, keine Methode vorzuschreiben und einzelne Aspekte nicht weiter zu konkretisieren.[1615] Welche Methode im Rahmen von Beförderungs- und Zusatzleistungen anzuwenden ist, soll Gegenstand der nachfolgenden Untersuchung sein.

446.222. Bestimmung des Leistungsfortschritts in einem Beförderungsvertrag ohne vereinbarte Zusatzleistungen

In einem Beförderungsvertrag, in dem ausschließlich Beförderungsleistungen vereinbart werden, ist die zugrunde zu legende Bilanzierungseinheit stets ein einzelner Flug.[1616] Aus der Erbringung der **Beförderungsleistung** resultierende Umsatzerlöse sind über einen Zeitraum zu erfassen.[1617] Fraglich ist, **ab welchem Zeitpunkt** eine Airline **Umsatzerlöse** aus der Beförderungsleistung zu realisieren hat. Konzeptionell betrachtet ist dies erst möglich, wenn eine Airline ihre Leistungsverpflichtung reduziert.[1618] Da die Durchführung eines Fluges, bspw. wegen eines technischen Defekts, noch bis zum Abheben des Flugzeugs scheitern kann, beginnt eine Airline erst zu diesem Zeitpunkt mit der Erbringung der geschuldeten Beförderungsleistung.

1611 Vgl. bspw. IFRS 15.B15; IFRS 15.BC163 f.; IFRS 15.B19; IFRS 15.BC174 und .BC178. In Verträgen, in denen neben Gütern als wesentlichen Teil der Leistungsverpflichtung auch Dienstleistungen erbracht werden, kann die Kontrolle über das jeweilige Gut zu einem anderen Zeitpunkt übergehen, als die Dienstleistung erbracht wird. Wann die Kosten (inputorientiert) für solche noch nicht installierten Materialien zu berücksichtigen sind, konkretisiert der Board in seinen Begründungserwägungen. Vgl. IFRS 15.BC169-BC175.

1612 Vgl. hierzu Abschnitt 42.

1613 Vgl. so auch SCHOO, L., Umsatzrealisierung nach IFRS, S. 138.

1614 Vgl. ähnlich bereits zu den Regelungen in IAS 11 ADLER, H./DÜRING, W./SCHMALTZ, K., in: ADS International, Abschnitt 16, Rn. 109, und zum ED/2011/6 SCHOO, L., Umsatzrealisierung nach IFRS, S. 155.

1615 So hat sich der Board bspw. gegen eine Konkretisierung der Anmerkungen zu Ineffizienzen und verschwendeten Materialien im Rahmen von inputorientierten Methoden ausgesprochen. Vgl. IFRS 15.BC177 f.

1616 Vgl. ausführlich zur Abgrenzbarkeit von Beförderungs- und Zusatzleistungen innerhalb eines Beförderungsvertrages Abschnitt 443.122.2-443.122.3 und 443.123.2-443.123.3.

1617 Vgl. Abschnitt 446.212.2. Eine Beförderungsleistung ist zeitraumbezogen zu realisieren, weil die Airline neben einer fehlenden alternativen Verwendungsmöglichkeit der zugesagten Beförderungsleistung auch einen durchsetzbaren Zahlungsanspruch für eine erfolgreiche Beförderung hat.

1618 Vgl. zur zugrunde liegenden Ertragskonzeption Abschnitt 34 und 42.

Folglich ist der Moment, in dem das Flugzeug abhebt, der Beginn des Umsatzrealisierungszeitraums.

Ab diesem Zeitpunkt ist der **Leistungsfortschritt** zu **messen**, um die Höhe der zu realisierenden Umsätze zu bestimmen. Der Board schreibt dazu keine bestimmte Methode vor.[1619] Eine Airline hat indes die Methode zu wählen, die sie für am besten geeignet hält, um die Übertragung der Kontrolle über die zugesagte Beförderungsleistung auf den Passagier realitätsgetreu widerzuspiegeln. Im Sinne des Stetigkeitsgebotes ist die gewählte Methode zumindest für alle Beförderungsverträge anzuwenden, in denen keine Zusatzleistungen vereinbart werden.[1620] Schließlich sind die realisierten Umsatzerlöse einer Airline nur so sachlich und zeitlich vergleichbar.

Grundsätzlich sind aus konzeptioneller Sicht **outputorientierte Methoden** besser geeignet als inputorientierte Methoden, weil sie unmittelbar den Wert der Güter oder Dienstleistungen zeigen, für die die Kontrolle auf den Kunden übergegangen ist.[1621] Umsatzerlöse aus Beförderungsleistungen können in der Berichtsperiode mithilfe einer outputorientierten Methode im Verhältnis der bereits geflogenen Strecke zu der Gesamtstrecke des Fluges abzüglich etwaiger in der Vorperiode erfasster Umsatzerlöse realisiert werden, weil der Passagier an der Überwindung einer räumlichen Distanz interessiert ist.[1622] Da bereits zu Beginn eines Fluges die Flugstrecke geplant ist, kennt die Airline die Länge der Flugstrecke vom Abflughafen bis zum Zielort. Überdies kann der Standort des Flugzeugs über GPS-Daten während des gesamten Fluges zwecks zurückgelegter Flugstrecke sicher bestimmt werden. Mithin können die für die Anwendung der Methode erforderlichen Informationen verlässlich ermittelt werden. Jeder geflogene Kilometer spiegelt den Leistungsfortschritt somit sachgerecht und glaubwürdig wider.[1623]

Der Dividend aus der zurückgelegten Flugstrecke (Output) und der für diese Leistung benötigten Zeit (Input) ist die Geschwindigkeit des Flugzeugs.[1624] Das zeigt den unmittelbaren Zusammenhang zwischen den beiden Messgrößen und macht deutlich, dass die **Zeit als Einsatzfaktor** – neben jedem geflogenen Kilometer – ein ebenso geeigneter Maßstab ist, um den Leistungsfortschritt einer Beförderungsleistung realitätsgetreu zu messen.[1625] Da der Aufwand der Airline für die Erbringung der Beförderungsleistung grundsätzlich gleichmäßig anfällt, ist mithin

[1619] Vgl. hier und im folgenden Satz IFRS 15.39; IFRS 15.41 i. V. m. IFRS 15.BC158-BC160.

[1620] Vgl. hier und im folgenden Satz IFRS 15.40 i. V. m. IFRS 15.BC161. Inwieweit die Methode auch in Beförderungsverträgen anzuwenden ist, in denen neben der Beförderungsleistung auch eine oder mehrere Zusatzleistungen vereinbart werden, ist zu prüfen. Vgl. Abschnitt 446.223.

[1621] Vgl. IFRS 15.BC164; Abschnitt 446.221.

[1622] Vgl. IFRS 15.B15 i. V. m. IFRS 15.BC163.

[1623] Die zurückgelegte Flugstrecke kann analog entsprechend der in der Luftfahrt verwendeten Maßeinheit der nautischen Meile (ca. 1,852 Kilometer) gemessen werden. Vgl. zur Maßeinheit bspw. SCHEIDERER, J., Angewandte Flugleistung, S. 18.

[1624] Vgl. statt vieler bspw. WEBER, R., Physik, S. 5; PRECHTL, M., Mathematische Dynamik, S. 3.

[1625] Vgl. IFRS 15.B18 f.

eine Umsatzrealisierung pro rata temporis, d. h. im Verhältnis der vergangenen Flugzeit zu der insgesamt erwarteten Flugdauer, angezeigt.[1626]

Beide Methoden sind also im Regelfall gleichermaßen dazu **geeignet**, den Leistungsfortschritt der Airline entsprechend dem wirtschaftlichen Gehalt von Beförderungsleistungen abzubilden. Sie sind wertungsfrei, objektiv und damit willkürfrei. Unter Berücksichtigung der Nebenbedingung der Kostenbegrenzung ist nach hier vertretener Auffassung eine Umsatzrealisierung pro rata temporis im Regelfall die beste Art, um Umsatzerlöse aus Beförderungsleistungen zu erfassen. Da der Leistungsfortschritt grundsätzlich am Ende einer jeden Berichtsperiode zu messen ist, gilt dies faktisch nur für Flüge, die am Bilanzstichtag starten und erst nach vierundzwanzig Uhr desselben Tages landen.[1627]

446.223. Bestimmung des Leistungsfortschritts in einem Beförderungsvertrag mit vereinbarten Zusatzleistungen

In einem Beförderungsvertrag werden neben der Beförderungsleistung regelmäßig auch eine oder mehrere Zusatzleistungen vereinbart. Eine eigenständig abgrenzbare Leistungsverpflichtung kann dann aus **gemischten Leistungen** bestehen. So können die Umsatzerlöse einzelner Teilleistungen separat betrachtet zeitraumbezogen und die anderer Teilleistungen zeitpunktbezogen zu realisieren sein.[1628]

Der Board schreibt explizit vor, dass der Leistungsfortschritt in einer eigenständig abgrenzbaren Leistungsverpflichtung, in der mehrere Leistungen zugesagt werden, **mittels einer einzigen Methode** zu bestimmen ist.[1629] Das sog. *Multiple-Attribution*-Modell, nach dem für jede Leistung eine eigene Methode zur Messung des Fortschritts zu verwenden ist, missachtet das in IFRS 15 verfolgte Konzept und darf nach hier vertretener Auffassung deshalb nicht für in den Anwendungsbereich des IFRS 15 fallende Geschäftsvorfälle genutzt werden.[1630] Umsatzerlöse dürfen folglich auch nicht innerhalb einer eigenständig abgrenzbaren Leistungsverpflichtung teilweise zeitraum- und teilweise zeitpunktbezogen realisiert werden. Deshalb ist zu konkretisieren, welches einheitliche Realisationsmodell anzuwenden ist, um den Leistungsfortschritt der Beförderungs- und Zusatzleistung(en) realitätsgetreu abzubilden.[1631]

1626 Vgl. IFRS 15.B18.

1627 Vgl. IFRS 15.40.

1628 Vgl. ausführlich zur Abgrenzbarkeit von Beförderungs- und Zusatzleistungen innerhalb eines Beförderungsvertrages Abschnitt 443.122.2-443.122.3 und 443.123.2-443.123.3. Vgl. zur Bestimmung des Kontrollübergangs und somit zur Bestimmung des Zeitraums bzw. des Zeitpunktes der Umsatzrealisierung aus den (unselbständigen) Teilleistungen Abschnitt 446.212.2 und 446.212.3.

1629 Vgl. hierzu bereits Abschnitt 446.221. Vgl. IFRS 15.BC161; FASB/IASB TRG (Hrsg.), Agenda Paper 41 (July 2015), Rn. 11; FASB/IASB TRG (Hrsg.), Agenda Paper 44 (November 2015), Rn. 45-48.

1630 Vgl. so auch IFRS 15.BC161; FASB/IASB TRG (Hrsg.), Agenda Paper 41 (July 2015), Rn. 7 (d) und 11 f.

1631 Vgl. allgemein FASB/IASB TRG (Hrsg.), Agenda Paper 41 (July 2015); LÜDENBACH, N./HOFFMANN, W.-D./FREIBERG, J., in: Haufe IFRS-Kommentar, 16. Aufl., § 25, Rn. 139. Im Juli 2015 hat sich die TRG mit diesem Anwendungsproblem allgemein auseinandergesetzt und mehrere Varianten für ein geeignetes Realisationsmodell diskutiert. Vgl. FASB/IASB TRG (Hrsg.), Agenda Paper 41 (July 2015), Rn. 7, 18, 28 und 33; FASB/IASB TRG (Hrsg.), Agenda Paper 44 (November 2015), Rn. 44-48; vgl. kritisch dazu

Grundsätzlich kann die Entscheidung für ein geeignetes Modell stark ermessensbehaftet sein und vom Einzelfall abhängen.[1632] Deshalb muss eine Airline alle relevanten Fakten und Umstände in die Entscheidungsfindung einbeziehen, um „[…] *the nature of its overall promise for the combined performance obligation* […]“[1633] zu berücksichtigen. So kann der Grund, der dazu geführt hat, dass eine Zusatzleistung im Rahmen eines Beförderungsvertrages keine eigenständig abgrenzbare Leistungsverpflichtung ist, entscheidende Hinweise liefern.[1634] Eine Zusatzleistung ist in hohem Maße von der Beförderungsleistung abhängig.[1635] Die Beförderungsleistung ist also zwingend erforderlich, um eine Zusatzleistung erbringen zu können. Sie ist zweifelsfrei die Leistung, die den Charakter der eigenständig abgrenzbaren Leistungsverpflichtung prägt. Zusatzleistungen sind hingegen verbaliter zusätzliche Leistungen der Airline. Eine Airline nutzt sie, um ihre Wettbewerbsposition zu verbessern.[1636] Schließlich kann ein Passagier mit der Vereinbarung einer oder mehrerer Zusatzleistungen seine Beförderungsleistung attraktiver gestalten. Da die Beförderungsleistung folglich die Kernleistung innerhalb eines Beförderungsvertrages ist, sollte der Leistungsfortschritt innerhalb einer eigenständig abgrenzbaren Leistungsverpflichtung mit derselben Methode bestimmt werden, mit der auch der Fortschritt der Beförderungsleistung selbst gemessen wird (sog. ***Predominant Deliverable*-Modell**).[1637] Demnach hat eine Airline den auf die eigenständig abgrenzbare Leistungsverpflichtung zugewiesenen Transaktionspreis jeweils linear über den **Zeitraum des Fluges** als Umsatz zu realisieren.[1638] Das gilt unabhängig davon, ob der Leistungsfortschritt einer Zusatzleistung isoliert betrachtet zeitpunktbezogen zu realisieren ist oder eine Zusatzleistung nur über einen begrenzten Zeitraum während des Fluges erbracht wird. Denn die vereinbarten Zusatzleistungen orientieren sich klar an der Beförderungsleistung und werden während des Fluges bzw. unmittelbar vor oder nach dem Flug erbracht. Die Servicekette folgt also einer eindeutig vorgegebenen Struktur.[1639]

LÜDENBACH, N., Gesamtleistung bestehend aus zeitpunkt- und zeitraumbezogenen Teilen, S. 328; LÜDENBACH, N./HOFFMANN, W.-D./FREIBERG, J., in: Haufe IFRS-Kommentar, 16. Aufl., § 25, Rn. 139.

1632 Vgl. hier und im folgenden Satz allgemein FASB/IASB TRG (Hrsg.), Agenda Paper 41 (July 2015), Rn. 15; FASB/IASB TRG (Hrsg.), Agenda Paper 44 (November 2015), Rn. 45 und 48; FASB TRG (Hrsg.), Agenda Paper 53 (April 2016), Rn. 6.

1633 FASB/IASB TRG (Hrsg.), Agenda Paper 44 (November 2015), Rn. 45; vgl. ähnlich IFRS 15.41.

1634 Vgl. allgemein FASB/IASB TRG (Hrsg.), Agenda Paper 44 (November 2015), Rn. 45.

1635 Vgl. ausführlich zur Abgrenzbarkeit von Beförderungs- und Zusatzleistungen innerhalb eines Beförderungsvertrages Abschnitt 443.122.2-443.122.3 und 443.123.2-443.123.3.

1636 Vgl. Abschnitt 24.

1637 Vgl. FASB/IASB TRG (Hrsg.), Agenda Paper 41 (July 2015), Rn. 7 (b) und 29; FASB/IASB TRG (Hrsg.), Agenda Paper 44 (November 2015), Rn. 47; EY (Hrsg.), How the new Revenue Standard affects Airlines, S. 8.

1638 Als Maßstab zur Messung des Leistungsfortschritts können entweder die geflogenen Kilometer gegenüber der gesamten Flugstrecke (outputorientierte Methode) oder die bisherige Flugzeit gegenüber der Gesamtflugzeit (inputorientierte Methode) genommen werden. Vgl. Abschnitt 446.222.

1639 Vgl. FASB/IASB TRG (Hrsg.), Agenda Paper 41 (July 2015), Rn. 15. Neben dem *Predominant Deliverable*-Modell diskutierte die TRG noch weitere Realisationsmodelle, z. B. das *Final Deliverable*-Modell (Umsatzrealisierung der Leistungsverpflichtung zum Zeitpunkt bzw. im Zeitraum des zuletzt zu liefernden Bestandteils) und das *Slower-of*-Modell (Umsatzrealisierung nach Maß der bisher im geringsten Umfang erbrachten Leistungen). Diese Realisationsmodelle können ggf. für langfristige Fertigungsaufträge geeignet sein, führen allerdings im Kontext von Beförderungs- und Zusatzleistungen dazu, dass grundsätzlich gleiche Sachverhalte

446.3 Zeitpunktbezogener Kontrollübergang

446.31 Analyse und Würdigung der normativen Vorgaben

Umsatzerlöse aus Beförderungs- und Zusatzleistungen sind nach hier vertretener Auffassung zeitraumbezogen während der Dauer eines Fluges zu realisieren.[1640] Da Airlines solche Umsatzerlöse in der Praxis allerdings entgegen den Vorschriften gemäß IFRS 15 ggf. nicht zeitraumbezogen, sondern unzulässigerweise zu dem Zeitpunkt vollständig erfassen werden, zu dem das Flugzeug abhebt, sollen die Vorschriften für einen zeitpunktbezogenen Kontrollübergang hinsichtlich dieses Zeitpunktes kritisch analysiert und beurteilt werden.[1641] Überdies erbringen Airlines im Rahmen ihrer Kooperationen auch Vermittlungsleistungen.[1642] Für diese Leistungen soll der Zeitpunkt der Umsatzrealisierung konkretisiert werden. Zuvor sollen die Vorschriften allgemein analysiert werden.

Ein Unternehmen hat den Umsatz aus einer erbrachten Leistung zeitpunktbezogen zu realisieren, wenn keines der drei Kriterien für einen zeitraumbezogenen Kontrollübergang erfüllt ist.[1643] Es handelt sich also um eine **Negativabgrenzung**. Den Zeitpunkt, zu dem die Kontrolle über das zugesagte Gut oder die zugesagte Dienstleistung auf den Kunden übergeht, konkretisiert der Board mithilfe von fünf nicht abschließenden Indikatoren.[1644]

Erster Indikator für einen zeitpunktbezogenen Kontrollübergang ist ein **gegenwärtiger Zahlungsanspruch** des Unternehmens.[1645] Dieser Indikator erinnert an das dritte Kriterium für einen zeitraumbezogenen Kontrollübergang.[1646] Allerdings ist es für dieses ausreichend, dass das Unternehmen während der Vertragslaufzeit das Recht hat, die Gegenleistung für bereits erbrachte Leistungen einzufordern bzw. einzubehalten, wenn der Vertrag aus anderen Gründen als der Nichterfüllung oder Schlechtleistung des Unternehmens gekündigt wird.[1647] Im Falle eines zeitpunktbezogenen Kontrollübergangs muss der Kunde hingegen verpflichtet sein, die Gegenleistung zu erbringen, weil die Leistungsverpflichtung bereits vollständig erfüllt worden ist.[1648]

---

nicht identisch abgebildet werden, sobald eine Zusatzleistung vereinbart wird, die erst nach der Landung am Zielort in Anspruch genommen wird. Dadurch würde die Vergleichbarkeit realisierter Umsatzerlöse eingeschränkt und der wirtschaftliche Gehalt der Beförderungsleistung nicht realitätsgetreu widergespiegelt. Vgl. zu den verschiedenen Modellen FASB/IASB TRG (Hrsg.), Agenda Paper 41 (July 2015), Rn. 7; LÜDENBACH, N., Gesamtleistung bestehend aus zeitpunkt- und zeitraumbezogenen Teilen, S. 328; LÜDENBACH, N./HOFFMANN, W.-D./FREIBERG, J., in: Haufe IFRS-Kommentar, 16. Aufl., § 25, Rn. 139.

1640 Vgl. Abschnitt 446.222. und 446.223.

1641 Vgl. bspw. KPMG (Hrsg.), IFRS 15 for Airlines, S. 31; vgl. so anscheinend auch DEUTSCHE LUFTHANSA (Hrsg.), Geschäftsbericht 2017, S. 110; IAWG (Hrsg.), Issue #2-8 – Contract Costs – Commissions and Selling Costs, S. 3.

1642 Vgl. Abschnitt 443.223., 443.224. und 446.212.4.

1643 Vgl. IFRS 15.38; vgl. auch Abbildung 4-8 in Abschnitt 446.211.1.

1644 Vgl. zum allgemein zu beachtenden Kontrollprinzip Abschnitt 446.1. Vgl. für die Ausführungen des Boards zu den Indikatoren IFRS 15.38 i. V. m. IFRS 15.BC154-BC157.

1645 Vgl. IFRS 15.38 (a).

1646 Vgl. Abschnitt 446.211.4.

1647 Vgl. IFRS 15.37; IFRS 15.B10.

1648 Vgl. SCHOO, L., Umsatzrealisierung nach IFRS, S. 151; BAETGE, J./CELIK, A., IFRS 15, S. 366.

Zweiter Indikator für einen zeitpunktbezogenen Kontrollübergang ist der **Übergang rechtlichen Eigentums** auf den Kunden.[1649] Wenn das rechtliche Eigentum nur beim Unternehmen verbleibt, um dessen Zahlungsanspruch abzusichern, kann die Kontrolle indes aus wirtschaftlicher Sicht bereits auf den Kunden übergegangen sein.

Dritter Indikator für einen zeitpunktbezogenen Kontrollübergang ist der **physische Besitz** des zugesagten Vermögenswertes beim Kunden.[1650] Dann nämlich kann ein Kunde regelmäßig die Nutzung dieses Vermögenswertes bestimmen und auch den verbleibenden Nutzen aus diesem ziehen bzw. andere daran hindern, den Vermögenswert zu nutzen. Inwiefern tatsächlich ein Kontrollübergang durch den Wechsel des physischen Besitzers stattgefunden hat, ist in jedem Einzelfall kritisch zu hinterfragen.[1651] So können physischer Besitz und Kontrolle über einen Vermögenswert auseinanderfallen. Das ist bspw. bei Rückkaufvereinbarungen und Kommissionsgeschäften der Fall, bei denen die Kontrolle über den Vermögenswert beim Unternehmen bleibt, obwohl der physische Besitz bereits auf den Kunden übergegangen ist, sowie vice versa bei sog. *Bill-and-hold*-Vereinbarungen.[1652]

Vierter Indikator für einen zeitpunktbezogenen Kontrollübergang ist das Tragen der mit dem Vermögenswert verbundenen **wesentlichen Risiken und Chancen**.[1653] Risiken, die zu einer weiteren eigenständig abgrenzbaren Leistungsverpflichtung führen, wie z. B. noch nicht ausgeführte Wartungsarbeiten, sind indes nicht zu berücksichtigen. Der Board möchte mit der Aufnahme des sog. *Risk and Reward*-Kriteriums ausdrücklich nicht das IFRS 15 zugrunde liegende Kontrollprinzip schwächen.[1654] Vielmehr soll damit ein Gleichklang zur Kontrolldefinition in IFRS 10 erreicht werden. Denn gemäß IFRS 10.BC32 kann die Berücksichtigung von Risiken und Chancen entscheidende Hinweise darüber geben, wer die Kontrolle besitzt. Isoliert betrachtet ist dieser Indikator aber nicht ausschlaggebend dafür, dass der Kunde oder das bilanzierende Unternehmen den Vermögenswert tatsächlich kontrolliert.[1655] Deshalb sollte der Bilanzierende in jedem Fall weitere Indikatoren nutzen, um den Zeitpunkt der Umsatzrealisierung hinreichend sicher zu bestimmen.

Fünfter Indikator für einen zeitpunktbezogenen Kontrollübergang ist die **Abnahme des Vermögenswertes** durch den Kunden.[1656] In diesem Fall kann der Kunde nämlich i. S. d. Kontrollprinzips die Nutzung dieses Vermögenswertes bestimmen und auch den verbleibenden Nutzen aus diesem ziehen bzw. andere daran hindern, den Vermögenswert zu nutzen. Zu berücksichtigen sind etwaige Abnahmeklauseln, die es einem Kunden ermöglichen, einen Kundenvertrag

---

1649 Vgl. hier und im folgenden Satz IFRS 15.38 (b); vgl. statt vieler bspw. BREIDENBACH, K./WÄHRISCH, M., Umsatzerlöse, Rn. 342.

1650 Vgl. hier und im folgenden Satz IFRS 15.38 (c). Vgl. so auch IFRS 15.33 i. V. m. IFRS 15.BC120.

1651 Vgl. hier und im folgenden Satz IFRS 15.38 (c).

1652 Vgl. IFRS 15.38 (c); vgl. zu den Leitlinien des Boards für die Bilanzierung der genannten Sachverhalte IFRS 15.B64-B76, .B77-B78, .B79-B82.

1653 Vgl. hier und im folgenden Satz IFRS 15.38 (d).

1654 Vgl. hier und im folgenden Satz IFRS 15.BC154.

1655 Vgl., wenn auch in anderem Kontext, IFRS 10.BC32.

1656 Vgl. hier und im folgenden Satz IFRS 15.38 (e).

zu kündigen oder Nachbesserungen zu verlangen.[1657] Die Kontrolle über einen Vermögenswert geht grundsätzlich erst auf den Kunden über, wenn dieser den Vermögenswert tatsächlich abgenommen hat.[1658] Es sei denn, das Unternehmen kann objektiv nachweisen, dass der Vermögenswert die vereinbarten Produktspezifikationen, z. B. bestimmte Größen- oder Gewichtsmerkmale, erfüllt.[1659] Damit verhindert der Board, dass Erträge zu früh erfasst werden. Ist die Kontrolle nämlich nicht auf den Kunden übergegangen, hat das Unternehmen seine Leistungsverpflichtung noch nicht endgültig erfüllt. Demnach darf es zu diesem Zeitpunkt noch keine Umsätze erfassen.

Die genannten Indikatoren sollen das Unternehmen bei der Bestimmung des Zeitpunktes der Umsatzrealisierung unterstützen.[1660] Sie müssen indes weder kumulativ erfüllt sein noch sind sie als Checkliste zu verstehen. Gewisse Ermessensspielräume bleiben dadurch zwar bestehen.[1661] Das ist allerdings in einem prinzipienbasierten Standard unvermeidbar. So würde eine Liste, die den Anspruch hätte, vollständig zu sein, den vielfältigen und branchenübergreifenden Anwendungsfällen regelmäßig nicht gerecht. Mit der konzeptionellen Ausrichtung des IFRS 15 kann eine sachgerechte Lösung für etwaige Auslegungs- und Anwendungsfragen gefunden werden, mit der entscheidungsnützliche Informationen vermittelt werden können. Hierzu sind für die Bestimmung des Realisationszeitpunktes alle relevanten Fakten und Umstände zu berücksichtigen, um der Beurteilung das Gesamtbild der Verhältnisse innerhalb der jeweiligen eigenständig abgrenzbaren Leistungsverpflichtung zugrunde legen zu können.[1662]

446.32 Zeitpunktbezogener Kontrollübergang in einem Beförderungsvertrag

446.321. Beförderungs- und Zusatzleistungen

In der Bilanzierungspraxis werden Airlines ggf. (unzulässigerweise) Umsatzerlöse aus einer Beförderungsleistung vollständig zu dem Zeitpunkt realisieren, zu dem das **Flugzeug am Abflugort abhebt**.[1663] Der Zeitpunkt der Umsatzrealisierung ist in diesem Fall identisch mit dem in IAS 18.[1664] Nach hier vertretener Auffassung sind Umsatzerlöse aus Beförderungsleistungen und aus etwaig vereinbarten Zusatzleistungen allerdings zeitraumbezogen zu erfassen.[1665]

Bilanziell sollte die unterschiedliche Auffassung über einen zeitraum- oder zeitpunktbezogenen Kontrollübergang regelmäßig keine wesentlichen Auswirkungen auf den IFRS-Abschluss bzw.

1657 Vgl. IFRS 15.B83.
1658 Vgl. IFRS 15.B85.
1659 Vgl. IFRS 15.B84.
1660 Vgl. hier und im folgenden Satz IFRS 15.BC155; vgl. hierzu auch SCHARR, C./USINGER, R., Entwurf zur Umsatzrealisierung, S. 104; SCHOO, L., Umsatzrealisierung nach IFRS, S. 141-143.
1661 Vgl. WÜSTEMANN, J./WÜSTEMANN, S., Umsatzerlöse aus Kundenverträgen nach IFRS, S. 2037; KÜHNE, M./SCHLEIS, I., Neuregelung der Umsatzrealisierung nach IFRS, S. 262.
1662 Vgl. IFRS 15.3; vgl. so auch GROTE, A./HOLD, C./PILHOFER, J., IFRS 15 (Teil 1), S. 414.
1663 Vgl. bspw. KPMG (Hrsg.), IFRS 15 for Airlines, S. 31; vgl. so anscheinend auch DEUTSCHE LUFTHANSA (Hrsg.), Geschäftsbericht 2017, S. 110; IAWG (Hrsg.), Issue #2-8 – Contract Costs – Commissions and Selling Costs, S. 3.
1664 Vgl. bspw. VASIGH, B./FLEMING, K./HUMPHREYS, B., Foundations of Airline Finance, S. 194.
1665 Vgl. Abschnitt 446.222. und 446.223.

auf die Abbildung der Ertragslage einer Airline haben. Schließlich sind hiervon effektiv nur die Flüge betroffen, die am Abschlussstichtag starten und erst nach vierundzwanzig Uhr desselben Tages landen. Im Vergleich zu den im Jahr insgesamt durchgeführten Flügen betrifft dies also nur eine geringe Zahl der Beförderungsleistungen. Überdies wird eine Airline i. d. R. jedes Jahr eine vergleichbare Zahl an Flügen über den Bilanzstichtag hinaus durchführen, sodass die Höhe der insgesamt im Geschäftsjahr realisierten Umsatzerlöse unabhängig davon, ob sie zeitraum- oder zeitpunktbezogen erfasst werden, im Wesentlichen gleich hoch sein sollte. Der bilanzielle Effekt einer (vollständigen) zeitpunktbezogenen Umsatzrealisierung aus Beförderungs- und Zusatzleistungen zum Zeitpunkt des Abhebens des Flugzeugs, die über den Bilanzstichtag hinweg erbracht werden, wird nämlich nahezu nivelliert, da die Airline analog für Flüge, die in der Vorperiode begonnen haben und erst am Eröffnungsstichtag der Berichtsperiode gelandet sind, keine Umsatzerlöse in der Berichtsperiode erfasst hat. Unterscheiden kann sich die Höhe der erfassten Umsatzerlöse ggf. aufgrund höherer bzw. niedrigerer Transaktionspreise und/oder aufgrund von mehr respektive weniger Flügen in der Berichtsperiode gegenüber der Vorperiode.

Der Board sieht (zurecht) keine Erleichterungsvorschrift vor, die es einer Airline bzw. dem Bilanzierenden erlaubt, auf eine zeitraumbezogene Umsatzrealisierung aus Wesentlichkeitsgründen zu verzichten. Dies würde branchenübergreifend und bei vielen Geschäftsvorfällen nicht nur zusätzliche Ermessensspielräume eröffnen und damit die Vergleichbarkeit von Abschlüssen verschlechtern. Vielmehr würde die Konzeption des IFRS 15, besonders das Kontrollprinzip, konterkariert.

Zu prüfen ist, ob eine Airline, die zum **Zeitpunkt** des Abhebens ihre Umsatzerlöse aus der Beförderungsleistung realisiert, nicht nur gegen die Vorschriften für eine zeitraumbezogene Umsatzrealisierung verstößt, sondern vielmehr auch gegen das Kontrollprinzip als solches. Bei einem konzeptionell fehlerfrei ausgearbeiteten Standard sollte bereits der Bruch mit den Regelungen zur zeitraumbezogenen Umsatzrealisierung den Bruch mit dem Kontrollprinzip des IFRS 15 bedingen.[1666] Da das dritte Kriterium für eine zeitraumbezogene Umsatzrealisierung indes selbst mit dem Kontrollprinzip bricht und ausschließlich einen Kontrollübergang unterstellt, könnte ein zeitpunktbezogener Kontrollübergang im Moment des Abhebens des Flugzeugs ggf. mit dem Kontrollprinzip – **nicht** aber **mit** den Vorschriften gemäß **IFRS 15 – vereinbar** sein.

Um beurteilen zu können, ob dieser Zeitpunkt der Umsatzrealisierung mit dem Kontrollprinzip vereinbar ist, muss beachtet werden, dass ein Beförderungsvertrag ein Werkvertrag gemäß § 631 BGB ist.[1667] Demnach wird eine **erfolgreiche Beförderung** zum vereinbarten

---

1666 Vgl. zur konzeptionellen Inkonsistenz der Norm in IFRS 15.35 (c) Abschnitt 446.211.4. Demnach wird ein Kontrollübergang mithilfe eines durchsetzbaren Zahlungsanspruchs unterstellt, obwohl die zugesagte, nicht alternativ verwendbare Leistung noch nicht vollständig bzw. noch nicht vertragsgemäß erfüllt worden ist.

1667 Vgl. zu den rechtlichen Grundlagen eines Beförderungsvertrages Abschnitt 223.31.

Zielort **geschuldet**. Der Erfolg ist somit formalrechtlich spätestens zu dem Zeitpunkt erfüllt, zu dem der Passagier das Flughafengebäude am Zielort betritt.[1668]

Die im IFRS-Abschluss vermittelten Informationen müssen den wirtschaftlichen Gehalt eines Sachverhalts widerspiegeln, um eine glaubwürdige Darstellung gewährleisten zu können.[1669] Hierzu sind die Indikatoren des IFRS 15.38 zu berücksichtigen, die anzeigen, ob die Kontrolle zum Zeitpunkt des Abhebens des Flugzeugs auf den Passagier übergeht. Einen Kontrollübergang zu diesem Zeitpunkt indiziert keiner der fünf Indikatoren. Selbst der Versuch, einen Kontrollübergang mithilfe des allgemeinen Kontrollprinzips zu begründen, überzeugt nicht. So müsste der Passagier die Fähigkeit bzw. das gegenwärtige Recht haben, den Nutzen aus der zugesagten Beförderungsleistung zu bestimmen, um hieraus im Wesentlichen den verbleibenden Nutzen ziehen zu können.[1670] Zwar kann der Passagier aus der Beförderungsleistung ab dem Start im Wesentlichen den verbleibenden Nutzen aus der Beförderungsleistung ziehen, weil er der einzige ist, der ab diesem Zeitpunkt noch einen Nutzen daraus ziehen kann.[1671] Indes hat er nicht die Fähigkeit oder das Recht, den Nutzen aus der zugesagten Beförderungsleistung zu bestimmen. Schließlich liegt die Verantwortung für die (erfolgreiche) Erfüllung der Beförderungsleistung sowie etwaiger vereinbarter Zusatzleistungen allein bei der Airline. Der Passagier hat mithin keinerlei Einfluss auf die jeweilige Durchführung des Fluges. Erst zum Zeitpunkt der Landung am Zielflughafen kann der Passagier letztlich den Nutzen aus der erfolgreichen Beförderungsleistung bestimmen. Dann ist die Leistungsverpflichtung der Airline vollständig erfüllt und der Anspruch auf die bereits erhaltene Gegenleistung unbedingt.[1672] Die Airline hat zu diesem Zeitpunkt den geschuldeten werkvertraglichen Erfolg erbracht.[1673] Unter Berücksichtigung des sehr eng ausgelegten Kontrollprinzips geht die Kontrolle über Beförderungs- und Zusatzleistungen also nicht bereits mit Abheben des Flugzeugs, sondern erst zum Zeitpunkt, zu dem der Passagier das Vorfeld am Zielflughafen verlässt, auf den Passagier über. Sofern eine Airline unzulässigerweise die Umsatzerlöse aus Beförderungs- und Zusatzleistungen zeitpunktbezogen realisiert, wäre der relevante Zeitpunkt unmittelbar nach Erreichen der endgültigen Parkposition am Zielflughafen und dem Abstellen der Triebwerke. Dieser Zeitpunkt des Kontrollübergangs ist verlässlich und objektiv bestimmbar. Wenn eine Airline ihre Umsatzerlöse zum Zeitpunkt des Abhebens realisiert, steht dies mithin zum einen nicht im Einklang mit den Vorschriften für eine zeitraumbezogene Umsatzrealisierung. Zum anderen ist dieser Zeitpunkt nicht mit dem Kontrollprinzip in IFRS 15 vereinbar.

Die vorstehenden Ausführungen beziehen sich auf eine Airline, die als Prinzipal handelt. Allerdings ist die Vertragsairline nicht immer als Prinzipal tätig. Oftmals agiert sie auch als Agent

[1668] Vgl. statt vieler bspw. RUHWEDEL, E., Luftbeförderungsvertrag, Rn. 338.
[1669] Vgl. Abschnitt 332.2.
[1670] Vgl. hier und im folgenden Satz IFRS 15.33 i. V. m. IFRS 15.BC120.
[1671] Vgl. Abschnitt 446.212.23.
[1672] Vgl. IFRS 15.38 (a).
[1673] Vgl. IFRS 15.38 (e).

und erbringt für den Passagier Vermittlungsleistungen. Der Zeitpunkt der Umsatzrealisierung derartiger Leistungen soll im folgenden Abschnitt untersucht werden.

446.322. Vermittlungsleistungen

Die Vertragsairline kann im Rahmen eines Beförderungsvertrages, abhängig von der Vereinbarung mit dem *Operating Carrier*, als Agent handeln, wenn sie Vermittlungsleistungen erbringt.[1674] Da für eine solche Vermittlungsleistung keines der drei Kriterien für eine zeitraumbezogene Umsatzrealisierung erfüllt ist, muss die Airline den Zeitpunkt bestimmen, zu dem die Kontrolle auf den *Operating Carrier* übergeht.[1675]

Ein möglicher Zeitpunkt ist der Moment, in dem die Vertragsairline mit dem Passagier den Beförderungsvertrag schließt. Denn die Vertragsairline muss dem Passagier aus Verbraucherschutzgründen und aus Gründen der Produktwahrheit bereits zu diesem Zeitpunkt über den *Operating Carrier* der jeweiligen Flüge informieren.[1676] Auch der *Operating Carrier* kennt zu diesem Zeitpunkt die voraussichtlich zu erbringende(n) Beförderungsleistung(en). Allerdings hat die Vertragsairline ihre Vermittlungsleistung noch nicht erfolgreich erfüllt. Schließlich kann sich der *Operating Carrier* noch so lange ändern, bis dieser den Passagier in seine Obhut nimmt, also spätestens in dem Moment, in dem der Passagier die Absperrung zum Vorfeld durchschreitet.[1677] Erst zu dem Zeitpunkt trägt die Vertragsairline keine wesentlichen Risiken und Chancen mehr für die erfolgreiche Beförderung des Passagiers über die jeweilige Teilstrecke, sodass die Kontrolle auf den *Operating Carrier* übergeht. Zudem hat die Vertragsairline zu diesem Zeitpunkt aufgrund einer erfolgreichen Vermittlungsleistung einen gegenwärtigen Zahlungsanspruch auf die Provision.[1678] Eine Umsatzrealisierung der Provision zu diesem Zeitpunkt ist somit i. S. d. in IFRS 15 verfolgten wirtschaftlichen Sichtweise.[1679] Auch wenn die von einem *Operating Carrier* erbrachten Beförderungsleistungen erfahrungsgemäß regelmäßig vertragsgemäß erfüllt würden, ist eine frühere Umsatzrealisierung nicht mit dem Kontrollprinzip nach IFRS 15 vereinbar. Die vermittelten Informationen über Vermittlungsleistungen können überdies nur glaubwürdig sein, wenn sie den zugrunde liegenden Sachverhalt vollständig, wertungsfrei und möglichst objektiv wiedergeben.

[1674] Vgl. Abschnitt 443.223. und 443.224.

[1675] Vgl. IFRS 15.38 i. V. m. IFRS 15.35-37. Vgl. zur Prüfung der Kriterien für eine zeitraumbezogene Umsatzrealisierung Abschnitt 446.212.4. Vgl. allgemein zu einer zeitpunktbezogenen Umsatzrealisierung aus einer erfolgreichen Vermittlung LÜDENBACH, N./LUKAT, K., Vollständig erfolgsabhängige Vergütungen, S. 161.

[1676] Vgl. statt vieler bspw. MAURER, P., Luftverkehrsmanagement, S. 70; POMPL, W., Luftverkehr, S. 142.

[1677] Vgl. hier und im folgenden Satz IFRS 15.38 (d); vgl. so auch AICPA AIRLINES REVENUE RECOGNITION TASK FORCE (Hrsg.), Issue #2-5 A – Interline Transactions, Rn. 5 f. Vgl. zum Zeitraum, in dem der Passagier in der Obhut der den Flug durchführenden Airline ist, Abschnitt 223.31.

[1678] Vgl. IFRS 15.38 (a).

[1679] Vgl. zur wirtschaftlichen Sichtweise bei einer zeitpunktbezogenen Umsatzrealisierung bspw. WALTER, R., Umsatzrealisierung bei Online-Vermittlungs-Dienstleistungen, S. 305. Da Erträge aus Vermittlungsleistungen nicht zu den originären Leistungen einer Airline gehören, ist es sinnvoll, die entsprechenden Umsatzerlöse von den Erträgen aus Beförderungs- und Zusatzleistungen gesondert zu zeigen. Vgl. so auch AICPA AIRLINES REVENUE RECOGNITION TASK FORCE (Hrsg.), Issue #2-5 A – Interline Transactions, Rn. 6 und 8.

446.4 Nicht geltend gemachte Ansprüche eines Passagiers in einem Beförderungsvertrag

Aufgrund einer rechtmäßigen AGB-Klausel ist es gängige Praxis in Beförderungsverträgen, eine vollständige Vorauszahlung des Flugpreises ohne Insolvenzschutz zu vereinbaren.[1680] Etwaige Vorauszahlungen sind aber nicht nur in der Airline-Industrie, sondern auch in anderen Branchen üblich.[1681] Sind die Vorauszahlungen nicht rückerstattungsfähig, hat der Passagier einen **unbedingten Anspruch** auf eine bestimmte Gegenleistung.[1682] Die bilanzierende Airline hat dann erfolgsneutral in Höhe der erhaltenen Vorauszahlung eine sog. *contract liability*, also eine vertragliche Verbindlichkeit anzusetzen und auszuweisen. Erst wenn die Airline ihre zugesagte(n) Leistung(en) erfüllt, hat sie die *contract liability* auszubuchen und in entsprechender Höhe erfolgswirksam Umsatzerlöse zu realisieren.[1683]

Allerdings macht der Passagier seinen **Anspruch nicht immer** (vollständig) **geltend** (sog. *breakage*).[1684] So lässt er bspw. nicht rückerstattungsfähige Flugtickets verfallen oder löst etwaige Gutscheine nicht vollständig ein.[1685] Der Board konkretisiert die Vorschriften zur Bilanzierung nicht geltend gemachter Ansprüche durch die Kriterien des IFRS 15.B46 für Verträge mit nur einer eigenständig abgrenzbaren Leistungsverpflichtung.[1686] Implizit beruht die Bilanzierung auf den Vorschriften zur Aufteilung des Transaktionspreises sowie zur Umsatzrealisierung aus Kundenoptionen.[1687]

Wenn eine Airline bei mehreren vertraglich zugesagten Beförderungsleistungen erwartet, dass der Passagier seine Ansprüche nicht vollständig geltend macht, hat sie den entsprechenden Betrag aus nicht geltend gemachten Ansprüchen als Umsatzerlös zu realisieren.[1688] In diesem Fall hat die Airline den Transaktionspreis des Beförderungsvertrages nur denjenigen eigenständig abgrenzbaren Leistungsverpflichtungen zuzuordnen, die sie erwartungsgemäß erfüllen wird. Folglich realisiert sie verglichen zu einem Beförderungsvertrag, in dem sie keinen *breakage* erwartet, mit jeder erfüllten Leistungsverpflichtung einen höheren Umsatz. Dies spiegelt den wirtschaftlichen Gehalt der zugrunde liegenden Transaktionen wider.[1689] Schließlich würde

---

[1680] Vgl. hierzu Abschnitt 223.31.

[1681] Vgl. EY (Hrsg.), International GAAP 2018, Chapter 30, S. 2224; EY (Hrsg.), Umsatzrealisierung, S. 271.

[1682] Vgl. hier und im folgenden Satz IFRS 15.106. Vgl. zur Konzeption der Umsatzrealisierung nach IFRS 15 Abbildung 4-1 in Abschnitt 42. Die Ausführungen im Kontext eines Beförderungsvertrages können auf sämtliche Bereithaltungsverpflichtungen übertragen werden.

[1683] Vgl. IFRS 15.B44; AICPA AIRLINES REVENUE RECOGNITION TASK FORCE (Hrsg.), Issue #2-3 – Passenger Ticket Breakage, Rn. 1.

[1684] Vgl. IFRS 15.B45; IAWG (Hrsg.), Issue #2-3 – Breakage and Vouchers, S. 2. Diese Nichtinanspruchnahme von Guthaben wird im Englischen *breakage* genannt. Vgl. allgemein GROTE, A./PILHOFER, J., Umsatz- und Gewinnrealisierung, S. 206.

[1685] Vgl. IFRS 15.BC396.

[1686] Vgl. WÜSTEMANN, J./WÜSTEMANN, S./JENDRECK, A., in: Rechnungslegung nach IFRS, 2. Aufl., IFRS 15, Rn. 218.

[1687] Vgl. IFRS 15.BC397 f.

[1688] Vgl. hier und im folgenden Satz IFRS 15.B46 i. V. m. IFRS 15.BC398. Ausgenommen hiervon sind Zahlungen an eine andere Partei, bspw. eine staatliche Behörde. Derartige Zahlungen sind als Verbindlichkeit zu erfassen. Vgl. IFRS 15.B47.

[1689] Vgl. hier und im folgenden Satz IFRS 15.BC398.

eine Airline den Flugpreis und damit den Transaktionspreis in einem Beförderungsvertrag erhöhen, wenn sie künftig nicht mehr mit einem Verfall von Ansprüchen des Passagiers rechnen würde. Kann eine Airline den Betrag des Anspruchs, der voraussichtlich nicht geltend gemacht wird, indes nicht hinreichend sicher schätzen, hat eine Airline etwaige Beträge erst zu dem Zeitpunkt zu erfassen, zu dem es unwahrscheinlich ist, dass ein Passagier diese geltend macht.[1690]

Für die **Beurteilung der Wahrscheinlichkeit**, ob eine Airline einen Anspruch auf einen Betrag aus nicht ausgeübten Rechten des Passagiers hat, wird in IFRS 15.B46 auf die Begrenzungsvorschriften bezüglich der Einbeziehung variabler Bestandteile in den Transaktionspreis verwiesen.[1691] Demnach sind Umsatzerlöse aus nicht geltend gemachten Ansprüchen nur dann zu realisieren, wenn hoch wahrscheinlich ist, dass der entsprechende Erlösanteil bei Wegfall der Unsicherheit nicht storniert werden müsste.[1692] So wird ein zu positiver Ausweis der Ertragslage vermieden. Dies ist i. S. e. neutralen Berichterstattung, die eine glaubwürdige Darstellung der Ertragslage fördert. Zum anderen haben die so vermittelten Informationen einen mittelbaren Bestätigungs- und Prognosewert, weil die Adressaten so das Ertragspotenzial der in einem Beförderungsvertrag vereinbarten Beförderungsleistungen erkennen können. Die Informationen sind somit relevant. Zwar verweist der Board auf diese Begrenzungsvorschriften des dritten Prozessschrittes, indes unterscheiden sich nicht geltend gemachte Ansprüche und variable Gegenleistungen konzeptionell erheblich.[1693] So beeinflussen nicht geltend gemachte Ansprüche nicht den Transaktionspreis, sondern den Zeitpunkt der zu erfassenden Umsatzerlöse. Variable Gegenleistungen hingegen werden bei der Bestimmung des Transaktionspreises berücksichtigt. *Breakage* ist somit kein Bewertungskonzept, sondern ein Umsatzrealisierungskonzept.

Die Beurteilung, ob es **hoch wahrscheinlich** ist, dass Passagiere etwaige ihnen zustehende Beförderungsleistungen künftig nicht in Anspruch nehmen werden, kann stark ermessensbehaftet sein.[1694] Hierzu muss eine Airline ihre Schätzungen auf zuverlässige und fundierte Erfahrungswerte der Vergangenheit stützen und wesentliche Ermessensentscheidungen im Anhang beschreiben, um nachprüfbare, wertungsfreie und objektive Informationen vermitteln zu können.[1695] Zur Beurteilung muss die Airline faktisch ein Portfolio vergleichbarer Transaktionen zugrunde legen, weil sich das Verhalten der Passagiere zum Teil stark voneinander unterscheidet.[1696] So sind bspw. Privatreisende oftmals preisbewusster als Geschäftsreisende und werden

---

1690 Vgl. IFRS 15.B46.

1691 Vgl. IFRS 15.B46 i. V. m. IFRS 15.56-58; IFRS 15.BC399; vgl. zu den Vorschriften zur Berücksichtigung variabler Gegenleistungen im Transaktionspreis bereits Abschnitt 444.21.

1692 Vgl. IFRS 15.56; vgl. so auch KPMG (Hrsg.), IFRS 15 for Airlines, S. 4; IAWG (Hrsg.), Issue #2-3 – Breakage and Vouchers, S. 2; AICPA AIRLINES REVENUE RECOGNITION TASK FORCE (Hrsg.), Issue #2-3 – Passenger Ticket Breakage, Rn. 5 und 9.

1693 Vgl. hier und im Folgenden so auch EY (Hrsg.), Umsatzrealisierung, S. 273; KPMG (Hrsg.), IFRS 15 for Airlines, S. 5; EY (Hrsg.), International GAAP 2018, Chapter 30, S. 2225 f.

1694 Vgl. AICPA (Hrsg.), Airlines, Art. 2.108.

1695 Vgl. ähnlich bspw. auch KPMG (Hrsg.), IFRS 15 for Airlines, S. 5.

1696 Vgl. KPMG (Hrsg.), IFRS 15 for Airlines, S. 5. Es handelt sich hierbei zwar um ein Portfolio vergleichbarer

ihre gebuchten Flüge deshalb grundsätzlich häufiger in Anspruch nehmen.[1697] Außerdem können auch der gewählte Flugtarif oder etwaig vereinbarte Zusatzleistungen Einfluss auf die Höhe der Wahrscheinlichkeit haben, dass ein Passagier seinen Flug in Anspruch nimmt.[1698] Beispielsweise signalisiert ein Passagier mit einer vereinbarten Sitzplatzreservierung oder einem zusätzlich beantragten und gezahlten Sondergepäck regelmäßig ein höheres Interesse an einem Flug als ein Passagier, der ausschließlich einen Basistarif gewählt hat. Airlines können in diesen Hinsichten regelmäßig auf Erfahrungswerte für eine hinreichend sichere Schätzung zurückgreifen.[1699] Derartige Informationen sollten grundsätzlich nur jenen Airlines fehlen, die erst seit kurzer Zeit am Markt tätig sind.[1700]

Kann der Betrag der voraussichtlich nicht geltend gemachten Ansprüche in einem Beförderungsvertrag **nicht hinreichend sicher** bestimmt werden, ist der etwaige Umsatz aus einem nicht umtausch- und nicht rückerstattungsfähigen Flugticket zu dem Zeitpunkt zu realisieren, zu dem das Boarding für den vertraglich vereinbarten Flug endet. Schließlich kann ein Passagier seinen Anspruch auf eine Beförderung und auf etwaige während des Fluges vereinbarte Zusatzleistungen ab diesem Zeitpunkt nicht mehr geltend machen. Hat ein Passagier das Recht, mit seinem Flugticket auch einen anderen Flug zu buchen oder das Flugticket zurückzugeben, so ist ein etwaiger nicht geltend gemachter Anspruch spätestens mit Ablauf der Gültigkeit des Flugtickets zu realisieren.[1701]

Im Falle eines Beförderungsvertrages, in dem mehrere Teilstrecken vereinbart werden, hat ein Passagier nach einem nicht in Anspruch genommenen Flug grundsätzlich weiterhin die Möglichkeit, noch ausstehende vereinbarte Beförderungsleistungen gegen einen Aufpreis in Anspruch zu nehmen.[1702] Zur Beurteilung, ob es hinreichend wahrscheinlich ist, dass der Passagier die verbleibenden Strecken nicht in Anspruch nehmen wird, sind alle relevanten Fakten und Umstände zu berücksichtigen. So steigt grundsätzlich die Wahrscheinlichkeit, dass ein Passagier seinen ausstehenden Anspruch geltend macht, je größer der zeitliche Abstand zwischen den jeweils vereinbarten Flügen ist und je kürzer die Distanz zwischen dem jeweiligen Abflug- und Zielort ist. Schließlich kann bspw. ein Passagier, der seinen Flug von Amsterdam nach Düsseldorf verpasst hat, seinen Anschlussflug in Düsseldorf nach Hong Kong noch erreichen,

Transaktionen aus der Vergangenheit. Allerdings wendet eine Airline nach hier vertretener Auffassung damit nicht den Portfolioansatz i. S. d. IFRS 15.4 an. Schließlich basiert die Umsatzrealisierung weiterhin auf dem Konzept des Einzelvertrages. Das Portfolio ist in diesem Falle nur ein Hilfsmittel, um die Wahrscheinlichkeit zu schätzen, dass ein Passagier seine Ansprüche nicht geltend machen wird. Es ändert also nichts an der Umsatzrealisierungskonzeption. A. A. EY (Hrsg.), How the new Revenue Standard affects Airlines, S. 8; AICPA Airlines Revenue Recognition Task Force (Hrsg.), Issue #2-3 – Passenger Ticket Breakage, Rn. 7 f.

1697 Vgl. zum Preisbewusstsein der Passagiere Simon, H./Fassnacht, M., Preismanagement, S. 507.

1698 Vgl. Abschnitt 235. und 24.

1699 Vgl. IAWG (Hrsg.), Issue #2-3 – Breakage and Vouchers, S. 4; AICPA Airlines Revenue Recognition Task Force (Hrsg.), Issue #2-3 – Passenger Ticket Breakage, Rn. 9 f.

1700 Vgl. so auch AICPA (Hrsg.), Airlines, Art. 3.86 f.; KPMG (Hrsg.), IFRS 15 for Airlines, S. 6.

1701 Vgl. IAWG (Hrsg.), Issue #2-3 – Breakage and Vouchers, S. 2-4; AICPA Airlines Revenue Recognition Task Force (Hrsg.), Issue #2-3 – Passenger Ticket Breakage, Rn. 3 (c), 5 und 12.

1702 Vgl. zum sog. *Cross-Ticketing* Abschnitt 233.

wenn z. B. ein fünfstündiger Aufenthalt am Düsseldorfer Flughafen eingeplant ist. Hingegen ist es sicher, dass ein Passagier einen Weiterflug von Hong Kong nach Hanoi nach einem verpassten Flug von Düsseldorf nach Hong Kong nicht mehr in Anspruch nehmen kann, wenn am Flughafen in Hong Kong nur ein Aufenthalt von zwei Stunden geplant ist. Schließlich gibt es dienstags, freitags und sonntags von Düsseldorf jeweils nur einen Direktflug nach Hong Kong.[1703] Ein Flug nach Hong Kong ist zeitlich auch nicht von einem nahe gelegenen Flughafen möglich.

Die Beurteilung der Wahrscheinlichkeit eines *breakage* eröffnet einer Airline einen Ermessensspielraum, der für eine frühzeitige Umsatzrealisierung genutzt werden kann und vor allem der Neutralität entgegensteht. Daher warnt der Board explizit davor, Umsatzerlöse bei Unsicherheit zu realisieren.[1704] Hiermit betont er, dass die Informationen wertungsfrei, objektiv und damit willkürfrei ermittelt werden sollen. Auf Basis vergangenheitsbasierter Daten sollte eine Airline für vergleichbare Leistungen und Passagiergruppen eine mögliche Inanspruchnahme der vereinbarten Beförderungs- und Zusatzleistung(en) hinreichend sicher schätzen können. Die Tatsache, dass es Vorschriften zu diesem Sachverhalt gibt, fördert zudem die zwischenbetriebliche Vergleichbarkeit.[1705] Insgesamt schafft der Board somit Rahmenbedingungen, mit denen entscheidungsnützliche Informationen vermittelt werden können.

446.5 Abschließende Würdigung des fünften Schrittes zur Umsatzrealisierung

Die Umsatzrealisierungskonzeption nach IFRS 15 basiert im Kern auf dem **Kontrollprinzip**. So ist die Umsatzrealisierung an die Erfüllung der eigenständig abgrenzbaren Leistungsverpflichtungen innerhalb des Vertrages geknüpft. Diese sind grundsätzlich in dem Zeitraum bzw. Zeitpunkt erfüllt, in dem die Kontrolle über den jeweils zugesagten Vermögenswert auf den Kunden übergeht. Das Kontrollprinzip hat der Board für zeitraum- und zeitpunktbezogene Leistungsverpflichtungen unterschiedlich konkretisiert. Das führt zwar zu konzeptionellen Inkonsistenzen, was (zurecht) bemängelt werden kann. Deshalb sind aber nach hier vertretener Auffassung nicht sämtliche Vorschriften zur Umsatzrealisierung per se ungeeignet, um entscheidungsnützliche Informationen zu vermitteln.

Umsatzerlöse sind entweder zeitraum- oder zeitpunktbezogen zu realisieren. Um den wirtschaftlichen Gehalt der zugrunde liegenden Beförderungs- und Zusatzleistungen abbilden zu können, müssen bei der Beurteilung der **drei Kriterien für einen zeitraumbezogenen Kontrollübergang** alle relevanten Fakten und Umstände des Beförderungsvertrages berücksichtigt werden.[1706] Sobald mindestens ein Kriterium erfüllt ist, muss eine Airline die Umsätze über einen Zeitraum realisieren. Die ersten beiden Kriterien sind bei Beförderungsleistungen nicht erfüllt. Zum einen fehlt es sowohl aus wirtschaftlicher als auch aus rechtlicher Sicht an einer fortlaufenden Nutzenziehung des Passagiers aus der Beförderungsleistung (erstes Kriterium).

1703 Vgl. FLUGHAFEN DÜSSELDORF (Hrsg.), Winterflugplan 2017/2018, S. 41.

1704 Vgl. IFRS 15.B46.

1705 Vgl. im Ergebnis so auch SCHOO, L., Umsatzrealisierung nach IFRS, S. 204-206.

1706 Vgl. hierzu ausführlich Abschnitt 446.212.

Zum anderen hat der Passagier während des Fluges keine Kontrolle über einen materiellen oder immateriellen Vermögenswert (zweites Kriterium). Denn in einem Beförderungsvertrag wird ausschließlich eine erfolgreiche Beförderung zum vereinbarten Zielort geschuldet. Allerdings hat die zugesagte und erbrachte Beförderungsleistung keinen alternativen Nutzen und die Airline hat zugleich einen durchsetzbaren Zahlungsanspruch (drittes Kriterium). Einerseits ist die Airline schließlich bereits zum Zeitpunkt des Vertragsabschlusses vertraglich eingeschränkt, die konkret vereinbarte Beförderungsleistung einem anderen Kunden zuzusagen. Andererseits ist sie auch praktisch eingeschränkt, weil sie dem Passagier regelmäßig ohne erhebliche Kosten keine alternative Beförderungsleistung anbieten kann, mit der sie ihre vertraglichen Verpflichtungen sachgerecht erfüllen würde. Zudem hat die Airline gegenüber dem Passagier einen durchsetzbaren Zahlungsanspruch für bereits erbrachte Leistungen, weil ein Passagier allein aus praktischen Gründen nicht mehr von seinem Vertrag zurücktreten kann, sobald der Flug beginnt. Dementsprechend hat eine Airline die Umsatzerlöse aus Beförderungsleistungen zeitraumbezogen zu realisieren. Zwar ist der geschuldete werkvertragliche Erfolg noch nicht erbracht. Indes kann eine Airline ab diesem Zeitpunkt hinreichend sicher sein, dass der werkvertragliche Erfolg einsetzen wird. So ist es unwahrscheinlich, dass das Flugzeug zu einem anderen Zielflughafen umgeleitet wird oder gar abstürzt. Somit erhalten die Adressaten des IFRS-Abschlusses Informationen über die Ertragslage, die sowohl zuverlässig, objektiv und willkürfrei sind als auch einen Bestätigungs- und Prognosewert aufweisen. Die Airline vermittelt also mit den erfassten Umsatzerlösen entscheidungsnützliche Informationen.

Um Umsatzerlöse über einen Zeitraum zu erfassen, muss der Stand des Leistungsfortschritts gemessen werden. Dabei sind output- und inputorientierte Methoden zur **Messung des Leistungsfortschritts** in einem Beförderungsvertrag grundsätzlich gleichermaßen geeignet, um die Leistung einer Airline realitätsgetreu widerzuspiegeln.[1707] Da Beförderungsleistungen stets kontinuierlich erbracht werden, ist es im Hinblick auf die Vermittlung entscheidungsnützlicher Informationen und unter Kosten-Nutzen-Abwägungen sachgerecht, Umsatzerlöse linear über den Zeitraum des jeweiligen Fluges zu erfassen. Der Zeitraum beginnt in dem Moment, in dem das Flugzeug abhebt. Neben der Beförderungsleistung können innerhalb einer eigenständig abgrenzbaren Leistungsverpflichtung auch eine oder mehrere Zusatzleistungen vereinbart werden. Diese können isoliert betrachtet zeitraumbezogen oder zeitpunktbezogen zu realisieren sein.[1708] Der Leistungsfortschritt innerhalb einer eigenständig abgrenzbaren Leistungsverpflichtung ist allerdings mit einer einzigen Methode zu messen. Anderenfalls würde gegen die Konzeption des IFRS 15 verstoßen, weil der der Leistungsverpflichtung zugeordnete Teil des Transaktionspreises erneut aufgeteilt werden müsste. Da die Beförderungsleistung klar die Leistung ist, die den Charakter dieser Leistungsverpflichtung prägt, sind Umsatzerlöse sowohl aus der Beförderungsleistung als auch aus den zugehörigen Zusatzleistungen linear über die

[1707] Vgl. hierzu ausführlich Abschnitt 446.222.
[1708] Vgl. hierzu ausführlich Abschnitt 446.223.

gesamte Dauer des Fluges zu erfassen. Die auf diese Weise im Abschluss abgebildeten Informationen spiegeln den wirtschaftlichen Gehalt der erbrachten Leistungen realitätsgetreu wider.

Eine **Umsatzrealisierung zum Zeitpunkt** des Abhebens des Flugzeugs ist nach hier vertretener Auffassung für Beförderungs- und Zusatzleistungen nicht mit den Vorschriften sowie dem Kontrollprinzip des IFRS 15 vereinbar und damit unzulässig.[1709] Zwar ist ein Passagier mit Abheben des Flugzeugs der einzige, der aus der Beförderungsleistung den verbleibenden Nutzen ziehen kann. Indes kann er erst zum Zeitpunkt der Landung am Zielort den Nutzen hieraus auch bestimmen. Da eine Airline regelmäßig über den Bilanzstichtag hinaus Flüge in vergleichbarer Zahl durchführt, wird der Effekt einer zeitpunktbezogenen Umsatzrealisierung im Wesentlichen nivelliert. Denn die Airline hat zu Beginn der Berichtsperiode für entsprechende Flüge, die in der vergangenen Periode gestartet und in der Berichtsperiode gelandet sind, keine Umsatzerlöse realisiert. Deshalb wird sich die Höhe der in der Berichtsperiode insgesamt realisierten Umsatzerlöse gegenüber einer zeitraumbezogenen Umsatzrealisierung nicht wesentlich unterscheiden. Im Hinblick auf die inner- und zwischenbetriebliche Vergleichbarkeit ist dies positiv zu bewerten.

Die Vertragsairline handelt im Rahmen des Beförderungsvertrages nicht immer als Prinzipal. Wenn sie als Agent handelt, hat sie die aus dieser Tätigkeit resultierenden Umsatzerlöse zeitpunktbezogen zu realisieren.[1710] Maßgebend ist der Zeitpunkt, zu dem der *Operating Carrier* den Passagier in seine Obhut nimmt. Schließlich trägt die Vertragsairline ab diesem Zeitpunkt keine wesentlichen Risiken und Chancen mehr für die erfolgreiche Beförderung des Passagiers über die jeweilige Teilstrecke. Dann erst, nicht bereits zum Vertragsabschluss, geht die Kontrolle auf den *Operating Carrier* über. Da diese Vermittlungsleistungen nicht zu den originären Beförderungs- und Zusatzleistungen gehören, ist ein gesonderter Umsatzausweis solcher Erträge sachgerecht. Dadurch erhalten die Adressaten des IFRS-Abschlusses ein differenzierteres Bild von der Geschäftstätigkeit der Airline.

Darüber hinaus beeinflussen **nicht geltend gemachte Ansprüche** eines Passagiers in einem Beförderungsvertrag den Zeitpunkt der Umsatzrealisierung.[1711] Wenn die Airline erwartet, dass ein Passagier seine Ansprüche nicht (vollständig) geltend macht, hat sie den entsprechenden Betrag als Umsatzerlös zu realisieren, indem sie den Transaktionspreis des Beförderungsvertrages nur denjenigen eigenständig abgrenzbaren Leistungsverpflichtungen zuordnet, die sie erwartungsgemäß erfüllen wird. Damit berücksichtigt die Airline den wirtschaftlichen Gehalt des zugrunde liegenden Geschäftsvorfalls. Würde die Airline nämlich erwarten, dass alle Passagiere ihre Ansprüche vollständig geltend machen, müsste sie den einzelnen Ticketpreis aus wirtschaftlichen Gründen erhöhen. Das würde zu einer Erhöhung des Transaktionspreises führen. Die Beurteilung, ob ein Passagier mit hoher Wahrscheinlichkeit seine Ansprüche nicht (vollständig) geltend macht, ist indes stark ermessensbehaftet. Auf der Grundlage sorgfältig

[1709] Vgl. hierzu ausführlich Abschnitt 446.321.
[1710] Vgl. hierzu ausführlich Abschnitt 446.212.4 und 446.322.
[1711] Vgl. hierzu ausführlich Abschnitt 446.4.

ausgewählter und aufbereiteter Daten ist eine glaubwürdige und relevante Darstellung aber möglich. Die Airline darf den Betrag, der voraussichtlich nicht in Anspruch genommen wird, nur realisieren, wenn sie hinreichend sicher ist, dass der Passagier seine Ansprüche nicht geltend machen wird. Das ist spätestens zu dem Zeitpunkt der Fall, zu dem der Passagier beim Boarding des fest vereinbarten Fluges nicht erscheint oder zu dem das Flugticket ungültig wird.

Die Regelungen des fünften Prozessschrittes bilden im Zusammenspiel mit den anderen Regelungen des Fünf-Schritte-Modells zur Umsatzrealisierung insgesamt eine geeignete Grundlage, um die Umsatzerlöse aus den jeweiligen Beförderungsleistungen inklusive etwaiger vereinbarter Zusatzleistungen über den Zeitraum des jeweiligen Fluges linear in der Höhe erfassen zu können, die den wirtschaftlichen Gehalt der erbrachten Leistung(en) realitätsgetreu vermittelt. Überdies haben diese Informationen regelmäßig einen Bestätigungs- und Prognosewert. Eine Airline kann mithin auf der Grundlage der in dieser Arbeit konkretisierten Regelungen des IFRS 15 entscheidungsnützliche Informationen über die in der Berichtsperiode erbrachten Beförderungs- und Zusatzleistungen vermitteln.

5 Zusammenfassung und Ausblick

Beförderungsverträge können unterschiedlich gestaltet sein. So vereinbaren Passagiere neben einzelnen oder mehreren Flügen oftmals auch Zusatzleistungen, die die Beförderungsleistung attraktiver machen sollen. Vertraglich zugesagte Leistungen werden entweder von der Vertragsairline selbst oder von einer mit dieser kooperierenden Airline erbracht. Den Beförderungsvertrag kann ein Passagier zum einen mit einer dieser Airlines direkt abschließen. Zum anderen kann der Vertrag auch mittelbar über reine Absatzmittler geschlossen werden. Überdies können sich die durchsetzbaren Rechte und Pflichten einer Airline im Zeitverlauf ändern. Die Umsatzbilanzierung erscheint aufgrund der vielen verschiedenen Gestaltungsmöglichkeiten eines Beförderungsvertrages komplex und anspruchsvoll. Schließlich bedingen die spezifischen Fakten und Umstände im Kontext von Beförderungs- und Zusatzleistungen bei den Bilanzierenden vielfältige Auslegungs- und Anwendungsfragen zu IFRS 15.

In dieser Arbeit bestand das Ziel deshalb darin, die **Abbildungsvorschriften des IFRS 15** unter Berücksichtigung von Beförderungs- und Zusatzleistungen vor dem Hintergrund der **Entscheidungsnützlichkeit** zu konkretisieren und dahingehend zu beurteilen. Die zentralen Ergebnisse sollen im Folgenden in verdichteter Form zunächst für jeden Prozessschritt des Fünf-Schritte-Modells zur Umsatzrealisierung wiedergegeben werden, bevor hierauf aufbauend eine Gesamtwürdigung erfolgt, inwieweit eine Umsatzrealisierung nach IFRS 15 in der Airline-Industrie dem Ziel der IFRS-Rechnungslegung entsprechen kann. Mithilfe des Fünf-Schritte-Modells wird der Bilanzierende durch den Umsatzbilanzierungsprozess geleitet. Demnach muss der Beförderungsvertrag zuerst als Kundenvertrag identifiziert werden. Dann muss die Vertragsairline den Transaktionspreis für die im Vertrag festgelegten Leistungen bestimmen und auf die zuvor identifizierten eigenständig abgrenzbaren Leistungsverpflichtungen innerhalb des Beförderungsvertrages aufteilen. Sobald diese Leistungsverpflichtungen erfüllt sind, die Kontrolle über den jeweils zugesagten Vermögenswert also auf den Passagier bzw. den Kunden übergegangen ist, sind die Umsatzerlöse zu realisieren.

In IFRS 15 ist aber nicht nur die Umsatzbilanzierung, sondern auch die bilanzielle Behandlung von **Kosten der Vertragserlangung** geregelt. Da Beförderungsverträge regelmäßig nicht länger als ein Jahr gültig sind, ist es unter Berücksichtigung des Kosten-Nutzen-Verhältnisses möglich und grundsätzlich sinnvoll, die Vertragserlangungskosten unmittelbar aufwandswirksam zu erfassen, anstatt diese als Vermögenswert zu aktivieren und diesen Vermögenswert dann über die Vertragslaufzeit abzuschreiben. Schließlich sind die Kosten im Verhältnis zum Transaktionspreis i. d. R. gering. Die Ertragslage sollte somit nicht wesentlich verzerrt werden.

Im ersten Prozessschritt des Fünf-Schritte-Modells zur Umsatzrealisierung wird der Beförderungsvertrag nach deutschem Recht klar als Kundenvertrag i. S. d. IFRS 15 identifiziert. Der Board legt den Schwerpunkt bei der Beurteilung primär auf eine rechtliche Betrachtungsweise, vernachlässigt aber die in der IFRS-Rechnungslegung verfolgte wirtschaftliche Sichtweise nicht vollständig. Damit wird ein objektives **Bilanzierungsobjekt im weiteren Sinne** identifiziert, mit dem ein hoher Informationsnutzen erreicht werden kann. Ein Beförderungsvertrag wird grundsätzlich auf Einzelvertragsebene ab dem Zeitpunkt des Vertragsabschlusses bilanziert. Die Vertragslaufzeit bzw. der Zeitraum der Bilanzierung endet in der Regel, sobald die Airline sämtliche vertraglich vereinbarte Beförderungs- und Zusatzleistungen erfüllt hat. Sollen sich die durchsetzbaren Rechte und Pflichten während der Vertragslaufzeit ändern, müssen dem alle Vertragsparteien zustimmen. IFRS 15 knüpft hieran, abhängig von der Art der Vertragsänderung, verschiedene bilanzielle Konsequenzen. Diese Bilanzierungsmethoden bilden die Änderungen regelmäßig sachgerecht ab und führen bei Beförderungsverträgen grundsätzlich zu keinen bilanzpolitischen Gestaltungsspielräumen. Dies fördert eine neutrale Berichterstattung.

Im zweiten Prozessschritt kann die der Umsatzbilanzierung unmittelbar zugrunde liegende **Bilanzierungseinheit** ohne Ermessen und ohne erheblichen Aufwand klar entsprechend ihrem wirtschaftlichen Gehalt abgegrenzt werden. Die eigenständig abgrenzbare Leistungsverpflichtung ist nämlich grundsätzlich immer ein einzelner Flug mit etwaig im Zusammenhang mit diesem Flug vereinbarten Zusatzleistungen. Das gilt unabhängig von der Gestaltung des Beförderungsvertrages und ist besonders im Hinblick auf die Vergleichbarkeit und Objektivierbarkeit der Rechnungslegung positiv zu bewerten. Die Regelungen zur Identifikation von Leistungsverpflichtungen stehen einer entscheidungsnützlichen Informationsvermittlung somit nicht entgegen. Überdies muss die bilanzierende Airline mit einer systematischen Kontrollprüfung die **Prinzipal-Agent-Beziehungen** innerhalb des Beförderungsvertrages identifizieren. Hat sie nämlich vor der Leistungserbringung die Kontrolle über die spezifizierte Leistung, ist sie als Prinzipal tätig und weist etwaige Umsatzerlöse brutto in Höhe der zu erwartenden Gegenleistung aus. Das ist der Fall, wenn eine Airline einzelne Leistungen selbst erbringt. Arrangiert sie solche Leistungen, handelt sie als Agent und erfasst lediglich die ihr zustehende Provision als Umsatzerlös. Dies spiegelt den wirtschaftlichen Gehalt wider, da eine Airline anderenfalls Umsatzerlöse realisiert, für die sie operativ zu keinem Zeitpunkt die Kontrolle besessen hat und somit auch nicht auf den Passagier übertragen konnte. Zwar stellt IFRS 15 Indikatoren zur Kontrollprüfung bereit. Diese zeigen allerdings nicht immer dasselbe Bilanzierungsergebnis an. Deshalb muss die Airline die spezifischen Fakten und Umstände des zugrunde liegenden Kooperationsverhältnisses beachten, um sicherzustellen, dass der wirtschaftliche Gehalt der Transaktion bei der Beurteilung und folglich bei der Bilanzierung berücksichtigt wird.

Im dritten Prozessschritt kann eine Airline mithilfe der Vorschriften des IFRS 15 den Transaktionspreis für die im Beförderungsvertrag vereinbarten Leistungen bestimmen, der das Ertragspotenzial aus den zugesagten Beförderungs- und Zusatzleistungen realitätsgetreu abbildet. Zwar ist dieser **Wert des Gegenleistungsanspruchs** nicht immer unmittelbar aus dem Vertrag ersichtlich. Indes gibt es im Zusammenhang mit Beförderungs- und Zusatzleistungen regelmäßig nicht viele Faktoren, die dessen Höhe mit hoher Wahrscheinlichkeit beeinflussen und somit zu berücksichtigen sind. Beeinflusst werden kann der Transaktionspreis bspw. durch Rabatte gegenüber Händlern und Kunden, vom Widerrufsrecht betroffene Güter, die im Bordshop verkauft wurden, oder durch Werbekostenzuschüsse beim indirekten Vertrieb von Flugtickets. Die Höhe dieser Einflussfaktoren kann eine Airline, die auf entsprechende Erfahrungswerte zurückgreifen kann, grundsätzlich hinreichend sicher schätzen bzw. sicher bestimmen, sodass die Umsatzerlöse weder zu hoch noch zu niedrig erfasst werden. Dies ist i. S. d. Vorsichtsgebotes und fördert damit eine neutrale Berichterstattung. Durch die Berücksichtigung derartiger Sachverhalte wird außerdem sichergestellt, dass sich der wirtschaftliche Gehalt im Transaktionspreis und somit letztlich in den Umsatzerlösen widerspiegeln kann. Realisierte Umsatzerlöse müssen dann schließlich mit hoher Wahrscheinlichkeit nicht mehr korrigiert werden. Ferner rekurriert der Board zur Bestimmung des Transaktionspreises regelmäßig auf den Grundsatz der Wesentlichkeit. Die vermittelten Informationen können somit sowohl glaubwürdig als auch relevant sein.

Im vierten Prozessschritt legt der Board mit den Vorschriften zur **Aufteilung des Transaktionspreises** weitere wichtige Grundlagen für die Entscheidungsnützlichkeit der im Rahmen der Umsatzbilanzierung vermittelten Informationen. Schließlich kann der wirtschaftliche Gehalt der eigenständig abgrenzbaren Leistungen nur realitätsgetreu wiedergegeben werden, wenn deren Höhe jeweils dem Gegenleistungsanspruch entspricht, den die Airline im Austausch für die Erbringung dieser Leistungen voraussichtlich erhalten wird. Hierzu hat die Airline den Transaktionspreis grundsätzlich nach Maßstab der relativen Einzelveräußerungspreise der zugesagten Beförderungs- und Zusatzleistungen auf die einzelnen Flüge aufzuteilen. Da der Einzelveräußerungspreis für jeden Flug bereits für andere Zwecke von der Airline zum Zeitpunkt des Vertragsabschlusses ermittelt wird, kann die Airline auf diesen ohne unangemessen hohen Aufwand zurückgreifen. Überdies ist dieser Einzelveräußerungspreis regelmäßig hinreichend verlässlich und objektiv. Die Airline kann den Transaktionspreis also grundsätzlich ohne Ermessen auf die einzelnen Flüge aufteilen. Gewährte Preisnachlässe oder variable Gegenleistungen beziehen sich nicht immer auf alle vereinbarten Flüge. Eine Airline muss deshalb alle relevanten Fakten und Umstände berücksichtigen, um diese entsprechend ihrem wirtschaftlichen Gehalt den jeweiligen Flügen zuordnen zu können. Wird im Beförderungsvertrag nur ein einziger Flug vereinbart, ist dieser vierte Prozessschritt nicht relevant. Dann ist der Transaktionspreis vollständig der einzigen Leistungsverpflichtung zuzuordnen.

Im fünften Prozessschritt kann eine Airline mithilfe der Vorschriften in IFRS 15 den Zeitraum bzw. Zeitpunkt der Umsatzrealisierung bestimmen. Die Umsatzrealisierung basiert im Kern auf dem **Kontrollprinzip**. Demnach ist eine Leistungsverpflichtung erfüllt, wenn der Passagier bzw. Kunde die Kontrolle über die jeweiligen Vermögenswerte erlangt. Zwar hat der Board dieses Kontrollprinzip für zeitraum- und zeitpunktbezogene Leistungsverpflichtungen verschieden konkretisiert, was zu konzeptionellen Inkonsistenzen führt. Auf die Entscheidungsnützlichkeit der vermittelten Informationen einer Airline hat dies indes grundsätzlich keine wesentlichen Auswirkungen. Eine Airline ist bereits zum Zeitpunkt des Vertragsabschlusses zum einen vertraglich eingeschränkt, die konkret vereinbarte Beförderungsleistung einem anderen

Kunden zuzusagen. Zum anderen ist sie auch praktisch eingeschränkt, weil sie dem Passagier regelmäßig ohne erhebliche Kosten keine alternative Beförderungsleistung anbieten kann. Ab dem Zeitpunkt, zu dem das Flugzeug abhebt, kann eine Airline wirtschaftlich betrachtet weder selbst noch können Dritte aus der Beförderungsleistung einen Nutzen ziehen. Da eine Airline überdies einen durchsetzbaren Zahlungsanspruch für bereits erbrachte Leistungen gegenüber dem Passagier hat, sind die Umsatzerlöse zeitraumbezogen zu realisieren. Die Umsatzerlöse sind – unabhängig davon, ob eine oder mehrere Zusatzleistungen vereinbart worden sind – unter Kosten-Nutzen-Abwägungen pro rata temporis zu erfassen. Wenn der Leistungsfortschritt von Beförderungs- und Zusatzleistungen nämlich nicht identisch bestimmt wird, verstößt die Airline gegen die Konzeption des IFRS 15. Schließlich würde die klare Abgrenzung der einzelnen Leistungsverpflichtungen innerhalb des Beförderungsvertrages missachtet. Mithin spiegelt eine zeitraumbezogene Umsatzrealisierung den wirtschaftlichen Gehalt der zugrunde liegenden Transaktion realitätsgetreu wider. Sobald die **bilanzierende Airline** innerhalb des Beförderungsvertrages als **Agent** handelt, hat sie die aus ihrer Vermittlungstätigkeit resultierenden Umsatzerlöse zeitpunktbezogen zu realisieren. Maßgebend ist der Zeitpunkt, zu dem der Kooperationspartner den Passagier in seine Obhut nimmt. Das ist spätestens der Moment, in dem der Passagier den Sicherheitsbereich am Abflughafen zum Boarding verlässt. **Nicht immer macht** ein **Passagier seine Ansprüche** aus dem Beförderungsvertrag (vollständig) **geltend**. Für die Erfassung der Umsatzerlöse aus unausgeübten Ansprüchen eines Passagiers gibt es in IFRS 15 spezielle Vorschriften. Das fördert die Vergleichbarkeit der Rechnungslegung. Zwar kann die Beurteilung der Wahrscheinlichkeit, ob ein Passagier seine Ansprüche noch geltend macht, stark ermessensbehaftet sein. Der Board schafft aber die möglichen Rahmenbedingungen, damit eine Airline entscheidungsnützliche Informationen vermitteln kann. So hat die Airline etwaige Erträge bei Unsicherheit spätestens zum Zeitpunkt zu erfassen, zu dem das Flugticket ungültig wird.

Wenn eine Airline ihre vertraglichen Vergütungsansprüche und Verpflichtungen systematisch mithilfe des in IFRS 15 vorgegebenen Fünf-Schritte-Modells analysiert und würdigt, kann sie im Rahmen der Umsatzrealisierung sowohl glaubwürdige als auch relevante Informationen vermitteln und etwaige Ermessens- und Interpretationsspielräume zumindest eingrenzen. Ganz vermeiden lassen sich Schätzunsicherheiten sowie Ermessensentscheidungen aufgrund der Vielzahl verschiedener Sachverhalte in den unterschiedlichsten Branchen nicht. Die prinzipienorientierte Ausrichtung des IFRS 15 unterstützt eine Airline aber, Bilanzierungsentscheidungen zu treffen, die mit der Grundkonzeption des IFRS 15 im Einklang stehen. So kann sie die weit oder allgemein gefassten Vorschriften sachgerecht auslegen und konkretisieren. Einer entscheidungsnützlichen Informationsvermittlung stehen die Vorschriften somit nicht entgegen. Selbst anfänglich komplex erscheinende Sachverhalte in Beförderungsverträgen können mithilfe der Vorschriften regelmäßig klar, wertungsfrei und objektiv abgebildet werden.

Die **erstmalig verpflichtende Anwendung** des IFRS 15 für in diesem Jahr beginnende Geschäftsjahre wird zeigen, inwieweit Airlines dem Ziel der IFRS-Rechnungslegung, entscheidungsnützliche Informationen zu vermitteln, in der Praxis tatsächlich gerecht werden. Voraussichtlich werden Airlines die in dieser Arbeit standardkonform konkretisierten Vorschriften zur Umsatzbilanzierung von Beförderungs- und Zusatzleistungen in der Bilanzierungspraxis nicht eins zu eins anwenden. So werden sie die Umsatzerlöse ggf. zeitpunktbezogen mit Abheben des Flugzeuges bereits vollständig realisieren, da dies in den Rechnungslegungssystemen einfacher abzubilden sein wird. Zwar ist dies weder standardkonform noch mit dem Kriterium des Kontrollübergangs vereinbar. Der sich hieraus ergebende Fehler und damit die Einschränkung des Informationsnutzens sind aber regelmäßig vernachlässigbar gering. Schließlich beeinflusst dies effektiv nur Umsatzerlöse aus Flügen, die am Abschlussstichtag der Airline beginnen, aber erst nach vierundzwanzig Uhr desselben Tages enden. Deshalb werden sich auch Abschlussprüfer bereit erklären, diese Abschlüsse zu testieren. Insgesamt ist mit Anwendung der Vorschriften gemäß IFRS 15 eine entscheidungsnützliche Informationsvermittlung im Rahmen der Umsatzrealisierung aus Beförderungs- und Zusatzleistungen in der Airline-Industrie zu erwarten.

Quellenverzeichnis

Verzeichnis der Kommentare und Handbücher

ADLER, HANS/DÜRING, WALTHER/SCHMALTZ, KURT (Hrsg.), Rechnungslegung nach Internationalen Standards. Kommentar, Loseblatt, Stuttgart 2002 ff. (Stand: August 2011) (zitiert: BEARBEITER, in: ADS International).

BAETGE, JÖRG/WOLLMERT, PETER/KIRSCH, HANS-JÜRGEN/OSER, PETER/BISCHOF, STEFAN (Hrsg.), Rechnungslegung nach IFRS. Kommentar auf der Grundlage des deutschen Bilanzrechts, Loseblatt, 2. Aufl., Stuttgart 2003 ff. (Stand: Februar 2018) (zitiert: BEARBEITER, in: Rechnungslegung nach IFRS, 2. Aufl.).

BALFOUR, JOHN, Haftung des Luftfrachtführers. Haftung nach europäischem Recht: Die Verordnung (EG) Nr. 2027/97 in der Fassung der Verordnung (EG) Nr. 889/2002, in: Kölner Kompendium des Luftrechts. Wirtschaftsrechtliche Aspekte des Luftverkehrs, Band 3, hrsg. v. Hobe, Stephan/von Ruckteschell, Nicolai, Köln 2010, Teil II, Abschnitt A.III., Rn. 411-458 (Haftung des Luftfrachtführers nach europäischem Recht).

BOLLWEG, HANS-GEORG, Haftung für Schäden Dritter. Einführung, Haftung nach dem Römer Haftungsabkommen, in: Kölner Kompendium des Luftrechts. Wirtschaftsrechtliche Aspekte des Luftverkehrs, Band 3, hrsg. v. Hobe, Stephan/von Ruckteschell, Nicolai, Köln 2010, Teil II, Abschnitt B.I. und B.II., Rn. 1-62 (Haftung für Schäden Dritter nach dem Römer Haftungsabkommen).

DEMPSEY, PAUL STEPHEN, Haftung des Luftfrachtführers. Einführung in das Haftungsrecht des Luftfrachtführers, in: Kölner Kompendium des Luftrechts. Wirtschaftsrechtliche Aspekte des Luftverkehrs, Band 3, hrsg. v. Hobe, Stephan/von Ruckteschell, Nicolai, Köln 2010, Teil II, Abschnitt A, Rn. 1-31 (Einführung in das Haftungsrecht des Luftfrachtführers).

DRIESCH, DIRK/RIESE, JOACHIM/SCHLÜTER, JÖRG/SENGER, THOMAS (Hrsg.), Beck'sches IFRS-Handbuch. Kommentierung der IFRS/IAS, 5. Aufl., München 2016 (zitiert: BEARBEITER, in: Beck'sches IFRS-Handbuch, 5. Aufl.).

DUSEMOND, MICHAEL/KÜTING, PETER/WEBER, CLAUS-PETER/WIRTH, JOHANNES (Hrsg.), Handbuch der Rechnungslegung – Einzelabschluss. Kommentar zur Bilanzierung und Prüfung, Loseblatt, 5. Aufl., Stuttgart 2002 ff. (Stand: April 2018) (zitiert: BEARBEITER, in: Handbuch der Rechnungslegung – Einzelabschluss, 5. Aufl.).

EBENROTH, CARSTEN THOMAS/BOUJONG, KARLHEINZ/JOOST, DETLEV/STROHN, LUTZ (Hrsg.), Handelsgesetzbuch, Band 2, §§ 343-475h, Transportrecht, Bank- und Börsenrecht, 3. Aufl., München 2015 (zitiert: BEARBEITER, in: Handelsgesetzbuch, 3. Aufl.).

EY (Hrsg.), International GAAP 2018. Generally Accepted Accounting Practice under International Financial Reporting Standards (Volume 2), Chichester/West Sussex 2018 (International GAAP 2018).

FRYE, HEINRICH, Luftfrachtverkehr, in: Handbuch Logistik, hrsg. v. Arnold, Dieter u. a., 3. Aufl., Berlin/Heidelberg 2008, Teil C 3.5, S. 757-778 (Luftfrachtverkehr).

FÜHRICH, ERNST (Hrsg.), Reiserecht. Handbuch und Kommentar. Reisevertragsrecht, Reisevermittlungsrecht, Wettbewerbsrecht, Reiseversicherungsrecht, Luftbeförderungsrecht, Beherbergungsrecht, 7. Aufl., München 2015 (zitiert: BEARBEITER, in: Reiserecht, 7. Aufl.).

GIEMULLA, ELMAR/SCHMID, RONALD (Hrsg.), Frankfurter Kommentar zum Luftverkehrsrecht, Band 3, Montrealer Übereinkommen, Loseblatt, München 2004 ff. (Stand: August 2016) (zitiert: BEARBEITER, in: Frankfurter Kommentar zum Luftverkehrsrecht).

GRABITZ, EBERHARD/HILF, MEINHARD/NETTESHEIM, MARTIN (Hrsg.), Das Recht der Europäischen Union, Band 3, EUV/AEUV, Loseblatt, München 2009 ff. (Stand: Dezember 2017) (zitiert: BEARBEITER, in: Das Recht der Europäischen Union).

GRAF VON WESTPHALEN, FRIEDRICH/THÜSING, GREGOR (Hrsg.), Vertragsrecht und AGB-Klauselwerke, Loseblatt, München 1994 ff. (Stand: Oktober 2017) (zitiert: BEARBEITER, in: Vertragsrecht und AGB-Klauselwerke).

GROẞFELD, BERNHARD/LUTTERMANN, CLAUS, Bilanzrecht. Die Rechnungslegung in Jahresabschluß und Konzernabschluß nach Handelsrecht und Steuerrecht, Europarecht und IAS/IFRS, 4. Aufl., Heidelberg 2005 (Bilanzrecht).

HENNRICHS, JOACHIM/KLEINDIEK, DETLEF/WATRIN, CHRISTOPH (Hrsg.), Münchener Kommentar zum Bilanzrecht, Band 1, IFRS, Loseblatt, München 2008 ff. (Stand: September 2014) (zitiert: BEARBEITER, in: MüKo Bilanzrecht).

HEUSER, PAUL J./THEILE, CARSTEN (Hrsg.), IFRS Handbuch. Einzel- und Konzernabschluss, 5. Aufl., Köln 2012 (zitiert: BEARBEITER, in: IFRS Handbuch, 5. Aufl.).

HOBE, STEPHAN, Luftraum und Lufthoheit. Lufthoheit, in: Kölner Kompendium des Luftrechts. Grundlagen, Band 1, hrsg. v. Hobe, Stephan/von Ruckteschell, Nicolai, Köln/München 2008, Teil II, Abschnitt A.IV., Rn. 34-63 (Lufthoheit).

HOPT, KLAUS J. (Hrsg.), Handelsgesetzbuch. Mit GmbH & Co., Handelsklauseln, Bank- und Kapitalmarktrecht, Transportrecht (ohne Seerecht), 38. Aufl., München 2018 (zitiert: BEARBEITER, in: Handelsgesetzbuch, 38. Aufl.).

IDW (Hrsg.), WP Handbuch. Wirtschaftsprüfung und Rechnungslegung, 15. Aufl., Düsseldorf 2017 (zitiert: BEARBEITER, in: WP Handbuch, 15. Aufl.).

KIRSCH, ALEXANDER, Der Luftbeförderungsvertrag. Anwendbares Recht, in: Kölner Kompendium des Luftrechts. Wirtschaftsrechtliche Aspekte des Luftverkehrs, Band 3, hrsg. v. Hobe, Stephan/von Ruckteschell, Nicolai, Köln 2010, Teil I, Abschnitt A.II, Rn. 6-74 (Anwendbares Recht im Luftbeförderungsvertrag).

KIRSCH, ALEXANDER, Der Luftbeförderungsvertrag. Der Luftbeförderungsvertrag im Personenverkehr, in: Kölner Kompendium des Luftrechts. Wirtschaftsrechtliche Aspekte des Luftverkehrs, Band 3, hrsg. v. Hobe, Stephan/von Ruckteschell, Nicolai, Köln 2010, Teil I, Abschnitt A.IV., Rn. 105-178 (Der Luftbeförderungsvertrag im Personenverkehr).

KIRSCH, ALEXANDER, Der Luftbeförderungsvertrag. Rechtliche Einordnung des Luftbeförderungsvertrages nach seinem Inhalt, in: Kölner Kompendium des Luftrechts. Wirtschaftsrechtliche Aspekte des Luftverkehrs, Band 3, hrsg. v. Hobe, Stephan/von Ruckteschell, Nicolai, Köln 2010, Teil I, Abschnitt A.III., Rn. 75-104 (Rechtliche Einordnung des Luftbeförderungsvertrages).

KPMG (Hrsg.), Insights into IFRS. KMPG's Practical Guide to International Financial Reporting Standards (Volume 1), 14. Aufl., London 2017 (Insights into IFRS).

KROPP, THOMAS, Organisation des Luftverkehrs in Deutschland. Einführung, in: Kölner Kompendium des Luftrechts. Grundlagen, Band 1, hrsg. v. Hobe, Stephan/von Ruckteschell, Nicolai, Köln/München 2008, Teil I, Abschnitt C.I., Rn. 1-4 (Organisation des Luftverkehrs).

LÜBBEN, NATALIE, Airlines, Kooperationen und Allianzen. Code Sharing (& Co), in: Kölner Kompendium des Luftrechts. Grundlagen, Band 1, hrsg. v. Hobe, Stephan/von Ruckteschell, Nicolai, Köln/München 2008, Teil I, Abschnitt A.III.1., Rn. 484-587 (Code-Sharing).

LÜDENBACH, NORBERT/HOFFMANN, WOLF-DIETER/FREIBERG, JENS (Hrsg.), Haufe IFRS-Kommentar. Das Standardwerk, 16. Aufl., Freiburg 2018 (zitiert: BEARBEITER, in: Haufe IFRS-Kommentar, 16. Aufl.).

MERKT, HANNO/PROBST, ARNO/FINK, CHRISTIAN (Hrsg.), Rechnungslegung nach HGB und IFRS. Themensystematischer Kommentar mit synoptischen Darstellungen, Stuttgart 2017 (zitiert: BEARBEITER, in: Rechnungslegung nach HGB und IFRS).

MEYER, ANTON/DULLINGER, FLORIAN, Leistungsprogramm von Dienstleistungs-Anbietern, in: Handbuch Dienstleistungs-Marketing, hrsg. v. Meyer, Anton, Stuttgart 1998, S. 711-735 (Leistungsprogramm von Dienstleistungs-Anbietern).

MÜHLBAUER, THOMAS, Haftung für Schäden Dritter. Haftung nach deutschem Recht, in: Kölner Kompendium des Luftrechts. Wirtschaftsrechtliche Aspekte des Luftverkehrs, Band 3, hrsg. v. Hobe, Stephan/von Ruckteschell, Nicolai, Köln 2010, Teil II, Abschnitt B.III., Rn. 63-199 (Haftung für Schäden Dritter nach deutschem Recht).

MUNDT, JÖRN W., Reiseveranstaltung. Lehr- und Handbuch, 7. Aufl., München 2011 (Reiseveranstaltung).

PALANDT, OTTO (Hrsg.), Bürgerliches Gesetzbuch. Mit Nebengesetzen, insbesondere mit Einführungsgesetz (Auszug) einschließlich Rom I-, Rom II- und Rom III-Verordnungen sowie Haager Unterhaltsprotokoll und EU-Erbrechtsverordnung, Allgemeines Gleichbehandlungsgesetz (Auszug), Wohn- und Betreuungsvertragsgesetz, BGB-Informationspflichten-Verordnung, Unterlassungsklagengesetz, Produkthaftungsgesetz, Erbbaurechtsgesetz, Wohnungseigentumsgesetz, Versorgungsausgleichsgesetz, Lebenspartnerschaftsgesetz, Gewaltschutzgesetz, 77. Aufl., München 2018 (zitiert: BEARBEITER, in: Bürgerliches Gesetzbuch, 77. Aufl.).

PETERSEN, KARL/BANSBACH, FLORIAN/DORNBACH, EIKE, IFRS Praxishandbuch. Ein Leitfaden für die Rechnungslegung mit Fallbeispielen, 12. Aufl., München 2018 (IFRS Praxishandbuch).

PWC (Hrsg.), Understanding IAS. Analysis and Interpretation of International Accounting Standards, 3. Aufl., Kopenhagen 2002 (Understanding IAS).

REUSCHLE, FABIAN, Montrealer Übereinkommen. Übereinkommen zur Vereinheitlichung bestimmter Vorschriften über die Beförderung im internationalen Luftverkehr. Kommentar, 2. Aufl., Berlin/Boston 2011 (Montrealer Übereinkommen).

ROSSBACH, LILIANE, Luftraum und Lufthoheit. Bilaterale Luftverkehrsabkommen/Außenbeziehungen Deutschland, in: Kölner Kompendium des Luftrechts. Grundlagen, Band 1, hrsg. v. Hobe, Stephan/von Ruckteschell, Nicolai, Köln/München 2008, Teil II, Abschnitt A.VI., Rn. 67-171 (Bilaterale Luftverkehrsabkommen).

SÄCKER, FRANZ JÜRGEN/RIXECKER, ROLAND/OETKER, HARTMUT/LIMPERG, BETTINA (Hrsg.), Münchener Kommentar zum Bürgerlichen Gesetzbuch, Band 1, Allgemeiner Teil, §§ 1-240, ProstG, AGG, 7. Aufl., München 2015 (zitiert: BEARBEITER, in: MüKo zum BGB, Bd. 1, 7. Aufl.).

SÄCKER, FRANZ JÜRGEN/RIXECKER, ROLAND/OETKER, HARTMUT/LIMPERG, BETTINA (Hrsg.), Münchener Kommentar zum Bürgerlichen Gesetzbuch, Band 2, Schuldrecht – Allgemeiner Teil, 7. Aufl., München 2016 (zitiert: BEARBEITER, in: MüKo zum BGB, Bd. 2, 7. Aufl.).

SÄCKER, FRANZ JÜRGEN/RIXECKER, ROLAND/OETKER, HARTMUT/LIMPERG, BETTINA (Hrsg.), Münchener Kommentar zum Bürgerlichen Gesetzbuch, Band 7, Sachenrecht, §§ 854-1296, WEG, ErbbauRG, 7. Aufl., München 2017 (zitiert: BEARBEITER, in: MüKo zum BGB, Bd. 7, 7. Aufl.).

SÄCKER, FRANZ JÜRGEN/RIXECKER, ROLAND/OETKER, HARTMUT/LIMPERG, BETTINA (Hrsg.), Münchener Kommentar zum Bürgerlichen Gesetzbuch, Band 5/1, Schuldrecht – Besonderer Teil III/1, 7. Aufl., München 2018 (zitiert: BEARBEITER, in: MüKo zum BGB, Bd. 5/1, 7. Aufl.).

SÄCKER, FRANZ JÜRGEN/RIXECKER, ROLAND/OETKER, HARTMUT/LIMPERG, BETTINA (Hrsg.), Münchener Kommentar zum Bürgerlichen Gesetzbuch, Band 12, Internationales Privatrecht II, Internationales Wirtschaftsrecht, Einführungsgesetz zum Bürgerlichen Gesetzbuche (Art. 50-253), 7. Aufl., München 2018 (zitiert: BEARBEITER, in: MüKo zum BGB, Bd. 12, 7. Aufl.).

SCHMIDT, G. H. EBERHARD, Handbuch Airlinemanagement, München/Wien 2000 (Handbuch Airlinemanagement).

SCHMIDT, KARTSTEN (Hrsg.), Münchener Kommentar zum HGB, Band 7, Transportrecht, Viertes Buch: Handelsgeschäfte, vierter Abschnitt: Frachtgeschäft (§§ 407-452d), fünfter Abschnitt: Speditionsgeschäft (§§ 453-466), sechster Abschnitt: Lagergeschäft (§§ 467-475h); Fünftes Buch: Seehandel (§§ 476-619); CMR, CIM, MÜ, CMNI, 3. Aufl., München 2014 (zitiert: BEARBEITER, in: MüKo zum HGB, Bd. 7, 3. Aufl.).

SCHULZE, REINER (Hrsg.), Bürgerliches Gesetzbuch. Handkommentar, 9. Aufl., Baden-Baden 2017 (zitiert: BEARBEITER, in: Bürgerliches Gesetzbuch, 9. Aufl.).

SCHULZE-OSTERLOH, JOACHIM/HENNRICHS, JOACHIM/WÜSTEMANN, JENS (Hrsg.), HdJ. Handbuch des Jahresabschlusses – Bilanzrecht nach HGB, EStG, IFRS, Loseblatt, Köln 1984 ff. (Stand: Dezember 2017) (zitiert: BEARBEITER, in: HdJ).

SCHWENK, WALTER/GIEMULLA, ELMAR, Handbuch des Luftverkehrsrechts, 4. Aufl., Köln 2013 (Luftverkehrsrecht).

STAUDINGER, ANSGAR, Haftung des Luftfrachtführers. Haftung nach deutschem Recht, in: Kölner Kompendium des Luftrechts. Wirtschaftsrechtliche Aspekte des Luftverkehrs, Band 3, hrsg. v. Hobe, Stephan/von Ruckteschell, Nicolai, Köln 2010, Teil II, Abschnitt A.IV., Rn. 459-614 (Haftung des Luftfrachtführers nach deutschem Recht).

STAUDINGER, ANSGAR/KEILER, STEPHAN (Hrsg.), Fluggastrechte-Verordnung. Handkommentar, Baden-Baden 2016 (zitiert: BEARBEITER, in: Fluggastrechte-VO).

THIELE, STEFAN/VON KEITZ, ISABEL/BRÜCKS, MICHAEL (Hrsg.), Internationales Bilanzrecht. Rechnungslegung nach IFRS – Kommentar, Loseblatt, Bonn 2008 ff. (Stand: Februar 2018) (zitiert: BEARBEITER, in: Thiele/von Keitz/Brücks).

WEBER, LUDWIG, Institutionelle Grundlagen des Luftverkehrs. Staatliche Internationale Organisationen. International Civil Aviation Organization (ICAO), in: Kölner Kompendium des Luftrechts. Grundlagen, Band 1, hrsg. v. Hobe, Stephan/von Ruckteschell, Nicolai, Köln/München 2008, Teil I, Abschnitt A.I.1., Rn. 1-88 (ICAO).

WINNEFELD, ROBERT, Bilanz-Handbuch. Handels- und Steuerbilanz, Rechtsformspezifisches Bilanzrecht, Bilanzielle Sonderfragen, Sonderbilanzen, IAS/IFRS-Rechnungslegung, 5. Aufl., München 2015 (Bilanz-Handbuch, 5. Aufl.).

WOLF, MANFRED/LINDACHER, WALTER F./PFEIFFER, THOMAS (Hrsg.), AGB-Recht. Kommentar, 6. Aufl., München 2013 (zitiert: BEARBEITER, in: AGB-Recht, 6. Aufl.).

ZUR HAUSEN, HENNING, Airlines, Kooperationen und Allianzen. Allianzen, in: Kölner Kompendium des Luftrechts. Grundlagen, Band 1, hrsg. v. Hobe, Stephan/von Ruckteschell, Nicolai, Köln/München 2008, Teil I, Abschnitt A.III.2., Rn. 588-642 (Allianzen).

Verzeichnis der Monographien, Aufsätze und sonstigen Fachbeiträge

ABRAHAM, HANS-JÜRGEN, Der Luftbeförderungsvertrag. Unter Zugrundelegung des Warschauer Abkommens, des deutschen Luftverkehrsgesetzes und der Beförderungsbedingungen der International Air Transport Association (IATA), Stuttgart 1955 (Der Luftbeförderungsvertrag).

AICPA (Hrsg.), Airlines. Audit & Accounting Guide, New York 2013 (Airlines).

AICPA (Hrsg.), About the AICPA, verfügbar unter: http://www.aicpa.org/About/Pages/default.aspx (Stand: 16.04.2018) (About the AICPA).

AICPA (Hrsg.), Airlines Revenue Recognition Task Force, verfügbar unter: http://www.aicpa.org/InterestAreas/FRC/AccountingFinancialReporting/RevenueRecognition/Pages/RRTF-Airlines.aspx (Stand: 16.04.2018) (Airlines Revenue Recognition Task Force).

AICPA AIRLINES REVENUE RECOGNITION TASK FORCE (Hrsg.), Working Draft: Airlines Revenue Recognition Implementation Issue. Issue #2-3 – Passenger Ticket Breakage and Accounting for Travel Vouchers (April 2017), verfügbar unter: http://www.aicpa.org/InterestAreas/FRC/AccountingFinancialReporting/RevenueRecognition/DownloadableDocuments/Working_Drafts/Airlines/Airlines_2-3_Passenger_Ticket_Breakage.pdf (Stand: 17.01.2018) (Issue #2-3 – Passenger Ticket Breakage).

AICPA AIRLINES REVENUE RECOGNITION TASK FORCE (Hrsg.), Working Draft: Airlines Revenue Recognition Implementation Issue. Issue #2-4 – Ancillary Fees and Services (April 2017), verfügbar unter: http://www.aicpa.org/InterestAreas/FRC/AccountingFinancialReporting/RevenueRecognition/DownloadableDocuments/Working_Drafts/Airlines/Airlines_2-4_Ancillary_Fees.pdf (Stand: 17.01.2018) (Issue #2-4 – Ancillary Fees and Services).

AICPA AIRLINES REVENUE RECOGNITION TASK FORCE (Hrsg.), Working Draft: Airlines Revenue Recognition Implementation Issue. Issue #2-5 – Interline Transactions – Identifying Performance Obligations for Air Travel (including at the Segment versus the Ticket Level) and Principal vs. Agent Considerations (April 2017), verfügbar unter: http://www.aicpa.org/InterestAreas/FRC/AccountingFinancialReporting/RevenueRecognition/DownloadableDocuments/Working_Drafts/Airlines/Airlines_2-5_Interline_Transactions.pdf (Stand: 17.01.2018) (Issue #2-5 – Interline Transactions).

AICPA AIRLINES REVENUE RECOGNITION TASK FORCE (Hrsg.), Working Draft: Airlines Revenue Recognition Implementation Issue. Issue #2-5 A – Timing and Classification of Commissions in Interline Transactions (October 2017), verfügbar unter: http://www.aicpa.org/InterestAreas/FRC/AccountingFinancialReporting/RevenueRecognition/DownloadableDocuments/Working_Drafts/Airlines/airlines-2-5a-interline-commissions.pdf (Stand: 16.04.2018) (Issue #2-5 A – Interline Transactions).

AICPA AIRLINES REVENUE RECOGNITION TASK FORCE (Hrsg.), Working Draft: Airlines Revenue Recognition Implementation Issue. Issue #2-6 (C) – Assessment of whether "Tier Status" in an Affinity Program conveys a Material Right to Goods and Services and therefore gives rise to a Separate Performance Obligation (December 2016), verfügbar unter: http://www.aicpa.org/InterestAreas/FRC/AccountingFinancialReporting/RevenueRecognition/DownloadableDocuments/Working_Drafts/Airlines/Airlines_2-6C_Loyalty_Tier_Status.pdf (Stand: 16.04.2018) (Issue #2-6 (C) – Loyalty "Tier Status").

AICPA AIRLINES REVENUE RECOGNITION TASK FORCE (Hrsg.), Working Draft: Airlines Revenue Recognition Implementation Issue. Issue #2-6 (f) – Consideration of Significant Financing Component in Advance Mile Purchases and Miles in Customers' Accounts (July 2016), verfügbar unter: http://www.aicpa.org/InterestAreas/FRC/AccountingFinancialReporting/RevenueRecognition/DownloadableDocuments/Working_Drafts/Airlines/Airlines_2-6F_Financing.pdf (Stand: 16.04.2018) (Issue #2-6 (f) – Significant Financing Component).

AICPA AIRLINES REVENUE RECOGNITION TASK FORCE (Hrsg.), Working Draft: Airlines Revenue Recognition Implementation Issue. Issue #2-6 (h) – Estimating Standalone Selling Price of Mileage Credits in Customer Loyalty Programs (July 2016), verfügbar unter: http://www.aicpa.org/InterestAreas/FRC/AccountingFinancialReporting/RevenueRecognition/DownloadableDocuments/Working_Drafts/Airlines/Airlines_2-6H_Estimating_SSP_of_Mileage_Credits.pdf (Stand: 16.04.2018) (Issue #2-6 (h) – Standalone Selling Price of Mileage Credits in Customer Loyalty Programs).

AICPA AIRLINES REVENUE RECOGNITION TASK FORCE (Hrsg.), Working Draft: Airlines Revenue Recognition Implementation Issue. Issue #2-6 (i) – Interline Transactions – Loyalty Payments (April 2017), verfügbar unter: http://www.aicpa.org/InterestAreas/FRC/AccountingFinancialReporting/RevenueRecognition/DownloadableDocuments/Working_Drafts/Airlines/Airlines_2-6-i_Interline_Loyalty.pdf (Stand: 17.01.2018) (Issue #2–6 (i) – Interline Loyalty Transactions).

AICPA AIRLINES REVENUE RECOGNITION TASK FORCE (Hrsg.), Working Draft: Airlines Revenue Recognition Implementation Issue. Issue #2-8 – Accounting for Contract Costs – Commissions and Selling Costs (July 2016), verfügbar unter: http://www.aicpa.org/InterestAreas/FRC/AccountingFinancialReporting/RevenueRecognition/DownloadableDocuments/Working_Drafts/Airlines/Airlines_2-8_Commissions_and_selling_costs.pdf (Stand: 16.04.2018) (Issue #2-8 – Accounting for Contract Costs – Commissions and Selling Costs).

AICPA AIRLINES REVENUE RECOGNITION TASK FORCE (Hrsg.), Working Draft: Airlines Revenue Recognition Implementation Issue. Issue #2-11 – Change Fees (April 2017), verfügbar unter: http://www.aicpa.org/InterestAreas/FRC/AccountingFinancialReporting/RevenueRecognition/DownloadableDocuments/Working_Drafts/Airlines/Airlines_2-11_Change_Fees.pdf (Stand: 17.01.2018) (Issue #2-11 – Change Fees).

AIR BERLIN (Hrsg.), Allgemeine Beförderungsbedingungen, verfügbar unter: https://www.airberlin.com/site/affiliate/unternehmen/agb/ABB_de.pdf (Stand: 18.05.2017) (ABB).

AIR FRANCE-KLM (Hrsg.), Umsatz von Air France-KLM nach Segmenten bis 2017. Umsatz von Air France-KLM in den Jahren 2012 bis 2017 nach Segmenten (in Milliarden Euro), verfügbar unter: http://de.statista.com/statistik/daten/studie/474546/umfrage/umsatz-von-air-franceklm-segmente/ (Stand: 16.04.2018) (Umsatz von Air France-KLM nach Segmenten bis 2017).

ALBER, SIEGBERT, Tendenzen der neueren Rechtsprechung des EuGH, in: ZEuS 2003, S. 1-50 (Tendenzen der neueren Rechtsprechung des EuGH).

ALKEMEIER, MICHAEL, Konzerninterne Unternehmenszusammenschlüsse. Die Bilanzierung von Business Combinations under Common Control im IFRS-Teilkonzernabschluss, Lohmar/Köln 2017 (Konzerninterne Unternehmenszusammenschlüsse).

ANDERS, GEORG, Aufwandsaktivierung nach IFRS 15. Neue Ermessensspielräume der Abschlussgestaltung, in: PiR 2016, S. 99-105 (Aufwandsaktivierung nach IFRS 15).

ANTHONY, ROBERT NEWTON, Tell it like it was. A Conceptual Framework for Financial Accounting, Homewood 1983 (A Conceptual Framework for Financial Accounting).

ANTONAKOPOULOS, NADINE, Gewinnkonzeptionen und Erfolgsdarstellung nach IFRS. Analyse der direkt im Eigenkapital erfassten Erfolgsbestandteile, Wiesbaden 2007 (Gewinnkonzeptionen und Erfolgsdarstellung).

ASCHE, MICHAEL, Europäisches Bilanzrecht und nationales Gesellschaftsrecht. Wechselwirkungen und Spannungsverhältnisse, dargestellt am Beispiel der Einbeziehung der Kapitalgesellschaft & Co. in die EG-Bilanzrichtlinien und die IAS/IFRS, Berlin 2007 (Europäisches Bilanzrecht und nationales Gesellschaftsrecht).

BACKHAUS, KLAUS, Die Gewinnrealisation bei mehrperiodigen Lieferungen und Leistungen in der Aktienbilanz, in: ZfbF 1980, S. 347-360 (Die Gewinnrealisation bei mehrperiodigen Lieferungen und Leistungen in der Aktienbilanz).

BACKHAUS, KLAUS, Das Anlagengeschäft im Jahresabschluß. TV-Lehrbrief, Berlin 1988 (Das Anlagengeschäft im Jahresabschluss).

BACKHAUS, KLAUS/PLINKE, WULFF, Strategische Allianzen als Antwort auf veränderte Wettbewerbsstrukturen, in: ZfbF-Sonderheft 1990, S. 21-33 (Strategische Allianzen als Antwort auf veränderte Wettbewerbsstrukturen).

BACKHAUS, KLAUS/PLITZ, KLAUS, Strategische Allianzen – eine neue Form kooperativen Wettbewerbs?, in: ZfbF-Sonderheft 1990, S. 1-10 (Strategische Allianzen).

BACKHAUS, KLAUS/VOETH, MARKUS, Strategische Allianzen – Herausforderungen neuer Kooperationsformen, in: Stabilität und Effizienz hybrider Organisationsformen. Die Kooperation im Lichte der neuen Institutionenökonomik. Beiträge zu einem Symposium, hrsg. v. Wagner, Helmut, Münster 1995, S. 63-83 (Strategische Allianzen).

BAETGE, JÖRG, Möglichkeiten der Objektivierung des Jahreserfolges, Düsseldorf 1970 (Möglichkeiten der Objektivierung des Jahreserfolges).

BAETGE, JÖRG, Verwendung von DCF-Kalkülen bei der Bilanzierung nach IFRS, in: WPg 2009, S. 13-23 (Verwendung von DCF-Kalkülen).

BAETGE, JÖRG/CELIK, AYDIN, Umsatzerlöse nach IFRS 15 – ein inkonsistenter Ansatz, in: IRZ 2014, S. 365-367 (IFRS 15).

BAETGE, JÖRG/KIRSCH, HANS-JÜRGEN/THIELE, STEFAN, Bilanzanalyse, 2. Aufl., Düsseldorf 2004 (Bilanzanalyse).

BAETGE, JÖRG/KIRSCH, HANS-JÜRGEN/THIELE, STEFAN, Bilanzen, 14. Aufl., Düsseldorf 2017 (Bilanzen).

BAETGE, JÖRG/THIELE, STEFAN, Gesellschafterschutz versus Gläubigerschutz – Rechenschaft versus Kapitalerhaltung. Zu den Zwecken des deutschen Einzelabschlusses vor dem Hintergrund der internationalen Harmonisierung, in: Handelsbilanzen und Steuerbilanzen. Festschrift zum 70. Geburtstag von Prof. Dr. h.c. Heinrich Beisse, hrsg. v. Budde, Wolfgang Dieter/Moxter, Adolf/Offerhaus, Klaus, Düsseldorf 1997, S. 11-24 (Gesellschafterschutz versus Gläubigerschutz).

BALLWIESER, WOLFGANG, Informations-GoB – auch im Lichte von IAS und US-GAAP, in: KoR 2002, S. 115-121 (Informations-GoB).

BALLWIESER, WOLFGANG, Die Konzeptionslosigkeit des International Accounting Standards Board (IASB), in: Festschrift für Volker Röhricht zum 65. Geburtstag. Gesellschaftsrecht, Rechnungslegung, Sportrecht, hrsg. v. Crezelius, Georg/Hirte, Heribert/Vieweg, Klaus, Köln 2005, S. 727-745 (Die Konzeptionslosigkeit des IASB).

BALLWIESER, WOLFGANG, IFRS-Rechnungslegung. Konzept, Regeln und Wirkungen, 3. Aufl., München 2013 (IFRS-Rechnungslegung).

BALLWIESER, WOLFGANG, Ansätze und Ergebnisse einer ökonomischen Analyse des Rahmenkonzepts zur Rechnungslegung, in: ZfbF 2014, S. 451-476 (Ökonomische Analyse des Rahmenkonzepts).

BARDENS, ANDREA/WALLEK, CHRISTOPH, IFRS 15: Eine Würdigung der neuen Vorschriften zur Umsatzrealisierung im Healthcare-Sektor, in: KoR 2016, S. 326-336 (Umsatzrealisierung im Healthcare-Sektor).

BARTKE, PHILIPP/CLEOPHAS, CATHERINE/ZIMMERMANN, BENEDIKT, Complexity in Airline Revenue Management, in: Journal of Revenue and Pricing Management 2013, S. 36-45 (Complexity in Airline Revenue Management).

BASEDOW, JÜRGEN, Der Transportvertrag. Studien zur Privatrechtsangleichung auf regulierten Märkten, Tübingen 1987 (Der Transportvertrag).

BAUR, CHRISTIAN/EISELE, ALEXANDER/HOLD, CHRISTIANE, Klassifizierung von Leistungsverpflichtungen nach IFRS 15.35. Anwendungsfragen und praktische Umsetzung unter besonderer Berücksichtigung der Anforderungen des Anlangen- und Maschinenbaus, in: KoR 2016, S. 394-403 (Klassifizierung von Leistungsverpflichtungen nach IFRS 15.35).

BAUR, DAVID/LÜPOLD, PATRICK/WITTE, CHRISTIAN, Ermessensspielräume im Umgang mit IFRS 15, in: IRZ 2014, S. 469-476 (Ermessensspielräume im Umgang mit IFRS 15).

BEIERSDORF, KATI/SCHMIDT, MARTIN, Umsatzerfassung – Bestimmung von Auftraggeber (Prinzipal) und Vermittler (Agent). Der Fall – die Lösung, in: IRZ 2014, S. 457-460 (Umsatzerfassung).

BELOBABA, PETER P./BARNHART, CYNTHIA/SWELBAR, WILLIAM S., Information Technology in Airline Operations, Distribution and Passenger Processing, in: The Global Airline Industry, hrsg. v. Belobaba, Peter P./Odoni, Amedeo R./Barnhart, Cynthia, 2. Aufl., Chichester 2016, S. 461-485 (Information Technology in Airline Operations).

BERGER, FABIAN, Strategisches Management der Umsatzerlöse. Eine kapitalmarktorientierte Untersuchung zur Umsatzrealisation bei IFRS-Anwendern, Zürich/Basel/Genf 2010 (Strategisches Management der Umsatzerlöse).

BERGER-WALLISER, GERLINDE, Luftbeförderungsbedingungen und AGB-Kontrolle im deutschen, französischen und internationalen Privatrecht, Bielefeld 2001 (Luftbeförderungsbedingungen und AGB-Kontrolle).

BESOLD, ANDREA/WAHL, PETER, Wenn einer eine (Flug-)Reise tut ... Ausgewählte Probleme der richterlichen Praxis aus dem Bereich der Fluggastrechte, in: RRa 2017, S. 106-115 (Fluggastrechte).

BIEG, HARTMUT/KÄUFER, ANKE, Rahmenkonzept – Ziel, Zwecke und Grundsätze, in: IFRS-Rechnungslegung. Grundlagen – Aufgaben – Fallstudien, hrsg. v. Brösel, Gerrit/Zwirner, Christian, 2. Aufl., München 2009, S. 3-20 (Rahmenkonzept).

BMVI (Hrsg.), Bilaterale Luftverkehrsabkommen, verfügbar unter: https://www.bmvi.de/SharedDocs/DE/Artikel/LR/luftverkehrsabkommen-bilateral.html?nn=12830 (Stand: 16.04.2018) (Bilaterale Luftverkehrsabkommen).

BMVI (Hrsg.), Luftverkehrskonzept des Bundesministeriums für Verkehr und digitale Infrastruktur, verfügbar unter: http://www.bmvi.de/SharedDocs/DE/Publikationen/LF/luftverkehrskonzept.pdf?__blob=publicationFile (Stand: 16.04.2018) (Luftverkehrskonzept).

BMVI (Hrsg.), Revision der Fluggastrechte. Ergänzung eines Artikels zur Revision der Verordnungen (EG) Nr. 261/2004 und 2027/97, verfügbar unter: https://www.bmvi.de/SharedDocs/DE/Artikel/LR/revision-der-fluggastrechte.html (Stand: 16.04.2018) (Revision der Fluggastrechte).

BOHL, WERNER/WIECHMANN, JOST, IFRS für Juristen. Einführung in eine kapitalmarktorientierte Rechnungslegung, 2. Aufl., München 2010 (IFRS für Juristen).

BOLLWEG, HANS-GEORG, Das Montrealer Übereinkommen. Rückblick – Überblick – Ausblick, in: ZLW 2000, S. 439-466 (Das Montrealer Übereinkommen).

BRANDT, CLAUS, Die Ermittlung des Fertigstellungsgrades im Rahmen der Percentage-of-Completion-Methode, in: Die deutsche Rechnungslegung und Wirtschaftsprüfung im Umbruch. Festschrift für Wilhelm Theodor Strobel zum 70. Geburtstag, hrsg. v. Freidank, Carl-Christian, München 2001, S. 155-174 (Ermittlung des Fertigstellungsgrades).

BRAUN, MARKUS/FISCHER, CHRISTIAN/ROOS, BENJAMIN, Umsatzrealisierung nach HGB und IFRS. Unterschiede unter Berücksichtigung von IFRS 15, in: StuB 2016, S. 803-811 (Umsatzrealisierung nach HGB und IFRS).

BREIDENBACH, KARIN, Realisation von Umsatzerlösen nach IFRS 15. Neuregelung durch das IASB, in: BBK 2014, S. 631-637 (Umsatzerlöse nach IFRS 15).

BREIDENBACH, KARIN, Präzisierungen zu IFRS 15. Aktueller Stand zur Umsatzerfassung nach IFRS, in: BBK 2016, S. 852-861 (Präzisierungen zu IFRS 15).

BREIDENBACH, KARIN/WÄHRISCH, MICHAEL, Umsatzerlöse. Handbuch zur Umsatzerfassung nach HGB und IFRS, Herne 2016 (Umsatzerlöse).

BROWN, JOAN, Fixing the Asset and Liability Definitions – But only the Bits that are Broken, in: IRZ 2014, S. 423-426 (Asset and Liability Definitions).

BRÜCKS, MICHAEL/EHRCKE, HEIKO/GROTE, ANDREAS/PILHOFER, JOCHEN, Anwendungs- und Auslegungsfragen zu IFRS 15 am Beispiel der Telekommunikationsbranche (Teil 1). Anwendung des Portfolio Approach, Berücksichtigung von Finanzierungskomponenten, Prinzipal-Agent-Transaktionen, in: KoR 2017, S. 179-186 (Anwendungs- und Auslegungsfragen zu IFRS 15 (Teil 1)).

BRÜCKS, MICHAEL/EHRCKE, HEIKO/GROTE, ANDREAS/PILHOFER, JOCHEN, Anwendungs- und Auslegungsfragen zu IFRS 15 am Beispiel der Telekommunikationsbranche (Teil 2). Kosten der Vertragserlangung, Umsatzrealisierung bei Rückgriff auf indirekte Vertriebswege, Bestimmung der Vertragslaufzeit, Anhangangaben, in: KoR 2017, S. 233-242 (Anwendungs- und Auslegungsfragen zu IFRS 15 (Teil 2)).

BRUHN, MANFRED/MEFFERT, HERIBERT, Handbuch Dienstleistungsmarketing. Planung, Umsetzung, Kontrolle, Wiesbaden 2012 (Handbuch Dienstleistungsmarketing).

BRUNE, JENS W., Implementierung der Erlöserfassungsregelungen des IFRS 15 – Herausforderungen in der praktischen Umsetzung aus der Sicht betroffener Unternehmen, in: IRZ 2016, S. 19-26 (Herausforderungen in der Umsetzung von IFRS 15).

BRUNE, JENS W./HAYN, BENITA, Nachrichten zu IFRS und US-GAAP. IASB verschiebt erstmalige Pflichtanwendung von IFRS 15, in: IRZ 2015, S. 334 (IASB verschiebt erstmalige Pflichtanwendung von IFRS 15).

BUCHHEIM, REGINE/GRÖNER, SUSANNE/KÜHNE, MAREIKE, Übernahme von IAS/IFRS in Europa: Ablauf und Wirkung des Komitologieverfahrens auf die Rechnungslegung, in: BB 2004, S. 1783-1788 (Übernahme von IAS/IFRS in Europa).

BUCHHEIM, REGINE/KNORR, LIESEL/SCHMIDT, MARTIN, Anwendung der IFRS in Europa: Das neue Endorsement-Verfahren, in: KoR 2008, S. 334-341 (Endorsement-Verfahren).

BULLEN, HALSEY G./CROOK, KIMBERLEY, Revisiting the Concepts. A New Conceptual Framework Project, verfügbar unter: http://www.fep.up.pt/disciplinas/mbf904/conceptual%20frameworks_paper.pdf (Stand: 16.04.2018) (New Conceptual Framework Project).

BUSCH, JULIA/BOECKER, CORINNA, Risiko Umsatzrealisierung: Hilfsmittel zur Risikominimierung bzw. Risikovermeidung, in: IRZ 2015, S. 93-95 (Risikominimierung bzw. Risikovermeidung bei der Umsatzrealisierung).

BUTCHER, KEN/SPARKS, BEVERLEY/O'CALLAGHAN, FRANCES, Beyond Core Service, in: Psychology and Marketing 2003, S. 187-208 (Beyond Core Service).

CANARIS, CLAUS-WILHELM, Die Feststellung von Lücken im Gesetz. Eine methodologische Studie über Voraussetzungen und Grenzen der richterlichen Rechtsfortbildung praeter legem, 2. Aufl., Berlin 1983 (Die Feststellung von Lücken im Gesetz).

CASSEL, JOCHEN, Unternehmensbewertung im IFRS-Abschluss. Fair Value-Bewertung von Unternehmen und Sachgesamtheiten, Berlin 2012 (Unternehmensbewertung im IFRS-Abschluss).

CHEN, FANG-YUAN/CHANG, YU-HERN, Examining Airline Service Quality from a Process Perspective, in: Journal of Air Transport Management 2005, S. 79-87 (Examining Airline Service Quality).

CHENG, BIN, The 1999 Montreal Convention on International Carriage by Air Concluded on the Seventieth Anniversary of the 1929 Warsaw Convention (Part I), in: ZLW 2000, S. 287-307 (The Montreal Convention on International Carriage (Part I)).

CHENG, BIN, The 1999 Montreal Convention on International Carriage by Air Concluded on the Seventieth Anniversary of the 1929 Warsaw Convention (Part II), in: ZLW 2000, S. 484-499 (The Montreal Convention on International Carriage (Part II)).

CHEWNING, EUGENE G./HARRELL, ADRIAN M., The Effect of Information Load on Decision Makers' Cue Utilization Levels and Decision Quality in a Financial Distress Decision Task, in: Accounting, Organizations and Society 1990, S. 527-542 (The Effect of Information Load on Decision Makers' Cue Utilization Levels).

CHRISTENSEN, JOHN, Conceptual Frameworks of Accounting from an Information Perspective, in: Accounting and Business Research 2010, S. 287-299 (Conceptual Frameworks of Accounting).

COENENBERG, ADOLF G./HALLER, AXEL/SCHULTZE, WOLFGANG, Jahresabschluss und Jahresabschlussanalyse. Betriebswirtschaftliche, handelsrechtliche, steuerrechtliche und internationale Grundlagen – HGB, IAS/IFRS, US-GAAP, DRS, 24. Aufl., Stuttgart 2016 (Jahresabschluss und Jahresabschlussanalyse).

COENENBERG, ADOLF G./STRAUB, BARBARA, Rechenschaft versus Entscheidungsunterstützung: Harmonie oder Disharmonie der Rechnungszwecke?, in: KoR 2008, S. 17-26 (Rechenschaft versus Entscheidungsunterstützung).

COLLINGWOOD, ROBIN GEORGE, Denken. Eine Autobiographie, Stuttgart 1955 (Denken).

CONDOR (Hrsg.), Airshoppen. Einkaufen wie im Flug – Duty Free!, verfügbar unter: https://de.airshoppen.com/ (Stand: 16.04.2018) (Airshoppen).

CONDOR (Hrsg.), Bordunterhaltung, verfügbar unter: https://www.condor.com/de/fliegen-geniessen/an-bord/bordunterhaltung.jsp (Stand: 16.04.2018) (Bordunterhaltung).

CONDOR (Hrsg.), Interline Gepäckregeln, verfügbar unter: https://www.condor.com/de/fileadmin/dam/user_upload/global/2_prepare/1_baggage/06_partner/20160720_Interline_BaggageRules_DE.pdf (Stand: 16.04.2018) (Interline Gepäckregeln).

CONDOR (Hrsg.), Priority Package, verfügbar unter: https://www.condor.com/de/flug-vorbereiten/am-flughafen/priority-package.jsp (Stand: 16.04.2018) (Priority Package).

CONDOR (Hrsg.), Unsere Tarife. Classic Tarif, Umbuchungsgebühren, verfügbar unter: https://www.condor.com/de/fliegen-geniessen/klassen-tarife/unsere-tarife/classic-tarif.jsp (Stand: 16.04.2018) (Umbuchungsgebühr).

CONRADY, ROLAND/FICHERT, FRANK/STERZENBACH, RÜDIGER, Luftverkehr. Betriebswirtschaftliches Lehr- und Handbuch, 5. Aufl., München 2013 (Luftverkehr).

DE LA PAIX, GERHARD/PLANKENSTEINER, HERMANN, Neue Definition der Umsatzerlöse nach HGB im Rahmen des BilRUG – eine Lücke zu IFRS?, in: IRZ 2015, S. 331-333 (Definition der Umsatzerlöse).

DEHMEL, INGA, Aktuelle Entwicklungen bei den Definitions- und Ansatzkriterien für Vermögenswerte im Conceptual-Framework-Projekt des IASB, in: BB 2015, S. 1770-1775 (Definitions- und Ansatzkriterien).

DELOITTE & TOUCHE (Hrsg.), IFRS fokussiert. IFRS 15 – Erlöse aus Verträgen mit Kunden, verfügbar unter: https://www2.deloitte.com/content/dam/Deloitte/de/Documents/audit/WP-IFRS_fokussiert_6_2014_safe.pdf (Stand: 16.04.2018) (IFRS 15).

DETTENRIEDER, DOMINIK, Hedge Accounting in Industrieunternehmen nach IFRS 9, Lohmar/Köln 2014 (Hedge Accounting).

DEUTSCH, ASKAN, Anmerkung zum OLG Frankfurt am Main (Hrsg.), Urteil vom 28.02.2013 – 16 U 86/12. Aufpreisklausel bei Cross-Ticketing und Flugzeitenänderung, in: GRUR-Prax 2013, S. 276 (Aufpreisklausel bei Cross-Ticketing).

DEUTSCHE FLUGSICHERUNG (Hrsg.), Luftverkehr in Deutschland. Mobilitätsbericht 2016, verfügbar unter: https://de.statista.com/download/MTUwOTQ0NTA1NCMjNDQyOTUjIzQ1MDM3IyMxIyNudWxsIyNTdHVkeQ== (Stand: 16.04.2018) (Luftverkehr in Deutschland).

DEUTSCHE LUFTHANSA (Hrsg.), Allgemeine Beförderungsbedingungen für Fluggäste und Gepäck (ABB Flugpassage), verfügbar unter: http://www.lufthansa.com/mediapool/pdf/19/media_1098978719.pdf (Stand: 16.04.2018) (ABB Flugpassage).

DEUTSCHE LUFTHANSA (Hrsg.), Anteil der Geschäftsfelder am Außenumsatz bis 2016. Anteil der Geschäftsfelder von Lufthansa am Außenumsatz des Konzerns in den Jahren 2015 und 2016, verfügbar unter: http://de.statista.com/statistik/daten/studie/30174/umfrage/anteil-der-geschaeftsfelder-am-aussenumsatz-von-lufthansa/ (Stand: 15.02.2018) (Anteil der Geschäftsfelder von Lufthansa am Außenumsatz des Konzerns).

DEUTSCHE LUFTHANSA (Hrsg.), Flugplan, verfügbar unter: http://www.lufthansa.com/de/de/Online-Flugplan (Stand: 16.04.2018) (Flugplan).

DEUTSCHE LUFTHANSA (Hrsg.), Lufthansa Guide Services, verfügbar unter: http://www.lufthansa.com/de/de/Lufthansa-Guide-Service (Stand: 16.04.2018) (Guide Services).

DEUTSCHE LUFTHANSA (Hrsg.), Unsere Zusatzoptionen im Überblick, verfügbar unter: http://www.lufthansa.com/de/de/Europa-Tarife-Zusatzleistungen (Stand: 16.04.2018) (Zusatzoptionen).

DICHEV, ILIA D., On the Balance Sheet-Based Model of Financial Reporting, in: Accounting Horizons 2008, S. 453-470 (Balance Sheet-Based Model).

DICKSON, DAVID, World Financial Symposium 2016. Key IFRS Challenges for the Industry. IFRS 15. Revenues, verfügbar unter: https://www.iata.org/events/Documents/WFS2016-IFRS-23-Sep.pdf (Stand: 16.04.2018) (Key IFRS Challenges for the Industry).

DIETRICH, ANITA/MALSCH, ANNETTE, IFRS 15 – Eine unbekannte Größe in der Finanzbranche. Teil 1: Die Herausforderungen des IFRS 15 für die Finanzbranche, in: IRZ 2015, S. 387-393 (IFRS 15).

DIETRICH, ANITA/MALSCH, ANNETTE, Das Prinzipal-Agenten-Konzept des IFRS 15, in: IRZ 2016, S. 335-340 (Prinzipal-Agenten-Konzept des IFRS 15).

DIETRICH, ANITA/MALSCH, ANNETTE, Die Anwendung der Prinzipal-Agenten-Regelungen des IFRS 15 auf Auslagerungsbeziehungen im Asset Management, in: IRZ 2017, S. 73-79 (Prinzipal-Agenten-Regelungen des IFRS 15).

DINH, TAMI/SEITZ, BARBARA, „Vorsicht" in den IFRS am Beispiel von IFRS 9, in: IRZ 2015, S. 145-150 („Vorsicht" in den IFRS).

DOGANIS, RIGAS, The Airline Business, 2. Aufl., Abingdon/New York 2006 (The Airline Business).

EASYJET (Hrsg.), Allgemeine Geschäftsbedingungen, verfügbar unter: http://www.easyjet.com/de/allgemeine-geschaftsbedingungen (Stand: 16.04.2018) (ABB).

EASYJET (Hrsg.), Gebühren und Kosten, verfügbar unter: http://www.easyjet.com/de/allgemeine-geschaftsbedingungen/gebuhren (Stand: 16.04.2018) (Gebühren und Kosten).

EBNER STOLZ (Hrsg.), IFRS 15 – Erlöse aus Verträgen mit Kunden, in: novus Internationale Rechnungslegung 2014, 3. Quartal (IFRS 15).

EDWARDS, EDGAR O./BELL, PHILIP W., The Theory and Measurement of Business Income, 4. Aufl., Berkeley/Los Angeles/London 1967 (Business Income).

EFRAG (Hrsg.), European Field-Test of the IASB's Exposure Draft "Revenue from Contracts with Customers". Telecommunication Companies, verfügbar unter: https://www.efrag.org/Assets/Download?assetUrl=%2Fsites%2Fwebpublishing%2FProject%20Documents%2F250%2FFeedback_statement_Telecom__-_120525.pdf (Stand: 16.04.2018) (European Field-Test of the IASB's ED).

ELLINGHORST, PAUL, Kennzahlenkatalog für die Bilanzanalyse und Bilanzkritik, in: BBK 1994, S. 295-304 (Kennzahlenkatalog für die Bilanzanalyse und Bilanzkritik).

EMIRATES (Hrsg.), Beförderungsbedingungen für Fluggäste und Reisegepäck, verfügbar unter: https://cdn.ek.aero/de/german/images/201304280825_coc_german_final_28april2013_new_tcm253-194795.pdf (Stand: 16.04.2018) (ABB).

EMIRATES (Hrsg.), Conditions of Carriage for Passengers and Baggage – for Customers Located in the U.S.A., verfügbar unter: https://cdn.ek.aero/us/english/images/usa_published_november_2014_tcm272-194795.pdf (Stand: 16.04.2018) (ABB in den USA).

EMIRATES (Hrsg.), Emirates erleben, verfügbar unter: https://www.emirates.com/de/german/experience/ (Stand: 16.04.2018) (Emirates erleben).

ENGISCH, KARL, Einführung in das juristische Denken, 11. Aufl., Stuttgart 2010 (Einführung in das juristische Denken).

ERB, CARSTEN/PELGER, CHRISTOPH, Potenzielle Praxisimplikationen des Entwurfs zum künftigen IFRS-Rahmenkonzept, in: IRZ 2015, S. 337-341 (IFRS-Rahmenkonzept).

ERB, CARSTEN/PELGER, CHRISTOPH, Welche Vorstellungen hat der IASB vom neuen Rahmenkonzept?, in: WPg 2015, S. 1058-1064 (Vorstellungen des IASB vom neuen Rahmenkonzept).

ERCHINGER, HOLGER/MELCHER, WINFRIED, Die Bilanzierung von Umsatzerlösen de lege ferenda. Aktuelle Entwicklungen vor dem Hintergrund des IASB Exposure Draft Revenue Recognition (Teil 1), in: KoR 2010, S. 434-442 (Bilanzierung von Umsatzerlösen (Teil 1)).

ERCHINGER, HOLGER/MELCHER, WINFRIED, Die Bilanzierung von Umsatzerlösen de lege ferenda. Aktuelle Entwicklungen vor dem Hintergrund des IASB Exposure Draft Revenue Recognition (Teil 2) (Fortsetzung von KoR 2010 S. 442), in: KoR 2010, S. 488-493 (Bilanzierung von Umsatzerlösen (Teil 2)).

ESMA (Hrsg.), European Common Enforcement Priorities for 2017 IFRS Financial Statements, verfügbar unter: https://www.esma.europa.eu/sites/default/files/library/esma32-63-340_esma_european_common_enforcement_priorities_2017.pdf (Stand: 16.04.2018) (Enforcement Priorities for IFRS).

ESMA (Hrsg.), Issues for Consideration in Implementing IFRS 15: Revenue from Contracts with Customers, verfügbar unter: https://www.esma.europa.eu/file/19187/download?token=8ZIpwmRi (Stand: 16.04.2018) (Issues for Consideration in Implementing IFRS 15).

EULER, ROLAND, Grundsätze ordnungsmäßiger Gewinnrealisierung, Düsseldorf 1989 (Grundsätze ordnungsmäßiger Gewinnrealisierung).

EUROWINGS (Hrsg.), Neue Strecken, verfügbar unter: https://www.eurowings.com/de/buchen/neue-strecken.html (Stand: 16.04.2018) (Neue Strecken).

EUROWINGS (Hrsg.), Unser Bordservice, verfügbar unter: https://www.eurowings.com/de/informieren/services/bordservice.html (Stand: 16.04.2018) (Bordservice).

EY (Hrsg.), How the new Revenue Standard affects Airlines. Technical Line. FASB – Final Guidance, verfügbar unter: http://www.ey.com/publication/vwluassetsdld/technicalline_04049-171us_revrec_airlines_30june2017/$file/technicalline_04049-171us_revrec_airlines_30june2017.pdf?OpenElement (Stand: 16.04.2018) (How the new Revenue Standard affects Airlines).

EY (Hrsg.), IFRS 15: FASB-TRG diskutiert vier weitere Implementierungsfragen, in: EY Scout International Accounting. IFRS Aktuell, Heft 1 2017, S. 25-29 (FASB-TRG diskutiert weitere Implementierungsfragen).

EY (Hrsg.), Im Fokus: der neue Standard zur Umsatzrealisierung. Aktualisiert im Januar 2017, verfügbar unter: http://www.ey.com/Publication/vwLUAssets/EY-Im-Fokus-der-neue-Standard-zur-Umsatzrealisierung-Januar-2017/$FILE/EY-Im-Fokus-der-neue-Standard-zur-Umsatzrealisierung-Januar-2017.pdf (Stand: 16.04.2018) (Umsatzrealisierung).

EY (Hrsg.), Implementing the New Revenue Recognition Standard. Life Sciences, verfügbar unter: http://www.ey.com/Publication/vwLUAssets/EMEIA_FAAS_Implementing_the_new_revenue_recognition_standard_slipsheet/$FILE/EMEIA_FAAS_IFRS_15_Implementing_the_new_revenue_recognition_standard_slipsheet.pdf (Stand: 16.04.2018) (Implementing IFRS 15).

FASB TRG (Hrsg.), An Update on Implementing the New Revenue Standard, verfügbar unter: http://www.fasb.org/cs/ContentServer?c=Page&pagename=FASB%2FPage%2FSectionPage&cid=1176168083750 (Stand: 16.04.2018) (Update on Implementing ASC 606).

FINK, CHRISTIAN/KETTERLE, GÜNTER/SCHEFFEL, STEVE, Revenue Recognition: Bilanzpolitische, -analytische und prozessuale Auswirkungen des Re-Exposure Draft auf die Bilanzierungspraxis, in: DB 2012, S. 1997-2006 (Auswirkungen des Re-Exposure Draft auf die Bilanzierungspraxis).

FINK, CHRISTIAN/KUNATH, OLIVER, Revenue Recognition in Contracts with Customers. Revolution in der Ertragsrealisierung?, in: PiR 2009, S. 225-232 (Revenue Recognition).

FISCHER, DANIEL T., Mehrkomponentenverträge nach IFRS. Eine Bilanzierungsempfehlung, Weinheim 2010 (Mehrkomponentenverträge nach IFRS).

FISCHER, DANIEL T., Bilanzierung von Mehrkomponentenverträgen nach IFRS 15, in: PiR 2014, S. 217-220 (Bilanzierung von Mehrkomponentenverträgen).

FISCHER, DANIEL T., Bilanzierung von Mehrkomponentenverträgen nach IFRS 15, in: IFRS 15. Aktuelle Neuerungen bei der Umsatzrealisation, hrsg. v. Hoffmann, Wolf-Dieter/Lüdenbach, Norbert, Herne 2015, S. 9-18 (Bilanzierung von Mehrkomponentenverträgen).

FISCHER, DANIEL T., Entwurf eines neugefassten Rahmenkonzepts (ED/2015/3), in: PiR 2015, S. 224-226 (ED/2015/3).

FISCHER, DANIEL T., Anwendung von IFRS 15: Ausgewählte Arbeitsergebnisse der TRG, in: PiR 2015, S. 323-325 (Ausgewählte Arbeitsergebnisse der TRG).

FISCHER, DANIEL T., Anwendung von IFRS 15: Neues von der TRG, in: PiR 2016, S. 25-26 (Neues von der TRG).

FISCHER, DANIEL T., Entscheidungsnützlichkeit von IFRS-Abschlüssen aus Investorensicht, in: PiR 2016, S. 122-123 (Entscheidungsnützlichkeit von IFRS-Abschlüssen).

FISCHER, DANIEL T., ASC 606 – Revenue from Contracts with Customers: Änderungen durch ASU 2016-12, in: PiR 2016, S. 226-228 (Änderungen an ASC 606).

FISCHER, DANIEL T., TRG-Meetings 2016: Ausgewählte Bilanzierungsfragen, in: PiR 2016, S. 355-357 (TRG-Meeting 2016).

FISCHER, DANIEL T./BURGHARDT, STEPHAN T., Der überarbeitete Standardentwurf Revenue from Contracts with Customers (ED/2011/6), in: PiR 2011, S. 356-358 (ED/2011/6).

FITZGERALD, KATHLEEN/WEIL, ROMAN L., Corporate Scandals: The Accounting Underpinnings. Chapter 31, in: Handbook of Cost Management, hrsg. v. Weil, Roman L./Maher, Michael W., 2. Aufl., Hoboken 2005, S. 759-808 (The Accounting Underpinnings).

FLEISCHHAUER, LORENZ/GRABE, JÜRGEN, Umsatzrealisierung und Erlösabgrenzung nach IFRS 15, IAS 11 und HGB, Weil im Schönbuch 2017 (Umsatzrealisierung und Erlösabgrenzung nach IFRS 15, IAS 11 und HGB).

FLIGHTSTATS (Hrsg.), Global Airlines Arrival Performance. Januar 2018, verfügbar unter: http://www.flightstats.com/company/monthly-performance-reports/airlines/ (Stand: 16.04.2018) (Arrival Performance).

FLUGHAFEN DÜSSELDORF (Hrsg.), Winterflugplan 2017/2018, verfügbar unter: https://www.dus.com/~/media/fdg/dus_com/reisende/services/downloadcenter/dus_flugplanheft_w17_v2.pdf (Stand: 16.04.2018) (Winterflugplan 2017/2018).

FRANZ, CHRISTOPH, Anforderungen an die Rechnungslegung einer Fluggesellschaft, in: Rechnungslegung und Revision in der Schweiz. Erkenntnisse aus Theorie und Praxis, hrsg. v. Hail, Luzi/Pfaff, Dieter, Zürich 2009, S. 83-103 (Rechnungslegung einer Fluggesellschaft).

FREIBERG, JENS, Aufteilungsmaßstab von Mehrkomponentengeschäften, in: PiR 2013, S. 326-328 (Aufteilungsmaßstab von Mehrkomponentengeschäften).

FREIBERG, JENS, Umsatzerlöse bei marktabhängiger Variabilität des Transaktionspreises, in: PiR 2016, S. 124-127 (Marktabhängige Variabilität des Transaktionspreises).

FREISLEBEN, NORBERT/LEIBFRIED, PETER, Warum IAS/IFRS-Abschlüsse nicht (miteinander) vergleichbar sind. Fehlende Detailregelungen, Auswirkungen von US-GAAP und Mangel an Kontrolle, in: KoR 2004, S. 101-109 (IAS/IFRS-Abschlüsse nicht (miteinander) vergleichbar).

FREYER, WALTER, Tourismus-Marketing. Marktorientiertes Management im Mikro- und Makrobereich der Tourismuswirtschaft, 7. Aufl., München 2011 (Tourismus-Marketing).

FREYER, WALTER, Tourismus. Einführung in die Fremdenverkehrsökonomie, 11. Aufl., Berlin 2015 (Tourismus).

FÜHRICH, ERNST, Die Fluggastrechte der VO (EG) Nr. 261/2004 in der Praxis, in: MDR Sonderbeilage 2007, Heft 7, S. 1-14 (Fluggastrechte).

FÜHRICH, ERNST, Aktuelle Rechtsfragen zur Reisevermittlung im Spannungsfeld zwischen Handelsvertreterstatus und Beratungspflichten, in: RRa 2013, S. 269-275 (Aktuelle Rechtsfragen zur Reisevermittlung).

FÜHRICH, ERNST, Anmerkung zum BGH (Hrsg.), Urteil vom 10.12.2013 – X ZR 24/13, in: NJW 2014, S. 1171 (Anmerkung zum BGH (Hrsg.), Urteil vom 10.12.2013 – X ZR 24/13).

FÜLBIER, ROLF UWE/GASSEN, JOACHIM, Bilanzrechtsregulierung: Auf der ewigen Suche nach der eierlegenden Wollmilchsau, in: Private und öffentliche Rechnungslegung. Festschrift für Hannes Streim zum 65. Geburtstag, hrsg. v. Wagner, Franz W./Schildbach, Thomas/Schneider, Dieter, Wiesbaden 2008, S. 135-155 (Bilanzrechtsregulierung).

GADAMER, HANS-GEORG, Hermeneutik I – Wahrheit und Methode. Grundzüge einer philosophischen Hermeneutik, 7. Aufl., Tübingen 2010 (Wahrheit und Methode).

GASSEN, JOACHIM/FISCHKIN, MICHAEL/HILL, VERENA, Das Rahmenkonzept-Projekt des IASB und des FASB: Eine normendeskriptive Analyse des aktuellen Stands, in: WPg 2008, S. 874-882 (Rahmenkonzept-Projekt).

GEBHARDT, GÜNTHER/DEAN, GRAEME, Commentary on Siena Open Forum: Conceptual Framework, in: Abacus 2008, S. 217-224 (Conceptual Framework).

GEBHARDT, GÜNTHER/MORA, ARACELI/WAGENHOFER, ALFRED, Revisiting the Fundamental Concepts of IFRS, in: Abacus 2014, S. 107-116 (Fundamental Concepts of IFRS).

GERBAULET, CHRISTIAN, Reporting Comprehensive Income. Die Bestrebungen des FASB, des ASB sowie des IASC, Wiesbaden 1999 (Reporting Comprehensive Income).

GERLACH, MAX/CLEOPHAS, CATHERINE/KLIEWER, NATALIA, Codeshare-Allianzen bei Fluggesellschaften. Ein Segen für das Marketing und eine Herausforderung für Informationssysteme im Revenue-Management, in: WI 2013, S. 147-158 (Codeshare-Allianzen).

GIEMULLA, ELMAR/SCHMID, RONALD, Die Einbeziehung von Allgemeinen Beförderungsbedingungen in Luftbeförderungsverträge im Rahmen von Passagierflügen, in: NJW 1999, S. 1057-1063 (Einbeziehung von ABB in Luftbeförderungsverträge).

GIEMULLA, ELMAR/VAN SCHYNDEL, HEIKO, Rechtsprobleme des „Code-Sharing", in: TranspR 1997, S. 253-258 (Rechtsprobleme des Codesharing).

GIEMULLA, ELMAR/VAN SCHYNDEL, HEIKO/SCHORCHT, HENDRIK, Luftverkehrsrecht. Ein Überblick, verfügbar unter: http://www.luftfahrtrecht.de/Luftrecht.pdf (Stand: 16.04.2018) (Luftverkehrsrecht).

GIMPEL-HENNING, NILS, Sukzessive Anteilserwerbe im IFRS-Konzernabschluss. Bilanzielle Auswirkungen des Statuswechsels von Unternehmensbeteiligungen, Lohmar/Köln 2015 (Sukzessive Anteilserwerbe im IFRS-Konzernabschluss).

GJESDAL, FROYSTEIN, Accounting for Stewardship, in: JAR 1981, S. 208-231 (Accounting for Stewardship).

GLEAVE, STEER DAVIES, Review of Regulation 261/2004. Final Report, verfügbar unter: https://ec.europa.eu/transport/sites/transport/files/modes/air/studies/doc/passenger_rights/2007_02_passenger_rights.zip (Stand: 16.04.2018) (Review of Regulation 261/2004).

GOEBEL, ANDREA, Konzernrechnungslegung nach den International Accounting Standards. Konzeptionen, Inhalte und Möglichkeiten einer Annäherung durch deutsche Muttergesellschaften, in: DB 1994, S. 2457-2464 (Konzernrechnungslegung nach IAS).

GÖTTING, THOMAS, Der Wechsel des Luftfahrtunternehmens im Rahmen eines Airline-Code-Sharing-Abkommens – ein Reisemangel?, in: RRa 2002, S. 242-251 (Luftfahrtunternehmen im Rahmen eines Codesharing-Abkommens).

GÖTTING, THOMAS, Code-Sharing. Rechtliche Betrachtung einer Kooperationsform im Luftverkehr, Frankfurt am Main 2003 (Codesharing).

GREINER, STEFAN, Ganz oder gar nicht! – Zur Unterbindung des „Cross-Border-Selling" und „Cross-Ticketing" durch die Allgemeinen Beförderungsbedingungen der Fluggesellschaften, in: RRa 2009, S. 121-126 (Unterbindung des „Cross-Border-Selling" und „Cross-Ticketing").

GROTE, ANDREAS/HOLD, CHRISTIANE/PILHOFER, JOCHEN, Führt der Re-Exposure Draft ED/2011/6 zu gravierenden Änderungen der Umsatzrealisierung oder wird der Berg eine Maus gebären? Eine branchenspezifische Analyse bevorstehenden Anpassungsbedarfs auf Basis des gegenwärtigen Diskussionsstands (Teil 1), in: KoR 2012, S. 105-113 (ED/2011/6 (Teil 1)).

GROTE, ANDREAS/HOLD, CHRISTIANE/PILHOFER, JOCHEN, Führt der Re-Exposure Draft ED/2011/6 zu gravierenden Änderungen der Umsatzrealisierung oder wird der Berg eine Maus gebären? Eine branchenspezifische Analyse bevorstehenden Anpassungsbedarfs auf Basis des gegenwärtigen Diskussionsstands (Teil 2) (Fortsetzung von KoR 2012 S. 113), in: KoR 2012, S. 170-177 (ED/2011/6 (Teil 2)).

GROTE, ANDREAS/HOLD, CHRISTIANE/PILHOFER, JOCHEN, IFRS 15: Die neuen Vorschriften zur Umsatz- und Gewinnrealisierung (Teil 1). Paradigmenwechsel oder viel Lärm um Nichts?, in: KoR 2014, S. 405-415 (IFRS 15 (Teil 1)).

GROTE, ANDREAS/HOLD, CHRISTIANE/PILHOFER, JOCHEN, IFRS 15: Die neuen Vorschriften zur Umsatz- und Gewinnrealisierung (Teil 2). Paradigmenwechsel oder Viel Lärm um Nichts?, in: KoR 2014, S. 474-481 (IFRS 15 (Teil 2)).

GROTE, ANDREAS/PILHOFER, JOCHEN, Die neuen Vorschriften zur Umsatz- und Gewinnrealisierung, in: Rechnungslegung im Spannungsfeld von Kosten-Nutzen-Überlegungen, hrsg. v. Küting, Peter/Pfitzer, Norbert/Weber, Claus-Peter, Stuttgart 2014, S. 187-213 (Umsatz- und Gewinnrealisierung).

GRUNDMANN, STEFAN/RIESENHUBER, KARL, Die Auslegung des Europäischen Privat- und Schuldvertragsrechts, in: JuS 2001, S. 529-536 (Auslegung des Europäischen Privat- und Schuldvertragsrechts).

GRUSS, CHRISTOPH, IFRS 15: Implementation Challenges, verfügbar unter: https://www.pwc.ru/ru/events/2014/assets/2-gruss-eng.pdf (Stand: 16.04.2018) (IFRS 15: Implementation Challenges).

GRUSS, CHRISTOPH/KARITSKAYA, EKATERINA/WIED, ANDRE, Die Bilanzierung von Mehrkomponentengeschäften nach dem Exposure Draft „Revenue from Contracts with Customers", in: KoR 2011, S. 89-95 (Bilanzierung von Mehrkomponentengeschäften).

GUFFROY, SEVERINE, World Financial Symposium 2016. Key IFRS Challenges for the Industry. What is the Role and the Key Deliverables of the Industry Accounting Working Group?, verfügbar unter: https://www.iata.org/events/Documents/WFS2016-IFRS-23-Sep.pdf (Stand: 16.04.2018) (Key IFRS Challenges for the Industry).

GURREA, STUART D., International Airline Code Sharing and Entry Deterrence, in: Competition Policy and Antitrust, hrsg. v. Lee, Darin M., Amsterdam/Oxford 2006, S. 109-140 (Code Sharing).

HAAG, NILS CHRISTIAN, Direktmarketing mit Kundendaten aus Bonusprogrammen. Datenschutzrechtliche Einwilligung als Nutzungslizenz?, Wiesbaden 2010 (Direktmarketing mit Kundendaten aus Bonusprogrammen).

HAAKER, ANDREAS/FREIBERG, JENS, Endorsement des IFRS-Rahmenkonzepts. Pro & Contra, in: PiR 2013, S. 259-260 (Endorsement des IFRS-Rahmenkonzepts).

HAANAPPEL, PETER P. C., Pricing and Capacity Determination in International Air Transport. A Legal Analysis, 2. Aufl., Montreal 1984 (Pricing and Capacity Determination).

HAAS, STEFAN/MÖHRING, SABINE/BORNHOFEN, MARTIN C., ED Revenue Recognition: Kritische Würdigung ausgewählter Aspekte unter Einbeziehung erster Reaktionen der Boards, in: KoR 2011, S. 236-242 (Revenue Recognition).

HAGLEITNER, MARTIN, Strategische Allianzen von Airlines im Lichte des Europarechts, in: TranspR 1998, S. 444-447 (Strategische Allianzen von Airlines).

HALLER, AXEL, Die Grundlagen der externen Rechnungslegung in den USA. Unter besonderer Berücksichtigung der rechtlichen, institutionellen und theoretischen Rahmenbedingungen, 4. Aufl., Stuttgart 1994 (Grundlagen der externen Rechnungslegung).

HANKE, MICHAEL, Airline e-Commerce. Log on. Take off, Abingdon/New York 2016 (Airline e-Commerce).

HANLON, J. PAT, Sixth Freedom Operations in International Air Transport, in: Tourism Management 1984, S. 177-191 (Sixth Freedom Operations in International Air Transport).

HANLON, J. PAT, Global Airlines. Competition in a Transnational Industry, 3. Aufl., Oxford 2007 (Global Airlines).

HÄNSEL, WILFRIED, Der internationale Personenluftverkehr. Analyse der staatlichen Regulierung der internationalen Luftverkehrsmärkte und der Auswirkungen neuerer luftverkehrspolitischer Entwicklungen, Gießen 1984 (Der internationale Personenluftverkehr).

HASSOLD, GERHARD, Strukturen der Gesetzesauslegung, in: Festschrift für Karl Larenz zum 80. Geburtstag, hrsg. v. Canaris, Claus-Wilhelm/Diederichsen, Uwe, München 1983, S. 211-240 (Strukturen der Gesetzesauslegung).

HAUCK, ANTON/PRINZ, ULRICH, Zur Auslegung von (europarechtlich übernommenen) IAS/IFRS, in: Der Konzern 2005, S. 635-641 (Auslegung von IFRS).

HAUSMANN, LUDWIG, Europäische Fluggastrechte im Fall der Nichtbeförderung und bei Annullierung und großer Verspätung von Flügen. Verordnung (EG) 261/2004, Jena 2012 (Europäische Fluggastrechte).

HAYN, SVEN, Die International Accounting Standards (Teil 1). Ihre grundlegende Bedeutung für die internationale Harmonisierung der Rechnungslegung sowie eine Darstellung wesentlicher Unterschiede zu den einzelgesellschaftlichen Normen des HGB, in: WPg 1994, S. 713-721 (International Accounting Standards).

HECK, PHILIPP, Das Problem der Rechtsgewinnung, 2. Aufl., Tübingen 1932 (Problem der Rechtsgewinnung).

HEINEMANN, GERRIT, Der neue Online-Handel. Geschäftsmodelle, Geschäftssysteme und Benchmarks im E-Commerce, 9. Aufl., Wiesbaden 2018 (Der neue Online-Handel).

HEINTGES, SEBASTIAN/ERBER, ALEXANDRA, Hypothese: IAS 11 (Auftragsfertigung) = IFRS 15 (Umsatz über die Zeit). Gibt es Unterschiede im Anwendungsbereich?, in: WPg 2016, S. 1015-1022 (IAS 11=IFRS 15?).

HEINTGES, SEBASTIAN/HOFFMANN, TIM/MARX, ALEXANDER, Klarstellungen von IFRS 15 – nun alles klar?, in: WPg 2015, S. 1050-1057 (Klarstellungen von IFRS 15).

HEINTGES, SEBASTIAN/HOFFMANN, TIM/USINGER, RAINER, IFRS 15: Spagat zwischen rechtlicher und wirtschaftlicher Sicht der Umsatzrealisierung – Erfahrungen aus der Anwendung, in: WPg 2015, S. 570-583 (Spagat zwischen rechtlicher und wirtschaftlicher Sicht).

HEINTGES, SEBASTIAN/HOFFMANN, TIM/USINGER, RAINER, Umsatz nach IFRS 15: nur, in welcher Höhe?, in: BB 2016, S. 619-623 (Umsatz nach IFRS 15).

HILLMER, HANS-JÜRGEN, IFRS-Rechnungslegung vor wichtigen Weichenstellungen. Bericht zum 14. IFRS-Kongress 2015 vom 10.-11.09.2015 in Berlin, in: KoR 2015, S. 565-572 (IFRS-Rechnungslegung vor wichtigen Weichenstellungen).

HOBE, STEPHAN/MÜLLER-SARTORI, PATRICK, Rechtsfragen der Einbindung der EG/EU in das Völkerrecht, in: JuS 2002, S. 8-13 (Einbindung der EG/EU in Völkerrecht).

HOFFMANN, SEBASTIAN/DETZEN, DOMINIC, Das Joint Conceptual Framework von IASB und FASB – Praktische Implikationen aus dem Abschluss der Phase A für kapitalmarktorientierte Unternehmen, in: KoR 2012, S. 53-55 (Das Joint Conceptual Framework von IASB und FASB).

HOFFMANN, WOLF-DIETER, Realisation bei zeitraumbezogenen Leistungen, in: PiR 2015, S. 62 (Realisation bei zeitraumbezogenen Leistungen).

HOFFMANN, WOLF-DIETER, Variable Vergütungen, in: IFRS 15. Aktuelle Neuerungen bei der Umsatzrealisation, hrsg. v. Hoffmann, Wolf-Dieter/Lüdenbach, Norbert, Herne 2015, S. 93-95 (Variable Vergütungen).

HOFFMANN-GRAMBOW, JAKOB, Luftverkehrsabkommen als Basis des internationalen Fluglinienverkehrs. Eine Darstellung am Beispiel des Luftverkehrsabkommens zwischen der Bundesrepublik Deutschland und den Vereinigten Arabischen Emiraten, in: RdTW 2017, S. 161-174 (Luftverkehrsabkommen als Basis des internationalen Fluglinienverkehrs).

HOLD, CHRISTIANE/HARMS, SONJA, Praxisfragen der Erlöserfassung. Auswirkungen der klarstellenden Änderungen von IFRS 15, in: WPg 2016, S. 900-906 (Praxisfragen der Erlöserfassung).

HOMMEL, MICHAEL/SCHMITZ, STEFANIE, ED/2010/6: Revenue from Contracts with Customers – Die Umsatzrealisation unter Kontrolle?, in: WPg 2011, S. 17-24 (ED/2010/6).

HOMMEL, MICHAEL/SCHMITZ, STEFANIE/WÜSTEMANN, SONJA, Discussion Paper "Revenue Recognition" – Misstrauensvotum gegen den Fair Value?, in: BB 2009, S. 374-378 (Discussion Paper "Revenue Recognition").

HONSELL, HEINRICH, Die rhetorischen Wurzeln der juristischen Auslegung, in: ZfPW 2016, S. 106-128 (Die rhetorischen Wurzeln der juristischen Auslegung).

HOOGERVORST, HANS, Financial Statements are Communication Tools, in: KoR 2017, Heft 1, S. M3 (Financial Statements are Communication Tools).

IATA (Hrsg.), About us, verfügbar unter: http://www.iata.org/about/pages/index.aspx (Stand: 16.04.2018) (About us).

IATA (Hrsg.), Entwicklung der weltweiten Anzahl der Flugpassagiere bis 2036. Prognostizierte Anzahl der weltweiten Flugpassagiere in den Jahren 2017 bis 2036 (in Milliarden), verfügbar unter: https://de.statista.com/statistik/daten/studie/374860/umfrage/flugverkehr-entwicklung-passagiere-weltweit/ (Stand: 16.04.2018) (Prognostizierte Anzahl der weltweiten Flugpassagiere in den Jahren 2017 bis 2036).

IATA (Hrsg.), Industry Accounting Working Group. Accounting Guides, verfügbar unter: http://www.iata.org/whatwedo/workgroups/Pages/industry-accounting-working-group.aspx (Stand: 16.04.2018) (IAWG Accounting Guides).

IATA (Hrsg.), The Benefits of IATA Interlining, verfügbar unter: http://www.mlit.go.jp/common/000027086.pdf (Stand: 16.04.2018) (The Benefits of IATA Interlining).

IAWG (Hrsg.), Revenue Recognition Implementation Issue. Issue #2-3 – Passenger Ticket Breakage and Accounting for Travel Vouchers, verfügbar unter: http://www.iata.org/whatwedo/workgroups/Documents/PAX-tickets-breakage-vouchers.pdf (Stand: 16.04.2018) (Issue #2-3 – Breakage and Vouchers).

IAWG (Hrsg.), Revenue Recognition Implementation Issue. Issue #2-5 – Interline Transactions – Identifying Performance Obligations for Air Travel, verfügbar unter: http://www.iata.org/whatwedo/workgroups/Documents/Revenue-Recognition-for-Interline-Transactions.pdf (Stand: 16.04.2018) (Issue #2-5 – Interline Transactions).

IAWG (Hrsg.), Revenue Recognition Implementation Issue. Issue #2-6 (h) – Estimating Stand-alone Selling Price of Loyalty Credits in Customer Loyalty Programs, verfügbar unter: http://www.iata.org/whatwedo/workgroups/Documents/Estimating-Stand-alone-Selling-Price-of-Loyalty-Credits.pdf (Stand: 16.04.2018) (Issue #2-6 (h) – Estimating Stand-alone Selling Price of Loyalty Credits).

IAWG (Hrsg.), Revenue Recognition Implementation Issue. Issue #2-6 (i) – Interline Transactions – Loyalty Redemptions – Principal or Agent, verfügbar unter: http://www.iata.org/whatwedo/workgroups/Documents/Interline-loyalty-transactions.pdf (Stand: 16.04.2018) (Issue #2-6 (i) – Interline Loyalty Transactions).

IAWG (Hrsg.), Revenue Recognition Implementation Issue. Issue #2-8 – Accounting for Contract Costs – Commissions and Selling Costs, verfügbar unter: http://www.iata.org/whatwedo/workgroups/Documents/Accounting-for-Commissions-and-Selling-Costs.pdf (Stand: 16.04.2018) (Issue #2-8 – Contract Costs – Commissions and Selling Costs).

IAWG (Hrsg.), Revenue Recognition Implementation Issue. Issue #2-10 – Accounting for Passenger Taxes and Related Fees, verfügbar unter: http://www.iata.org/whatwedo/workgroups/Documents/Accounting-for-Passenger-Taxes-and-Related-Fees.pdf (Stand: 16.04.2018) (Issue #2-10 – Accounting for Passenger Taxes and Related Fees).

IAWG (Hrsg.), Revenue Recognition Implementation Issue. Issue #2-11 – Change Fees, verfügbar unter: http://www.iata.org/whatwedo/workgroups/Documents/Accounting-for-Change-Fees.pdf (Stand: 16.04.2018) (Issue #2-11 – Change Fees).

ICAN (Hrsg.), Das Pariser Luftverkehrsabkommen vom 13. Oktober 1919. Einschließlich der bis Ende 1924 vorgenommenen Änderungen und Ergänzungen, Berlin 1925 (Das Pariser Luftverkehrsabkommen).

ICAO (Hrsg.), Convention for the Unification of certain Rules for International Carriage by Air done at Montreal on 28 May 1999, verfügbar unter: https://www.icao.int/secretariat/legal/List%20of%20Parties/Mtl99_EN.pdf (Stand: 16.04.2018) (Vertragsstaaten des Montrealer Übereinkommens).

ICAO (Hrsg.), Convention on International Civil Aviation, verfügbar unter: https://www.icao.int/publications/Documents/7300_cons.pdf (Stand: 16.04.2018) (Convention on International Civil Aviation).

ICAO (Hrsg.), Member States, verfügbar unter: http://www.icao.int/MemberStates/Member%20States.English.pdf (Stand: 16.04.2018) (Mitgliedsstaaten).

IDEAWORKSCOMPANY (Hrsg.), Airlines mit den höchsten Zusatzumsätzen pro Passagier 2016. Top 10 Fluggesellschaften nach der Höhe der erzielten Zusatzumsätze pro Passagier im Jahr 2016 (in US-Dollar), verfügbar unter: http://de.statista.com/statistik/daten/studie/315441/umfrage/zusatzumsaetze-von-ausgewaehlten-airlines-pro-passagier (Stand: 16.04.2018) (Airlines mit den höchsten Zusatzumsätzen pro Passagier).

IDEAWORKSCOMPANY (Hrsg.), Anteil der Zusatzumsätze weltweiter Airlines bis 2014. Anteil der Zusatzumsätze durch ergänzende Angebote am gesamten Umsatz der weltweiten Fluggesellschaften in den Jahren 2010 bis 2014, verfügbar unter: https://de.statista.com/statistik/daten/studie/245778/umfrage/anteil-der-zusatzumsaetze-bei-airlines/ (Stand: 16.04.2018) (Anteil der Zusatzumsätze weltweiter Airlines).

IDEAWORKSCOMPANY (Hrsg.), The 2017 CarTrawler Yearbook of Ancillary Revenue, verfügbar unter: https://de.statista.com/download/MTUwOTYxNjY5OCMjNDQyOTUjIzQ5MjA4IyMxIyNudWxsIyNTdHVkeQ== (Stand: 16.04.2018) (Yearbook of Ancillary Revenue).

IDEAWORKSCOMPANY (Hrsg.), Zusatzumsätze weltweiter Airlines bis 2014. Zusatzumsätze der weltweiten Fluggesellschaften durch ergänzende Angebote in den Jahren 2007 bis 2014 (in Milliarden US-Dollar), verfügbar unter: http://de.statista.com/statistik/daten/studie/245775/umfrage/zusatzumsaetze-von-airlines (Stand: 16.04.2018) (Zusatzumsätze weltweiter Airlines).

IMF (Hrsg.), Currency units per SDR for February 2018, verfügbar unter: http://www.imf.org/external/np/fin/data/rms_mth.aspx?SelectDate=2018-02-28&reportType=CVSDR (Stand: 16.04.2018) (Currency units per SDR).

INTERNET WORLD STATS (Hrsg.), World Internet Usage and Population Statistics. Stand: 31.12.2017, verfügbar unter: http://www.internetworldstats.com/stats.htm (Stand: 16.04.2018) (Internetnutzung weltweit).

JANKÖSTER, JENS PETER, Fluggastrechte im internationalen Luftverkehr. Verspätung von Fluggästen, Überbuchung und Annullierung von Flügen, Tübingen 2009 (Fluggastrechte).

JUGEL, STEFAN/ZERR, KONRAD, Dienstleistungen als strategisches Element eines Technologie-Marketing, in: Marketing ZFP 1989, S. 162-172 (Dienstleistungen als strategisches Element).

JUNG, CHRISTIAN, Die Marktordnung des Luftverkehrs – Zeit für neue Strukturen in einem liberalisierten Umfeld (Teil I), in: ZLW 1998, S. 308-330 (Die Marktordnung des Luftverkehrs).

KAMPMANN, HELGA/SCHWEDLER, KRISTINA, Zum Entwurf eines gemeinsamen Rahmenkonzepts von FASB und IASB. Rechnungslegungsziele und qualitative Anforderungen, in: KoR 2006, S. 521-530 (Gemeinsames Rahmenkonzept von FASB und IASB).

KAPPUS, ANDREAS, Anmerkung zum AG Frankfurt am Main, Urteil vom 21.02.2006 – C 2972/05. Stornierung des Rückflugs durch Fluggesellschaft bei Nichtantreten des Hinflugs – „Klauselverwirrnis" im Internetauftritt, in: NJW 2006, S. 3012 (Anmerkung zum AG Frankfurt am Main (Hrsg.), Urteil vom 21.02.2006 – C 2972/05).

KAUFMANN, STEFAN/VETH, CHRISTIAN, IFRS 15. Implementierung im Diversified Industrial Sektor – Vortrag im Rahmen des 15. IFRS-Kongress 2016 in Berlin, verfügbar unter: http://www.ey.com/Publication/vwLUAssets/EY-Kaufmann-Veth-IFRS-15-Implementierung-im-Diversified-Industrial-Sektor/$FILE/EY-Kaufmann-Veth-IFRS-15-Implementierung-im-Diversified-Industrial-Sektor.pdf (Stand: 16.04.2018) (IFRS 15).

KEILER, STEPHAN, Der Vorschlag für eine Änderung der Fluggastrechte-VO – Eine Analyse aus wissenschaftlicher Sicht, in: RRa 2013, S. 163-173 (Der Vorschlag für eine Änderung der Fluggastrechte-VO).

KIRSCH, HANS-JÜRGEN/GALLASCH, FLORIAN/GIMPEL-HENNING, NILS, Die formale Gestaltung anhangbezogener Rechnungslegungsvorschriften. Ein Beitrag zur aktuellen Diskussion um die Entwicklung eines „Disclosure Framework", in: KoR 2014, S. 86-94 (Die formale Gestaltung anhangbezogener Rechnungslegungsvorschriften).

KIRSCH, HANS-JÜRGEN/KOELEN, PETER/OLBRICH, ALEXANDER/DETTENRIEDER, DOMINIK, Die Bedeutung der Verlässlichkeit der Berichterstattung im Conceptual Framework des IASB und des FASB, in: WPg 2012, S. 762-771 (Die Bedeutung der Verlässlichkeit der Berichterstattung im Conceptual Framework).

KIRSCH, HANS-JÜRGEN/SCHOO, LENA, Die Bilanzierung von Vertragserlangungskosten nach dem Revenue-Recognition-Projekt im Vergleich zu den bestehenden Regelungen der IFRS, in: Jahrbuch für Controlling und Rechnungswesen 2014, hrsg. v. Seicht, Gerhard/Janschek, Otto, Wien 2014, S. 249-268 (Die Bilanzierung von Vertragserlangungskosten).

KIRSCH, HANS-JÜRGEN/SCHOO, LENA/KRAFT, ARIANE, Das Discussion Paper zum Conceptual Framework des IASB – Ein Überblick über Inhalte und Neuerungen, in: WPg 2014, S. 301-310 (Discussion Paper zum Conceptual Framework des IASB).

KLEINMANNS, HERMANN, Die „offene Gesellschaft der IFRS-Interpreten“. Über Akteure, Kompetenzen und Bindungswirkungen beim Fehlen ausdrücklich zutreffender IFRS, in: DB 2014, S. 1325-1333 (Offene Gesellschaft der IFRS-Interpreten).

KNOBLOCH, ALOIS PAUL/ANTON, KATHARINA, Das Fünf-Schritte-Modell zur Umsatzrealisation nach IFRS 15 (Teil 1), in: DStR 2015, S. 1519-1525 (Das Fünf-Schritte-Modell zur Umsatzrealisation (Teil 1)).

KNOBLOCH, ALOIS PAUL/ANTON, KATHARINA, Das Fünf-Schritte-Modell zur Umsatzrealisation nach IFRS 15 (Teil 2), in: DStR 2015, S. 1582-1588 (Das Fünf-Schritte-Modell zur Umsatzrealisation (Teil 2)).

KOCH, HANS-JOACHIM/RÜSSMANN, HELMUT, Juristische Begründungslehre. Eine Einführung in Grundprobleme der Rechtswissenschaft, München 1982 (Juristische Begründungslehre).

KOLLER, TIM/GOEDHART, MARC/WESSELS, DAVID, Valuation. Measuring and Managing the Value of Companies, 6. Aufl., Hoboken 2015 (Valuation).

KONOLD, DOMINIK/MÜLLER, MAIK, Umsatzrealisierung bei Mehrkomponentenverträgen nach IFRS 15. Der Fall – die Lösung, in: IRZ 2015, S. 5-7 (Umsatzrealisierung bei Mehrkomponentenverträgen).

KPMG (Hrsg.), Airlines. IFRS 15 Revenue – Are you good to go?, verfügbar unter: https://assets.kpmg.com/content/dam/kpmg/xx/pdf/2017/06/slideshare-ifrs15-are-you-good-to-go-airlines.pdf (Stand: 16.04.2018) (IFRS 15 for Airlines).

KPMG (Hrsg.), IFRS 15 – Umsatzerlöse aus Verträgen mit Kunden, in: Accounting Insights Oktober 2016 (IFRS 15).

KPMG (Hrsg.), Recognition of Revenue in the Global Airline Industry, verfügbar unter: https://issuu.com/louisli/docs/recognition-of-revenue-in-the-global-airline-indus (Stand: 16.04.2018) (Recognition of Revenue in the Global Airline Industry).

KPMG (Hrsg.), Revenue for Telecoms. Issues In-Depth, verfügbar unter: https://home.kpmg.com/content/dam/kpmg/xx/pdf/2016/09/revenue-for-telecoms-issues-in-depth-2016.pdf (Stand: 16.04.2018) (Revenue).

KPMG (Hrsg.), Revenue Issues In-Depth. IFRS and US GAAP, 2. Aufl., verfügbar unter: https://assets.kpmg.com/content/dam/kpmg/pdf/2016/05/IFRS-practice-issues-revenue.pdf (Stand: 16.04.2018) (Revenue Issues).

KRAFT, ARIANE, Extractive Activities in der IFRS-Rechnungslegung. Die Bilanzierung investiver Aktivitäten des Upstream-Geschäfts rohstofffördernder Unternehmen, Lohmar/ Köln 2016 (Extractive Activities in der IFRS-Rechnungslegung).

KRAMER, ERNST A., Juristische Methodenlehre, 5. Aufl., München/Wien/Bern 2016 (Juristische Methodenlehre).

KÜHNE, MAREIKE, Ertragsvereinnahmung in der Diskussion des IASB: Hoffnung für das Realisationsprinzip? Aktuelle Entwicklungen des IASB-Projekts „Revenue Recognition", in: WPg 2006, S. 1393-1399 (Ertragsvereinnahmung in der Diskussion des IASB).

KÜHNE, MAREIKE/SCHLEIS, INGO, Geplante Neuregelung der Umsatzrealisierung nach IFRS – Erneuter Standardentwurf des IASB (ED/2011/6 „Revenue from Contracts with Customers“), in: WPg 2012, S. 259-263 (Neuregelung der Umsatzrealisierung nach IFRS).

KURSATZ, DIERK/MURER, ALEXANDER/SELLMANN, OLIVER, Besondere Probleme der Umsatzrealisierung in der Bauindustrie. Auswirkungen des geänderten Standardentwurfs zur Umsatzrealisierung, in: IRZ 2012, S. 17-22 (Probleme der Umsatzrealisierung in der Bauindustrie).

KÜTING, KARLHEINZ, Jahresabschlußanalyse als Kennzahlenrechnung (Teil I), in: DStR 1991, S. 1324-1329 (Jahresabschlußanalyse als Kennzahlenrechnung).

KÜTING, KARLHEINZ/LAM, SIU, Umsatzrealisierung dem Grunde nach – Ein Vergleich zwischen HGB, IFRS und dem Standardentwurf ED/2011/6, in: DStR 2012, S. 2348-2354 (Umsatzrealisierung dem Grunde nach).

KÜTING, KARLHEINZ/LAM, SIU, Reform der internationalen Umsatzrealisierung – ein Vorausblick auf den finalen Standard, in: BB 2013, S. 1835-1840 (Reform der internationalen Umsatzrealisierung).

KÜTING, KARLHEINZ/LAUER, PETER, Die Jahresabschlusszwecke nach HGB und IFRS – Polarität oder Konvergenz? Zugleich eine Würdigung von Wolfgang Stützel, in: DB 2011, S. 1985-1991 (Jahresabschlusszwecke nach HGB und IFRS).

KÜTING, KARLHEINZ/RANKER, DANIEL, Tendenzen zur Auslegung der endorsed IFRS als sekundäres Gemeinschaftsrecht, in: BB 2004, S. 2510-2515 (Auslegung der endorsed IFRS).

KÜTING, KARLHEINZ/STRAUß, MARC, Die Intensität und Komplexität der Anhangangaben nach HGB und IFRS im Vergleich. Ziel der Informationsvermittlung erfüllt?, in: StuB 2011, S. 439-446 (Anhangangaben nach HGB und IFRS im Vergleich).

KÜTING, KARLHEINZ/WEBER, CLAUS-PETER/KEßLER, MARCO/METZ, CHRISTIAN, Der Fehlerbegriff in IAS 8 als Maßstab zur Beurteilung einer regelkonformen Normanwendung. Auswirkungen der Wesentlichkeit auf die Fehlerbeurteilung, in: DB 2007, Beilage 7 zu Heft 45, S. 1-20 (Auswirkungen der Wesentlichkeit auf die Fehlerbeurteilung).

KÜTING, KARLHEINZ/WEBER, CLAUS-PETER/PILHOFER, JOCHEN, Umsatzrealisation als modernes bilanzpolitisches Instrumentarium im Rahmen des Gewinnmanagements (earnings management). Analyse vor dem Hintergrund der Fälle Comroad und Xerox, in: FB 2002, S. 310-329 (Umsatzrealisation als bilanzpolitisches Instrumentarium im Rahmen des Gewinnmanagements).

LACHMANN, MAIK/KÜMPEL, KATHARINA/HAGEN, JONAS, Eine kritische Analyse der internationalen Konzernrechnungslegung nach IFRS 10-12 vor dem Hintergrund der Ziele des IFRS-Framework, in: KoR 2013, S. 573-580 (Ziele des IFRS-Framework).

LAM, SIU, Externe Finanzberichterstattung von Umsatzerlösen nach IFRS 15. Bilanzrechtliche Analyse und praktische Auswirkungen, Berlin 2017 (Umsatzerlöse nach IFRS 15).

LARENZ, KARL, Methodenlehre der Rechtswissenschaft, 6. Aufl., Berlin/Heidelberg/New York 1991 (Methodenlehre der Rechtswissenschaft).

LARENZ, KARL/CANARIS, CLAUS-WILHELM, Methodenlehre der Rechtswissenschaft, 3. Aufl., Berlin/Heidelberg/New York 1995 (Methodenlehre der Rechtswissenschaft).

LAßMANN, GERT, Zur betriebswirtschaftlichen Problematik der neuen aktienrechtlichen Gewinn- und Verlustrechnung, in: ZfhF 1961, S. 654-677 (Gewinn- und Verlustrechnung).

LAUER, THOMAS, Bonusprogramme. Rabattsysteme für Kunden erfolgreich gestalten, 2. Aufl., Berlin/Heidelberg 2011 (Bonusprogramme).

LAUX, HELMUT/GILLENKIRCH, ROBERT M./SCHENK-MATHES, HEIKE YASMIN, Entscheidungstheorie, 9. Aufl., Berlin/Heidelberg 2014 (Entscheidungstheorie).

LBA (Hrsg.), Ihre Rechte als Fluggast, verfügbar unter: http://www.lba.de/DE/ZentraleDienste/Fluggastrechte/Fluggastrechte_node.html;jsessionid=F992071D174FEBB066A103109C2CD42C.live21301 (Stand: 16.04.2018) (Rechte als Fluggast).

LEFFSON, ULRICH, Wesentlich, in: Handwörterbuch unbestimmter Rechtsbegriffe im Bilanzrecht des HGB, hrsg. v. Leffson, Ulrich/Rückle, Dieter/Großfeld, Bernhard, Köln 1986, S. 434-447 (Wesentlich).

LEFFSON, ULRICH, Die Grundsätze ordnungsmäßiger Buchführung, 7. Aufl., Düsseldorf 1987 (GoB).

LIENHARD, ULRICH, Europäisches Schuldrecht für den Flugverkehr, in: GPR 2004, S. 259-266 (Europäisches Schuldrecht für den Flugverkehr).

LINDNER, BEATRIX/TONNER, KLAUS, Fahrgastrechte als Verbraucherrecht auf mehreren Ebenen (Teil 2), in: GPR 2011, S. 86-94 (Fahrgastrechte als Verbraucherrecht (Teil 2)).

LINKEMANN, CHRISTOPH, IFRS 15 zu Umsatzerlösen. Einheitlicher Standard zu Erlösen aus Verträgen mit Kunden und GoBD, in: BBK 2014, S. 593 (IFRS 15).

LORSON, PETER/GATTUNG, ANDREAS, Die Forderung nach einer „Faithful Representation“ – Quantitative und qualitative Schranken des Grundsatzes „Wahrheitsgemäßer Darstellung der IFRS“, in: KoR 2007, S. 657-665 (Wahrheitsgemäße Darstellung der IFRS).

LORSON, PETER/GATTUNG, ANDREAS, Die Forderung nach einer „faithful representation". Verhältnis zur Objektivität, Neutralität und Nachprüfbarkeit, in: KoR 2008, S. 556-565 (Faithful Representation).

LÖW, EDGAR/LORENZ, KARSTEN, Ansatz und Bewertung von Finanzinstrumenten, in: Rechnungslegung für Banken nach IFRS. Praxisorientierte Einzeldarstellungen, hrsg. v. Löw, Edgar, 2. Aufl., Wiesbaden 2005, S. 415-604 (Ansatz und Bewertung von Finanzinstrumenten).

LOWENFELD, ANDREAS F./MENDELSOHN, ALLAN I., The United States and the Warsaw Convention, in: Harvard Law Review 1967, S. 497-602 (The United States and the Warsaw Convention).

LÜDENBACH, NORBERT, Zusammenfassung einer Verbindlichkeit und eines Swap zu einem einzigen Bilanzierungsobjekt, in: PiR 2005, S. 95-97 (Bilanzierungsobjekt).

LÜDENBACH, NORBERT, „Alles aus einer Hand“ – Mehrkomponentengeschäft oder einheitliche Leistung?, in: PiR 2015, S. 61 (Mehrkomponentengeschäft oder einheitliche Leistung).

LÜDENBACH, NORBERT, Reisebüro als Agent oder Prinzipal nach IFRS 15, in: IFRS 15. Aktuelle Neuerungen bei der Umsatzrealisation, hrsg. v. Hoffmann, Wolf-Dieter/Lüdenbach, Norbert, Herne 2015, S. 87-91 (Agent oder Prinzipal nach IFRS 15).

LÜDENBACH, NORBERT, Misslungene Portfolioregelungen in IFRS 15?, in: PiR 2016, S. 64 (Misslungene Portfolioregelungen in IFRS 15?).

LÜDENBACH, NORBERT, Umsatzrealisierung bei aus zeitpunkt- und zeitraumbezogenen Teilen bestehender Gesamtleistung, in: PiR 2016, S. 328 (Gesamtleistung bestehend aus zeitpunkt- und zeitraumbezogenen Teilen).

LÜDENBACH, NORBERT/HOFFMANN, WOLF-DIETER, Erlösrealisierung bei Mehrkomponentengeschäften nach IFRS und HGB/EStG, in: DStR 2006, S. 153-158 (Erlösrealisierung bei Mehrkomponentengeschäften).

LÜDENBACH, NORBERT/HOFFMANN, WOLF-DIETER, Wirtschaftliches Eigentum und bilanzielle Ertragsrealisierung bei rechtsunwirksamen Geschäften, in: DB 2009, S. 861-865 (Wirtschaftliches Eigentum).

LÜDENBACH, NORBERT/LUKAT, KEVIN, Vollständig erfolgsabhängige Vergütungen nach IFRS 15. Darstellung anhand von Vermittlungs- und Beratungsleistungen, in: PiR 2016, S. 159-164 (Vollständig erfolgsabhängige Vergütungen).

LÜHN, MICHAEL, Bilanzierung von Kundenbindungsprogrammen nach IFRS 15. Wesentliche Änderungen zu IFRIC 13, in: IFRS 15. Aktuelle Neuerungen bei der Umsatzrealisation, hrsg. v. Hoffmann, Wolf-Dieter/Lüdenbach, Norbert, Herne 2015, S. 41-50 (Bilanzierung von Kundenbindungsprogrammen).

LÜHN, MICHAEL, Realisation von Umsatzerlösen bei Kundenbindungsprogrammen nach IFRS 15. Der Fall – die Lösung, in: IRZ 2015, S. 223-225 (Kundenbindungsprogramme nach IFRS 15).

LUTTER, MARCUS, Die Auslegung angeglichenen Rechts, in: JZ 1992, S. 593-607 (Die Auslegung angeglichenen Rechts).

LUTTERMANN, CLAUS, Wirtschaftsprüfer, Internationale Rechnungslegung in der Europäischen Union und Sprachenfrage. Gedanken zu der aktuellen Rechtslage, zur Rechtsvergleichung (Zwei-Sprachen-Modell) und der Reform der Wirtschaftsprüferausbildung, in: ZvglRWiss 2002, S. 158-174 (Internationale Rechnungslegung in der EU und Sprachenfrage).

MAKIOL, PHILIP/VON RUCKTESCHELL, NICOLAI, Zur Problematik der „Wegwerfcoupons" bei Flugreisen, in: ZLW 2008, S. 1-11 (Wegwerfcoupons bei Flugreisen).

MANKOWSKI, PETER, Rechtswahlklauseln in Luftbeförderungs-AGB auf dem Prüfstand, in: RRa 2014, S. 118-123 (Rechtswahlklauseln in Luftbeförderungs-AGB).

MAURER, PETER, Luftverkehrsmanagement. Basiswissen, 4. Aufl., München 2006 (Luftverkehrsmanagement).

MEFFERT, HERIBERT/BRUHN, MANFRED/HADWICH, KARSTEN, Dienstleistungsmarketing. Grundlagen – Konzepte – Methoden, 9. Aufl., Wiesbaden 2018 (Dienstleistungsmarketing).

MERKT, HANNO, Das IFRS Conceptual Framework aus regelungsmethodischer Sicht, in: ZfbF 2014, S. 477-504 (Conceptual Framework aus regelungsmethodischer Sicht).

METZ, CHRISTIAN, Unternehmenskauf und internationale Rechnungslegung. Kaufpreisklauseln in M&A-Verträgen und ihre bilanzielle Abbildung, Berlin 2012 (Unternehmenskauf).

MEYER, ALEX, Freiheit der Luft als Rechtsproblem. Rückblick, Gegenwart, Ausblick. Ein Leitfaden für internationales Luftverkehrsrecht, Zürich 1944 (Freiheit der Luft als Rechtsproblem).

MILLER, PAUL B. W./BAHNSON, PAUL R., Continuing the Normative Dialog: Illuminating the Asset/Liability Theory, in: Accounting Horizons 2010, S. 419-440 (Illuminating the Asset/Liability Theory).

MORICH, SVEN, IFRS 15: Neue Regeln zur Erlöserfassung nach IFRS, in: DB 2014, S. 1997-2007 (IFRS 15).

MOXTER, ADOLF, Fundamentalgrundsätze ordnungsmäßiger Rechenschaft, in: Bilanzfragen. Festschrift zum 65. Geburtstag von Prof. Dr. Ulrich Leffson, hrsg. v. Baetge, Jörg/Moxter, Adolf/Schneider, Dieter, Düsseldorf 1976, S. 87-100 (Fundamentalgrundsätze ordnungsmäßiger Rechenschaft).

MOXTER, ADOLF, Bilanzlehre, Band I: Einführung in die Bilanztheorie, 3. Aufl., Wiesbaden 1984 (Bilanzlehre).

MOXTER, ADOLF, Zur wirtschaftlichen Betrachtungsweise im Bilanzrecht, in: StuW 1989, S. 232-241 (Wirtschaftliche Betrachtungsweise im Bilanzrecht).

MUJKANOVIC, ROBIN, Fair Value im Financial Statement nach International Accounting Standards, Stuttgart 2002 (Fair Value nach IAS).

MÜLLER-ROSTIN, WOLF, Rechtliche Unsicherheiten bei der Neuregelung von Fluggastrechten. Eine kritische Würdigung der Verordnung (EG) 261/2004 und zugleich eine Erwiderung zu Schmid in NJW 2006, 1841, in: NZV 2007, S. 221-225 (Neuregelung von Fluggastrechten).

NAJDEREK, ANNE, Harmonisierung des europäischen Bilanzrechts. Problembestimmung und konzeptionelle Würdigung, Wiesbaden 2009 (Harmonisierung des europäischen Bilanzrechts).

NARDMANN, HENDRIK/GEBERTH, SILVIA/HAUSSMANN, KAI, Die Klarstellung des IASB zu IFRS 15 – eine Hilfe für die Praxis?, in: KoR 2016, S. 321-325 (Klarstellung des IASB zu IFRS 15).

NERLICH, CHRISTOPH, Entwicklung einer Auslegungsmethodik für IFRS im EU-Kontext, Düsseldorf 2007 (Auslegungsmethodik für IFRS).

O. V. (Hrsg.), Flex Open Return Ticket mit 18 Monaten Gültigkeit, verfügbar unter: https://www.open-return-ticket.de/singapore-airlines.html (Stand: 16.04.2018) (Flex Open Return Ticket).

OSER, PETER/BELLERT, SYBILLE/KÖNIG, CHRISTOPH, Bilanzielle Behandlung von Mehrkomponentengeschäften am Beispiel der verbilligten Abgabe von Mobilfunktelefonen. Der Fall – die Lösung, in: IRZ 2017, S. 49-51 (Bilanzielle Behandlung von Mehrkomponentengeschäften).

OSSADNIK, WOLFGANG, Grundsatz und Interpretation der „Materiality". Eine Untersuchung zur Auslegung ausgewählter Materiality-Bestimmungen durch die Rechnungslegungspraxis, in: WPg 1993, S. 617-629 (Materiality).

OUM, TAE HOON/PARK, JONG-HUN/ZHANG, ANMING, The Effects of Codesharing Agreements on Firm Conduct and International Air Fares, in: Journal of Transport Economics and Policy 1996, S. 187-202 (Codesharing Agreements).

PALMER, ADRIAN/COLE, CATHERINE, Services Marketing: Principles and Practice, Englewood Cliffs 1995 (Service Marketing).

PAREDES, TROY ALLAN, Blinded by the Light: Information Overload and Its Consequences for Securities Regulation, in: Washington University Law Review 2003, S. 417-485 (Information Overload).

PATON, WILLIAM ANDREW/LITTLETON, ANANIAS CHARLES, An Introduction to Corporate Accounting Standards, 14. Aufl., Evanston 1970 (Corporate Accounting Standards).

PEEMÖLLER, VOLKER H./KREHL, HARALD/HOFMANN, STEFAN, Bilanzskandale. Delikte und Gegenmaßnahmen, 2. Aufl., Berlin 2017 (Bilanzskandale).

PELGER, CHRISTOPH, Entscheidungsnützlichkeit in neuem Gewand: Der Exposure Draft zur Phase A des Conceptual Framework-Projekts, in: KoR 2009, S. 156-163 (Exposure Draft zur Phase A des Conceptual Framework-Projekts).

PELGER, CHRISTOPH, Rechnungslegungszweck und qualitative Anforderungen im Conceptual Framework for Financial Reporting (2010) – Der erste Stein im neuen Fundament der internationalen Rechnungslegung, in: WPg 2011, S. 908-916 (Rechnungslegungszweck und qualitative Anforderungen).

PELLENS, BERNHARD, IFRS 15: neue Regeln für die erste Zeile in der GuV – Hohe Umstellungskosten und hoher Informationswert?, in: WPg 2014, Heft 17, S. I (IFRS 15).

PELLENS, BERNHARD/FÜLBIER, ROLF UWE/GASSEN, JOACHIM/SELLHORN, THORSTEN, Internationale Rechnungslegung. IFRS 1 bis 16, IAS 1 bis 41, IFRIC-Interpretationen, Standardentwürfe, 10. Aufl., Stuttgart 2017 (Internationale Rechnungslegung).

PFERDEHIRT, HENRIK, Die Leasingbilanzierung nach IFRS. Eine theoretische und empirische Analyse der Reformbestrebungen, Wiesbaden 2007 (Leasingbilanzierung nach IFRS).

PILHOFER, JOCHEN, Umsatz- und Gewinnrealisierung im internationalen Vergleich. Bilanzpolitische Gestaltungsmöglichkeiten nach HGB, US-GAAP und IFRS, Herne/Berlin 2002 (Umsatz- und Gewinnrealisierung).

PILHOFER, JOCHEN/BÖSSER, JÖRG/DÜNGEN, JENS, Die Umsatzrealisierung von Mehrkomponentenverträgen außerhalb der Softwarebranche im IFRS-Normensystem – Schließung von Regelungslücken durch Adaption von EITF 00-21 bzw. EITF 08-1?, in: WPg 2010, S. 78-91 (Umsatzrealisierung von Mehrkomponentenverträgen).

PLOCK, MARCUS, Ertragrealisation nach International Financial Reporting Standards (IFRS), Düsseldorf 2004 (Ertragrealisation nach IFRS).

POLLMANN, RENÉ/CHOLODOV, OXANA/KÜMPEL, THOMAS, IFRS 15 am Beispiel einzelfallspezifischer Fragestellungen der Energiebranche – Auswirkungen auf die Umsatzerlösbilanzierung im Hinblick auf Warentermingeschäfte und vermiedene Netznutzungsentgelte?, in: IRZ 2017, S. 163-168 (IFRS 15).

POLLMANN, RENÉ/HARTUNG, KATHARINA, Die Anwendung des IFRS 15 in der Automobilzuliefererindustrie am Beispiel der Lieferung eines Navigationsgerätes mit Softwareupdates, in: DStR 2016, S. 494-497 (IFRS 15 in der Automobilzuliefererindustrie).

POMPL, WILHELM, Luftverkehr. Eine ökonomische und politische Einführung, 5. Aufl., Berlin/ Heidelberg 2007 (Luftverkehr).

POTTGIEẞER, GABY/VELTE, PATRICK/WEBER, STEFAN, Die langfristige Auftragsfertigung nach IAS 11. Ausgewählte bilanzpolitische Gestaltungsspielräume, Auswirkungen auf den Grundsatz der Verlässlichkeit nach IAS/IFRS und Berücksichtigung des aktuellen Arbeitsprojekts des IASB/FASB zur Ertragsrealisation (Revenue Recognition), in: KoR 2005, S. 310-318 (Auftragsfertigung).

PRECHTL, MARTIN, Mathematische Dynamik. Modelle und analytische Methoden der Kinematik und Kinetik, 2. Aufl., Berlin/Heidelberg 2016 (Mathematische Dynamik).

PREIẞLER, GERALD, „Prinzipienbasierung " der IAS?, in: DB 2002, S. 2389-2395 (Prinzipienbasierung).

PRIORITY PASS (Hrsg.), Priority Pass, verfügbar unter: https://www.prioritypass.com/de/airport-lounges (Stand: 16.04.2018) (Priority Pass).

PURNHAGEN, KAI P., „Cross-Ticketing“ in Flugbeförderungsverträgen. Zusammenfassung und Anmerkungen zum BGH (Hrsg.), Urteil vom 29.04.2010 – Xa ZR 101/09, in: VuR 2010, S. 311-314 (Cross-Ticketing).

PURNHAGEN, KAI P./HAUZENBERGER, KLEMENS, Das Verbot von Cross-Ticketing in den AGB von Flugbeförderungsverträgen und deren verbandsklagerechtliche Kontrolle. Eine ökonomische und rechtliche Analyse, in: VuR 2009, S. 131-137 (Verbot von Cross-Ticketing).

PWC (Hrsg.), New Revenue Guidance. Implementation in the Transportation and Logistics Sector, verfügbar unter: https://www.pwc.com/us/en/cfodirect/assets/pdf/in-depth/us2017-15-revenue-606-implementation-transportation-logistics-industry.pdf (Stand: 16.04.2018) (Revenue Guidance in the Transportation and Logistics Sector).

PWC (Hrsg.), Revenue from Contracts with Customers. Global Edition, 2017, verfügbar unter: https://inform.pwc.com/inform2/content?action=resource&id=0000019476503048.pdf (Stand: 16.04.2018) (Revenue from Contracts with Customers).

RACHFALL, THOMAS, The Impact of Information and Communication Technology on the Information Overload Phenomenon, Hamburg 2017 (The Information Overload Phenomenon).

RANKER, DANIEL, Immobilienbewertung nach HGB und IFRS. Auslegung, Konzeption und Einzelfragen der Bilanzierung des Anlagevermögens, Berlin 2006 (Immobilienbewertung).

RASCH, SABINE, So funktioniert Codesharing, verfügbar unter: http://www.airliners.de/so-funktioniert-code-sharing/33165 (Stand: 16.04.2018) (Codesharing).

RASCH-SABATHIL, SABINE, Lehrbuch des Linienflugverkehrs, 5. Aufl., Frankfurt am Main 2008 (Linienflugverkehr).

RATIS (Hrsg.), Entschädigung bei Flugverspätung. 520-720 Millionen an Entschädigung werden jedes Jahr verschenkt, verfügbar unter: https://ratis.de/blog/flugverspaetung/520-720-millionen-an-entschaedigung-werden-jedes-jahr-verschenkt/ (Stand: 16.04.2018) (Nicht eingeforderte Entschädigung bei Flugverspätung).

REIFARTH, JÜRGEN, Internationale Regelungen der Tarife im Linienluftverkehr, Frankfurt am Main 1985 (Tarife im Linienluftverkehr).

RUDKOWSKI, LENA, Wirtschaftsrecht: BGB AT, Schuldrecht, Sachenrecht, Wiesbaden 2016 (Wirtschaftsrecht).

RUHNKE, KLAUS/NERLICH, CHRISTOPH, Behandlung von Regelungslücken innerhalb der IFRS, in: DB 2004, S. 389-395 (Behandlung von Regelungslücken innerhalb der IFRS).

RUHNKE, KLAUS/SIMONS, DIRK, Rechnungslegung nach IFRS und HGB. Lehrbuch zur Theorie und Praxis der Unternehmenspublizität mit Beispielen und Übungen, 3. Aufl., Stuttgart 2012 (Rechnungslegung nach IFRS und HGB).

RUHWEDEL, EDGAR, Der Luftbeförderungsvertrag. Ein Grundriß des deutschen und internationalen Rechts der Personen- und Güterbeförderung auf dem Luftweg, 3. Aufl., Neuwied/Kriftel/Berlin 1998 (Luftbeförderungsvertrag).

RUHWEDEL, EDGAR, Montrealer Übereinkommen vs. Warschauer System. »Will the Montreal Convention be able to replace the Warsaw System and what will the changes be«?, in: TranspR 2008, S. 89-102 (Montrealer Übereinkommen vs. Warschauer System).

RÜTHERS, BERND/FISCHER, CHRISTIAN/BIRK, AXEL, Rechtstheorie. Mit Juristischer Methodenlehre, 9. Aufl., München 2016 (Rechtstheorie).

SANDLEBEN, HANS-MARTIN/REINHOLDT, AGO, Revenue Recognition: Wie geht es nach ED/2010/6 weiter?, in: IRZ 2011, S. 413-415 (Revenue Recognition).

SANDLEBEN, HANS-MARTIN/REINHOLDT, AGO, IFRS 15 – Revenue Recognition neu gefasst, in: IRZ 2014, S. 269-271 (IFRS 15).

SCHAPP, JAN, Methodenlehre des Zivilrechts, Tübingen 1998 (Methodenlehre des Zivilrechts).

SCHARR, CHRISTOPH/USINGER, RAINER, Der neue Entwurf zur Umsatzrealisierung: Revolution oder reine Evolution?, in: IRZ 2012, S. 101-107 (Entwurf zur Umsatzrealisierung).

SCHEIDERER, JOACHIM, Angewandte Flugleistung. Eine Einführung in die operationelle Flugleistung vom Start bis zur Landung, Berlin/Heidelberg 2008 (Angewandte Flugleistung).

SCHERER, JOACHIM, Single European Sky: Gemeinschaftsrechtliche Regulierung im innerstaatlichen Bereich, in: Europa und seine Verfassung. Festschrift für Manfred Zuleeg zum siebzigsten Geburtstag, hrsg. v. Gaitanides, Charlotte/Kadelbach, Stefan/Rodriguez Iglesias, Gil Carlos, Baden-Baden 2005, S. 456-472 (Single European Sky).

SCHLADEBACH, MARCUS, Luftrecht, Tübingen 2007 (Luftrecht).

SCHLADEBACH, MARCUS/BÄRMANN, DANIEL, Luftverkehrsabkommen als Grundlage internationalen Fluglinienverkehrs, in: NZV 2006, S. 294-299 (Luftverkehrsabkommen).

SCHMALENBACH, EUGEN, Dynamische Bilanz, 4. Aufl., Leipzig 1926 (Dynamische Bilanz).

SCHMID, RONALD, Der Zeitraum der Haftung des Luftfrachtführers im Rahmen des Warschauer Abkommens, in: RIW 1984, S. 429-437 (Zeitraum der Haftung des Luftfrachtführers).

SCHMID, RONALD, Das Zusammenspiel von internationalen und europäischen Vorschriften zur Haftung für Passagier- und Gepäckschäden im internationalen Luftverkehr, in: RRa 2004, S. 198-203 (Haftung für Passagier- und Gepäckschäden).

SCHMID, RONALD, Anmerkung zum AG Köln (Hrsg.), Urteil vom 05.01.2005 – 117 C 269/04. Allgemeine Beförderungsbedingungen/„Überkreuz-Buchung"/Beförderungsverweigerung/ Schadensersatz, in: RRa 2005, S. 139 (Anmerkung zum AG Köln (Hrsg.), Urteil vom 05.01.2005 – 117 C 269/04).

SCHMID, RONALD, Die Rechtsprechung zur Flugverspätung und zur Änderung von Flugrouten: Zeit zum Umdenken?! Zugleich Besprechung zu LG Frankfurt am Main, RRa 2005, 167, in: RRa 2005, S. 151-157 (Rechtsprechung zur Flugverspätung).

SCHMID, RONALD, Rechtsprobleme bei der Luftbeförderung im Rahmen von Flugpauschalreisen. Ein Überblick über die Rechtsprechung in den Jahren 2002 bis 2004, in: NJW 2005, S. 1168-1172 (Rechtsprobleme bei der Luftbeförderung).

SCHMIDT, ANDRÉ/BAREKZAI, OMAR/HÜTTERMANN, KAI, Umsatzrealisierung nach IFRS 15 – Implikationen auf die Bilanzierungspraxis (Teil 1), in: DB 2015, S. 77-87 (Umsatzrealisierung nach IFRS 15 (Teil 1)).

SCHMIDT, ANDRÉ/BAREKZAI, OMAR/HÜTTERMANN, KAI, Umsatzrealisierung nach IFRS 15 – Implikationen auf die Bilanzierungspraxis (Teil 2), in: DB 2015, S. 137-146 (Umsatzrealisierung nach IFRS 15 (Teil 2)).

SCHMIDT, MARTIN, Phasenspezifische Methoden zur Messung des Leistungsfortschritts bei zeitraumbezogener Erlöserfassung nach IFRS 15? Der Fall – die Lösung, in: IRZ 2015, S. 267-269 (Leistungsfortschritt bei zeitraumbezogener Erlöserfassung).

SCHMIDT, MARTIN/BLECHER, CHRISTIAN, Das Diskussionspapier zur Überarbeitung des Conceptual Framework – Eine systematische Auswertung der Comment Letters, in: KoR 2015, S. 252-260 (Überarbeitung des Conceptual Framework).

SCHMIDT-RÄNTSCH, GÜNTHER, Die Ausführung der Luftbeförderung durch einen Dritten, in: Festschrift für Otto Riese. Aus Anlass seines siebzigsten Geburtstages, hrsg. v. Aubin, Bernhard u. a., Karlsruhe 1964, S. 479-496 (Luftbeförderung durch einen Dritten).

SCHMITZ, STEFANIE, Bilanztheorie in der US-amerikanischen und internationalen Standardsetzung. Eine historische und wissenschaftstheoretische Analyse, Wiesbaden 2012 (Bilanztheorie).

SCHÖLLHORN, THOMAS/MÜLLER, MARTIN, Bedeutung und praktische Relevanz des Rahmenkonzepts (framework) bei Erstellung von IFRS-Abschlüssen nach zukünftigem „deutschen Recht“ (Teil 1). Darstellung unter Berücksichtigung der IAS-VO und des BilReG, in: DStR 2004, S. 1623-1628 (Relevanz des Rahmenkonzepts bei IFRS-Abschlüssen).

SCHÖN, WOLFGANG, Kompetenzen der Gerichte zur Auslegung von IAS/IFRS, in: BB 2004, S. 763-768 (Auslegung von IAS/IFRS).

SCHONER, DIETER, Die internationale Rechtsprechung zum Warschauer Abkommen in den Jahren 1977 bis 1980, in: ZLW 1980, S. 327-389 (Die internationale Rechtsprechung zum Warschauer Abkommen).

SCHOO, LENA, Umsatzrealisierung nach IFRS. Entscheidungsnützlichkeit der Regelungen des Revenue-Recognition-Projektes versus der geltenden Regelungen, Lohmar/Köln 2013 (Umsatzrealisierung nach IFRS).

SCHRÖDER, ALEXANDER/FREYER, WALTER, Bedeutung von Zusatzeinnahmen bei Airlines – eine geschäftsmodellbasierte Betrachtung, in: Innovationen in Tourismus und Freizeit. Hypes, Trends und Entwicklungen, hrsg. v. Boksberger, Philipp/Schuckert, Markus, Berlin 2011, S. 245-258 (Bedeutung von Zusatzeinnahmen bei Airlines).

SCHRUFF, WIENAND, Die IFRS-Rechnungslegung im Spannungsfeld zwischen Cashflow-Prognose und Rechenschaft, in: WPg 2011, S. 855-860 (IFRS-Rechnungslegung im Spannungsfeld).

SCHULZE-OSTERLOH, JOACHIM, Internationale Rechnungslegung für den Einzelabschluß und für Unternehmen, die den öffentlichen Kapitalmarkt nicht in Anspruch nehmen. Zur Ausübung des Mitgliedstaatenwahlrechts nach Art. 5 der IAS-Verordnung, in: ZIP 2003, S. 93-101 (Internationale Rechnungslegung).

SCHULZE-OSTERLOH, JOACHIM, Internationalisierung der Rechnungslegung und ihre Auswirkungen auf die Grundprinzipien des deutschen Rechts, in: Der Konzern 2004, S. 173-177 (Internationalisierung der Rechnungslegung).

SCHURBOHM-EBNETH, ANNE/OHMEN, PHILIPP, Wesentliche Finanzierungskomponente nach IFRS 15 – Praxisfälle und Lösungsansätze, in: IRZ 2016, S. 69-74 (Finanzierungskomponente nach IFRS 15).

SCHURBOHM-EBNETH, ANNE/VIEMANN, KATHRYN, Die Anwendung des IFRS 15 in der Automobilindustrie, in: KoR 2015, S. 181-190 (Anwendung des IFRS 15 in der Automobilindustrie).

SESSAR, CHRISTOPHER, Grundsätze ordnungsmäßiger Gewinnrealisierung im deutschen Bilanzrecht. Objektivierung des Realisationszeitpunkts in wirtschaftlicher Betrachtungsweise, Düsseldorf 2007 (Grundsätze ordnungsmäßiger Gewinnrealisierung).

SIMON, HERMAN VEIT, Die Bilanzen der Aktiengesellschaften und der Kommanditgesellschaften auf Aktien, 3. Aufl., Berlin 1899 (Die Bilanzen der Aktiengesellschaften).

SIMON, HERMANN/FASSNACHT, MARTIN, Preismanagement. Strategie – Analyse – Entscheidung – Umsetzung, 4. Aufl., Wiesbaden 2016 (Preismanagement).

SINGAPORE AIRLINES (Hrsg.), Before the Flight, verfügbar unter: http://www.singaporeair.com/de_DE/de/flying-withus/before-the-flight/ (Stand: 16.04.2018) (Before the Flight).

SINGAPORE AIRLINES (Hrsg.), Conditions of Contract, verfügbar unter: http://www.singaporeair.com/saar5/pdf/coc/SIA-Conditions-of-Contract-Rev-11-Mar2015.pdf (Stand: 16.04.2018) (ABB).

SINGAPORE AIRLINES (Hrsg.), Flugplan, verfügbar unter: http://www.singaporeair.com/de_DE/plan-and-book/your-booking/flightschedule/ (Stand: 16.04.2018) (Flugplan).

SINGAPORE AIRLINES (Hrsg.), Konnektivität an Bord, verfügbar unter: http://www.singaporeair.com/de_DE/de/flying-withus/entertainment/inflight-connectivity/ (Stand: 16.04.2018) (Konnektivität an Bord).

SNOWBALL, DOUG, Infomation Load and Accounting Reports: Too Much, Too Little or Just Right?, in: Cost and Management 1979, S. 22-28 (Infomation Load and Accounting Reports).

SORENSEN, JAY, 2015 Top 10 Ancillary Revenue Rankings, verfügbar unter: http://www.ideaworkscompany.com/wp-content/uploads/2016/07/2015-Top-10-Airline-Ancillary-Revenue-Rankings-Final.pdf (Stand: 16.04.2018) (Top 10 Ancillary Revenue Rankings).

SPROUSE, ROBERT THOMAS, The Importance of Earnings in the Conceptual Framework. Focus on Asset/Liability, Revenue/Expense and Nonarticulated Views, in: JoA 1978, S. 64-71 (Importance of Earnings in the Conceptual Framework).

SPROUSE, ROBERT THOMAS/MOONITZ, MAURICE, A Tentative Set of Broad Accounting Principles for Business Enterprises, New York 1962 (Accounting Principles).

STAUDINGER, ANSGAR, Wider die Qualifikation des Luftbeförderungsvertrags als absolutes Fixgeschäft sowie die Relevanz des Mängelrechts. Zugleich Besprechung der Entscheidung des AG Simmern, RRa 2005, 279, in: RRa 2005, S. 249-256 (Qualifikation des Luftbeförderungsvertrags als absolutes Fixgeschäft).

STAUDINGER, ANSGAR/SCHMIDT-BENDUN, RÜDIGER, Das Zusammenspiel der Verordnung (EG) Nr. 261/2004 über Ausgleichs- und Unterstützungsleistungen für Fluggäste mit völkervertraglichen, europäischen sowie nationalen Vorschriften, in: VersR 2004, S. 971-974 (Zusammenspiel der Fluggastrechte-VO mit völkervertraglichen, europäischen und nationalen Vorschriften).

STEPPLER, ULRICH, Die Verordnung (EG) Nr. 1459/2006 – Anfang vom Ende des IATA-Interlining?, in: ZLW 2007, S. 367-382 (Anfang vom Ende des IATA-Interlining).

STREIM, HANNES, Die Vermittlung von entscheidungsnützlichen Informationen durch Bilanz und GuV – Ein nicht einlösbares Versprechen der internationalen Standardsetter, in: BFuP 2000, S. 111-131 (Vermittlung von entscheidungsnützlichen Informationen).

STROBACH, DANIEL, Wettbewerb im Luftverkehr – Deregulierung und strategische Allianzen, verfügbar unter: http://epub.wu.ac.at/1370/1/document.pdf (Stand: 16.04.2018) (Wettbewerb im Luftverkehr).

SZAKAL, ARPAD, Interline and Code-Share Agreements, verfügbar unter: http://www.aviationlaw.eu/wp/wp-content/uploads/2013/09/Interline-and-code-share-agreements.pdf (Stand: 16.04.2018) (Interline and Code-Share Agreements).

TEICHMANN, ANDREAS, Anmerkung zum OLG Frankfurt am Main (Hrsg.), Urteil vom 18.12.2008 – 16 U 76/08. Zuständigkeit deutscher Gerichte/Klausel in Flugtransportvertrag/Flugcoupons/Unzulässige Vertragsstrafe, in: RRa 2009, S. 103-104 (Anmerkung zum OLG Frankfurt am Main (Hrsg.), Urteil vom 18.12.2008 – 16 U 76/08).

TEITLER-FEINBERG, EVELYN, Reporting Entity, in: IRZ 2011, S. 3-5 (Reporting Entity).

TOEBE, MARC/LORSON, PETER, Die Festlegung von wertmäßigen Wesentlichkeitsgrenzen in der Rechnungslegung und Abschlussprüfung unter Berücksichtigung wissenschaftlicher Studien, in: WPg 2012, S. 1200-1206 (Festlegung von wertmäßigen Wesentlichkeitsgrenzen).

TONNER, KLAUS, Anmerkung zum BGH (Hrsg.), Urteil vom 16.02.2016 – X ZR 97/14. Verlangen vollständiger Flugpreiszahlung bereits mit Vertragsschluss, in: NJW 2016, S. 2407 (Anmerkung zum BGH (Hrsg.), Urteil vom 16.02.2016 – X ZR 97/14).

TRAVIANET (Hrsg.), Werbekostenzuschuss (WKZ) für Charterflüge, verfügbar unter: https://partner.travianet.de/indexnewsletter/show/id/64 (Stand: 16.04.2018) (Werbekostenzuschuss für Charterflüge).

TURNER, LYNN E., Revenue Recognition. Speech by SEC Staff, verfügbar unter: https://www.sec.gov/news/speech/spch495.htm (Stand: 16.04.2018) (Revenue Recognition).

TUTTLE, BRAD/BURTON, F. GREG, The Effects of a Modest Incentive on Information Overload in an Investment Analysis Task, in: Accounting, Organizations and Society 1999, S. 673-687 (Information Overload).

VAHRENKAMP, RICHARD, Der Gütertransport im internationalen Luftverkehr, in: IV 2003, S. 71-75 (Gütertransport im internationalen Luftverkehr).

VASIGH, BIJAN/FLEMING, KENNETH/HUMPHREYS, BARRY, Foundations of Airline Finance. Methodology and Practice, 2. Aufl., Abingdon/New York 2015 (Foundations of Airline Finance).

VERBRAUCHERZENTRALE BRANDENBURG (Hrsg.), Fluggastrechte – Anspruch und Wirklichkeit. Ergebnisse einer Online-Umfrage der Verbraucherzentralen 2010, verfügbar unter: https://www.vzbv.de/sites/default/files/mediapics/fluggastrechte_umfrage_bericht_15_11_2010.pdf (Stand: 16.04.2018) (Fluggastrechte).

VOGLER, RALF, Airline Pricing und AGB-Inhaltskontrolle im Konflikt. Zugleich Rezension zu BGH (Hrsg.), Urteil vom 29.04.2010 – Xa ZR 5/09, RRa 2010, 189, Xa ZR 101/09, RRa 2010, 193, in: RRa 2010, S. 263-265 (Airline Pricing und AGB-Inhaltskontrolle im Konflikt).

VON KEITZ, ISABEL, Immaterielle Güter in der internationalen Rechnungslegung. Grundsätze für den Ansatz von immateriellen Gütern in Deutschland im Vergleich zu den Grundsätzen in den USA und nach IASC, Düsseldorf 1997 (Immaterielle Güter).

VON KEITZ, ISABEL/SCHMIESZEK, OLIVER, Ertragserfassung – Anforderungen nach den Vorschriften des IASB und deren praktische Umsetzung, in: KoR 2004, S. 118-127 (Ertragserfassung).

VON SAVIGNY, FRIEDRICH CARL, System des heutigen Römischen Rechts, Band 1, Berlin 1840 (System des heutigen Römischen Rechts).

VON WANGENHEIM, FLORIAN/BAYÓN, TOMÁS, Verhaltenseffekte bei Überbuchung von Servicekapazitäten, in: Revenue Management aus der Kundenperspektive. Grundlagen, Problemfelder und Lösungsstrategien, hrsg. v. Tomczak, Torsten/Heidig, Wibke, Wiesbaden 2014, S. 105-128 (Überbuchung von Servicekapazitäten).

WAGENHOFER, ALFRED, Internationale Rechnungslegungsstandards – IAS/IFRS, 6. Aufl., München 2009 (Internationale Rechnungslegungsstandards).

WAGENHOFER, ALFRED, Nun doch wieder ein Vorsichtsprinzip in den IFRS?, in: IRZ 2014, S. 265-266 (Vorsichtsprinzip in den IFRS).

WAGENHOFER, ALFRED, The Role of Revenue Recognition in Performance Reporting, in: Accounting and Business Research 2014, S. 349-379 (The Role of Revenue Recognition in Performance Reporting).

WAGENHOFER, ALFRED, Die Zukunft der internationalen Rechnungslegung. Perspektiven im geplanten neuen Rahmenkonzept des IASB, in: ST 2014, S. 539-550 (Zukunft der internationalen Rechnungslegung).

WALTER, ROBERT, Umsatzrealisierung bei Online-Vermittlungs-Dienstleistungen nach IAS 18 und IFRS 15, in: DB 2016, S. 301-306 (Umsatzrealisierung bei Online-Vermittlungs-Dienstleistungen).

WALTER, ROBERT/HOLD, CHRISTIANE, Implementierung von IFRS 15 in der Medien- und Entertainmentbranche. Ausgewählte Fragestellungen und praktische Herausforderungen bei der Umsetzung, in: KoR 2016, S. 197-206 (IFRS 15 in der Medien- und Entertainmentbranche).

WANK, ROLF, Die Auslegung von Gesetzen, 6. Aufl., München 2015 (Die Auslegung von Gesetzen).

WEBER, REINHART, Physik. Teil I: Klassische Physik – Experimentelle und theoretische Grundlagen, Wiesbaden 2007 (Physik).

WHEATCROFT, STEPHEN, Air Transport Policy, London 1964 (Air Transport Policy).

WHITTINGTON, GEOFFREY, Fair Value and the IASB/FASB Conceptual Framework Project: An Alternative View, in: Abacus 2008, S. 139-168 (Fair Value and the Conceptual Framework).

WOJCIK, KARL-PHILIPP, Die internationalen Rechnungslegungsstandards IAS/IFRS als europäisches Recht, Berlin 2008 (IFRS als europäisches Recht).

WOLF, THOMAS C., Bilanzmanipulationen: Wann ist die Übersicht erschwert?, in: StuB 2009, S. 909-914 (Bilanzmanipulation).

WOLLMERT, PETER, Neue Wege bei der Gewinnrealisierung nach IFRS, in: Brennpunkte der Bilanzierungspraxis nach IFRS und HGB, hrsg. v. Küting, Karlheinz/Pfitzer, Norbert/Weber, Claus-Peter, Stuttgart 2012, S. 73-97 (Neue Wege bei der Gewinnrealisierung nach IFRS).

WURM, BIRGIT, Die geplanten Ertragsrealisierungsansätze von IASB und FASB und mögliche Auswirkungen auf die Jahresabschlussanalyse, München 2008 (Ertragsrealisierungsansätze von IASB und FASB).

WÜSTEMANN, JENS/BISCHOF, JANNIS, Der Grundsatz der Fair-Value-Bewertung von Schulden nach IFRS: Zwecke, Inhalte und Grenzen, in: ZfB-Special Issue 2006, S. 77-110 (Der Grundsatz der Fair-Value-Bewertung von Schulden nach IFRS).

WÜSTEMANN, JENS/KIERZEK, SONJA, Revenue Recognition under IFRS Revisited: Conceptual Models, Current Proposals and Practical Consequences, in: Accounting in Europe 2005, S. 69-106 (Revenue Recognition).

WÜSTEMANN, JENS/KIERZEK, SONJA, Das Projekt „Revenue Recognition" von FASB und IASB – Notwendigkeit, Vorschläge und Bewertung möglicher Neufassungen von IAS 18 und IAS 11, in: Internationale Rechnungslegung: Standortbestimmung und Zukunftsperspektiven. Kapitalmarktorientierte Rechnungslegung und integrierte Unternehmenssteuerung, hrsg. v. Küting, Karlheinz/Pfitzer, Norbert/Weber, Claus-Peter, Stuttgart 2006, S. 245-279 (Das Projekt „Revenue Recognition" von FASB und IASB).

WÜSTEMANN, JENS/KIERZEK, SONJA, Normative Bilanztheorie und Grundsätze ordnungsmäßiger Gewinnrealisierung für Mehrkomponentenverträge, in: ZfbF 2007, S. 882-913 (Mehrkomponentenverträge).

WÜSTEMANN, JENS/WÜSTEMANN, SONJA, Umsatzerlöse aus Kundenverträgen nach IFRS – Neuausrichtung an der Erfüllung von Verpflichtungen in ED/2010/6, in: BB 2010, S. 2035-2040 (Umsatzerlöse aus Kundenverträgen nach IFRS).

WÜSTEMANN, JENS/WÜSTEMANN, SONJA, Why Consistency of Accounting Standards Matters: A Contribution to the Rules-Versus-Principles Debate in Financial Reporting, in: Abacus 2010, S. 1-27 (Why Consistency of Accounting Standards Matters).

WÜSTEMANN, JENS/WÜSTEMANN, SONJA, Exposure Draft ED/2011/6 „Revenue from Contracts with Customers" – Überarbeitung als Kompromiss, in: BB 2011, S. 3117-3119 (ED/2011/6).

WÜSTEMANN, JENS/WÜSTEMANN, SONJA, Grundsätze für die Erfassung von Umsatzerlösen aus Verträgen mit Kunden – IFRS 15 „Revenue from Contracts with Customers", in: WPg 2014, S. 929-937 (Erfassung von Umsatzerlösen nach IFRS 15).

YIMGA, JULES O., Airline Code-Sharing and its Effects on On-Time Performance, in: Journal of Air Transport Management 2017, S. 76-90 (Codesharing).

ZANTKE, SIEGFRIED, ABC des Luftverkehrs. Ein Lexikon der internationalen kommerziellen Zivilluftfahrt, 6. Aufl., Hamburg 1990 (ABC des Luftverkehrs).

ZAUGG, DANIEL/ABDERHALDEN, MARKUS/SCHLUMPF, THOMAS, Umsatzrealisierung im Anlagebau auf dem Prüfstand. Ende der Percentage of Completion Methode?, in: ST 2011, S. 120-128 (Umsatzrealisierung im Anlagebau).

ZEYER, FEDOR/ENGLER, DOROTHEA, Brutto- oder Netto-Umsatzausweis nach IFRS – Strukturierungshilfe bei der Ermessensausübung in der Prinzipal-Agenten-Frage, in: KoR 2012, S. 121-128 (Brutto- oder Netto-Umsatzausweis nach IFRS).

ZIPPELIUS, REINHOLD, Juristische Methodenlehre, 11. Aufl., München 2012 (Juristische Methodenlehre).

ZOU, LI/CHEN, XUEQIAN, The Effect of Code-Sharing Alliances on Airline Profitability, in: Journal of Air Transport Management 2017, S. 50-57 (Codesharing).

ZÜLCH, HENNING, Die Gewinn- und Verlustrechnung nach IFRS, Herne/Berlin 2005 (Gewinn- und Verlustrechnung IFRS).

ZÜLCH, HENNING, Klare und konsistente Finanzinformationen machen den Unterschied: Was wirklich zählt am Kapitalmarkt!, in: KoR 2016, S. 210-211 (Finanzinformationen).

ZÜLCH, HENNING/FISCHER, DANIEL T., Die Neuregelung der Ertragsrealisation nach IFRS 15 – Ein gravierendes Umdenken?, in: DB 2014, S. 1696 (Neuregelung der Ertragsrealisation nach IFRS 15).

ZÜLCH, HENNING/FISCHER, DANIEL T./WILLMS, JESCO, Die Neugestaltung der Ertragsrealisation nach IFRS im Lichte der „Asset-Liability-Theory", in: KoR 2006, Beilage 3 zu Heft 10, S. 1-23 (Neugestaltung der Ertragsrealisation nach IFRS).

ZÜLCH, HENNING/PRONOBIS, PAUL/FISCHER, DANIEL T., Das Diskussionspapier „Revenue Recognition in Contracts with Customers“. Befund der möglichen Änderungen bei der Ertragsrealisation nach IFRS, in: DB 2009, S. 1941-1946 (Ertragsrealisation nach IFRS).

ZWIRNER, CHRISTIAN/BOECKER, CORINNA/REUTER, MICHAEL, Umstellung der Rechnungslegung von HGB auf IFRS. Theoretischer Überblick und Veranschaulichung in Form eines Fallbeispiels, in: KoR 2004, S. 217-234 (Umstellung der Rechnungslegung von HGB auf IFRS).

Gesetzesverzeichnis

Bürgerliches Gesetzbuch (BGB) in der Fassung der Bekanntmachung vom 02.01.2002, BGBl. I 2002, S. 42-44 und 2909; BGBl. I 2003, S. 738, zuletzt geändert durch Gesetz vom 20.07.2017, BGBl. I 2017, S. 2787.

Gesetz über den Beitritt der Bundesrepublik Deutschland zu dem Abkommen vom 07.12.1944 über die Internationale Zivilluftfahrt (Chicagoer Abkommen (CA)), BGBl. II 1956, S. 411-441; BGBl. II 1956, S. 934-935, zuletzt geändert durch das Protokoll vom 10.05.1984, BGBl. II 1996, S. 210-214; BGBl. II 1999, S. 307-308.

Gesetz über die Annahme der Vereinbarung vom 07.12.1944 über den Durchflug im Internationalen Fluglinienverkehr (Transitvereinbarung), BGBl. II 1956, S. 442-449, BGBl. II 1956, S. 934-935.

Gesetz zu dem Übereinkommen vom 28.05.1999 zur Vereinheitlichung bestimmter Vorschriften über die Beförderung im internationalen Luftverkehr (Montrealer Übereinkommen (MÜ)), BGBl. II 2004, S. 458-483.

Luftverkehrsgesetz (LuftVG) in der Fassung der Bekanntmachung vom 10.05.2007, BGBl. I, S. 698, zuletzt geändert durch Gesetz vom 20.07.2017, BGBl. I 2017, S. 2808-2838.

Verzeichnis der Materialien aus dem Gesetzgebungs- oder Standardsetzungsprozess

Rechnungslegungsstandards, -interpretationen und Rahmenkonzepte

FASB (Hrsg.), Accounting Standards Codification, Norwalk 2018 (zitiert: ASC).

IASB (Hrsg.), Clarifications to IFRS 15. Revenue from Contracts with Customers, London 2016 (zitiert: Clarifications to IFRS 15).

IASB (Hrsg.), Conceptual Framework for Financial Reporting, London 2018 (zitiert: CF.).

IASB (Hrsg.), IFRIC Interpretation 13. Customer Loyalty Programmes, London 2007 (Stand: 2011) (zitiert: IFRIC 13).

IASB (Hrsg.), IFRIC Interpretation 15. Agreements for the Construction of Real Estate, London 2008 (Stand: 2008) (zitiert: IFRIC 15).

IASB (Hrsg.), IFRIC Interpretation 18. Transfers of Assets from Customers, London 2009 (Stand: 2009) (zitiert: IFRIC 18).

IASB (Hrsg.), International Accounting Standard 1. Presentation of Financial Statements, London 2001 (Stand: 2016) (zitiert: IAS 1).

IASB (Hrsg.), International Accounting Standard 8. Accounting Policies, Changes in Accounting Estimates and Errors, London 2001 (Stand: 2014) (zitiert: IAS 8).

IASB (Hrsg.), International Accounting Standard 10. Events after the Reporting Period, London 2001 (Stand: 2014) (zitiert: IAS 10).

IASB (Hrsg.), International Accounting Standard 11. Construction Contracts, London 2001 (Stand: 2001) (zitiert: IAS 11).

IASB (Hrsg.), International Accounting Standard 17. Leases, London 2001 (Stand: 2014) (zitiert: IAS 17).

IASB (Hrsg.), International Accounting Standard 18. Revenues, London 2001 (Stand: 2011) (zitiert: IAS 18).

IASB (Hrsg.), International Accounting Standard 24. Related Party Disclosures, London 2001 (Stand: 2013) (zitiert: IAS 24).

IASB (Hrsg.), International Accounting Standard 27. Separate Financial Statements, London 2001 (Stand: 2014) (zitiert: IAS 27).

IASB (Hrsg.), International Accounting Standard 28. Investments in Associates and Joint Ventures, London 2001 (Stand: 2016) (zitiert: IAS 28).

IASB (Hrsg.), International Accounting Standard 36. Impairment of Assets, London 2001 (Stand: 2014) (zitiert: IAS 36).

IASB (Hrsg.), International Accounting Standard 37. Provisions, Contingent Liabilities and Contingent Assets, London 2001 (Stand: 2016) (zitiert: IAS 37).

IASB (Hrsg.), International Accounting Standard 38. Intangible Assets, London 2001 (Stand: 2016) (zitiert: IAS 38).

IASB (Hrsg.), International Financial Reporting Standard 2. Share-based Payment, London 2004 (Stand: 2014) (zitiert: IFRS 2).

IASB (Hrsg.), International Financial Reporting Standard 4. Insurance Contracts, London 2004 (Stand: 2016) (zitiert: IFRS 4).

IASB (Hrsg.), International Financial Reporting Standard 5. Non-current Assets Held for Sale and Discontinued Operations, London 2004 (Stand: 2016) (zitiert: IFRS 5).

IASB (Hrsg.), International Financial Reporting Standard 9. Financial Instruments, London 2014 (Stand: 2016) (zitiert: IFRS 9).

IASB (Hrsg.), International Financial Reporting Standard 10. Consolidated Financial Statements, London 2011 (Stand: 2016) (zitiert: IFRS 10).

IASB (Hrsg.), International Financial Reporting Standard 11. Joint Arrangements, London 2011 (Stand: 2014) (zitiert: IFRS 11).

IASB (Hrsg.), International Financial Reporting Standard 15. Revenue from Contracts with Customers, London 2014 (Stand: 2016) (zitiert: IFRS 15).

IASB (Hrsg.), International Financial Reporting Standard 16. Leases, London 2016 (Stand: 2016) (zitiert: IFRS 16).

IASB (Hrsg.), International Financial Reporting Standard 17. Insurance Contracts, London 2017 (Stand: 2017) (zitiert: IFRS 17).

IASB (Hrsg.), Preface to International Financial Reporting Standards, London 2002 (Stand: 2010) (zitiert: Preface to IFRS).

IASB (Hrsg.), The Conceptual Framework for Financial Reporting, London 2010 (zitiert: CF (2010)).

IASC (Hrsg.), Framework for the Preparation and Presentation of Financial Statements, London 1989 (zitiert: CF (1989)).

IASC (Hrsg.), SIC Interpretation 31. Revenue – Barter Transactions Involving Advertising Services, London 2001 (Stand: 2011) (zitiert: SIC-31).

Exposure Drafts und Discussion Paper

IASB (Hrsg.), Discussion Paper: Preliminary Views on Revenue Recognition in Contracts with Customers, London 2008 (zitiert: Discussion Paper).

IASB (Hrsg.), Exposure Draft: Conceptual Framework for Financial Reporting (ED/2015/3), London 2015 (zitiert: ED/2015/3).

IASB (Hrsg.), Exposure Draft: Revenue from Contracts with Customers (ED/2010/6), London 2010 (zitiert: ED/2010/6).

IASB (Hrsg.), Exposure Draft: Revenue from Contracts with Customers (re-exposure) (ED/2011/6), London 2011 (zitiert: ED/2011/6).

Sonstige Materialien aus dem Gesetzgebungs- und Standardsetzungsprozess

AMERICAN AIRLINES (Hrsg.)/UNITED CONTINENTAL HOLDINGS (Hrsg.)/DELTA AIRLINES (Hrsg.)/US AIRWAYS (Hrsg.)/SOUTHWEST AIRLINES (Hrsg.), IASB Exposure Draft ED/2010/6 (Revenue from Contracts with Customers). Comment Letter, verfügbar unter: http://www.fasb.org/cs/BlobServer?blobkey=id&blobnocache=true&blobwhere=1175822237799&blobheader=application%2Fpdf&blobheadername2=Content-Length&blobheadername1=Content-Disposition&blobheadervalue2=497943&blobheadervalue1=filename%3D0973-_1820-100_5_U.S._PASSENGER_AIRLINES.pdf&blobcol=urldata&blobtable=MungoBlobs (Stand: 16.04.2018) (Comment Letter (ED/2010/6)).

DEUTSCHE TELEKOM (Hrsg.), IASB Discussion Paper “Preliminary Views on Revenue Recognition in Contracts with Customers”. Comment Letter, verfügbar unter: http://www.fasb.org/cs/BlobServer?blobkey=id&blobnocache=true&blobwhere=1175819017197&blobheader=application%2Fpdf&blobheadername2=Content-Length&blobheadername1=Content-Disposition&blobheadervalue2=335948&blobheadervalue1=filename%3D24DP_RevRec_DeutscheTelekom.pdf&blobcol=urldata&blobtable=MungoBlobs (Stand: 16.04.2018) (Comment Letter (DP)).

DEUTSCHE TELEKOM (Hrsg.), IASB Exposure Draft ED/2010/6 "Revenue from Contracts with Customers". Comment Letter, verfügbar unter: http://www.fasb.org/cs/BlobServer?blobkey=id&blobnocache=true&blobwhere=1175821583172&blobheader=application%2Fpdf&blobheadername2=Content-Length&blobheadername1=Content-Disposition&blobheadervalue2=347290&blobheadervalue1=filename%3D0182-_1820-100_DEUTSCHE_TELEKOM_AG_GUILLAUME_MAISONDIEU.pdf&blobcol=urldata&blobtable=MungoBlobs (Stand: 16.04.2018) (Comment Letter (ED/2010/6)).

DEUTSCHE TELEKOM (Hrsg.), IASB Exposure Draft ED/2011/6 "Revenue from Contracts with Customers". Comment Letter, verfügbar unter: http://www.fasb.org/cs/BlobServer?blobkey=id&blobnocache=true&blobwhere=1175823812810&blobheader=application%2Fpdf&blobheadername2=Content-Length&blobheadername1=Content-Disposition&blobheadervalue2=336976&blobheadervalue1=filename%3DREVRECR.ED.0215.DEUTSCHE_TELEKOM_AG_GUILLAUME_MAISONDIEU.pdf&blobcol=urldata&blobtable=MungoBlobs (Stand: 16.04.2018) (Comment Letter (ED/2011/6)).

DEUTSCHER BUNDESTAG (Hrsg.), BT-Drucks. 15/2359 vom 14.01.2004 (BT-Drucks. 15/2359).

DRSC (Hrsg.), IASB Exposure Draft ED/2010/6 "Revenue from Contracts with Customers". Comment Letter, verfügbar unter: http://www.fasb.org/cs/BlobServer?blobkey=id&blobnocache=true&blobwhere=1175821618970&blobheader=application%2Fpdf&blobheadername2=Content-Length&blobheadername1=Content-Disposition&blobheadervalue2=392207&blobheadervalue1=filename%3D0370-_1820-100_GERMAN_ACCOUNTING_STANDARDS_BOARD_LIESEL_KNORR.pdf&blobcol=urldata&blobtable=MungoBlobs (Stand: 16.04.2018) (Comment Letter (ED/2010/6)).

DRSC (Hrsg.), IASB Exposure Draft ED/2011/6 "Revenue from Contracts with Customers". Comment Letter, verfügbar unter: http://www.fasb.org/cs/BlobServer?blobkey=id&blobnocache=true&blobwhere=1175823829897&blobheader=application%2Fpdf&blobheadername2=Content-Length&blobheadername1=Content-Disposition&blobheadervalue2=306912&blobheadervalue1=filename%3DREVRECR.ED.0305.DRSC_IFRS_COMMITTEE_LIESEL_KNORR.pdf&blobcol=urldata&blobtable=MungoBlobs (Stand: 16.04.2018) (Comment Letter (ED/2011/6)).

EASYJET (Hrsg.), IASB Exposure Draft ED/2010/6 "Revenue from Contracts with Customers". Comment Letter, verfügbar unter: http://www.fasb.org/cs/BlobServer?blobkey=id&blobnocache=true&blobwhere=1175821583209&blobheader=application%2Fpdf&blobheadername2=Content-Length&blobheadername1=Content-Disposition&blobheadervalue2=836518&blobheadervalue1=filename%3D0183-_1820-100_EASYJET_PLC_ANDREW_TEMPEST.pdf&blobcol=urldata&blobtable=MungoBlobs (Stand: 16.04.2018) (Comment Letter (ED/2010/6)).

EFRAG (Hrsg.), Endorsement Advice Letter to the European Commission. Adoption of IFRS 15 “Revenue from Contracts with Customers”, verfügbar unter: https://www.efrag.org/Assets/Download?assetUrl=%2Fsites%2Fwebpublishing%2FSiteAssets%2FEndorsement%2520advice%2520on%2520IFRS%252015.pdf (Stand: 16.04.2018) (Endorsement Advice Letter).

EFRAG (Hrsg.), The EU Endorsement Status Report. Stand vom 03.04.2018, verfügbar unter: https://www.efrag.org/Assets/Download?assetUrl=%2Fsites%2Fwebpublishing%2FSiteAssets%2FEFRAG%2520Endorsement%2520Status%2520Report%25203%2520April%25202018.pdf (Stand: 16.04.2018) (Endorsement Status Report).

Europäische Kommission (Hrsg.), Leitlinien zur Fluggastrechteverordnung (EG) Nr. 261/2004. Leitlinien für die Auslegung der Verordnung (EG) Nr. 261/2004 des Europäischen Parlaments und des Rates über eine gemeinsame Regelung für Ausgleichs- und Unterstützungsleistungen für Fluggäste im Fall der Nichtbeförderung und bei Annullierung oder großer Verspätung von Flügen und der Verordnung (EG) Nr. 2027/97 des Rates über die Haftung von Luftfahrtunternehmen bei Unfällen in der Fassung der Verordnung (EG) Nr. 889/2002 des Europäischen Parlaments und des Rates, verfügbar unter: https://www.flugrecht.de/fluggastrechte/eu-fluggastrechteverordnung/leitlinien-fluggastrechteverordnung-261-2004.pdf (Stand: 16.04.2018) (Leitlinien zur Fluggastrechteverordnung).

Europäische Kommission (Hrsg.), Vorschlag für eine Verordnung des Europäischen Parlaments und des Rates zur Änderung der Verordnung (EG) Nr. 261/2004 über eine gemeinsame Regelung für Ausgleichs- und Unterstützungsleistungen für Fluggäste im Fall der Nichtbeförderung und bei Annullierung oder großer Verspätung von Flügen und der Verordnung (EG) Nr. 2027/97 über die Haftung von Luftfahrtunternehmen bei der Beförderung von Fluggästen und deren Gepäck im Luftverkehr, verfügbar unter: http://ec.europa.eu/transparency/regdoc/rep/1/2013/DE/1-2013-130-DE-F1-1.Pdf (Stand: 16.04.2018) (Vorschlag zur Änderung der Verordnungen (EG) Nr. 261/2004 und (EG) Nr. 2027/97).

Europäische Kommission (Hrsg.), Verordnung (EU) 2016/1905 der Kommission vom 22.09.2016 zur Änderung der Verordnung (EG) Nr. 1126/2008 zur Übernahme bestimmter internationaler Rechnungslegungsstandards gemäß der Verordnung (EG) Nr. 1606/2002 des Europäischen Parlaments und des Rates im Hinblick auf den International Financial Reporting Standard 15, ABl. der Europäischen Union Nr. L 295 vom 29.10.2016, S. 19-73 (IFRS 15 (Deutsche Fassung)).

EUROPÄISCHES PARLAMENT UND RAT DER EUROPÄISCHEN UNION (Hrsg.), Verordnung (EG) Nr. 2027/97 des Rates vom 09.10.1997 über die Haftung von Luftfahrtunternehmen bei Unfällen, ABl. der Europäischen Gemeinschaften Nr. L 285 vom 17.10.1997, S. 1-3, zuletzt geändert durch die Verordnung (EG) Nr. 889/2002 des Europäischen Parlaments und des Rates vom 13.05.2002, ABl. der Europäischen Gemeinschaften Nr. L 140 vom 30.05.2002, S. 2-5 (Verordnung (EG) Nr. 2027/97).

EUROPÄISCHES PARLAMENT UND RAT DER EUROPÄISCHEN UNION (Hrsg.), Verordnung (EG) Nr. 261/2004 des Europäischen Parlaments und des Rates vom 11.02.2004 über eine gemeinsame Regelung für Ausgleichs- und Unterstützungsleistungen für Fluggäste im Fall der Nichtbeförderung und bei Annullierung oder großer Verspätung von Flügen und zur Aufhebung der Verordnung (EWG) Nr. 295/91, ABl. der Europäischen Union Nr. L 46 vom 17.02.2004, S. 1-7 (Fluggastrechte-VO).

EUROPÄISCHES PARLAMENT UND RAT DER EUROPÄISCHEN UNION (Hrsg.), Verordnung (EG) Nr. 847/2004 des Europäischen Parlaments und des Rates vom 29.04.2004 über die Aushandlung und Durchführung von Luftverkehrsabkommen zwischen Mitgliedstaaten und Drittstaaten, ABl. der Europäischen Union Nr. L 157 vom 30.04.2004, S. 7-17, in der berichtigten Fassung, ABl. der Europäischen Union Nr. L 195 vom 02.06.2004, S. 3-6 (Verordnung (EG) Nr. 847/2004).

EUROPÄISCHES PARLAMENT UND RAT DER EUROPÄISCHEN UNION (Hrsg.), Verordnung (EG) Nr. 2111/2005 des Europäischen Parlaments und des Rates vom 14.12.2005 über die Erstellung einer gemeinschaftlichen Liste der Luftfahrtunternehmen, gegen die in der Gemeinschaft eine Betriebsuntersagung ergangen ist, sowie über die Unterrichtung von Fluggästen über die Identität des ausführenden Luftfahrtunternehmens und zur Aufhebung des Artikels 9 der Richtlinie 2004/36/EG, ABl. der Europäischen Union Nr. L 344 vom 27.12.2005, S. 15-22 (Verordnung (EG) Nr. 2111/2005).

EUROPÄISCHES PARLAMENT UND RAT DER EUROPÄISCHEN UNION (Hrsg.), Verordnung (EG) Nr. 1008/2008 des Europäischen Parlaments und des Rates vom 24.09.2008 über gemeinsame Vorschriften für die Durchführung von Luftverkehrsdiensten in der Gemeinschaft (Neufassung), ABl. der Europäischen Gemeinschaften Nr. L 293 vom 24.09.2008, S. 3-20 (Verordnung (EG) Nr. 1008/2008).

EY (Hrsg.), IASB Exposure Draft ED/2011/6 “Revenue from Contracts with Customers”. Comment Letter, verfügbar unter: http://www.fasb.org/cs/BlobServer?blobkey=id&blobnocache=true&blobwhere=1175823804344&blobheader=application%2Fpdf&blobheadername2=Content-Length&blobheadername1=Content-Disposition&blobheadervalue2=1064252&blobheadervalue1=filename%3DREVRECR.ED.0077.ERNST_%26_YOUNG.pdf&blobcol=urldata&blobtable=MungoBlobs (Stand: 16.04.2018) (Comment Letter (ED/2011/6)).

FASB (Hrsg.), Revenue Recognition – Noncash Consideration. Agenda Decision, Deliberations, and Permission to Ballot. Determining the Measurement Date for Noncash Consideration (Memo No. 1, IASB/FASB Meeting March 2015), verfügbar unter: http://archive.ifrs.org/Meetings/MeetingDocs/IASB/2015/March/FASB%20Memo%20 No.1%20Determining%20the%20Measurement%20Date%20for%20Noncash% 20Consideration.pdf (Stand: 16.04.2018) (Memo No. 1 (March 2015)).

FASB TRG (Hrsg.), Contract Asset Treatment in Contract Modifications. Agenda Paper 51 (April 2016), verfügbar unter: http://www.fasb.org/cs/ContentServer?c=Document_C& pagename=FASB%2FDocument_C%2FDocumentPage&cid=1176168053820 (Stand: 16.04.2018) (Agenda Paper 51 (April 2016)).

FASB TRG (Hrsg.), Evaluating How Control Transfers Over Time. Agenda Paper 53 (April 2016), verfügbar unter: http://www.fasb.org/cs/ContentServer?c=Document_C& pagename=FASB%2FDocument_C%2FDocumentPage&cid=1176168058494 (Stand: 16.04.2018) (Agenda Paper 53 (April 2016)).

FASB TRG (Hrsg.), Considering Class of Customer When Evaluating Whether a Customer Option Gives Rise to a Material Right. Agenda Paper 54 (April 2016), verfügbar unter: http://www.fasb.org/cs/ContentServer?c=Document_C&pagename=FASB%2FDocument_ C%2FDocumentPage&cid=1176168058516 (Stand: 16.04.2018) (Agenda Paper 54 (April 2016)).

FASB TRG (Hrsg.), Over Time Revenue Recognition. Agenda Paper 56 (November 2016), verfügbar unter: http://www.fasb.org/cs/ContentServer?c=Document_C&pagename= FASB%2FDocument_C%2FDocumentPage&cid=1176168567664 (Stand: 16.04.2018) (Agenda Paper 56 (November 2016)).

FASB/IASB TRG (Hrsg.), Gross versus Net Revenue. Agenda Paper 1 (July 2014), verfügbar unter: http://archive.ifrs.org/Meetings/MeetingDocs/Other%20Meeting/2014/June/ AP1%20Gross%20versus%20net%20revenue.pdf (Stand: 16.04.2018) (Agenda Paper 1 (July 2014)).

FASB/IASB TRG (Hrsg.), Customer Options for Additional Goods and Services and Nonrefundable Upfront Fees. Agenda Paper 6 (October 2014), verfügbar unter: http://archive.ifrs.org/Meetings/MeetingDocs/Other%20Meeting/2014/October/ REVREC-TRG-Memo-6-20141031-Customer-Options.pdf (Stand: 16.04.2018) (Agenda Paper 6 (October 2014)).

FASB/IASB TRG (Hrsg.), Distinct in the Context of the Contract. Agenda Paper 9 (October 2014), verfügbar unter: http://archive.ifrs.org/Meetings/MeetingDocs/ Other%20Meeting/2014/October/REVREC-TRG-Memo-9-20141031-Distinct-Goods-Services.pdf (Stand: 16.04.2018) (Agenda Paper 9 (October 2014)).

FASB/IASB TRG (Hrsg.), Contract Enforceability and Termination Clauses. Agenda Paper 10 (October 2014), verfügbar unter: http://archive.ifrs.org/Meetings/MeetingDocs/Other%20Meeting/2014/October/REVREC-TRG-Memo-10-20141031-Contract-enforceability-Terminations.pdf (Stand: 16.04.2018) (Agenda Paper 10 (October 2014)).

FASB/IASB TRG (Hrsg.), October 2014 Meeting – Summary of Issues Discussed and Next Steps. Agenda Paper 11 (January 2015), verfügbar unter: http://archive.ifrs.org/Meetings/MeetingDocs/Other%20Meeting/2015/January/REVREC-TRG-Memo-11-20141031-Meeting-Summary.pdf (Stand: 16.04.2018) (Agenda Paper 11 (January 2015)).

FASB/IASB TRG (Hrsg.), Collectibility. Agenda Paper 13 (January 2015), verfügbar unter: http://archive.ifrs.org/Meetings/MeetingDocs/Other%20Meeting/2015/January/REVREC-TRG-Memo-13-Collectibility.pdf (Stand: 16.04.2018) (Agenda Paper 13 (January 2015)).

FASB/IASB TRG (Hrsg.), Variable Consideration. Agenda Paper 14 (January 2015), verfügbar unter: http://archive.ifrs.org/Meetings/MeetingDocs/Other%20Meeting/2015/January/REVREC-TRG-Memo-14-Variable-Consideration.pdf (Stand: 16.04.2018) (Agenda Paper 14 (January 2015)).

FASB/IASB TRG (Hrsg.), Noncash Consideration. Agenda Paper 15 (January 2015), verfügbar unter: http://archive.ifrs.org/Meetings/MeetingDocs/Other%20Meeting/2015/January/REVREC-TRG-Memo-15-Noncash-consideration.pdf (Stand: 16.04.2018) (Agenda Paper 15 (January 2015)).

FASB/IASB TRG (Hrsg.), Consideration Payable to a Customer. Agenda Paper 19 (January 2015), verfügbar unter: http://archive.ifrs.org/Meetings/MeetingDocs/Other%20Meeting/2015/January/REVREC-TRG-Memo-19-Consideration-payable-to-a-customer.pdf (Stand: 16.04.2018) (Agenda Paper 19 (January 2015)).

FASB/IASB TRG (Hrsg.), Incremental Costs of Obtaining a Contract. Agenda Paper 23 (January 2015), verfügbar unter: http://archive.ifrs.org/Meetings/MeetingDocs/Other%20Meeting/2015/January/REVREC%20TRG%20Memo%2023%20Costs%20to%20Obtain%20a%20Contract.pdf (Stand: 16.04.2018) (Agenda Paper 23 (January 2015)).

FASB/IASB TRG (Hrsg.), January 2015 Meeting – Summary of Issues Discussed and Next Steps. Agenda Paper 25 (March 2015), verfügbar unter: http://archive.ifrs.org/Meetings/MeetingDocs/Other%20Meeting/2015/March/RTRG%2025%20%20January%20Meeting%20Summary.pdf (Stand: 16.04.2018) (Agenda Paper 25 (March 2015)).

FASB/IASB TRG (Hrsg.), Series of Distinct Goods or Services. Agenda Paper 27 (March 2015), verfügbar unter: http://archive.ifrs.org/Meetings/MeetingDocs/Other%20Meeting/2015/March/RTRG%2027%20Series%20of%20Distinct%20Goods%20or%20Services.pdf (Stand: 16.04.2018) (Agenda Paper 27 (March 2015)).

FASB/IASB TRG (Hrsg.), Consideration Payable to a Customer. Agenda Paper 28 (March 2015), verfügbar unter: http://archive.ifrs.org/Meetings/MeetingDocs/Other%20Meeting/2015/March/RTRG%2028%20Consideration%20Payable%20to%20a%20Customer.pdf (Stand: 16.04.2018) (Agenda Paper 28 (March 2015)).

FASB/IASB TRG (Hrsg.), Significant Financing Components. Agenda Paper 30 (March 2015), verfügbar unter: http://archive.ifrs.org/Meetings/MeetingDocs/Other%20Meeting/2015/March/RTRG%2030%20Significant%20Financing%20Component.pdf (Stand: 16.04.2018) (Agenda Paper 30 (March 2015)).

FASB/IASB TRG (Hrsg.), Allocation of the Transaction Price for Discounts and Variable Consideration. Agenda Paper 31 (March 2015), verfügbar unter: http://archive.ifrs.org/Meetings/MeetingDocs/Other%20Meeting/2015/March/RTRG%2031%20Variable%20Discounts.pdf (Stand: 16.04.2018) (Agenda Paper 31 (March 2015)).

FASB/IASB TRG (Hrsg.), Accounting for a Customer's Exercise of a Material Right. Agenda Paper 32 (March 2015), verfügbar unter: http://archive.ifrs.org/Meetings/MeetingDocs/Other%20Meeting/2015/March/RTRG%2032%20Exercise%20of%20Material%20Right.pdf (Stand: 16.04.2018) (Agenda Paper 32 (March 2015)).

FASB/IASB TRG (Hrsg.), March 2015 Meeting – Summary of Issues Discussed and Next Steps. Agenda Paper 34 (July 2015), verfügbar unter: http://archive.ifrs.org/Meetings/MeetingDocs/Other%20Meeting/2015/June/RTRG-34-March-Meeting-Summary.pdf (Stand: 16.04.2018) (Agenda Paper 34 (July 2015)).

FASB/IASB TRG (Hrsg.), Accounting for Restocking Fees and Related Costs. Agenda Paper 35 (July 2015), verfügbar unter: http://archive.ifrs.org/Meetings/MeetingDocs/Other%20Meeting/2015/June/RTRG-35-Memo-Restocking-Fees.pdf (Stand: 16.04.2018) (Agenda Paper 35 (July 2015)).

FASB/IASB TRG (Hrsg.), Consideration Payable to a Customer. Agenda Paper 37 (July 2015), verfügbar unter: http://archive.ifrs.org/Meetings/MeetingDocs/Other%20Meeting/2015/June/RTRG-37-Consideration-to-Customer.pdf (Stand: 16.04.2018) (Agenda Paper 37 (July 2015)).

FASB/IASB TRG (Hrsg.), Portfolio Practical Expedient and Application of Variable Consideration Constraint. Agenda Paper 38 (July 2015), verfügbar unter: http://archive.ifrs.org/Meetings/MeetingDocs/Other%20Meeting/2015/June/RTRG-38-Portfolio-Approach.pdf (Stand: 16.04.2018) (Agenda Paper 38 (July 2015)).

FASB/IASB TRG (Hrsg.), Application of the Series Provision and Allocation of Variable Consideration. Agenda Paper 39 (July 2015), verfügbar unter: http://archive.ifrs.org/ Meetings/MeetingDocs/Other%20Meeting/2015/June/RTRG%2039%20Series%20and% 20Variable%20Consideration.pdf (Stand: 16.04.2018) (Agenda Paper 39 (July 2015)).

FASB/IASB TRG (Hrsg.), Practical Expedient for Measuring Progress toward Complete Satisfaction of a Performance Obligation. Agenda Paper 40 (July 2015), verfügbar unter: http://archive.ifrs.org/Meetings/MeetingDocs/Other%20Meeting/2015/June/RTRG% 2040%20Measuring%20Progress.pdf (Stand: 16.04.2018) (Agenda Paper 40 (July 2015)).

FASB/IASB TRG (Hrsg.), Measuring Progress when Multiple Goods or Services are included in a single Performance Obligation. Agenda Paper 41 (July 2015), verfügbar unter: http://archive.ifrs.org/Meetings/MeetingDocs/Other%20Meeting/2015/June/RTRG% 2041%20Multiple%20Measures%20of%20Progress.pdf (Stand: 16.04.2018) (Agenda Paper 41 (July 2015)).

FASB/IASB TRG (Hrsg.), Determining When Control of a Commodity Transfers. Agenda Paper 43 (July 2015), verfügbar unter: http://archive.ifrs.org/Meetings/MeetingDocs/ Other%20Meeting/2015/June/RTRG-43-Commodities.pdf (Stand: 16.04.2018) (Agenda Paper 43 (July 2015)).

FASB/IASB TRG (Hrsg.), July 2015 Meeting – Summary of Issues Discussed and Next Steps. Agenda Paper 44 (November 2015), verfügbar unter: http://archive.ifrs.org/About-us/IASB/Advisory-bodies/Joint-Revenue-Transition-Resource-Group/Documents/RTRG-44-July-Meeting-Summary.pdf (Stand: 16.04.2018) (Agenda Paper 44 (November 2015)).

FASB/IASB TRG (Hrsg.), Pre-Production Activities. Agenda Paper 46 (November 2015), verfügbar unter: http://archive.ifrs.org/Meetings/MeetingDocs/Other%20Meeting/2015/ November/TRG/RTRG-46-Pre-production-Activities.pdf (Stand: 16.04.2018) (Agenda Paper 46 (November 2015)).

FASB/IASB TRG (Hrsg.), Customer Options for Additional Goods and Services. Agenda Paper 48 (November 2015), verfügbar unter: http://archive.ifrs.org/Meetings/MeetingDocs/ Other%20Meeting/2015/November/TRG/RTRG-48-Customer-options.pdf (Stand: 16.04.2018) (Agenda Paper 48 (November 2015)).

IASB (Hrsg.), Conceptual Framework. Project Summary, verfügbar unter: http://www.ifrs.org/-/media/project/conceptual-framework/fact-sheet-project-summary-and-feedback-statement/conceptual-framework-project-summary.pdf?la=en&hash= 654CC1DE384D992926C9DC50FD2AF49C18A489C6 (Stand: 16.04.2018) (Conceptual Framework).

IASB (Hrsg.), Conceptual Framework. Proposed Amendments – IAS 1 and IAS 8 (Staff Paper 10G (October 2014)), verfügbar unter: http://archive.ifrs.org/Meetings/MeetingDocs/IASB/2014/October/AP10G-Conceptual-Framework.pdf (Stand: 16.04.2018) (Staff Paper 10G (October 2014)).

IASB (Hrsg.), Revenue from Contracts with Customers. Identifying Performance Obligations – Issues Emerging from TRG Discussions (Staff Paper 7C (February 2015)), verfügbar unter: http://archive.ifrs.org/Meetings/MeetingDocs/IASB/2015/February/AP07C%20Revenue.pdf (Stand: 16.04.2018) (Staff Paper 7C (February 2015)).

IASB (Hrsg.), Conceptual Framework. Summary of Tentative Decisions (Staff Paper 10A (February 2017)), verfügbar unter: http://www.ifrs.org/-/media/feature/meetings/2017/february/iasb/conceptual-framework/ap10a-cf.pdf (Stand: 16.04.2018) (Staff Paper 10A (February 2017)).

IASB (Hrsg.), Conceptual Framework. Review of Existing Standards for Potential Inconsistencies with the Revised Conceptual Framework (Staff Paper 10C (February 2017)), verfügbar unter: http://archive.ifrs.org/Meetings/MeetingDocs/IASB/2017/February/AP10C-CF.pdf (Stand: 16.04.2018) (Staff Paper 10C (February 2017)).

IASB (Hrsg.), IASB Completes Decision-Taking on Clarifications to its Revenue Standard. Mitteilung vom 21.01.2016, verfügbar unter: www.ifrs.org/news-and-events/2016/01/iasb-decides-clarifications-ifrs-15-revenue-from-contracts-with-customers/ (Stand: 16.04.2018) (IASB Completes Decision-Taking on Clarification to IFRS 15).

IASB (Hrsg.), IASB Update. From the International Accounting Standards Board. Revenue Recognition (January 2011), verfügbar unter: http://archive.ifrs.org/Updates/IASB-Updates/2011/Documents/January2011IASBUpdate.pdf (Stand: 16.04.2018) (IASB Update, Revenue Recognition (January 2011)).

IASB (Hrsg.), Transition Resource Group for Revenue Recognition. Members, verfügbar unter: http://www.ifrs.org/groups/transition-resource-group-for-revenue-recognition/#members (Stand: 16.04.2018) (TRG Members).

IASB/FASB (Hrsg.), FASB/IASB Joint Transition Resource Group for Revenue Recognition. About the Group, verfügbar unter: http://www.fasb.org/jsp/FASB/Page/SectionPage&cid=1176164066191 (Stand: 16.04.2018) (Purpose of the TRG).

IASB/FASB (Hrsg.), Revenue Recognition. Combination, Segmentation and Modification of Contracts (Staff Paper 7B (June 2009)), verfügbar unter: http:/archive.ifrs.org/Current-Projects/IASB-Projects/Revenue-Recognition/Documents/RR-0906b07B.pdf (Stand: 16.04.2018) (Staff Paper 7B (June 2009)).

IASB/FASB (Hrsg.), Revenue Recognition. Comment Letter Summary – Main Issues (Staff Paper 3A (December 2010)), verfügbar unter: http://archive.ifrs.org/Meetings/MeetingDocs/IASB/Archive/Revenue-Recognition/RevED/RR-1210b03A.pdf (Stand: 16.04.2018) (Staff Paper 3A (December 2010)).

IASB/FASB (Hrsg.), Revenue Recognition. Redeliberations Plan (Staff Paper 3C (December 2010)), verfügbar unter: http://archive.ifrs.org/Meetings/MeetingDocs/IASB/Archive/Revenue-Recognition/RevED/RR-1210b03C.pdf (Stand: 16.04.2018) (Staff Paper 3C (December 2010)).

IASB/FASB (Hrsg.), Revenue Recognition. Identifying Separate Performance Obligations (Staff Paper 6C (January 2011)), verfügbar unter: http://archive.ifrs.org/Meetings/MeetingDocs/IASB/Archive/Revenue-Recognition/RevED/RR-0111b06C.pdf (Stand: 16.04.2018) (Staff Paper 6C (January 2011)).

IASB/FASB (Hrsg.), Revenue Recognition. Identifying Separate Performance Obligations (Staff Paper 4A (February 2011)), verfügbar unter: http://archive.ifrs.org/Meetings/MeetingDocs/IASB/Archive/Revenue-Recognition/RevED/RR-0211b04A.pdf (Stand: 16.04.2018) (Staff Paper 4A (February 2011)).

IASB/FASB (Hrsg.), Revenue Recognition. Feedback Summary from Comment Letters and Outreach (Staff Paper 7A (May 2012)), verfügbar unter: http://archive.ifrs.org/Meetings/MeetingDocs/IASB/Archive/Revenue-Recognition/CS/RR-0512b07A.pdf (Stand: 16.04.2018) (Staff Paper 7A (May 2012)).

IASB/FASB (Hrsg.), Revenue Recognition. Identifying Separate Performance Obligations (Staff Paper 7A (July 2012)), verfügbar unter: http://archive.ifrs.org/Meetings/MeetingDocs/IASB/Archive/Revenue-Recognition/CS/RR-0712b7A.pdf (Stand: 16.04.2018) (Staff Paper 7A (July 2012)).

IASB/FASB (Hrsg.), Revenue Recognition. Performance Obligations Satisfied Over Time (Staff Paper 7C (July 2012)), verfügbar unter: http://archive.ifrs.org/Meetings/MeetingDocs/IASB/Archive/Revenue-Recognition/CS/RR-0712b7C.pdf (Stand: 16.04.2018) (Staff Paper 7C (July 2012)).

IASB/FASB (Hrsg.), Revenue Recognition. Contract Costs (Staff Paper 7B, IASB/FASB Meeting December 2012), verfügbar unter: http://archive.ifrs.org/Meetings/MeetingDocs/IASB/2012/December/7-RR-1212.zip (Stand: 16.04.2018) (Staff Paper 7B (December 2012)).

IASB/FASB (Hrsg.), Revenue Recognition. Effects of Joint IASB and FASB Redeliberations on the November 2011 Exposure Draft Revenue from Contracts with Customers (Staff Paper (February 2013)), verfügbar unter: http://archive.ifrs.org/Current-Projects/IASB-Projects/Revenue-Recognition/Documents/Redeliberations-Summary-February-2013.pdf (Stand: 16.04.2018) (Staff Paper (February 2013)).

IASB/FASB (Hrsg.), Principal versus Agent Considerations. Agenda Paper 7A (June 2015), verfügbar unter: http://archive.ifrs.org/Meetings/MeetingDocs/IASB/2015/June/AP07A-Revenue-from-Contracts-with-Customers.pdf (Stand: 16.04.2018) (Agenda Paper 7A (June 2015)).

IASB/FASB (Hrsg.), Principal versus Agent Considerations (Redeliberations). Agenda Paper 7G (December 2015), verfügbar unter: http://archive.ifrs.org/Meetings/MeetingDocs/IASB/2015/December/AP07G-Revenue-from-contracts-with-customers.pdf (Stand: 16.04.2018) (Agenda Paper 7G (December 2015)).

ICAO (Hrsg.), Vereinbarung über die internationale Luftbeförderung (Transportvereinbarung) vom 07.12.1944, verfügbar unter: www.transportrecht.de/transportrecht_content/1145516037.pdf (Stand: 16.04.2018) (Transportvereinbarung).

KOMMISSION DER EUROPÄISCHEN GEMEINSCHAFTEN (Hrsg.), Kommentare zu bestimmten Artikeln der Verordnung (EG) Nr. 1606/2002 des Europäischen Parlaments und des Rates vom 19.07.2002 betreffend die Anwendung internationaler Rechnungslegungsstandards und zur Vierten Richtlinie 78/660/EWG des Rates vom 25.07.1978 sowie zur Siebenten Richtlinie 83/349/EWG des Rates vom 13.06.1983 über Rechnungslegung, verfügbar unter: http://www.ifrs-portal.com/Dokumente/Framework_de.pdf (Stand: 16.04.2018) (IAS-VO-Kommentare).

KPMG (Hrsg.), IASB Exposure Draft ED/2011/6 "Revenue from Contracts with Customers". Comment Letter, verfügbar unter: http://www.fasb.org/cs/BlobServer?blobkey=id&blobnocache=true&blobwhere=1175823801880&blobheader=application%2Fpdf&blobheadername2=Content-Length&blobheadername1=Content-Disposition&blobheadervalue2=2032769&blobheadervalue1=filename%3DREVRECR.ED.0064.KPMG_IFRG_LIMITED.pdf&blobcol=urldata&blobtable=MungoBlobs (Stand: 16.04.2018) (Comment Letter (ED/2011/6)).

QANTAS AIRWAYS (Hrsg.), IASB Exposure Draft ED/2010/6 "Revenue from Contracts with Customers". Comment Letter, verfügbar unter: http://www.fasb.org/cs/BlobServer?blobkey=id&blobnocache=true&blobwhere=1175821752408&blobheader=application%2Fpdf&blobheadername2=Content-Length&blobheadername1=Content-Disposition&blobheadervalue2=606404&blobheadervalue1=filename%3D0955-_1820-100_QANTAS_AIRWAYS_LIMITED_TINO_LA_SPINA.pdf&blobcol=urldata&blobtable=MungoBlobs (Stand: 16.04.2018) (Comment Letter (ED/2010/6)).

RAT DER EUROPÄISCHEN GEMEINSCHAFTEN (Hrsg.), Verordnung (EWG) Nr. 2407/92 des Rates vom 23.07.1992 über die Erteilung von Betriebsgenehmigungen an Luftfahrtunternehmen, ABl. der Europäischen Gemeinschaften Nr. L 240 vom 24.08.1992, S. 1-7, in der berichtigten Fassung, ABl. der Europäischen Gemeinschaften Nr. L 45 vom 23.03.1993, S. 30 (Verordnung (EWG) Nr. 2407/92).

RAT DER EUROPÄISCHEN GEMEINSCHAFTEN (Hrsg.), Verordnung (EWG) Nr. 2408/92 des Rates vom 23.07.1992 über den Zugang von Luftfahrtunternehmen der Gemeinschaft zu Strecken des innergemeinschaftlichen Flugverkehrs, ABL. der Europäischen Gemeinschaften Nr. L 240 vom 24.08.1992, S. 8-14, zuletzt geändert durch die Verordnung (EG) Nr. 1882/2003 des Europäischen Parlaments und des Rates vom 29.09.2003, ABl. der Europäischen Union Nr. L 284 vom 31.10.2003, S. 1-53 (Verordnung (EWG) Nr. 2408/92).

RAT DER EUROPÄISCHEN UNION UND DIE IM RAT DER EUROPÄISCHEN UNION VEREINIGTEN VERTRETER DER REGIERUNGEN DER MITGLIEDSTAATEN DER EUROPÄISCHEN UNION (Hrsg.), Beschluss vom 25.04.2007 über die Unterzeichnung und vorläufige Anwendung des Luftverkehrsabkommens zwischen der Europäischen Gemeinschaft und ihren Mitgliedstaaten einerseits und den Vereinigten Staaten von Amerika andererseits, ABl. der Europäischen Union Nr. L 134 vom 25.05.2007, S. 1-41 (Beschluss 2007/339/EG).

Verzeichnis der Rechtsprechung

AG HAMBURG (Hrsg.), Urteil vom 10.03.2004 – 10 C 514/03, in: RRa 2004, S. 123-126.

AG KLEVE (Hrsg.), Urteil vom 31.05.2001 – 36 C 54/01, in: RRa 2001, S. 143-144.

AG ROSTOCK (Hrsg.), Urteil vom 18.03.2011 – 47 C 241/10, in: RRa 2011, S. 123-124.

AG RÜSSELSHEIM (Hrsg.), Urteil vom 10.08.2011 – 3 C 72/11 (36), in: RRa 2011, S. 246-248.

BGH (Hrsg.), Urteil vom 21.12.1973 – IV ZR 158/72, in: NJW 1974, S. 852-855.

BGH (Hrsg.), Urteil vom 19.03.1976 – I ZR 75/74, in: NJW 1976, S. 1583-1586.

BGH (Hrsg.), Urteil vom 20.01.1983 – VII ZR 105/81, in: NJW 1983, S. 1322-1326.

BGH (Hrsg.), Urteil vom 05.12.2006 – X ZR 165/03, in: RRa 2007, S. 74-78.

BGH (Hrsg.), Urteil vom 26.11.2009 – Xa ZR 132/08, in: NJW 2010, S. 1522-1525.

BGH (Hrsg.), Urteil vom 10.12.2009 – Xa ZR 61/09, in: NJW 2010, S. 1526-1528.

BGH (Hrsg.), Urteil vom 29.04.2010 – Xa ZR 101/09, in: RRa 2010, S. 191-192.

BGH (Hrsg.), Urteil vom 29.04.2010 – Xa ZR 5/09, in: NJW 2010, S. 1958-1961.

BGH (Hrsg.), Urteil vom 10.12.2013 – X ZR 24/13, in: NJW 2014, S. 1168-1171.

BGH (Hrsg.), Urteil vom 16.02.2016 – X ZR 5/15, in: IWRZ 2016, S. 126.

BGH (Hrsg.), Urteil vom 16.02.2016 – X ZR 97/14, in: NJW 2016, S. 2404-2406.

BGH (Hrsg.), Urteil vom 16.02.2016 – X ZR 98/14, in: RRa 2016, S. 186-190.

EUGH (Hrsg.), Urteil vom 06.10.1982 – Rs. 283/81, in: NJW 1983, S. 1257-1258.

EUGH (Hrsg.), Urteil vom 22.12.2008 – C-549/07, in: NJW 2009, S. 347-350.

EUGH (Hrsg.), Urteil vom 19.11.2009 – C-402/07, C-432/07, in: NJW 2010, S. 43-47.

EUGH (Hrsg.), Urteil vom 23.10.2012 – C-581/10, C-629/10, in: NJW 2013, S. 671-676.

EUGH (Hrsg.), Urteil vom 22.11.2012 – C-139/11, in: RRa 2013, S. 17-19.

EUGH (Hrsg.), Urteil vom 31.01.2013 – C-12/11, in: NJW 2013, S. 921-924.

EUGH (Hrsg.), Urteil vom 26.02.2013 – C-11/11, in: NJW 2013, S. 1291-1292.

EuGH (Hrsg.), Urteil vom 18.09.2014 – C 487/12, in: RRa 2014, S. 285-291.

EuGH (Hrsg.), Urteil vom 28.07.2016 – C-315/15, in: RRa 2017, S. 20-25.

EuGH (Hrsg.), Urteil vom 11.05.2017 – C-302/16, in: RRa 2017, S. 172-174.

EuGH (Hrsg.), Urteil vom 17.04.2018 – C-195/17, C-197/17 bis C-203/17, C 226/17, C-228/17, C-254/17, C-274/17, C-275/17, C-278/17 bis C-286/17 und C-290/17 bis C-292/17, in: BeckRS 2018, S. 5392.

LG Berlin (Hrsg.), Urteil vom 06.02.2014 – 52 O 175/13, in: RRa 2014, S. 140-144.

LG Düsseldorf (Hrsg.), Urteil vom 25.09.2015 – 22 S 79/15, in: NJW-RR 2016, S. 247-249.

LG Frankfurt am Main (Hrsg.), Urteil vom 18.02.2013 – 2-24 S 91/12, in: RRa 2013, S. 126-128.

LG Hannover (Hrsg.), Urteil vom 21.01.2014 – 18 O 148/13, in: RRa 2014, S. 86-88.

OLG Frankfurt am Main (Hrsg.), Urteil vom 18.12.2008 – 16 U 76/08 (LG Frankfurt am Main), in: RRa 2009, S. 51-55.

OLG Frankfurt am Main (Hrsg.), Urteil vom 28.02.2013 – 16 U 86/12, in: NJW-RR 2013, S. 829-830.

OLG Köln (Hrsg.), Urteil vom 12.09.2003 – 6 U 29/03, in: RRa 2003, S. 275-278.

OLG Köln (Hrsg.), Urteil vom 31.07.2009 – 6 U 224/08, in: VuR 2009, S. 437-438.

OVG Lüneburg (Hrsg.), Urteil vom 14.01.2016 – 7 ME 4/16, in: NordÖR 2016, S. 216-219.

Verzeichnis der Finanzberichte

DEUTSCHE LUFTHANSA (Hrsg.), Geschäftsbericht 2017, verfügbar unter: https://investor-relations.lufthansagroup.com/fileadmin/downloads/de/finanzberichte/geschaeftsberichte/LH-GB-2017-d.pdf (Stand: 16.04.2018) (Geschäftsbericht 2017).

Verzeichnis der Zeitungsartikel

BARTELS, TILL, Warum Airlines ihre Flüge überbuchen (müssen), verfügbar unter: http://www.stern.de/reise/follow-me/ueberbuchung-7408130.html (Stand: 16.04.2018) (Warum Airlines ihre Flüge überbuchen (müssen)).

BECKER, JULIA, Deutsche Telekom: „IFRS 15 kostet uns Millionen", verfügbar unter: http:/www.finance-magazin.de/bilanzierung-controlling/bilanzierung/deutsche-telekom-ifrs-15-kostet-uns-millionen-1307781/ (Stand: 16.04.2018) (IFRS 15 kostet Millionen).

FLOTTAU, JENS, Gericht lässt Air Berlin aufatmen. Die umstrittenen Gemeinschaftsflüge mit Etihad sind erlaubt – für die Krisen-Airline eine vorläufige Rettung, verfügbar unter: http://www.sueddeutsche.de/wirtschaft/luftfahrt-gericht-erlaubt-codesharing-fuer-air-berlin-und-etihad-1.2819417 (Stand: 16.04.2018) (Gemeinschaftsflüge mit Etihad).

IASB/FASB (Hrsg.), Press Release. FASB and IASB Announce the Formation of the Joint Transition Resource Group for Revenue Recognition (June 2014), verfügbar unter: http://archive.ifrs.org/Alerts/ProjectUpdate/Documents/2014/PR-Revenue-Recognition-JTRG-June-2014.pdf (Stand: 16.04.2018) (Gründung der TRG for Revenue Recognition).

KABURECK, GARY, The Case for Principle-Based Accounting, verfügbar unter: https://www.complianceweek.com/news/news-article/the-case-for-principles-based-accounting#.WOtkKtgRCUk (Stand: 16.04.2018) (Principles-based Accounting).

KOTOWSKI, TIMO, Europas Fluggesellschaften sind bei Zusatzgebühren Spitze. Aufpreise für Gepäck und Platzwahl bringen Milliarden ein, in: FAZ vom 21.02.2018, S. 23 (Europas Fluggesellschaften sind bei Zusatzgebühren Spitze).

LINDNER, ROLAND/FRIESE, ULRICH, Warum Passagiere Flugzeuge wieder verlassen müssen, in: FAZ vom 12.04.2017, S. 22 (Warum Passagiere Flugzeuge wieder verlassen müssen).

TWEEDIE, DAVID, Statement of Sir David Tweedie before the Committee on Banking, Housing and Urban Affairs of the United States Senate. Statement vom 14.02.2002, verfügbar unter: http://archive.ifrs.org/News/Announcements-and-Speeches/Documents/TweedieFebruary2002.pdf (Stand: 16.04.2018) (Statement of Sir David Tweedie).

WITTEK, LOUISA, Warum Airlines Flüge überbuchen, verfügbar unter: http://www.travelbook.de/service/das-ist-der-wahre-grund-warum-airlines-ihre-fluege-ueberbuchen-816488.html (Stand: 16.04.2018) (Warum Airlines Flüge überbuchen).

Rechnungslegung und Wirtschaftsprüfung

Herausgegeben von Prof. (em.) Dr. Dr. h. c. Jörg Baetge, Münster, Prof. Dr. Hans-Jürgen Kirsch, Münster, und Prof. Dr. Stefan Thiele, Wuppertal

Band 60
Ariane Kraft
Extractive Activities in der IFRS-Rechnungslegung – Die Bilanzierung investiver Aktivitäten des Upstream-Geschäfts rohstofffördernder Unternehmen
Lohmar – Köln 2016 • 304 S. • € 66,- (D) • ISBN 978-3-8441-0486-8

Band 61
Michael Alkemeier
Konzerninterne Unternehmenszusammenschlüsse – Die Bilanzierung von Business Combinations under Common Control im IFRS-Teilkonzernabschluss
Lohmar – Köln 2017 • 304 S. • € 66,- (D) • ISBN 978-3-8441-0512-4

Band 62
Stephen Weich
Rechnungslegung in der Insolvenz – Analyse konkreter Bilanzierungsfragen auf Basis eines konsistenten Zweck-Grundsatz-Systems
Lohmar – Köln 2017 • 364 S. • € 72,- (D) • ISBN 978-3-8441-0523-0

Band 63
Alexander Flügel
Die Bilanzierung von Lebensversicherungsgeschäften nach IFRS – Eine Analyse unter besonderer Berücksichtigung des Asset-Liability-Managements
Lohmar – Köln 2018 • 284 S. • € 64,- (D) • ISBN 978-3-8441-0537-7

Band 64
Christoph König
Umsatzrealisierung in der Airline-Industrie nach IFRS 15 – Analyse und Konkretisierung der Vorschriften für Beförderungs- und Zusatzleistungen
Siegburg – Köln 2018 • 328 S. • € 68,- (D) • ISBN 978-3-8441-0552-0

JOSEF EUL VERLAG